Rechnungswesen für Bürokaufleute

Finanzbuchhaltung
Kosten- und Leistungsrechnung
Betriebswirtschaftliche Auswertungen
Controlling
Wirtschaftsrechnen
Statistik

Einführung und Praxis

von

Dipl.-Kfm. Dipl.-Hdl. Manfred Deitermann
Dipl.-Hdl. Wolf-Dieter Rückwart

winklers verlag

64701

Vorwort zur 7. Auflage

Das vorliegende Lehr- und Lernbuch **„Rechnungswesen für Bürokaufleute"** erscheint in inhaltlicher Überarbeitung und in einem völlig neuen Gewand, das der schnelleren Orientierung und der besseren didaktischen Strukturierung dient. Es entspricht dem Lehrplan für den Ausbildungsberuf **„Bürokaufmann/Bürokauffrau"** in Nordrhein-Westfalen und legt den **Großhandelsbetrieb** als „Modell" zugrunde. Die Finanzbuchhaltung orientiert sich am **Schulkontenrahmen NW**. Das Buch kann auch in Klassen für den Ausbildungsberuf **„Kaufmann/Kauffrau für Bürokommunikation"** eingesetzt werden.

Der Forderung nach **beruflicher Handlungsfähigkeit** kommen die Autoren dadurch nach,

▶ dass sie die Lernenden in die Arbeit mit überschaubaren, die Unternehmenspraxis angemessen abbildende Situationen und Aufgabenstellungen einführen,

▶ dass sie das Lernen und Arbeiten an realistischen Belegen in einem Modellunternehmen ermöglichen (siehe Beleggeschäftsgänge),

▶ dass sie genügend Freiraum zur Ausgestaltung dieses Unternehmens bieten,

▶ dass sie über aufbauende und verzahnte Situationen betriebswirtschaftliche Zusammenhänge transparenter und begründbarer machen.

Der im Lehrplan geforderte Einsatz der **Informations- und Kommunikationstechnologien** kommt insbesondere durch **zwei Beleggeschäftsgänge** zum Tragen, die sowohl konventionell als auch unter Einsatz einer entsprechenden FIBU-Software (KHK u. a.) gelöst werden können. Zur Arbeitserleichterung sind entsprechende Datendisketten lieferbar. Die Beleggeschäftsgänge simulieren somit in hervorragender Weise die moderne Buchungspraxis; sie erfüllen zusätzlich die Bedingung des Lehrplanes nach **belegorientiertem Buchen.**

Die besondere didaktische Struktur dieses Buches wird an einem durchgehend verwendeten **Modellunternehmen** deutlich, das es den Lernenden ermöglicht, betriebswirtschaftliche Zusammenhänge und unternehmerische Entscheidungen transparenter nachzuvollziehen. Das „Modellunternehmen" ist von den Autoren bewusst nur als Rahmen gestaltet, um eigenständige Veränderungen zu ermöglichen.

Neu eingefügt ist das Kapitel **„Controlling"**, das an einem vereinfachten Modell die Methoden und Arbeitsweisen zur Steuerung eines Großhandelsunternehmens verdeutlicht und dabei die innerbetrieblichen Zusammenhänge und die marktwirtschaftlichen Überlegungen einbezieht.

Im Übrigen entspricht das Lehr- und Lernbuch dem bewährten Konzept der Autoren:

▶ Klärung der buchhalterischen, betriebswirtschaftlichen und rechtlichen Fragen,

▶ Konkretisierung in Situationen und Beispielen mit Lösungen,

▶ Zusammenfassung in knappen Merksätzen,

▶ Übungen mit unterschiedlichem Schwierigkeits- und Komplexitätsgrad,

▶ Sicherung des Lernerfolgs durch eine Vielzahl differenzierter Aufgaben – auch aus der Zwischen- und Abschlussprüfung.

Das **Arbeitsheft** (Bestell-Nr. 6472) erleichtert wesentlich die Arbeit der Lernenden.

Zu diesem Buch sind **Zusatzmaterialien** und **Software** erhältlich; nähere Informationen sendet Ihnen der Verlag gerne auf Anfrage.

Im September 2000   *Die Verfasser*

7., neu bearbeitete und erweiterte Auflage, 2001
© Winklers Verlag
im Westermann Schulbuchverlag GmbH
Postfach 11 15 52, 64230 Darmstadt
http://www.winklers.de
Lektorat: Erika Grimm
Druck: westermann druck GmbH, Braunschweig
ISBN 3-8045-**6470**-4

64702

Inhaltsverzeichnis

64704

64706

64708

1 Finanzbuchhaltung (FB), Kosten- und Leistungsrechnung (KLR) sowie Controlling als Grundlagen des Rechnungswesens

In den folgenden Ausführungen wollen wir Sie mit den wesentlichen Bereichen des Rechnungswesens bekannt machen. Aus der Kapitelüberschrift ersehen Sie, dass wir die **Finanzbuchhaltung (FB)**, die **Kosten- und Leistungsrechnung (KLR)** und das **Controlling** zu den bedeutenden Bereichen des Rechnungswesens zählen. Der Name „Rechnungswesen" ist also eine zusammenfassende Bezeichnung für alle drei Bereiche. Weil es einfacher ist, kürzen wir vielfach die Bezeichnung „**Finanz**buchhaltung" mit **FB** und die Bezeichnung „**K**osten- und **L**eistungs**r**echnung" mit **KLR** ab.

Um Ihnen in einem **Überblick** die wesentlichen Inhalte der Finanzbuchhaltung, der Kosten- und Leistungsrechnung sowie des Controllings näher zu bringen,

▶ stellen wir Ihnen zunächst das **Unternehmen** vor, das Sie bei Ihren Lernschritten durch die Finanzbuchhaltung, die Kosten- und Leistungsrechnung und das Controlling begleiten soll.

▶ Danach verdeutlichen wir Ihnen an **typischen Beispielen** die wichtigsten Aufgaben der FB, der KLR und des Controllings.

▶ Jedes Kapitel schließen wir mit einer **Zusammenfassung** und Aufgaben ab.

1.1 Das Beispielunternehmen „Papiergroßhandlung Katja Kern e. Kfr.[1]"

Im Folgenden beschreiben wir in groben Umrissen das Unternehmen, an dem wir typische Situationen des Rechnungswesens darstellen wollen. Wir geben Ihnen damit die Möglichkeit, sich die Vorgänge besser vorstellen zu können, die in einem Unternehmen ablaufen und die in der Finanzbuchhaltung und/oder in der Kosten- und Leistungsrechnung erfasst werden müssen.

Ausgangssituation[2]

Frau Kern ist alleinige Inhaberin einer Papiergroßhandlung.

Die Anschrift dieses Unternehmens lautet: „Katja Kern e. Kfr., Papiergroßhandlung, Bonner Wall 45–55, 50677 Köln"; Tel. (02 21) 54 33 75-0.

Das Unternehmen hat ein Geschäftskonto bei der Stadtsparkasse Köln, Kontonummer 723 544 32 (Bankleitzahl 370 501 98).

Frau Kern beschäftigt 7 Angestellte in den Abteilungen Einkauf, Verkauf, Lager, Verwaltung und 12 Arbeiter/Kraftfahrer in den Abteilungen Lager, Fuhrpark, Versand.

---

1 Das **seit 1. Juli 1998** geltende **neue Handelsrecht** schreibt auch **für Einzelunternehmen** einen **Rechtsformzusatz** vor: „eingetragene Kauffrau" oder „eingetragener Kaufmann", abgekürzt „e. K.", „e. Kfr." oder „e. Kfm.". Die Autoren haben dies im vorliegenden Lehrbuch weitestgehend berücksichtigt, so z.B. im Eingangskapitel, in den Belegen und den Aufgaben. Soweit das Beispielunternehmen **„Papiergroßhandlung Kern"** im laufenden Text vorkommt, wurde jedoch aus Gründen eines besseren Leseflusses **auf den Zusatz „e. Kfr." verzichtet.**

2 Siehe auch Seiten 16–18, 22.

Hauptzweck des Unternehmens sind der **Einkauf,** die **Lagerung** und der **Verkauf** von zurzeit drei Warengruppen:

- **Druckpapier,** das vor allem von Zeitungs- und Buchverlagen benötigt wird,
- **Kopierpapier,** das von Industrie- und Handelsbetrieben, aber auch von Schreibwaren-Einzelhändlern verlangt wird,
- **Umschlagkarton,** der an weiterverarbeitende Betriebe verkauft wird.

Von folgenden **Lieferanten** erhält die Papiergroßhandlung Kern ihre Waren:

Lieferant für Druckpapier ist die Druck und Papier GmbH, Hagen,
Lieferant für Kopierpapier ist die Hein OHG, Köln,
Lieferant für Umschlagkarton ist die Deutsche Papier AG, Leipzig.

An folgende **Großkunden** liefert das Unternehmen Katja Kern Waren:

Druckpapier an:	O. Reichenbach GmbH, Druckerei, Duisburg, Druckcenter GmbH, Leipzig;
Kopierpapier an:	Kaufkette AG, Köln, H. Schöner KG, Aachen;
Umschlagkarton an:	IMPAK-Verpackungsgesellschaft m. b. H., Essen, Schneider OHG, Würzburg.

„Verkaufsschlager" sind die Druckpapiere, die einen Anteil von 50 % des vorjährigen Umsatzes ausmachten; die Kopierpapiere hatten einen Anteil von 30 % und die Umschlagkartons einen Anteil von 20 %.

Der vorjährige Umsatz betrug 15.000.000,00 Euro (€)[1].

Am Ende des letzten Geschäftsjahres gehörten zum Unternehmen Kern folgende **Vermögensgegenstände:**

Grundstücke und Gebäude	1.255.500,00 €
Betriebs- und Geschäftsausstattung	494.500,00 €
Warenvorräte insgesamt	2.550.000,00 €
Forderungen aus Lieferungen und Leistungen (= a. LL)	366.250,00 €
Guthaben bei der Stadtsparkasse	316.800,00 €
Kassenbestand	16.950,00 €

An **Schulden** waren zu verzeichnen:

Langfristige Verbindlichkeiten	1.474.000,00 €
Kurzfristige Verbindlichkeiten	526.000,00 €

Aufgabe

1 Bearbeiten Sie die folgenden Aufgaben mithilfe der obigen Situationsschilderung zum Unternehmen Katja Kern e. Kfr.:

1. *Benennen und beschreiben Sie die wesentlichen Aufgaben eines Großhandelsbetriebes.*
2. *Nennen Sie die Abteilungen, in die das Unternehmen Kern aufgeteilt ist.*
3. *Überlegen Sie, welche Tätigkeiten in den einzelnen Abteilungen anfallen könnten.*
4. *Berechnen Sie das Gesamtvermögen, über das die Papiergroßhandlung Kern am Ende des letzten Geschäftsjahres verfügt hat, sowie die Gesamtschulden, die auf dem Unternehmen lasten.*
5. *Berechnen Sie, wie viel € Umsatz im vorhergehenden Geschäftsjahr auf jede der drei Warengruppen Druckpapiere, Kopierpapiere sowie Umschlagkarton entfielen.*
6. *Nach einer Statistik entfällt im Großhandel auf jeden Mitarbeiter durchschnittlich ein Umsatz von 660.000,00 €. Wie viel € je Mitarbeiter sind es bei Katja Kern? Was schließen Sie daraus?*

---

1 Im Folgenden wird überwiegend das Kurzzeichen „€" verwendet.

647010

1.2 Die Finanzbuchhaltung als System zur planmäßigen Aufzeichnung der Geschäftsfälle

Situation 1

Die Einkaufsabteilung der Papiergroßhandlung Kern hat bei der Hein OHG, Köln, 200 Paletten (= 4 000 Kartons) Kopierpapier im Gesamtwert von 160.000,00 € bestellt. Nach 10 Tagen erhält die Papiergroßhandlung Kern die Ware und zugleich die Rechnung über 160.000,00 €.

Wie wirken sich diese Vorgänge in der Finanzbuchhaltung Kern aus?

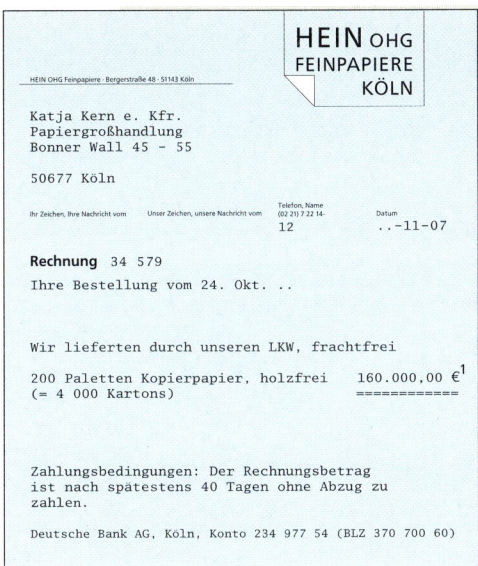

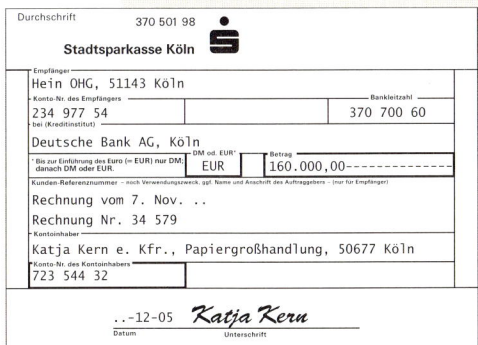

Durch die **Bestellung** hat sich das Unternehmen **verpflichtet** die Ware anzunehmen und zu bezahlen. Dies hat **kein Aufzeichnen** in der Finanzbuchhaltung zur Folge.

Erst durch die **Rechnung des Lieferers (= Eingangsrechnung)** wird belegt, dass das Unternehmen Waren (Kopierpapiere) im Wert von 160.000,00 € erhalten hat. Die **Vorräte an Waren haben** also um 160.000,00 € **zugenommen**. Dies muss in der Buchhaltung aufgezeichnet werden.

Zugleich hat das Unternehmen Kern den Gegenwert (vgl. Rechnungsbetrag) für die erhaltenen Waren noch zu bezahlen. Solange es nicht bezahlt hat, hat es **Schulden (= Verbindlichkeiten aus Lieferungen und Leistungen [= a. LL])** gegenüber der Hein OHG, Köln. Auch dies muss in der Buchhaltung verzeichnet werden.

Die Rechnung der Hein OHG wird kurz vor Ablauf der Zahlungsfrist **durch Banküberweisung beglichen.** Der Kontoauszug und die **Durchschrift** des Überweisungsvordrucks bilden in der Buchhaltung der Großhandlung Kern die **Belege** für die termingerechte Bezahlung der Liefererrechnung. Es muss aufgezeichnet werden, dass sich die Liefererschulden und das Bankguthaben um 160.000,00 € vermindert haben.

---

1 Die Umsatzsteuer wird in den Belegen aus methodischen Gründen erst nach Behandlung des Kapitels B, Abschnitt 10 (siehe S. 72 ff.) ausgewiesen.

Situation 2

Die Verkaufsabteilung der Papiergroßhandlung Kern erhält von der Druckcenter GmbH, Leipzig, eine Bestellung über 100 Paletten (= 1 000 000 Bogen) Druckpapier im Gesamtwert von 203.000,00 €. Der zuständige Sachbearbeiter beauftragt die Versandabteilung mit der Auslieferung der Bogen mit eigenem LKW und schickt dem Kunden eine Rechnung über 203.000,00 €.

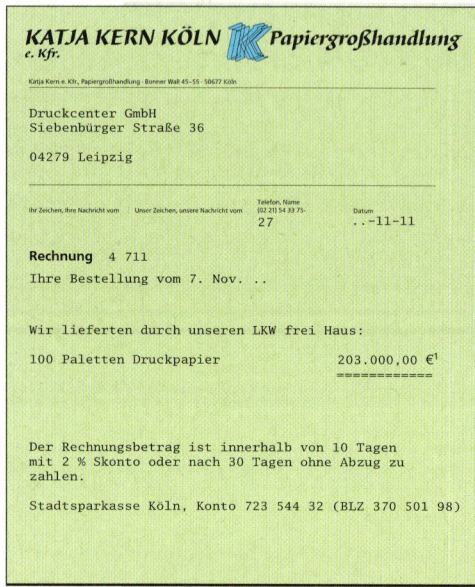

Durch die **Rechnung an den Kunden** (= **Ausgangsrechnung**) wird belegt, dass ein Verkauf von Waren stattgefunden hat, d.h., es ist ein Umsatz getätigt worden, der zu **Umsatzerlösen** führt. Dies muss in der Buchhaltung vermerkt werden.

Zugleich hat die Großhandlung Kern den Gegenwert (= Rechnungsbetrag) für die an den Kunden gelieferten Waren noch nicht erhalten. Solange sie das Geld nicht bekommen hat, hat sie **Forderungen a. LL** an die Druckcenter GmbH, Leipzig. Auch dies muss in der Buchführung vermerkt werden.

Zahlt der Kunde den Rechnungsbetrag z. B. nach 30 Tagen durch Überweisung auf das Sparkassenkonto der Großhandlung Kern, so müssen der **Zahlungseingang** auf dem Bankkonto und das dadurch bedingte **Erlöschen der Forderung** wiederum in der Buchhaltung aufgezeichnet werden.

Situation 3

Zum Ende des Monats November sind **Lohn- und Gehaltszahlungen** an die 19 Mitarbeiter auf deren Bankkonten zu überweisen. Hierzu erstellt die Sachbearbeiterin im Lohnbüro eine **Sammel-Überweisung** im Gesamtbetrag von z.B. 42.000,00 € mit anhängenden Einzelüberweisungen für jeden Mitarbeiter. Sie leitet diese Überweisungen an die Stadtsparkasse Köln weiter.

Sobald die Stadtsparkasse die Überweisungen ausgeführt hat, erhält die Großhandlung Kern einen **Kontoauszug,** aus dem hervorgeht, dass 42.000,00 € abgebucht wurden. Diese **Verringerung des Guthabens** bei der Stadtsparkasse muss in der Buchhaltung aufgezeichnet werden.

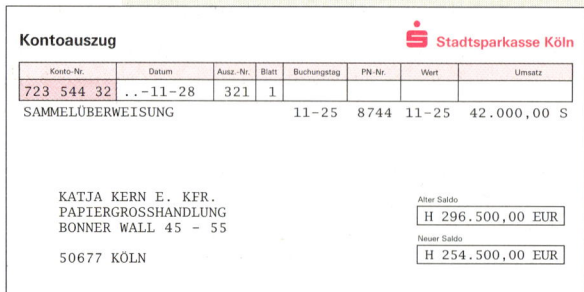

Zusätzlich sind die **Gründe dieser Verringerung (= Löhne und Gehälter)** aufzuzeichnen: Die Großhandlung Kern hat die Leistungen ihrer Mitarbeiter in Anspruch genommen, um Umsatz zu erzielen; dafür erhalten die Mitarbeiter eine Vergütung in Form von Löhnen und Gehältern.

---

1 Die Umsatzsteuer wird in den Belegen aus methodischen Gründen erst nach Behandlung des Kapitels B, Abschnitt 10 (siehe S. 72 ff.) ausgewiesen.

647012

Zusammenfassung

▶ **Geschäftsfälle.** Aus den vorhergehenden Beispielen wird deutlich, dass in der Finanzbuchhaltung alle Vorgänge **aufgezeichnet** bzw. **gebucht** werden, die **das Vermögen und/oder die Schulden einer Unternehmung verändern.** Diese Vorgänge heißen **Geschäftsfälle.**

▶ **Belege.** Das **Aufzeichnen** bzw. **Buchen der Geschäftsfälle** geschieht **immer** aufgrund von Unterlagen, die im Unternehmen selbst erstellt werden (z. B. Rechnung an einen Kunden) oder von Geschäftspartnern zugeschickt werden (z. B. Kontoauszug der Bank, Rechnung eines Lieferers). Solche Unterlagen heißen in der Finanzbuchhaltung **Belege.**

▶ **Ordnung der Buchungen.** Das Buchen der Geschäftsfälle geschieht nicht willkürlich und zufällig, sondern zum einen in der **zeitlichen Reihenfolge,** in der die Belege eintreffen oder erstellt werden, und zum anderen in **sachlicher Ordnung,** d. h., gleiche Vorgänge gehören zusammen (z. B. Forderungen zu Forderungen/Verbindlichkeiten zu Verbindlichkeiten usw.).

▶ **Zweck der Buchungen.** Durch das geordnete Aufzeichnen bzw. Buchen aller Vermögens- und Schuldenänderungen verschafft sich der Unternehmer eine **Übersicht über seine Vermögens- und Schuldenlage** und kann kritische Entwicklungen (z. B. Zahlungsunfähigkeit, nachlassende Wirtschaftlichkeit und Rentabilität) rechtzeitig erkennen.

▶ Das geordnete Buchen ermöglicht es dem Unternehmer, den **Monats- oder Jahreserfolg** seines Unternehmens (= **Gewinn oder Verlust**) schnell und richtig zu ermitteln. Hierzu ist es erforderlich, dass die Finanzbuchhaltung jeweils nach einer bestimmten Zeitperiode (z. B. Monat oder Jahr) **abgeschlossen** wird.

▶ Durch das geordnete Buchen der Geschäftsfälle erfüllt der Unternehmer auch die **gesetzlichen Vorschriften** zur Buchhaltung, wie sie z. B. im **Handelsgesetzbuch (HGB)** und in der **Abgabenordnung (AO)** verankert sind. Die Buchhaltung ist damit auch die **Grundlage zur Berechnung der Steuern.**

Aufgabe

2

1. *Erläutern Sie, wie in den drei Situationen aus Kapitel A, Abschnitt 1.2 das Vermögen und/oder die Schulden verändert werden und aufgrund welcher Belege aufgezeichnet bzw. gebucht wird.*

2. *In der obigen Zusammenfassung wird auf die gesetzlichen Grundlagen verwiesen. Lesen Sie hierzu die §§ 238, 239 HGB sowie § 145 AO. (Die entsprechenden Gesetze sind in Ihrer Schule vorhanden. Siehe auch Kapitel K.)*

3. *Denken Sie sich weitere Situationen oder Vorgänge im Unternehmen Kern aus, durch die das Vermögen oder die Schulden verändert werden und die deswegen in der Finanzbuchhaltung aufgezeichnet bzw. gebucht werden müssen.*

4. *Welche Posten des Vermögens und der Schulden eines Großhandelsunternehmens werden durch folgende Geschäftsfälle wie verändert?*
   a) Waren werden für 1.500,00 € gegen Bankscheck eingekauft.
   b) An den Kunden Schneider OHG werden Waren im Wert von 5.600,00 € mit einem Zahlungsziel von 30 Tagen verkauft.
   c) Der Kunde Schneider OHG (Fall b) begleicht die Rechnung termingerecht durch Banküberweisung.

1.3 Die Kosten- und Leistungsrechnung (KLR) als Instrument zur Preisberechnung und zur Kostenkontrolle

Situation 1 Die Papiergroßhandlung Kern erhält von einem Kunden die Anfrage, ob sie Druckpapier einer bestimmten Sorte, z. B. „holzfreie Qualitäten", liefern könne.

Um diese Anfrage so beantworten zu können, dass dem Kunden ein **verbindlicher Preis** genannt werden kann, muss der Sachbearbeiter in der KLR eine **Preisberechnung (= Kalkulation)** durchführen. Diese Berechnung hat ein bestimmtes Schema und umfasst alle Kosten, die dieser Artikel verursacht, zuzüglich eines angemessenen Gewinns.

Situation 2 Die eigentlichen, dem **Betriebszweck** dienenden Tätigkeiten im Großhandelsunternehmen Kern, nämlich **der Einkauf, die Lagerung und der Verkauf von Papieren,** verursachen **Kosten** (z. B. Miete, Löhne, Gehälter, Frachtkosten, Reisekosten, Werbung, Versicherungsprämien usw.). Diese Kosten fallen in den einzelnen Abteilungen von Monat zu Monat unterschiedlich hoch an.

Eine Aufgabe der KLR ist es nun, die **Höhe der Kosten in den einzelnen Abteilungen** von Monat zu Monat festzustellen, zu vergleichen und zu prüfen, ob eine „Verschwendung" stattgefunden hat (= **Kostenkontrolle**).

Eine andere Aufgabe der KLR in diesem Zusammenhang ist es, die für **jede Warengruppe** (z. B. Druckpapier) entstandenen Kosten zu berechnen und diese Kosten von den Umsatzerlösen der Warengruppe zu subtrahieren. So kann festgestellt werden, wie hoch der Gewinn (oder Verlust) bei jeder Warengruppe und insgesamt gewesen ist (= **Ermittlung des Betriebserfolges**).

Erlöse der im Januar verkauften Warengruppe „Druckpapier"	650.000,00 €
− **Kosten** der im Januar verkauften Warengruppe „Druckpapier"	580.000,00 €
Gewinn der Warengruppe „Druckpapier" im Januar	**70.000,00 €**

Zusammenfassung

▶ **Inhalt der Aufzeichnungen in der KLR.** In der KLR wird im Wesentlichen mit **Kosten** und **Umsatzerlösen** gearbeitet. Hierzu ist es erforderlich, die Kosten und Umsatzerlöse geordnet zu sammeln und für die jeweiligen Aufgaben der KLR umzugruppieren.

▶ **Aufgaben der KLR.** Die wichtigsten Aufgaben der KLR bestehen darin,
  ○ die Kosten nach **Art** (z. B. Löhne, Miete u. a.), **Zeit** (z. B. Monat) und **Höhe** zu sammeln und zu kontrollieren,
  ○ **Preise** zu kalkulieren,
  ○ den **Betriebserfolg** zu berechnen.

▶ **Quellen für die Zahlen,** mit denen in der KLR gearbeitet wird. Im Wesentlichen greift die Kosten- und Leistungsrechnung auf die Zahlen der Finanzbuchhaltung zurück. So leitet z. B. der Sachbearbeiter im Lohnbüro (= Abteilung innerhalb der FB) die errechneten Löhne an den Sachbearbeiter in der „Kalkulation" (= Abteilung in der KLR) weiter, damit er Warenpreise berechnen kann.

1.4 Das Controlling als Führungsinstrument im Großhandelsbetrieb

Situation 1 Im Großhandelsunternehmen Katja Kern e. Kfr. werden zurzeit drei Warengruppen geführt (vgl. Seite 10), über deren Stärken oder Schwächen auf dem Markt Frau Kern bisher nur ungenaue Vorstellungen hat. Der bei ihr angestellte Controller hat die Aufgabe, über eine **Stärken- und Schwächenanalyse** die Marktanteile und Wachstumschancen der einzelnen Warengruppen zu ermitteln (vgl. S. 395 f.).

Eine solche **strategische Planung** sichert langfristig die **Existenz des Unternehmens** und verfolgt als Unternehmensziel z. B. die **Gewinnoptimierung,** die bestmögliche **Versorgung des Marktes** oder die **Marktbeherrschung.** Die Erfüllung dieser Aufgabe setzt eine gute Marktkenntnis (Marktanalyse über Marktforschung) voraus und nutzt die unternehmensinternen Zahlen der FB und der KLR.

Situation 2 Neben der langfristig angelegten Stärken- und Schwächenanalyse hat der Controller im Unternehmen Katja Kern e. Kfr. die monatlich bis jährlich anfallenden Steuerungs- und Regelungsaufgaben im Beschaffungs-, Absatz-, Personal- und Finanzbereich zu lösen. Um seine Aufgaben effektiv erfüllen zu können, legt der Controller folgenden Arbeitsablauf fest:

Sammlung von Informationen aus allen betrieblichen Bereichen	Controlling als Planungs-, Steuerungs- und Entscheidungsinstrument basiert auf den verzweigten IST-Daten aus den unterschiedlichen Bereichen und Abteilungen des Großhandelsunternehmens, z. B. Beschaffung, Lagerung, Absatz, Investition, Finanzierung, FB, KLR.
Formulierung von Unternehmenszielen und Aufstellung von Prognosen	Controlling prognostiziert z. B. Beschaffung, Umsatz, Kosten, Liquidität auf der Grundlage kurz- und langfristiger Pläne, formuliert SOLL-Daten und arbeitet Vorlagen für Entscheidungen aus. Sollwerte werden den Abteilungen als Budgets vorgegeben.
Erstellung von SOLL-IST-Vergleichen	Controlling stellt die aus der Finanzbuchhaltung und der Kosten- und Leistungsrechnung stammenden IST-Werte fest, vergleicht sie mit den Planwerten und ermittelt Abweichungen.
Analyse der Abweichungen	Controlling wertet im Hinblick auf Zielvorgaben IST-/PLAN-Abweichungen aus und forscht nach den Ursachen.
Information an die Geschäftsleitung	Controlling interpretiert die Abweichungen, bereitet die Daten übersichtlich und aussagefähig auf und informiert die verantwortlichen Stellen im Unternehmen.
Vorschläge zur Steuerung und Korrektur der Vorgaben	Controlling entwickelt Vorschläge zur Gegensteuerung bei negativen Zielabweichungen, um so die IST-Lage wieder auf die PLAN-Lage zu bringen oder um sich einer nicht zu verändernden IST-Lage anzupassen.

Zusammenfassung

▶ Die Controllingabteilung wird in einem Unternehmen in der Regel als **Stabsstelle** eingerichtet, die unmittelbar der Geschäftsleitung zugeordnet ist.

▶ Der Controller hat langfristig für jede Warengruppe ein **Stärken-/Schwächen-Profil** zu erstellen, um die Existenz des Unternehmens sichern zu helfen.

▶ Kurzfristig ist die Arbeit des Controllers auf die **Sammlung** vielfältiger **IST-Daten** sowie die **Erstellung** und **Überwachung** von **Plänen** und **Budgets** für alle relevanten Betriebsabteilungen angelegt.

1   Die Ermittlung der Vermögenswerte und Schulden durch Inventur

Jedes Unternehmen verfügt über **Vermögen und Schulden.**

Nach dem **Handelsgesetzbuch** (§ 240 HGB) und der **Abgabenordnung** (§ 140 und § 141 AO) ist jedes Unternehmen verpflichtet zu bestimmten Anlässen die Höhe seines Vermögens und seiner Schulden zu ermitteln. Die hierzu erforderliche **Tätigkeit der Bestandsaufnahme** nennt man **Inventur** (lat. invenire = vorfinden).

Die Inventur, also die **Bestandsaufnahme aller Vermögensteile und Schulden,** ist stets erforderlich

▶ bei **Gründung** oder **Übernahme** (Kauf) eines Unternehmens,

▶ regelmäßig zum **Schluss des Geschäftsjahres** (meist zum 31. Dezember) und

▶ letztlich bei **Auflösung** oder **Verkauf** des Unternehmens.

1.1   Die Zusammensetzung des Vermögen und der Schulden

Das Vermögen besteht aus Anlagevermögen und Umlaufvermögen. Die **Schulden** bilden das Kapital, das dem Unternehmen von „Fremden", also in der Regel von den Banken und Sparkassen sowie den Lieferern, zur Verfügung gestellt wird. Die **Schulden** bezeichnet man deshalb auch als **Fremdkapital.**

Zum Anlagevermögen der Papiergroßhandlung Kern rechnen alle Güter, die dem Unternehmen **dauernd oder für längere Zeit** zur Verfügung stehen und somit die **Grundlage der Geschäftätigkeit** bilden. Grundstücke dienen dem Unternehmen ständig, sie nutzen sich jedoch nicht ab. Die Geschäftsgebäude unterliegen dagegen der Abnutzung und haben deshalb für das Unternehmen auch nur eine begrenzte Nutzungsdauer von 30 bis 40 Jahren. Gegenstände der Betriebs- und Geschäftsausstattung, wie z. B. Büro- und Lagereinrichtungen, dienen dem Unternehmen 4 bis 10 Jahre. Bei Geschäftsfahrzeugen geht man meist von einer Nutzungsdauer von 5 Jahren aus. Allgemein ist somit zu sagen: Vermögensteile, die **langfristig** im Unternehmen „angelegt" sind, gehören stets zum **Anlagevermögen.**

Zum Anlagevermögen des Großhandelsunternehmens Katja Kern e. Kfr. rechnen lt. Inventur vom 31. Dezember 01:

Grundstücke und Gebäude lt. Anlagenverzeichnis AV 1		
Bebaute Grundstücke, Bonner Wall 45-55	83.500,00 €	
Geschäftsgebäude lt. AV 1		
Verwaltungsgebäude, Bonner Wall 45-49	740.000,00 €	
Lagergebäude, Bonner Wall 50-52	400.000,00 €	
8 Garagen, Bonner Wall 53-55	32.000,00 €	1.255.500,00 €
Betriebs- und Geschäftsausstattung lt. AV 2		
Lagereinrichtung	115.100,00 €	
Automatische Verpackungsanlage	119.400,00 €	
4 Gabelstapler	31.000,00 €	
Fuhrpark: 5 LKW und 4 PKW	157.000,00 €	
Geschäftsausstattung	72.000,00 €	494.500,00 €
Summe des Anlagevermögens		**1.750.000,00 €**

647016

Umlaufvermögen. Dazu zählen alle Vermögensteile der Großhandlung Kern, die sich in ihrer Höhe **kurzfristig** verändern, wie die Warenvorräte, die Kasse (= Bargeld) und das Bankguthaben. Auch die Forderungen an Kunden, die Ware „auf Kredit" bzw. „auf Ziel", also mit einem Zahlungsziel von beispielsweise 30 Tagen, geliefert bekommen haben, gehören zum Umlaufvermögen des Unternehmens. Die Vermögensposten des Umlaufvermögens werden somit **ständig umgesetzt.** Sie befinden sich „im Umlauf". So werden die Waren zunächst auf Kredit (auf Ziel) an die Kunden verkauft, wodurch sich die Warenvorräte vermindern und sich gleichzeitig der Vermögensposten „Forderungen aus Lieferungen und Leistungen" (= Forderungen a. LL) erhöht. Wenn die Kunden zum Ende der Zahlungsfrist den Rechnungsbetrag auf das Bankkonto der Großhandlung Kern überweisen, erhöht sich das Bankguthaben. Mit diesem Geld können dann wiederum Waren eingekauft und bezahlt werden.

Die Posten des Umlaufvermögens befinden sich „im Umlauf":

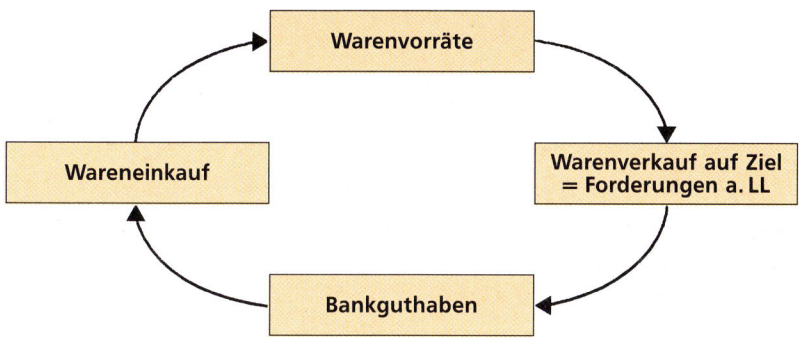

Zum Umlaufvermögen des Großhandelsunternehmens Katja Kern e. Kfr. rechnen lt. Inventur vom 31. Dezember 01:

Warenvorräte lt. Warenliste

1 148 Paletten Druckpapier je 1.400,00 €	1.607.200,00 €	
916 Paletten Kopierpapier je 800,00 €	732.800,00 €	
160 Paletten Umschlagkarton je 1.312,50 €	210.000,00 €	2.550.000,00 €
Forderungen aus Lieferungen und Leistungen		
Kunde Schneider OHG, Würzburg	115.000,00 €	
Kunde Kaufkette AG, Köln	86.250,00 €	
Kunde Druckcenter GmbH, Leipzig	165.000,00 €	366.250,00 €
Kasse (= Bargeld)		16.950,00 €
Guthaben bei der Sparkasse		316.800,00 €
Summe des Umlaufvermögens		**3.250.000,00 €**

Die Schulden, also die Verbindlichkeiten oder das **Fremdkapital** eines Unternehmens, können kurzfristig oder langfristig sein.

Langfristige Verbindlichkeiten bestehen meist gegenüber Kreditinstituten, also Banken bzw. Sparkassen. Sie haben eine **Kreditdauer von mindestens einem Jahr.** So muss die Großhandlung Kern beispielsweise zur Bezahlung (= Finanzierung) eines neuen Lagergebäudes bei den Banken **Hypotheken** aufnehmen, die erst im Laufe von 5, 10 oder 20 Jahren getilgt werden. Zur Sicherung des Gläubigers wird die Hypothek im Grundbuch eingetragen, das bei dem für das Grundstück zuständigen Amtsgericht geführt wird. Darüber hinaus können bei den Kreditinstituten auch **Darlehen** aufgenommen werden, die in der Regel nach 1, 3 oder 5 Jahren zurückgezahlt werden müssen.

Kurzfristige Verbindlichkeiten haben lediglich eine **Kreditdauer von höchstens einem Jahr.** Sie entstehen meist gegenüber den Lieferanten der Großhandlung Katja Kern, wenn sie bei ihnen Waren auf Ziel, also mit einem Zahlungsziel von 30, 60 oder gar 90 Tagen, einkauft. Durch diesen Zieleinkauf erhöhen sich ihre Warenvorräte und zugleich auch ihre „Verbindlichkeiten aus Lieferungen und Leistungen" (= **Verbindlichkeiten a. LL**), wie man die Schulden bei den Lieferern bezeichnet. Kurzfristig sind natürlich alle Kredite, die Kreditinstitute für wenige Monate, also in der Regel bis zu einem Jahr, einräumen. Sie entstehen auch oft, wenn die Unternehmen kurzfristig ihre Bankkonten im vorher vereinbarten Rahmen „überziehen".

Zu den Schulden des Großhandelsunternehmens Katja Kern e. Kfr. rechnen zum 31. Dezember 01:

Langfristige Verbindlichkeiten:
Hypothekenschulden bei der Sparkasse	975.000,00 €	
Darlehen der Deutschen Bank, Köln	499.000,00 €	1.474.000,00 €

Kurzfristige Verbindlichkeiten:
Verbindlichkeiten aus Lieferungen und Leistungen:
Lieferer Deutsche Papier AG, Leipzig	135.000,00 €	
Lieferer Druck und Papier GmbH, Hagen	247.250,00 €	
Lieferer Hein OHG, Köln	143.750,00 €	526.000,00 €
Summe der Schulden		**2.000.000,00 €**

1.2   Die Durchführung der Inventur

Das Geschäftsjahr eines Unternehmens deckt sich in der Regel mit dem Kalenderjahr. Es ist nun Aufgabe der Inventur, regelmäßig zum Schluss eines Geschäftsjahres, also zum 31. Dezember, die Höhe des Vermögens und der Schulden des Unternehmens zu ermitteln.

Körperliche Inventur. Bei einer Reihe von „körperlichen" Vermögensposten, also Waren, Bargeld u. a., muss man zunächst einmal die **Menge feststellen,** bevor man den Wert des jeweiligen Postens errechnen kann. Diese **„körperliche Inventur" geschieht** je nach Art des Vermögensgegenstandes **durch Zählen, Messen oder Wiegen.**

Anlagenkartei. Die körperliche Bestandsaufnahme kann bei allen **beweglichen** Anlagegütern (z. B. Maschinen, Fahrzeuge, Schreibtische u. a.) entfallen, wenn man für jeden Anlagegegenstand in einer Anlagenkartei eine besondere **Anlagenkarte** führt, die den Anschaffungswert, den Zeitpunkt der Anschaffung, die voraussichtliche Nutzungsdauer in Jahren sowie die jährliche Wertminderung, also die Abschreibung, und damit den „Buchwert" des Anlagegutes zum 31. Dezember des jeweiligen Geschäftsjahres ausweist. Der Wert des Anlagegutes wird somit buchmäßig korrekt nachgewiesen.

Inventar-Nr. 0860/567		Bezeichnung der Anlage EDV-Anlage 486 S	Standort (Kostenstelle) Finanzbuchhaltung
Anschaffungszeitpunkt 15. Jan. 01		Anschaffungskosten 20.000,00 €	Instandsetzungen —
Nutzungsjahre: 4		Jährlicher Abschreibungsbetrag: 5.000,00 €	
Datum	**Zugang**	**Abschreibung**	**Buchwert (Restwert)**
15. Jan. 01	20.000,00 €	—	—
31. Dez. 01	—	5.000,00 €	15.000,00 €
31. Dez. 02	—	5.000,00 €	10.000,00 €
usw.			

647018

Bewertung der Menge. Im Unternehmen Kern wurden im Rahmen der körperlichen Inventur der Warenvorräte (siehe S. 17) zuerst die Paletten für Druckpapier (1 148 Paletten), Kopierpapier (916 Paletten) und Umschlagkarton (160 Paletten) gezählt. Danach musste die jeweilige Anzahl der Paletten, also die Warenmenge, bewertet, d. h. in Euro ausgedrückt werden. Dabei ist zu beachten, dass man **von zwei zur Verfügung stehenden Werten,** nämlich den **ursprünglichen Anschaffungskosten** der Palette und dem **Tageswert** am 31. Dezember, **den niedrigsten Wert einsetzt.** Das Handelsgesetzbuch (§ 252 HGB) verlangt von allen Unternehmern eine **niedrige und damit vorsichtige Bewertung der Vermögensteile** (= Niederstwertprinzip).

Beispiel	Die Großhandlung Kern hat zum 31. Dezember des Geschäftsjahres noch 1 148 Paletten Druckpapier auf Lager. Die Anschaffungskosten der einzelnen Palette betrugen 1.400,00 €. Am 31. Dezember ist der Anschaffungswert auf 1.450,00 € gestiegen. Nach dem **Niederstwertprinzip** sind die Paletten mit 1.400,00 € je Stück zu bewerten. **Der Wertansatz beträgt somit:**

1 148 Paletten Druckpapier · 1.400,00 € = 1.607.200,00 €

Buchinventur. Die Werte aller **nicht körperlichen** Vermögensposten und der Schulden ergeben sich zum 31. Dezember aus den entsprechenden **Belegen oder buchhalterischen Aufzeichnungen.** So ergibt sich der Wert des Bankguthabens zum 31. Dezember aus dem vorliegenden **Kontoauszug der Bank.** Die Höhe der Forderungen an unsere Kunden sowie die Höhe der Verbindlichkeiten gegenüber unseren Lieferern werden anhand der **Kunden- bzw. Liefererkartei** ermittelt, in der **für jeden einzelnen Kunden und Lieferer** die Geschäftsbeziehungen kartei- bzw. kontomäßig festgehalten werden. Der Stand der langfristigen und kurzfristigen Bankschulden ergibt sich aus den entsprechenden Kontoauszügen. Der Arbeitsaufwand der buchmäßigen Inventur ist daher im Vergleich zur körperlichen Inventur, wie z. B. bei den Waren, gering.

Kundenkonto-Nr.: 10002		**Kaufkette AG,** Aachener Straße 4-10, 50674 Köln			
Zahlungsbedingungen: 10 Tage: 2 % Skonto oder 30 Tage: netto Kasse					
Datum	**Beleg**	**Buchungstext**	**Zugang** (€)	**Abgang** (€)	**Stand** (Saldo)
1. Jan. 02	Inventar v. 31. Dez. 01	Anfangsbestand	—	—	87.000,00 €
5. Jan. 02	Kontoauszug 02	Überweisung der Ausgangsrechnung 456	—	75.400,00	11.600,00 €
10. Jan. 02	Ausgangsrechnung 68	Verk. v. Kopierpapier	23.200,00	—	34.800,00 €

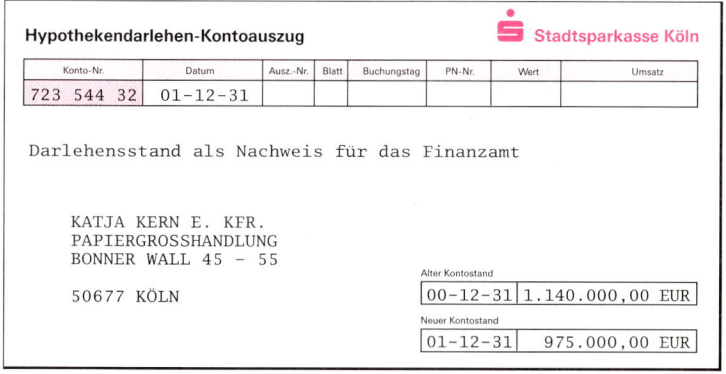

647019

1.3   Die Vereinfachung der Wareninventur

Organisation der Inventurarbeiten. Das Warensortiment eines Großhandelsunternehmens ist in seiner Vielschichtigkeit und Größe von Branche zu Branche sehr unterschiedlich. So hat beispielsweise ein Elektro- oder Lebensmittelgroßhandel ein viel-
schichtigeres Sortiment als ein Tuchgroßhandel. Die mengenmäßige (körperliche)
Bestandsaufnahme der unterschiedlichen Warengruppen ist dann mit einem erheblichen Arbeitsaufwand verbunden und bedarf deshalb auch einer **sorgfältigen Vorbereitung des organisatorischen Ablaufs.** In der Regel wird zunächst ein **Inventurleiter**
ernannt, der für die praktische Durchführung der Inventurarbeiten einen genauen
Aufnahmeplan erstellt. Dieser Plan legt zunächst die einzelnen **Inventurbereiche**
(z. B. nach Warengruppen) fest, benennt die **Personen** der Aufnahmegruppen und die
zu verwendenden **Aufnahmeformulare** und **Hilfsmittel** (z. B. Diktiergeräte) sowie
den jeweiligen **Zeitpunkt** für die Durchführung der Inventur. Wichtig ist, dass auch
Aufsichtspersonen benannt werden, die durch Stichproben die **Bestandsaufnahmen
überprüfen.**

Zur Vereinfachung der Inventur der Warenvorräte sind nach § 241 HGB und
Abschnitt 30 EStR (Einkommensteuerrichtlinien) **folgende Verfahren erlaubt:**

Stichtagsinventur = zeitnahe körperliche Bestandsaufnahme

Die körperliche Bestandsaufnahme der Warenvorräte muss nun nicht gerade am
Abschluss-Stichtag (31. Dezember) erfolgen, sondern kann **zeitnah** durchgeführt werden, und zwar innerhalb einer Frist von

10 Tagen vor oder nach dem Abschluss-Stichtag.

Dieses Verfahren setzt aber voraus, dass **alle Warenzu- und -abgänge** zwischen dem
Tag der Inventur, also z. B. 21. Dezember bzw. 10. Januar, und dem 31. Dezember als
Abschluss-Stichtag anhand von Belegen (Rechnungen) **mengen- und wertmäßig** auf
den 31. Dezember **fortgeschrieben oder zurückgerechnet** werden. Auch wenn die
Abschluss-Stichtagsinventur zeitnah in einer 10-Tagesfrist vorgenommen werden darf,
sind bei manchen Unternehmen wegen des großen Warensortiments **Betriebsschlie-
ßungen erforderlich.**

Verlegte Inventur = vor- oder nachverlegte körperliche Bestandsaufnahme

In diesem Fall darf die Inventur an beliebigen Tagen innerhalb der letzten

drei Monate vor oder der ersten zwei Monate nach dem 31. Dezember

erfolgen. Ein großer Vorteil besteht nun darin, dass der am Inventurtag ermittelte
Bestand an Waren nur noch **wertmäßig,** also nicht mengenmäßig, auf den 31. Dezember fortgeschrieben oder zurückgerechnet werden muss.

Vorverlegte Inventur am 15. Nov. 00		Nachverlegte Inventur am 8. Jan. 01	
Wert der Waren am 15. Nov. .	125.000,00	Wert der Waren am 8. Jan. . . .	200.000,00
+ Wert der Zugänge		− Wert der Zugänge	
15. Nov. - 31. Dez.	45.000,00	1. Jan. - 8. Jan.	80.000,00
− Wert der Abgänge		+ Wert der Abgänge	
15. Nov. - 31. Dez.	60.000,00	1. Jan. - 8. Jan.	50.000,00
Warenwert am 31. Dez.	**110.000,00**	**Warenwert am 31. Dez. . . . .**	**170.000,00**
Wertfortschreibung		**Wertrückrechnung**	

647020

Permanente Inventur = laufende Buchinventur anhand der Lagerkartei

Der **mengenmäßige Bestand** eines Warenartikels kann **jederzeit buchmäßig,** also ohne körperliche Inventur, nachgewiesen werden, wenn man die Menge des jeweiligen Zugangs und Abgangs eines Artikels anhand der Lieferscheine oder Rechnungen auf einer Lagerkarte oder EDV-mäßig erfasst. So ist man in der Lage, aufgrund der Aufzeichnungen täglich den Mengenbestand „buchmäßig" zu erfahren. Allerdings muss der

Buchbestand wenigstens einmal im Geschäftsjahr überprüft

und gegebenenfalls korrigiert werden. Die hierzu erforderliche körperliche Bestandsaufnahme kann **an jedem beliebigen Tag des Jahres** durchgeführt werden. Über die Durchführung dieser Inventur ist ein **Protokoll** (= Beleg!) anzufertigen.

Lagerkarte der Papiergroßhandlung Katja Kern e. Kfr.					
Artikel: Kopierpapier **Lieferer:** Deutsche Papier AG **Mindestbestand:** 120 Paletten					
Artikel-Nr.: 2281 **Höchstbestand:** 600 Paletten					
Datum	Beleg	Preis je Palette	Zugang	Abgang	Bestand
1. Jan. ...	Anfangsbestand	775,00 €	—	—	**150**
6. Jan. ...	Eingangsrechnung ER 12	775,00 €	80	—	**230**
7. Jan. ...	Ausgangsrechnung AR 16	—	—	40	**190**
8. Jan. ...	Eingangsrechnung ER 18	800,00 €	100	—	**290**
9. Jan. ...	Ausgangsrechnung AR 22	—	—	60	**230**
usw.					

1.4   Die Aufstellung des Inventars

Die Ergebnisse der Inventur als Bestands**aufnahme** werden in einem besonderen Bestands**verzeichnis,** dem **„Inventar",** zusammengestellt und übersichtlich gegliedert. **Das Inventar besteht aus drei Teilen:**

A. Vermögen
  I. Anlagevermögen
  II. Umlaufvermögen

B. Schulden
  I. Langfristige Schulden
  II. Kurzfristige Schulden

C. Eigenkapital (= Reinvermögen)

Die Posten des Anlage- und Umlaufvermögens werden nach ihrer **Geldnähe oder Flüssigkeit** geordnet, also nach dem Grad, wie schnell sie in Geld umgesetzt werden können. So sind die weniger „flüssigen" (liquiden) Vermögensposten, wie z. B. Grundstücke und Gebäude, im Inventar zuerst und die bereits **liquiden** Mittel, wie Kassenbestand und Bankguthaben, zuletzt aufzuführen.

Die Schulden, also das im Unternehmen arbeitende Fremdkapital, werden nach ihrer **Fälligkeit** in langfristige und kurzfristige Verbindlichkeiten gegliedert.

Das Eigenkapital, das auch als „Reinvermögen" bezeichnet wird, ergibt sich, wenn man die Schulden, also das Fremdkapital, vom Vermögen abzieht. Das Eigenkapital gibt den Betrag an, den der Unternehmer an eigenen Mitteln in das Unternehmen eingebracht hat.

A. Vermögen – B. Schulden = C. Eigenkapital

Aufbewahrung. Inventare sind **10 Jahre** aufzubewahren. Die Aufbewahrung kann auch auf einem **Bildträger** (Mikrofilm) oder auf einem anderen **Datenträger** (Diskette, Magnetband) erfolgen. Die Daten müssen jedoch **jederzeit lesbar** gemacht werden können (§ 257 HGB).

INVENTAR

der Papiergroßhandlung Katja Kern e. Kfr., Köln, zum 31. Dezember 01

	€	€
A. Vermögen		
I. Anlagevermögen		
1. Grundstücke und Gebäude lt. Anlagenverzeichnis AV 1		
Bebaute Grundstücke	83.500,00	
Gebäude		
Verwaltungsgebäude, Bonner Wall 45-49	740.000,00	
Lagergebäude, Bonner Wall 50-52	400.000,00	
8 Garagen, Bonner Wall 53-55	32.000,00	1.255.500,00
2. Betriebs- und Geschäftsausstattung lt. AV 2		
Lagereinrichtung	115.100,00	
Automatische Verpackungsanlage	119.400,00	
4 Gabelstapler	31.000,00	
Fuhrpark: 5 LKW und 4 PKW	157.000,00	
Geschäftsausstattung	72.000,00	494.500,00
II. Umlaufvermögen		
1. Waren lt. Warenliste 1-3		
1 148 Paletten Druckpapier je 1.400,00 €	1.607.200,00	
916 Paletten Kopierpapier je 800,00 €	732.800,00	
160 Paletten Umschlagkarton je 1.312,50 € ..	210.000,00	2.550.000,00
2. Forderungen aus Lieferungen und Leistungen lt. Kundenkartei		
Schneider OHG, Würzburg	115.000,00	
Kaufkette AG, Köln	86.250,00	
Druckcenter GmbH, Leipzig	165.000,00	366.250,00
3. Kassenbestand lt. Kassenbericht		16.950,00
4. Bankguthaben bei der Stadtsparkasse Köln lt. Kontoauszug		316.800,00
Summe des Vermögens		**5.000.000,00**
B. Schulden		
I. Langfristige Schulden lt. Kontoauszügen		
1. Hypothekendarlehen der Stadtsparkasse Köln		975.000,00
2. Darlehen der Deutschen Bank, Köln		499.000,00
II. Kurzfristige Verbindlichkeiten		
Verbindlichkeiten aus Lieferungen und Leistungen lt. Liefererkartei		
Deutsche Papier AG, Leipzig	135.000,00	
Druck und Papier GmbH, Hagen	247.250,00	
Matthias Hein OHG, Köln	143.750,00	526.000,00
Summe der Schulden		**2.000.000,00**
C. Ermittlung des Eigenkapitals		
Summe des Vermögens		5.000.000,00
− Summe der Schulden		2.000.000,00
Eigenkapital (Reinvermögen)		**3.000.000,00**

647022

Zusammenfassung

▶ **Inventur** ist die **Bestandsaufnahme aller Vermögensteile und Schulden** eines Unternehmens, und zwar **nach Art, Menge und Wert.** Sie ist gesetzlich vorgeschrieben regelmäßig zum Ende des Geschäftsjahres, bei Gründung, Verkauf und Auflösung eines Unternehmens.

▶ **Das Vermögen** eines Unternehmens gliedert sich in **Anlage- und Umlaufvermögen.** Das **Anlagevermögen** bildet die Grundlage der Geschäftstätigkeit und enthält Vermögensteile mit **langjähriger Nutzungsdauer.** Zum **Umlaufvermögen** gehören alle Vermögensposten, die sich **kurzfristig verändern.** Die Vermögensteile werden nach dem Grad ihrer **Flüssigkeit** geordnet.

▶ **Die Schulden (Fremdkapital)** werden nach der Fälligkeit in **lang- und kurzfristige** Verbindlichkeiten gegliedert.

▶ **Die körperliche Inventur** ermittelt den Bestand der körperlichen Vermögensposten **nach Art, Menge und Wert.**

▶ **Die Buchinventur** erfasst den Bestand aller **nicht körperlichen Vermögensteile und Schulden** anhand der buchmäßigen Aufzeichnungen **nach Art und Wert.**

▶ **Niederstwertprinzip.** Im Rahmen der Inventur müssen die Vermögensposten nach dem Niederstwertprinzip bewertet werden: **Von zwei Werten,** nämlich Anschaffungswert und Tageswert am Abschlusstag, **ist der niedrigste anzusetzen.** Das entspricht dem wichtigen **Grundsatz kaufmännischer Vorsicht.**

▶ **Verfahren der Inventurerleichterung.** Die Stichtagsinventur, die verlegte Inventur und die permanente Inventur sind gesetzlich erlaubte Verfahren, die die zeitraubende Bestandsaufnahme der Warenvorräte vereinfachen.

▶ **Die Stichtagsinventur** darf zeitnah, d. h. innerhalb von **10 Tagen vor oder nach dem Abschluss-Stichtag** (z. B. 31. Dezember ..), durchgeführt werden.

▶ **Die verlegte Inventur** darf innerhalb der letzten **drei Monate vor oder der ersten zwei Monate nach** dem Abschluss-Stichtag erfolgen.

▶ **Die permanente Inventur** weist durch Erfassung aller Zu- und Abgänge eines Warenartikels jederzeit den Lagerbestand **buchmäßig (Lagerkarte) nach.** Zur Kontrolle muss **einmal im Jahr eine körperliche Inventur** erfolgen.

▶ **Anlagenkarte.** Die körperliche Inventur der **beweglichen** Anlagegüter kann entfallen, wenn das Unternehmen für jeden Anlagegegenstand in einer Anlagenkartei eine Anlagenkarte führt.

▶ **Kunden- und Liefererkartei.** Der Bestand der Forderungen und Verbindlichkeiten aus Lieferungen und Leistungen (a. LL) wird buchmäßig anhand der Kunden- und Liefererkartei ermittelt.

▶ **Kontoauszüge** bilden den Beleg für alle kurz- und langfristigen Kreditverbindlichkeiten und Bankguthaben.

▶ **Gliederung des Inventars.** Das **Inventar** oder **Bestandsverzeichnis** ist der schriftliche Niederschlag der Inventur als Bestandsaufnahme. Es **besteht aus drei Teilen:** A. Vermögen, B. Schulden und C. Eigenkapital (Reinvermögen).

▶ **Das Eigenkapital** ergibt sich als Überschuss des Vermögens über die Schulden. Es stellt das Kapital dar, das der Unternehmer als „eigene Mittel" in das Unternehmen eingebracht hat.

▶ **Aufbewahrung des Inventars.** Das Inventar ist **10 Jahre** schriftlich oder auf Datenträgern und Mikrofilm aufzubewahren. Es wird nicht unterschrieben.

Aufgaben

3   Zum Geschäftsvermögen des Elektrogroßhandels Rolf Göbel e. K., Leverkusen, gehören zum 31. Dezember eines Geschäftsjahres lt. Inventur folgende Posten:

   200.000,00 € Bankguthaben bei der Sparkasse Leverkusen,
1.600.000,00 € Grundstücke und Gebäude lt. Anlagenverzeichnis 1,
    15.000,00 € Kassenbestand,
   172.500,00 € Forderungen a. LL lt. Kundenkartei,
   186.000,00 € Technische Anlagen und Maschinen
                 lt. Anlagenverzeichnis 2,
   226.500,00 € Betriebs- und Geschäftsausstattung
                 lt. Anlagenverzeichnis 3 und
1.100.000,00 € Warenvorräte lt. Warenliste.

Ordnen Sie die Vermögensposten nach steigender Flüssigkeit dem Anlage- und Umlaufvermögen zu und ermitteln Sie die Höhe des Geschäftsvermögens des Großhandels Rolf Göbel e. K.

4   Zu den Schulden der Großhandlung Rolf Göbel e. K. (Aufgabe 3) rechnen am 31. Dezember .. lt. Inventur:

800.000,00 € Hypothekendarlehen der Sparkasse Leverkusen,
130.000,00 € Steuerverbindlichkeiten beim Finanzamt,
600.000,00 € Verbindlichkeiten a. LL lt. Liefererkartei und
395.000,00 € Darlehen der Deutschen Bank, Leverkusen.

Ordnen Sie die Schuldposten nach ihrer Fälligkeit jeweils den lang- und kurzfristigen Verbindlichkeiten zu. Ermitteln Sie die Höhe der Schulden zum 31. Dez.

5   *1. Ermitteln Sie aus den Angaben der Aufgaben 3 und 4 das Eigenkapital der Großhandlung Rolf Göbel e. K.*

   2. Erstellen Sie nunmehr für die Großhandlung Rolf Göbel e. K., Leverkusen, zum 31. Dezember .. ein Inventar. Beachten Sie dabei Form und Gliederung des Musterinventars im Lehrbuch auf S. 22.

6   Das Vermögen der Großhandlung Rolf Göbel e. K. beträgt lt. Inventar vom 31. Dezember .. ●●● €. Dieses Vermögen hat Rolf Göbel mit eigenen Mitteln in Höhe von ●●● € finanziert („bezahlt"). Die fremden Mittel in Höhe von ●●● € haben ebenfalls einen sehr großen Teil seines Vermögens finanziert.

   1. Ermitteln Sie jeweils den Anteil des Eigen- und Fremdkapitals in % am Gesamtvermögen.

   2. Inwiefern ist es günstiger, wenn das Vermögen eines Unternehmens überwiegend mit eigenen Mitteln finanziert ist? Begründen Sie.

   3. Ermitteln Sie für das Unternehmen Katja Kern e. Kfr. (siehe Musterinventar) jeweils den Anteil des Eigen- und Fremdkapitals am Gesamtvermögen.

   4. Vergleichen Sie die Ergebnisse der beiden Unternehmen.

7   Ein Holzgroßhändler hat am Abschluss-Stichtag lt. Inventur noch 900 Quadratmeter Deckenpaneele auf Lager. Die Anschaffungskosten betrugen 20,00 € je m^2. Der Tageswert am 31. Dez. beträgt 1. 17,50 € und 2. 21,00 € je m^2.

Bewerten Sie die Inventurmenge und ermitteln Sie jeweils den Wertansatz für das Inventar. Begründen Sie Ihre Bewertungsentscheidung.

8   *Ergänzen Sie die folgenden Aussagen:*

   1. Zum Anlagevermögen rechnen Güter, die dem Unternehmen ●●● dienen. Das Umlaufvermögen besteht dagegen aus Gütern, die sich ●●● verändern.

647024

2. Anlagegüter können einerseits beweglich oder ••• und andererseits abnutzbar oder ••• sein. Abnutzbare Anlagegüter haben nur eine bestimmte Nutzungs•••. Die jährliche Wertminderung eines Anlagegutes wird zum 31. Dezember abgeschrieben, indem man die Anschaffungskosten auf die Nutzungs••• verteilt.

3. Die verlegte Inventur kann innerhalb von ••• Monaten ••• oder ••• Monaten ••• dem Abschluss-Stichtag durchgeführt werden. In diesem Fall wird nicht die Menge des jeweiligen Artikels, sondern nur der ••• anhand der Rechnungen fortgeschrieben oder •••.

4. Die Stichtagsinventur kann zeit••• innerhalb von ••• Tagen ••• oder ••• dem Abschlusstag erfolgen.

5. Die permanente Inventur kann ••• den mengenmäßigen Buchbestand eines Artikels nachweisen. Das geschieht mithilfe der Lager••• durch ••• aller Zu- und ••• des Artikels. Mindestens ••• im Jahr muss aber eine tatsächliche ••• Bestandsaufnahme durchgeführt werden, über die ein ••• anzufertigen ist.

6. Inventur ist die Bestands•••, Inventar ist das Bestands•••.

9

1. Das Vermögen eines Unternehmens beträgt 600.000,00 €. Das Eigenkapital beläuft sich auf 450.000,00 €. *Wie hoch ist das im Unternehmen arbeitende Fremdkapital?*

2. Ein Unternehmen hat ein Eigenkapital von 700.000,00 € und Schulden in Höhe 500.000,00 €. *Wie hoch ist das Vermögen des Unternehmens?*

3. Das Anlagevermögen eines Unternehmens beträgt 300.000,00 € und das Vermögen 900.000,00 €. *Wie hoch ist das Umlaufvermögen?*

4. Das Vermögen eines Unternehmens beträgt 1.500.000,00 € und das Fremdkapital 700.000,00 €. *Wie hoch ist das Eigenkapital?*

5. *Ergänzen Sie:*
   a) Vermögen = ••• und •••
   b) Eigenkapital = ••• — •••
   c) Fremdkapital = ••• — •••
   d) Anlagevermögen = ••• — •••

10 *Ermitteln Sie für den Baustoffgroßhandel Wette OHG, Köln, jeweils im Rahmen der vorverlegten und nachverlegten Inventur den Vorratsbestand an Zement 4403 zum 31. Dezember:*

a) Die körperliche Inventur wurde am 1. Okt. 00 durchgeführt und ergab einen Bestand an Zement in Höhe von 32.800,00 €. Zwischen dem 1. Okt. und dem 31. Dez. wurde lt. Eingangsrechnungen Zement im Wert von 58.300,00 € eingekauft. Aufgrund der Ausgangsrechnungen wurde im gleichen Zeitraum Zement 4403 für 76.300,00 € verkauft.

b) Die körperliche Inventur erfolgt am 20. Febr. des Folgejahres und ergibt einen Bestand an Zement von 43.600,00 €. In der Zeit vom 1. Jan. bis 20. Febr. 01 betrugen die Zementverkäufe insgesamt 22.800,00 € und die Einkäufe 15.200,00 €.

11 Im Baustoffgroßhandel Wette OHG beträgt der Inventurbestand an Fliesenkleber 24 Gebinde zu je 10 kg. Da nicht mehr feststellbar ist, aus welchen Lieferungen der aufgrund der körperlichen Inventur ermittelte Bestand besteht, müssen zunächst die durchschnittlichen Anschaffungskosten je Gebinde aus allen Lieferungen ermittelt werden:

Datum	Menge	Einzelpreis	Datum	Menge	Einzelpreis
1. Jan.	14 Gebinde	22,50 €	21. Aug.	30 Gebinde	22,90 €
5. März	40 Gebinde	22,60 €	9. Okt.	40 Gebinde	23,00 €
12. Juni	50 Gebinde	22,80 €	10. Dez.	20 Gebinde	23,10 €

1. *Ermitteln Sie den Inventurwert des Fliesenklebers aufgrund der durch-schnittlichen Anschaffungskosten.*
2. *Der Tagespreis zum 31. Dezember beträgt für den Fliesenkleber a) 22,00 € und b) 23,50 €. Ermitteln Sie den Wertansatz für das Inventar und begründen Sie die Bewertung.*

---

12 Die Inventur in der Textilgroßhandlung Ulrike Brandt e. Kfr., Essen, ergab zum 31. Dez. 01 und zum 31. Dez. 02 folgende Werte:

Grundstücke und Gebäude lt. Anlagenverzeichnis 1	**31. Dez. 01**	**31. Dez. 02**
Bebaute Grundstücke	100.000,00	100.000,00
Gebäude		
Verwaltungsgebäude	420.000,00	411.600,00
Lagergebäude	135.000,00	132.300,00
Bankguthaben bei der		
Commerzbank Essen	126.700,00	131.000,00
Sparkasse Essen	18.900,00	29.400,00
Warenvorräte lt. Warenliste	483.300,00	541.400,00
Kassenbestand	2.800,00	2.600,00
Technische Anlagen und Maschinen		
lt. Anlagenverzeichnis 2	170.000,00	236.400,00
Forderungen a. LL lt. Kundenkartei		
Busch KG, Bochum	52.800,00	72.800,00
Jutta Kolberg e. K., Duisburg	33.500,00	61.500,00
Hypothekenschulden bei der		
Sparkasse Essen	290.000,00	260.000,00
Darlehensschulden bei der		
Commerzbank Essen	281.000,00	210.750,00
Verbindlichkeiten a. LL lt. Liefererkartei	89.500,00	146.800,00
Betriebs- und Geschäftsausstattung		
lt. Anlagenverzeichnis 3		
Lagereinrichtung	44.500,00	48.700,00
Fuhrpark	45.000,00	38.000,00
Geschäftsausstattung	47.100,00	28.200,00

1. *Erstellen Sie die Inventare der beiden aufeinander folgenden Geschäfts-jahre.*
2. *Vergleichen Sie die beiden Inventare und erklären Sie die Veränderungen im Anlage- und Umlaufvermögen, in den Schulden und im Eigenkapital.*

---

13 1. *Unterscheiden Sie zwischen Buchinventur und körperlicher Inventur.*
2. *Nennen Sie die Nachteile der Stichtagsinventur und die Vorteile der perma-nenten Inventur.*
3. *Erläutern Sie die vor- und nachverlegte Inventur.*
4. *Die körperliche Bestandsaufnahme erfolgt durch Zählen, Messen, Wiegen und gegebenenfalls Schätzen. Nennen Sie jeweils ein Beispiel.*
5. *Was beinhaltet das Niederstwertprinzip für die Inventur?*

647026

2 Die Ermittlung des Geschäftserfolges durch Eigenkapitalvergleich

Situation Im Inventar des Unternehmens Katja Kern (siehe S. 22) wurde zum 31. Dez. 01 ein Eigenkapital von 3.000.000,00 € ermittelt. Im darauf folgenden Geschäftsjahr, also zum 31. Dez. 02, weist das Inventar ein Eigenkapital von 3.500.000,00 € aus.

Eine wichtige Aufgabe der Buchführung ist es, den Erfolg des Geschäftsjahres, also den **Gewinn oder Verlust**, festzustellen. Schließlich will der Unternehmer wissen, ob sich seine Arbeit und der Einsatz seines Kapitals gelohnt haben. Das lässt sich einfach ermitteln, indem man das Eigenkapital aus den Inventaren von zwei aufeinander folgenden Geschäftsjahren miteinander vergleicht. Hat sich das Eigenkapital erhöht, ist das positiv zu sehen und lässt grundsätzlich auf Gewinn schließen. Eine Verminderung des Eigenkapitals deutet dagegen grundsätzlich auf Verlust hin.

	Eigenkapital zum 31. Dez. 02	3.500.000,00 €
−	Eigenkapital zum 31. Dez. 01	3.000.000,00 €
	Mehrung des Eigenkapitals = Gewinn	**500.000,00 €**

Privatentnahmen. Die Mehrung des Eigenkapitals kann aber nur dann als Gewinn bezeichnet werden, wenn die Unternehmerin Kern während des Geschäftsjahres weder Geld noch Waren oder andere Vermögensgegenstände dem Geschäftsvermögen für ihre privaten Zwecke entzogen hat. Hat Frau Kern im **Vorgriff auf den erwarteten Gewinn** für ihren Lebensunterhalt monatlich 5.000,00 € der Geschäftskasse — natürlich jeweils gegen Quittung (= Beleg) — entnommen, so fehlen am Ende des Jahres letztlich 60.000,00 € in der Kasse. Zum 31. Dezember 02 wird somit auch im Inventar die Summe des Vermögens und damit des Eigenkapitals um diesen Betrag geringer ausgewiesen. Will man den Gewinn des Unternehmens korrekt ermitteln, müssen diese Privatentnahmen wieder hinzugerechnet werden. Der Gewinn erhöht sich deshalb um diesen Betrag:

	Eigenkapital zum 31. Dez. 02	3.500.000,00 €
−	Eigenkapital zum 31. Dez. 01	3.000.000,00 €
	Mehrung des Eigenkapitals	500.000,00 €
+	**Privatentnahmen**	**60.000,00 €**
	Gewinn zum 31. Dez. 02	**560.000,00 €**

Privateinlagen. Hat der Unternehmer während des Geschäftsjahres Geld- oder Sachwerte aus seinem Privatvermögen in das Unternehmen eingebracht, so sind diese Werte bei der Ermittlung des Gewinns zu berücksichtigen, da sie **nicht vom Unternehmen erwirtschaftet** worden sind. Deshalb muss Frau Kern, die ein geerbtes Grundstück im Wert von 146.000,00 € auf ihr Unternehmen übertragen hat, diesen Betrag wieder abziehen:

	Eigenkapital zum 31. Dez. 02	3.500.000,00 €
−	Eigenkapital zum 31. Dez. 01	3.000.000,00 €
	Mehrung des Eigenkapitals	500.000,00 €
+	Privatentnahmen	60.000,00 €
		560.000,00 €
−	Privateinlagen	146.000,00 €
	Gewinn zum 31. Dez. 02	**414.000,00 €**

Hat sich der Kapitaleinsatz gelohnt? Diese Frage stellt sich natürlich Frau Kern nach der Ermittlung des Gewinns zum Schluss des Geschäftsjahres. Deshalb vergleicht sie den erzielten Gewinn in Höhe von 414.000,00 € mit dem zu Beginn des Geschäfts-jahres eingesetzten Eigenkapital von 3.000.000,00 € und errechnet daraus die **Verzin-sung (= Rentabilität) ihres Eigenkapitals.** Schließlich will sie doch wissen, ob eine langfristige Kapitalanlage bei der Bank oder in Form von Wertpapieren nicht günstiger ist, bei der sie zwischen 5 und 7 % bekommt.

siehe „Prozentrechnung", Kap. H, 4, und „Zinsrechnung", Kap. H, 5

$$3.000.000,00 \text{ € Eigenkapital} = 100 \text{ %}$$
$$414.000,00 \text{ € Gewinn} = \text{x %} \qquad \text{x %} = \frac{414.000,00 \text{ € } \cdot 100 \text{ %}}{3.000.000,00 \text{ €}} = 13,8 \text{ %}$$

$$\text{Rentabilität des Eigenkapitals} = \frac{\text{Gewinn} \cdot 100 \text{ %}}{\text{Eigenkapital}}$$

Zusammenfassung

▶ Der **Erfolg eines Geschäftsjahres** kann positiv oder negativ sein. Im ersten Fall sprechen wir von **Gewinn,** im zweiten von **Verlust.**

▶ **Gewinn und Verlust ergeben sich durch Vergleich des Eigenkapitals** vom Ende mit dem vom Anfang des Geschäftsjahres bzw. Ende des vorherge-henden Geschäftsjahres.

Grundsätzlich bedeuten: **Eigenkapitalmehrung** ➡ **Gewinn**

Eigenkapitalminderung ➡ **Verlust**

▶ **Privatentnahmen** in Form von Geld- oder Sachwerten stellen einen **Vorgriff auf den erwarteten Gewinn** dar. Sie sind dem Eigenkapital hinzuzurechnen.

▶ **Privateinlagen** sind kein Gewinn. Sie sind daher vom Eigenkapital abzusetzen.

▶ **Erfolgsermittlung:**   Eigenkapital am Ende des Geschäftjahres
  − Eigenkapital am Anfang des Geschäftsjahres
  + Private Entnahmen
  − Private Einlagen
  Gewinn oder **Verlust**

Aufgaben

14   Die Werkzeuggroßhandlung Walter Herzberg e. K., Leichlingen, weist im Inventar zum 31. Dez. 02 ein Eigenkapital von 580.000,00 € aus. Am 31. Dez. 01 betrug das Eigenkapital 530.000,00 €. Im Geschäftsjahr 02 hatte W. Herzberg vom Bankkonto des Unternehmens 72.000,00 € für private Zwecke abgehoben.

1. *Wie hoch ist der Gewinn des Unternehmens zum 31. Dezember 02?*
2. *Mit wie viel Prozent hat sich das Eigenkapital verzinst?*

15   Die Tabakwarengroßhandlung Wolfgang Hiebel e. K., Langenfeld, verfügt lt. Inventar vom 31. Dez. 02 über ein Eigenkapital von 600.000,00 €. Zu Beginn des Geschäftsjahres, also am 1. Jan. 02, hatte das Unternehmen noch ein Eigenkapi-tal von 690.000,00 €. Für seinen Lebensunterhalt hatte W. Hiebel während des Geschäftsjahres 5.000,00 € monatlich der Geschäftskasse gegen Quittung ent-nommen. Außerdem hat er Tabakwaren im Wert von 2.000,00 € für sich und seine Familie gegen Beleg dem Lager entnommen.

Ermitteln Sie den Erfolg des Unternehmens zum 31. Dezember 02.

16   Die Privatentnahmen betragen in der Textilgroßhandlung Ulrike Brandt e. Kfr. im Geschäftsjahr 02 60.000,00 €. Im gleichen Zeitraum belaufen sich die priva-ten Einlagen auf 30.000,00 €. *Ermitteln Sie auf der Grundlage der beiden Inventare der Aufgabe 12 den Geschäftserfolg zum 31. Dezember 02.*

17   Die Fahrradgroßhandlung Ulla Eul e. K., Köln, hat zum 31. Dez. 02 ein Eigenkapital von 500.000,00 €. Zum 1. Jan. 02 betrug das Eigenkapital 460.000,00 €. Im Geschäftsjahr 02 hat U. Eul dem Bankkonto für den eigenen Lebensunterhalt monatlich 4.500,00 € entnommen. Im Mai 02 brachte U. Eul ihren Privat-PKW in das Unternehmen ein. Der Tageswert des Wagens betrug 25.000,00 €.

1. *Ermitteln Sie den Geschäftserfolg zum 31. Dezember 02.*
2. *Wie hoch ist die Eigenkapitalrentabilität?*

3   Die Bilanz als Kurzfassung des Inventars

Situation   **Das Inventar ist eine ausführliche Darstellung** der einzelnen Vermögens- und Schuldenwerte nach Art, Menge, Einzel- und Gesamtwert, das — je nach Größe des Warensortiments — ganze Bände umfassen kann und dadurch **unübersichtlich** wird. § 242 HGB verlangt deshalb neben dem Inventar noch eine **kurz gefasste Übersicht** über Vermögen und Kapital, nämlich die **Bilanz.**

Die Bilanz ist eine Kurzfassung des Inventars, die es erlaubt, mit einem Blick das **Verhältnis zwischen Vermögen und Schulden** eines Unternehmens zu überschauen. In **Form und Umfang** unterscheidet sie sich deutlich vom Inventar. Während im Inventar Vermögen, Schulden und Eigenkapital in **Staffelform,** also untereinander, stehen, werden in der Bilanz **Vermögen und Kapital** (Eigen- und Fremdkapital) in **T-Kontenform** (s. u.) **gegenübergestellt.** Die Bilanz enthält **keine Mengenangaben und Namen** der Banken, Kunden und Lieferer. Außerdem fasst sie **gleichartige** Vermögensteile und Schuldenteile zu einzelnen Bilanzpositionen zusammen, wobei nur deren **Gesamtwert** ausgewiesen wird. So erscheint beispielsweise bei den Warenvorräten und der Betriebs- und Geschäftsausstattung lediglich der jeweilige Gesamtwert.

Die linke oder Aktivseite der Bilanz enthält alle Vermögensteile (= **Aktiva**) des Anlage- und Umlaufvermögens eines Unternehmens. Die **Vermögensposten** werden wie im Inventar **nach steigender Flüssigkeit geordnet.**

Die rechte oder Passivseite der Bilanz enthält das Kapital (= **Passiva**) des Unternehmens, das in Eigenkapital und Fremdkapital unterteilt wird. Die **Schulden** werden wie im Inventar **nach lang- und kurzfristiger Fälligkeit gegliedert.**

Unterschreiben der Bilanz. Die Richtigkeit (Wahrheit) der Bilanz muss durch Datum und persönliche Unterschrift der Inhaber des Unternehmens bestätigt werden.

BILANZ

AKTIVA	der Papiergroßhandlung Katja Kern e. Kfr. zum 31. Dezember 01	PASSIVA

Anlagevermögen		Eigenkapital 3.000.000,00
1. Grundstücke und Gebäude .	1.255.500,00	**Fremdkapital**
2. Betriebs- und Geschäftsausstattung	494.500,00	1. Hypothekenschulden 975.000,00
Umlaufvermögen		2. Darlehensschulden 499.000,00
1. Waren	2.550.000,00	3. Verbindlichkeiten a. LL 526.000,00
2. Forderungen a. LL	366.250,00	
3. Kasse	16.950,00	
4. Bank	316.800,00	
	5.000.000,00	**5.000.000,00**

Köln, 18. Januar 02   *Katja Kern*

Bilanzwaage. Die Aktivseite der Bilanz weist die Summe des Vermögens aus, die Passivseite die Summe des Kapitals. **Aktiva und Passiva** sind also **summenmäßig gleich hoch. Die Bilanzseiten halten sich die Waage (ital. bilancia = Waage).** Diese rechnerische **Gleichheit beider Bilanzseiten,** also von **Vermögen (Aktiva)** und **Kapital (Passiva),** kommt mathematisch in der **Bilanzgleichung** zum Ausdruck.

Bilanzgleichung		
Vermögen (Aktiva)	=	Kapital (Passiva)
Vermögen	=	Eigenkapital + Fremdkapital
Eigenkapital	=	Vermögen − Fremdkapital
Fremdkapital	=	Vermögen − Eigenkapital

Worüber gibt die Bilanz Auskunft? Die Bilanz der Großhandlung Kern lässt auf einen Blick erkennen, woher das im Unternehmen arbeitende Kapital stammt und wo es im Einzelnen angelegt (investiert) ist:

▶ **Die Passivseite** der Bilanz zeigt die Herkunft des im Unternehmen arbeitenden Kapitals, nämlich das Eigen- und Fremdkapital als Finanzierungsquellen. Man sagt: Die Passivseite gibt Auskunft über die **Mittelherkunft oder Finanzierung.**

▶ **Die Aktivseite** zeigt dagegen die Verwendung oder Anlage des Eigen- und Fremdkapitals im Anlage- und Umlaufvermögen des Unternehmens. Die Aktivseite gibt also Auskunft über die **Mittelverwendung oder Investition** der finanziellen Mittel in Vermögenswerte.

AKTIVA	BILANZ	PASSIVA
Wo ist das Kapital angelegt?	**Woher** stammt das Kapital?	
Anlagevermögen 1.750.000,00	Eigenkapital 3.000.000,00	
Umlaufvermögen 3.250.000,00	Fremdkapital 2.000.000,00	
VERMÖGEN 5.000.000,00	KAPITAL 5.000.000,00	
MITTELVERWENDUNG	MITTELHERKUNFT	

Der Aufbau (die Struktur) der Bilanz wird noch deutlicher und damit aussagefähiger, wenn man jeweils den Prozentanteil des Anlage- und Umlaufvermögens am Gesamtvermögen sowie des Eigen- und Fremdkapitals am Gesamtkapital errechnet, wobei die **Bilanzsumme** den Grundwert (= **100 %**) bildet:

 siehe „Prozentrechnung", Kap. H, 4

AKTIVA	BILANZSTRUKTUR			PASSIVA	
VERMÖGENSSTRUKTUR		%	KAPITALSTRUKTUR		%
Anlagevermögen . . . 1.750.000,00		35 %	Eigenkapital 3.000.000,00		60 %
Umlaufvermögen 3.250.000,00		65 %	Fremdkapital 2.000.000,00		40 %
Gesamtvermögen 5.000.000,00		100 %	Gesamtkapital 5.000.000,00		100 %

Beurteilung. Die **Kapitalstruktur** der Großhandlung Kern macht deutlich, dass das Unternehmen **überwiegend mit eigenen Mitteln (60 %)** arbeitet. Das Fremdkapital beträgt nur 40 % des Gesamtkapitals. Die Unternehmerin Kern bewahrt damit ihre **Unabhängigkeit gegenüber ihren Gläubigern.** Außerdem ist ihre Zinsbelastung dann nicht so hoch. Die solide Ausstattung des Unternehmens mit Kapital, also die Finanzierung, zeigt sich auch insbesondere darin, dass nicht nur das Anlagevermögen (35 %), sondern auch noch ein großer Teil des Umlaufvermögens (25 %) durch Eigenkapital (60 %) gedeckt bzw. finanziert sind. Aufgrund des **hohen** Eigenkapitals kann das Unternehmen **Krisenzeiten besser überstehen.**

647030

Zusammenfassung

▶ **Die Bilanz ist eine Kurzfassung des Inventars in Kontenform.** Grundlage der Bilanzerstellung sind Inventur und Inventar:

Inventur ➞ **Inventar** ➞ **Bilanz**

▶ **Inventar und Bilanz unterscheiden sich in Form und Umfang** der Darstellung des Vermögens und des Kapitals:

Inventar	Bilanz
– **Ausführliche** Darstellung der einzelnen Vermögens- und Schulden-werte.	– **Kurz gefasste,** überschaubare Darstellung des Vermögens und des Kapitals.
– Angabe der **Mengen, Einzelwerte und Gesamtwerte.**	– **Nur** Angabe der **Gesamtwerte** der einzelnen Bilanzposten.
– Darstellung des Vermögens und des Kapitals **untereinander:** **Staffelform**	– Darstellung des Vermögens und des Kapitals **nebeneinander:** **Kontenform**

▶ **Bilanzgleichung.** Die Bilanz muss auf der Aktiv- und Passivseite jeweils die gleiche Summe ausweisen. Die Bilanzgleichung lautet stets:

Aktiva = Passiva oder **Vermögen = Kapital.**

▶ **Inhalt der Bilanzseiten.** Die Bilanz zeigt auf ihrer Passivseite die Herkunft des Kapitals (Eigen- und Fremdkapital) und auf der Aktivseite die Verwendung oder Investition dieses Kapitals (Anlage- und Umlaufvermögen).

▶ **Die Bilanzstruktur** ergibt sich, wenn man Eigen- und Fremdkapital sowie Anlage- und Umlaufvermögen auf die Bilanzsumme (= 100 %) bezieht und die Gewichtung der Posten ermittelt. Dann wird besonders deutlich, ob das Unternehmen vorwiegend mit eigenen oder fremden Mitteln arbeitet und ob das Anlagevermögen überwiegend mit Eigen- oder Fremdkapital finanziert worden ist.

▶ **Unterzeichnung und Aufbewahrung der Bilanz.** Die Bilanz bildet mit der Gewinn- und Verlustrechnung den **Jahresabschluss** des Unternehmens, der persönlich zu unterzeichnen und 10 Jahre aufzubewahren ist. Es unterschreiben bei der:

- ○ Einzelunternehmung   ＞ Inhaber persönlich
- ○ Offenen Handelsgesellschaft (OHG)   ＞ alle Gesellschafter
- ○ Kommanditgesellschaft (KG)   ＞ alle persönlich haftenden Gesellschafter
- ○ Aktiengesellschaft (AG)   ＞ alle Mitglieder des Vorstandes
- ○ Gesellschaft mit beschränkter Haftung (GmbH) ＞ alle Geschäftsführer

Aufgaben

18 Die Bilanz des Tuchgroßhandels Michael Berg e. K. weist zum 31. Dezember 01 folgende Gesamtwerte aus:

Anlagevermögen ....   620.000,00 €   Fremdkapital ....   500.000,00 €
Umlaufvermögen .... 1.320.000,00 €   Eigenkapital ....   ?   €

1. *Erstellen Sie die Bilanz zum 31. Dezember 01.*
2. *Wie viel Prozent der Bilanzsumme (= 100 %) beträgt*
   a) *das Anlagevermögen,*   c) *das Eigenkapital und*
   b) *das Umlaufvermögen,*   d) *das Fremdkapital?*
3. *Wie beurteilen Sie die Kapitalausstattung des Unternehmens?*
4. *Reicht das Eigenkapital zur Deckung (Finanzierung) des Anlagevermögens aus?*

19   Das Inventar der Elektrogroßhandlung Herbert Heinz e. Kfm., München, weist zum 31. Dezember .. folgende Gesamtwerte aus:

Grundstücke u. Gebäude	340.000,00	Kasse	3.000,00
Betriebs- und Geschäfts-		Bankguthaben	32.000,00
ausstattung (BGA)	45.000,00	Darlehensschulden	290.000,00
Waren	485.000,00	Verbindlichkeiten a. LL ..	50.000,00
Forderungen a. LL	35.000,00		

1. *Erstellen Sie nach dem Muster auf Seite 29 die Bilanz.*
2. *Mit welchem Gesamt-, Eigen- und Fremdkapital arbeitet das Unternehmen?*
3. *Stellen Sie die Bilanzstruktur in % dar.*
4. *Wie beurteilen Sie das Verhältnis zwischen Eigen- und Fremdkapital?*
5. *Reichten die eigenen Mittel zur Beschaffung des Anlagevermögens aus?*

20   Die Werkzeuggroßhandlung Werner Peters e. K., Leverkusen, weist in ihrem Inventar zum 31. Dezember .. folgende Gesamtwerte aus:

Waren	320.000,00	Darlehensschulden	150.000,00
Verbindlichkeiten a. LL ..	90.000,00	Bankguthaben	96.000,00
Kassenbestand	4.000,00	Hypothekenschulden ...	210.000,00
Forderungen a. LL	70.000,00	Betriebs- und Geschäfts-	
Grundstücke u. Gebäude	400.000,00	ausstattung	170.000,00

1. *Erstellen Sie eine ordnungsmäßig gegliederte Bilanz zum 31. Dezember ..*
2. *Wie beurteilen Sie die Kapitalausstattung bzw. Finanzierung des Unternehmens?*
3. *Stellen Sie die Bilanzstruktur in % dar.*
4. *Wie viel Eigenkapital verbleibt nach Deckung des Anlagevermögens noch für das Umlaufvermögen?*
5. *Welche Vorteile hat es, wenn das Anlagevermögen voll mit eigenen Mitteln finanziert worden ist?*

21
1. *Stellen Sie aufgrund der Inventare der Großhandlungen Göbel (Aufgabe 5) und Brandt (Aufgabe 12) jeweils die Bilanz zum Jahresschluss auf.*
2. *Erstellen Sie jeweils die Bilanzstruktur der Großhandelsunternehmen.*
3. *Beurteilen Sie die Mittelherkunft und Mittelverwendung.*

22   *Untersuchen Sie folgende Aussagen, ob sie falsch oder richtig sind. Verbessern Sie gegebenenfalls:*

1. Bilanz und Inventar unterscheiden sich nur in der Form.
2. Inventar und Bilanz sind vom Inhaber des Unternehmens persönlich zu unterschreiben.
3. Anlagevermögen + Umlaufvermögen = Eigenkapital − Fremdkapital
4. Die Bilanz ist eine Gegenüberstellung von Vermögen und Kapital.
5. Die Passivseite der Bilanz zeigt die Mittelverwendung, die Aktivseite die Mittelherkunft.
6. Je höher das Eigenkapital im Verhältnis zum Fremdkapital ist, umso abhängiger ist das Unternehmen gegenüber seinen Gläubigern.
7. Fremdkapital = Vermögen − Eigenkapital
8. Die Vermögensteile des Umlaufvermögens sind langfristig angelegt.
9. Es ist für die Sicherheit des Unternehmens wichtig, wenn das Eigenkapital nicht nur das Anlagevermögen, sondern auch einen Teil des Umlaufvermögens (z. B. die Warenvorräte) deckt.
10. Inventar und Bilanz haben nichts gemeinsam.

647032

4 Geschäftsfälle verändern die Werte in der Bilanz

Situation In der Papiergroßhandlung Kern fallen täglich zahlreiche Geschäftsfälle an. Waren in Form von Druckpapier, Kopierpapier und Umschlagkarton werden bei den verschiedenen Lieferern auf Ziel eingekauft und an die Kunden verkauft. Rechnungen der Lieferer und Kunden werden durch Banküberweisungen beglichen. Für die Geschäftskasse wird Bargeld vom Bankkonto abgehoben oder es erfolgen Bareinzahlungen auf das Bankkonto usw.

Allen o. g. **Geschäftsfällen** ist gemeinsam, dass sie **mindestens zwei Posten der Bilanz verändern.** Je nachdem, welche Bilanzseite dabei verändert wird, unterscheidet man **vier Möglichkeiten der Wertveränderung in der Bilanz:**

1. **Aktivtausch**
2. **Passivtausch**
3. **Aktiv-Passivmehrung**
4. **Aktiv-Passivminderung**

Bilanzidentität. Ausgangsbilanz für die folgenden Beispiele ist die Schlussbilanz der Papiergroßhandlung Kern zum 31. Dezember 01, die **gleichzeitig** die Anfangs- oder Eröffnungsbilanz zum 1. Januar 02 ist. Beide Bilanzen müssen inhaltlich **identisch (gleich)** sein. Man spricht deshalb auch vom Grundsatz der Bilanzidentität:

Schlussbilanz eines Geschäftsjahres
= Eröffnungsbilanz des nächsten Geschäftsjahres

Aktiva	Eröffnungsbilanz zum 1. Januar 02		Passiva
Anlagevermögen		**Eigenkapital**	3.000.000,00
1. Grundstücke und Gebäude .. 1.255.500,00		**Fremdkapital**	
2. Betriebs- u. Geschäftsausstg. 494.500,00		1. Hypothekenschulden	975.000,00
Umlaufvermögen		2. Darlehensschulden	499.000,00
1. Waren 2.550.000,00		3. Verbindlichkeiten a. LL	526.000,00
2. Forderungen a. LL 366.250,00			
3. Kasse 16.950,00			
4. Bank 316.800,00			
5.000.000,00			**5.000.000,00**

Aktivtausch

Geschäftsfall	Wertveränderungen in der Bilanz	
Kauf einer EDV-Anlage gegen Bankscheck .... − 15.500,00 €	BGA	+ 15.500,00 €
	Bank	− 15.500,00 €

Der Geschäftsfall löst nur Wertveränderungen auf der Aktivseite aus: Es wird lediglich **zwischen zwei Aktivposten getauscht:** Der Aktivposten „Betriebs- und Geschäftsausstattung (BGA)" nimmt zu, der Aktivposten „Bank" nimmt um den gleichen Betrag ab. **Dadurch verändert sich die Bilanzsumme nicht:**

Aktiva	Bilanz		Passiva
Anlagevermögen		**Eigenkapital**	3.000.000,00
1. Grundstücke und Gebäude .. 1.255.500,00		**Fremdkapital**	
2. Betriebs- u. Geschäftsausstg. 510.000,00		1. Hypothekenschulden	975.000,00
Umlaufvermögen		2. Darlehensschulden	499.000,00
1. Waren 2.550.000,00		3. Verbindlichkeiten a. LL	526.000,00
2. Forderungen a. LL 366.250,00			
3. Kasse 16.950,00			
4. Bank 301.300,00			
5.000.000,00			**5.000.000,00**

Passivtausch

Geschäftsfall	Wertveränderungen in der Bilanz
Verbindlichkeiten a. LL beim Lieferer Druck und Papier GmbH, Hagen, werden in langfristige Darlehens- schulden umgewandelt .... 33.000,00 €	Darlehensschulden ..... + 33.000,00 € Verbindlichkeiten a. LL .. − 33.000,00 €

Dieser Geschäftsfall bewirkt einen reinen **Tauschvorgang auf der Passivseite** der Bilanz: Der Passivposten „Verbindlichkeiten a. LL" nimmt ab, der Passivposten „Darlehensschulden" nimmt um den gleichen Betrag zu. Deshalb bleibt auch hier die **Bilanzsumme unverändert:**

Aktiva	Bilanz		Passiva
Anlagevermögen		**Eigenkapital**	3.000.000,00
1. Grundstücke und Gebäude ..	1.255.500,00	**Fremdkapital**	
2. Betriebs- und		1. Hypothekenschulden	975.000,00
Geschäftsausstattung	510.000,00	2. Darlehensschulden	**532.000,00**
Umlaufvermögen		3. Verbindlichkeiten a. LL	**493.000,00**
1. Waren	2.550.000,00		
2. Forderungen a. LL	366.250,00		
3. Kasse	16.950,00		
4. Bank	301.300,00		
	5.000.000,00		**5.000.000,00**

Aktiv-Passivmehrung

Geschäftsfall	Wertveränderungen in der Bilanz
Kauf von 40 Paletten Druckpapier auf Ziel. Die Rechnung (ER 268) des Lieferers Druck und Papier GmbH, Hagen, lautet über .... 64.400,00 €	Waren .... + 64.400,00 € Verbindlichkeiten a. LL .. + 64.400,00 €

Dieser Geschäftsfall berührt **beide Seiten der Bilanz.** Der Aktivposten „Waren" und der Passivposten „Verbindlichkeiten a. LL" erhöhen sich um den gleichen Betrag. Deshalb muss auch die **Bilanzsumme** um diesen Betrag **zunehmen:**

Aktiva	Bilanz		Passiva
Anlagevermögen		**Eigenkapital**	3.000.000,00
1. Grundstücke und Gebäude ..	1.255.500,00	**Fremdkapital**	
2. Betriebs- und		1. Hypothekenschulden	975.000,00
Geschäftsausstattung	510.000,00	2. Darlehensschulden	532.000,00
Umlaufvermögen		3. Verbindlichkeiten a. LL	**557.400,00**
1. Waren	**2.614.400,00**		
2. Forderungen a. LL	366.250,00		
3. Kasse	16.950,00		
4. Bank	301.300,00		
	5.064.400,00		**5.064.400,00**

647034

Aktiv-Passivminderung

Geschäftsfall	Wertveränderungen in der Bilanz
Begleichung der Lieferrerrechnung ER 234 der Hein OHG, Köln, durch Banküberweisung .... 46.000,00 €	Verbindlichkeiten a. LL .. − 46.000,00 € Bank .... − 46.000,00 €

Der **Geschäftsfall betrifft beide Bilanzseiten:** Der Aktivposten „Bank" und der Passivposten „Verbindlichkeiten a. LL" nehmen um den gleichen Betrag ab. Deshalb vermindert sich auch die Bilanzsumme um diesen Betrag:

Aktiva	Bilanz		Passiva
Anlagevermögen		**Eigenkapital**	3.000.000,00
1. Grundstücke und Gebäude ..	1.255.500,00	**Fremdkapital**	
2. Betriebs- u. Geschäftsausstg.	510.000,00	1. Hypothekenschulden	975.000,00
Umlaufvermögen		2. Darlehensschulden	532.000,00
1. Waren	2.614.400,00	3. Verbindlichkeiten a. LL	**511.400,00**
2. Forderungen a. LL	366.250,00		
3. Kasse	16.950,00		
4. Bank	**255.300,00**		
	5.018.400,00		**5.018.400,00**

Zusammenfassung

▶ **Jeder Geschäftsfall verändert wertmäßig mindestens zwei Bilanzposten.** Das Gleichgewicht der Bilanz (**Aktiva = Passiva**) bleibt erhalten.

▶ **Man unterscheidet vier Möglichkeiten der Wertveränderung in der Bilanz:**

Aktivtausch	Tauschvorgang auf der Aktivseite:	
	Aktivposten +	Aktivposten −
Passivtausch	Tauschvorgang auf der Passivseite:	
	Passivposten +	Passivposten −
Aktiv-Passivmehrung	Mehrung auf beiden Bilanzseiten:	
	Aktivposten +	Passivposten +
Aktiv-Passivminderung	Minderung auf beiden Bilanzseiten:	
	Aktivposten −	Passivposten −

▶ **Bei jedem Geschäftsfall sollte man sich vorab folgende Fragen stellen:**

1. *Welche Posten der Bilanz werden durch den Geschäftsfall berührt?*
2. *Handelt es sich dabei um Aktiv- oder/und Passivposten der Bilanz?*
3. *Erhöht oder vermindert der Geschäftsfall die einzelnen Bilanzposten?*
4. *Um welche Art der vier möglichen Bilanzänderungen handelt es sich?*

Aufgaben

23 *Beantworten Sie zu den folgenden Geschäftsfällen die oben gestellten Fragen:*

1. Wir heben von unserem Bankkonto 800,00 € ab.
2. Barverkauf einer alten Registrierkasse zum Buchwert von 300,00 €.
3. Wir wandeln ein Darlehen in Höhe von 50.000,00 € in eine Hypothek um.

4. Wir kaufen Waren auf Ziel. Die Eingangsrechnung (ER 345) lautet über 57.500,00 €.
5. 5.000,00 € unseres Darlehens tilgen wir durch Banküberweisung.
6. Wir zahlen auf unser Postbankkonto 1.500,00 € bar ein.
7. Einem Kunden verkaufen wir lt. Ausgangsrechnung (AR 567) einen nicht mehr benötigten Computer auf Ziel zum Buchwert von 500,00 €.
8. Kauf von Schreibtischen für 1.200,00 € gegen Bankscheck.
9. Ein Kunde überweist den fälligen Rechnungsbetrag von 12.000,00 € auf unser Bankkonto.
10. Wir überweisen den fälligen Rechnungsbetrag von 2.500,00 € an einen Lieferer durch die Bank.
11. Zum Ausgleich von ER 345 (Fall 4) überweisen wir 57.500,00 €.
12. Lt. Bankauszug hat der Kunde (Fall 7) AR 567 mit 500,00 € beglichen.

24 *Wie wirken sich die 12 Geschäftsfälle der Aufgabe 23 auf die Bilanzsumme aus?*

25 *Erstellen Sie nach den folgenden Angaben die Bilanz:*

Aktiva: Betriebs- und Geschäftsausstattung (BGA) 120.000,00 €, Waren 250.000,00 €, Forderungen a. LL 57.000,00 €, Kasse 12.000,00 €, Bank 85.000,00 €.

Passiva: Eigenkapital ? €, Darlehensschulden 210.500,00 €, Verbindlichkeiten a. LL 80.500,00 €.

Beantworten Sie zu den folgenden Geschäftsfällen zuerst die auf Seite 35 genannten Fragen 1 bis 4 und machen Sie sich so die Auswirkungen der Geschäftsfälle auf die Bilanzpositionen deutlich:

1. Zielkauf von Waren lt. ER 678	46.000,00 €
2. Umwandlung einer Verbindlichkeit a. LL in eine Darlehensschuld	23.000,00 €
3. Kauf einer EDV-Anlage gegen Bankscheck	12.000,00 €
4. Wir begleichen die ER 678 (Fall 1) lt. Bankauszug	46.000,00 €

26 *Erstellen Sie nach den folgenden Angaben die Bilanz:*

Grundstücke und Gebäude 840.000,00 €, BGA 520.000,00 €, Waren 350.000,00 €, Forderungen a. LL 120.000,00 €, Kasse 22.000,00 €, Bank 148.000,00 €, Eigenkapital ? €, Hypothekenschulden 410.000,00 €, Darlehensschulden 150.000,00 €, Verbindlichkeiten a. LL 240.000,00 €.

Nennen Sie zu jedem folgenden Geschäftsfall die Art der Wertveränderung. Wie sieht die Bilanz danach aus?

1. Ein Darlehen wird in eine Hypothek umgewandelt	70.000,00 €
2. Wir nehmen bei unserer Bank ein neues Darlehen auf	150.000,00 €
3. Wir begleichen Liefererrechnung ER 789. Bankauszug	57.500,00 €
4. Wir zahlen die Tilgungsrate für die Hypothek. Bankauszug	8.000,00 €
5. Wareneinkauf auf Ziel lt. ER 792	46.000,00 €
6. Zielverkauf lt. AR 78: Gebr. Gabelstapler zum Buchwert	2.000,00 €

27
1. *Warum ist die Art der Erfassung von Geschäftsfällen in den Aufgaben 25/26 sehr aufwändig?*
2. *Vergleichen Sie in Aufgabe 26 die Endbilanz mit der Ausgangsbilanz. Welche wesentlichen Veränderungen stellen Sie auf der Passiv- und Aktivseite fest?*

28
1. *Vervollständigen Sie:*
   Geschäftsfälle verändern zwar die ●●● der Bilanzposten, jedoch nicht die Gleichheit von ●●● und ●●●. Das Bilanz ●●● bleibt also stets gewahrt.
2. *Nennen Sie je zwei Beispiele zu den vier Arten der Bilanzänderung.*

647036

5   Die Buchung der Geschäftsfälle auf Aktiv- und Passivkonten

Situation Katja Kern macht sich die Veränderungen im Vermögen und in den Schulden nicht unmittelbar an den Bilanzpositionen klar, sondern verwendet dafür Vermögens- und Schuldenkonten. Jeder Bilanzposten wird somit einzeln in seinen Veränderungen erfasst und abgerechnet.

Für jeden aktiven und passiven Bilanzposten wird ein eigenes Konto (ital. conto = Rechnung) eingerichtet, auf dem der Geschäftsfall zu erfassen, d.h. zu buchen ist. Nach den Bilanzseiten unterscheidet man **Aktivkonten (Vermögenskonten)** und **Passivkonten (Schulden- oder Kapitalkonten).**

Übernahme der Anfangsbestände (AB). Zu Beginn des Geschäftsjahres wird die Eröffnungsbilanz in die einzelnen Aktiv- und Passivkonten aufgelöst. Da Aktivkonten in der Bilanz auf der linken Seite stehen, übernimmt auch jedes Aktivkonto den Anfangsbestand (AB) auf seiner linken Kontoseite, die Sollseite (S) genannt wird. Passivkonten stehen in der Bilanz rechts. Deshalb trägt man den Anfangsbestand bei jedem Passivkonto auch auf der rechten Kontoseite — Habenseite (H) genannt — ein.

Soll	**Aktivkonto**	Haben		Soll	**Passivkonto**	Haben
Anfangsbestand						Anfangsbestand

Buchung der Mehrungen und Minderungen. Wird der Anfangsbestand durch einen Geschäftsfall erhöht, so bucht man den Betrag stets auf der Seite, wo auch der Anfangsbestand steht. **Bestandsmehrungen** erfasst man deshalb bei **Aktivkonten** auf der **Sollseite** und bei **Passivkonten** auf der **Habenseite**. **Bestandsminderungen** stehen dann zwangsläufig jeweils auf der anderen Kontoseite, also bei **Aktivkonten** im **Haben** und bei **Passivkonten** im **Soll**.

Soll	**Aktivkonto**	Haben		Soll	**Passivkonto**	Haben
Anfangsbestand		Minderungen		Minderungen		Anfangsbestand
Mehrungen						Mehrungen

Ermittlung der Schlussbestände (SB). Zum Jahresschluss werden die Aktiv- und Passivkonten abgeschlossen. Dazu muss man zunächst den Schlussbestand (SB) eines jeden Kontos errechnen und mit dem Inventurbestand abstimmen.

Anfangsbestand + Mehrungen – Minderungen = Schlussbestand (SB)

Der Schlussbestand bildet den Saldo, den man zum Ausgleich der beiden Kontenseiten auf die wertmäßig kleinere Kontoseite einträgt:

Soll	**Aktivkonto**	Haben		Soll	**Passivkonto**	Haben
Anfangsbestand (AB)		– Minderungen		– Minderungen		Anfangsbestand (AB)
+ Mehrungen		= Schlussbestand (SB)		= Schlussbestand (SB)		+ Mehrungen

Der Schlussbestand im Konto (= Buchbestand) muss der Inventur (= Istbestand) entsprechen. Er wird auf die Aktiv- bzw. Passivseite der Schlussbilanz übertragen.

Die Buchung der vier Geschäftsfälle, die wir auf den Seiten 33 bis 35 in der Bilanz vorgenommen haben, erfolgt nun auf ihren entsprechenden Aktiv- und Passivkonten. Vorab ist die Eröffnungsbilanz in die einzelnen Aktiv- und Passivkonten aufzulösen. Dabei sind die Anfangsbestände vorzutragen. Bei der Buchung der Geschäftsfälle in den Konten wird jeweils das **Gegenkonto angegeben,** damit man die Buchungen besser nachvollziehen kann. **Jeder Buchungsbetrag** ist stets **zuerst im Soll und dann im Haben** zu buchen. Schließlich schreiben wir ja auch sonst von links nach rechts.

Von der Eröffnungsbilanz zur Schlussbilanz[1]

Buchung der folgenden vier Geschäftsfälle auf Konten:

❶ Kauf einer EDV-Anlage gegen Bankscheck .... 15.500,00 €
❷ Umwandlung einer Verbindlichkeit a. LL in eine Darlehensschuld .... 33.000,00 €
❸ Wareneinkauf auf Ziel lt. ER 268 .... 64.400,00 €
❹ Begleichung der Liefererrechnung ER 234 durch Banküberweisung ..... 46.000,00 €

Aktiva	Eröffnungsbilanz der Papiergroßhandlung Katja Kern e. Kfr.		Passiva
Anlagevermögen		**Eigenkapital**	3.000.000,00
1. Grundstücke und Gebäude ..	1.255.500,00	**Fremdkapital**	
2. Betriebs- u. Geschäftsausstg.	494.500,00	1. Hypothekenschulden	975.000,00
Umlaufvermögen		2. Darlehensschulden	499.000,00
1. Waren	2.550.000,00	3. Verbindlichkeiten a. LL	526.000,00
2. Forderungen a. LL	366.250,00		
3. Kasse	16.950,00		
4. Bank	316.800,00		
	5.000.000,00		**5.000.000,00**

Soll	Grundstücke und Gebäude	Haben	
AB	1.255.500,00	SB	1.255.500,00

Soll	Eigenkapital	Haben	
SB	3.000.000,00	AB	3.000.000,00

Soll	Betriebs- u. Geschäftsausstattg.	Haben	
AB	494.500,00	SB	510.000,00
❶ Bank	15.500,00		
	510.000,00		510.000,00

Soll	Hypothekenschulden	Haben	
SB	975.000,00	AB	975.000,00

Soll	Waren	Haben	
AB	2.550.000,00	SB	2.614.400,00
❸ Verb. a. LL	64.400,00		
	2.614.400,00		2.614.400,00

Soll	Darlehensschulden	Haben	
SB	532.000,00	AB	499.000,00
		❷ Verb. a. LL	33.000,00
	532.000,00		532.000,00

Soll	Forderungen a. LL	Haben	
AB	366.250,00	SB	366.250,00

Soll	Verbindlichkeiten a. LL	Haben	
❷ Darl.	33.000,00	AB	526.000,00
❹ Bank	46.000,00	❸ Waren	64.400,00
SB	511.400,00		
	590.400,00		590.400,00

Soll	Kasse	Haben	
AB	16.950,00	SB	16.950,00

Soll	Bank	Haben	
AB	316.800,00	❶ BGA	15.500,00
		❹ Verb. a. LL	46.000,00
		SB	255.300,00
	316.800,00		316.800,00

Aktiva	Schlussbilanz		Passiva
Anlagevermögen		**Eigenkapital**	3.000.000,00
1. Grundstücke und Gebäude ..	1.255.500,00	**Fremdkapital**	
2. Betriebs- u. Geschäftsausstg.	510.000,00	1. Hypothekenschulden	975.000,00
Umlaufvermögen		2. Darlehensschulden	532.000,00
1. Waren	2.614.400,00	3. Verbindlichkeiten a. LL	511.400,00
2. Forderungen a. LL	366.250,00		
3. Kasse	16.950,00		
4. Bank	255.300,00		
	5.018.400,00		**5.018.400,00**

1 siehe auch Darstellung auf Seite 49

Zusammenfassung

▶ **Die Auflösung der Bilanz** in Aktiv- und Passivkonten erfolgt zu Beginn des Geschäftsjahres.

▶ **Bestandskonten.** Aktiv- und Passivkonten enthalten Bestände. Man bezeichnet sie deshalb auch als Bestandskonten.

▶ **Die Anfangsbestände** werden bei **Aktivkonten im Soll** und bei **Passivkonten im Haben** vorgetragen. Das entspricht den Seiten in der Eröffnungsbilanz.

▶ **Mehrungen** bucht man in den Konten auf der Seite, **wo auch der Anfangsbestand steht. Minderungen** stehen auf der **Gegenseite des Anfangsbestandes** und der Mehrungen.

▶ **Der Schlussbestand** ergibt sich als **Saldo** auf der schwächeren Seite eines Kontos. Er muss **mit dem Inventurbestand abgestimmt werden** und steht bei **Aktivkonten im Haben** und bei **Passivkonten im Soll.**

▶ **Die Schlussbilanz** übernimmt auf ihrer linken Seite die Schlussbestände der Aktivkonten und auf der rechten Seite der Bilanz die der Passivkonten.

▶ **Grundsatz der Bilanzidentität.** Die Schlussbilanz eines Geschäftsjahres **ist zugleich die Eröffnungsbilanz des neuen Geschäftsjahres. Sie müssen identisch (gleich) sein.**

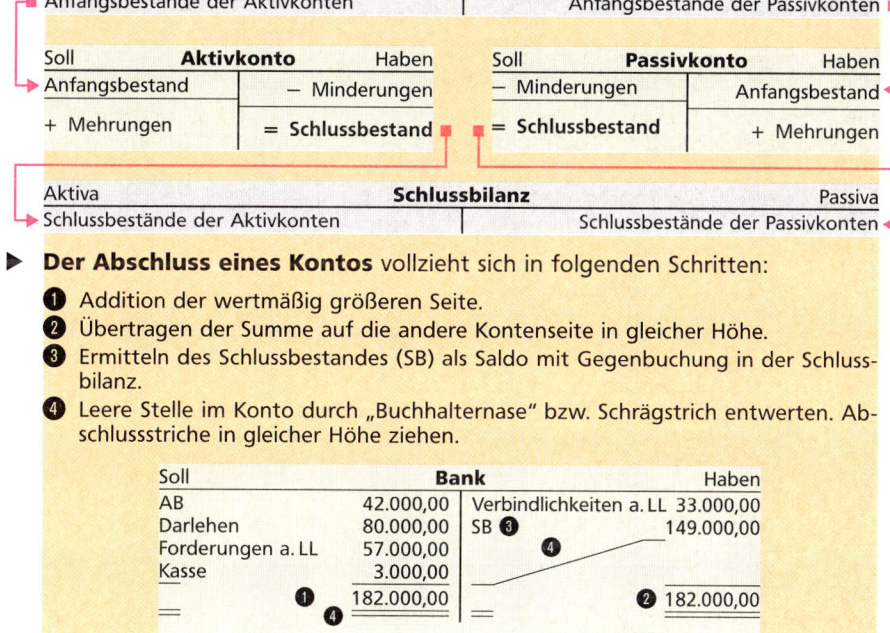

▶ **Der Abschluss eines Kontos** vollzieht sich in folgenden Schritten:

❶ Addition der wertmäßig größeren Seite.

❷ Übertragen der Summe auf die andere Kontenseite in gleicher Höhe.

❸ Ermitteln des Schlussbestandes (SB) als Saldo mit Gegenbuchung in der Schlussbilanz.

❹ Leere Stelle im Konto durch „Buchhalternase" bzw. Schrägstrich entwerten. Abschlussstriche in gleicher Höhe ziehen.

Soll		Bank	Haben
AB	42.000,00	Verbindlichkeiten a. LL	33.000,00
Darlehen	80.000,00	SB ❸	149.000,00
Forderungen a. LL	57.000,00	❹	
Kasse	3.000,00		
❶	182.000,00	❷	182.000,00

Wichtiger Grundsatz:

Zuerst im Soll und dann im Haben buchen!

Reihenfolge der Buchungsarbeiten

1. Eröffnungsbilanz aufstellen

2. Anfangsbestände auf Aktiv- und Passivkonten vortragen

3. Geschäftsfälle buchen. Dazu vorab folgende Überlegungen anstellen:

   3.1 Welche Konten werden durch den Geschäftsfall berührt?

   3.2 Sind es Aktiv- und/oder Passivkonten?

   3.3 Liegt eine Mehrung (+) oder eine Minderung (−) auf dem jeweiligen Konto vor?

   3.4 Sind etwa auf beiden Konten Mehrungen oder Minderungen zu buchen?

   3.5 Auf welcher Kontoseite (S oder H) ist demnach jeweils zu buchen?

4. Schlussbestände ermitteln und mit den Inventurwerten abstimmen

5. Konten abschließen und Schlussbilanz aufstellen

29

Anfangsbestände

	€		€
BGA	180.000,00	Bankguthaben	109.500,00
Waren	340.000,00	Eigenkapital	350.000,00
Forderungen a. LL	57.500,00	Darlehensschulden	143.500,00
Kasse	13.500,00	Verbindlichkeiten a. LL	207.000,00

Geschäftsfälle €

1. Wareneinkauf auf Ziel lt. ER 483 .... 69.000,00
2. Banküberweisung an den Lieferer Baier OHG zum Ausgleich von ER 482 .... 46.000,00
3. Umwandlung unserer Liefererschuld bei der Sänger GmbH in eine Darlehensschuld 86.250,00
4. Unser Kunde Bern KG begleicht AR 459 durch Banküberweisung. Bankauszug 23.000,00
5. Kauf eines EDV-Druckers gegen Bankscheck. Bankauszug 550,00

Abschlussangabe

Die Schlussbestände auf den Aktiv- und Passivkonten stimmen mit der Inventur überein.

30

Anfangsbestände

	€		€
BGA	430.000,00	Bankguthaben	46.000,00
Waren	132.250,00	Eigenkapital	?
Forderungen a. LL	28.750,00	Darlehensschulden	200.000,00
Kasse	4.500,00	Verbindlichkeiten a. LL	69.000,00

Geschäftsfälle €

1. Kauf einer EDV-Anlage gegen Bankscheck 6.500,00
2. Zieleinkauf von Waren aufgrund von ER 678 .... 82.800,00
3. Tilgung der Darlehensschuld durch Bankabbuchung. Bankauszug 7.500,00
4. Banküberweisung unseres Kunden Willi Barth e. K. zum Ausgleich von AR 456 .... 17.250,00
5. Begleichung der ER 678 durch Banküberweisung. Bankauszug 11.500,00
6. Verkauf eines gebrauchten Gabelstaplers zum Buchwert gegen Bankscheck. Bankauszug 5.700,00
7. Barabhebung von der Bank. Bankauszug 2.500,00

Abschlussangabe

Die Schlussbestände auf den Konten entsprechen der Inventur.

31 *Welche Geschäftsfälle liegen den Buchungen im folgenden Konto zugrunde?*

Soll		**Bank**		Haben
AB	68.600,00	5. Verbindlichkeiten a. LL		33.000,00
1. Darlehen	150.000,00	6. Hypothek		12.000,00
2. Forderungen a. LL	23.000,00	7. BGA		45.000,00
3. Kasse	4.600,00	SB		157.000,00
4. BGA	800,00			
	247.000,00			247.000,00

32 *Welche Geschäftsfälle liegen den Buchungen im folgenden Konto zugrunde?*

Soll		**Verbindlichkeiten a. LL**		Haben
3. Bank	57.000,00	AB		230.000,00
4. Darlehen	150.000,00	1. Waren		115.000,00
SB	161.000,00	2. BGA		23.000,00
	368.000,00			368.000,00

33
1. *Warum bezeichnet man Aktiv- und Passivkonten als Bestandskonten?*
2. *Was versteht man unter einem Saldo?*
3. *Warum müssen die Salden der Aktiv- und Passivkonten mit den Inventurwerten abgestimmt werden?*
4. *Erläutern Sie den Zusammenhang zwischen Inventur, Inventar und Schlussbilanz.*
5. *Bei welchem Konto handelt es sich um ein Aktiv- oder Passivkonto? Vervollständigen Sie:*

a)

Soll	?	Haben
?	?	
?	Mehrungen	

b)

Soll	?	Haben
?		Minderungen
?		?

34

Anfangsbestände	€		€
Grundstücke u. Gebäude	245.000,00	Postbankguthaben	3.500,00
BGA	141.000,00	Bankguthaben	49.000,00
Waren	162.000,00	Eigenkapital	400.000,00
Forderungen a. LL	46.000,00	Darlehensschulden	194.600,00
Kasse	5.600,00	Verbindlichkeiten a. LL . .	57.500,00

Geschäftsfälle   €

1. Begleichung der Liefererrechnung ER 402
   durch Banküberweisung 6.900,00
2. Wareneinkauf auf Ziel lt. ER 478 . . . .   23.000,00
3. Überweisung vom Bankkonto auf das Postbankkonto 12.000,00
4. Rechnungsausgleich (AR 501) des Kunden Heine OHG.
   Bankauszug 11.500,00
5. Tilgungsrate für das Darlehen. Bankauszug 5.000,00
6. Verkauf einer gebrauchten Frankiermaschine zum Buchwert
   gegen Bankscheck. Bankauszug   250,00
7. Zielverkauf einer gebrauchten Kopieranlage zum Buchwert .   1.500,00
8. Unsere Bareinzahlung auf das Bankkonto. Bankauszug 2.500,00
9. Umwandlung unserer Verbindlichkeit a. LL beim Lieferer
   Werner Theuer e. Kfm. in eine Darlehensschuld 33.000,00
10. Verkauf eines Grundstücks gegen Bankscheck. Bankauszug . .   60.000,00

Abschlussangabe
Die Schlussbestände der Aktiv- und Passivkonten entsprechen der Inventur.

6 Der Buchungssatz (Kontenanruf)

6.1 Der einfache Buchungssatz

Sachliche und zeitliche Ordnung der Buchungen. In einer ordnungsmäßigen Buchführung müssen die Buchungen sowohl sachlich als auch zeitlich geordnet werden. Die sachliche Ordnung der Buchungen erfolgt auf **„Sachkonten"**. So werden beispielsweise alle Bargeschäfte dem Sachkonto „Kasse" zugeordnet. Die Geschäftsbeziehungen mit den Kunden werden auf dem Sachkonto „Forderungen a. LL" gebucht, die mit den Lieferern auf dem Sachkonto „Verbindlichkeiten a. LL" usw. Die **Sachkonten bilden** das wichtigste „Buch" der Buchführung: das **„Hauptbuch"**.

Bevor die **Buchungen** auf den Sachkonten erfolgen, müssen sie **in zeitlicher (chronologischer) Reihenfolge** als „Buchungssatz" **fortlaufend** aufgeschrieben werden. Das geschieht in einem „Buch", das die Grundlage aller Buchungen im Hauptbuch bildet: das **„Grundbuch"**, auch „Tagebuch" oder „Journal" (frz. jour = Tag) genannt.

Der Buchungssatz gibt die Konten an, auf denen zu buchen ist. Er nennt **zuerst** das Konto, in dem im **Soll** gebucht wird, und **dann** das Konto, in dem die Buchung im **Haben** erfolgt. Beide Konten verbindet man durch das Wort **„an"**. Außer dem Buchungssatz werden noch Buchungsdatum, Bezeichnung und Nummer des Belegs in das Grundbuch eingetragen.

Beispiel Wareneinkauf aufgrund der folgenden Eingangsrechnung:

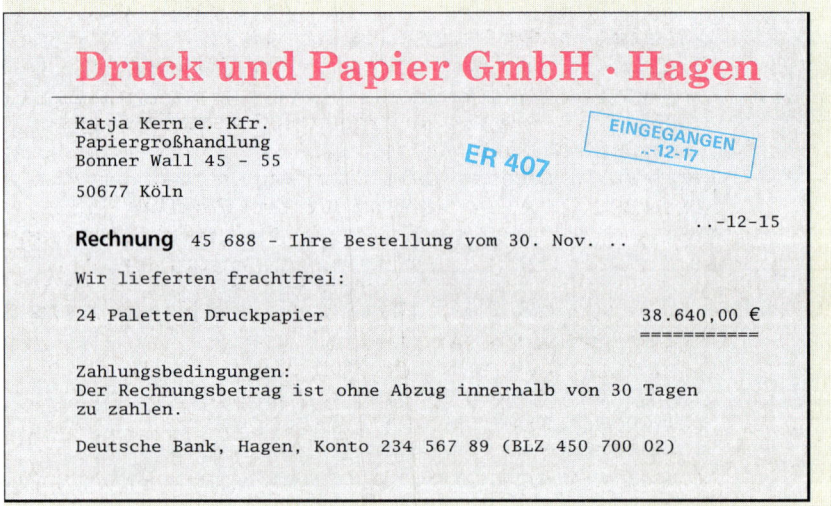

Grundbuch				
Datum	Beleg	Buchungssatz	Soll	Haben
..-12-17	ER 407	Waren	38.640,00	
		an Verbindlichkeiten a. LL		38.640,00

Im Hauptbuch erfolgt nun die Eintragung der Buchung auf den **Sachkonten**:

Soll	Waren	Haben
Verb. a. LL 38.640,00		

Soll	Verbindlichkeiten a. LL	Haben
	Waren	38.640,00

42

Zusammenfassung

Aufgaben

35   In der Papiergroßhandlung Katja Kern e. Kfr. liegen folgende Geschäftsfälle vor:
   1. *Nennen Sie jeweils den Beleg und den entsprechenden Buchungssatz.*
   2. *Tragen Sie die Buchungssätze in das Grundbuch ein und addieren Sie zur Kontrolle die Soll- und Habenspalte.*

   1. Verkauf eines nicht mehr benötigten Computers auf Ziel zum Buchwert 800,00
   2. Barabhebung vom Bankkonto 12.500,00
   3. Kauf von 20 Paletten Kopierpapier auf Ziel bei der Hein OHG 18.400,00
   4. Anschaffung eines Lastwagens. Zahlungsziel: 30 Tage 90.000,00
   5. Überweisung vom Bankkonto auf das Postbankkonto 25.000,00
   6. Aufnahme einer Hypothek bei der Bank 150.000,00
   7. Deutsche Papier AG stundet als Lieferer den Rechnungsbetrag für zwei Jahre 115.000,00
   8. Verkauf eines nicht mehr benötigten Gabelstaplers gegen Bankscheck zum Buchwert 9.200,00
   9. Kauf eines Baugrundstücks gegen Bankscheck 120.000,00
   10. Lastschrift der Bank für Tilgungsrate des Darlehens 7.000,00
   11. Begleichung der Rechnung der Hein OHG (Fall 3). Bankauszug 18.400,00
   12. Rechnung (Fall 1) wird durch Banküberweisung beglichen ... 800,00

36   *Welche Geschäftsfälle liegen den folgenden Buchungssätzen zugrunde?*
   1. Darlehensschulden an Bank 8.500,00
   2. Bank an Forderungen a. LL 5.750,00
   3. Betriebs- und Geschäftsausstattung an Postbank 23.000,00
   4. Waren an Verbindlichkeiten a. LL 34.500,00
   5. Bank an Postbank 15.000,00
   6. Bank an Hypothekenschulden 200.000,00
   7. Kasse an Bank 5.000,00
   8. Kasse an Betriebs- und Geschäftsausstattung 6.700,00
   9. Verbindlichkeiten a. LL an Darlehensschulden 57.500,00
   10. Bank an Kasse 6.500,00

37   *Nennen Sie jeweils den Geschäftsfall zu den Buchungen im folgenden Konto:*

Soll		Bank	Haben
AB	120.000,00	2. Hypothekenschulden .	5.800,00
1. BGA	4.500,00	3. Kasse	4.500,00
4. Forderungen a. LL	5.750,00	5. Verbindlichkeiten a. LL	11.500,00
6. Darlehensschulden	55.000,00	SB	163.450,00
	185.250,00		185.250,00

38 Als Buchhalter/in der Papiergroßhandlung Katja Kern e. Kfr. liegen Ihnen die folgenden Belege zur Buchung vor.

1. *Erläutern Sie, welcher Geschäftsfall dem jeweiligen Beleg zugrunde liegt.*

2. *Nennen Sie die Buchungssätze und tragen Sie diese in das Grundbuch ein:*

Buchungsdatum	Beleg Nr.	Buchungstext	Soll	Haben

Beleg 1 (Buchung am 15. Juli ..)

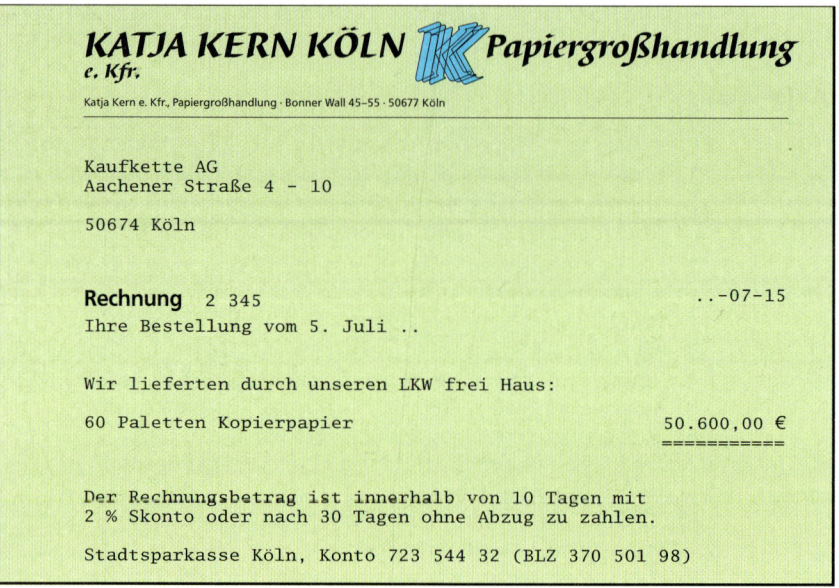

Beleg 2 (Buchung am 17. Juli ..)

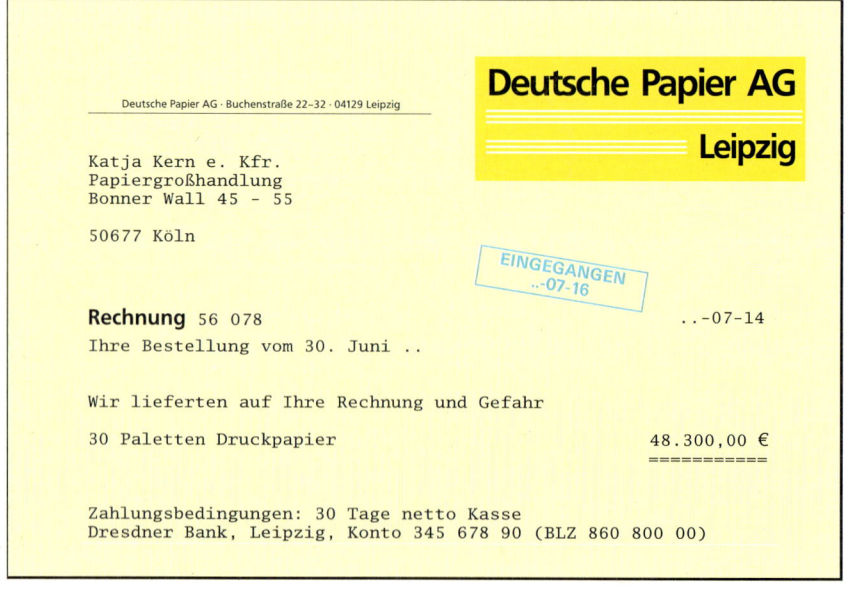

647044

Beleg 3 (Buchung am 31. Juli ..)

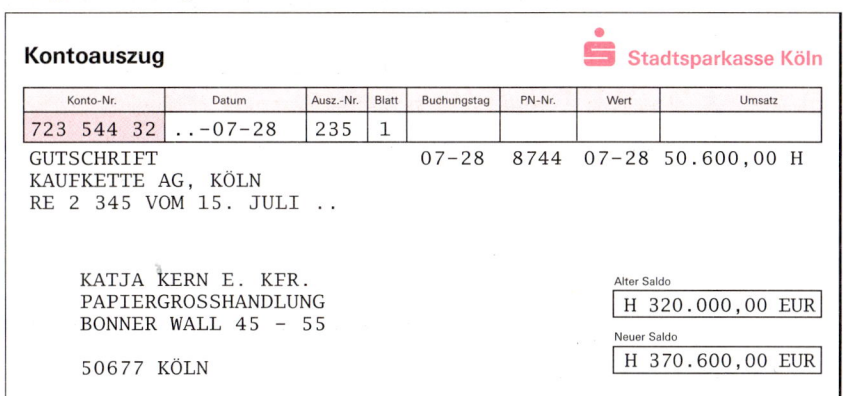

Kontoauszug   Stadtsparkasse Köln

Konto-Nr.	Datum	Ausz.-Nr.	Blatt	Buchungstag	PN-Nr.	Wert	Umsatz
723 544 32	..−07−28	235	1				

GUTSCHRIFT   07−28   8744   07−28 50.600,00 H
KAUFKETTE AG, KÖLN
RE 2 345 VOM 15. JULI ..

KATJA KERN E. KFR.
PAPIERGROSSHANDLUNG
BONNER WALL 45 − 55

50677 KÖLN

Alter Saldo
H 320.000,00 EUR

Neuer Saldo
H 370.600,00 EUR

Beleg 4 (Buchung am 31. Juli ..)

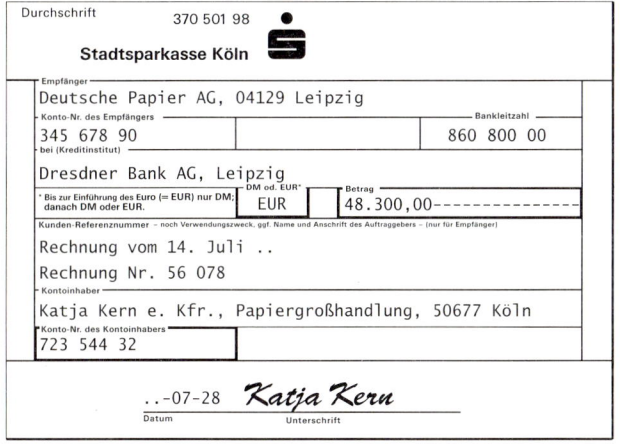

Durchschrift   370 501 98

Stadtsparkasse Köln

Empfänger
Deutsche Papier AG, 04129 Leipzig

Konto-Nr. des Empfängers   Bankleitzahl
345 678 90   860 800 00
bei (Kreditinstitut)

Dresdner Bank AG, Leipzig

* Bis zur Einführung des Euro (= EUR) nur DM;   DM od. EUR*   Betrag
danach DM oder EUR.   EUR   48.300,00−−−−−−−−−−−−−−

Kunden-Referenznummer − noch Verwendungszweck, ggf. Name und Anschrift des Auftraggebers − (nur für Empfänger)

Rechnung vom 14. Juli ..
Rechnung Nr. 56 078

Kontoinhaber
Katja Kern e. Kfr., Papiergroßhandlung, 50677 Köln

Konto-Nr. des Kontoinhabers
723 544 32

..−07−28   *Katja Kern*
Datum   Unterschrift

Kontoauszug zu Beleg 4

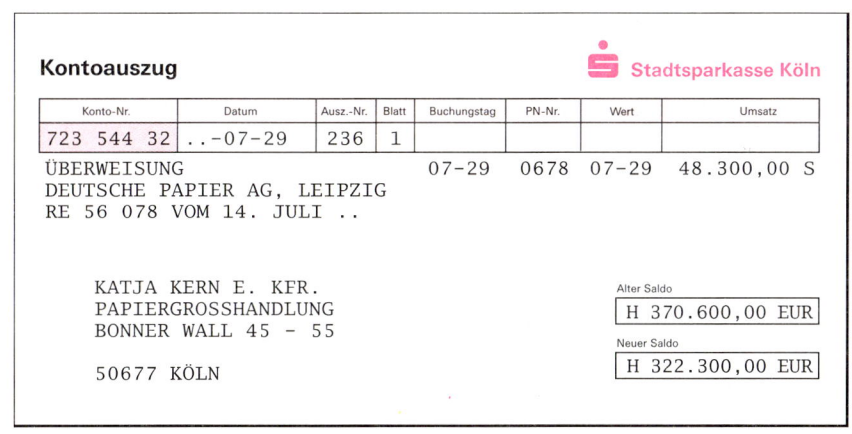

Kontoauszug   Stadtsparkasse Köln

Konto-Nr.	Datum	Ausz.-Nr.	Blatt	Buchungstag	PN-Nr.	Wert	Umsatz
723 544 32	..−07−29	236	1				

ÜBERWEISUNG   07−29   0678   07−29   48.300,00 S
DEUTSCHE PAPIER AG, LEIPZIG
RE 56 078 VOM 14. JULI ..

KATJA KERN E. KFR.
PAPIERGROSSHANDLUNG
BONNER WALL 45 − 55

50677 KÖLN

Alter Saldo
H 370.600,00 EUR

Neuer Saldo
H 322.300,00 EUR

6.2   Der zusammengesetzte Buchungssatz

Einfache Buchungssätze liegen vor, wenn die Geschäftsfälle lediglich zwei Konten berühren. Werden durch einen Geschäftsfall mehr als zwei Konten angesprochen, entstehen zusammengesetzte Buchungssätze. Hierbei ist besonders darauf zu achten, dass die Summe der Sollbuchungen immer der Summe der Habenbuchungen entsprechen muss.

Beispiel 1 Wir begleichen die Rechnung unseres Lieferers (ER 66) über 3.000,00 € durch Banküberweisung 2.600,00 € (BA 44) und Postbanküberweisung 400,00 € (PA 28).

Buchung: Soll: Haben:
                         Verbindlichkeiten a. LL   Bank, Postbank

Grundbuch				
Datum	Beleg	Buchungssatz	Soll	Haben
..-06-20	ER 66	Verbindlichkeiten a. LL	3.000,00	
	BA 44	an Bank		2.600,00
	PA 28	an Postbank		400,00

Buchung auf den Konten des Hauptbuches:

Soll	Verbindlichkeiten a. LL	Haben		Soll	Bank	Haben
Bank/ Postbank	3.000,00	AB 12.000,00		AB	14.000,00	Verbindlk. a. LL 2.600,00

Soll	Postbank	Haben
AB	800,00	Verbindlk. a. LL 400,00

Beispiel 2 Ein Kunde begleicht eine Rechnung (AR 1401) über 1.000,00 €, und zwar mit Bankscheck (BA 45) über 700,00 € und bar 300,00 € (KB 86).

Buchung: Soll: Haben:
                         Bank, Kasse   Forderungen a. LL

Grundbuch				
Datum	Beleg	Buchungssatz	Soll	Haben
..-06-24	BA 45	Bank	700,00	
	KB 86	Kasse	300,00	
	AR 1401	an Forderungen a. LL...................		1.000,00

Übertragen Sie die Buchung auf die Konten des Hauptbuches.

Zusammenfassung

▶ **Bei einfachen und zusammengesetzten Buchungssätzen gilt stets:**
   Summe der **Sollbuchung(en)** **=** Summe der **Habenbuchung(en)**

647046

Aufgaben

39 Wie lauten die Buchungssätze für folgende Geschäftsfälle? Tragen Sie die Buchungssätze in das Grundbuch ein.

1. Kauf von Waren   bar 500,00
                                  auf Ziel 11.500,00   12.000,00

2. Kauf eines Baugrundstücks   gegen Bankscheck 168.000,00
                                     gegen bar 2.000,00   170.000,00

3. Verkauf eines gebrauch-   gegen bar 2.000,00
   ten LKWs   gegen Bankscheck 14.000,00   16.000,00

4. Kunde begleicht Rechnung   durch Banküberweisung 12.000,00
                                     gegen bar 500,00   12.500,00

5. Kauf von Büromöbeln   bar 1.500,00
                                     gegen Bankscheck 4.000,00   5.500,00

6. Tilgung einer Hypothek   durch Banküberweisung 17.000,00
                                     durch Postbanküberwsg. 2.000,00
                                     bar 1.000,00   20.000,00

7. Wir begleichen Rechnun-   durch Banküberweisung 8.000,00
   gen unseres Lieferers   durch Postbanküberwsg. 1.000,00
                                     bar 500,00   9.500,00

8. Tilgung einer Darlehens-   durch Banküberweisung 15.000,00
   schuld   durch Postbanküberwsg. 1.000,00   16.000,00

9. Kauf einer EDV-Anlage   gegen Postbanküberwsg. 3.000,00
                                     gegen Banküberweisung 17.000,00
                                     gegen bar 1.000,00   21.000,00

40 Welche Geschäftsfälle liegen folgenden Buchungssätzen zugrunde?

	Soll	Haben
1. Kasse	1.000,00	
Bank	12.000,00	
an Fuhrpark		13.000,00
2. Waren	8.000,00	
an Kasse		1.000,00
an Bank		7.000,00
3. Betriebs– und Geschäftsausstattung	4.000,00	
an Bank		3.000,00
an Postbank		1.000,00
4. Darlehensschulden	7.000,00	
an Kasse		1.000,00
an Bank		6.000,00
5. Bank	7.000,00	
Postbank	1.000,00	
Kasse	1.000,00	
an Forderungen a. LL		9.000,00
6. Technische Anlagen und Maschinen	14.000,00	
an Kasse		2.000,00
an Bank		12.000,00
7. Verbindlichkeiten a. LL	22.000,00	
an Bank		19.000,00
an Postbank		2.000,00
an Kasse		1.000,00

7 Eröffnungsbilanzkonto (EBK) und Schlussbilanzkonto (SBK)

Situation

In der **doppelten** Buchführung steht einer Sollbuchung immer eine Haben-buchung in gleicher Höhe gegenüber. Dieses **Prinzip der Doppik** muss auch bei der **Eröffnung der Aktiv- und Passivkonten** berücksichtigt werden.

Die Anfangsbestände sind mit einer „doppelten" Buchung auf die Aktiv- und Passiv-konten zu übernehmen. Dazu muss im Hauptbuch ein **Hilfskonto** eingerichtet werden, und zwar das

„Eröffnungsbilanzkonto (EBK)",

das die jeweilige Gegenbuchung aufnimmt.

Der Buchungssatz zur Eröffnung der Aktiv- und Passivkonten lautet jeweils:

▶ **Aktivkonto**   an   **Eröffnungsbilanzkonto (EBK)**
▶ **Eröffnungsbilanzkonto (EBK)**   an   **Passivkonto**

Aktiva	Eröffnungsbilanz	Passiva
AB der Aktivposten		AB der Passivposten

Hauptbuch

Soll	Eröffnungsbilanzkonto (EBK)	Haben
AB der Passivposten		AB der Aktivposten

Soll	Aktivkonto	Haben		Soll	Passivkonto	Haben
Anfangsbestand						Anfangsbestand

Das **Eröffnungsbilanzkonto (EBK)** ist das **Spiegelbild der Eröffnungsbilanz.**

Abschluss der Aktiv- und Passivkonten. Zum Abschluss des Geschäftsjahres wer-den die Aktiv- und Passivkonten des Hauptbuches abgeschlossen über das

„Schlussbilanzkonto (SBK)".

Soll	Schlussbilanzkonto (SBK)	Haben
SB der Aktivposten		SB der Passivposten

Der Buchungssatz zum Abschluss des jeweiligen Aktiv- und Passivkontos lautet:

▶ **Schlussbilanzkonto (SBK)**   an   **Aktivkonto**
▶ **Passivkonto**   an   **Schlussbilanzkonto (SBK)**

Abstimmung mit der Schlussbilanz. Das Schlussbilanzkonto (SBK) als Abschluss-konto aller Aktiv- und Passivkonten des Hauptbuches muss vorab mit der aus dem Inventar erstellten Schlussbilanz abgestimmt werden. Schließlich will man doch wissen, ob z. B. der im Kassenkonto ausgewiesene Schlussbestand auch tatsächlich vorhanden ist (vgl. Kapitel D, 4 Vorbereitender Abschluss in der Abschlussübersicht).

647048

Inventur zum 31. Dezember 01

↓

Inventar zum 31. Dezember 01

↓

Schlussbilanz zum 31. Dezember 01 ist zugleich die

↓

Aktiva	**Eröffnungsbilanz** zum 1. Januar 02		Passiva
Waren	28.000,00	Eigenkapital	50.000,00
Bank	47.000,00	Verbindlichkeiten a. LL . . .	25.000,00
	75.000,00		75.000,00
Ort, Datum			Unterschrift

Inventar- und Bilanzbuch

Hauptbuch

Soll	**Eröffnungsbilanzkonto (EBK)**		Haben
Eigenkapital	50.000,00	Waren	28.000,00
Verbindlichkeiten a. LL . . .	25.000,00	Bank	47.000,00
	75.000,00		75.000,00

Soll	**Waren**		Haben		Soll	**Eigenkapital**		Haben
EBK ❶	28.000,00 20.000,00	SBK	48.000,00		SBK	50.000,00	EBK	50.000,00
	48.000,00		48.000,00					

Soll	**Bank**		Haben		Soll	**Verbindlichkeiten a. LL**		Haben
EBK	47.000,00	❷	10.000,00		❷	10.000,00	EBK	25.000,00
		SBK	37.000,00		SBK	35.000,00	❶	20.000,00
	47.000,00		47.000,00			45.000,00		45.000,00

Soll	**Schlussbilanzkonto (SBK)**		Haben
Waren	48.000,00	Eigenkapital	50.000,00
Bank	37.000,00	Verbindlichkeiten a. LL . . .	35.000,00
	85.000,00		85.000,00

Inventur zum 31. Dezember 02

↓

Inventar zum 31. Dezember 02

↓

Aktiva	**Schlussbilanz** zum 31. Dezember 02		Passiva
Waren	48.000,00	Eigenkapital	50.000,00
Bank	37.000,00	Verbindlichkeiten a. LL . . .	35.000,00
	85.000,00		85.000,00
Ort, Datum			Unterschrift

Inventar- und Bilanzbuch

Nennen Sie Geschäftsfälle, die den Buchungen ❶ und ❷ auf den Konten des Hauptbuches zugrunde liegen.

Zusammenfassung

▶ **Die Schlussbilanz** wird auf der Grundlage des Inventars erstellt. Sie ist zugleich die **Eröffnungsbilanz** des neuen Geschäftsjahres **(Bilanzidentität)**.

▶ **Die Seiten der Schluss- und Eröffnungsbilanz heißen „Aktiva" und „Passiva".**

▶ **Das Eröffnungsbilanzkonto mit den Seiten „Soll" und „Haben"** ist ein **Hilfskonto** zur buchhalterischen Eröffnung der Bestandskonten im Hauptbuch. **Es ermöglicht die doppelte Buchung (Soll und Haben) der Anfangsbestände** auf den Aktiv- und Passivkonten.

▶ Das Eröffnungsbilanzkonto ist das **Spiegelbild** der Eröffnungsbilanz.

▶ Das **Schlussbilanzkonto** mit den Seiten „Soll" und „Haben" ist das **Abschlusskonto** aller Bestandskonten **des Hauptbuches**.

▶ Das **Schlussbilanzkonto** muss mit der **Schlussbilanz**, die aufgrund des Inventars erstellt wird, übereinstimmen.

Aufgaben

1. *Erstellen Sie zunächst die Eröffnungsbilanz (= Schlussbilanz des Vorjahres).*
2. *Eröffnen Sie die Bestandskonten mithilfe des Eröffnungsbilanzkontos (EBK).*
3. *Buchen Sie die Geschäftsfälle auf den jeweiligen Bestandskonten.*
4. *Schließen Sie die Bestandskonten über das Schlussbilanzkonto (SBK) ab.*
5. *Erstellen Sie für das Bilanzbuch eine ordnungsgemäß gegliederte Schlussbilanz.*

41

Anfangsbestände	€		€
Grundstücke u. Gebäude	270.000,00	Kasse	6.000,00
BGA	140.000,00	Bankguthaben	32.000,00
Waren	160.000,00	Verbindlichkeiten a. LL	88.000,00
Forderungen a. LL	35.000,00	Eigenkapital	555.000,00

Geschäftsfälle	€
1. ER 409: Kauf von Waren auf Ziel	12.200,00
2. ER 410: Barkauf einer Büroschrankwand	1.600,00
3. Kunde begleicht gebuchte Rechnung (AR 512) mit Bankscheck	1.800,00
4. ER 411: Zielkauf von Schreibtischen	2.100,00
5. Unsere Bareinzahlung auf Bankkonto	1.300,00
6. Wir begleichen die Rechnung eines Lieferers (ER 399) bar	1.700,00
7. ER 412: Kauf von Waren	4.000,00
8. Kunde begleicht Rechnung (AR 508) durch Banküberweisung	2.400,00

Abschlussangabe
Die Schlussbestände auf den Konten entsprechen den Inventurwerten.

42

Anfangsbestände	€		€
Grundstücke u. Gebäude	670.000,00	Postbankguthaben	13.400,00
BGA	130.000,00	Bankguthaben	39.000,00
Waren	184.000,00	Darlehensschulden	240.000,00
Forderungen a. LL	34.000,00	Verbindlichkeiten a. LL	55.000,00
Kasse	6.000,00	Eigenkapital	781.400,00

647050

Geschäftsfälle €

1. Aufnahme eines Darlehens bei der Bank 42.600,00
2. Kauf von Waren lt. ER 510 . . . . 4.000,00
3. Zielverkauf einer gebrauchten EDV-Anlage zum Buchwert . . 12.100,00
4. Zielkauf von Waren lt. ER 511 . . . . 2.950,00
5. Banküberweisung an Lieferer zum Ausgleich von ER 499 . . . . 8.150,00
6. Barkauf eines Aktenschranks lt. ER 512 900,00
7. Unsere Bareinzahlung auf Bankkonto 1.200,00
8. Barkauf von Waren 1.200,00
9. Überweisung vom Postbankkonto auf Bankkonto 1.400,00
10. Unsere Darlehensrückzahlung durch Bankscheck 14.000,00
11. Kunde begleicht Rechnung (AR 919) durch Banküberweisung 4.400,00

Abschlussangabe

Die Schlussbestände auf den Konten entsprechen den Inventurwerten.

43
1. *Begründen Sie, weshalb Aktiv- und Passivkonten Bestandskonten darstellen.*
2. *Unterscheiden Sie zwischen   a) Grundbuch,   b) Hauptbuch,   c) Inventar- und Bilanzbuch.*
3. *Erklären Sie den Unterschied zwischen der Schlussbilanz des Vorjahres und dem Eröffnungsbilanzkonto.*
4. *Worin unterscheiden sich   a) Eröffnungsbilanz und Eröffnungsbilanzkonto und   b) Schlussbilanz und Schlussbilanzkonto?*

44
Welche der folgenden Aussagen treffen a) nur auf Aktivkonten, b) nur auf Passivkonten und c) auf Aktiv- und Passivkonten zu?

1. Sie geben Auskunft über die Vermögensstruktur des Unternehmens.
2. Der Anfangsbestand steht auf der Habenseite.
3. Das Gleichgewicht der Bilanz muss gewahrt sein.
4. Die Mehrungen stehen auf der Sollseite.
5. Die Minderungen stehen auf der Sollseite.
6. Die Zunahme steht auf der Habenseite.
7. Der Schlussbestand im Konto muss der Inventur entsprechen.
8. Das Eröffnungsbilanzkonto ist ein Eröffnungshilfskonto und steht im Hauptbuch.
9. Das Schlussbilanzkonto ist ein Abschlusskonto im Hauptbuch.
10. Bei einer Barabhebung vom Bankkonto verändert sich die Kasse.

45
Ergänzen Sie:

1. Die Schlussbilanz eines Geschäftsjahres ist zugleich die ••• des folgenden Geschäftsjahres. Beide sind inhaltlich •••.
2. Das Prinzip der Doppik besagt, dass einer •••buchung immer eine ••• in gleicher Höhe gegenüberstehen muss.
3. Eröffnungsbilanzkonto und Schlussbilanzkonto sind Konten des •••buches.

8 Die Buchung der Aufwendungen und Erträge auf Erfolgskonten

Situation Die bisherigen Geschäftsfälle veränderten lediglich Vermögens- und Schuldposten der Bilanz; das Eigenkapital blieb unberührt. Nun ist es aber Aufgabe des Großhandelsunternehmens, Waren einzukaufen, zu lagern und diese dann möglichst mit Gewinn zu verkaufen. Dabei entstehen **Geschäftsfälle, die das Eigenkapital mindern oder mehren.** Im ersten Fall spricht man von **„Aufwendungen"**, im zweiten von **„Erträgen"**.

Aufwendungen mindern das Eigenkapital. Dazu gehören beispielsweise Löhne und Gehälter, Mietaufwendungen für Geschäftsgebäude, Zinsaufwendungen, Büromaterial, die Abnutzung der Anlagegüter, Instandsetzungen (Reparaturen), der Einstandspreis (Bezugspreis) der verkauften Waren u. a.

Erträge mehren das Eigenkapital. Hierzu gehören insbesondere die Erlöse der verkauften Waren, also die Umsatzerlöse, ferner Zinserträge, Mieteinnahmen aus vermieteten Geschäftsräumen, Einnahmen aus Provisionen u. a.

Aus Gründen der Übersichtlichkeit und Klarheit in der Buchführung bucht man aber die Aufwendungen und Erträge nicht unmittelbar auf dem Eigenkapitalkonto, sondern erfasst sie auf gesondert eingerichteten **Unterkonten des Eigenkapitalkontos,** den

Aufwandskonten und Ertragskonten.

Erfolgskonten. Aktiv- und Passivkonten sind „Bestandskonten", Aufwands- und Ertragskonten sind „Erfolgskonten". **Auf den Erfolgskonten wird wie auf dem Passivkonto „Eigenkapital" gebucht: Minderungen** des Eigenkapitals werden deshalb **auf der Sollseite der Aufwandskonten** und **Mehrungen** des Eigenkapitals **im Haben der Ertragskonten** gebucht.

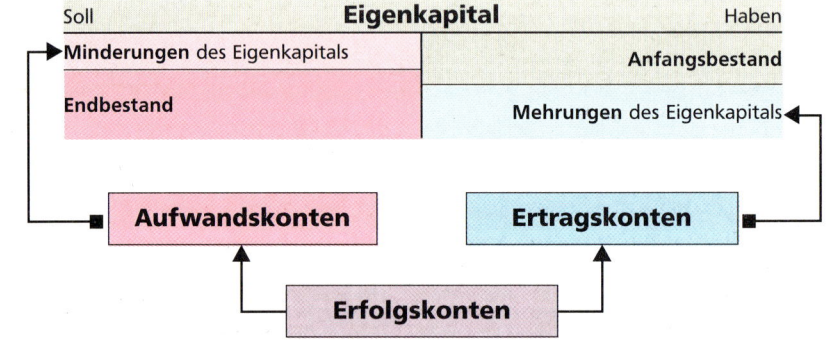

Soll	Löhne	Haben
Aufwand	...	

Soll	Umsatzerlöse für Waren	Haben
	Ertrag	...

Soll	Zinsaufwendungen	Haben
Aufwand	...	

Soll	Zinserträge	Haben
	Ertrag	...

647052

Beispiel In der Finanzbuchhaltung der Papiergroßhandlung Kern fallen u. a. folgende Geschäftsfälle an, die das Eigenkapital verändern:

1. Gehälter der Angestellten werden durch Banküberweisung gezahlt .... 198.000,00 €

Buchungssatz	Soll	Haben
Gehälter	198.000,00	
an **Bank**		198.000,00

S	Gehälter	H		S	Bank	H
Bank	198.000,00			AB	320.000,00	Gehälter 198.000,00

2. Die Miete für eine Lagerhalle zahlt Frau Kern durch Banküberweisung .... 16.000,00 €

Buchungssatz	Soll	Haben
Mietaufwendungen	16.000,00	
an **Bank**		16.000,00

S	Mietaufwendungen	H		S	Bank	H
Bank	16.000,00			AB	320.000,00	Gehälter 198.000,00
						Miete 16.000,00

3. Verkauf von Kopierpapier lt. AR 0001 an Kaufkette AG .... 385.400,00 €

Buchungssatz	Soll	Haben
Forderungen a. LL	385.400,00	
an **Umsatzerlöse für Waren**		385.400,00

S	Forderungen a. LL	H		S	Umsatzerlöse für Waren	H
UfW	385.400,00					Forderg. 385.400,00

4. Das Unternehmen Kern erhält auf seinem Bankkonto eine
   Zinsgutschrift .... 8.600,00 €

Buchungssatz	Soll	Haben
Bank	8.600,00	
an **Zinserträge**		8.600,00

S	Bank	H		S	Zinserträge	H
AB	320.000,00	Gehälter 198.000,00				Bank 8.600,00
Zinsertr.	8.600,00	Miete 16.000,00				

Abschluss der Erfolgskonten. Am Ende des Geschäftsjahres werden die Aufwands- und Ertragskonten nicht etwa direkt über das Eigenkapitalkonto, sondern zunächst über ein **Sammelkonto,** das

Gewinn- und Verlustkonto (GuV-Konto),

abgeschlossen. **Die Abschlussbuchungssätze für die Erfolgskonten lauten dann:**

▶ **GuV-Konto**   an   **alle Aufwandskonten**
▶ **Alle Ertragskonten**   an   **GuV-Konto**

Aus der Gegenüberstellung der Aufwendungen und Erträge im GuV-Konto ergibt sich dann als **Saldo** entweder der Gewinn oder Verlust des Geschäftsjahres.

▶ **Erträge > Aufwendungen ➝ Gewinn**
▶ **Erträge < Aufwendungen ➝ Verlust**

Der Gewinn bzw. Verlust wird auf das Konto **Eigenkapital** übertragen. Ein Gewinn erhöht das Eigenkapital, ein Verlust vermindert es. Das **GuV-Konto** ist somit das unmittelbare **Unterkonto des Eigenkapitalkontos.**

Die Abschlussbuchungen des GuV-Kontos lauten

bei **Gewinn:** GuV-Konto   an   Eigenkapital
bei **Verlust:** Eigenkapital   an   GuV-Konto

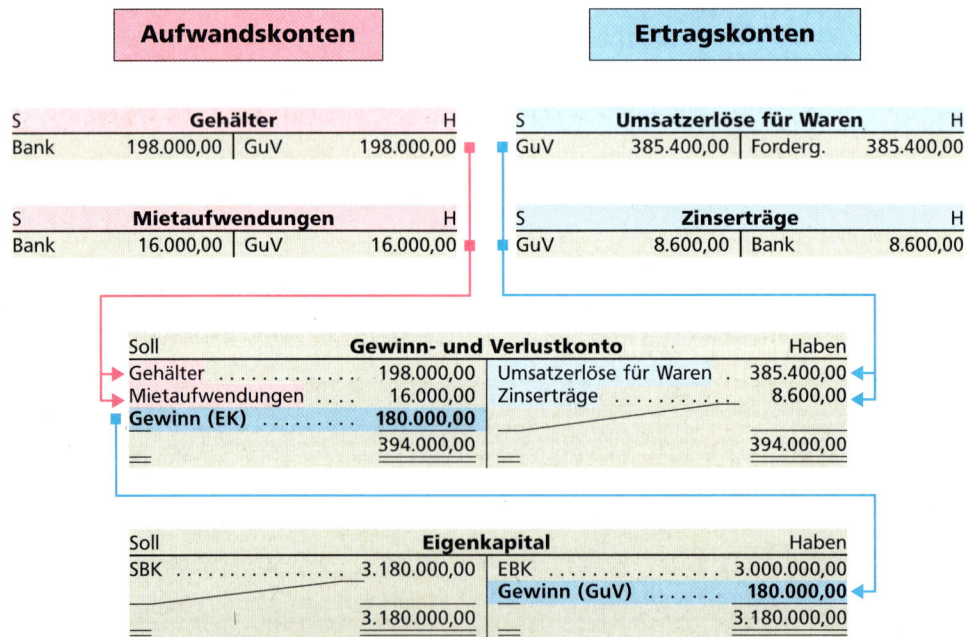

Wie lautet im obigen Beispiel der Buchungssatz zum Abschluss des GuV-Kontos?

647054

Zusammenfassung

- ▶ **Die Erfolgskonten** gliedern sich in Aufwands- und Ertragskonten.

- ▶ **Aufwands- und Ertragskonten sind Unterkonten des Eigenkapital-kontos,** weil Aufwendungen das Eigenkapital mindern und Erträge es mehren. Deshalb wird auf den **Aufwandskonten im Soll,** auf den **Ertragskonten im Haben** gebucht.

- ▶ **Die Erfolgskonten werden über das Gewinn- und Verlustkonto abge-schlossen.** Dort ergibt sich aus der Gegenüberstellung aller Aufwendungen und Erträge als **Saldo** entweder ein **Gewinn oder Verlust,** je nachdem, ob die Erträge oder Aufwendungen überwiegen.

- ▶ **Das Gewinn- und Verlustkonto zeigt die Quellen des Geschäftserfolgs,** und zwar jeden einzelnen Ertrags- und Aufwandsposten.

- ▶ **Der Gewinn erhöht das Eigenkapital, der Verlust vermindert es.** Des-halb muss das Gewinn- und Verlustkonto über das Eigenkapitalkonto abge-schlossen werden:

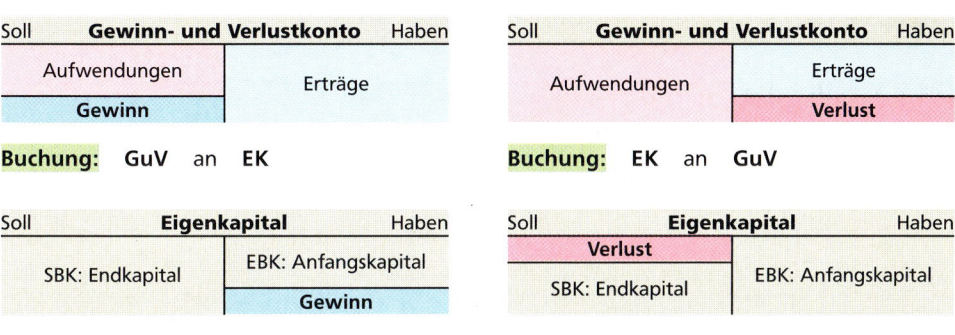

Soll	Gewinn- und Verlustkonto	Haben
Aufwendungen		Erträge
Gewinn		

Buchung: GuV an EK

Soll	Eigenkapital	Haben
SBK: Endkapital	EBK: Anfangskapital	
	Gewinn	

Soll	Gewinn- und Verlustkonto	Haben
Aufwendungen		Erträge
		Verlust

Buchung: EK an GuV

Soll	Eigenkapital	Haben
Verlust		
SBK: Endkapital	EBK: Anfangskapital	

Zwei Kontenkreise. Die **Bestands- und Erfolgskonten** bilden in der Buchhaltung jeweils einen **eigenen Kontenkreis.** Das Konto **„Eigenkapital"** ist das **Bindeglied** beider Kontenkreise.

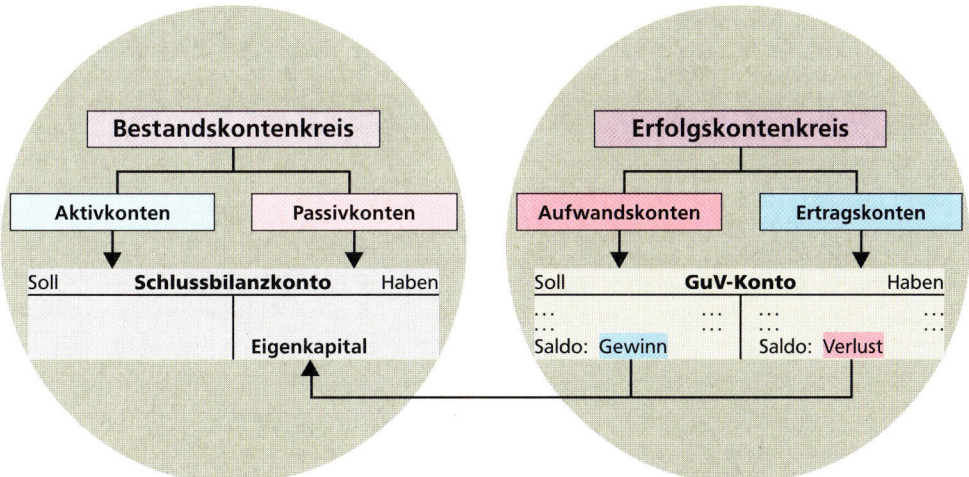

Schlussbilanz und Gewinn- und Verlustrechnung bilden den Jahresabschluss.

Geschäftsgang mit Erfolgs- und Bestandskonten

Bestandskonten. Aus der Bilanz des vorhergehenden Geschäftsjahres stehen folgende Anfangsbestände für das neue Geschäftsjahr zur Verfügung:

Aktiva	Schlussbilanz zum 31. Dezember des Vorjahres		Passiva
I. Anlagevermögen		**I. Eigenkapital**	102.000,00
BGA	100.000,00	**II. Fremdkapital**	
II. Umlaufvermögen		1. Darlehensschulden	30.000,00
1. Kasse	2.000,00	2. Verbindlichkeiten a. LL	20.000,00
2. Bankguthaben	50.000,00		
	152.000,00		152.000,00
Ort, Datum			Unterschrift

Erfolgskonten. Die nachstehenden Erfolgskonten sind zu führen: Gehälter, Zinsaufwendungen, Provisionserträge, Mieterträge.

Geschäftsfälle

1. Barkauf eines Telefaxgerätes .... 400,00 €
2. Wir erhalten Miete bar .... 800,00 €
3. Wir erhalten Provision durch Bankscheck .... 16.300,00 €
4. Wir zahlen Darlehenszinsen durch Banküberweisung .... 2.000,00 €
5. Gehaltsabschlagszahlung bar .... 1.800,00 €
6. Wir begleichen eine Rechnung des Lieferers durch Banküberweisung ... 9.000,00 €

Reihenfolge der buchungstechnischen Arbeiten

I. Eröffnungsbuchungen für die Anfangsbestände über Eröffnungsbilanzkonto
   a) Aktivkonten an Eröffnungsbilanzkonto
   b) Eröffnungsbilanzkonto an Passivkonten

II. Buchung der Geschäftsfälle
   1. Betriebs- und Geschäftsausstattung an Kasse .... 400,00 €
   2. Kasse an Mieterträge .... 800,00 €
   3. Bank an Provisionserträge .... 16.300,00 €
   4. Zinsaufwendungen an Bank .... 2.000,00 €
   5. Gehälter an Kasse .... 1.800,00 €
   6. Verbindlichkeiten a. LL an Bank .... 9.000,00 €

III. Abschlussbuchungen
   1. Abschluss der **Erfolgskonten** über Gewinn- und Verlustkonto
      a) Gewinn- und Verlustkonto an Aufwandskonten
      b) Ertragskonten an Gewinn- und Verlustkonto
   2. Abschluss des **Gewinn- und Verlustkontos** über Eigenkapitalkonto
      a) bei Gewinn: Gewinn- und Verlustkonto an Eigenkapitalkonto
      b) bei Verlust: Eigenkapitalkonto an Gewinn- und Verlustkonto
   3. Abschluss der **Bestandskonten** über Schlussbilanzkonto nach Abstimmung mit den Inventurwerten
      a) Schlussbilanzkonto an Aktivkonten
      b) Passivkonten an Schlussbilanzkonto

IV. Aufstellung der Schlussbilanz mit Ort, Datum und Unterschrift

647056

Soll	Eröffnungsbilanzkonto		Haben
Eigenkapital	102.000,00	BGA	100.000,00
Darlehensschulden	30.000,00	Kasse	2.000,00
Verbindlichkeiten a. LL .	20.000,00	Bankguthaben	50.000,00
	152.000,00		152.000,00

S	BGA		H
EBK	100.000,00	SBK	100.400,00
Kasse	400,00		
	100.400,00		100.400,00

S	Darlehensschulden		H
SBK	30.000,00	EBK	30.000,00

S	Kasse		H
EBK	2.000,00	BGA	400,00
Mieterträge	800,00	Gehälter	1.800,00
		SBK	600,00
	2.800,00		2.800,00

S	Verbindlichkeiten a. LL		H
Bank	9.000,00	EBK	20.000,00
SBK	11.000,00		
	20.000,00		20.000,00

S	Bankguthaben		H
EBK	50.000,00	Zinsaufw.	2.000,00
Prov.-Erträge	16.300,00	Verb. a. LL	9.000,00
		SBK	55.300,00
	66.300,00		66.300,00

S	Eigenkapital		H
SBK	115.300,00	EBK	102.000,00
		Gewinn	13.300,00
	115.300,00		115.300,00

S	Gehälter		H
Kasse	1.800,00	GuV	1.800,00

S	Provisionserträge		H
GuV	16.300,00	Bank	16.300,00

S	Zinsaufwendungen		H
Bank	2.000,00	GuV	2.000,00

S	Mieterträge		H
GuV	800,00	Kasse	800,00

Soll	Gewinn- und Verlustkonto		Haben
Gehälter	1.800,00	Provisionserträge	16.300,00
Zinsaufwendungen	2.000,00	Mieterträge	800,00
Gewinn (EK)	13.300,00		
	17.100,00		17.100,00

Soll	Schlussbilanzkonto		Haben
BGA	100.400,00	Eigenkapital	115.300,00
Kasse	600,00	Darlehensschulden	30.000,00
Bankguthaben	55.300,00	Verbindlichkeiten a. LL .	11.000,00
	156.300,00		156.300,00

Aktiva	Schlussbilanz zum 31. Dezember des Berichtsjahres		Passiva
I. Anlagevermögen		I. Eigenkapital	115.300,00
BGA	100.400,00	II. Fremdkapital	
II. Umlaufvermögen		1. Darlehensschulden	30.000,00
1. Kasse	600,00	2. Verbindlichkeiten a. LL	11.000,00
2. Bankguthaben	55.300,00		
	156.300,00		156.300,00

Ort, Datum   **Unterschrift**

Aufgaben

46 Nennen Sie zu den folgenden Geschäftsfällen jeweils den Buchungssatz und die Auswirkung auf das Eigenkapital:

1. Wir zahlen Gehälter durch Banküberweisung .... 18.400,00 €
2. Für die LKW-Instandsetzung zahlen wir bar .... 1.500,00 €
3. Die Bank schreibt uns auf unserem Bankkonto Zinsen gut ... 650,00 €
4. Wir erhalten Provision durch Banküberweisung .... 1.200,00 €
5. Wir kaufen Büromaterial bar ein .... 780,00 €
6. Wir verkaufen Waren auf Ziel .... 15.800,00 €
7. Die Bank belastet uns mit Darlehenszinsen .... 1.250,00 €
8. Wir zahlen Miete für ein Lagergebäude durch Banküberweisung .... 5.600,00 €

47 Richten Sie zunächst folgende Konten ein:

EBK, Kasse (AB 8.500,00 €), Bank (AB 41.500,00 €), Eigenkapital (AB 50.000,00 €), Mietaufwendungen, Büromaterial, Werbung, Porto – Telefon – Telefax, Fremdinstandsetzung, Zinserträge, Provisionserträge, Umsatzerlöse für Waren.

Buchen Sie auf diesen Konten die folgenden Geschäftsfälle. Nennen Sie vorab jeweils den Buchungssatz:

1. Barzahlung für Postwertzeichen .... 800,00 €
2. Verkauf von Waren gegen Bankscheck .... 14.600,00 €
3. Unsere Banküberweisung für die Geschäftsraummiete ...... 5.400,00 €
4. Wir erhalten Provision durch Banküberweisung .... 750,00 €
5. Die Bank erteilt uns eine Zinsgutschrift .... 600,00 €
6. Unsere Banküberweisung für Werbeanzeigen .... 1.600,00 €
7. Barausgabe für Büromaterial .... 650,00 €
8. Barzahlung der Reparatur des EDV-Druckers .... 370,00 €

Richten Sie das Gewinn- und Verlustkonto und das Schlussbilanzkonto ein. Ermitteln Sie den Gewinn bzw. Verlust und schließen Sie die Bestands- und Erfolgskonten ab.

48
1. Ermitteln Sie in der vorhergehenden Aufgabe auch den Geschäftserfolg durch Eigenkapitalvergleich:

   Schlussbestand des Eigenkapitals .... ●●● €
   Anfangsbestand des Eigenkapitals .... ●●● €

   = Gewinn bzw. Verlust .... ●●● €

2. In der doppelten Buchführung kann der Gewinn also ●●● ermittelt werden, einmal durch Gegenüberstellung der Aufwendungen und Erträge im ●●●-Konto, zum anderen durch ●●●.

3. Welche Methode der Gewinn- bzw. Verlustermittlung ist aussagefähiger? Begründen Sie.

49 Buchen Sie in der Papiergroßhandlung Katja Kern e. Kfr. folgende Belege im Grundbuch:

Beleg 1

647058

Beleg 2

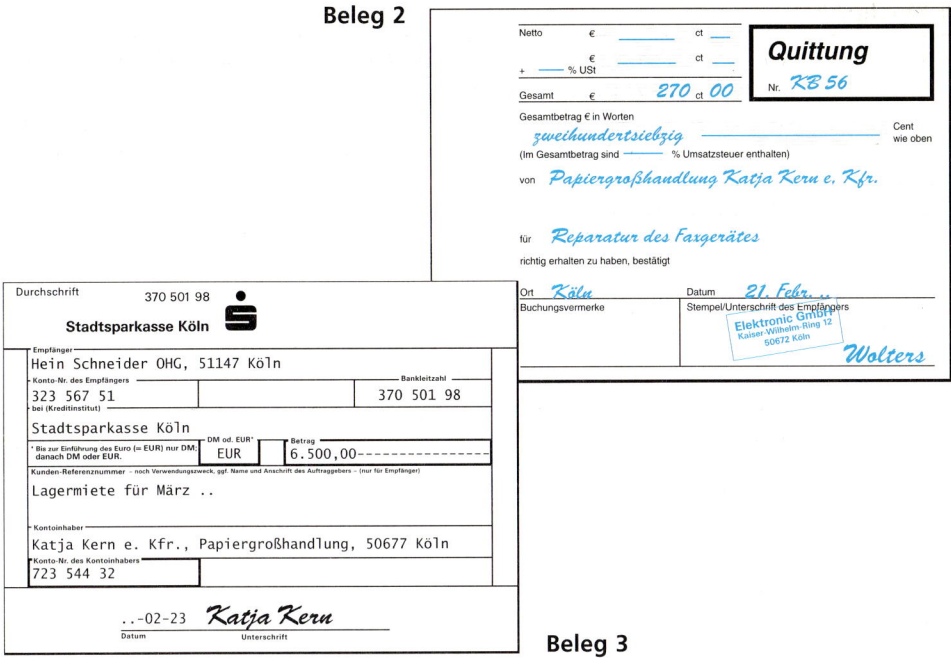

Quittung

Netto € ___ ct ___

___ € ___ ct ___

+ ___ % USt

Gesamt € **270** ct **00**   Nr. *KB 56*

Gesamtbetrag € in Worten

zweihundertsiebzig _____ Cent wie oben

(Im Gesamtbetrag sind ___ % Umsatzsteuer enthalten)

von *Papiergroßhandlung Katja Kern e. Kfr.*

für *Reparatur des Faxgerätes*

richtig erhalten zu haben, bestätigt

Ort *Köln* Datum *21. Febr. ..*

Buchungsvermerke   Stempel/Unterschrift des Empfängers

Elektronic GmbH
Kaiser-Wilhelm Ring 12
50672 Köln   *Wolters*

Durchschrift   370 501 98

Stadtsparkasse Köln

Empfänger
Hein Schneider OHG, 51147 Köln

Konto-Nr. des Empfängers   Bankleitzahl
323 567 51   370 501 98

bei (Kreditinstitut)
Stadtsparkasse Köln

* Bis zur Einführung des Euro (= EUR) nur DM; danach DM oder EUR.   DM od. EUR*   Betrag
EUR   6.500,00---------------

Kunden-Referenznummer – noch Verwendungszweck, ggf. Name und Anschrift des Auftraggebers – (nur für Empfänger)
Lagermiete für März ..

Kontoinhaber
Katja Kern e. Kfr., Papiergroßhandlung, 50677 Köln

Konto-Nr. des Kontoinhabers
723 544 32

..-02-23   *Katja Kern*
Datum   Unterschrift

Beleg 3

<table>
<tr><td colspan="2" align="center">**Die Reihenfolge der Buchungsarbeiten**</td></tr>
</table>

1. *Richten Sie die Bestands- und Erfolgskonten ein.*
2. *Eröffnen Sie die Bestandskonten über das Eröffnungsbilanzkonto (EBK).*
3. *Bilden Sie zu den Geschäftsfällen die Buchungssätze (Grundbuch).*
4. *Übertragen Sie die Buchungen auf die Bestands- und Erfolgskonten (Hauptbuch).*
5. *Schließen Sie die Erfolgskonten über das GuV-Konto ab und übertragen Sie den Gewinn oder Verlust auf das Eigenkapitalkonto.*
6. *Erst zum Schluss werden alle Bestandskonten zum Schlussbilanzkonto (SBK) abgeschlossen, sofern die Inventur keine Abweichungen zwischen Buch- und Istbeständen ergibt.*

50

Anfangsbestände

	€		€
Betriebs- u. Geschäftsausstattung	80.000,00	Bankguthaben	60.000,00
Forderungen a. LL	40.000,00	Verbindlichkeiten a. LL	50.000,00
Kasse	10.000,00	Eigenkapital	140.000,00

Kontenplan

Außer den oben genannten Bestandskonten einschließlich Eröffnungs- und Schlussbilanzkonto sind folgende **Erfolgskonten** einzurichten: Büromaterial, Mietaufwendungen, Werbekosten, Zinserträge, Provisionserträge: GuV-Konto.

Geschäftsfälle

	€
1. Zinsgutschrift auf dem Bankkonto	600,00
2. Rechnung über Büromaterial wird mit Bankscheck bezahlt	240,00
3. Unsere Barzahlung für Geschäftsmiete	3.500,00
4. Werbeanzeige wird bar bezahlt	140,00
5. Wir erhalten Provision durch Banküberweisung	4.000,00

Abschlussangabe

Die Buchbestände stimmen mit den Inventurwerten überein.

51   **Anfangsbestände**   €

	€
Betriebs- und Geschäftsausstattung (BGA)	60.000,00
Forderungen a. LL	30.000,00
Kasse	12.000,00
Postbankguthaben	9.000,00
Bankguthaben	40.000,00
Darlehensschulden	25.000,00
Verbindlichkeiten a. LL	20.000,00
Eigenkapital	106.000,00

Kontenplan

Außer den oben genannten Bestandskonten einschließlich Eröffnungs- und Schlussbilanzkonto sind folgende **Erfolgskonten** einzurichten: Büromaterial, Porto – Telefon – Telefax, Betriebliche Steuern, Beiträge, Zinsaufwendungen, Mietaufwendungen, Löhne, Provisionserträge, Zinserträge: GuV-Konto.

Geschäftsfälle   €

	€
1. Ein Kunde begleicht Rechnung durch Banküberweisung	1.000,00
2. Zahlung der Gewerbesteuer durch Banküberweisung	2.000,00
3. Postbanküberweisung für Telefonrechnung	190,00
4. Die Bank belastet uns mit Darlehenszinsen	1.500,00
5. Begleichung einer Liefererrechnung durch Banküberweisung	1.900,00
6. Wir erhalten Provision durch Banküberweisung	7.000,00
7. Die Bank schreibt uns Zinsen gut	1.200,00
8. Barzahlung für Porto	400,00
9. Wir zahlen Geschäftsmiete bar	1.800,00
10. Lohnabschlagszahlungen bar	4.500,00
11. Büromaterial wird durch Bankscheck bezahlt	260,00
12. Zahlung des Handelskammerbeitrages durch Banküberweisung	1.200,00

Abschlussangabe

Die Buchbestände entsprechen der Inventur.

52   *Bilden Sie die Buchungssätze für den Abschluss*

1. *der Aufwandskonten:*

Gehälter	36.000,00 €
Zinsaufwendungen	1.500,00 €

2. *der Ertragskonten:*

Umsatzerlöse für Waren	87.900,00 €
Mieterträge	6.700,00 €

3. *des Gewinn- und Verlustkontos bei Gewinn* .... 250.000,00 €
4. *des Gewinn- und Verlustkontos bei Verlust* .... 12.000,00 €
5. *der aktiven Bestandskonten:*

BGA	167.000,00 €
Waren	55.000,00 €

6. *der passiven Bestandskonten:*

Darlehensschulden	250.000,00 €
Verbindlichkeiten a. LL	57.500,00 €

53   *Ergänzen Sie die fehlenden Beträge und Bezeichnungen:*

1. 200.000,00 € Ertr.,   150.000,00 € Aufwend. =   •••   € •••
2. 450.000,00 € Ertr.,   500.000,00 € Aufwend. =   •••   € •••
3.   •••   € Ertr.,   650.000,00 € Aufwend. = 50.000,00 € Gewinn
4. 850.000,00 € Aktiva,   550.000,00 € Schulden =   •••   € •••
5. 760.000,00 € Aktiva,   •••   € Schulden = 300.000,00 € Eigen-
                                                                         kapital

647060

9 Die Buchung der Wareneinkäufe, Warenverkäufe und Warenbestände auf getrennten Konten

9.1 Die Buchung der Wareneinkäufe und Warenverkäufe und ihre Auswirkung auf den Rohgewinn

Situation **Der Einkauf von Waren, deren Lagerung und Verkauf** sind die wichtigsten Tätigkeiten in einem Großhandelsunternehmen. In der Buchführung müssen entsprechende Konten eingerichtet werden, um das **Warengeschäft** buchhalterisch transparent zu machen.

Der Wareneinkauf wird aufgrund der **Eingangsrechnung direkt als Aufwand** gebucht auf dem **Aufwandskonto**

„Aufwendungen für Waren (Wareneingang)".

Der Warenverkauf wird aufgrund der **Ausgangsrechnung als Ertrag** gebucht auf dem **Ertragskonto** **„Umsatzerlöse für Waren".**

Beispiel 1 In der Papiergroßhandlung Kern wurden im Geschäftsjahr 01 400 Paletten Druckpapier eingekauft und zugleich verkauft. Die Rechnungen lauten:

ER 456 von Druck und Papier GmbH	AR 789 an Druckcenter GmbH
400 Paletten Druckpapier zu je 1.400,00 € . . . . . . 560.000,00 €	400 Paletten Druckpapier zu je 1.600,00 € . . . . . . 640.000,00 €

Buchung	Buchung
Aufwendungen für Waren an Verbindlichkeiten a. LL . . . 560.000,00	Forderungen a. LL an Umsatzerlöse für Waren . . 640.000,00

S	Aufwendungen für Waren	H		S	Umsatzerlöse für Waren	H
Verb. a. LL 560.000,00					Ford. a. LL 640.000,00	

S	Verbindlichkeiten a. LL	H		S	Forderungen a. LL	H
	AfW 560.000,00			UfW 640.000,00		

Ermittlung des Waren- bzw. Rohgewinns. Im Beispiel wurden die 400 eingekauften Paletten Druckpapier auch im gleichen Geschäftsjahr verkauft. Der Gewinn aus diesem Warengeschäft ergibt sich dann einfach als Differenz zwischen den Umsatzerlösen (= verkaufte Waren zum Verkaufspreis) und dem Einkaufswert dieser verkauften Waren (= **Aufwendungen für Waren**). Der Warengewinn wird auch als Rohgewinn bezeichnet, weil er noch die übrigen Aufwendungen, wie z. B. Gehälter, Büromaterial u. a., decken muss.

Erlöse der verkauften	400 Paletten Druckpapier zu je 1.600,00 €	**640.000,00 €**
− **Einkaufswert** der verkauften	400 Paletten Druckpapier zu je 1.400,00 €	**560.000,00 €**
Waren- bzw. Rohgewinn		**80.000,00 €**

Zum Jahresschluss werden die Konten „Aufwendungen für Waren" und „Umsatzerlöse für Waren" über das Gewinn- und Verlustkonto abgeschlossen. Die Buchungssätze lauten:

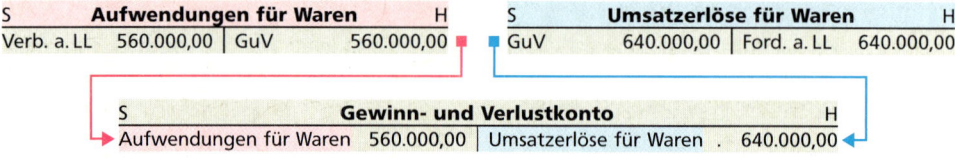

| GuV-Konto .... | an | Aufwend. für Waren | 560.000,00 |
| Umsatzerlöse für Waren | an | GuV-Konto .... | 640.000,00 |

S	Aufwendungen für Waren	H		S	Umsatzerlöse für Waren	H
Verb. a. LL	560.000,00	GuV	560.000,00	GuV	640.000,00	Ford. a. LL	640.000,00

S	Gewinn- und Verlustkonto	H
Aufwendungen für Waren	560.000,00	Umsatzerlöse für Waren . 640.000,00

80.000,00 € Saldo = Waren- bzw. Rohgewinn

Der Reingewinn bzw. Reinverlust ergibt sich als Saldo im Gewinn- und Verlustkonto erst nach Berücksichtigung der übrigen Aufwendungen und Erträge (z. B. Zinserträge u. a.):

> **Rohgewinn** aus dem Warengeschäft
> + übrige Erträge des Unternehmens
> − übrige Aufwendungen
> _____
> **Reingewinn bzw. Reinverlust des Unternehmens**

Aufgaben

54 *Buchen Sie auf den Konten Aufwendungen für Waren, Umsatzerlöse für Waren, Verbindlichkeiten a. LL, Forderungen a. LL, Gewinn und Verlust und schließen Sie die Warenkonten ab:*

> Einkäufe von Waren lt. ER: 3 000 Stück zu je 200,00 € Einkaufspreis
> Verkäufe von Waren lt. AR: 3 000 Stück zu je 250,00 € Verkaufspreis

1. *Nennen Sie die Buchungssätze für die Ein- und Verkäufe der Waren sowie den Abschluss der Warenkonten.*
2. *Ermitteln Sie das Rohergebnis. Unterscheiden Sie zwischen Roh- und Reingewinn.*
3. *Warum ergibt sich zum Schluss des Geschäftsjahres kein Warenbestand?*

55 Einkäufe von Waren zum Einkaufspreis lt. ER .... 600.000,00 €
Verkäufe von Waren zum Verkaufspreis lt. AR .... 750.000,00 €
Zum 1. Januar und 31. Dezember gibt es keinen Warenlagerbestand.

1. *Buchen Sie auf den in Aufgabe 54 genannten Konten und ermitteln Sie den Rohgewinn.*
2. *Ermitteln Sie den Gewinn des Unternehmens (Reingewinn), wenn die übrigen Aufwendungen lt. GuV-Konto 120.000,00 € und die Zins- und Mieterträge 10.000,00 € betragen.*

56 Einkäufe von Waren zum EP lt. ER .... 850.000,00 €
Verkäufe von Waren zum VP lt. AR .... 800.000,00 €
Lagerbestände an Waren sind lt. Inventur weder zum 1. Januar noch zum 31. Dezember vorhanden.

Ermitteln und beurteilen Sie den Erfolg des Unternehmens, wenn die übrigen Aufwendungen 100.000,00 € und die sonstigen Erträge 120.000,00 € betragen.

647062

Beispiel 2 Im Geschäftsjahr 02 kauft die Papiergroßhandlung Kern 600 Paletten Druckpapier ein, von denen aber nur 500 Paletten verkauft wurden. 100 Paletten sind zum 31. Dezember 02 lt. Inventur noch am Lager.

ER 510 von Druck und Papier GmbH
600 Paletten Druckpapier
zu je 1.400,00 € ..... 840.000,00 €

AR 810 an Druckcenter GmbH
500 Paletten Druckpapier
zu je 1.600,00 € ..... 800.000,00 €

Buchung
Aufwendungen für Waren
an **Verbindlichkeiten a. LL** ... 840.000,00

Buchung
Forderungen a. LL
an **Umsatzerlöse für Waren** .. 800.000,00

S	Aufwendungen für Waren	H
Verb. a. LL 840.000,00		

S	Umsatzerlöse für Waren	H
		Ford. a. LL 800.000,00

S	Verbindlichkeiten a. LL	H
		AfW 840.000,00

S	Forderungen a. LL	H
UfW 800.000,00		

Der Schlussbestand an Waren wird zum 31. Dezember auf dem Aktivkonto

„Warenbestand"

gebucht, und zwar 100 Paletten zu 1.400,00 € = 140.000,00 €. Die Buchung lautet:

Schlussbilanzkonto an Warenbestand 140.000,00

S	Schlussbilanzkonto	H
Waren 140.000,00		

S	Warenbestand	H
EBK 0,00	SBK 140.000,00

Mehrbestand an Waren. Auf dem Konto „Warenbestand" zeigt sich, dass der Schlussbestand an Waren **größer** ist als der Warenanfangsbestand. Das bedeutet, dass im laufenden Geschäftsjahr **mehr Waren eingekauft** als verkauft wurden. Die nicht verkauften Waren (100 Paletten) mussten auf Lager genommen werden. Der Wareneingang bzw. die Aufwendungen für 600 Paletten müssen deshalb um diesen Mehrbestand in Höhe von 100 Paletten = 140.000,00 € **korrigiert** (gemindert) werden, um den genauen Warenaufwand des Geschäftsjahres festzustellen. Die Buchung lautet:

Warenbestand an Aufwendungen für Waren 140.000,00

S	Aufwendungen für Waren	H
Verb. a. LL 840.000,00	WB 140.000,00
	GuV 700.000,00
840.000,00	840.000,00

S	Warenbestand	H
EBK 0,00	SBK 140.000,00
AfW 140.000,00	
140.000,00	140.000,00

S	Umsatzerlöse für Waren	H
GuV 800.000,00	Ford. a LL 800.000,00

S	Gewinn- und Verlustkonto	H
Aufwendungen für Waren 700.000,00	Umsatzerlöse für Waren . 800.000,00

ergibt einen Rohgewinn von 100.000,00 €.

	Wareneinkauf:	600 Paletten zu je 1.400,00 €	840.000,00 €
−	Lagerzugang:	100 Paletten zu je 1.400,00 €	140.000,00 €
=	Warenaufwand:	500 Paletten zu je 1.400,00 €	700.000,00 €
	Umsatzerlöse:	500 Paletten zu je 1.600,00 €	800.000,00 €
=	**Rohgewinn**		**100.000,00 €**

Beispiel 3 Im Geschäftsjahr 03 kauft Frau Kern 420 Paletten Druckpapier zu je 1.400,00 € = 588.000,00 € ein. Im gleichen Zeitraum werden aber 480 Paletten zu je 1.600,00 € = 768.000,00 € verkauft. Folglich wurden 60 Paletten aus dem Vorjahresbestand (= 100 Paletten) verkauft. Der Schlussbestand zum 31. Dez. 03 beträgt somit: 40 Paletten zu je 1.400,00 € = 56.000,00 €.

ER 345 von Druck und Papier GmbH
420 Paletten Druckpapier
zu je 1.400,00 € ...... 588.000,00 €

AR 578 an Druckcenter GmbH
480 Paletten Druckpapier
zu je 1.600,00 € ...... 768.000,00 €

Buchung
Aufwendungen für Waren
an Verbindlichkeiten a. LL ... 588.000,00

Buchung
Forderungen a. LL
an Umsatzerlöse für Waren .. 768.000,00

S	Aufwendungen für Waren		H
Verb. a. LL	588.000,00		

S	Umsatzerlöse für Waren		H
		Ford. a. LL	768.000,00

S	Verbindlichkeiten a. LL		H
		AfW	588.000,00

S	Forderungen a. LL		H
UfW	768.000,00		

Der Schlussbestand an Waren wird zum 31. Dezember 03 gebucht:

> Schlussbilanzkonto an Warenbestand 56.000,00

S	Schlussbilanzkonto		H
Waren	56.000,00		

S	Warenbestand		H
EBK	140.000,00	SBK	56.000,00

Minderbestand an Waren. Auf dem Aktivkonto „Warenbestand" sieht man sogleich, dass der Warenschlussbestand **kleiner** ist als der Anfangsbestand. Im Geschäftsjahr 03 wurden demnach **mehr Waren verkauft** (480 Paletten) als eingekauft (420 Paletten). 60 Paletten mussten also aus dem Lagerbestand des Vorjahres verkauft werden. Die Aufwendungen für Waren im Konto „Aufwendungen für Waren" müssen deshalb um diesen Minderbestand von 60 Paletten = 84.000,00 € erhöht werden. Die Buchung lautet:

> Aufwendungen für Waren an Warenbestand 84.000,00

S	Aufwendungen für Waren		H
Verb. a. LL	588.000,00	GuV	672.000,00
WB	84.000,00		
	672.000,00		672.000,00

S	Warenbestand		H
EBK	140.000,00	SBK	56.000,00
		AfW	84.000,00
	140.000,00		140.000,00

S	Umsatzerlöse für Waren		H
GuV	768.000,00	Ford. a. LL	768.000,00

S	Gewinn- und Verlustkonto		H
Aufwendungen für Waren	672.000,00	Umsatzerlöse für Waren .	768.000,00

ergibt einen Rohgewinn von 96.000,00 €.

	Wareneinkauf:	420 Paletten zu je 1.400,00 €	588.000,00 €
+	Lagerabgang:	60 Paletten zu je 1.400,00 €	84.000,00 €
=	Warenaufwand:	480 Paletten zu je 1.400,00 €	672.000,00 €
	Umsatzerlöse:	480 Paletten zu je 1.600,00 €	768.000,00 €
=	**Rohgewinn**		**96.000,00 €**

647064

Zusammenfassung

▶ **Wareneinkäufe** werden **direkt auf dem Aufwandskonto „Aufwendungen für Waren"** aufgrund der Eingangsrechnungen gebucht:

> Aufwendungen für Waren   an   Verbindlichkeiten a. LL

▶ **Warenverkäufe** werden auf dem **Ertragskonto „Umsatzerlöse für Waren"** aufgrund der Ausgangsrechnungen erfasst:

> Forderungen a. LL   an   Umsatzerlöse für Waren

▶ **Das Aktivkonto „Warenbestand"** übernimmt zu Beginn des Geschäftsjahres im Soll den **Anfangsbestand an Waren** mit der Buchung:

> Warenbestand   an   EBK

Auf der Habenseite wird der **Schlussbestand an Waren** lt. Inventur gebucht:

> SBK   an   Warenbestand

▶ **Der Saldo im Warenbestandskonto zeigt die Bestandsveränderungen.** Stimmen Anfangs- und Schlussbestand im Konto „Warenbestand" überein, ergibt sich kein Saldo, weil die im Geschäftsjahr eingekauften Waren auch alle verkauft wurden. Wenn der Schlussbestand größer als der Anfangsbestand ist, musste der nicht verkaufte Teil der im Geschäftsjahr eingekauften Waren auf Lager genommen werden. In diesem Fall bedeutet der Saldo eine Bestandserhöhung oder einen **Mehrbestand an Waren.** Ist der Endbestand kleiner als der Warenanfangsbestand, liegt als Saldo eine Bestandsminderung oder ein **Minderbestand an Waren** vor. In diesem Fall wurden nicht nur die im Geschäftsjahr eingekauften Waren verkauft, sondern zusätzlich noch ein Teil des Lagerbestandes aus dem Vorjahr.

▶ **Um den genauen Aufwand für Waren zu ermitteln,** muss der Saldo des Warenbestandskontos auf das Konto „Aufwendungen für Waren" umgebucht werden. Eine **Bestandsminderung erhöht den Aufwand** im Konto „Aufwendungen für Waren", eine **Bestandserhöhung vermindert** ihn dagegen.

Warenbestandserhöhung: SB > AB	Warenbestandsminderung: SB < AB
Warenbestand an Aufw. f. Waren	Aufw. f. Waren an Warenbestand

Soll Warenbestand Haben	Soll Warenbestand Haben
Anfangsbestand / Bestand**erhöhung**	Schlussbestand
Schlussbestand	Anfangsbestand
	Bestands**minderung**

Soll Aufwendungen für Waren Haben	Soll Aufwendungen für Waren Haben
Wareneinkäufe im Geschäftsjahr	Bestands**erhöhung**
	Warenaufwand

Soll   Aufwendungen für Waren   Haben
Wareneinkäufe im Geschäftsjahr
Bestands**minderung**

Warenaufwand

57 Ein Handelsbetrieb weist für das Geschäftsjahr 01 folgende Zahlen aus:

Anfangsbestand an Waren zum 1. Jan. 01 .... 200.000,00 €
Wareneinkäufe vom 1. Jan. bis 31. Dez. 01 lt. ER .... 900.000,00 €
Warenverkäufe vom 1. Jan. bis 31. Dez. 01 lt. AR .... 1.200.000,00 €
Schlussbestand an Waren lt. Inventur zum 31. Dez. 01 .... 300.000,00 €

1. Buchen Sie auf den entsprechenden Konten den Anfangs- und Endbestand an Waren sowie die Ein- und Verkäufe von Waren. Richten Sie folgende Konten ein: Warenbestand, Aufwendungen für Waren, Umsatzerlöse für Waren, Forderungen a. LL, Verbindlichkeiten a. LL, Eröffnungsbilanzkonto, Schlussbilanzkonto, Gewinn- und Verlustkonto.

2. Führen Sie den Abschluss der Konten Warenbestand, Aufwendungen für Waren und Umsatzerlöse für Waren durch. Nennen Sie auch jeweils den Buchungssatz.

3. Ermitteln Sie die vorliegende Bestandsveränderung zum 31. Dez. 01 in % und erläutern Sie diese.

4. Ermitteln Sie rechnerisch den Rohgewinn.

58 Der in Aufgabe 57 genannte Handelsbetrieb weist für das Geschäftsjahr 02 folgende Daten aus:

	a)	b)
Anfangsbestand an Waren zum 1. Jan. 02	●●● €	●●● €
Wareneinkäufe v. 1. Jan. bis 31. Dez. 02	820.000,00 €	880.000,00 €
Warenverkäufe v. 1. Jan. bis 31. Dez. 02	1.350.000,00 €	1.050.000,00 €
Schlussbestand an Waren lt. Inventur	120.000,00 €	320.000,00 €

Bearbeiten Sie diese Aufgabe entsprechend der Aufgabe 57.

59 In einem Geschäftsjahr beträgt der Warenaufwand zum 31. Dez. 600.000,00 €. Ermitteln Sie die Wareneinkäufe, wenn zum 31. Dezember

1. ein Mehrbestand an Waren in Höhe von 150.000,00 € und

2. ein Minderbestand an Waren über 100.000,00 € vorliegt.

60
61 Buchen Sie auf den Warenkonten:

	60	61
Anfangsbestand an Waren	95.000,00 €	250.000,00 €
Zieleinkäufe von Waren	34.000,00 €	163.000,00 €
Barverkäufe von Waren	7.000,00 €	12.000,00 €
Zielverkäufe von Waren	84.000,00 €	85.000,00 €
Warenverkauf gegen Bankscheck	19.000,00 €	18.000,00 €
Warenschlussbestand lt. Inventur	59.000,00 €	280.000,00 €

62 Ergänzen Sie:

1. Das Warenbestandskonto ist ein ●●● konto.

2. Das Konto „Aufwendungen für Waren" ist ein ●●● konto.

3. Das Konto „Umsatzerlöse für Waren" ist ein ●●● konto.

4. Die Konten „Aufwendungen für Waren" und „Umsatzerlöse für Waren" sind ●●● konten.

63 1. Wie erklären Sie sich die folgenden drei Vorgänge?
   a) Warenschlussbestand = Warenanfangsbestand
   b) Warenschlussbestand > Warenanfangsbestand
   c) Warenschlussbestand < Warenanfangsbestand

2. Begründen Sie die jeweilige Auswirkung der Fälle 1. a)–c) auf den Waren-aufwand im Konto „Aufwendungen für Waren".

64 **Anfangsbestände** €   €

BGA .... 85.000,00   Bankguthaben 123.400,00
Warenbestand .... 145.000,00   Darlehensschulden 35.000,00
Forderungen a. LL ...... 72.000,00   Verbindlichkeiten a. LL .. 65.000,00
Kasse .... 14.200,00   Eigenkapital 339.600,00

Kontenplan

Bestandskonten: Betriebs- und Geschäftsausstattung, Warenbestand, Forderungen a. LL, Kasse, Bank, Darlehensschulden, Verbindlichkeiten a. LL, Eigenkapital: Schlussbilanzkonto.

Erfolgskonten: Aufwendungen für Waren, Löhne, Gehälter, Büromaterial, Porto – Telefon – Telefax, Zinsaufwendungen, Zinserträge, Umsatzerlöse für Waren: GuV-Konto.

Geschäftsfälle €

 1. Barverkauf von Waren 4.500,00
 2. Kunde begleicht Rechnung durch Banküberweisung 9.500,00
 3. Zielkauf von Waren lt. ER 8.200,00
 4. Verkauf von Waren gegen Bankscheck 15.300,00
 5. Barkauf von Büromaterial 350,00
 6. Unsere Banküberweisung für Darlehenszinsen 1.200,00
 7. Zielverkauf von Waren lt. AR 18.800,00
 8. Banküberweisung der Gehälter 4.800,00
 9. Zinsgutschrift der Bank 3.100,00
10. Lohnzahlung durch Banküberweisung 3.200,00
11. Liefererrechnung wird durch Banküberweisung beglichen ... 11.500,00
12. Kauf einer EDV-Anlage gegen Bankscheck 5.500,00
13. Banküberweisung der Fernsprechgebühren 850,00
14. Tilgung eines Darlehens durch Banküberweisung 10.000,00

Abschlussangaben €

 1. Warenbestand lt. Inventur 130.000,00
 2. Alle übrigen Bestände stimmen mit den Inventurwerten überein.

Auswertung

 1. *Ermitteln Sie die Lagerbestandsveränderung in % des Warenanfangsbestandes. Worauf lässt die Veränderung schließen?*

 2. *Wie hoch ist der Warenrohgewinn?*

65 In einem Großhandelsunternehmen beträgt der Anfangsbestand an Waren 200.000,00 €. Die Wareneinkäufe während des Geschäftsjahres beliefen sich auf 560.000,00 €. Der Einkaufswert der verkauften Waren betrug 620.000,00 €. Die Umsatzerlöse für Waren betrugen im gleichen Abrechnungszeitraum 590.000,00 €.

Ermitteln Sie den buchmäßigen Warenschlussbestand und das Rohergebnis aus dem Warenhandelsgeschäft.

66 Im Konto „Aufwendungen für Waren" ergeben sich die Aufwendungen für Waren durch folgende Rechnung. *Setzen Sie (+) bzw. (–) ein:*

     Wareneinkäufe im Geschäftsjahr .... 500.000,00 €
 ••• Mehrbestand an Waren der Warengruppe 1 zum 31. Dez. .. 60.000,00 €
 ••• Minderbestand an Waren der Warengruppe 2 zum 31. Dez. . 10.000,00 €
 =   Aufwendungen für Waren ....   ••• €

67

Anfangsbestände €

Betriebs- und Geschäftsausstattung	70.000,00
Warenbestand	55.000,00
Forderungen a. LL	50.000,00
Kasse	18.000,00
Postbankguthaben	9.000,00
Bankguthaben	80.000,00
Darlehensschulden	22.000,00
Verbindlichkeiten a. LL	35.000,00
Eigenkapital	225.000,00

Kontenplan

Bestandskonten: Betriebs- und Geschäftsausstattung, Forderungen a. LL, Bank, Kasse, Postbank, Warenbestand, Darlehensschulden, Verbindlichkeiten a. LL, Eigenkapital: Schlussbilanzkonto;

Erfolgskonten: Aufwendungen für Waren, Zinsaufwendungen, Mietaufwendungen, Büromaterial, Porto – Telefon – Telefax, Umsatzerlöse für Waren, Zinserträge: Gewinn- und Verlustkonto.

Geschäftsfälle €

1.	Verkauf von Waren lt. AR	17.500,00
2.	Wir begleichen Darlehenszinsen durch Banküberweisung	1.500,00
3.	Barkauf von Waren	1.500,00
4.	Telefonrechnung wird durch Postbanküberweisung bezahlt	400,00
5.	Die Bank schreibt uns Zinsen gut	1.200,00
6.	Kunde begleicht Rechnung über durch Banküberweisung	4.000,00
7.	Barkauf von Endlospapier für Computer	400,00
8.	Verkauf von Waren gegen Bankscheck	4.500,00
9.	Miete für Geschäftsräume wird von uns durch Postbanküberweisung bezahlt	1.600,00
10.	Kauf von Waren lt. ER	14.500,00
11.	Kunde zahlt auf unser Postbankkonto ein	2.500,00
12.	Barverkauf von Waren	800,00
13.	Wir begleichen die Rechnung unseres Lieferers durch Banküberweisung; Rechnungsbetrag	8.000,00
14.	Wir tilgen ein Darlehen durch Bankscheck	6.000,00

Abschlussangaben

1.	Warenbestand lt. Inventur	59.000,00

2. Die Buchbestände der übrigen Bestandskonten stimmen mit den Inventurwerten überein.

Auswertung

1. *Wie hoch sind a) die Warenaufwendungen (Wareneinsatz), b) der Umsatz zu Verkaufspreisen, c) der Warenrohgewinn?*

2. *Ermitteln Sie den Kalkulationszuschlag in %.*

3. *Erläutern Sie die Veränderung des Lagerbestandes in % des Warenanfangsbestandes.*

647068

68

Anfangsbestände

	€
Betriebs- und Geschäftsausstattung	65.000,00
Warenbestand	98.000,00
Forderungen a. LL	34.000,00
Kasse	19.500,00
Postbankguthaben	8.300,00
Bankguthaben	53.000,00
Darlehensschulden	24.500,00
Verbindlichkeiten a. LL	32.000,00
Eigenkapital	221.300,00

Kontenplan

Bestandskonten: Betriebs- und Geschäftsausstattung, Forderungen a. LL, Bank, Kasse, Postbank, Warenbestand, Darlehensschulden, Verbindlichkeiten a. LL, Eigenkapital: Schlussbilanzkonto.

Erfolgskonten: Aufwendungen für Waren, Löhne, Mietaufwendungen, Betriebliche Steuern, Provisionserträge, Zinserträge, Umsatzerlöse für Waren: Gewinn- und Verlustkonto.

Geschäftsfälle

	€
1. Wir nehmen ein Darlehen bei unserer Hausbank auf	28.500,00
2. Verkauf von Waren lt. AR	12.500,00
3. Kauf von Waren lt. ER	9.300,00
4. Lohnzahlung bar an Aushilfskräfte	3.800,00
5. Wir erhalten Provision auf Postbankkonto	2.500,00
6. Gewerbesteuer wird durch Banküberweisung bezahlt	12.800,00
7. Unsere Mietzahlung für Büroräume, bar	1.900,00
8. Die Bank schreibt uns Zinsen gut	1.100,00
9. Verkauf von Waren lt. AR	11.200,00
10. Verkauf von Waren gegen Bankscheck	16.300,00
11. Kauf von Waren lt. ER	4.400,00
12. Kunde begleicht Rechnung über	6.500,00
durch Banküberweisung	
13. Banküberweisung an Lieferer	6.600,00
14. Kauf einer EDV-Anlage gegen Bankscheck	2.650,00
15. Darlehenstilgung durch Bank	17.000,00

Abschlussangaben

	€
1. Warenbestand lt. Inventur	80.000,00
2. Alle übrigen Bestände stimmen mit den Inventurwerten überein.	

69

1. *Warum bezeichnet man den Warengewinn als Rohgewinn, den Warenverlust als Rohverlust? Unterscheiden Sie Rohgewinn und Reingewinn bzw. Rohverlust und Reinverlust.*

2. Das Gewinn- und Verlustkonto weist einen Warenrohgewinn von 20.000,00 €, jedoch einen Reinverlust von 5.000,00 € aus. *Erklären Sie den Tatbestand.*

3. *Nennen Sie jeweils die Auswirkung auf den Warenlagerschlussbestand:*
   a) Wareneinkaufsmenge = Warenverkaufsmenge
   b) Wareneinkaufsmenge > Warenverkaufsmenge
   c) Wareneinkaufsmenge < Warenverkaufsmenge

9.2 Exkurs: Die Warenlagerkennzahlen

Überwachung der Wirtschaftlichkeit. Je länger eine Ware gelagert wird, desto höher sind die Lagerkosten (Zinsen, Verwaltungskosten, Schwund u. a.). Jedes Großhandelsunternehmen muss daher die Lagerdauer so kurz wie möglich halten. Für die Überwachung der **Wirtschaftlichkeit der Lagerhaltung** werden wichtige **Kennzahlen aus Warenaufwand (Wareneinsatz) und Warenbestand** ermittelt. Die Buchführung liefert dazu die notwendigen Zahlen.

Der durchschnittliche Lagerbestand einer Waren**gruppe** oder des gesamten Warenlagers wird berechnet, indem man den Anfangs- und den Endbestand einer Rechnungsperiode addiert und die Summe durch 2 dividiert:

$$\text{Durchschnittlicher Lagerbestand} = \frac{\text{Anfangsbestand} + \text{Endbestand}}{2}$$

Bezieht sich die Rechnung auf ein Geschäftsjahr, so gelangt man zu genaueren Ergebnissen, wenn man die Summe aus Anfangsbestand und 12 Monatsendbeständen durch 13 dividiert:

$$\text{Durchschnittlicher Lagerbestand} = \frac{\text{Anfangsbestand} + 12\ \text{Monatsendbestände}}{13}$$

Die Lagerumschlagshäufigkeit der Warenbestände errechnet sich aus dem Verhältnis von **Warenaufwand** (vgl. S. 61) zum **durchschnittlichen Lagerbestand** an Waren. Sie gibt an, **wie oft** in einer Rechnungsperiode (z. B. Jahr) der durchschnittliche Lagerbestand umgesetzt, d. h. verkauft und ersetzt wurde.

$$\text{Lagerumschlagshäufigkeit} = \frac{\text{Warenaufwand}}{\varnothing\ \text{Lagerbestand an Waren}}$$

Die durchschnittliche Lagerdauer ergibt sich, indem man das Jahr mit 360 Tagen ansetzt und diese Zahl durch die Umschlagshäufigkeit dividiert:

$$\text{Durchschnittliche Lagerdauer} = \frac{360}{\text{Lagerumschlagshäufigkeit}}$$

Beispiel In der Papiergroßhandlung Kern betragen die Anfangs- und Endbestände an Druckpapier (vgl. Beispiel 3, S. 64):

Warenbestand zum 1. Januar 03:	140.000,00 €
Warenbestand zum 31. Dezember 03:	56.000,00 €
Warenaufwendungen lt. Gewinn- und Verlustkonto:	672.000,00 €

$$\text{Durchschnittlicher Lagerbestand} = \frac{140.000 + 56.000}{2} = \mathbf{98.000,00\ €}$$

$$\text{Lagerumschlagshäufigkeit} = \frac{672.000}{98.000} = \mathbf{6,86}$$

$$\text{Durchschnittliche Lagerdauer} = \frac{360}{6,86} = \mathbf{52,5\ Tage}$$

647070

Lagerumschlagshäufigkeit und -dauer sind im Vergleich mehrerer Geschäftsjahre wichtige Kennzahlen zur Kontrolle der betrieblichen Umsatzprozesse. Eine **Erhöhung der Umschlagshäufigkeit** trägt dazu bei, dass das durch den Lagerbestand **gebundene Kapital geringer** wird, da über die Umsatzerlöse das **Kapital in kürzeren Zeitabständen zurückfließt.** Dadurch werden die **Zinsbelastung und die Lagerkosten geringer,** was sich positiv auf die Wirtschaftlichkeit und die Rentabilität auswirkt.

Beispiel Durch die verstärkte Nachfrage nach Druckpapier gelingt es der Großhandlung Kern, die durchschnittliche Lagerdauer **auf 30 Tage** zu senken.

❶ **Auswirkung auf die Umschlagshäufigkeit:**

$$\text{Umschlagshäufigkeit} = \frac{360}{30} = 12$$

Die Verkürzung der Lagerdauer bewirkt zugleich eine Erhöhung der Umschlagshäufigkeit.

❷ **Auswirkung auf den durchschnittlichen Lagerbestand bei unverändertem Warenaufwand (672.000,00 €):**

$$\text{Durchschnittlicher Lagerbestand} = \frac{672.000}{12} = 56.000,00 \text{ €}$$

Durch die Erhöhung der Umschlagshäufigkeit lässt sich also der gleiche Warenaufwand (Wareneinsatz) mit erheblich geringerem Kapital erreichen.

❸ **Auswirkung auf den Wareneinsatz bei unverändertem durchschnittlichem Lagerbestand (98.000,00 €):**

$$\text{Wareneinsatz} = 98.000 \cdot 12 = 1.176.000,00 \text{ €}$$

Durch Erhöhung der Umschlagshäufigkeit wird trotz gleichem Kapital (Lagerbestand) der Warenaufwand bzw. Wareneinsatz erheblich vergrößert.

Zusammenfassung

▶ **Je höher** die **Umschlagshäufigkeit** des Lagerbestandes ist, **desto**
- ○ kürzer ist die Lagerdauer,
- ○ geringer sind der Kapitaleinsatz und das Lagerrisiko,
- ○ geringer sind die Kosten für die Lagerhaltung (Zinsen, Schwund, Verwaltungskosten),
- ○ höher ist die Wirtschaftlichkeit und
- ○ höher ist letztlich der Gewinn und damit die Rentabilität.

Aufgabe

70 Die Jahresabschlüsse eines Großhandelsunternehmens weisen folgende Zahlen aus:

Warenbestände	1. Jahr	2. Jahr	3. Jahr
Anfangsbestand	80.000,00	120.000,00	140.000,00
Schlussbestand	120.000,00	140.000,00	100.000,00
Warenaufwand (Wareneinsatz)	800.000,00	1.170.000,00	1.440.000,00

1. *Berechnen Sie jeweils a) den Durchschnittsbestand und b) die Lagerumschlagshäufigkeit und Lagerdauer. Beurteilen Sie die Entwicklung in den Vergleichsjahren.*

2. *Begründen Sie, inwiefern die Lagerumschlagshäufigkeit Kapitalbedarf, Kosten, Risiko, Wirtschaftlichkeit und damit die Rentabilität des Unternehmens beeinflusst.*

10   Die Umsatzsteuer

10.1   Umsätze, die der Umsatzsteuer unterliegen

Der Umsatzsteuer unterliegen nach § 1 UStG
1. **alle Lieferungen und Leistungen, die im Rahmen eines Unternehmens im Inland gegen Entgelt** ausgeführt werden, wie z. B. der Verkauf von Waren, Malerarbeiten, Fremdinstandsetzungen, Werbung, Ausgangsfrachten u. a.,
2. **die unentgeltliche Entnahme von Gegenständen und sonstigen Leistungen des Unternehmens durch den Unternehmer zu unternehmensfremden Zwecken** (z. B. die Entnahme von Waren für private Zwecke, siehe Seite 90),
3. **die Einfuhr von Gegenständen aus Nicht-EU-Staaten,** wie z. B. aus den USA, und
4. **der gewerbliche Erwerb von Gütern aus EU-Staaten gegen Entgelt,** der so genannte „innergemeinschaftliche Erwerb". Beispiel: Ein deutsches Unternehmen bezieht Waren aus Belgien und unterliegt damit der deutschen Umsatzsteuer.

Steuerfrei sind Ausfuhrlieferungen (Exporte), Vermietungen und Verpachtungen, der Kredit- und Zahlungsverkehr der Banken u. a.

Steuersatz. Die Umsatzsteuer beträgt im **Regelfall 16 %** der berechneten Warenlieferung oder Leistung. Für bestimmte Umsätze, wie z. B. Lebensmittel, Bücher u. a., gilt der **ermäßigte Steuersatz von 7 %.**

Die Umsatzsteuer ist wie die Kaffee- oder Tabaksteuer ausschließlich **vom Endverbraucher zu tragen,** also in der Regel von einer Privatperson. Sie belastet den Unternehmer nicht, verursacht ihm also keine Kosten. Nach dem Umsatzsteuergesetz hat er die **Umsatzsteuer** beim Verkauf von Waren **in Rechnung** zu **stellen,** von seinen Kunden zu **vereinnahmen** und **an das Finanzamt abzuführen.** Für das Unternehmen ist die Umsatzsteuer somit nur ein **durchlaufender Posten.**

10.2   Die Buchung der Vorsteuer und der Umsatzsteuer

Die Umsatzsteuer muss auf Rechnungen gesondert ausgewiesen werden, wenn diese auf Unternehmen oder Selbstständige ausgestellt sind. Der Rechnungsbetrag setzt sich aus dem Warenwert bzw. dem Wert der erbrachten Leistung und der entsprechenden Umsatzsteuer zusammen. Bei **Kleinbetragsrechnungen** (z. B. Tankstellenquittung) **bis zu 200,00 DM/102,00 €**[1] genügt die Angabe des Steuersatzes für die im Rechnungsbetrag enthaltene Umsatzsteuer.

Beispiel   Die Papierfabrik Hein OHG, Köln, verkauft an die Papiergroßhandlung Kern, Köln, zwei Paletten Kopierpapier zu je 800,00 € aufgrund der folgenden Rechnung:

Ausgangsrechnung der Hein OHG	
2 Paletten Kopierpapier, netto . . .	1.600,00 €
+ 16 % Umsatzsteuer	256,00 €
Rechnungsbetrag	1.856,00 €

siehe „Prozentrechnung", Kap. H, 4

Die Papierfabrik Hein OHG bucht die Ausgangsrechnung

Die Lieferung der Waren unterliegt nach § 1 UStG der Umsatzsteuer. Die Papierfabrik Hein OHG schuldet deshalb dem Finanzamt 16 % Umsatzsteuer vom reinen Warenwert 1.600,00 € = 256,00 €, die sie auf dem

Passivkonto „Umsatzsteuer"

---

1 in Euro **abgerundet**

ausweisen muss. Da sie die Umsatzsteuer von ihrem Kunden zurückhaben will, muss sie diese der Papiergroßhandlung Kern „offen" in Rechnung stellen. Das Großhandelsunternehmen Kern hat also neben dem Warenwert auch die darauf entfallende Umsatzsteuer zu zahlen. Auf dem Konto „Forderungen a. LL" ist deshalb der volle Rechnungsbetrag von 1.856,00 € zu buchen.

Buchungssatz	Soll	Haben
Forderungen a. LL	1.856,00	
an Umsatzerlöse für Waren		1.600,00
an Umsatzsteuer		256,00

S	Forderungen a. LL	H
UfW, USt	1.856,00	

S	Umsatzerlöse für Waren	H
	Ford. a. LL	1.600,00

S	Umsatzsteuer	H
	Ford. a. LL	256,00

Die Papiergroßhandlung Katja Kern e. Kfr. bucht die Eingangsrechnung

Die oben genannte Ausgangsrechnung der Papierfabrik Hein OHG ist zugleich die Eingangsrechnung der Papiergroßhandlung Kern. Das Unternehmen Kern hat nicht nur den Warenwert von 1.600,00 € zu zahlen, sondern auch zusätzlich die Umsatzsteuer in Höhe von 256,00 €. Damit schuldet es der Papierfabrik 1.856,00 €.

Die in der **Eingangsrechnung** ausgewiesene Umsatzsteuer wird **„Vorsteuer"** genannt, weil die Papiergroßhandlung Kern sie „vorab", also vor dem Weiterverkauf des Kopierpapiers, an ihren Lieferer zahlt. Die Großhandlung Kern kann sie **vom Finanzamt zurückfordern,** da sie nicht Endverbraucherin, sondern Unternehmerin ist, die umsatzsteuerpflichtige Lieferungen und Leistungen ausführt. Ihre Umsatzsteuerschuld gegenüber dem Finanzamt entsteht erst, wenn sie die eingekauften Paletten Kopierpapier an ihre Kunden weiterverkauft. Die **Vorsteuer** stellt deshalb für die Papiergroßhandlung Kern eine **Forderung an das Finanzamt** dar, die auf dem

Aktivkonto „Vorsteuer"

gebucht wird. Der Warenwert wird auf dem Konto „Aufwendungen für Waren" erfasst, der Rechnungsbetrag wird im Haben des Kontos „Verbindlichkeiten a. LL" gebucht.

Buchungssatz	Soll	Haben
Aufwendungen für Waren	1.600,00	
Vorsteuer	256,00	
an Verbindlichkeiten a. LL		1.856,00

S	Aufwendungen für Waren	H
Verb. a. LL	1.600,00	

S	Verbindlichkeiten a. LL	H
	AfW, VSt	1.856,00

S	Vorsteuer	H
Verb. a. LL	256,00	

Die Papiergroßhandlung Katja Kern e. Kfr. bucht die Ausgangsrechnung

Beispiel

Die Papiergroßhandlung Kern verkauft die zwei Paletten Kopierpapier zu je 1.000,00 € an das Berufskolleg Süd in Köln und stellt folgende Rechnung aus:

Ausgangsrechnung	
2 Paletten Kopierpapier	2.000,00 €
+ 16 % Umsatzsteuer	320,00 €
Rechnungsbetrag	2.320,00 €

Buchungssatz	Soll	Haben
Forderungen a. LL	2.320,00	
an **Umsatzerlöse für Waren**		2.000,00
an **Umsatzsteuer**		320,00

S	Forderungen a. LL	H
UfW, USt	2.320,00	

S	Umsatzerlöse für Waren	H
		Ford. a. LL	2.000,00

S	Umsatzsteuer	H
		Ford. a. LL	320,00

Die Papiergroßhandlung Katja Kern e. Kfr. ermittelt die Umsatzsteuer-Zahllast

Aus dem Verkauf des Kopierpapiers **schuldet** die Papiergroßhandlung Kern dem Finanzamt zunächst **320,00 € Umsatzsteuer.** Da sie aber bereits beim Einkauf dieser Ware an ihren Lieferanten **256,00 € „Vorsteuer"** zahlen musste, hat sie auch ein **Guthaben beim Finanzamt. Umsatzsteuerschuld und Vorsteuerguthaben** werden am Ende des **USt-Voranmeldungszeitraums** (Kalendervierteljahr bzw. Monat)[1] **verrechnet,** um die **USt-Zahllast** zu ermitteln. Für diesen Zeitraum muss dem Finanzamt eine **USt-Voranmeldung** eingereicht werden, die verkürzt Folgendes ausweist:

Umsatzsteuerschuld aufgrund der Ausgangsrechnungen	320,00 €
— **Vorsteuerguthaben** aufgrund der Eingangsrechnungen	256,00 €
USt-Zahllast	**64,00 €**

Die USt-Zahllast ist bis zum 10. des folgenden Monats zu überweisen.

Zur buchhalterischen Ermittlung der USt-Zahllast wird das Aktivkonto „Vorsteuer" über das Passivkonto „Umsatzsteuer" abgeschlossen. Der **Saldo** im Konto „Umsatzsteuer" zeigt dann die **USt-Zahllast.**

Buchungssatz	Soll	Haben
Umsatzsteuer an Vorsteuer	256,00	256,00

S	Vorsteuer	H	S	Umsatzsteuer	H
Verb. a. LL	256,00	USt 256,00	VSt	256,00	Ford. a. LL 320,00
			Zahllast	64,00	

Bei Überweisung der USt-Zahllast an das Finanzamt wird wie folgt gebucht:

Buchungssatz	Soll	Haben
Umsatzsteuer an Bank	64,00	64,00

S	Bank	H	S	Umsatzsteuer	H
AB	. . .	USt 64,00	VSt	256,00	Ford. a. LL 320,00
			Bank	64,00	

10.3 Die Buchung der USt-Zahllast und des Vorsteuerüberhangs zum Jahresschluss

Passivierung der Zahllast. Die **Umsatzsteuer-Zahllast** des Monats **Dezember** wird erst im Januar des nächsten Jahres (bis zum 10. Januar) überwiesen. Sie muss deshalb **im Schlussbilanzkonto** auf der Passivseite **als Umsatzsteuerverbindlichkeit** ausgewiesen werden. Man sagt in der Praxis auch: Die Umsatzsteuer ist zu **passivieren.**

---

1 **USt-Voranmeldungszeitraum** ist ab 1996 in der Regel das Kalendervierteljahr und bei einer Vorjahres-USt von mehr als 12.000,00 DM/6.135,00 € der Monat. Das Lehrbuch berücksichtigt die monatliche USt-Voranmeldung.

647074

S	Vorsteuer	H		S	Umsatzsteuer	H
...	120.000,00	USt 120.000,00	→ VSt	120.000,00	...	140.000,00
			SBK	20.000,00		
				140.000,00		140.000,00

S	Schlussbilanzkonto	H
	USt	20.000,00

Buchungen zum 31. Dezember:

❶ Umsatzsteuer an Vorsteuer 120.000,00
❷ Umsatzsteuer an Schlussbilanzkonto 20.000,00

Aktivierung des Vorsteuerüberhangs. Sollte im **Dezember** die Vorsteuer höher sein als die Umsatzsteuer, ist dieser Vorsteuerüberhang auf der Aktivseite als **Forderungsposten** einzusetzen. Man sagt: Der Vorsteuerüberhang ist zu **aktivieren**.

S	Vorsteuer	H		S	Umsatzsteuer	H
...	80.000,00	USt 50.000,00	← VSt	50.000,00	...	50.000,00
		SBK 30.000,00				
	80.000,00	80.000,00				

S	Schlussbilanzkonto	H
VSt	30.000,00	

Buchungen zum 31. Dezember:

❶ Umsatzsteuer an Vorsteuer 50.000,00
❷ Schlussbilanzkonto an Vorsteuer 30.000,00

10.4 Die Umsatzsteuer als Mehrwertsteuer

Ermittlung des Mehrwertes. Viele zum Verkauf angebotene Waren legen einen langen Weg zurück: Vom Betrieb der Urerzeugung über die Betriebe der Herstellung und Weiterverarbeitung, des Groß- und Einzelhandels bis zum Endverbraucher. Auf jeder Stufe des Warenwegs schaffen Menschen und das eingesetzte Kapital „mehr Wert". Dieser **Wertzuwachs** oder „**Mehrwert**" kommt im **Unterschied zwischen Einkaufspreis und Verkaufspreis** der Ware zum Ausdruck. Im Beispiel der Papiergroßhandlung Kern ergibt sich auf dieser Stufe des Warenwegs folgender Mehrwert:

	Verkaufspreis des Kopierpapiers	2.000,00 €
–	Einkaufspreis des Kopierpapiers	1.600,00 €
	Mehrwert	**400,00 €**

Der Staat besteuert den Mehrwert auf jeder Stufe mit 16 % Umsatzsteuer:

16 % von 400,00 € Mehrwert = 64,00 € USt

Das ist genau die Zahllast, die das Unternehmen Kern an das Finanzamt abführen musste (siehe oben). **Durch den Vorsteuerabzug erzielt man das gleiche Ergebnis, dass praktisch auf jeder Stufe des Warenwegs nur der Mehrwert dieser Stufe besteuert wird:**

	Umsatzsteuer 16 % vom Verkaufspreis 2.000,00 €	320,00 €
–	Vorsteuer 16 % vom Einkaufspreis 1.600,00 €	256,00 €
	USt-Zahllast	**64,00 €**

Das Mehrwertsteuersystem besteuert den Mehrwert jeder Stufe. Die Umsatzsteuer wird deshalb auch oft „Mehrwertsteuer" genannt.

Zusammenfassung

▶ Die **Umsatzsteuer ist** ausschließlich **vom Endverbraucher zu tragen.** Der **Unternehmer oder Selbstständige** muss die Umsatzsteuer im Namen des Finanzamtes in Rechnung stellen, vereinnahmen und an das Finanzamt abführen. Da sie **vorsteuerabzugsberechtigt** sind, belastet sie die Umsatzsteuer nicht. Die Umsatzsteuer ist ihrer Wirkung nach eine Endverbrauchersteuer.

▶ **Der Umsatzsteuer unterliegen vor allem alle Lieferungen und Leistungen,** die im Rahmen eines **Unternehmens** im **Inland** gegen **Entgelt** ausgeführt werden.

▶ Die **Umsatzsteuer auf allen Ausgangsrechnungen** (= Verkäufe) stellt eine **Schuld** gegenüber dem Finanzamt dar, die auf dem **Passivkonto „Umsatzsteuer"** zu buchen ist.

▶ Die **Umsatzsteuer auf allen Eingangsrechnungen** (= Einkäufe) ist die **Vorsteuer.** Sie stellt eine **Forderung** an das Finanzamt dar und wird deshalb auf dem **Aktivkonto „Vorsteuer"** gebucht.

▶ **Nur ein Unternehmer oder ein Selbstständiger ist zum Vorsteuerabzug berechtigt.**

▶ Die **Umsatzsteuervoranmeldung** wird in der Regel **monatlich** eingereicht:

> **Umsatzsteuer** des Monats Januar . . . . 12.000,00 €
> — **Vorsteuer** des Monats Januar . . . . 8.000,00 €
> **Umsatzsteuerzahllast** für Januar . . . . **4.000,00 €**

Am Ende des Jahres ist eine **Jahresumsatzsteuererklärung** abzugeben.

▶ **Ermittlung der USt-Zahllast.** Der Saldo des Kontos Vorsteuer ist auf das Umsatzsteuerkonto zu übertragen, sofern die geschuldete Umsatzsteuer größer ist. Der Saldo im Umsatzsteuerkonto ergibt dann die Umsatzsteuerzahllast.

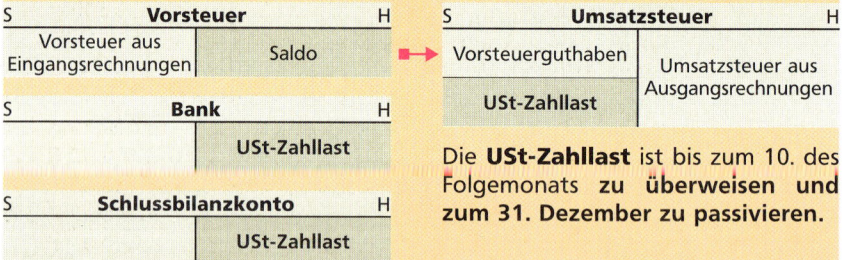

Die **USt-Zahllast** ist bis zum 10. des Folgemonats **zu überweisen und zum 31. Dezember zu passivieren.**

▶ **Ist die Vorsteuer höher** als die Umsatzsteuerverbindlichkeit, **wird der Saldo des Umsatzsteuerkontos auf das Vorsteuerkonto übertragen.** Der **Saldo** des **Vorsteuerkontos** weist dann den **Vorsteuerüberhang** aus.

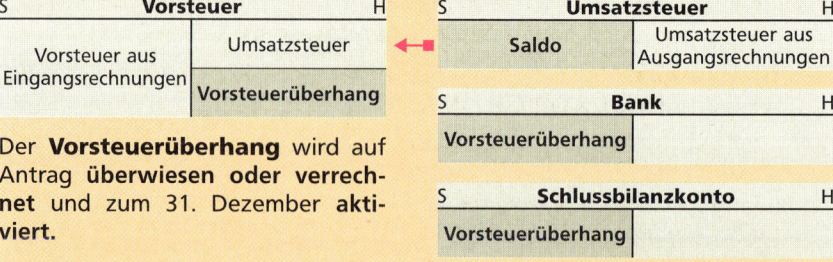

Der **Vorsteuerüberhang** wird auf Antrag **überwiesen oder verrechnet** und zum 31. Dezember **aktiviert.**

▶ Der Umsatzsteuer liegt das **Mehrwertsteuersystem** zugrunde. Durch den **Vorsteuerabzug** erreicht man, dass lediglich der **Mehrwert auf jeder Stufe** des Warenwegs **besteuert** wird.

76

647076

Aufgaben

71

1. *Bilden Sie zu folgenden Geschäftsfällen die Buchungssätze und buchen Sie auf den Konten:*

   Aufwendungen für Waren, Vorsteuer, Verbindlichkeiten a. LL, Forderungen a. LL, Umsatzerlöse für Waren, Umsatzsteuer, Bankguthaben (AB 160.000,00 €).

   a) ER 407:   Warenwert .... 40.000,00 €
              + 16 % Umsatzsteuer .... 6.400,00 €
              Rechnungsbetrag .... 46.400,00 €

   b) AR 354:   Warenwert .... 60.000,00 €
              + 16 % Umsatzsteuer .... 9.600,00 €
              Rechnungsbetrag .... 69.600,00 €

2. *Ermitteln Sie buchhalterisch die Zahllast und nennen Sie den Buchungssatz.*
3. *Nennen Sie den Buchungssatz für die Überweisung der Zahllast zum 10. des Folgemonats.*
4. *Buchen Sie auf den entsprechenden Konten.*

72

Bilden Sie zu folgenden Geschäftsfällen die Buchungssätze:

1. Zieleinkauf von Waren lt. ER 234, Warenwert   25.000,00 €
   + Umsatzsteuer .... 4.000,00 €   29.000,00 €
2. ER 235: Inspektion des LKW, netto .... 1.600,00 €
   + Umsatzsteuer .... 256,00 €   1.856,00 €
3. Zielverkauf von Waren lt. AR 345, Warenwert   45.000,00 €
   + Umsatzsteuer .... 7.200,00 €   52.200,00 €
4. AR 346: Verkauf von Waren
   gegen Bankscheck, netto .... 8.500,00 €
   + Umsatzsteuer .... 1.360,00 €   9.860,00 €
5. ER 236: Kauf eines PC-Farbdruckers, netto .... 900,00 €
   + Umsatzsteuer .... 144,00 €   1.044,00 €
6. ER 237: Dachreparatur am Geschäftsgebäude,
   netto .... 15.600,00 €
   + Umsatzsteuer .... 2.496,00 €   18.096,00 €
7. ER 238: Kauf eines Geschäftswagens, netto ... 26.500,00 €
   + Umsatzsteuer .... 4.240,00 €   30.740,00 €
8. ER 239: Kauf von Büromaterial, netto .... 450,00 €
   + Umsatzsteuer .... 72,00 €   522,00 €

73

siehe „Prozentrechnung", Kap. H, 4 ⟳

Der Elektrogroßhandel Dirk Bach e. K. hat lt. ER 123 Büromaterial für brutto 174,00 €, also einschließlich 16 % Umsatzsteuer, gegen Barzahlung erworben.

Ermitteln Sie aus dem Bruttopreis (= 116 %)

1. die darin enthaltene Umsatzsteuer (= 16 %) und
2. den Nettopreis (= 100 %).

74

Das Möbelgroßhandelsunternehmen Werner Theuer e. Kfm. hat in der Buchhandlung Badicke das Fachbuch „Die Umsatzbesteuerung im innergemeinschaftlichen Warenverkehr" für brutto 64,20 € gegen Barzahlung erworben. Der Beleg enthält den Hinweis: „Im Betrag sind 7 % Umsatzsteuer enthalten."

Ermitteln Sie aus dem Bruttobetrag

1. den Nettowert und
2. die Umsatzsteuer.

75 Buchen Sie den folgenden Beleg

1. als Ausgangsrechnung und
2. als Eingangsrechnung:

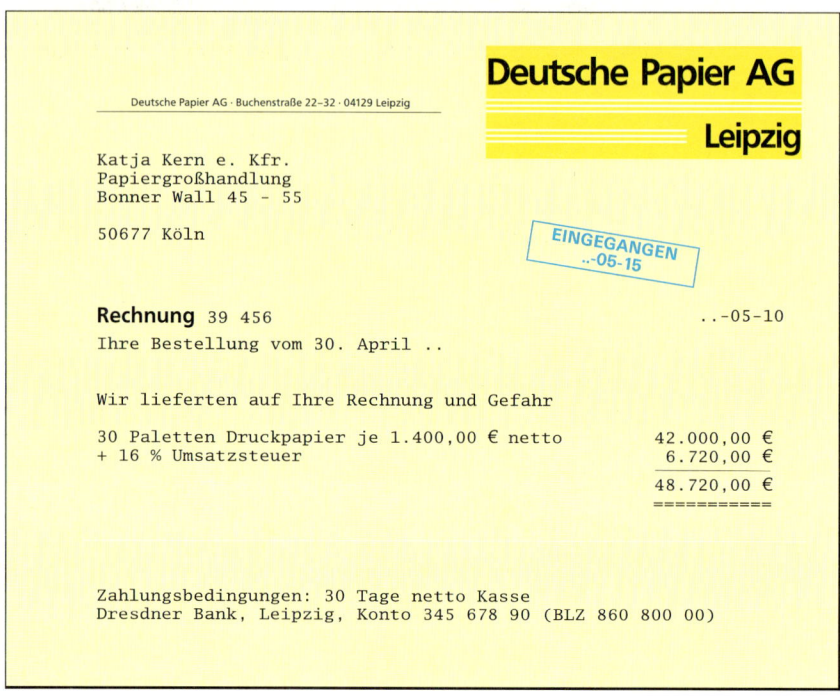

Deutsche Papier AG · Buchenstraße 22–32 · 04129 Leipzig

Deutsche Papier AG
Leipzig

Katja Kern e. Kfr.
Papiergroßhandlung
Bonner Wall 45 – 55

50677 Köln

EINGEGANGEN
..-05-15

Rechnung 39 456   ..-05-10
Ihre Bestellung vom 30. April ..

Wir lieferten auf Ihre Rechnung und Gefahr

30 Paletten Druckpapier je 1.400,00 € netto   42.000,00 €
+ 16 % Umsatzsteuer   6.720,00 €
                                                   48.720,00 €
                                                   ============

Zahlungsbedingungen: 30 Tage netto Kasse
Dresdner Bank, Leipzig, Konto 345 678 90 (BLZ 860 800 00)

---

76 In der Papiergroßhandlung Katja Kern e. Kfr. liegen folgende Belege zur Buchung vor:

Beleg 1   **Beleg 2**

Netto   €   370 ct 00
+ 16 % USt   59 ct 20   **Quittung**
Gesamt   €   429 ct 20   Nr. 153 KB

Gesamtbetrag € in Worten
vierhundertneunundzwanzig ——————   Cent
(Im Gesamtbetrag sind 16 % Umsatzsteuer enthalten)   wie oben

von *Katja Kern e. Kfr., Papiergroßhandlung*

für *Reparaturarbeiten an der Heizungsanlage*
richtig erhalten zu haben, bestätigt

Ort *Köln*   Datum ..-12-30
Buchungsvermerke   Unterschrift des Empfängers
                        Götz e. K.
                        Sanitär und Heizung
                        Sonnenweg 15   *Götz*
                        51061 Köln

FANO AUTOPORT

S. Gunkel GmbH
Slabystraße 54
50735 KÖLN

* SÄULEN-NR. 10
* Diesel
* Liter 150 x 0,71 EUR

TOTAL   106,50 EUR

Im Gesamtbetrag sind
16 % Umsatzsteuer
enthalten.

      VIELEN DANK
      GUTE FAHRT!

Nennen Sie zu den Belegen 1 und 2 jeweils den Buchungssatz.

647078

77 Zum 31. Dezember weisen die Konten „Vorsteuer" und „Umsatzsteuer" folgende Beträge aus:

S	Vorsteuer	H		S	Umsatzsteuer	H
...	230.000,00	... 200.000,00		...	520.000,00	... 600.000,00

1. *Schließen Sie die obigen Konten ab. Richten Sie dazu das Schlussbilanzkonto ein.*
2. *Nennen Sie die Buchungssätze.*
3. *Was sagt Ihnen der Saldo zum 31. Dezember?*

78 Die nachstehenden Konten weisen zum 31. Dezember folgende Summen aus:

S	Vorsteuer	H		S	Umsatzsteuer	H
...	450.000,00	... 360.000,00		...	730.000,00	... 770.000,00

1. *Schließen Sie die obigen Konten ab. Richten Sie dazu das Schlussbilanzkonto ein.*
2. *Nennen Sie die Buchungssätze.*
3. *Was sagt Ihnen der Saldo zum 31. Dezember?*

79 *Ergänzen Sie folgende Aussagen:*

1. Die Umsatzsteuer ist nur vom ●●● zu tragen. Sie belastet das ●●● nicht.
2. Nur Unternehmen und Personen, die umsatzsteuerpflichtige Lieferungen und Leistungen im ●●● gegen ●●● erbringen, sind zum Abzug der ●●● berechtigt.
3. Die Vorsteuer stellt eine ●●● gegenüber dem Finanzamt dar. Die Umsatzsteuer ist dagegen eine ●●● gegenüber dem Finanzamt.
4. Die Zahllast wird in der Regel ●●● ermittelt und bis zum ●●● des ●●● an das Finanzamt überwiesen.
5. Die Zahllast des Monats Dezember ist in der Schlussbilanz zu ●●●. Ein Vorsteuerüberhang ist zum 31. Dezember zu ●●●.
6. Mehrwert ist der ●●● zwischen dem Nettoverkaufs- und Nettoeinkaufspreis. Durch den Vorsteuerabzug wird erreicht, dass auf jeder Stufe des Warenwegs nur der ●●● dieser Stufe besteuert wird.
7. In Rechnungen an ●●● ist die Umsatzsteuer ●●● auszuweisen. Die Rechnungen enthalten den ●●●, die ●●● und den ●●●.
8. In Kleinbetragsrechnungen bis ●●● DM/ ●●● € genügt die Angabe des im Rechnungsbetrag enthaltenen ●●●.

80 *Ordnen Sie die Begriffe Zahllast, Vorsteuerüberhang, Aktivierung und Passivierung entsprechend zu.*

1. Umsatzsteuer des Monats Dezember > Vorsteuer des Monats Dezember
2. Umsatzsteuer des Monats Dezember < Vorsteuer des Monats Dezember

81 Im Dezember hatte die Handels-GmbH, Düsseldorf, folgende Umsätze: Verkäufe netto 600.000,00 €, Einkäufe netto 800.000,00 €, allgemeiner Steuersatz.

1. *Richten Sie die erforderlichen Konten ein.*
2. *Buchen Sie die Vorgänge summarisch und nennen Sie die entsprechenden Buchungssätze.*
3. *Warum ergibt sich zum 31. Dezember keine Zahllast?*
4. *Wohin gelangt der Vorsteuerüberhang beim Jahresabschluss? Buchen Sie.*
5. *Inwiefern stellt die Vorsteuer eine Forderung an das Finanzamt dar? Begründen Sie.*

82   **Anfangsbestände** €

Fuhrpark 90.000,00
Geschäftsausstattung (GA) 30.000,00
Warenbestand 128.000,00
Forderungen a. LL 34.000,00
Kasse 6.000,00
Bankguthaben 35.000,00
Verbindlichkeiten a. LL 43.000,00
Eigenkapital 280.000,00

Kontenplan
Bestandskonten: Fuhrpark, GA, Warenbestand, Forderungen a. LL, Vorsteuer, Kasse, Bank, Verbindlichkeiten a. LL, Umsatzsteuer, Eigenkapital: Schlussbilanzkonto.
Erfolgskonten: Aufwendungen für Waren, Umsatzerlöse für Waren, Löhne: Gewinn- und Verlustkonto.

Geschäftsfälle €
1. Zieleinkauf von Waren lt. ER 11–14
   Nettopreis 11.000,00
   + Umsatzsteuer 1.760,00
   Rechnungsbeträge 12.760,00

2. Kauf eines Lieferwagens lt. ER 15
   Nettopreis 40.000,00
   + Umsatzsteuer 6.400,00
   Rechnungsbetrag 46.400,00

3. Banküberweisung an Lieferer, Rechnungsbeträge 8.700,00

4. Unsere Banküberweisung für Löhne 4.400,00

5. Kauf von Waren lt. ER 16
   Nettopreis 2.500,00
   + Umsatzsteuer 400,00
   Rechnungsbetrag 2.900,00

6. Verkauf von Waren lt. AR 10–12
   Nettopreis 23.000,00
   + Umsatzsteuer 3.680,00
   Rechnungsbeträge 26.680,00

7. Banküberweisung von Kunden, Rechnungsbeträge 5.800,00

8. Verkauf von Waren lt. AR 13–18
   Nettopreis 60.400,00
   + Umsatzsteuer 9.664,00
   Rechnungsbeträge 70.064,00

9. Banküberweisung für ER 15, vgl. Geschäftsfall 2 .... 46.400,00

Abschlussangaben
1. Die Zahllast für die Umsatzsteuer ist zu ermitteln und auf die Passivseite des Schlussbilanzkontos einzustellen, d. h. zu passivieren.
2. Inventurbestand an Waren 82.000,00
3. Die übrigen Buchwerte stimmen mit den Inventurwerten überein.

647080

83

Anfangsbestände	€		€
Fuhrpark	140.000,00	Kasse	6.000,00
Geschäftsausstattung ...	60.000,00	Bankguthaben	40.000,00
Warenbestand	156.000,00	Verbindlichkeiten a. LL ..	43.000,00
Forderungen a. LL	44.000,00	Eigenkapital	403.000,00

Kontenplan
Bestandskonten: Fuhrpark, GA, Warenbestand, Forderungen a. LL, Vorsteuer, Kasse, Bank, Verbindlichkeiten a. LL, Umsatzsteuer, Eigenkapital: Schlussbilanzkonto.
Erfolgskonten: Aufwendungen für Waren, Gehälter, Werbeaufwendungen, Büromaterial, Porto – Telefon – Telefax, Fremdinstandsetzung, Umsatzerlöse für Waren: Gewinn- und Verlustkonto.

Geschäftsfälle

	€	€
1. Zielverkauf von Waren lt. AR 123		
Nettopreis	64.000,00	
+ Umsatzsteuer	10.240,00	
Rechnungsbetrag		74.240,00
2. Barkauf von Kopierpapier, Nettopreis	200,00	
+ Umsatzsteuer	32,00	232,00
3. Zieleinkauf von Waren lt. ER 432		
Nettopreis	9.600,00	
+ Umsatzsteuer	1.536,00	11.136,00
4. Banküberweisung der Gehälter		13.950,00
5. Banküberweisung für unsere Werbeanzeigen		
Nettopreis	700,00	
+ Umsatzsteuer	112,00	812,00
6. Zielverkauf von Waren lt. AR 124-131		
Nettopreis	48.200,00	
+ Umsatzsteuer	7.712,00	55.912,00
7. Barzahlung für Fahrzeugreparatur, Nettopreis	500,00	
+ Umsatzsteuer	80,00	580,00
8. Zieleinkauf von Waren lt. ER 433–438		
Nettopreis	2.800,00	
+ Umsatzsteuer	448,00	3.248,00
9. Banküberweisung von Kunden		8.352,00
10. Banküberweisung der Telefonrechnung, netto	500,00	
+ Umsatzsteuer	80,00	580,00

Abschlussangaben
1. Ermittlung und Passivierung der Umsatzsteuer-Zahllast.
2. Schlussbestand an Waren lt. Inventur 84.000,00

84

1. *Wie errechnet man die USt-Zahllast? Für welchen Zeitraum wird sie in der Regel ermittelt? Bis zu welchem Termin ist die USt-Zahllast spätestens an das Finanzamt abzuführen?*
2. *Im Monat Dezember beträgt die Vorsteuer 156.000,00 €, die Umsatzsteuer aufgrund der Ausgangsrechnungen nur 104.000,00 €. Buchen Sie zum 31. Dezember den Abschluss.*
3. *Erläutern Sie, inwiefern die Umsatzsteuer für das Unternehmen grundsätzlich ein „durchlaufender" Posten ist.*

11 Einführung in die lineare Abschreibung der Sachanlagen[1]

11.1 Ermittlung der Anschaffungskosten

Situation			
Die Papiergroßhandlung Kern erwirbt am 5. Januar einen LKW aufgrund nebenstehender **Rechnung**:	LKW HS 404		**140.600,00**
	+ Sonderzubehör	8.100,00	
	+ Überführungskosten	850,00	
	+ Zulassungskosten ...	450,00	**9.400,00**
			150.000,00
Wie hoch sind die Anschaffungskosten des LKWs?	+ Umsatzsteuer		**24.000,00**
	Rechnungsbetrag		**174.000,00**

Zu den **Sachanlagen** eines Unternehmens zählen vor allem Grundstücke, Gebäude, Technische Anlagen und Maschinen, Betriebs- und Geschäftsausstattung, Fuhrpark u. a. Wie alle anderen Vermögensgegenstände (z. B. Waren) sind auch die **Sachanlagen** zum **Zeitpunkt ihrer Anschaffung** zu ihren **Anschaffungskosten** zu **aktivieren,** d. h. auf der Sollseite des entsprechenden Aktivkontos zu buchen.

Zu den Anschaffungskosten eines Anlagegutes **rechnen nach § 255 HGB** außer dem **Kaufpreis (netto)** auch **alle Nebenkosten (netto)**, die anfallen, um den Vermögensgegenstand zu erwerben **und** in Betrieb zu nehmen, wie z. B. Bezugs- und Montagekosten, Zulassungsgebühren, Notarkosten und Grunderwerbsteuer (3,5 %) beim Erwerb eines Grundstücks u. a. m. Die Umsatzsteuer zählt natürlich nicht zu den Anschaffungskosten, da sie als Vorsteuer voll abzugsfähig ist. Nachträgliche **Preisnachlässe,** z. B. aufgrund von Mängelrügen und Skonto, **mindern die Anschaffungskosten.**

	Anschaffungspreis (netto)	140.600,00 €
+	Anschaffungsnebenkosten (netto)	9.400,00 €
	Anschaffungskosten	**150.000,00 €**

Buchungssatz	Soll	Haben
Fuhrpark	150.000,00	
Vorsteuer	24.000,00	
an **Verbindlichkeiten a. LL**		174.000,00

S	Fuhrpark	H		S	Verbindlichkeiten a. LL	H
Verb. a. LL	150.000,00				Fuhrp./VSt	174.000,00

S	Vorsteuer	H
Verb. a. LL	24.000,00	

11.2 Notwendigkeit der Sachanlagenabschreibung

Sachanlagen sind dazu bestimmt, dem Unternehmen **langfristig** zu dienen. Im Gegensatz zu den **nicht abnutzbaren** Sachanlagen (z. B. Grundstücke) verringert sich der Anschaffungswert der **abnutzbaren** Sachanlagen (z. B. o. g. LKW) ständig.

Die Wertminderung der Sachanlagen ist technisch oder wirtschaftlich bedingt. Die **technische Entwertung** tritt während des Gebrauchs durch **Abnutzung** oder durch **Natureinflüsse** (Verrosten) ein. Die **wirtschaftliche Wertminderung** ergibt sich beispielsweise durch **technischen Fortschritt** (das Anlagegut ist technisch überholt), **Preissenkung** am Markt oder durch **höhere Gewalt** (Brandschaden).

---

1 siehe ausführliche Darstellung im Kapitel C, 4

647082

Abnutzbare Sachanlagen sind in ihrer **Nutzung zeitlich begrenzt**. Für jedes Anlagegut **muss** daher die **betriebsgewöhnliche Nutzungsdauer** bestimmt werden. Man versteht darunter die **Zeitspanne**, in der es **wirtschaftlich sinnvoll** ist, das Anlagegut im Betrieb zu nutzen. Davon ist die Lebensdauer des Anlagegutes zu unterscheiden. **Steuerliche Abschreibungstabellen** weisen die Nutzungsdauer der Anlagegüter aus:

Branchenneutrale Anlagegüter (Auszug)	Nutzungsdauer in Jahren	Lineare Abschreibung
Geschäftsgebäude	25–40	4–2,5 %
PKW	4–5	25–20 %
LKW	5–7	20–14 %
Sonstige Fahrzeuge (Stapler u. a.)	5	20 %
Lagereinrichtungen	10	10 %
Büromöbel	10	10 %
EDV-Anlagen u. a.	5	20 %

11.3 Berechnung und Buchung der jährlichen Abschreibung

Situation Der o. g. LKW hat eine betriebsgewöhnliche Nutzungsdauer von fünf Jahren. Er soll in jährlich gleichen (linearen) Beträgen abgeschrieben werden.

Wie berechnet man den jährlichen (linearen) Abschreibungsbetrag, den Abschreibungssatz in Prozent sowie den Buch- bzw. Restwert des LKWs?

$$\text{Abschreibungsbetrag} = \frac{\text{Anschaffungskosten}}{\text{Nutzungsjahre}} = \frac{150.000,00}{5} = 30.000,00 \ \text{€}$$

$$\text{Abschreibungssatz in \%} = \frac{100 \ \%}{\text{Nutzungsjahre}} = \frac{100 \ \%}{5} = 20 \ \%/\text{Jahr}$$

Ermittlung des Buchwertes bei linearer Abschreibung	20 % Abschreibung von den Anschaffungskosten
Anschaffungskosten	150.000,00 €
− Abschreibung zum 31. Dez. 01	**30.000,00 €**
Buchwert zum 31. Dez. 01	120.000,00 €
− Abschreibung zum 31. Dez. 02	**30.000,00 €**
Buchwert zum 31. Dez. 02	90.000,00 €
− Abschreibung zum 31. Dez. 03	**30.000,00 €**
Buchwert zum 31. Dez. 03	60.000,00 €
− Abschreibung zum 31. Dez. 04	**30.000,00 €**
Buchwert zum 31. Dez. 04	30.000,00 €
− Abschreibung zum 31. Dez. 05	**30.000,00 €**
Buchwert zum 31. Dez. 05	**0,00 €**

Die Tabelle zeigt, dass die **Abschreibung** in jedem Nutzungsjahr **gleich (linear)** ist. Deshalb wird am Ende der Nutzungsdauer der **Nullwert** erreicht. Wird der LKW weiterhin genutzt, werden im letzten Jahr nur 29.999,00 € abgeschrieben, sodass der LKW dann noch mit einem **Erinnerungswert** von 1,00 € ausgewiesen wird.

Die **Abschreibung** abnutzbarer Anlagegüter wird als **Aufwand** auf dem Konto

Abschreibungen auf Sachanlagen (SA)

erfasst. Das **Steuerrecht** spricht von **A**bsetzung **f**ür **A**bnutzung, kurz **AfA. Durch lineare Abschreibung** werden die **Anschaffungskosten** eines Anlagegutes **planmäßig** als Aufwand **auf seine Nutzungsjahre verteilt** (§ 253 Abs. 2 HGB). Deshalb wird jedes Nutzungsjahr mit dem **gleichen** Abschreibungsbetrag in der **GuV-Rechnung** belastet.

Buchung der Abschreibung zum 31. Dezember des ersten Nutzungsjahres:

Buchungssatz	Soll	Haben
❶ Abschreibungen auf SA	30.000,00	
an Fuhrpark		30.000,00

Abschlussbuchungen	Soll	Haben
❷ Gewinn- und Verlustkonto	30.000,00	
an Abschreibungen auf SA		30.000,00
❸ Schlussbilanzkonto	120.000,00	
an Fuhrpark		120.000,00

Nach Buchung der Abschreibung weist das Konto „Fuhrpark" den **LKW-Restwert** aus:

S	Fuhrpark		H
Verb. a. LL 150.000,00	❶ Abschr.	30.000,00	
	❸ SBK	120.000,00	

S	Abschreibungen auf SA		H
❶ Fuhrpark 30.000,00	❷ GuV	30.000,00	

S	Schlussbilanzkonto	H
❸ Fuhrpark 120.000,00		

S	Gewinn- und Verlustkonto		H
...	300.000,00	...	400.000,00
❷ Abschr.	30.000,00		
Gewinn	**?**		

Der **Abschreibungsaufwand mindert den Gewinn** und damit **die Steuerlast** des Unternehmers (z. B. die Einkommensteuer). *Wie hoch ist im vorstehenden Beispiel der Gewinn mit und ohne Berücksichtigung der Abschreibung?*

Für die buchhalterische Verwaltung des vielfältigen Sachanlagevermögens muss eine **Anlagenbuchhaltung als Nebenbuchhaltung**[1] eingerichtet werden. Das geschieht in Form einer **Anlagenkartei,** in der für jeden Sachanlagegegenstand eine besondere **Anlagenkarte mit folgenden Angaben** zu führen ist (siehe auch S. 18):

Inventarnummer, Kontonummer in der Hauptbuchhaltung, Bezeichnung der Sachanlage, Anschaffungszeitpunkt, Anschaffungskosten, betriebsgewöhnliche Nutzungsdauer, Abschreibungsbetrag, Buchwert. Auf der Rückseite der Anlagenkarte werden zusätzlich vermerkt: Lieferer der Sachanlage, Garantie, Instandsetzungen, Versicherungswert u. a. m.

Konto-/Inventar-Nr. 0840/41	Bezeichnung der Anlage LKW HS 404		Standort (Kostenstelle) Versandlager
Anschaffungszeitpunkt ..-01-05	Anschaffungskosten 150.000,00 €		Instandsetzungen −
Nutzungsjahre: 5		Jährlicher Abschreibungsbetrag: 30.000,00 €	
Datum	Zugang	Abschreibung linear	Buchwert (Restwert)
..-01-05	150.000,00 €	−	−
..-12-31	−	30.000,00 €	120.000,00 €
usw.			

Die Anlagenkarten werden in der Anlagenkartei **nach Sachanlagekonten geordnet.** Zum Jahresschluss wird die **Summe der Abschreibungen jeder Anlagengruppe** (Gebäude, Technische Anlagen und Maschinen, BGA, Fuhrpark u. a.) aus den entsprechenden Anlagenkarten sowie die **Gesamtabschreibung aller Sachanlagen** ermittelt. Die **Buchung** der Abschreibung kann dann **in einem zusammengesetzten Buchungssatz** vorgenommen werden:

Abschreibungen auf SA   an   **Gebäude, TA und Maschinen, BGA** u. a.

Eine ordnungsmäßige **Anlagenkartei ersetzt die körperliche Inventur** der Sachanlagen. Die Buchwerte der Sachanlagegruppen können **direkt in das Inventar und das Schlussbilanzkonto übertragen** werden.

---

1   vgl. auch S. 108 und 211

647084

Aufgaben

85 Die Baustoffgroßhandlung Stern OHG hat einen LKW zum Preis von 132.000,00 € netto + Umsatzsteuer angeschafft. Der LKW wurde mit einer Werbeaufschrift für das Unternehmen versehen, die 8.000,00 € + Umsatzsteuer ausmachte. Die beiden Rechnungen sind noch nicht beglichen. Die Zulassungsgebühren werden mit 150,00 €, die Nummernschilder mit 50,00 € + USt bar bezahlt.

1. *Ermitteln Sie die Anschaffungskosten des LKWs.*
2. *Warum zählen die Zulassungskosten zu den Anschaffungsnebenkosten, nicht aber die Kraftfahrzeugsteuer und Kraftfahrzeugversicherung?*
3. *Buchen Sie die Anschaffungskosten des LKWs.* Konten: Fuhrpark, Vorsteuer, Kasse, Verbindlichkeiten a. LL.
4. *Wie hoch wären die Anschaffungskosten, wenn uns der Lieferer 2 % Skonto gewährt hätte?*

86 Der in der vorhergehenden Aufgabe genannte LKW hat eine betriebsgewöhnliche Nutzungsdauer von fünf Jahren und soll in gleichen Jahresbeträgen abgeschrieben werden.

1. *Ermitteln Sie den jährlichen Abschreibungsbetrag.*
2. *Wie hoch ist der Buchwert des LKWs am Ende des ersten Nutzungsjahres?*
3. *Nennen Sie den Buchungssatz für die Abschreibung.*
4. *Wie lauten die Abschlussbuchungssätze?*
5. *Buchen Sie auf den Konten Fuhrpark, Abschreibungen auf SA, GuV, SBK.*

87 Anschaffung einer Hebebühne in der Baustoffgroßhandlung Stern OHG. Die Rechnung lautet über 160.000,00 € + Umsatzsteuer. Die Transportkosten werden vom Spediteur mit 5.000,00 € + Umsatzsteuer in Rechnung gestellt. Für Installationsarbeiten werden 25.000,00 € + Umsatzsteuer berechnet. Die TÜV-Gebühr wird mit Bankscheck beglichen: 500,00 € + Umsatzsteuer.

1. *Ermitteln Sie die Anschaffungskosten der Hebebühne.*
2. *Nennen Sie die Buchungssätze und buchen Sie auf den Konten Technische Anlagen und Maschinen, Vorsteuer, Bank, Verbindlichkeiten a. LL.*

88 Die Hebebühne in Aufgabe 87 hat eine Nutzungsdauer von 20 Jahren.

1. *Berechnen Sie die jährliche AfA bei gleichen Abschreibungsbeträgen.*
2. *Nennen Sie den Buchungssatz für die Abschreibung am Ende des ersten Nutzungsjahres.*
3. *Buchen Sie die Abschreibung auf Konten und schließen Sie diese ab.*
4. *Wie hoch ist der Buchwert der Hebebühne nach fünf Nutzungsjahren?*

89 Die Anschaffungskosten einer Verpackungsanlage betragen 400.000,00 €, die Nutzungsdauer wird auf 10 Jahre geschätzt.

1. *Ermitteln Sie bei linearer Abschreibung jeweils den Abschreibungsbetrag und Abschreibungssatz.*
2. *Erstellen Sie die Abschreibungstabelle.*
3. *Buchen Sie für das erste Jahr die Abschreibung. Richten Sie dazu folgende Konten ein: Technische Anlagen und Maschinen, Abschreibungen auf Sachanlagen, Schlussbilanzkonto, GuV-Konto.*

12 Buchungen auf dem Privatkonto[1]

12.1 Privatentnahmen und Privateinlagen

Situation Für ihren Lebensunterhalt entnimmt Frau Kern Geldbeträge sowohl der Geschäftskasse als auch dem Bankkonto.

Privatentnahmen. Frau Kern setzt Kapital und ihre Arbeitskraft ein, um in ihrem Unternehmen Gewinn zu erzielen. Der Gewinn ist ihr Einkommen, aus dem sie ihren Lebensunterhalt bestreiten muss. Im Vorgriff auf diesen Gewinn entnimmt Frau Kern monatlich Haushaltsgeld aus ihrer Geschäftskasse. Außerdem begleicht sie private Zahlungen über das betriebliche Bankkonto, wie z.B. Arztrechnungen, Einkommen- und Kirchensteuern, Spenden u.a. Diese Privatentnahmen sind keine Aufwendungen ihres Großhandelsbetriebes. Sie **mindern** jedoch ihr **Eigenkapital**.

Privateinlagen. Sie liegen vor, wenn Frau Kern aus ihrem Privatvermögen Geld- oder Sachwerte (z.B. Grundstücke, Privat-PKW u.a.) in das Vermögen ihres Unternehmens einbringt. Diese Privateinlagen **erhöhen** dann ihr **Eigenkapital**.

Privatentnahmen und Privateinlagen verändern das Eigenkapital und wären deshalb auch direkt über das Eigenkapitalkonto zu buchen. Da eine Vielzahl dieser Buchungen das Eigenkapitalkonto jedoch unübersichtlich machen würde, wird ein

Privatkonto

als **Unterkonto des Eigenkapitalkontos** eingerichtet.

Auf dem Privatkonto ist wie auf dem Eigenkapitalkonto zu buchen. Privatentnahmen werden auf der Sollseite als Kapitalminderung und im Haben die Einlagen als Mehrung des Eigenkapitals gebucht.

Das Privatkonto wird zum Abschluss des Geschäftsjahres **über das Eigenkapitalkonto abgeschlossen.**

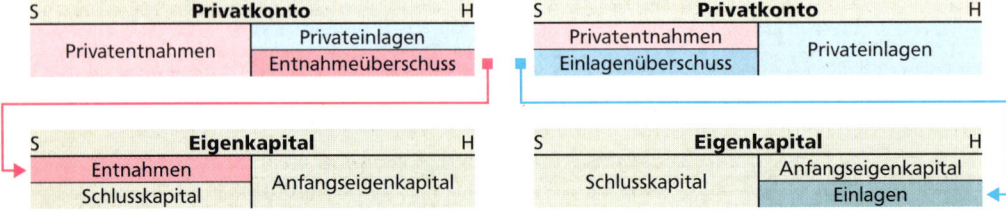

Das Privatkonto gibt es nur für den Einzelunternehmer und für den unbeschränkt haftenden Gesellschafter einer Personengesellschaft: Offene Handelsgesellschaft (OHG), Kommanditgesellschaft (KG).

Beispiel

❶ Frau Kern hebt von ihrem betrieblichen Bankkonto 12.000,00 € für private Ausgaben bar ab.

❷ Frau Kern überweist ihre Einkommen- und Kirchensteuer in Höhe von 63.000,00 € an das Finanzamt.

❸ Aus einer Erbschaft werden Frau Kern 30.000,00 € auf ihr betriebliches Bankkonto überwiesen.

---

1 Dieses Stoffgebiet ist nach wie vor in den Lehrplänen einiger Bundesländer vorhanden, obwohl es der KMK-Rahmenlehrplan von 1997 nicht mehr ausweist.

647086

Buchungssätze	Soll	Haben
❶ **Privatkonto**	12.000,00	
an **Bank**		12.000,00
❷ **Privatkonto**	63.000,00	
an **Bank**		63.000,00
❸ **Bank**	30.000,00	
an **Privatkonto**		30.000,00
❹ **Eigenkapital**	45.000,00	
an **Privatkonto**		45.000,00

S	Privatkonto			H
❶ Bank	12.000,00	❸ Bank	30.000,00	
❷ Bank	63.000,00	❹ EK	45.000,00	
	75.000,00		75.000,00	

S	Eigenkapital			H
❹ Privat	45.000,00	AB	3.000.000,00	
SBK	2.955.000,00			
	3.000.000,00		3.000.000,00	

S	Bank			H
AB	165.000,00	❶ Privat	12.000,00	
❸ Privat	30.000,00	❷ Privat	63.000,00	

Zusammenfassung

▶ **Privatentnahmen** in Form von Geld- und Sachwerten erfolgen in der Regel im Vorgriff auf den erwarteten Jahresgewinn. Sie **mindern das Eigenkapital.**

▶ **Privateinlagen** in Form von Geld- und Sachwerten **erhöhen das Eigenkapital.**

▶ Private Entnahmen und Einlagen werden aus Gründen der Klarheit auf dem **Privatkonto** gebucht, das ein **Unterkonto des Eigenkapitalkontos** ist.

Aufgaben

90 *Bilden Sie die Buchungssätze zu den folgenden Geschäftsfällen der Elektro- großhandlung Dirk Klein e. Kfm. und erläutern Sie deren Auswirkung:*

1. Der Geschäftsinhaber Dirk Klein überweist über das betriebliche Bankkonto 2.600,00 € für seine Urlaubsreise.
2. Herr Klein entnimmt der Geschäftskasse 2.000,00 € Haushaltsgeld.
3. Das Großhandelsunternehmen Klein überweist eine Spende an das Rote Kreuz in Höhe von 1.200,00 € vom Geschäftsbankkonto.
4. Der Großhändler Klein zahlt aus seinem privaten Sparguthaben 4.000,00 € auf das betriebliche Bankkonto ein.
5. Dirk Klein überweist die Miete für seine Wohnung vom Geschäftsbank- konto: 900,00 €.
6. Dirk Klein überweist vom Geschäftsbankkonto den Kaufpreis für den Privat- wagen: 38.000,00 €.

91 1. *Richten Sie für die Elektrogroßhandlung Dirk Klein e. Kfm. folgende Konten ein:* Privat, Bank (AB 90.000,00 €), Kasse (AB 4.600,00 €), Eigenkapital (AB 200.000,00 € + 30.000,00 € Gewinn lt. GuV-Konto).
2. *Übertragen Sie die Buchungen der Aufgabe 90 auf die jeweiligen Konten.*
3. *Schließen Sie das Privatkonto ab. Nennen Sie den Buchungssatz.*
4. *Wie hoch ist das Eigenkapital beim Abschluss? Erläutern Sie die Eigen- kapitaländerungen.*

92 Richten Sie die Konten Eigenkapital, Gewinn und Verlust und das Privatkonto ein und übertragen Sie die folgenden Buchungsbeträge:

	a) €	b) €
Anfangsbestand des Eigenkapitalkontos	500.000,00	400.000,00
Gesamtaufwendungen	650.000,00	580.000,00
Gesamterträge	790.000,00	540.000,00
Privatentnahmen	120.000,00	60.000,00
Privateinlagen	40.000,00	50.000,00

1. Schließen Sie das Gewinn- und Verlustkonto und das Privatkonto ab.
2. Ermitteln Sie im Eigenkapitalkonto den Schlussbestand.
3. Erläutern Sie die Auswirkungen der privaten Vorgänge und des Gewinn- und Verlustkontos auf den Anfangsbestand des Eigenkapitals.

93 Erläutern Sie jeweils die Auswirkung auf das Anfangseigenkapital:

1. Gewinn > Entnahmen
2. Gewinn < Entnahmen
3. Verlust < Einlagen
4. Verlust > Einlagen

94 Buchen Sie für den Textilgroßhandel Ulrike Busch e. Kfr. auf den Konten Bank (AB 187.000,00 €), Unbebaute Grundstücke (AB 0,00 €), Eigenkapital (AB 300.000,00 € + 60.000,00 € Gewinn lt. GuV-Konto) und Privat folgende Geschäftsfälle:

1. Die Geschäftsinhaberin U. Busch hat ein Grundstück im Wert von 120.000,00 € geerbt, das sie in das Betriebsvermögen eingebracht hat.
2. Für die Anmietung eines Ferienhauses hat die Großhändlerin 2.800,00 € vom Geschäftsbankkonto überwiesen.
3. Für private Ausgaben entnimmt U. Busch 6.000,00 € dem Geschäftsbankkonto.
4. Die Arztrechnung für ihre Tochter überweist U. Busch mit 450,00 € vom Geschäftsbankkonto.

1. Schließen Sie das Privatkonto unter Nennung des Buchungssatzes ab und ermitteln Sie den Schlussbestand im Eigenkapitalkonto.
2. Erläutern Sie die Auswirkungen des GuV-Kontos und des Privatkontos auf das Anfangseigenkapital.

95 Nennen Sie als Buchhalter/in der Papiergroßhandlung Katja Kern e. Kfr. die Buchungssätze zu folgenden drei Belegen:

Beleg 1

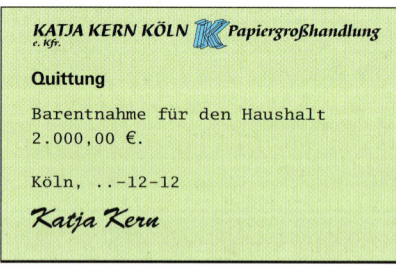

Beleg 2

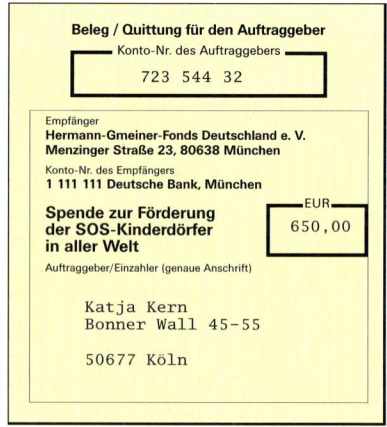

647088

Beleg 3

96

Anfangsbestände

	€		€
BGA	420.000,00	Bankguthaben	82.000,00
Warenbestand	230.000,00	Eigenkapital	400.000,00
Forderungen a. LL	115.000,00	Darlehensschulden	286.500,00
Kasse	12.000,00	Verbindlichkeiten a. LL ..	172.500,00

Konten: EBK, BGA, Warenbestand, Forderungen a. LL, Vorsteuer, Kasse, Bank, Eigenkapital, Privat, Darlehensschulden, Verbindlichkeiten a. LL, Umsatzsteuer, Umsatzerlöse für Waren, Zinserträge, Aufwendungen für Waren, Gehälter, Fremdinstandsetzung, Büromaterial, Abschreibungen auf Sachanlagen, GuV, SBK.

Geschäftsfälle

		€	€
1.	Begleichung der Liefererrechnung ER 456 durch Banküberweisung		23.200,00
2.	Verkauf von Waren lt. AR 552, netto	60.000,00	
	+ Umsatzsteuer	9.600,00	69.600,00
3.	Geschäftsinhaber entnimmt der Kasse für Urlaubsreise		2.500,00
4.	Einkauf von Waren lt. ER 482, netto	12.000,00	
	+ Umsatzsteuer	1.920,00	13.920,00
5.	Banküberweisung für eine Spende an UNICEF		600,00
6.	Bareinkauf von Büromaterial, netto	700,00	
	+ Umsatzsteuer	112,00	812,00
7.	Lastschrift der Bank für Gehaltsüberweisungen		15.000,00
8.	Wohnungsmiete des Geschäftsinhabers wird vom Geschäftsbankkonto überwiesen		1.200,00
9.	Zinsgutschrift der Bank		1.500,00
10.	Reparatur des Geschäftswagens wird bar bezahlt, netto	700,00	
	+ Umsatzsteuer	112,00	812,00
11.	Verkauf von Waren lt. AR 553, Warenwert	88.000,00	
	+ Umsatzsteuer	14.080,00	102.080,00
12.	Banküberweisung für Reparatur am Privathaus		580,00

Abschlussangaben 1. Abschreibung auf BGA 15.000,00
2. Warenschlussbestand lt. Inventur 145.000,00

97

1. Das Eigenkapital der Baustoffgroßhandlung Wette OHG betrug zu Beginn des Geschäftsjahres 500.000,00 € und bei Jahresschluss 580.000,00 €. Die Privatentnahmen betrugen 60.000,00 € und die Privateinlagen 40.000,00 €. *Wie hoch war der Jahreserfolg?*
2. Der Jahresgewinn des Sanitärgroßhandels Greipel KG betrug 140.000,00 €. Im gleichen Geschäftsjahr beliefen sich die Privatentnahmen auf 160.000,00 €. *Wie beurteilen Sie das?*

12.2 Zahlung der Umsatzsteuer bei Entnahmen

Der Umsatzsteuer unterliegen nicht nur Lieferungen und Leistungen eines Unternehmens gegen Entgelt, sondern auch **unentgeltliche Entnahmen von Sachgütern und sonstigen Leistungen** des Unternehmens durch den Unternehmer **zu unternehmensfremden (z. B. privaten) Zwecken.** Dieser Besteuerungstatbestand wurde bis zum 31. März 1999 als **Eigenverbrauch** bezeichnet. Durch das **Steuerentlastungsgesetz 1999/2000/2002** wurde **ab 1. April 1999** der Begriff des Eigenverbrauchs abgeschafft. An seine Stelle tritt in der Neufassung des Umsatzsteuergesetzes (§ 3 Abs. 1 b und 9 a UStG) und in der **Kontobenennung** die Bezeichnung:

„Entnahme von Gegenständen und sonstigen Leistungen" (kurz: v. G. u. s. L.)

Für jede Entnahme ist ein **Eigenbeleg** zu erstellen, der den Nettoentnahmewert sowie die Umsatzsteuer ausweist. Der Nettoentnahmewert wird im Haben des Ertragskontos **„Entnahme v. G. u. s. L."** erfasst, was eine schnelle **Umsatzsteuerverprobung** ermöglicht (§ 22 EStG).

Beispiel 1 Frau Kern entnimmt für ihren Sohn, der in Köln studiert, 5 000 Blatt Kopierpapier aus dem Warenlager zum Anschaffungswert (= Einkaufspreis + Bezugskosten) von 60,00 € zuzüglich 9,60 € Umsatzsteuer.

Buchungen	Soll	Haben
❶ Privatkonto	69,60	
an **Entnahme v. G. u. s. L.**		60,00
an **Umsatzsteuer**		9,60
❷ Entnahme v. G. u. s. L.	60,00	
an **GuV-Konto**		60,00

Beispiel 2 Frau Kern lässt ihre Privatwohnung durch ihren Betrieb (Hausmeister) renovieren. Der Buchungsbeleg muss diese Dienstleistung des Betriebes als Entnahme und die darauf entfallende Umsatzsteuer gesondert ausweisen.

Buchungen	Soll	Haben
❶ Privatkonto	2.668,00	
an **Entnahme v. G. u. s. L.**		2.300,00
an **Umsatzsteuer**		368,00
❷ Entnahme v. G. u. s. L.	2.300,00	
an **GuV-Konto**		2.300,00

647090

KATJA KERN KÖLN 🅚 *Papiergroßhandlung*   *e. Kfr.*

S	**Privatkonto**		H
❶ Entn./USt	2.668,00		

Buchungsanweisung

Betreff: Instandsetzung des Privathauses

Material und Arbeitslohn	2.300,00 €
+ Umsatzsteuer	368,00 €
Entnahme, brutto	2.668,00 €

Köln, ..-12-31   *Katja Kern*

S	**Entnahme v. G. u. s. L.**		H
❷ GuV	2.300,00	❶ Privat	2.300,00

S	**Umsatzsteuer**		H
		❶ Privat	368,00

S	**GuV-Konto**		H
		❷ Entnahme v. G. u. s. L.	2.300,00

Bei privater Nutzung des Geschäfts-PKWs durch den Unternehmer muss man zwischen **Altfahrzeugen** (Anschaffung bis 31. März 1999)[1] und **Neufahrzeugen** (Anschaffung ab 1. April 1999) unterscheiden. Bei **neu** angeschafften Fahrzeugen **entfällt die Besteuerung des Verwendungseigenverbrauchs. Stattdessen wird der Vorsteuerabzug** für privat genutzte Firmenfahrzeuge **auf 50 % begrenzt.** Die Kürzung beinhaltet sowohl den **Vorsteuerabzug bei Anschaffung** des Fahrzeugs als auch die laufenden **Fahrzeugkosten.** Dabei ist zu beachten, **dass** die **nicht abzugsfähigen Vorsteuerbeträge** bei **Anschaffung** als Anschaffungsnebenkosten **zu aktivieren** sind, während die Vorsteuern aus den laufenden **Fahrzeugkosten** die betreffenden Aufwendungen (z. B. Bezinkosten) **erhöhen.**

Beispiel 3 Frau Kern kauft gegen Bankscheck einen Geschäfts-PKW, den sie auch privat nutzt. Die Rechnung lautet: 50.000,00 € + 8.000,00 € USt = 58.000,00 €.

Buchungssatz	Soll	Haben
Fuhrpark	54.000,00	
Vorsteuer	4.000,00	
an **Bank**		58.000,00

Zusammenfassung

▶ Die **private Entnahme von Gegenständen** des Unternehmens (z. B. Waren u. a.) und die **private Nutzung von Gegenständen** (z. B. Geschäfts-PKW u. a.) sowie die private **Inanspruchnahme von betrieblichen Leistungen** (z. B. Unternehmer lässt Reparaturen in seinem Wohnhaus durch seinen Betrieb durchführen) **sind Privatentnahmen,** die der Umsatzsteuer unterliegen.

▶ Die **Entnahme** ist buchhalterisch **gesondert** auf dem Konto „Entnahme von Gegenständen und sonstigen Leistungen" zu erfassen.

▶ Die **Umsatzsteuer für die Entnahme** ist eine **Verbindlichkeit gegenüber dem Finanzamt.**

▶ Der **Gesamtbetrag der Privatentnahme** besteht aus der **Entnahme und** der zu zahlenden **Umsatzsteuer.** Der **Entnahmebeleg** muss diese Daten ausweisen und vom Geschäftsinhaber **unterschrieben** werden.

Zusatzinformation

▶ **Die private Nutzung des Geschäftstelefons** stellt nach einem BFH-Urteil **keine umsatzsteuerpflichtige Leistungsentnahme** dar. Deshalb sind die monatlich in Rechnung gestellten **Gebühren** (Miete für die Telefonanlage[2], Grund- und Gesprächsgebühren) **und die Vorsteuer** um den privaten Anteil zu korrigieren. **Buchung:** Privat an Konto „Porto – Telefon – Telefax" und Vorsteuer.

---

1   Der Verwendungseigenverbrauch bei Altfahrzeugen wird hier nicht mehr behandelt. Siehe frühere Auflagen.
2   Bei **betriebseigenen Telefonanlagen** sind die **Abschreibungen** in Höhe der **Privatnutzung** als **umsatzsteuerpflichtige sonstige Leistung** zu buchen.

Aufgaben

98 Bilden Sie die Buchungssätze zu folgenden Geschäftsfällen der Lebensmittel-großhandlung Petra Born e. Kfr.:

1. Banküberweisung für die Lebensversicherung der Geschäfts-inhaberin .... 1.200,00 €

2. Die Geschäftsinhaberin entnimmt Waren für den privaten Verbrauch, Warenwert 600,00
   + Umsatzsteuer 96,00

3. Die Telefonrechnung für Januar wird mit 928,00 € (800,00 € netto + 128,00 € USt) durch Bankabbuchung beglichen. Der private Nutzungsanteil beträgt 200,00 € + USt.

4. Die Heizungsreparatur im Einfamilienhaus der Geschäftsinhaberin wird durch den eigenen Betrieb durchgeführt. Kosten 350,00
   + Umsatzsteuer 56,00

99 Als Mitarbeiter/in der Elektrogroßhandlung Werner Peters e. K. bilden Sie zu folgenden Geschäftsfällen die Buchungssätze und führen dazu die Konten Fuhrpark, Verbindlichkeiten a. LL, Privat, Entnahme v. G. u. s. L., Umsatzsteuer, Gewinn und Verlust, Eigenkapital (AB 300.000,00 €).

1. Privatentnahme eines Kühlschranks, Wareneinstandswert .... 300,00 €
   + Umsatzsteuer .... 48,00 €

2. Banküberweisung für eine Urlaubsreise .... 2.450,00 €

3. Anschaffung eines Geschäfts-PKWs, der vom Unternehmer auch privat genutzt wird, gegen Rechnung .... 62.000,00 €
   + Umsatzsteuer .... 9.920,00 €

4. Die Elektroinstallation im Einfamilienhaus des Geschäfts-inhabers W. Peters erfolgt durch den Betriebselektriker. 120 Arbeitsstunden je 40,00 € .... 4.800,00 €
   + Umsatzsteuer .... 768,00 €

5. Banküberweisung für die Einkommen- und Kirchensteuer ... 23.000,00 €

6. Abschluss der Konten Privat und Entnahme v. G. u. s. L. ••• €

100 Das Eigenkapital eines Großhandelsunternehmens betrug zum Beginn des Geschäftsjahres 600.000,00 € und zum Jahresschluss 670.000,00 €. Während des Geschäftsjahres tätigte der Unternehmer 70.000,00 € Privatentnahmen und Einlagen von 30.000,00 €.

Wie hoch war der Jahreserfolg des Unternehmens?

101 Die Finanzbuchhaltung des Textilgroßhandels Koch KG weist zum 31. Dezember 01 folgende Daten aus:

Anlagevermögen .... 980.000,00 €
Umlaufvermögen .... 520.000,00 €
Fremdkapital .... 500.000,00 €
Privatentnahmen .... 120.000,00 €
Privateinlagen .... 40.000,00 €
Gewinn lt. GuV-Konto .... 180.000,00 €

Ermitteln Sie das Eigenkapital a) zum 31. Dezember 01 und b) zum 1. Januar 01.

102
1. Was rechnet im Einzelnen zu den Entnahmen v. G. u. s. L.?
2. Begründen Sie, weshalb die Entnahme v. G. u. s. L. umsatzsteuerpflichtig ist.
3. Private Entnahmen von Waren dürfen nur zum Bezugspreis (= Anschaffungskosten) und nicht zum höheren Verkaufspreis erfolgen. Warum?
4. Sehen Sie einen Zusammenhang zwischen Privatentnahmen und Gewinn?

647092

13 Organisation der Finanzbuchhaltung

13.1 Aufgaben der Finanzbuchhaltung

Die Buchführung oder Finanzbuchhaltung muss **alle Geschäftsfälle** aufgrund von Belegen laufend, lückenlos, **zeitlich und sachlich geordnet erfassen** und aufzeichnen, also buchen. Die zeitliche Ordnung der Geschäftsfälle erfolgt im Grundbuch und die sachliche auf den Konten des Hauptbuches. Ohne diese **ordnungsmäßige Aufzeichnung der Geschäftsfälle** würde Frau Kern in kürzester Zeit den Überblick über Vermögen, Schulden und Erfolg ihres Unternehmens verlieren. Außerdem fehlten ihr dann die Zahlen für ihre Vorhaben und Entscheidungen.

Die wichtigsten Aufgaben der Buchführung

▶ Sie stellt den
Stand des Vermögens und der Schulden fest.

▶ Sie zeichnet
alle Veränderungen der Vermögens- und Schuldenwerte aufgrund von Geschäftsfällen lückenlos und planmäßig auf.

▶ Sie gibt beispielsweise einen
Überblick über folgende Daten:
  − Warenverkauf (Umsatzerlöse)
  − Warenaufwendungen
  − Warenrohgewinn
  − Betriebliche Aufwendungen (z. B. Miete, Personalkosten u. a.)
  − Privatentnahmen, u. a.

▶ Sie ermittelt den
Erfolg des Unternehmens, also den **Gewinn** oder den **Verlust,** indem sie alle Aufwendungen (Werteverzehr) und Erträge (Wertezuwachs) im Einzelnen erfasst.

▶ Sie liefert die Zahlen für die
Preisberechnung (Kalkulation) der Waren.

▶ Sie stellt Zahlen für
innerbetriebliche Kontrollen zur Verfügung, die der Steigerung der Wirtschaftlichkeit dienen.

▶ Sie ist die Grundlage zur
Berechnung der Steuern.

▶ Sie ist wichtiges
Beweismittel bei Rechtsstreitigkeiten mit Kunden, Lieferern, Banken, Behörden (Finanzamt, Gerichte) u. a.

13.2 Handels- und steuerrechtliche Vorschriften der Finanzbuchhaltung

Buchführungspflicht. Die obige Übersicht zeigt, dass die Buchführung nicht nur für das Unternehmen selbst von großer Bedeutung ist, sondern auch für bestimmte **Institutionen des Staates** (Finanzamt, Gerichte u. a.) und zum **Schutz der Gläubiger** bei Kreditbewilligungen. Deshalb verpflichtet das **Handelsgesetzbuch** im § 238 alle **in das Handelsregister eingetragenen Kaufleute** mit dem Firmenzusatz **e. K., e. Kfr.** oder **e. Kfm.** und **OHG, KG, GmbH** oder **AG** zur Buchführung:

> „Jeder **Kaufmann** ist verpflichtet Bücher zu führen und in diesen seine Handelsgeschäfte und die Lage seines Vermögens nach den Grundsätzen ordnungsmäßiger Buchführung ersichtlich zu machen." **(§ 238 Abs. 1 HGB)**

Steuerrechtlich zur Buchführung verpflichtet ist nach der **Abgabenordnung (§ 141 AO)** jeder Unternehmer, **auch der Nichtkaufmann,** z. B. Handwerker u. a., wenn er **eine** der folgenden Voraussetzungen erfüllt:

▶ Der Umsatz beträgt jährlich mehr als 500.000,00 DM/255.645,00 € oder
▶ der Jahresgewinn ist höher als 48.000,00 DM/24.542,00 €.

Handelsrechtliche Rechnungslegungsvorschriften der

Buchführung und des Jahresabschlusses

enthält vor allem das **Handelsgesetzbuch** in seinem „Dritten Buch: Handelsbücher".

Das 3. Buch „Handelsbücher" im HGB gliedert sich in **drei Abschnitte:**

Der **1. Abschnitt (§§ 238-263 HGB)** enthält Vorschriften, die auf
alle Kaufleute anzuwenden sind. Zu diesen **grundlegenden Vorschriften** zählen die Buchführungspflicht, die Führung von Handelsbüchern, das Inventar, die Pflicht zur Aufstellung des Jahresabschlusses (Bilanz und Gewinn- und Verlustrechnung), die Bewertung der Vermögensteile und Schulden sowie die Aufbewahrung von Buchführungsunterlagen u. a. m.

Der **2. Abschnitt (§§ 264-335 HGB)** enthält — **ergänzend zum 1. Abschnitt** — spezielle Vorschriften für
alle Kapitalgesellschaften, insbesondere über die **Gliederung, Prüfung und Veröffentlichung des Jahresabschlusses** der Aktiengesellschaft, Kommanditgesellschaft auf Aktien und Gesellschaft mit beschränkter Haftung. Die Vorschriften dieses Abschnitts entsprechen zugleich den Rechnungslegungsvorschriften aller **EU-Mitgliedstaaten** aufgrund des Bilanzrichtlinien-Gesetzes.

Der **3. Abschnitt (§§ 336-339 HGB)** enthält für
eingetragene Genossenschaften über den 1. und 2. Abschnitt hinausgehende Regelungen.

Besondere Rechnungslegungsvorschriften für Aktiengesellschaften, Gesellschaften mit beschränkter Haftung und Genossenschaften sind enthalten im

▶ Aktiengesetz (AktG),
▶ GmbH-Gesetz (GmbHG),
▶ Genossenschaftsgesetz (GenG).

Steuerrechtliche Vorschriften. Die Buchführung ist zugleich Grundlage für die Besteuerung des Unternehmens und der Unternehmensinhaber. Besondere steuerrechtliche Buchführungsvorschriften sind in folgenden **Gesetzen** enthalten:

▶ Abgabenordnung (AO),
▶ Einkommensteuergesetz (EStG),
▶ Körperschaftsteuergesetz (KStG),
▶ Gewerbesteuergesetz (GewStG),
▶ Umsatzsteuergesetz (UStG).

Zu den Steuergesetzen gibt es noch entsprechende **Durchführungsverordnungen** (EStDV, KStDV, UStDV u. a.) und **Richtlinien** (EStR, KStR, UStR u. a.).

Zusammenfassung

▶ Das HGB unterscheidet zwischen dem **Kaufmann (= im Handelsregister eingetragen)** und dem **Nichtkaufmann.**
▶ Das **3. Buch HGB** enthält in drei Abschnitten eine **geschlossene Darstellung der handelsrechtlichen Rechnungslegungsvorschriften** (siehe auch Kap. K).

647094

13.3 Grundsätze ordnungsmäßiger Buchführung

Die Buchführung gilt als ordnungsgemäß, wenn sie „so beschaffen ist, dass sie einem **sachverständigen Dritten** (z. B. Steuerberater) innerhalb angemessener Zeit einen

Überblick über die Geschäftsfälle und die Lage des Unternehmens

vermitteln kann" (§ 238 [1] HGB). Dazu bedarf es allgemein anerkannter sachgerechter Normen, die als

Grundsätze ordnungsmäßiger Buchführung (GoB)

Eingang in die gesetzlichen Vorschriften des **Handelsgesetzbuches** gefunden haben.

Die wichtigsten Grundsätze ordnungsmäßiger Buchführung (GoB)

▶ **Die Buchführung muss klar und übersichtlich sein.**
 — Sachgerechte und überschaubare Organisation der Buchführung
 — Übersichtliche Gliederung des Jahresabschlusses (§§ 243 [2], 266, 275 HGB)
 — Keine Verrechnung zwischen Vermögenswerten und Schulden sowie zwischen Aufwendungen und Erträgen (§ 246 [2] HGB)
 — Buchungen dürfen nicht unleserlich gemacht werden (§ 239 [3] HGB).

▶ **Ordnungsmäßige Erfassung aller Geschäftsfälle.**
 Die Geschäftsfälle sind **fortlaufend** und **vollständig, richtig** und **zeitgerecht** sowie **sachlich geordnet** zu buchen, damit sie leicht überprüfbar sind (§§ 238 [1], 239 [2] HGB). **Kasseneinnahmen und -ausgaben** sind **täglich** aufzuzeichnen (§ 146 [1] AO).

▶ **Keine Buchung ohne Beleg!**
 Sämtliche Buchungen müssen anhand der Belege **jederzeit nachprüfbar** sein. Die Belege müssen **fortlaufend nummeriert** und **geordnet aufbewahrt** werden (§ 257 [1] HGB).

▶ **Ordnungsmäßige Aufbewahrung der Buchführungsunterlagen.**
 Alle Buchungsbelege, Buchungsprogramme, Konten, Bücher, Inventare, Eröffnungsbilanzen, Jahresabschlüsse einschließlich Anhang und Lagebericht sind **zehn Jahre** geordnet aufzubewahren (§ 257 [4] HGB, § 147 [3] AO).
 Mit Ausnahme der Eröffnungsbilanz und des Jahresabschlusses können alle Buchführungsunterlagen auf einem **Bildträger (Mikrofilm)** oder auf einem anderen **Datenträger** (Magnetband, Disketten u. a.) aufbewahrt werden. „**Grundsatz ordnungsmäßiger DV-gestützter Buchführungssysteme**" (GoBS): Die **gespeicherten Daten** müssen **jederzeit** durch Bildschirm oder Ausdruck **lesbar** gemacht werden können (§§ 239 [4], 257 [3] HGB, § 147 [2] AO).

Verstöße gegen die Grundsätze ordnungsmäßiger Buchführung können eine **Schätzung der Besteuerungsgrundlagen** (Umsatz, Gewinn) durch die Finanzbehörden zur Folge haben (§ 162 AO). Mit **Freiheitsstrafe** oder mit **Geldstrafe** wird bestraft, wer Jahresabschlüsse unrichtig wiedergibt oder verschleiert (§ 331 HGB, §§ 370 f. AO). Im Insolvenzfall können Verstöße gegen die GoB Strafverfolgung (Freiheitsstrafe) nach sich ziehen (§ 283 Strafgesetzbuch).

Aufgaben

103
1. Nennen Sie vier wichtige Aufgaben der Finanzbuchhaltung.
2. Welche Aufgaben der Buchführung sind für Sie die wichtigsten?
3. Warum wird jeder Unternehmer bereits aus eigenem Interesse Bücher führen?
4. Was bedeutet zeitgerechte Ordnung in der Buchführung?
5. Nennen Sie Beispiele für die sachliche Ordnung der Geschäftsfälle.

104
1. Nach welchen Gesetzen ist man zur Buchführung verpflichtet?
2. In welchem Gesetz sind die handelsrechtlichen Vorschriften über die Buchführung und den Jahresabschluss geregelt?
3. Bestimmte Rechtsformen der Unternehmung, wie z. B. die Aktiengesellschaft, haben rechtsformspezifische Gesetze für ihre Rechnungslegung. Nennen Sie solche Gesetze.
4. In welchen Steuergesetzen sind Vorschriften zur Buchführung enthalten?
5. Begründen Sie die Bedeutung der Buchführung für den Staat.
6. Welchen Zweck haben die Buchführungsvorschriften für den Gläubiger des Unternehmens?

105 Begründen Sie, ob bei den Unternehmen A, B, C und D eine steuerrechtliche Pflicht zur Führung von Büchern besteht:

Kriterien nach § 141 AO	A	B	C	D
Umsatzerlöse	480.000,00 DM (245.420,00 €)	514.000,00 DM (262.804,00 €)	390.000,00 DM (199.403,00 €)	500.000,00 DM (255.645,00 €)
Gewinn	34.000,00 DM (17.383,00 €)	65.000,00 DM (33.233,00 €)	52.000,00 DM (26.587,00 €)	48.000,00 DM (24.542,00 €)

106 Untersuchen Sie die folgenden Aussagen auf ihre Richtigkeit:
1. Nach dem HGB ist jeder Unternehmer zur Buchführung verpflichtet.
2. Buchführungsvorschriften enthält lediglich das Handelsgesetzbuch.
3. Die handelsrechtlichen Vorschriften zur Buchführung sind im Dritten Buch des Handelsgesetzbuches „Handelsbücher" enthalten.
4. Das HGB verpflichtet nur den im Handelsregister eingetragenen Kaufmann zur Führung von Büchern.
5. Das Grundgesetz enthält die Grundsätze ordnungsmäßiger Buchführung.
6. Kasseneinnahmen und Kassenausgaben sind wöchentlich zu erfassen.
7. Vermögenswerte und Schulden sowie Aufwendungen und Erträge dürfen verrechnet werden.
8. Alle Bilanzen und alle Buchungsunterlagen dürfen auf Bild- oder Datenträgern aufbewahrt werden.
9. Verstöße gegen die Grundsätze ordnungsmäßiger Buchführung führen beim Finanzamt zu einer Schätzung der Besteuerungsgrundlagen, wie z. B. Umsatzerlöse, Gewinn u. a.
10. Bei einer EDV-Buchführung müssen die gespeicherten Daten jederzeit durch Bildschirm oder Ausdruck lesbar gemacht werden können.
11. Konten können nach sechs Jahren vernichtet werden.
12. Der Jahresabschluss, also Bilanz und Gewinn- und Verlustrechnung, dürfen von Prokuristen unterschrieben werden.
13. Inventare sind vom Geschäftsinhaber zu unterschreiben und acht Jahre lang aufzubewahren.
14. Buchungsbelege sind zehn Jahre aufzubewahren.
15. Die sachliche Ordnung der Buchungen erfolgt im Grundbuch.

647096

13.4 Der Kontenrahmen – ein unentbehrliches Organisationsmittel der Finanzbuchhaltung

13.4.1 Aufgaben und Aufbau des Schulkontenrahmens Nordrhein-Westfalen

Die geordnete Aufzeichnung der Zahlen in der Buchführung ist Voraussetzung für eine vernünftige Planung der Unternehmensleitung. Sie ermöglicht den innerbetrieblichen **Vergleich wichtiger Bilanz-, Aufwands- und Ertragsposten** in mehreren Rechnungsperioden (Monate, Quartale, Jahre). Um die Lage des eigenen Unternehmens noch besser beurteilen zu können, ist jedoch außer diesem **Zeitvergleich** auch ein Vergleich mit **branchengleichen Betrieben** von großer Bedeutung **(Betriebsvergleich)**. Dazu ist Folgendes erforderlich:

▶ Die **Konten** sind nach einem **einheitlichen System** zu gliedern.

▶ Die **Konten** müssen **inhaltlich und namentlich gleich** sein.

Der Kontenrahmen ist ein solches Kontenordnungssystem. Jeder Wirtschaftszweig (Industrie, Großhandel, Einzelhandel, Banken u. a.) hat seinen **branchenspezifischen Kontenrahmen.**

Für Ausbildungszwecke gibt es einen „**Schulkontenrahmen"**, der grundlegend dem „Industrie-Kontenrahmen" (IKR) entspricht.

Nach dem dekadischen System (Zehnersystem) ist jeder Kontenrahmen aufgebaut. Die Konten werden zunächst eingeteilt in

10 Klassen von 0 bis 9,

wobei im **Industrie- und Schulkontenrahmen** die **Kontenklassen 0 bis 8** der **Finanzbuchhaltung** zugeordnet werden. Die **Kontenklasse 9** kann für eine buchhalterische Verankerung **der Kosten- und Leistungsrechnung** genutzt werden. Beide Zweige des Rechnungswesens haben also im genannten Kontenrahmen ihren eigenen Kontenkreis **(= Zweikreissystem).**

	Kontenklasse		Inhalt der Kontenklasse
Finanz-buch-haltung	Bestands-konten	0	Immaterielle Vermögensgegenstände und Sachanlagen
		1	Finanzanlagen
		2	Umlaufvermögen und aktive Rechnungsabgrenzung
		3	Eigenkapital, Wertberichtigungen, Rückstellungen
		4	Verbindlichkeiten und passive Rechnungsabgrenzung
	Erfolgs-konten	5	Erträge
		6	Betriebliche Aufwendungen
		7	Weitere Aufwendungen
		8	Ergebnisrechnung (Abschlusskonten)
KLR		9	Buchhalterische Abwicklung der Kosten- und Leistungsrechnung (KLR)

Gliederung der Konten nach dem Jahresabschluss. Bilanz und Gewinn- und Verlustrechnung bilden den Jahresabschluss der Finanzbuchhaltung. Um die Abschlussarbeiten zu vereinfachen, wurden die Konten im Kontenrahmen auf den Jahresabschluss ausgerichtet. **In Reihenfolge und Bezeichnung der Posten entsprechen die Konten der**

▶ **Gliederung der Bilanz** im § 266 HGB und der

▶ **Gliederung der Gewinn- und Verlustrechnung** im § 275 HGB[1].

Bilanz und Gewinn- und Verlustrechnung lassen sich somit **direkt aus** den Salden der **Bestands- und Erfolgskonten** der Finanzbuchhaltung erstellen:

Soll	8010 Schlussbilanzkonto		Haben
Kontenklasse	**Aktiva**	**Passiva**	**Kontenklasse**
0	Immaterielle Vermögens-gegenstände und Sach-anlagen	Eigenkapital, Wertberichtigungen und Rückstellungen	3
1	Finanzanlagen	Verbindlichkeiten und passive Rechnungs-abgrenzung	4
2	Umlaufvermögen und aktive Rechnungs-abgrenzung		

Soll	8020 Gewinn- und Verlustkonto		Haben
Kontenklasse	**Aufwendungen**	**Erträge**	**Kontenklasse**
6	Betriebliche Aufwendungen	Erträge	5
7	Weitere Aufwendungen		

Die Abschlussbuchungssätze lauten somit für die

▶ **Bestandskonten:**

8010 Schlussbilanzkonto an alle **Aktivkonten** der Klassen 0, 1 und 2
Alle **Passivkonten** der Klassen 3 und 4 an 8010 Schlussbilanzkonto

▶ **Erfolgskonten:**

Alle **Ertragskonten** der Klasse 5 an 8020 Gewinn- und Verlustkonto
8020 Gewinn- und Verlustkonto an alle **Aufwandskonten** der Klassen 6 und 7

Der abschlussorientierte Schulkontenrahmen, also die Ausrichtung der Konten auf die Bilanz und Gewinn- und Verlustrechnung, führt zu einer wesentlichen **Vereinfachung der Abschlussarbeiten** und damit zu einer **rationellen Erstellung des Jahresabschlusses.**

---

1   Vgl. §§ 266, 275 HGB auf der Rückseite des Schulkontenrahmens im Anhang des Lehrbuches.

647098

13.4.2 Erläuterung der Kontenklassen 0 bis 8

Klasse 0 — Immaterielle Vermögensgegenstände und Sachanlagen

Die Kontenklasse 0 bildet die Grundlage der Betriebsbereitschaft. Sie enthält vor allem die notwendigen **Sachanlagen** (Kontengruppen[1] 05 bis 09) eines Unternehmens, wie Grundstücke, Gebäude, technische Anlagen und Maschinen, Betriebs- und Geschäftsausstattung u. a.

Die Kontengruppen 02 und 03 erfassen **immaterielle Anlagewerte** (Lizenzen, Konzessionen, Geschäfts- oder Firmenwert), die im Verhältnis zu den **Sachanlagen** meist von untergeordneter Bedeutung sind.

Die Kontengruppe „**00 Ausstehende Einlagen auf das Gezeichnete Kapital**" ist zu führen, sofern das Haftungskapital der GmbH (Stammkapital) oder AG (Grundkapital), das in der Bilanz stets zum Nennwert als „**Gezeichnetes Kapital**" auszuweisen ist, noch nicht voll eingezahlt worden ist.

Klasse 1 — Finanzanlagen

Hier werden die **langfristigen Finanzanlagen** eines Unternehmens erfasst, wie z. B. **Kapitalbeteiligungen** an anderen Unternehmen, **langfristige Ausleihungen** sowie **Wertpapiere**, die als **langfristige Kapitalanlage** angeschafft wurden.

Klasse 2 — Umlaufvermögen und aktive Rechnungsabgrenzung

Diese Klasse enthält die **Forderungen aus Lieferungen und Leistungen**, die **Vorsteuer**, **sonstige Forderungen**, als **kurzfristige Anlage** erworbene **Wertpapiere** sowie die **flüssigen Mittel** (Bank, Postbank, Kasse). Die **aktive Rechnungsabgrenzung** dient der **periodengerechten** Abgrenzung des Jahreserfolges.

Klasse 3 — Eigenkapital und Rückstellungen

Die Klasse 3 enthält die **Eigenkapitalkonten** der Einzelunternehmen (e. K.) und Personengesellschaften (OHG, KG) sowie der Kapitalgesellschaften (GmbH, AG, KGaA). Das **Privatkonto** wird als Unterkonto den Eigenkapitalkonten der Personenunternehmen entsprechend zugeordnet.

Rücklagen werden in Form der **Kapital- und Gewinnrücklagen** in der Klasse 3 erfasst und **offen** in der Bilanz der **Kapitalgesellschaft** – getrennt vom „Gezeichneten Kapital" – ausgewiesen. Gewinnrücklagen entstehen durch Einbehaltung von Teilen des Gewinns, Kapitalrücklagen durch Zuzahlung der Gesellschafter der Kapitalgesellschaft.

Verbindlichkeiten, deren Höhe oder Fälligkeit zum Bilanzstichtag noch nicht feststehen, werden in der Klasse 3 als **Rückstellungen** geführt: Pensions-, Steuer- und sonstige Rückstellungen.

Klasse 4 — Verbindlichkeiten und passive Rechnungsabgrenzung

In der Kontenklasse 4 werden **alle kurz- und langfristigen Verbindlichkeiten** gegenüber Banken, Lieferern, Finanzamt und sonstigen Gläubigern erfasst. Die **passive Rechnungsabgrenzung** dient der periodengerechten Ermittlung des Jahresergebnisses.

Klasse 5 — Erträge

Die **Kontengruppen 50 und 54** enthalten die **eigentlichen betrieblichen Erträge** der Unternehmen: Die **Umsatzerlöse** werden einschließlich der **Unterkonten** in der Klasse 5 erfasst. Die Kontengruppe 54 enthält die Konten der **„sonstigen" betrieblichen Erträge**, wie Mieterträge, Provisionserträge, Eigenverbrauch u. a. In den übrigen Kontengruppen werden sowohl Erträge aus Beteiligungen als auch **Zinserträge** und **außerordentliche** (ungewöhnliche, seltene) Erträge u. a. berücksichtigt.

Klasse 6 — Betriebliche Aufwendungen

Die Kontengruppen erfassen die **Aufwendungen für Roh-, Hilfs- und Betriebsstoffe**, die **Aufwendungen für bezogene Waren** sowie den **Personalaufwand**, Abschreibungen auf das Anlagevermögen und diverse „Sonstige betriebliche Aufwendungen".

Klasse 7 — Weitere Aufwendungen

Die Klasse 7 enthält insbesondere **alle Steuern, Zinsen** und ähnliche Aufwendungen sowie die **außerordentlichen** (ungewöhnliche, seltene) Aufwendungen.

Klasse 8 — Eröffnung/Abschluss

Die Klasse 8 dient vor allem der Eröffnung und dem Abschluss der Konten:
▶ 8000 Eröffnungsbilanzkonto ▶ 8010 Schlussbilanzkonto ▶ 8020 GuV-Konto

---

1 vgl. Seite 100

13.4.3 Der Kontenplan –
eine Übersicht der betriebsindividuellen Konten

Im Kontenrahmen werden alle Konten in

10 Konten**klassen** (= einstellige Ziffer) eingeteilt, von denen jede in

    10 Konten**gruppen** (= zweistellige Ziffer) unterteilt wird und diese wiederum in je

        10 Konten**arten** (= dreistellige Ziffer). Jede Kontenart kann untergliedert werden in

            10 Konten**unterarten** (= vierstellige Ziffer).

Beispiel   Aus der Kontennummer **2801** erkennt man die

▶ Konten**klasse:**	**2** Umlaufvermögen und ARA	**Kontenrahmen**
▶ Konten**gruppe:**	**28** Flüssige Mittel	
▶ Konten**art:**	**280** Guthaben bei Kreditinstituten	**Kontenplan**
▶ Konten**unterarten:**	**2800** Stadtsparkasse **2801** Deutsche Bank	

Kontenplan. Der Kontenrahmen bildet die **einheitliche Grundordnung** für die Aufstellung **betriebsindividueller Kontenpläne** der Unternehmen eines Wirtschaftszweiges. **Aus dem Kontenrahmen** entwickelt jedes Unternehmen seinen **eigenen Kontenplan,** der auf seine **besonderen Belange** (Branche, Struktur, Größe, Rechtsform) ausgerichtet ist. So lässt sich im Kontenplan eine weitere Untergliederung der Kontenarten in Kontenunterarten entsprechend den Bedürfnissen des Unternehmens vornehmen. Der Kontenplan enthält somit nur die im Unternehmen geführten Konten.

Vereinfachung der Buchungsarbeit. Der Kontenplan vereinfacht die Buchungen in den Konten, da die Kontenbezeichnungen durch Kontennummern ersetzt werden.

Beispiel   **Geschäftsfall:** Katja Kern entnimmt der Geschäftskasse für Privatzwecke 1.800,00 €.

Buchungssatz	statt:	Privat an Kasse 1.800,00
	nunmehr kurz: 3001 an 2880 .... 1.800,00	

S	3001 Privat	H		S	2880 Kasse		H
2880	1.800,00			AB	7.500,00	3001	1.800,00

EDV-Kontenrahmen. Soll der Kontenrahmen zugleich auch als EDV-Kontenrahmen verwendet werden, ist jedes **Sachkonto des Hauptbuches** mit einer **vierstelligen Kontenziffer** zu versehen. **Personenkonten** (Kunden- und Liefererkonten) haben in der Regel **fünfstellige Kontenziffern.**

6470100

Zusammenfassung

▶ **Der Kontenrahmen**

  ○ bildet einen **einheitlichen** Rahmen für alle wichtigen Konten der Unternehmen eines **Wirtschaftszweiges,**

  ○ **ordnet** die Konten systemgerecht **entsprechend der Gliederung der Bilanz und Gewinn- und Verlustrechnung (Abschlussgliederungsprinzip),**

  ○ **trennt** Finanzbuchhaltung und Kosten- und Leistungsrechnung in zwei Rechnungskreise **(= Zweikreissystem),**

  ○ ermöglicht eine **EDV-gerechte Organisation** des Rechnungswesens und

  ○ schafft die Voraussetzung für **Zeit- und Betriebsvergleiche** zur Überwachung der **Wirtschaftlichkeit.**

▶ **Der Kontenplan** enthält nur die **vom Unternehmen** geführten Konten.

Aufgaben

107
1. *In welcher Kontenklasse stehen die nachfolgenden Konten?*
2. *Ordnen Sie den Konten die entsprechende Kontennummer zu.*

Bankguthaben,	Verbindlichkeiten a. LL,	Forderungen a. LL,
Vorsteuer,	Eigenkapital,	Gehälter,
Warenbestand,	Umsatzerlöse für Waren,	Umsatzsteuer,
Entnahme v. G. u. s. L.,	Aufwend. für Waren,	Büromaterial,
Fuhrpark,	Geschäftsausstattung,	Porto – Telefon – Telefax,
Zinsaufwendungen,	Zinserträge,	Privatkonto,
EBK,	GuV,	SBK.

108 *Welche Geschäftsfälle liegen den folgenden Buchungssätzen zugrunde?*

1. 2800 .... an 2400 .... 11.600,00

2. 2880 .... an 2800 .... 5.800,00

3. 6060 .... 8.500,00
   2600 .... 1.360,00 an 4400 .... 9.860,00

4. 2400 .... 23.200,00 an 5100 .... 20.000,00
   an 4800 .... 3.200,00

5. 6300 .... an 2800 .... 68.000,00

6. 6800 550,00
   2600 .... 88,00 an 2880 638,00

7. 3001 .... 696,00 an 5420 600,00
   an 4800 96,00

109 *Nennen Sie jeweils den Buchungssatz in Form der Kontennummer zur Eröffnung folgender Konten zum 1. Januar:*

1. Geschäftsausstattung .... 240.000,00 €
2. Eigenkapital .... 300.000,00 €
3. Warenbestand .... 80.000,00 €
4. Verbindlichkeiten a. LL .... 45.000,00 €
5. Bankguthaben .... 55.000,00 €
6. Umsatzsteuerverbindlichkeit .... 30.000,00 €

110   Nennen Sie jeweils den Abschlussbuchungssatz mit den entsprechenden Kontennummern für die Salden folgender Bestands- und Erfolgskonten zum 31. Dezember:

1. Warenbestand .... 540.000,00 €
2. Verbindlichkeiten a. LL .... 230.000,00 €
3. Umsatzerlöse für Waren .... 450.000,00 €
4. Aufwendungen für Waren .... 340.000,00 €
5. Porto – Telefon – Telefax .... 2.500,00 €
6. Bankguthaben .... 234.000,00 €
7. Zinsaufwendungen .... 23.000,00 €
8. Entnahme v. G. u. s. L. .... 1.200,00 €

111   Nennen Sie mit den entsprechenden Kontennummern jeweils den Abschlussbuchungssatz folgender Konten:

1. Privatkonto bei Überschuss der Entnahmen
2. Gewinn- und Verlustkonto bei Gewinn
3. Eigenkapital

112   Wie lauten die Kontenbezeichnungen und die zugrunde liegenden Geschäftsfälle?

1. 0840 und 2600 an 2800	6. 6870 und 2600 an 2880
2. 6060 und 2600 an 4400	7. 4400 an 2800
3. 2400 an 5100 und 4800	8. 3001 an 5420 und 4800
4. 6300 an 2800	9. 2850 an 2400
5. 6520 an 0840	10. 7510 an 2800

113   Nennen Sie jeweils den Geschäftsfall der folgenden Buchungen auf dem Bankkonto:

Soll	2800 Bank		Haben
1. 8000 .... 86.000,00		5. 4400 .... 18.400,00
2. 2880 .... 5.000,00		6. 4800 .... 12.300,00
3. 4250 .... 25.000,00		7. 6300 .... 24.300,00
4. 2400 .... 12.000,00		8. 8010 .... 73.000,00
	128.000,00		128.000,00

114   Bilden Sie unter Angabe der Kontennummern die Buchungssätze:

        €

1. Umwandlung einer Liefererschuld in eine Darlehensschuld 11.500,00
2. Lastschrift der Bank für Geschäftsmiete 7.500,00
3. Banküberweisung zum Ausgleich der Liefererrechnung ER 4567   17.400,00
4. Entnahme von Waren für private Verwendung:
   netto 2.000,00 € + 320,00 € Umsatzsteuer 2.320,00
5. Kunde begleicht Rechnung (AR 1234) durch Postbanküberweisung 9.280,00
6. ER 4589 für Waren:
   22.000,00 € netto + 3.520,00 € Umsatzsteuer 25.520,00
7. AR 1278 für Waren:
   35.000,00 € netto + 5.600,00 € Umsatzsteuer 40.600,00
8. Gutschrift der Bank für Zinsen 1.800,00
9. ER 4590: Kauf von Büromaterial:
   600,00 € netto + 96,00 € Umsatzsteuer 696,00

6470102

115 **Anfangsbestände**   €

0700 TA und Maschinen 242.000,00
0800 BGA 88.000,00
2280 Warenbestand 180.000,00
2400 Forderungen a. LL 98.000,00
2800 Bankguthaben 142.000,00
2880 Kasse 5.800,00
3000 Eigenkapital 479.800,00
4250 Darlehensschulden 150.000,00
4400 Verbindlichkeiten a. LL 112.600,00
4800 Umsatzsteuer 13.400,00

Kontenplan

0700, 0800, 2280, 2400, 2600, 2800, 2880, 3000, 3001, 4250, 4400, 4800, 5100,
5420, 5710, 6060, 6160, 6300, 6520, 6700, 6820, 6870, 7510, 8010, 8020.

Geschäftsfälle   €

1. Banküberweisung der Umsatzsteuer-Zahllast 13.400,00
2. Banklastschrift für Darlehentilgung 22.000,00
3. Unsere Banküberweisung für Miete: Geschäft 16.500,00
   Privatwohnung 1.200,00
4. Wareneinkäufe lt. ER 79–83, brutto 28.420,00
5. Barzahlung der Heizungsreparatur, brutto 580,00
6. Warenverkäufe lt. AR 97–103, brutto 168.896,00
7. Banküberweisung der Gehälter 11.400,00
8. Barentnahme des Geschäftsinhabers für den Haushalt 800,00
9. Bezahlung der Werbeanzeigen durch Bankscheck,
   Rechnungsbetrag 2.030,00
10. Barzahlung der Wertmarken für Frankiermaschine 1.200,00
11. Banküberweisung von Kunden zum Ausgleich von AR 95–96 . 13.920,00
12. Lastschrift der Bank für Darlehenszinsen 2.400,00
13. Entnahme von Waren für Privatzwecke, Warenwert 2.500,00
14. Zinsgutschrift der Bank 2.300,00
15. Private Nutzung des Geschäftstelefons, netto 300,00
16. Privateinlage des Geschäftsinhabers durch Bankeinzahlung ... 20.000,00

Abschlussangaben   €

1. Warenschlussbestand lt. Inventur 120.000,00
2. Abschreibungen: TA und Maschinen 12.000,00 €, BGA 8.000,00 €.

116 1. *Worin unterscheiden sich Kontenrahmen und Kontenplan?*
2. *Unterscheiden Sie Kontenklasse, Kontengruppe, Kontenart, Kontenunter-*
   art.
3. *Begründen Sie die Notwendigkeit eines Kontenrahmens.*
4. *Welches Prinzip liegt dem Aufbau des Schulkontenrahmens zugrunde?*
5. *Vergleichen Sie die Kontenklassen und Kontengruppen des Schulkonten-*
   rahmens mit den Positionen der Bilanz (§ 266 HGB) und der GuV-Rech-
   nung (§ 275 HGB) (s. Anhang).
6. *Welche Kontenklassen werden im Kontenrahmen*
   a) *der Finanzbuchhaltung und*
   b) *der Kosten- und Leistungsrechnung*
   zugeordnet?
7. *Begründen Sie das „Zweikreissystem" im Kontenrahmen.*

13.5 Die Belegorganisation

13.5.1 Bedeutung und Arten der Belege

Die Richtigkeit der Buchungen kann nur anhand der Belege überprüft werden. Deshalb muss jeder Buchung ein entsprechender Beleg zugrunde liegen. Der wichtigste **Grundsatz ordnungsmäßiger Buchführung** (§ 238 [2] HGB) lautet deshalb:

Keine Buchung ohne Beleg!

Nach der Herkunft der Belege unterscheidet man zwischen **externen** Belegen (= Fremdbelege) und **internen** Belegen (= Eigenbelege).

Belegarten

Externe Belege fallen im Geschäftsverkehr mit Außenstehenden an.	Interne Belege entstehen aus innerbetrieblichen Geschäftsfällen.
Beispiele – Eingangsrechnungen – Quittungen – Gutschriftsanzeige des Lieferers für Warenrücksendung und Preisnachlass – Begleitbriefe zu erhaltenen Schecks und Wechseln – Erhaltene sonstige Geschäftsbriefe über z. B. nachträgliche Belastungen – Bankbelege (z. B. Kontoauszüge u. a.) – Postbelege (z. B. Quittungen über Einzahlungen, Versand, Kontoauszüge der Postbank u. a.)	**Beispiele** – Kopien von Ausgangsrechnungen – Quittungsdurchschriften – Durchschrift der Gutschriftsanzeige an Kunden für Warenrücksendung und Preisnachlass – Durchschriften von Begleitbriefen zu weitergegebenen Schecks und Wechseln – Durchschriften von abgesandten sonstigen Geschäftsbriefen – Lohn- und Gehaltslisten – Belege über Privatentnahmen (Entnahme v. G. u. s. L.) – Belege über Storno- und Umbuchungen sowie Abschlussbuchungen

Ersatzbelege sind auszustellen, wenn ein **Originalbeleg abhanden gekommen** ist oder ein Fremdbeleg nicht zu erhalten war. Bei verloren gegangenen Fremdbelegen wird man in der Regel eine **Abschrift** erbitten. Fehlen z. B. über eine Taxifahrt oder von auswärts geführte Ferngespräche die notwendigen Belege, so ist ein **Ersatzbeleg** zu erstellen, der **Zeitpunkt, Grund und Höhe der Ausgabe** enthält.

13.5.2 Bearbeitung der Belege

Folgende Arbeitsstufen umfasst die Bearbeitung der Belege in der Buchhaltung:

▶ **Vorbereitung** der Belege zur Buchung
▶ **Buchung** der Belege im Grund- und Hauptbuch
▶ **Ablage** und Aufbewahrung der Belege

6470104

Die sorgfältige Vorbereitung der Belege ist unerlässliche Voraussetzung ordnungs-mäßiger Buchführung. Dazu gehören:

▶ **Überprüfung der Belege** auf ihre **sachliche und rechnerische Richtigkeit**.

▶ **Bestimmung des Buchungsbeleges.** Gehören zu einem Geschäftsfall mehrere Belege (z. B. bei Banküberweisungen: Überweisungsvordruck und Kontoauszug), muss vorab bestimmt werden, welcher Beleg als Buchungsunterlage verwendet werden soll, um mehrfache Buchungen zu vermeiden.

▶ **Ordnen der Belege nach Belegarten (Belegsortierung)** als Voraussetzung für **Sammelbuchungen** und eine ordnungsmäßige Ablage und **Aufbewahrung** der Belege:

– Ausgangsrechnungen   – Bankbelege
– Gutschriften an Kunden   – Postbankbelege
– Eingangsrechnungen   – Kassenbelege
– Gutschriften von Lieferern   – Privatentnahmen/Privateinlagen
– Lohn- und Gehaltslisten   – Sonstige Belege

▶ **Fortlaufende Nummerierung** der Belege innerhalb jeder Belegart.

▶ **Vorkontierung der Belege,** indem man mithilfe eines Kontierungsstempels die Buchungssätze bereits auf den Belegen angibt.

Jede Buchung im Grund- und Hauptbuch muss zugleich die jeweilige Belegart und die Belegnummer enthalten. Dieser **Belegvermerk** (z. B. **AR 15**) stellt sicher, dass zu jeder Buchung der zugehörige Beleg sofort auffindbar ist. Umgekehrt muss nach jeder Buchung der **Buchungsvermerk auf dem Beleg** eingetragen werden, der die Jour-nalseite, das Buchungsdatum sowie das Zeichen des Buchhalters angibt. Durch diese **wechselseitigen Hinweise** wird der Beleg zum **Bindeglied** zwischen Geschäftsfall und Buchung.

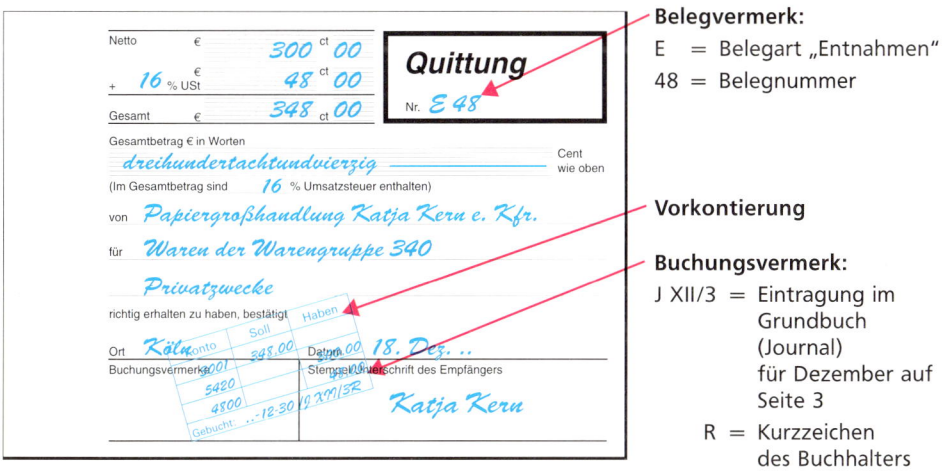

Belegvermerk:
E = Belegart „Entnahmen"
48 = Belegnummer

Vorkontierung

Buchungsvermerk:
J XII/3 = Eintragung im
           Grundbuch
           (Journal)
           für Dezember auf
           Seite 3
R = Kurzzeichen
           des Buchhalters

Belegaufbewahrung. Nach der Buchung müssen die Belege sorgfältig abgelegt und **10 Jahre** aufbewahrt werden, gerechnet vom **Schluss des Kalenderjahres,** in dem der Beleg entstanden ist (§ 257 [4] HGB). **Für jede Belegart** wird in der Regel **ein Ord-ner** angelegt, in dem die Belege nach fortlaufender Nummer abgeheftet sind. Bei einer **Mikrofilmablage** muss die jederzeite Wiedergabe der mikroverfilmten Belege sichergestellt sein (vgl. S. 95).

13.6 Die Bücher der Finanzbuchhaltung

Die Buchungen müssen **jederzeit nachprüfbar** sein. Sie sind deshalb jeweils

- ▶ in **zeitlicher Reihenfolge** zu erfassen,
- ▶ nach **sachlichen Gesichtspunkten** zu ordnen und
- ▶ gegebenenfalls **durch Nebenaufzeichnungen zu erläutern.**

Diese Ordnung der Buchungen erfolgt in bestimmten „**Büchern**" der Buchführung.

13.6.1 Das Grundbuch

Im Grundbuch (Journal) werden die Buchungen in **zeitlicher (chronologischer) Reihenfolge** erfasst. Im Einzelnen nimmt das Grundbuch folgende Buchungen auf:

1. **Eröffnungsbuchungen über EBK**
2. **Laufende Buchungen** aufgrund der vorkontierten Belege
3. **Vorbereitende Abschlussbuchungen,** die auch **Umbuchungen** genannt werden:
   - Abschluss der Unterkonten (z. B. Privat)
   - Verrechnung der Vor- und Umsatzsteuer
4. **Abschlussbuchungen**
   - Abschluss der **Erfolgskonten** über das GuV-Konto
   - Abschluss des **GuV-Kontos** über das Eigenkapitalkonto
   - Abschluss der **Bestandskonten** über das Schlussbilanzkonto

Wichtige Daten sind im Grundbuch bzw. Journal auszuweisen: Belegdatum, Belegvermerk, Buchungstext, Kontierung und der Buchungsbetrag:

Journal		Monat November ..			Seite ...	
Datum	Beleg	Buchungstext	Kontierung		Betrag in €	
			Soll	Haben	Soll	Haben
12. Nov.		Übertrag von Seite ...			...	...
12. Nov.	BA 158	Überweisung an Vits KG	4400	2800	4.640,00	4.640,00
13. Nov.	AR 896	Verkauf an Holzen OHG	2400	5100	6.960,00	6.000,00
				4800		960,00
14. Nov.	BA 159	Überweisung von Decker GmbH	2800	2400	2.784,00	2.784,00
.	.	...				
.	.	...				

Bedeutung des Grundbuches. Die chronologischen Aufzeichnungen im Journal ermöglichen es, jeden einzelnen Geschäftsfall während der Aufbewahrungsfristen schnell bis zum Beleg zurückzuverfolgen und damit nachzuweisen.

Buchungsverfahren. Jede Grundbuchung muss auf dem entsprechenden **Sachkonto des Hauptbuches** und gegebenenfalls auf dem Konto bzw. der Karteikarte eines **Nebenbuches** (Lagerkartei, Kunden- und Liefererkonto u. a.) erfasst werden. Ob die Grundbuchungen **vor** der Übertragung auf die Konten (**= Übertragungsbuchführung**) oder **im Durchschreibeverfahren** (**= Durchschreibebuchführung**) oder **automatisch** mit der Buchung auf den Konten (**= EDV-Buchführung**) erfolgen, ist eine Frage des jeweils angewandten **Buchungsverfahrens.**

6470106

13.6.2 Das Hauptbuch

Sachliche Ordnung. Aus dem Grundbuch lässt sich **nicht** jederzeit der Stand der einzelnen Vermögensteile und Schulden erkennen. Deshalb müssen die Geschäftsfälle noch in **sachlicher** Ordnung auf entsprechenden **Sachkonten** gebucht werden, z. B. alle Gehaltszahlungen auf einem Konto „Gehälter", alle Bargeschäfte auf einem Kassenkonto u. a. Die Sachkonten stellen wegen ihrer Bedeutung für die Buchführung das **Hauptbuch** dar. Sie werden in der Regel auf losen Formblättern oder EDV-mäßig geführt.

Die Sachkonten sind die **im Kontenplan** des Betriebes verzeichneten **Bestands- und Erfolgskonten.** Ihr Abschluss führt zum Gewinn- und Verlustkonto und zum Schlussbilanzkonto. Bei jeder Buchung auf einem Sachkonto des Hauptbuches müssen ähnlich wie im Grundbuch vermerkt werden: Datum, Belegvermerk, Buchungstext, Gegenkonto, Betrag im Soll und im Haben:

Konto: 2800 Bank					
Beleg-datum .	Beleg-vermerk	Buchungstext	Gegenkonto	Betrag in €	
				Soll	Haben
12. Nov.	BA 158	Überweisung an Vits KG	4400	–	4.640,00
14. Nov.	BA 159	Überweisung von Decker GmbH	2400	2.784,00	–
.	.	…			
.	.	…			

Zusammenhang zwischen Belegen, Grund- und Hauptbuch

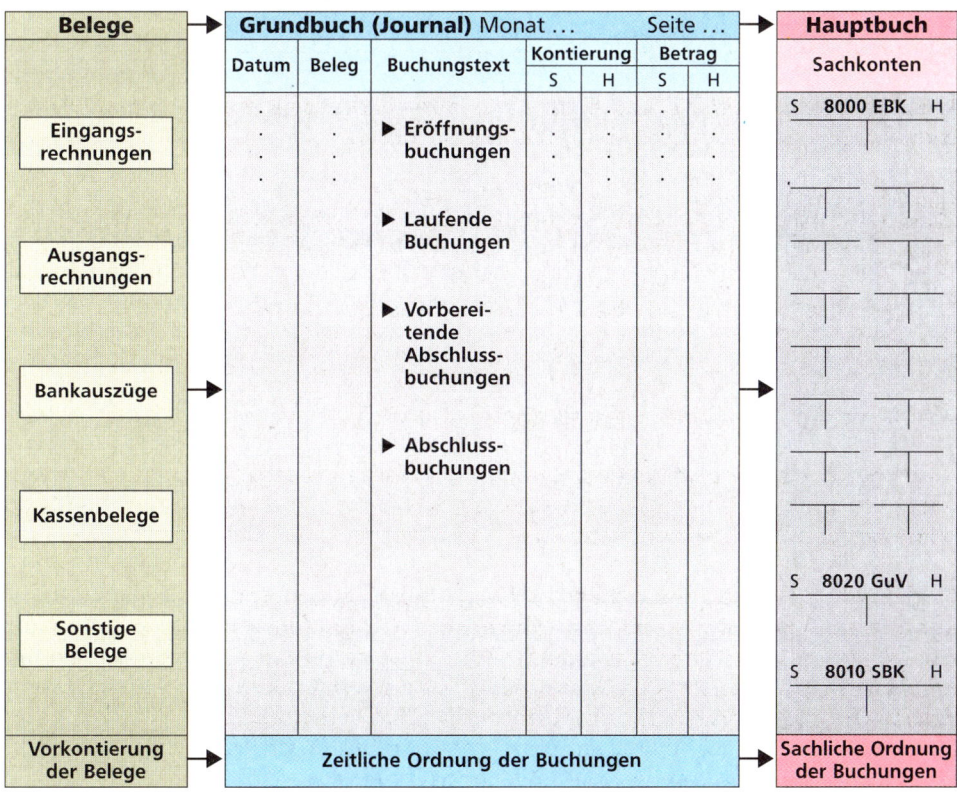

13.6.3 Die Nebenbücher im Überblick

Bestimmte Sachkonten müssen **näher erläutert** werden, um **wichtige Einzelhei-ten** zu erfahren. Das geschieht in entsprechenden **Nebenbüchern.**

Sachkonten	Nebenbücher
Forderungen a. LL, Verbindlichkeiten a. LL ←→	**Kontokorrentbuch** erfasst den unbaren Geschäftsverkehr mit jedem ein-zelnen **Kunden** und **Lieferer.**
Warenbestandskonto ←→	**Lagerkartei** erfasst für jede einzelne Warenart Zugänge und Ab-gänge und ermittelt jederzeit (permanent) den Buch-bestand → Seite 21.
Löhne und Gehälter ←→	**Lohn-/Gehaltsbuchhaltung** Für jeden Arbeitnehmer wird ein Lohn- bzw. Gehalts-konto geführt → Seite 196 f.
Anlagekonten ←→	**Anlagenkartei** Für jeden Anlagegegenstand gibt es eine Anlagen-karte, die Anschaffungskosten, Nutzungsdauer, Ab-schreibung und Buchwert zum 31. Dezember ausweist → Seiten 18, 82 f. und 211.
Besitz- und Schuldwechsel ←→	**Wechselbuch** Die Fälligkeiten u. a. der Wechsel müssen überwacht werden → Seite 190 f.

13.6.4 Die Kontokorrentbuchhaltung erfasst den Geschäfts-verkehr mit Kunden und Lieferern

Die Einrichtung von Personenkonten für Kunden und Lieferer ist erforderlich, weil aus den Sachkonten „2400 Forderungen a. LL" und „4400 Verbindlichkeiten a. LL" nicht zu ersehen ist, wie hoch die Forderungen gegenüber den einzelnen **Kunden (Debito-ren)** und die Schulden gegenüber den einzelnen **Lieferern (Kreditoren)** sind. Die Kun-den- und Liefererkonten dienen vor allem der **Überwachung der Zahlungstermine.** Sie bilden das **Kontokorrentbuch**[1].

Kundenkonto: Kaufkette AG, Köln				**Kontonummer:** 10002		
Datum	Beleg	Buchungstext	Journalseite	Soll	Haben	Saldo
2. Jan.	—	Saldovortrag	J 1	4.640,00	—	4.640,00
4. Jan.	BA 1	Banküberweisung	J 1	—	3.480,00	1.160,00
12. Jan.	AR 38	Verkauf Artikel-Nr. 567	J 3	2.784,00	—	3.944,00
		...				

Jede Buchung auf den Sachkonten 2400 und 4400 muss zugleich auf dem entspre-chenden Kunden- und Liefererkonto vermerkt werden. Beim Abschluss werden die Salden der Kunden- und Liefererkonten jeweils in eine **Saldenliste für Debitoren bzw. Kreditoren** übertragen, deren Summe mit dem Saldo des Kontos 2400 bzw. 4400 übereinstimmen muss.

---

1 ital.: conto corrente = laufende Rechnung

6470108

In der EDV-Buchführung wird zunächst auf den **Personenkonten** gebucht. Beim Abschluss werden die **Summen der Debitoren und Kreditoren automatisch** auf die Sachkonten 2400 und 4400 **übertragen.** Sachkonten sind in der Regel vierstellig, **Personenkonten fünfstellig:**

> **Debitoren: 1**0000–59999 ➔ z. B. 10000 Kunde A, 10001 Kunde B
> **Kreditoren: 6**0000–99999 ➔ z. B. 60000 Lieferer A, 60001 Lieferer B

Kundenkonten erhalten z. B. an der **fünften** Stelle (die EDV-Anlage liest die Kennziffern von rechts nach links) die **Kennziffern** 1 bis 5, Liefererkonten die Ziffern 6 bis 9.

Beispiel   In der Papiergroßhandlung Kern weisen die Saldenlisten der Kunden- und Liefererkonten sowie die Sachkonten 2400 und 4400 zum 31. Dezember folgende Zahlen aus:

Konto-Nr.	Kunden	Salden
10001	Druckcenter GmbH	165.000
10002	Kaufkette AG	86.250
10003	Schneider OHG	115.000
	Saldensumme	**366.250**

Konto-Nr.	Lieferer	Salden
60001	Druck u. Papier GmbH	247.250
60002	Hein OHG	143.750
60003	Deutsche Papier AG	135.000
	Saldensumme	**526.000**

2400 Forderungen a. LL				
Datum	Beleg	Text	Soll	Haben
12-31	—	...	2.875.000	2.508.750
		Saldo	—	366.250
			2.875.000	2.875.000

4400 Verbindlichkeiten a. LL				
Datum	Beleg	Text	Soll	Haben
12-31	—	...	1.889.000	2.415.000
		Saldo	526.000	—
			2.415.000	2.415.000

Zusammenfassung

▶ Eine **ordnungsmäßige Buchführung** benötigt eine gute **Belegorganisation.**

▶ Man unterscheidet zwischen **externen** und **internen** Belegen.

▶
Bearbeitungsstufen der Belege in der Buchführung		
Aufbereiten der Belege	**Buchung der Belege im**	**Aufbewahrung der Belege 10 Jahre**
− Prüfen der Belege − Ordnen der Belege − Vorkontieren der Belege	− Grundbuch − Hauptbuch − Nebenbuch	− Ablage in Ordnern − Mikrofilmablage

▶
Die Bücher der Finanzbuchhaltung			
Inventar- und Bilanzbuch	**Grundbuch (Journal)**	**Hauptbuch**	**Nebenbücher**
enthält das Inventar sowie die Schlussbilanz einschließlich Gewinn- und Verlustrechnung.	erfasst die Geschäftsfälle anhand vorkontierter Belege in zeitlicher Folge.	erfasst die Geschäftsfälle nach sachlichen Gesichtspunkten auf Sachkonten.	ergänzen und erläutern bestimmte Sachkonten.
10 Jahre Aufbewahrung			

Aufgaben

117 In der Finanzbuchhaltung der Textilgroßhandlung Kurz KG weisen die **Kunden-konten** Cromme und Helmer folgende **offene Posten,** also noch nicht bezahlte Rechnungen, aus:

S	10000 Cromme AG		H
AR 407	23.200,00		
AR 409	11.600,00		

S	10001 Helmer GmbH		H
AR 408	34.800,00		
AR 410	5.800,00		

Richten Sie außer den Kundenkonten noch folgende Sachkonten ein: 2400 For-derungen a. LL (AB 75.400,00 €), 2800 Bank (AB 109.500,00 €), 4800 Umsatz-steuer, 5100 Umsatzerlöse für Waren.

Buchen Sie auf den Sachkonten die folgenden Geschäftsfälle und nehmen Sie zugleich die entsprechenden Eintragungen auf den Kundenkonten vor:

1. Kunde Cromme begleicht AR 407 lt. Bankauszug (BA 12)   23.200,00 €
2. Verkauf von Waren lt. AR 411 an das
   Textilhaus Helmer, netto .... 50.000,00 €
   + Umsatzsteuer .... 8.000,00 €   58.000,00 €
3. Kunde Helmer begleicht lt. BA 13 die fällige AR 408 .....   34.800,00 €
4. Warenverkauf an das Kaufhaus Cromme
   lt. AR 412, netto .... 15.000,00 €
   + Umsatzsteuer .... 2.400,00 €   17.400,00 €

1. *Ermitteln Sie die Salden der Kundenkonten und stellen Sie diese in einer Saldenliste „Debitoren" zusammen.*
2. *Ermitteln Sie den Saldo im Sachkonto 2400 Forderungen a. LL und stimmen Sie diesen mit der Summe der Salden der Debitoren-Saldenliste ab.*

118 Die **Liefererkonten** Hax und Lauer der o. g. Textilgroßhandlung Kurz KG weisen folgende **offene Posten** aus:

S	60000 Hax GmbH		H
		ER 580	29.000,00
		ER 582	13.920,00

S	60001 Lauer OHG		H
		ER 581	46.400,00
		ER 583	19.720,00

Richten Sie noch folgende Sachkonten ein: 2600 Vorsteuer, 2800 Bank (AB 167.000,00 €), 4400 Verbindlichkeiten a. LL (AB 109.040,00 €), 6060 Aufwen-dungen für Waren.

Buchen Sie die folgenden Geschäftsfälle auf den erforderlichen Sachkonten und ergänzen Sie entsprechend die beiden Liefererkonten:

1. ER 580 wird bei Fälligkeit beglichen. BA 45 ....   29.000,00 €
2. Einkauf von Textilwaren lt. ER 584
   bei Textilfabrik Lauer, netto .... 44.000,00 €
   + Umsatzsteuer .... 7.040,00 €   51.040,00 €
3. Ausgleich von ER 581 lt. BA 46 ....   46.400,00 €
4. Einkauf von Textilien bei Textilimport Hax
   lt. ER 585, netto .... 8.500,00 €
   + Umsatzsteuer .... 1.360,00 €   9.860,00 €

1. *Ermitteln Sie die Salden der Liefererkonten und des Kontos 4400 Verbind-lichkeiten a. LL.*
2. *Erstellen Sie die Kreditoren-Saldenliste und nehmen Sie die Abstimmung mit dem Sachkonto 4400 vor.*

119   *Setzen Sie Folgendes entsprechend ein: 10 Jahre, zeitlicher, sachlicher, erläutern, geordnet.*

1. Das Grundbuch erfasst die Geschäftsfälle in ••• Ordnung.
2. Im Hauptbuch werden die Geschäftsfälle in ••• Ordnung gebucht.
3. Belege und Bücher sind ••• Jahre ••• aufzubewaren.
4. Das Kontokorrentbuch soll die Sachkonten 2400 und 4400 näher •••.

120   Die Elektrogroßhandlung Blitz OHG beliefert fünf Großkunden. Die Umsätze mit diesen Kunden betragen in den Geschäftsjahren 01 und 02 nach Angaben der Debitorenbuchhaltung:

Konto-Nr.	Kunde	Umsatz in €	
		01	02
10000	Elektroexport GmbH, Köln	260.000,00	299.000,00
10001	Hausgeräte GmbH, Düsseldorf	350.000,00	392.000,00
10002	Kaufpark Elektra GmbH, Essen	120.000,00	150.000,00
10003	Elektronik Schütz KG, Duisburg	220.000,00	193.600,00
10004	Baumarkt Hans Heiler e. K., Köln	125.000,00	131.250,00

1. *Wie hoch ist jeweils der Gesamtumsatz in den Geschäftsjahren 01 und 02?*
2. *Ermitteln Sie für die Geschäftsjahre 01 und 02 in % den Anteil des jeweiligen Kunden am Gesamtumsatz.*
3. *Stellen Sie die Veränderungen gegenüber dem Vorjahr in % dar und deuten Sie diese.*

121
1. *Erläutern Sie Aufgaben und Bedeutung der Bücher der Buchführung: a) Grundbuch, b) Hauptbuch, c) Nebenbücher, d) Inventar- und Bilanzbuch.*
2. *Inwiefern ist der Beleg Bindeglied zwischen Geschäftsfall und Buchung?*
3. *Belege lassen sich nach ihrer Entstehung in a) Fremd- bzw. externe Belege und b) Eigen- bzw. interne Belege unterscheiden. Nennen Sie jeweils mindestens drei Beispiele.*
4. *Nennen Sie die Aufbewahrungsfrist für Geschäftsbelege, die Bücher der Buchführung, das Inventar und die Bilanz.*
5. *Von welchem Zeitpunkt an beginnt die Aufbewahrungsfrist?*
6. *Welche Möglichkeiten der Belegaufbewahrung bestehen?*

122

Geschäftsgänge mit Grund-, Haupt-, Kontokorrent- und Bilanzbuch

1. *Führen Sie die genannten Bücher der Buchführung.*
2. *Richten Sie die Sachkonten ein und tragen Sie die Beträge der Summenbilanz vor.*
3. *Richten Sie die Personenkonten ein und tragen Sie die Soll- und Habenbeträge vor.*
4. *Buchen Sie noch die Geschäftsfälle für Dezember auf den Sach- und Personenkonten.*
5. *Erstellen Sie zum 31. Dezember die Saldenlisten der Personenkonten und stimmen Sie diese mit den Sachkonten „2400 Forderungen a. LL" und „4400 Verbindlichkeiten a. LL" ab.*
6. *Führen Sie den kontenmäßigen Jahresabschluss im Hauptbuch durch.*
7. *Erstellen Sie einen ordnungsmäßig gegliederten **Jahresabschluss** (Bilanz und Gewinn- und Verlustrechnung) der Textilgroßhandlung E. Tuch, Köln, für das Bilanzbuch.*

Belegabkürzungen: AR (Ausgangsrechnung), ER (Eingangsrechnung), BA (Bankauszug), PA (Postbankauszug), KB (Kassenbeleg), SB (Sonstige Belege).

Kundenkonten der Textilgroßhandlung E. Tuch e. K.	Soll	Haben
10000 F. Walter e. Kfr., Leverkusen	344.500,00	322.400,00
10001 Kühn KG, Köln	241.250,00	221.400,00
10002 R. Schulze e. Kfm., Bergheim	225.000,00	175.580,00
Summe	810.750,00	719.380,00

Liefererkonten der Textilgroßhandlung E. Tuch e. K.	Soll	Haben
60000 M. Blau e. K., Rheine	189.400,00	224.600,00
60001 S. Schneider e. K., Emsdetten	180.200,00	215.800,00
60002 Weber GmbH, Soest	155.400,00	184.480,00
Summe	525.000,00	624.880,00

Sachkonten der Textilgroßhandlung E. Tuch e. K.	Soll	Haben
0860 Geschäftsausstattung	218.000,00	13.000,00
2280 Warenbestand	189.900,00	–
2400 Forderungen a. LL	810.750,00	719.380,00
2600 Vorsteuer	75.759,00	63.140,00
2800 Bank	790.158,00	646.570,00
2850 Postbankguthaben	69.343,00	14.000,00
2880 Kasse	28.940,00	21.180,00
3000 Eigenkapital	–	429.000,00
3001 Privat	40.000,00	–
4400 Verbindlichkeiten a. LL.	525.000,00	624.880,00
4800 Umsatzsteuer	63.140,00	127.080,00
5100 Umsatzerlöse für Waren	–	780.150,00
5420 Entnahme v. G. u. s. L. mit U.-Steuer	–	14.100,00
6060 Aufwendungen für Waren	460.000,00	–
63/64 Personalkosten	102.000,00	–
6520 Abschreibungen auf Sachanlagen	–	–
6700 Mieten	45.070,00	–
6800 Aufwendungen für Kommunikation	35.320,00	–
8010 Schlussbilanzkonto	–	–
8020 Gewinn- und Verlustkonto	–	–
Summen zum 17. Dezember	3.452.480,00	3.452.480,00

Geschäftsfälle ab 18. Dezember bis 31. Dezember ..

Datum	Beleg	Buchungstext	€
18. Dez.	AR 949	Zielverkauf an F. Walter e. Kfr., netto	8.800,00
		+ Umsatzsteuer	1.408,00
19. Dez.	ER 468	Zieleinkauf bei M. Blau e. K., netto	12.300,00
		+ Umsatzsteuer	1.968,00
20. Dez.	BA 91	Überweisung von Kühn KG	13.340,00
		Überweisung an S. Schneider e. K.	22.620,00
21. Dez.	KB 248	Barkauf von Postwertzeichen	650,00
		Private Warenentnahme, netto	750,00
23. Dez.	ER 469	Zieleinkauf bei Weber GmbH, brutto	13.688,00
27. Dez.	KB 249	Privatentnahme, bar	800,00
28. Dez.	AR 950	Zielverkauf an R. Schulze e. Kfm., brutto	18.096,00
29. Dez.	PA 93	Überweisung von R. Schulze e. Kfm.	27.840,00
		Überweisung der Telefongebühren	1.200,00
		+ Umsatzsteuer	192,00
30. Dez.	KB 250	Barkauf von Büromaterial, brutto	522,00
31. Dez.	KB 251	Barverkäufe von Waren (Tageslosung), brutto .	6.496,00

Abschlussangaben

Datum	Beleg	Buchungstext	€
31. Dez.	SB 189	Warenendbestand lt. Inventur	168.000,00
31. Dez.		Anlagenkartei: Abschreibungen auf GA	25.000,00
31. Dez.		Inventar Buchbestände = Inventurbestände	

13.6.5 Das Waren- oder Lagerbuch (Lagerbuchführung)

Ermittlung des Sollbestandes. In der Lagerbuchführung wird für **jeden** Artikel eine **Lagerkarte** (Warenkarte) geführt, die die **Zugänge und Abgänge in Mengeneinheiten** (Stück, kg, m u. a.) erfasst. Dadurch kann der **Bestand** an einem Artikel **jederzeit buchmäßig,** also ohne zeitaufwendige körperliche Inventur, festgestellt werden (vgl. permanente Inventur auf Seite 21).

Istbestand. Der Soll- bzw. Buchbestand der Lagerkartei muss aber mindestens **einmal** im Geschäftsjahr durch eine körperliche Bestandsaufnahme überprüft werden. **Unterschiede zwischen Soll- und Istbeständen** können auf Diebstahl, Verderb, Schwund oder nicht erfasste Eingangs- und Ausgangsrechnungen zurückzuführen sein. Die Lagerkarte und das Sachkonto Warenbestand sind dann entsprechend zu berichtigen.

Überwachung des Lagerbestandes. Die Lagerkartei dient nicht nur der täglichen Erfassung, sondern vor allem auch der Überwachung des Lagerbestandes der **einzelnen** Artikel und Warengruppen. Die Lagerkarte enthält deshalb auch wichtige Angaben für das **Bestellwesen.** Sie weist sowohl den **Mindest-** als auch den **Höchstbestand** für den einzelnen Artikel aus.

Lagerkarte der Papiergroßhandlung Katja Kern e. Kfr.					
Artikel: Kopierpapier **Lieferer:** Deutsche Papier AG			**Mindestbestand:** 120 Paletten		
Artikel-Nr.: 2281			**Höchstbestand:** 600 Paletten		
Datum	Beleg	Preis je Palette	Zugang	Abgang	Bestand
1. Jan ...	Anfangsbestand	775,00 €	—	—	**150**
6. Jan ...	Eingangsrechnung ER 12	775,00 €	80	—	**230**
7. Jan ...	Ausgangsrechnung AR 16	—	—	40	**190**
8. Jan ...	Eingangsrechnung ER 18	800,00 €	100	—	**290**
9. Jan ...	Ausgangsrechnung AR 22	—	—	60	**230**
usw.					

EDV. Die Lagerkartei wurde früher in Loseblattform geführt. Heute bedienen sich die Unternehmen zur Erfassung und Überwachung der Lagerbestände der elektronischen Datenverarbeitung (EDV). Die Lagerbuchführung wird dadurch wesentlich vereinfacht. Die gewünschten Daten können schnellstens über den **Bildschirm** oder den **Drucker** abgerufen werden (vgl. Warenwirtschaftssysteme).

Aufgabe

123 *Führen Sie die Lagerkarte für den CD-Player M 48, Artikel Nr.: 0456.*

Lieferer: Interton GmbH, Frankfurt a. M., 60041

Mindestbestand: 12 Stück; Höchstbestand: 40 Stück. Einstandspreis 190,00 €.

1. Januar Anfangsbestand lt. Inventarliste vom 31. Dezember des Vorjahres: 14 Stück;

ER 112 vom 12. Januar: 20 Geräte; Lieferung am 13. Januar lt. AR 98: 10 Geräte;

ER 114 vom 25. Januar: 15 Geräte; 31. Januar Lieferung lt. AR 168: 14 Geräte.

1. *Worin liegen die betriebswirtschaftlichen Vorteile der permanenten Inventur?*

2. *Nennen Sie andere Verfahren der Inventur der Warenvorräte.*

14 Das Buchen mit einem Finanzbuchhaltungs-programm

14.1 Die Buchführung auf der Grundlage der EDV

EDV-Buchführung. Die Zahl der täglichen Geschäftsfälle ist in der Regel auch in kleinen Unternehmen so groß, dass selbst mithilfe einer maschinellen Durchschreibebuchführung die Fülle von Belegen nicht in wirtschaftlich vertretbarer Zeit zu bearbeiten ist. Nur eine EDV-gestützte Buchführung ermöglicht es,

▶ **eine Vielzahl von Buchungsdaten in kürzester Zeit zu erfassen,**

▶ **automatisch zu verarbeiten,**

▶ **auszuwerten und zu speichern sowie**

▶ **die Ergebnisse jederzeit abzurufen.**

Drei Schritte kennzeichnen die **Arbeitsweise der EDV** in der Buchführung:

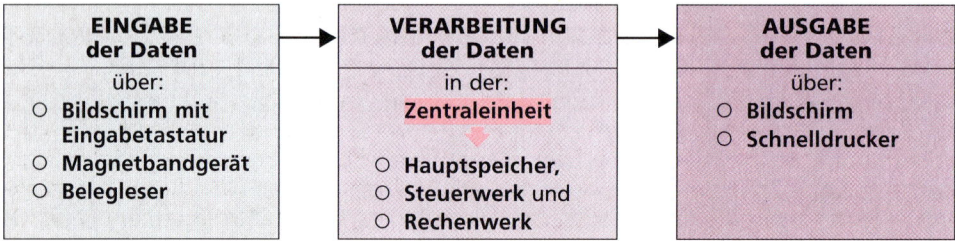

Die Eingabe der Daten in den Computer (Zentraleinheit) erfolgt in der Regel direkt über die **Eingabetastatur** des Bildschirmgerätes. Das hat den Vorteil, dass die eingegebenen Daten sofort am Bildschirm überprüft werden können. Daten können zudem auch über **Datenträger** (Diskette, Magnetbandkassette) oder durch **Fernübertragung** in die Zentraleinheit eines Rechners eingegeben werden. **Klarschriftbelege** (Schecks, Überweisungsvordrucke) und **Markierungsbelege** enthalten bereits die einzugebenden Daten in optisch lesbarer Schrift, die direkt über einen **Belegleser** in den Computer eingelesen werden.

Die Verarbeitung der Daten findet in der **Zentraleinheit** statt. Sie ist das Kernstück der EDV-Anlage, die **drei wichtige Funktionen** hat:

1. **Speichern der Programme und Daten im Hauptspeicher,**
2. **Rechnen,**
3. **Steuern der Datenverarbeitung nach Programm.**

Die **Zentraleinheit** besteht deshalb aus dem **Hauptspeicher,** dem **Rechenwerk** und dem **Steuerwerk.** Die eingegebenen Daten gelangen zunächst in den Hauptspeicher. Durch das Steuerwerk wird mithilfe des Programms alles Weitere geleitet und koordiniert, und zwar das Speichern der Daten, das programmgemäße Rechnen und schließlich die Ausgabe der Ergebnisdaten.

6470114

Die Ausgabe der Daten der EDV-Buchführung erfolgt über Bildschirm und Drucker:

- **Buchungserfassungsprotokoll** zur Kontrolle der Buchungssätze,
- **Offene-Posten-Liste** der Kunden und Lieferanten,
- **Grundbuch (Journal) für den Abrechnungszeitraum,**
- **Sachkonten und Personenkonten** (Debitoren und Kreditoren),
- **Bilanz und Gewinn- und Verlustrechnung,**
- **Betriebswirtschaftliche Auswertungen:**
  - Strukturzahlen der Bilanz und GuV-Rechnung
  - Rohgewinn je Warengruppe
  - Kostenvergleichsanalyse
  - Liquiditätsübersichten u. a. m.

Datensicherung. Daten und Programme der EDV-Finanzbuchhaltung müssen vor Übertragungsfehlern, Verfälschung, Vernichtung und Diebstahl geschützt werden und sollten deshalb in regelmäßigen Abständen auf **externe Datenträger** (Disketten, Magnetbandkassetten) kopiert werden. **Sicherungskopien** sind vor allem nach Eingabe der Stammdaten und vor dem Jahresabschluss zu erstellen. Die Datensicherung ist ein wichtiger Grundsatz DV-gestützter Buchführungssysteme (GoBS).

Grundsätze ordnungsmäßiger EDV-Buchführung. In einer EDV-Buchführung werden die eingegebenen Buchungsdaten zunächst lediglich auf magnetischen Datenträgern (Festplatte, Diskette, Magnetbandkassette) gespeichert, ohne dass eine sofortige Verarbeitung in Form eines Grund- und Hauptbuches erfolgt. Für eine Speicherbuchführung gelten deshalb **neben den allgemeinen „Grundsätzen ordnungsmäßiger Buchführung" (GoB),** wie z. B. Vollständigkeit, Richtigkeit, Zeitgerechtigkeit und Nachprüfbarkeit der Buchungen (s. S. 95), seit 1995 besondere **„Grundsätze ordnungsmäßiger DV-gestützter Buchführungssysteme" (GoBS).** Dazu zählen vor allem:

- **Grundsatz der Zuverlässigkeit des Fibu-Programms,**
- **Grundsatz der Nachprüfbarkeit der Daten aus automatischen Vorgängen** (z. B. USt-, VSt-Korrekturen),
- **Grundsatz der Datensicherheit** und
- **Grundsatz der jederzeitigen Datenwiedergabe.**

14.2   Das Finanzbuchhaltungsprogramm erfasst Stamm- und Bewegungsdaten

Fibu-Programm. Eine EDV-gestützte Buchführung setzt die Installation eines guten Finanzbuchhaltungsprogramms (Fibu) auf der Festplatte der EDV-Anlage voraus. Dazu zählen unter anderen KHK und IBM. Die Programme unterscheiden bei den Datenbeständen zwischen Stammdaten und Bewegungsdaten.

Stammdaten sind Daten, die über einen längeren Zeitraum **unverändert** bleiben. Sie bilden die **Grundlage der Finanzbuchhaltung** und sind deshalb **zuerst** in die EDV-Anlage **einzugeben,** sofern sie nicht bereits im käuflich erworbenen Programm enthalten sind, wie z. B. ein entsprechender Kontenrahmen.

Wichtige Stammdaten sind:

- ▶ Kontenplan mit Kontennummern und Kontenbezeichnungen,
- ▶ Gliederung der Bilanz und Gewinn- und Verlustrechnung,
- ▶ Zuordnung der Sachkonten zur Bilanz und GuV-Rechnung,
- ▶ Kundenkonten mit Kontonummer, Name und Anschrift,
- ▶ Liefererkonten mit Kontonummer, Name, Anschrift, Banken,
- ▶ Steuerschlüssel zur automatischen Herausrechnung der Vor- bzw. Umsatzsteuer aus dem eingegebenen Bruttobetrag,
- ▶ Bankverbindungen,
- ▶ Mahnvorbesetzungen für automatische Mahnschreiben an Kunden.

Bewegungsdaten ändern sich bei jedem Geschäftsfall (Bewegung):

- ▶ Buchungsdatum
- ▶ Belegnummer, Belegdatum
- ▶ Sollkonto, Habenkonto
- ▶ Buchungsbeleg, Buchungstext

Bei Ersteinrichtung der EDV-Buchführung sind außer den **Stammdaten** zunächst auch die **Anfangsbestände** bzw. **Salden** der Sachkonten sowie die **noch nicht beglichenen Rechnungen** der Kunden und Lieferer, die sog. **„Offenen Posten"**, über das **Hilfskonto „8050 Saldenvorträge"** auf die entsprechenden Sach- und Personenkonten einzugeben. **Beim Jahresabschluss** werden die **Bestände und Offenen Posten** vom Programm **automatisch auf das folgende Geschäftsjahr übertragen.** Beim **Monatsabschluss,** der in der EDV-Buchführung die Regel ist, werden die Salden der Sach- und Personenkonten automatisch auf den nächsten Monat vorgetragen.

Erfassung der Buchungen. Die Buchungen werden aufgrund der **vorkontierten Belege** eingegeben. In der Regel unterscheidet man Stapel- und Dialogbuchungen.

- ▶ **Stapelbuchungen.** Die Buchungen werden **nicht direkt auf Konten** gebucht, sondern vorab in einem **Zwischenspeicher** „gestapelt". Dieses Buchungsverfahren hat somit den Vorteil, dass die gespeicherten Buchungssätze noch **jederzeit ergänzt oder korrigiert** werden können. Die „gestapelten" Buchungen werden später durch einen besonderen Verarbeitungsbefehl auf die entsprechenden Konten übertragen. Vorher sollte man aber noch zur Kontrolle ein **Buchungserfassungsprotokoll** ausdrucken lassen.
- ▶ **Dialogbuchungen.** Dies ist das heute übliche Verfahren in PC-Netzwerken bzw. Client-/Server-Systemen. Dabei wird jede Buchung **sofort** nach der Eingabe auf die entsprechenden **Konten übertragen.** Alle Konten weisen dadurch aktuelle Salden aus. Falsche Buchungen müssen entweder storniert oder können gelöscht werden, solange noch kein Monatsabschluss durchgeführt wurde.

Zusammenfassung

- ▶ **Stammdaten** bleiben langfristig gleich, sind aber jederzeit zu aktualisieren.
- ▶ **Bewegungsdaten** ändern sich bei jedem Geschäftsfall.
- ▶ **Stapelbuchungen** sind den **Dialogbuchungen** vorzuziehen.
- ▶ **Grundbuch, Hauptbuch** und **Nebenbücher** dürfen auf Datenträgern aufbewahrt werden (siehe § 239 [4] HGB). Aufbewahrungsfrist: 10 Jahre.
- ▶ **Bilanz und Gewinn- und Verlustrechnung** sind dagegen **in ausgedruckter Form 10 Jahre** aufzubewahren (siehe § 257 [3] HGB).
- ▶ **Die EDV-Buchführung** muss neben den allgemeinen „Grundsätzen ordnungsmäßiger Buchführung **(GoB)**" auch den „Grundsätzen ordnungsmäßiger DV-gestützter Buchführungssysteme **(GoBS)**" von 1995 **entsprechen.**

6470116

14.3 Beispiel eines Finanzbuchhaltungsprogramms

Nach dem Start der Fibu (im vorliegenden Beispiel KHK Classic Line) erscheint gewöhnlich das unten abgebildete

„Hauptmenü",

das **9 Programme** ausweist. Nach der Wahl des Mandanten erscheinen die Mandantenbezeichnung **„Papiergroßhandlung Katja Kern e. Kfr."** sowie das aktuelle Buchungsdatum.

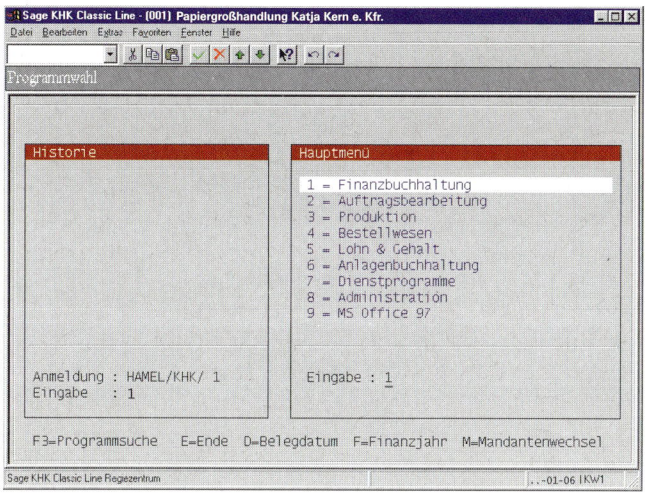

Im obigen Hauptmenü gelangt man durch die Eingabe von **„1"** und **„Return"** oder mit einem doppelten Mausklick auf die Zeile **„1 = Finanzbuchhaltung"** in das Programm der

„Finanzbuchhaltung"

mit **9 Teilprogrammen.** Auf die gleiche Weise erfolgt die Wahl der folgenden Menüpunkte.

Ausgewählt wird die Ziffer **„2" = Buchen.**

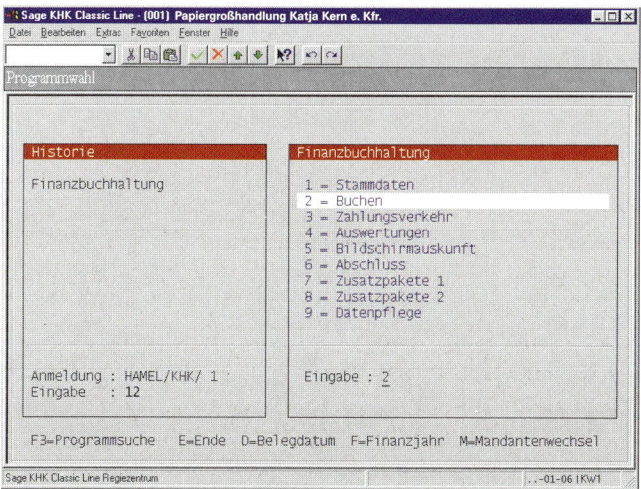

Nach der Auswahl und der Bestätigung der Ziffer „2" wird nun das Menü

„Buchen"

geöffnet, das alle Programme enthält, die die Erfassung und Verarbeitung von Buchungen betreffen:

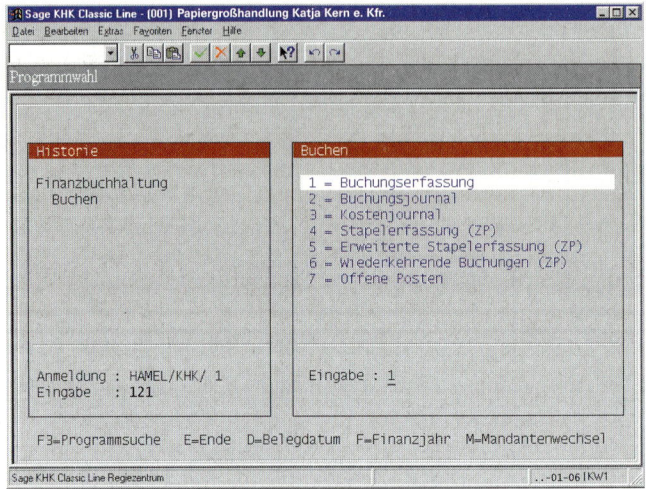

Nach der Auswahl und der Bestätigung der Ziffer „1" öffnet sich das Menü

„Buchungserfassung"

mit **6 weiteren Teilprogrammen:**

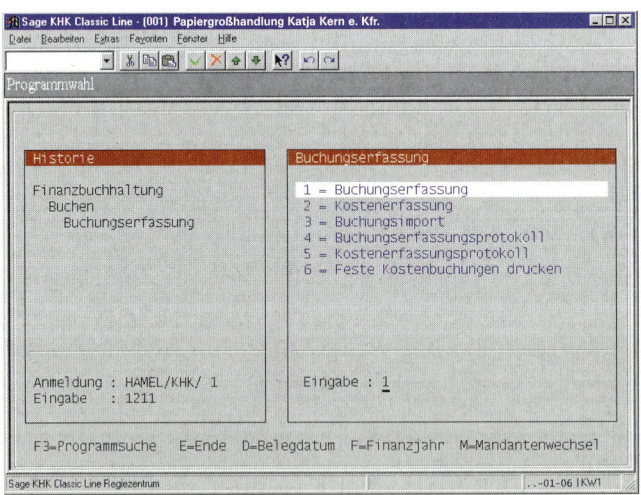

Wählt man nun in der vorstehenden Bildschirmmaske die Ziffer „1", wird die Buchungsmaske

„Buchungserfassung für Periode: X"

angezeigt (siehe nächste Seite).

In der Bildschirmmaske **„Buchungserfassung für Periode: X"** werden nun alle

- ▶ **Eröffnungsbuchungen,**
- ▶ **laufenden Buchungen** und
- ▶ **vorbereitenden Abschlussbuchungen**

erfasst.

Beispiel In der unten stehenden Buchungsmaske wird der Zielverkauf von Waren an den Kunden Druckcenter GmbH, Leipzig, aufgrund der folgenden Ausgangsrechnung erfasst:

Belegnummer: AR 001	..-01-06
8 Paletten Kopierpapier je 750,00 €, netto	6.000,00 €
16 % Umsatzsteuer	960,00 €
Rechnungsbetrag	6.960,00 €

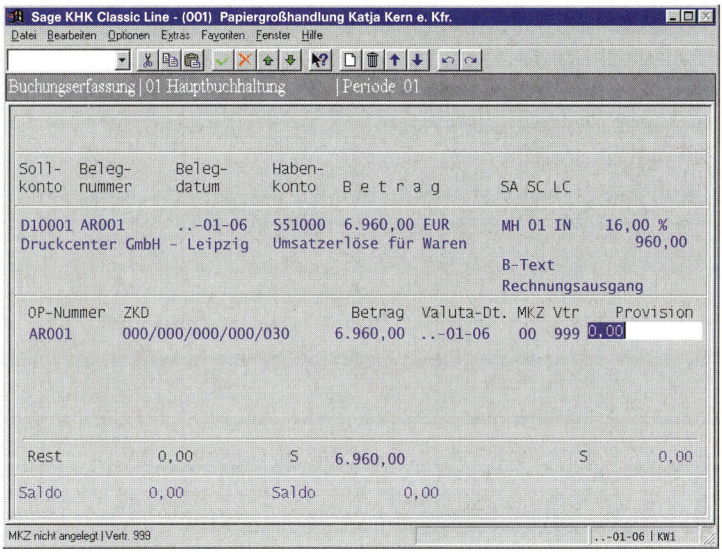

In der obigen Buchungsmaske wird Folgendes erfasst:

- ▶ **Kontonummern** sind in der KHK-Fibu stets **6-stellig,** wobei die **1. Stelle** jeweils die **Konten**art bestimmt:

  D = Debitor   **K = Kreditor**   **S = Sachkonto**

  Es ist jeweils die Kontonummer des Soll- und Habenkontos einzugeben, und zwar bei Zielverkäufen **direkt** das entsprechende **Debitorenkonto** und bei Zieleinkäufen das zugehörige **Kreditorenkonto.** Nach Eingabe der Kontonummer erscheint **automatisch** die **Kontenbezeichnung.**

- ▶ **Belegnummer.** Hier wird die laufende Belegnummer oder die jeweilige Rechnungsnummer eingegeben.

- ▶ **Das Belegdatum** dient der Feststellung der **Fälligkeit** auf den Kunden- und Liefererkonten.

- ▶ Im **Betragsfeld** wird bei Ein- und Ausgangsrechnung sowie Eigenverbrauch stets der **Bruttobetrag** eingegeben, da die Vor- bzw. Umsatzsteuer **automatisch** herausgerechnet und gebucht wird.

- ▶ Im Feld **SA = Steuerart** wird 0 = ohne Steuer, M = Mehrwertsteuer Haben oder V = Vorsteuer Soll automatisch durch das entsprechende Sachkonto definiert und ausgewiesen oder mit der F2-Taste gewählt.

- ▶ Im Feld **SC = Steuercode** wird der entsprechende Steuersatz (16 % bzw. 7 %) automatisch übernommen oder mit der F2-Taste gewählt und die Umsatzsteuer aus dem Bruttobetrag errechnet und ausgewiesen.

- ▶ Im Feld **LC = Ländercode** wird angezeigt, ob es sich um einen inländischen Steuersatz oder einen aus einem anderen EU-Land handelt.

- ▶ Der **Buchungstext** gibt in Kurzform den Inhalt der Buchung an: Rechnungseingang, Rechnungsausgang, Zahlungseingang, Zahlungsausgang, Barverkauf, Bankeinzahlung, Privatentnahme u. a.

- ▶ **Offene-Posten-Nr. (OP-Nr.).** Die Nummer der jeweiligen Eingangs- oder Ausgangsrechnung, nach der Offene-Posten-Listen erstellt und alle Zahlungsein- und -ausgänge bestimmten Rechnungen zugeordnet werden.

- ▶ Im Feld **ZKD = Zahlungskonditionen** erscheinen die im Kunden- bzw. Liefererstammsatz eingegebenen Konditionen (Skonto). Sie lassen sich hier verändern.

- ▶ Im Feld **Betrag** wird der Zahlungsbetrag des OP wiederholt. In der Regel ist dies der Buchungsbetrag. Wird eine Zahlung auf mehrere OP vorgenommen, ist es ein Teilbetrag des Buchungsbetrages.

- ▶ Im Feld **Valuta-Datum (Valuta-Dt.)** ist es möglich, den Beginn der Laufzeit für die Zahlungskonditionen abweichend vom Belegdatum festzulegen.

- ▶ Im Feld **Mahnkennzeichen (MKZ)** wird die Mahnstufe des OP angezeigt.

- ▶ Das Feld **Vertreter (Vtr)** zeigt den Vertreter des Kunden, der im Kundenstamm eingegeben wurde.

- ▶ Im Feld **Provision** wird die vom Programm errechnete Vertreterprovision ausgewiesen.

Die vorhergehende Buchung wird im **oberen Feld** der Bildschirmmaske angezeigt.

Beispiel   **Belegnummer KB 002:** Barauszahlung der Reisespesen . . . .   240,00 €

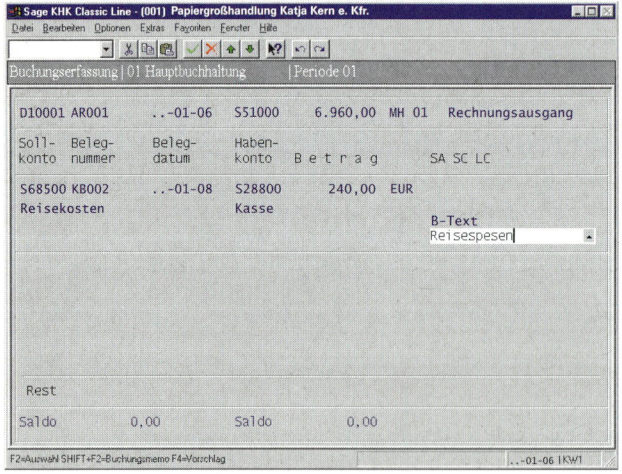

Buchungserfassungsprotokoll. Nach jeder Arbeitssitzung sollte **zur Kontrolle** ein Buchungserfassungsprotokoll ausgedruckt werden, in dem alle eingegebenen Buchungen aufgelistet sind. Dazu ist der Menüpunkt „4" im **Buchungserfassungs-Menü** (siehe S. 118) aufzurufen.

Auswertungen und Abschluss. Die Programme zur Ausgabe der Saldenlisten, Umsatzstatistiken, Umsatzsteuervoranmeldung und Bilanzauswertungen befinden sich im Menü **„Auswertungen"** (siehe S. 117); der Monats- und Jahresabschluss wird im Menü **„Abschluss"** (siehe S. 117) ausgeführt.

Vor der Buchungsverarbeitung muss eine Datensicherung erfolgen.

124 *Als Sachbearbeiter/in in der Finanzbuchhaltung der Elektrogroßhandlung Klaus Jung e.K., Düsseldorf, haben Sie folgende Geschäftsfälle EDV-gerecht zu buchen. Im Fibu-Programm Ihrer EDV-Anlage aktivieren Sie dazu das Teilprogramm „1 Buchungserfassung" (siehe S. 118) und tragen die Buchungsdaten der Geschäftsfälle in das folgende Erfassungsschema ein, das grundsätzlich der KHK-Buchungsmaske entspricht.*

Soll-konto	Beleg-nummer	Beleg-datum	Haben-konto	Betrag	SA[1]	SC[1]	OP-Nr.	B-Text

Sachkontenplan
S28000, S28800, S30010, S51000, S54200, S57100, S60600, S67000, S68000, S70300.

Debitoren
D10003 Heider KG, Bonn
D10004 Hiebel GmbH, Essen
D10005 Eva Seitz e. Kfr., Wuppertal

Kreditoren
K60004 Lauf OHG, Burscheid
K60006 Egon Kurz e. K., Leverkusen
K60007 Kroll GmbH, Leichlingen

Geschäftsfälle
Belegnummer ist die Nummer des Geschäftsfalls; Belegdatum: 1. Nov. ..; 16 % USt.

1. Verkauf von Waren an Kunde Heider lt. AR 450, brutto	8.120,00
2. Privatentnahme, bar	700,00
3. Barkauf von Büromaterial, brutto	580,00
4. Einkauf von Waren beim Lieferer Lauf lt. ER 578, brutto	17.400,00
5. Banküberweisung der Kundin Seitz zum Ausgleich von AR 426	13.920,00
6. Belastung der Kundin Seitz mit Verzugszinsen	138,00
7. Bankgutschrift für Zinsen lt. Bankauszug	240,00
8. Banklastschrift für Überweisung der Geschäftsmiete	6.000,00
9. Verkauf von Waren an Kunde Hiebel lt. AR 451, brutto	9.860,00
10. Einkauf von Waren beim Lieferer Kurz lt. ER 579, brutto	15.080,00
11. Barauszahlung vom Bankkonto	2.800,00
12. Banküberweisung an Kreditor Lauf zum Ausgleich von ER 568	6.960,00
13. Entnahme v. G. u. s. L.: Entnahme von Waren, brutto	812,00
14. Einkauf von Waren lt. ER 580 beim Lieferer Kroll, brutto	4.640,00
15. Banküberweisung der Kfz-Steuer für Geschäfts-PKWs	700,00

125
1. *Unterscheiden Sie Stamm- und Bewegungsdaten.*
2. *Nennen Sie wichtige Stammdatenbereiche.*
3. *Unterscheiden Sie Dialog- und Stapelbuchungen. Nennen Sie Vor- und Nachteile.*
4. *Nennen Sie wichtige Grundsätze ordnungsmäßiger DV-gestützter Buchführungssysteme (GoBS).*
5. *Welche buchhalterische Bedeutung hat die Erfassung der Offene-Posten-Nummer?*
6. *Welche Vorzüge hat eine EDV-Finanzbuchhaltung?*
7. *Begründen Sie die Notwendigkeit einer Datensicherung in der EDV-Finanzbuchhaltung.*

---

1 **SA** = Umsatzsteuerart: 0 = ohne Steuer, V = Vorsteuer, M = Mehrwertsteuer (Umsatzsteuer); **SC** = Umsatzsteuercode: 16 % oder 7 %. Umsatzsteuer**art** und Umsatzsteuer**code** werden in der EDV durch das Konto vorbestimmt und **automatisch ausgewiesen**. *Tragen Sie hier lediglich die Umsatzsteuerart und den USt-Satz ein.*

14.4 Beleggeschäftsgang 1

In der **Papiergroßhandlung Katja Kern e. Kfr.** entspricht das Geschäftsjahr dem Kalenderjahr. Die Geschäftsinhaberin möchte jedoch monatlich über die Lage des Unternehmens informiert werden. Deshalb werden in der Finanzbuchhaltung regelmäßig **Monatsabschlüsse** gemacht.

In dem folgenden Beleggeschäftsgang soll der **Abschluss zum 31. Januar** erfolgen. Die folgenden **Sach- und Personenkonten** weisen die **Salden zum 27. Januar ..** aus. Für die Zeit vom 28. Januar bis 31. Januar sind noch die **Belege 1–16** zu buchen.

Eröffnung der Sach- und Personenkonten. Die Beträge der Sach-, Kunden- und Liefererkonten werden bei **konventioneller Buchführung** einfach auf die genannten Konten, also ohne Gegenbuchung, übertragen. Im **Arbeitsheft** sind die Konten entsprechend vorbereitet.

EDV-Buchführung. Der Beleggeschäftsgang kann natürlich auch mit einem EDV-Finanzbuchhaltungsprogramm (z. B. KHK, IBM u. a.) gebucht werden. In diesem Fall erfolgen jedoch die Eröffnungsbuchungen nach dem System der Doppik über das Gegenkonto „8050 Saldenvorträge". Da alle Geschäftsfälle, die Kunden und Lieferer betreffen, **direkt** auf den entsprechenden Personenkonten gebucht werden, sind auch nur die **Personenkonten** mit ihren Daten zu **eröffnen,** nicht dagegen die zugehörigen Sachkonten 2400 und 4400. Beim Abschluss werden die Salden der Personenkonten **automatisch** durch das Fibu-Programm auf die genannten Sachkonten übertragen.

Aufgabe

126

Kontenplan und Salden der Sachkonten zum 27. Januar ..	Soll	Haben
0500 Grundstücke und Gebäude	1.255.500,00	—
0800 Betriebs- und Geschäftsausstattung	494.500,00	—
2280 Warenbestand	2.550.000,00	—
2400 Forderungen a. LL	585.800,00	—
2600 Vorsteuer	48.520,00	—
2800 Stadtsparkasse Köln	331.826,00	—
2880 Kasse	15.664,00	—
3000 Eigenkapital	—	3.000.000,00
3001 Privat	12.000,00	—
4250 Langfristige Bankverbindlichkeiten	—	1.431.284,00
4400 Verbindlichkeiten a. LL	—	243.600,00
4800 Umsatzsteuer	—	155.440,00
5100 Umsatzerlöse für Waren	—	970.000,00
5420 Entnahme v. G. u. s. L. mit U.-Steuer	—	1.500,00
6030 Aufwendungen für Betriebsstoffe	12.800,00	—
6060 Aufwendungen für Waren	150.000,00	—
6160 Fremdinstandsetzung	91.480,00	—
6300 Gehälter	188.264,00	—
6520 Abschreibungen auf Sachanlagen	—	—
6800 Büromaterial	2.320,00	—
6820 Porto – Telefon – Telefax	850,00	—
6870 Werbung	45.800,00	—
7510 Zinsaufwendungen	16.500,00	—
Abschlusskonten: 8010 und 8020	5.801.824,00	5.801.824,00

Offene-Posten-Listen. Die Personenkonten weisen zum 27. Januar .. im Einzelnen die unten stehenden **offenen Posten** (= unbezahlte Rechnungen) und **Salden** aus:

Offene-Posten-Liste Kunden					
Konto-Nr.	Kunde	Datum	Rechnungs-Nr.	Betrag	Saldo
10001	Druckcenter GmbH Siebenbürger Str. 36 04279 Leipzig	..-01-06 ..-01-19	201 204	116.000,00 52.200,00	168.200,00
10002	Kaufkette AG Aachener Str. 4–10 50674 Köln	..-01-18 ..-01-21	203 205	46.400,00 232.000,00	278.400,00
10003	Schneider OHG Kantstraße 34–38 97074 Würzburg	..-01-07 ..-01-23	202 206	64.960,00 74.240,00	139.200,00
Saldensumme der Kundenkonten: Abstimmung mit Konto 2400					**585.800,00**

Offene-Posten-Liste Lieferer					
Konto-Nr.	Lieferer	Datum	Rechnungs-Nr.	Betrag	Saldo
60001	Druck u. Papier GmbH Bergstraße 40–44 58095 Hagen	..-01-04 ..-01-10	25 190 25 340	83.520,00 52.200,00	135.720,00
60002	Matthias Hein OHG Bergerstraße 48 51143 Köln	..-01-19 ..-01-22	45 115 45 317	29.000,00 19.140,00	48.140,00
60003	Deutsche Papier AG Buchenstraße 22–32 04129 Leipzig	..-01-21	4 403	59.740,00	59.740,00
Saldensumme der Liefererkonten: Abstimmung mit Konto 4400					**243.600,00**

Aufgaben

1. *Eröffnung der Sach- und Personenkonten mit den Salden zum 27. Januar ..*
2. *Vorkontierung der Belege im Grundbuch:*

Datum	Beleg	Text	Kontierung	Soll	Haben

3. *Beleg 15: Monatsabschreibungen: auf Gebäude .... 3.000,00 €*
   auf BGA .... 7.000,00 €
4. *Ermittlung der Bestandsveränderung. Der Warenschlussbestand beträgt lt. Lagerkartei 2.140.000,00 €.*
5. *Umbuchungen:*
   Beleg 16: Umbuchung der Warenbestandsveränderung
   Umbuchung der Vorsteuer
   Umbuchung der Privatentnahmen
6. *Erstellung der Saldenlisten für die Debitoren und Kreditoren und Abstimmung mit den Sachkonten 2400 und 4400.*
7. *Der Monatsabschluss ist für die Papiergroßhandlung Katja Kern e. Kfr. in Form der Bilanz und Gewinn- und Verlustrechnung konventionell oder EDV-gestützt zu erstellen.*

Beleg 1

KATJA KERN KÖLN
e. Kfr.
Papiergroßhandlung

Katja Kern e. Kfr., Papiergroßhandlung · Bonner Wall 45–55 · 50677 Köln

Druckcenter GmbH
Siebenbürger Straße 36

04279 Leipzig

Ihr Zeichen, Ihre Nachricht vom	Unser Zeichen, unsere Nachricht vom	Telefon/Name (02 21) 54 33 75-0	Datum ..–01–28

Bitte bei Zahlung angeben:	
Rechnung-Nr.:	Kunden-Nr.:
207	10 001

Rechnung

Auftrags-Nr.:	Lieferschein
192/..	146 826

Wir danken für Ihren Auftrag und berechnen Ihnen wie folgt:

Menge	Bezeichnung	Einzelpreis in €	Betrag in €
64 Paletten	Druckpapier D 4401	1.600,00	102.400,00
56 Paletten	Druckpapier DS 4512	1.525,00	85.400,00

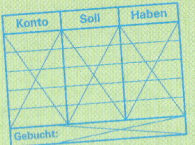

Warenwert	187.800,00
Umsatzsteuer 16 %	30.048,00
Endsumme	217.848,00

Zahlungsbedingung:
30 Tage netto

Telefax (02 21) 54 33 75 80	Stadtsparkasse Köln Konto 723 544 32 (BLZ 370 501 98)	Gerichtsstand: Köln Eigentumsvorbehalt gem. § 455 BGB

6470124

Beleg 2

Druck und Papier GmbH · Hagen

Druck und Papier GmbH · Bergstraße 40–44 · 58095 Hagen

Katja Kern e. Kfr.
Papiergroßhandlung
Bonner Wall 45 - 55

50677 Köln

EINGEGANGEN
..-01-28

Ihre Bestellung vom/Tag/Zeich.	Unsere Auftrags-Nr./Zeich.	Zeit der Leistung/Liefertag	Datum
..-01-23	RS 4 500 y	..-01-26	..-01-27

Rechnung 25 612

Wir sandten für Ihre Rechnung und auf Ihre Gefahr:

Zeichen und Nr.	Gegenstand	Paletten	Preis je Einheit €	Betrag €	Für Empfänger-vermerke
D 4401	Druckpapier	50	1.400,00	70.000,00	
DS 4512	Druckpapier	30	1.300,00	39.000,00	
	Warenwert			109.000,00	
	+ 16 % Umsatzsteuer			17.440,00	
				126.440,00	

Zahlungsbedingung: 30 Tage rein netto

Telefon (0 23 31) 28 69 29	Telefax (0 23 31) 28 69 31	Geschäftszeit 08:30 – 17:00 Uhr	Deutsche Bank, Hagen Konto 234 567 89 (BLZ 450 700 02)

6470125

125

Beleg 3

Zahlschein
Einzahler-Quittung   370 501 98 ●

Stadtsparkasse Köln Ⓢ

Empfänger
Katja Kern e. Kfr., Papiergroßhandlung

Konto-Nr. des Empfängers   Bankleitzahl
723 544 32   370 501 98

bei (Kreditinstitut)
Stadtsparkasse Köln

* Bis zur Einführung des Euro (= EUR) nur DM;   *DM od. EUR*   Betrag
danach DM oder EUR.   EUR   3.500,00----------

Kunden-Referenznummer – noch Verwendungszweck (nur für Empfänger)
Einzahlung aus der Geschäftskasse

Auftraggeber/Einzahler
Katja Kern e. Kfr., 50677 Köln
(Empfangsbestätigung der annehmenden Kasse)

..-01-27 3.500,00

Stadtsparkasse Köln
Lange

(Bei maschineller Buchung ist für die Quittung der Maschinendruck maßgebend)

Kontoauszug zu Beleg 3

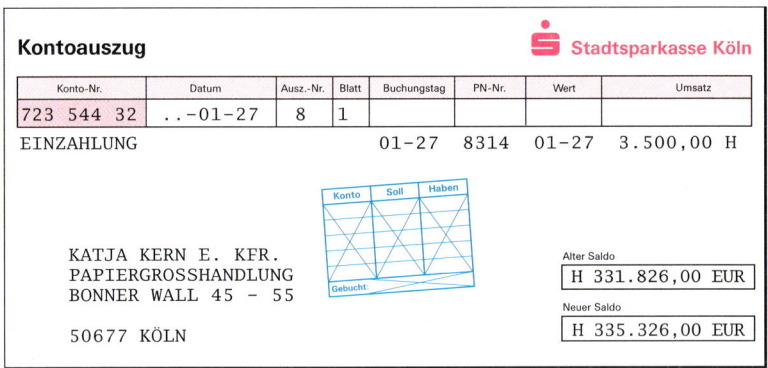

Kontoauszug   Ⓢ **Stadtsparkasse Köln**

Konto-Nr.	Datum	Ausz.-Nr.	Blatt	Buchungstag	PN-Nr.	Wert	Umsatz
723 544 32	..-01-27	8	1				
EINZAHLUNG				01-27	8314	01-27	3.500,00 H

KATJA KERN E. KFR.
PAPIERGROSSHANDLUNG
BONNER WALL 45 – 55

50677 KÖLN

Alter Saldo
H 331.826,00 EUR

Neuer Saldo
H 335.326,00 EUR

Beleg 4

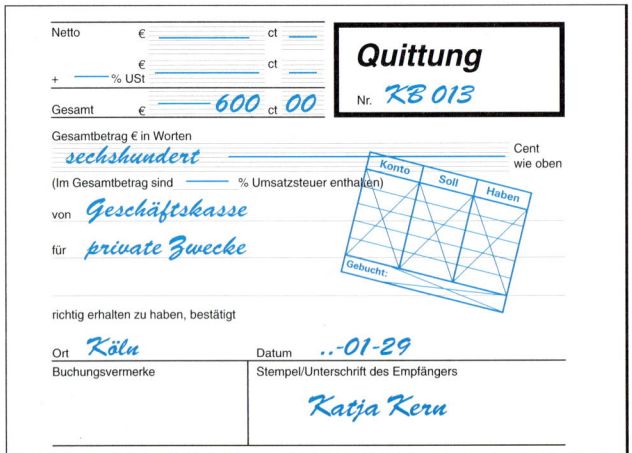

Netto   €   ct
              €   ct
+   % USt
Gesamt   €   600 00

Quittung
Nr. *KB 013*

Gesamtbetrag € in Worten
sechshundert   Cent
                              wie oben
(Im Gesamtbetrag sind   % Umsatzsteuer enthalten)

von *Geschäftskasse*
für *private Zwecke*

richtig erhalten zu haben, bestätigt

Ort *Köln*   Datum *..-01-29*
Buchungsvermerke   Stempel/Unterschrift des Empfängers
                          Katja Kern

Beleg 5

Deutsche Papier AG · Buchenstraße 22–32 · 04129 Leipzig

Deutsche Papier AG
Leipzig

Katja Kern e. Kfr.
Papiergroßhandlung
Bonner Wall 45 - 55

50677 Köln

EINGEGANGEN
..-01-31

Ihr Auftrag vom	Kunden-Nr.	Unser Zeichen	Datum
..-01-16	70 016	L/w	..-01-28

Rechnung 4 573

Menge	Artikel	Einzelpreis	Betrag in €
30 Paletten	Umschlagkarton X 404	1.550,00 €	46.500,00
20 Paletten	Umschlagkarton X 408	1.625,00 €	32.500,00
			79.000,00
		+ 16 % Umsatzsteuer	12.640,00
			91.640,00
			=========

Konto	Soll	Haben
Gebucht:

Telefon	Telefax	Dresdner Bank, Leipzig
(03 41) 5 35 14	(03 41) 44 12 44	Konto 345 678 90
		(BLZ 860 800 00)

Beleg 6

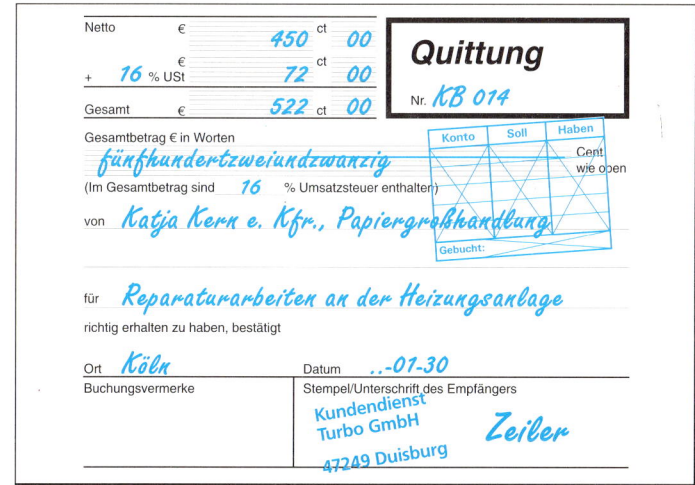

Netto	€	450	ct 00	
+ 16 % USt	€	72	ct 00	
Gesamt	€	522	ct 00	

Quittung

Nr. KB 014

Gesamtbetrag € in Worten
fünfhundertzweiundzwanzig

Konto	Soll	Haben
Cent wie open

(Im Gesamtbetrag sind 16 % Umsatzsteuer enthalten)

von *Katja Kern e. Kfr., Papiergroßhandlung*

Gebucht:

für *Reparaturarbeiten an der Heizungsanlage*

richtig erhalten zu haben, bestätigt

Ort *Köln*   Datum *..-01-30*

Buchungsvermerke   Stempel/Unterschrift des Empfängers

Kundendienst
Turbo GmbH   *Zeiler*

47249 Duisburg

Beleg 7

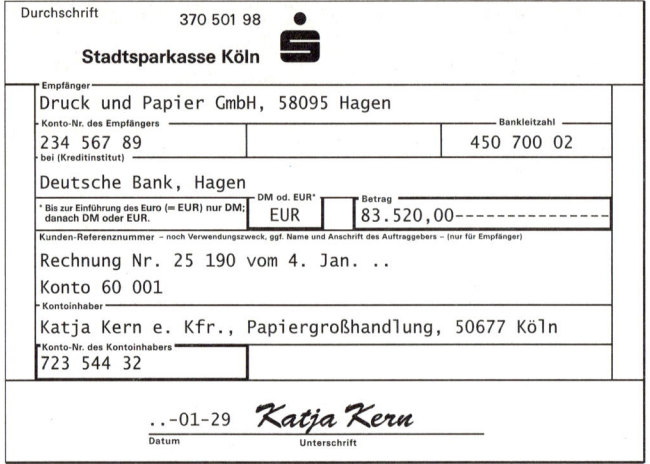

Durchschrift   370 501 98

Stadtsparkasse Köln

Empfänger
Druck und Papier GmbH, 58095 Hagen

Konto-Nr. des Empfängers
234 567 89

Bankleitzahl
450 700 02

bei (Kreditinstitut)
Deutsche Bank, Hagen

* Bis zur Einführung des Euro (= EUR) nur DM; danach DM oder EUR.

DM od. EUR*
EUR

Betrag
83.520,00---------------

Kunden-Referenznummer – noch Verwendungszweck, ggf. Name und Anschrift des Auftraggebers – (nur für Empfänger)
Rechnung Nr. 25 190 vom 4. Jan. ..
Konto 60 001

Kontoinhaber
Katja Kern e. Kfr., Papiergroßhandlung, 50677 Köln

Konto-Nr. des Kontoinhabers
723 544 32

..-01-29   *Katja Kern*
Datum   Unterschrift

Kontoauszug zu Beleg 7

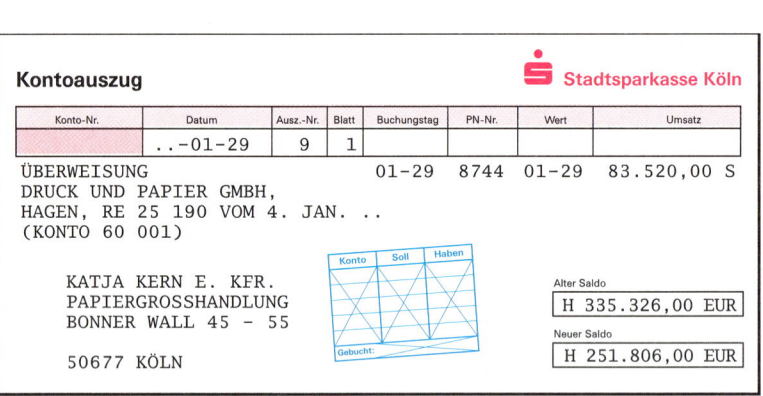

Kontoauszug   **Stadtsparkasse Köln**

Konto-Nr.	Datum	Ausz.-Nr.	Blatt	Buchungstag	PN-Nr.	Wert	Umsatz
	..-01-29	9	1				

ÜBERWEISUNG   01-29   8744   01-29   83.520,00 S
DRUCK UND PAPIER GMBH,
HAGEN, RE 25 190 VOM 4. JAN. ..
(KONTO 60 001)

KATJA KERN E. KFR.
PAPIERGROSSHANDLUNG
BONNER WALL 45 – 55

50677 KÖLN

Konto | Soll | Haben
Gebucht:

Alter Saldo
H 335.326,00 EUR

Neuer Saldo
H 251.806,00 EUR

Beleg 8

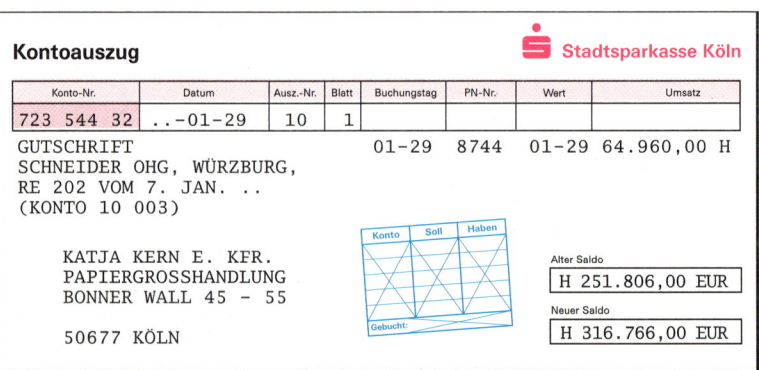

Kontoauszug   **Stadtsparkasse Köln**

Konto-Nr.	Datum	Ausz.-Nr.	Blatt	Buchungstag	PN-Nr.	Wert	Umsatz
723 544 32	..-01-29	10	1				

GUTSCHRIFT   01-29   8744   01-29   64.960,00 H
SCHNEIDER OHG, WÜRZBURG,
RE 202 VOM 7. JAN. ..
(KONTO 10 003)

KATJA KERN E. KFR.
PAPIERGROSSHANDLUNG
BONNER WALL 45 – 55

50677 KÖLN

Konto | Soll | Haben
Gebucht:

Alter Saldo
H 251.806,00 EUR

Neuer Saldo
H 316.766,00 EUR

6470128

Beleg 9[1]

Deutsche Telekom
Ihre Rechnung

T . . . .

Deutsche Telekom AG, Niederlassung
50672 Köln

11 1017218-049

..-01 1,10

Katja Kern e. Kfr.
Papiergroßhandlung
Bonner Wall 45 – 55

50677 Köln

Rechnungsdatum	..-01-22
Rechnungsmonat	JANUAR ..
Kundennummer	2718051979
Bitte immer angeben	
Buchungskonto	7402309755
Seite	1
Bei Rückfragen Telefon	(0221)575-3700
Telefax	(0221)575-3665

Artikel oder Leistung

Artikel-/ Leistungs-Nr.	Monatliche Beträge	Menge bzw. Einheit	Nettoeinzel- betrag DM	Nettogesamt- betrag DM	USt in %
10110	Telefonanschluss	1	21,39	21,39	16
	Beträge für Verbindungen vom 21. Dez.-20. Jan.				
17315	85 Orts- und Nahverbindungen CityCall	519	0,1043	54,13	16
17324	178 Regionale Verbindungen RegioCall	4 505	0,1043	469,87	16
	207 Nationale Fernverbindungen GermanCall				
17326	– Normaltarif	8 460	0,1043	882,38	16
17335	– 10 plus	370	0,0938	34,70	16
17346	1 11833 – Inlandsauskunft der Deutschen Telekom	14	0,1043	1,46	16
17368	12 Verbindungen zum Mobilfunknetz D2	122	0,1043	12,72	16

Zusammenstellung der Beträge

Nettobetrag	1.476,65 DM/755,00 €
Umsatzsteuer 16 %	236,26 DM/120,80 €
Rechnungsbetrag	**1.712,92 DM/875,80 €**

Der Betrag von 875,80 € wird von Konto 72354432 BLZ 37050198 abgebucht.

Kontoauszug zu Beleg 9 und Beleg 10

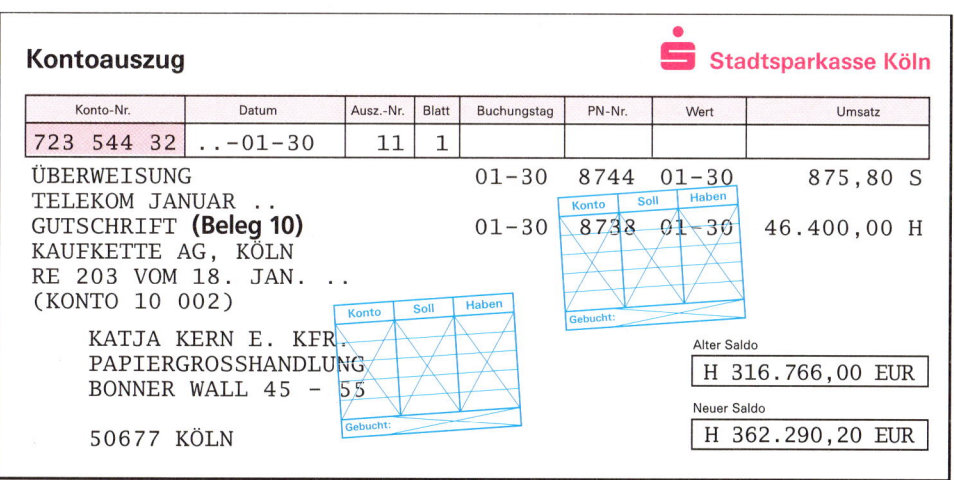

Kontoauszug

S Stadtsparkasse Köln

Konto-Nr.	Datum	Ausz.-Nr.	Blatt	Buchungstag	PN-Nr.	Wert	Umsatz
723 544 32	..-01-30	11	1				

ÜBERWEISUNG   01-30   8744   01-30   875,80 S
TELEKOM JANUAR ..
GUTSCHRIFT **(Beleg 10)**   01-30   8738   01-30   46.400,00 H
KAUFKETTE AG, KÖLN
RE 203 VOM 18. JAN. ..
(KONTO 10 002)

Konto Soll Haben

Konto Soll Haben

Gebucht:

Gebucht:

KATJA KERN E. KFR.
PAPIERGROSSHANDLUNG
BONNER WALL 45 – 55

50677 KÖLN

Alter Saldo
H 316.766,00 EUR

Neuer Saldo
H 362.290,20 EUR

---

1 **Beachten Sie:** Bei diesem Beleg sind nur die **€-Beträge** zu buchen.

Beleg 11

Durchschrift   370 501 98   ●

Stadtsparkasse Köln

Empfänger
Dr. med. M. Heiler, 50679 Köln

Konto-Nr. des Empfängers   Bankleitzahl
121 245 416   **370 400 44**

bei (Kreditinstitut)
Commerzbank Köln

* Bis zur Einführung des Euro (= EUR) nur DM; danach DM oder EUR.   DM od. EUR*   **EUR**   Betrag   **450,00**——————————————

Kunden-Referenznummer – noch Verwendungszweck, ggf. Name und Anschrift des Auftraggebers – (nur für Empfänger)

Behandlung meiner Tochter Ulrike

Rechnung vom 18. Jan. ..

Kontoinhaber
Katja Kern, 50677 Köln

Konto-Nr. des Kontoinhabers
723 544 32

..-01-30   *Katja Kern*

Datum   Unterschrift

Kontoauszug zu Beleg 11

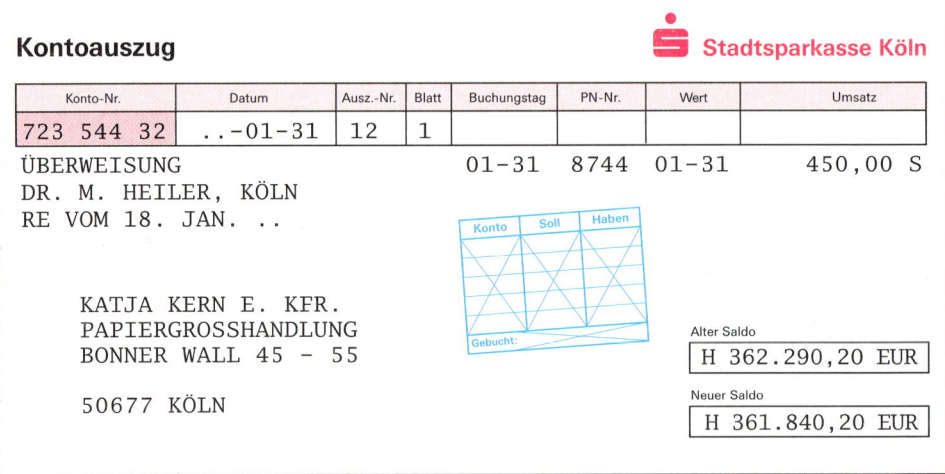

Kontoauszug   ● **Stadtsparkasse Köln**

Konto-Nr.	Datum	Ausz.-Nr.	Blatt	Buchungstag	PN-Nr.	Wert	Umsatz
723 544 32	..-01-31	12	1				

```
ÜBERWEISUNG                          01-31  8744  01-31        450,00 S
DR. M. HEILER, KÖLN
RE VOM 18. JAN. ..


    KATJA KERN E. KFR.
    PAPIERGROSSHANDLUNG
    BONNER WALL 45 - 55

    50677 KÖLN
```

Konto   Soll   Haben

Gebucht:

Alter Saldo
H 362.290,20 EUR

Neuer Saldo
H 361.840,20 EUR

         6470130

Beleg 12

HEIN OHG Feinpapiere · Bergerstraße 48 · 51143 Köln

Katja Kern e. Kfr.
Papiergroßhandlung
Bonner Wall 45 - 55

50677 Köln

EINGEGANGEN
..-01-31

Ihr Zeichen, Ihre Bestellung vom	Unser Zeichen, unsere Lieferung vom	Telefon/Name (02 21) 7 22 14-	Datum
..-01-21	Z 812, ..-01-27	12	..-01-30

Rechnung 45 867

Wir sandten für Ihre Rechnung und auf Ihre Gefahr:

Artikel Nr.	Gegenstand	Paletten	Stückpreis €	Gesamtpreis €
Z 1 244	Kopierpapier S	32	1.100,00	35.200,00
K 2 627	Kopierpapier T	24	1.150,00	27.600,00
				62.800,00
		- 5 % Mengenrabatt		3.140,00
		netto		59.660,00
		+ 16 % Umsatzsteuer		9.545,60
				69.205,60

Konto	Soll	Haben

Gebucht:

| Telefon (02 21) 7 22 14-0 | Telefax (02 21) 7 22 14 36 | Deutsche Bank, Köln Konto 234 977 54 (BLZ 370 700 60) | Postbank, Köln Konto 124 45-503 (BLZ 370 100 50) |

Beleg 13

KATJA KERN KÖLN  **Papiergroßhandlung**
e. Kfr.

Katja Kern e. Kfr., Papiergroßhandlung · Bonner Wall 45–55 · 50677 Köln

Schneider OHG
Kantstraße 34 - 38

97074 Würzburg

Ihr Zeichen, Ihre Nachricht vom	Unser Zeichen, unsere Nachricht vom	Telefon/Name (02 21) 54 33 75-0	Datum ..-01-31

Bitte bei Zahlung angeben:	
Rechnung-Nr.:	Kunden-Nr.:
208	10 003

Auftrags-Nr.:	Lieferschein
193/..	146 827

Rechnung

Wir danken für Ihren Auftrag und berechnen Ihnen wie folgt:

Menge	Bezeichnung	Einzelpreis in €	Betrag in €
16 Paletten	Umschlagkarton X 404	1.850,00	29.600,00
10 Paletten	Umschlagkarton X 408	1.980,00	19.800,00

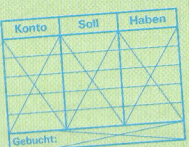

Warenwert	49.400,00
Umsatzsteuer 16 %	7.904,00
Endsumme	57.304,00

Zahlungsbedingung:
30 Tage netto

Telefax
(02 21) 54 33 75 80

Stadtsparkasse Köln
Konto 723 544 32
(BLZ 370 501 98)

Gerichtsstand: Köln
Eigentumsvorbehalt
gem. § 455 BGB

132

6470132

Beleg 14

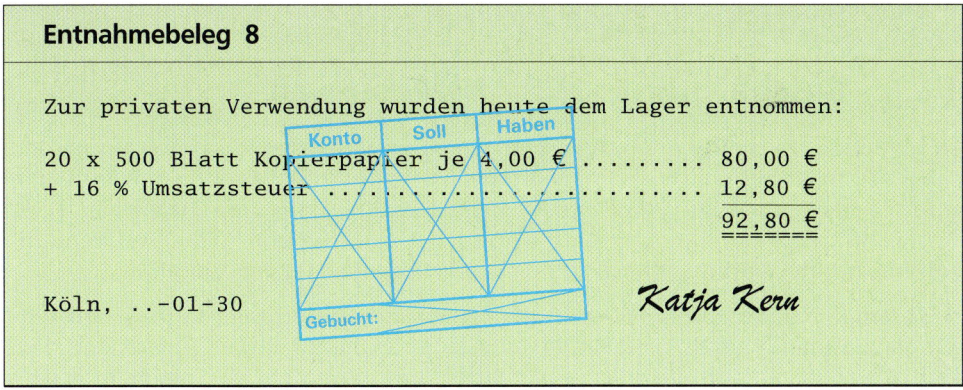

Entnahmebeleg 8

Zur privaten Verwendung wurden heute dem Lager entnommen:

20 x 500 Blatt Kopierpapier je 4,00 € .... 80,00 €
+ 16 % Umsatzsteuer .... 12,80 €
                                          92,80 €
                                          =======

Köln, ..-01-30   *Katja Kern*

Beleg 15

Buchungsanweisung	Datum: ..-01-31		Beleg-Nr.:	
Betreff: Abschreibungen auf Sachanlagen Inventurbestand an Waren			Gebucht: Datum:	
Buchungstext	Soll		Haben	
	Konto	Betrag	Konto	Betrag
a) Gebäude-Abschreibung ...... BGA-Abschreibung				
b) Inventurbestand an Waren ..				

Beleg 16

Buchungsanweisung	Datum: ..-01-31		Beleg-Nr.:	
Betreff: Umbuchungen			Gebucht: Datum:	
Buchungstext	Soll		Haben	
	Konto	Betrag	Konto	Betrag
a) Warenminderbestand				
b) Vorsteuerverrechnung				
c) Privatentnahmen				

C — Buchhalterische Erfassung betrieblicher Prozesse in Funktionsbereichen

1 Beschaffungs- und Absatzbereich

Bisher haben Sie einfache Einkäufe und Verkäufe von Handelswaren gebucht und dabei die Lieferung von Waren gegen Barzahlung und die Lieferung auf Rechnung unterschieden sowie die Umsatzsteuer berücksichtigt. Sie wissen inzwischen auch, dass der **Wareneinkauf** unmittelbar **als Aufwand** auf dem Konto **„6060 Aufwendungen für Waren (Wareneingang)"** gebucht wird (vgl. Kapitel B, 9, Seite 61).

In diesem Kapitel wollen wir Sie mit den **rechnerischen und buchhalterischen Vorgängen** vertraut machen, die üblicherweise in Verbindung mit dem Einkauf und dem Verkauf von Waren auftreten. An der Situation, dass Katja Kern **ihr Sortiment erweitern** will, zeigen wir den **vereinfachten Ablauf von der Anfrage,** die Frau Kern an mögliche Lieferanten richtet, **bis zum nachträglichen Preisnachlass,** den sie einem Kunden gewährt.

1.1 Der Einkauf von Handelswaren

1.1.1 Die Bezugskalkulation

Situation Frau Kern ist wiederholt von ihren Kunden darauf angesprochen worden, ob sie **Saugpapier** (= Küchenrollen) liefern könne. Bisher hat sie diesen Artikel nicht in ihrem Sortiment, beabsichtigt nun aber ihr Sortiment entsprechend zu erweitern. Zunächst ermittelt sie aus Lieferantenverzeichnissen (z. B. „Wer liefert was?"), aus dem Branchen-Telefonbuch („Gelbe Seiten") oder aus Fachzeitschriften mögliche Lieferanten. Anschließend schreibt sie die Lieferanten an (= Anfrage), um Angebote zu erhalten und zu vergleichen.

Beispiel 1 Die Papiergroßhandlung Kern hat die folgende Anfrage über Saugpapier an drei Lieferanten gerichtet:

```
KATJA KERN KÖLN   K Papiergroßhandlung
e. Kfr.
                                             Datum
                                             ..-11-20
  Anfrage

  Ich erbitte Ihr ausführliches Angebot mit Angabe der Zahlungs- und
  Lieferungsbedingungen für folgenden Artikel:

  20 000 Rollen Saugpapier in haushaltsüblichen Packungen, perforiert.

  Mit freundlichem Gruß

  Katja Kern
```

Beispiel 2 Die Großhandlung Kern, Köln, erhält auf ihre Anfrage drei Angebote. Der Sachbearbeiter in der Einkaufsabteilung stellt die wesentlichen Inhalte dieser Angebote in folgender Übersicht zusammen und macht sie damit vergleichbar:

Angebots-inhalt	1. Angebot Papiermühle AG, Düsseldorf	2. Angebot Deutsche Papier AG, Leipzig	3. Angebot Druck u. Papier GmbH, Hagen
Waren-bezeichnung, Qualität	Saugpapier, weiß, perforiert, auf Rollen gewickelt, 26 cm breit, mit Baumwollzusatz zur besseren Saugfähigkeit, Gewicht/Rolle 220 g	Saugpapier, bedruckt, perforiert, auf Rollen gewickelt, 26 cm breit, ohne Baumwollzusatz, Gewicht/Rolle 200 g	Saugpapier, bedruckt, perforiert, auf Rollen gewickelt, 26 cm breit, ohne Baumwollzusatz, Gewicht/Rolle 200 g
angefragte Menge	20 000 Rollen (= 10 000 Packungen)	20 000 Rollen (= 5 000 Packungen)	20 000 Rollen (= 10 000 Packungen)
Packungs-einheit	2 Rollen/Packung	4 Rollen/Packung	2 Rollen/Packung
Listenpreis je Packung	1,25 €	2,25 €	1,38 €
Rabattstaffel	10 % bei Abnahme von mind. 1 000 Packungen (= 2 000 Rollen) 15 % bei Abnahme von mind. 1 500 Packungen (= 3 000 Rollen) 20 % bei Abnahme von mind. 5 000 Packungen (= 10 000 Rollen)	5 % bei Abnahme von mind. 1 000 Packungen (= 4 000 Rollen) 10 % bei Abnahme von mind. 2 000 Packungen (= 8 000 Rollen)	15 % bei Abnahme von mind. 5 000 Packungen (= 10 000 Rollen)
Zahlungs-bedingungen	2,0 % Skonto in 10 Tagen, ohne Abzug in 40 Tagen	ohne Skontoabzug in 30 Tagen	2,5 % Skonto in 15 Tagen, ohne Abzug in 40 Tagen
Lieferungs-bedingungen	Anlieferung durch LKW, unfrei, LKW-Fracht wird mit 300,00 € in Rechnung gestellt.	Anlieferung durch LKW, frei Haus	Anlieferung durch LKW, unfrei, LKW-Fracht wird mit 400,00 € in Rechnung gestellt.
Verpackung	in Kartons zu je 100 Packungen, je Karton werden 4,00 € berechnet.	in Kartons zu je 50 Packungen, je Karton werden 6,50 € berechnet.	in Kartons zu je 100 Packungen, ohne gesonderte Berechnung.
Lieferzeit	3 Wochen	ca. 14 Tage	ca. 3–4 Wochen

Beispiel 3 Aus den Angebotsangaben erstellt der Sachbearbeiter die **Bezugskalkulation** nach folgendem Kalkulationsschema, um den günstigsten Bezugspreis (= Einstandspreis) zu errechnen. Der **Bezugspreis** gibt an, wie viel Euro Frau Kern für eine Wareneinheit (= **eine Rolle** Saugpapier) nach **Abzug aller Nachlässe** und **Einrechnung aller Bezugskosten** zahlen muss.

Typische Nachlässe auf den im Angebot genannten Listenpreis sind **Rabatte und Skonti** (vgl. Zusammenfassung auf Seite 137).

Typische Bezugskosten, die beim Wareneinkauf anfallen können und die den Einkaufspreis erhöhen, sind **Frachten, Verpackungs- und Versicherungskosten** (vgl. Zusammenfassung auf Seite 138).

Kalkulations-schema		1. Angebot Papiermühle AG		2. Angebot Deutsche Papier AG		3. Angebot Druck u. Papier GmbH
Listeneinkaufs-preis für 20 000 Rollen		12.500,00 €		11.250,00 €		13.800,00 €
− **Lieferrabatt**	20 %	2.500,00 €	10 %	1.125,00 €	15 %	2.070,00 €
Zieleinkaufspreis (= Rechnungspreis)		10.000,00 €		10.125,00 €		11.730,00 €
− **Liefererskonto**	2,0 %	200,00 €		−	2,5 %	293,25 €
Bareinkaufspreis		9.800,00 €		10.125,00 €		11.436,75 €
+ **Bezugskosten:** LKW-Fracht		300,00 €		−		400,00 €
Verpackung		400,00 €		650,00 €		−
Bezugspreis insg. (= Einstandspreis)		10.500,00 €		10.775,00 €		11.836,75 €
Bezugspreis für 1 Rolle		**0,525 €**		**0,539 €**		**0,592 €**

Lieferantenauswahl. Aus dem Angebotsvergleich (vgl. Beispiel 2) und der Kalkulation des Bezugspreises (vgl. Beispiel 3) entscheidet sich Katja Kern für einen Lieferanten; sie geht dabei folgendermaßen vor:

Als erstes Merkmal legt sie den **Preis** zugrunde: Hiernach erhält die Papiermühle AG, Düsseldorf (= 1. Angebot), den Zuschlag.

Als weiteres Merkmal zieht Frau Kern die **Qualität** heran: Hiernach sagt ihr das baumwollverstärkte Saugtuch der Papiermühle AG besonders zu, auch wenn diese Tücher nicht bedruckt sind. Frau Kern weiß zwar, dass sich viele Verbraucher bedruckte Tücher wünschen; ihr ist aber auch bewusst, dass bedruckte Tücher unnötig die Umwelt belasten, wenn sie nach dem Gebrauch in den Müll geworfen werden.

Als drittes Merkmal schaut Frau Kern auf die **Lieferzeit:** Danach schneidet die Deutsche Papier AG, Leipzig, mit 14 Tagen am besten ab. Der Abstand zum nächstbesten Lieferanten (= Papiermühle AG mit 3 Wochen) ist aber nicht groß.

Schließlich ist für Frau Kern die **Nähe zum Lieferanten** wichtig. Nach diesem Merkmal liegt ihr die Papiermühle AG, Düsseldorf, verkehrsmäßig am günstigsten.

Frau Kern entscheidet sich den Auftrag an die Papiermühle AG, Düsseldorf, zu vergeben.

6470136

Zusammenfassung

▶ Die **Bezugskalkulation** ist eine Preisberechnung, die der Käufer einer Ware, z. B. zur Ermittlung des günstigsten Angebotes, durchführt. Sie geht vom Listenpreis aus und schließt nach Berücksichtigung aller Abzüge (= Nachlässe) und aller Zurechnungen (= Bezugskosten) mit dem **Bezugspreis (= Einstandspreis)** ab.

▶ Der Käufer wendet bei der Bezugskalkulation das folgende **Rechenschema** an, an das Sie sich bei der Lösung der Übungsaufgaben halten sollten:

siehe „Prozentrechnung", Kap. H, 4 ⤶

Kalkulationsschema zur Berechnung des Bezugspreises	
Listeneinkaufspreis im Angebot	€
− **Liefererrabatt** ... %	€
= **Zieleinkaufspreis** (= Rechnungspreis)	€
− **Liefererskonto** ... %	€
= **Bareinkaufspreis**	€
+ **Bezugskosten:** z. B. LKW-/Bahnfracht, z. B. Verpackungskosten, z. B. Versicherungsprämien	€
= **Bezugspreis** (= Einstandspreis)	€

▶ Der **Bezugspreis** ist der vom Käufer zu zahlende Preis bis zum Eintreffen der Ware in seinem Lager. Er entspricht den **Anschaffungskosten** nach § 255 HGB.

Übersicht über die wesentlichen Abzüge beim Wareneinkauf	
Mengenabzüge:	
○ Tara	**Abzug vom Bruttogewicht für Verpackung.** Die Tara kann bestimmt werden als a) **wirkliche Tara** (= tatsächliches Verpackungsgewicht), b) **handelsübliche Tara** aufgrund von Erfahrungswerten oder Handelsbrauch (in der Regel als Prozenttara angegeben).
○ Leckage	**Abzug vom Warengewicht für Verluste,** die **beim Umfüllen** von Flüssigkeiten entstehen.
○ Gutgewicht	**Abzug vom Warengewicht für Verluste,** die **beim Umpacken** und Einwiegen von Schüttgütern in Kleinverpackungen entstehen.
○ Refaktie	**Abzug vom Warengewicht für fehlerhafte,** unreine oder verdorbene **Warenbestandteile.**
Wertabzüge:	
○ Liefererrabatt	In einem Prozentsatz angegebener **Abzug vom Listeneinkaufspreis,** den der Lieferer als **Mengen-, Treue-, Wiederverkäufer- oder Sonderrabatt** bei Rechnungserteilung gewährt. Rabatte werden buchmäßig nicht erfasst.
○ Liefererskonto	In einem Prozentsatz angegebener **Abzug vom Rechnungspreis für Zahlung** innerhalb einer **vereinbarten Zahlungsfrist.**

▶ **Nachlässe vermindern den Listeneinkaufspreis.** Der Listeneinkaufspreis ist der vom Lieferer kalkulierte **Warenwert je Mengeneinheit.** Er wird dem Kunden im Angebot genannt. Je nach gekaufter Menge, Warenart und vereinbarter Zahlung werden vom Lieferer **Abzüge auf die Warenmenge** (z. B. Gutgewicht), **auf den Warenwert** (z. B. Mengenrabatt) **oder auf den Rechnungspreis** (z. B. Skonto) gewährt. **Vom Lieferer abgezogene Rabatte werden buchmäßig nicht erfasst.**

Übersicht über die wichtigsten Nebenkosten beim Wareneinkauf (Bezugskosten)

Gewichtsspesen:	
○ Porto	Beförderungsentgelt für Sendungen des Postdienstes (Deutsche Post AG) und der Paketdienste.
○ LKW- und Bahnfracht	Beförderungsgebühr für Warensendungen durch Spediteure und Deutsche Bahn AG. Die Höhe der Fracht richtet sich nach der Art der Sendung, dem Gewicht und der Entfernung.
○ Hausfracht	Beförderungsgebühr für die Zustellung der Ware vom Empfangsbahnhof zum Wohnsitz des Empfängers.
○ Verlade-, Umlade- und Lagerkosten	Gebühr für die genannten Dienste. Die Höhe richtet sich nach Gewicht, Stückzahl und Dauer.
Wertspesen:	
○ Verpackungs-kosten	Aufwendungen, die der Kunde für die gesondert auf der Rechnung ausgewiesene Versandverpackung zu tragen hat.
○ Versicherungs-kosten	Prämie für die Versicherung der zu transportierenden Ware. Die Prämie wird in der Regel in Promille ($\permil$) vom Versicherungswert berechnet.
○ Vermittlungs-kosten	Hierzu zählen die Provisionen der Handelsvertreter und die Gebühren der Handelsmakler.

▶ **Bezugskosten sind Anschaffungsnebenkosten.** Nach der gesetzlichen Regelung beim Handelskauf ist der Käufer verpflichtet die Waren auf seine Kosten beim Lieferer abzuholen oder abholen zu lassen. Sofern also im Kaufvertrag keine von der gesetzlichen Regelung abweichende Vereinbarung getroffen wurde, **erhöht** sich der Einkaufspreis für den Käufer um die zusätzlich zum Kaufpreis anfallenden **Nebenkosten** (= Bezugskosten oder Anschaffungsnebenkosten). Zusammen mit dem Einkaufspreis der Ware bilden sie handelsrechtlich die **Anschaffungskosten** der Ware (§ 255 HGB). Beim Einkauf sind die Waren zu ihren Anschaffungskosten zu buchen. Die Vorsteuer gehört nicht zu den Anschaffungskosten.

▶ **Berechnung der Anschaffungskosten:**

Anschaffungspreis der Ware	(= Einkaufspreis)
− Anschaffungspreisminderungen	(= Nachlässe, Skonti, vgl. S. 148 ff.)
+ Anschaffungsnebenkosten	(= Bezugskosten)
Anschaffungskosten	**(= Bezugspreis)**

Aufgaben

127 Eine Großgärtnerei aus Düsseldorf hat zwei Angebote über Düngetorf vorliegen:

1. Lieferer A. Winter GmbH, Hannover, bietet an: 4 000 Ballen Düngetorf, Listenpreis 12,60 € je Ballen. Der Lieferer gewährt 12,5 % Mengenrabatt und bei Zahlung innerhalb von 30 Tagen 1,5 % Liefererskonto. An Speditionskosten hätte die Großgärtnerei 26,00 € je 100 Ballen Torf zu tragen.
2. Lieferer B. Horn e. K., Cottbus, bietet an: 4 000 Ballen Düngetorf, Listenpreis 14,20 € je Ballen. Der Lieferer gewährt 15 % Mengenrabatt und bei Zahlung innerhalb von 30 Tagen 2 % Liefererskonto. An Speditionskosten hätte die Großgärtnerei 27,00 € je 100 Ballen zu tragen.

Berechnen Sie den Bezugspreis für 1 Ballen und entscheiden Sie sich für einen Lieferer.

6470138

128 Der Fahrradgroßhändler Theodor Schmitz e. K., Köln, erhält folgende Angebote über Tourenräder:

1. Ein Hersteller aus Dresden bietet an: Listenpreis 120,00 € je Fahrrad. Bei Abnahme von mindestens 500 Fahrrädern werden 15 % Rabatt gewährt. Die Rechnung ist innerhalb von 10 Tagen mit 1 % Skonto oder nach 30 Tagen ohne Abzug zu begleichen. Die Verpackung berechnet der Hersteller mit 7,25 € je Fahrrad. Die Bahnfracht für die gesamte Sendung beträgt 640,00 €. Lieferzeit: 4 Wochen.

2. Ein Hersteller aus Stuttgart bietet an: Listenpreis 137,50 € je Fahrrad. Bei Abnahme von mindestens 500 Fahrrädern werden 20 % Rabatt gewährt. Die Rechnung ist innerhalb von 40 Tagen ohne Abzug zu begleichen. Die Verpackung berechnet der Hersteller mit 6,00 € je Fahrrad. Die Bahnfracht für die gesamte Sendung beträgt 480,00 €. Lieferzeit: 3 Wochen.

Erstellen Sie einen Angebotsvergleich und entscheiden Sie sich für einen Lieferanten.

---

129 Nachstehend ist die Rechnung an einen Elektrogroßhändler auszugsweise wiedergegeben:

40 Fernsehgeräte VEGA V zu je 425,00 € ab Werk	17.000,00 €
− 20 % Mengenrabatt	3.400,00 €
	13.600,00 €
+ Verpackung	240,00 €
+ Fracht	660,00 €
	14.500,00 €
+ 16 % Umsatzsteuer	2.320,00 €
	16.820,00 €
Der Rechnungsbetrag ist innerhalb von 15 Tagen mit 2 % Skonto zu zahlen.	

In dieser Rechnung sind Verpackungs- und Frachtkosten in den Warenwert einbezogen worden. Sie **fallen mithin unter den Skontoabzug.**

Berechnen Sie den Bezugspreis für ein Fernsehgerät.

---

130 Für die Kalkulation des Bezugspreises wird ein bestimmtes Rechenschema verwendet. Der Einkäufer einer Elektro-Großhandlung kalkuliert aufgrund eines Angebotes den Bezugspreis für eine Stereoanlage nach folgendem Rechenschema:

Listenpreis für eine Stereoanlage PLUS-Optima V	940,00 €
− 2,5 % Liefererskonto	23,50 €
Zieleinkaufspreis	916,50 €
− 10 % Mengenrabatt	91,65 €
Bareinkaufspreis	824,85 €
+ Bezugskosten (Fracht, Verpackung) für eine Anlage	16,15 €
Bezugspreis für eine Anlage	841,00 €

1. *Was ist an dem Rechenschema zu beanstanden?*
2. *Hat die Anwendung des „falschen" Rechenschemas Auswirkung auf den Bezugspreis? (Begründung!)*

131 *Ergänzen Sie die Leerstellen im nachfolgenden Text durch sinngemäße Begriffe:*

Angebotsvergleiche sind besonders dann wichtig, wenn der Großhändler beabsichtigt sein Sortiment zu •••. Er wird geeignete Lieferanten aus ••• oder aus ••• heraussuchen. Bei der Lieferantenauswahl sind mehrere Gesichtspunkte zu beachten, besonders wichtig sind: •••, •••, •••. Aus den Angaben im Angebot erstellt der Kunde eine Kalkulation, die die Berechnung des ••• zum Ziel hat. Ein anderer Ausdruck für Bezugspreis heißt •••. Wertabzüge und Nebenkosten beim Einkauf beeinflussen den Bezugspreis. Zu den Wertabzügen gehören z. B. ••• und •••, zu den Nebenkosten rechnen •••, ••• und •••.

132 Die Baustoffgroßhandlung Erich Wette OHG, Bielefeld, liefert an die Bauunternehmung A. Breidenbach KG, Gütersloh, 400 Sack Zement und legt der Sendung folgende Rechnung bei:

ERICH WETTE OHG
Baustoffe · Bielefeld

Erich Wette OHG, Baustoffe, Industriestraße 4, 33689 Bielefeld

Bauunternehmung
A. Breidenbach KG
Tannenweg 32

33334 Gütersloh

Ihre Bestellung vom ..-06-18   Datum ..-06-23

Rechnung 3357-4/..

Wir lieferten Ihnen durch unseren LKW — unfrei — an Ihre obige Anschrift:

Menge	Artikel	Einzelpreis	Rabatt	Gesamtpreis
400 Sack	Portland-Zement	8,25 €/Sack	25 %	2.475,00 €
	Transportkosten			150,00 €
				2.625,00 €
	Umsatzsteuer 16 %			420,00 €
				3.045,00 €

Die Rechnung ist innerhalb von 10 Tagen mit 1,5 % Skonto oder nach spätestens 30 Tagen ohne Abzug zu begleichen.

Bankverbindung: Commerzbank Bielefeld, Konto 445 632 002 (BLZ 480 400 35)

Berechnen Sie für die A. Breidenbach KG den Bezugspreis für einen Sack Zement.

133 Die Sanitärgroßhandlung Meyrich GmbH, Aachen, bezieht 200 Pakete Wandfliesen der Größe 16,5 x 16,5 cm von dem Fliesenhersteller Deutsche Keramik GmbH, Neuwied. In jedem Paket befinden sich 35 Fliesen. Der Hersteller gewährt 2 % Mengenabzug für Bruch und berechnet die Restmenge zu einem Preis von 31,50 € je Paket. Außerdem zieht der Hersteller 5 % Mengenrabatt ab. Bei Zahlung innerhalb von 10 Tagen erhält der Kunde 1 % Skonto. Die LKW-Fracht des Spediteurs beträgt 820,00 €, die Transportversicherung 64,50 €.

Berechnen Sie den Bezugspreis für ein Paket Fliesen.

1.1.2 Kontrolle und Buchung der Eingangsrechnung

Situation Aufgrund ihrer Bestellung über 20 000 Rollen Saugpapier an die Papiermühle AG, Düsseldorf (vgl. Seite 136), erhält die Großhandlung Kern zusammen mit der Ware folgende **Rechnung** (= Eingangsrechnung):

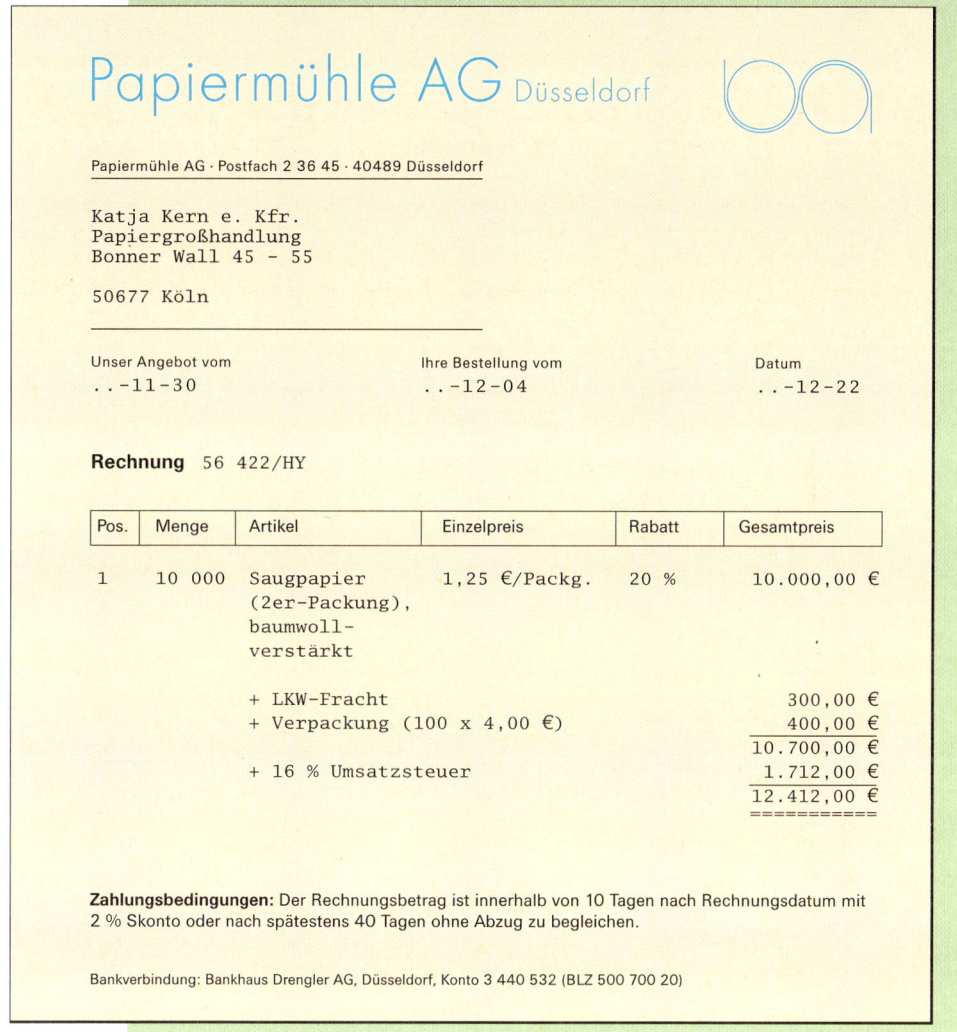

Papiermühle AG Düsseldorf

Papiermühle AG · Postfach 2 36 45 · 40489 Düsseldorf

Katja Kern e. Kfr.
Papiergroßhandlung
Bonner Wall 45 - 55

50677 Köln

Unser Angebot vom	Ihre Bestellung vom	Datum
..-11-30	..-12-04	..-12-22

Rechnung 56 422/HY

Pos.	Menge	Artikel	Einzelpreis	Rabatt	Gesamtpreis
1	10 000	Saugpapier (2er-Packung), baumwoll- verstärkt	1,25 €/Packg.	20 %	10.000,00 €
		+ LKW-Fracht			300,00 €
		+ Verpackung (100 x 4,00 €)			400,00 €
					10.700,00 €
		+ 16 % Umsatzsteuer			1.712,00 €
					12.412,00 €

Zahlungsbedingungen: Der Rechnungsbetrag ist innerhalb von 10 Tagen nach Rechnungsdatum mit 2 % Skonto oder nach spätestens 40 Tagen ohne Abzug zu begleichen.

Bankverbindung: Bankhaus Drengler AG, Düsseldorf, Konto 3 440 532 (BLZ 500 700 20)

Warenkontrolle. Unmittelbar nachdem die Ware eingegangen ist, kontrolliert der Lagerverwalter deren Menge und stellt fest, ob die Ware Mängel aufweist. Er vergleicht die kontrollierte Menge mit den Angaben auf der Bestellungskopie und dem Lieferschein. Wenn bestellte und gelieferte Menge übereinstimmen, schreibt er eine Wareneingangsmeldung aus, die er an die Einkaufsabteilung weiterleitet.

Rechnungskontrolle. In der Einkaufsabteilung vergleicht der Sachbearbeiter die inzwischen vorliegende Rechnung mit der Bestellung und prüft, ob die Rechnung rechnerisch richtig ist. Mit seinem Prüfvermerk versehen leitet er die Rechnung weiter an die Buchhaltung, wo die Rechnung gebucht und die Zahlung des Rechnungsbetrags (in der Regel unter Skontoausnutzung) veranlasst werden.

Buchhalterische Erfassung der Bezugskosten. Für die Buchung der Eingangs-rechnung wendet der Sachbearbeiter grundsätzlich den Ihnen bereits bekannten **Buchungssatz** beim Wareneinkauf an (vgl. S. 61 f.). In der vorstehenden Rechnung hat er zu beachten, dass **Bezugskosten** (LKW-Fracht, Verpackung) in Höhe von 700,00 € berechnet werden. Diese Bezugskosten können — zusammen mit dem Warenwert — unmittelbar auf dem Konto „6060 Aufwendungen für Waren" gebucht werden. Für die Kalkulation der Warenpreise ist es jedoch zweckmäßiger, sie zunächst **gesondert auf einem Unterkonto des Kontos „6060 Aufwendungen für Waren" zu erfassen**, nämlich auf dem Konto

6061 Bezugskosten.

Buchung auf Warengruppenkonten. Der Sachbearbeiter in der Buchhaltung über-legt, dass es nicht sinnvoll ist, den Warenwert der **neuen Warengruppe „Saugpapier"** zusammen mit den Wareneinkäufen der anderen Warengruppen auf ein gemeinsames Konto „Aufwendungen für Waren" zu buchen. Dann kann er nicht mehr auf einen Blick die Wareneingänge und Bezugskosten der einzelnen Warengruppen feststellen, um z. B. die Bezugspreise oder die Warenrohgewinne jeder Warengruppe zu kontrollieren. Neben dem **allgemeinen Wareneingangskonto „6060 Aufwendungen für Waren"** soll jede Warengruppe ihr eigenes Wareneingangskonto mit je einem entsprechenden Unterkonto für Bezugskosten erhalten:

6070 Aufwendungen für Druckpapier	6075 Aufwendungen für Kopierpapier	6080 Aufwendungen für Umschlagkarton	6085 Aufwendungen für Saugpapier
6071 Bezugskosten für Druckpapier	6076 Bezugskosten für Kopierpapier	6081 Bezugskosten für Umschlagkarton	6086 Bezugskosten für Saugpapier

❶ Buchung der Eingangsrechnung	Soll	Haben
6085 Aufwendungen für Saugpapier .	10.000,00	
6086 Bezugskosten für Saugpapier ...	700,00	
2600 Vorsteuer	1.712,00	
an 4400 Verbindlichkeiten a. LL		12.412,00

Umbuchung der Bezugskosten. Die Warenbezugskosten werden monatlich oder vierteljährlich auf das entsprechende Wareneingangskonto umgebucht. Dadurch wird erreicht, dass auf dem Wareneingangskonto — entsprechend der Bestimmung des HGB — die **Anschaffungskosten** (= Bezugspreise) ausgewiesen werden.

❷ Umbuchung der Bezugskosten	Soll	Haben
6085 Aufwendungen für Saugpapier .	700,00	
an 6086 Bezugskosten f. Saugpapier		700,00

S	6085 Aufwendungen für Saugpapier	H		S	4400 Verbindlichkeiten a. LL	H
❶	10.000,00				❶	12.412,00
❷	700,00					

S	6086 Bezugskosten für Saugpapier	H
❶	700,00	❷ 700,00

S	2600 Vorsteuer	H
❶	1.712,00	

Aufgaben

134   *Buchen Sie die Eingangsrechnung beim Elektrogroßhändler aus Aufgabe 129, Seite 139, auf das Konto „6060 Aufwendungen für Waren" mit entsprechendem Unterkonto für die Warenbezugskosten.*

Buchen Sie danach die Bezugskosten auf das Konto „Aufwendungen für Waren" um.

135   *Buchen Sie für die A. Breidenbach KG die Eingangsrechnung über die Zementlieferung (vgl. Aufgabe 132, Seite 140).*

Die Bezugskosten sind auf das Unterkonto „6061 Bezugskosten" zu buchen und dann auf das Konto „6060 Aufwendungen für Waren" umzubuchen.

136   Die Eingangsrechnung ER 4284 über 4.400,00 € Warenwert, 100,00 € Verpackungskosten und 720,00 € Umsatzsteuer wurde wie folgt gebucht:

```
6060 Aufwendungen für Waren .........   4.400,00
6061 Bezugskosten .....................    100,00
4800 Umsatzsteuer .....................    720,00
     an 4400 Verbindlichkeiten a. LL .................   5.220,00
```

Erstellen Sie einen Beleg für die Berichtigung der Falschbuchung (Stornobuchung) und buchen Sie richtig.

137   *Buchen Sie die Eingangsrechnung auf den Konten 2600, 4400, 6060, 6061:*

BERGMEISTER GmbH

BELEUCHTUNGEN

Bergmeister GmbH · Kölnstraße 244 · 53117 Bonn

H. Stellmag KG
Elektrogroßhandlung
Brückenstraße 56

51379 Leverkusen

Ihr Auftrag vom ..-06-23

Datum
..-07-03

Rechnung   45 694/SY

Wir lieferten auf Ihre Rechnung und Gefahr:

200 Stück NOBI-Spot-Schienen-Set, schwarz, 120 cm lang, inkl. je 3 Halogenkaltlichtreflektoren	14.000,00 €
+ Frachtkostenanteil	250,00 €
	14.250,00 €
+ 16 % Umsatzsteuer	2.280,00 €
	16.530,00 €

Die Rechnung ist innerhalb von 15 Tagen mit 2 % Skonto oder nach 40 Tagen ohne Abzug zu begleichen.

Bankverbindung: Deutsche Bank, Bonn · Konto 345 667 840 · (BLZ 380 700 59)

138   *Erstellen und buchen Sie für die Meyrich GmbH, Aachen, die Eingangsrechnung über die Wandfliesen (vgl. Aufgabe 133, Seite 140).*

Die Bezugskosten sind zunächst auf das Unterkonto „6061 Bezugskosten" zu buchen und anschließend auf das Konto „6060 Aufwendungen für Waren" umzubuchen.

139 Für eine Warenlieferung liegt folgende Rechnung vor:

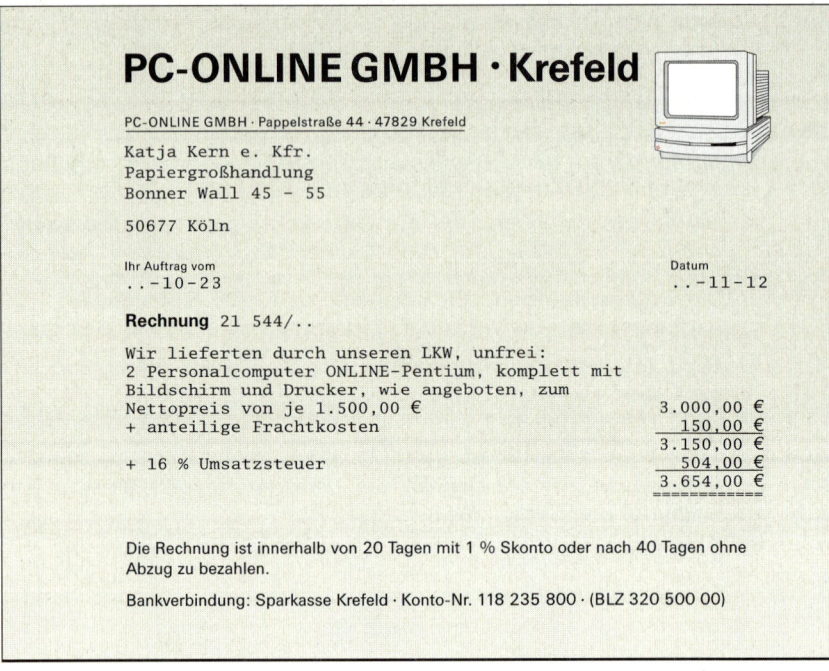

PC-ONLINE GMBH · Krefeld

PC-ONLINE GMBH · Pappelstraße 44 · 47829 Krefeld

Katja Kern e. Kfr.
Papiergroßhandlung
Bonner Wall 45 – 55

50677 Köln

Ihr Auftrag vom	Datum
..-10-23	..-11-12

Rechnung 21 544/..

Wir lieferten durch unseren LKW, unfrei:
2 Personalcomputer ONLINE-Pentium, komplett mit
Bildschirm und Drucker, wie angeboten, zum
Nettopreis von je 1.500,00 €   3.000,00 €
+ anteilige Frachtkosten   150,00 €
                                     3.150,00 €
+ 16 % Umsatzsteuer   504,00 €
                                     3.654,00 €
                                   ============

Die Rechnung ist innerhalb von 20 Tagen mit 1 % Skonto oder nach 40 Tagen ohne
Abzug zu bezahlen.

Bankverbindung: Sparkasse Krefeld · Konto-Nr. 118 235 800 · (BLZ 320 500 00)

Buchen Sie die Rechnung für die Papiergroßhandlung Katja Kern e. Kfr.

140 *Die folgende Eingangsrechnung in Kurzform ist zu buchen:*

Wir lieferten auf Ihre Rechnung und Gefahr:

Menge	Artikel	Einzelpreis	Rabatt	Gesamtpreis
16	Fernsehgeräte VST 88	550,00 €	25 %	6.600,00 €
	+ Verpackung			150,00 €
	+ Frachtkosten			400,00 €
	+ Transport- versicherung			50,00 €
				7.200,00 €
	+ 16 % USt			1.152,00 €
				8.352,00 €
				==========

Die Rechnung ist innerhalb von 10 Tagen mit 2,5 % Skonto oder nach 30 Tagen ohne Abzug
zu begleichen.

Bankverbindung: Stadtsparkasse Leverkusen, Konto-Nr. 556 788 920 (BLZ 375 514 40)

Schließen Sie das Konto „6061 Bezugskosten" ab.

6470144

1.2   Warenrücksendungen an Lieferer

Situation   Der Lagerverwalter in der Großhandlung Kern hat das Saugpapier geprüft und keinen sichtbaren Mangel festgestellt (vgl. Seite 141). Erst nach 14 Tagen stellt er bei einer Nachkontrolle fest, dass bei **300 Packungen** das Saugpapier einge- rissen ist, weil es bei der Herstellung offensichtlich schief aufgewickelt worden ist. Frau Kern vereinbart mit dem Lieferer, der Papiermühle AG, Düsseldorf, die Rücksendung der fehlerhaften Packungen. Die Papiermühle AG erteilt folgende **Gutschrift** über die zurückgenommene Ware:

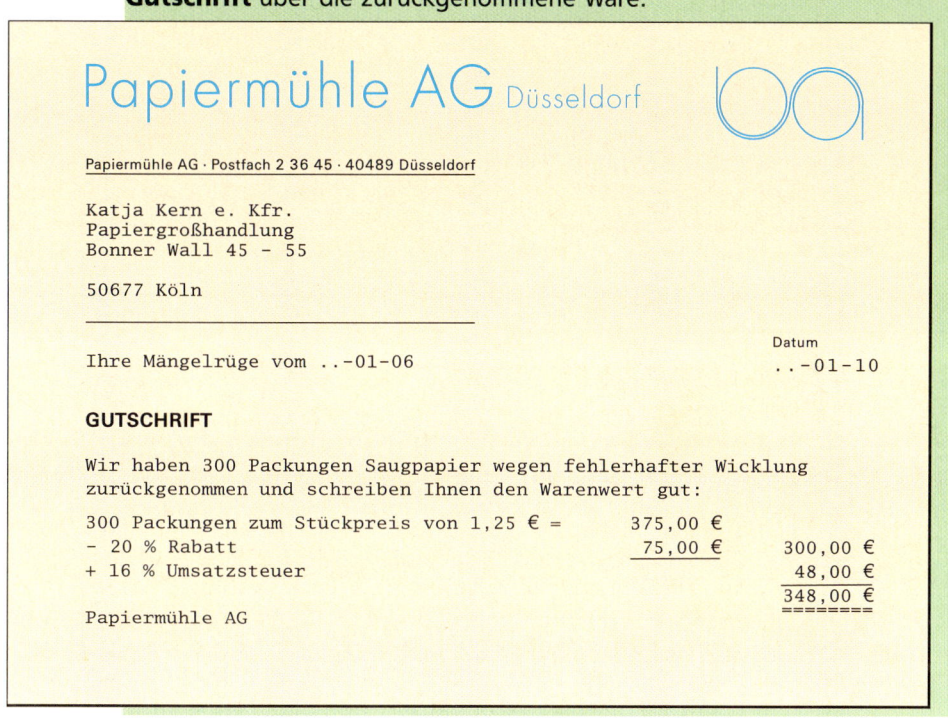

```
Papiermühle AG Düsseldorf                        ꓳꓳꓵ

  Papiermühle AG · Postfach 2 36 45 · 40489 Düsseldorf

  Katja Kern e. Kfr.
  Papiergroßhandlung
  Bonner Wall 45 - 55

  50677 Köln
  _____

                                            Datum
  Ihre Mängelrüge vom ..-01-06              ..-01-10

  GUTSCHRIFT

  Wir haben 300 Packungen Saugpapier wegen fehlerhafter Wicklung
  zurückgenommen und schreiben Ihnen den Warenwert gut:

  300 Packungen zum Stückpreis von 1,25 € =    375,00 €
  - 20 % Rabatt                                 75,00 €    300,00 €
  + 16 % Umsatzsteuer                                       48,00 €
                                                           _____
                                                           348,00 €
  Papiermühle AG                                           ========
```

Rücksendungen von Waren an den Lieferer führen letztlich zu einer entsprechenden **Berichtigung** der auf dem **Wareneingangskonto** gebuchten Waren **und** der gebuchten **Vorsteuer** sowie der **Verbindlichkeiten a. LL.** Aus Gründen der besseren Übersicht wird die Warenrücksendung in der Regel nicht direkt auf der Habenseite des Wareneingangskontos gebucht, sondern zunächst auf einem **Unterkonto:** allgemein: **„6062 Nachlässe/Rücksendungen".** Die auf dem Konto 6062 erfassten Beträge wer- den dann meist **monatlich umgebucht** auf das Hauptkonto **„6060 Aufwendungen für Waren".**

Für die Warengruppen stehen folgende **Unterkonten** zur Verfügung:

6070 Aufwendungen für Druckpapier	6075 Aufwendungen für Kopierpapier	6080 Aufwendungen für Umschlagkarton	6085 Aufwendungen für Saugpapier
6072 Nachl./Rücks. bei Druckpapier	6077 Nachl./Rücks. bei Kopierpapier	6082 Nachl./Rücks. bei Umschlagkarton	6087 Nachl./Rücks. bei Saugpapier

❶ Buchung d. Eingangsrechnung (S. 142):	Soll	Haben
6085 Aufwendungen für Saugpapier ..	10.000,00	
6086 Bezugskosten für Saugpapier	700,00	
2600 Vorsteuer	1.712,00	
an **4400 Verbindlichkeiten a. LL**		12.412,00

❷ Umbuchung der Bezugskosten (S. 142):	Soll	Haben
6085 Aufwendungen für Saugpapier	700,00	
an 6086 Bezugskosten f. Saugpapier ..		700,00

❸ Buchung der Rücksendung aufgrund der Gutschrift des Lieferers	Soll	Haben
4400 Verbindlichkeiten a. LL	348,00	
an 6087 Nachl./Rücks. bei Saugpapier .		300,00
an 2600 Vorsteuer		48,00

❹ Umbuchung der Rücksendungen	Soll	Haben
6087 Nachl./Rücks. bei Saugpapier	300,00	
an 6085 Aufwendungen f. Saugpapier		300,00

S	6085 Aufwendungen für Saugpapier	H		S	4400 Verbindlichkeiten a. LL	H
❶	10.000,00	❹ 300,00		❸	348,00	❶ 12.412,00
❷	700,00					

S	6086 Bezugskosten für Saugpapier	H		S	6087 Nachl./Rücks. bei Saugpapier	H
❶	700,00	❷ 700,00		❹	300,00	❸ 300,00

S	2600 Vorsteuer	H
❶	1.712,00	❸ 48,00

Zusammenfassung

▶ **Eingangsrechnungen** sind zunächst auf **sachliche und rechnerische Richtigkeit** zu **prüfen,** bevor sie in der Buchhaltung gebucht und bezahlt werden.

▶ Die in den Eingangsrechnungen aufgeführten **Bezugskosten** (z. B. Fracht, Verpackung, Versicherung) werden zunächst auf das **Unterkonto** „Bezugskosten" gebucht. Der Unternehmer bucht die Bezugskosten deshalb getrennt, weil er nur so feststellen kann, wie hoch der Anteil der Bezugskosten am Wert der z. B. in einem Monat gekauften Waren **durchschnittlich** ist. Diese Angabe benötigt er für seine **Kalkulation (= Preisberechnung):**

Beispiel Im Monat Februar hat die Papiergroßhandlung Kern Druckpapier im Wert von 200.000,00 € gekauft und dabei insgesamt 4.000,00 € Bezugskosten bezahlen müssen. Das sind durchschnittlich **2 %.** Also wird Frau Kern in der Bezugskalkulation mit einem Zuschlag für Bezugskosten von 2 % rechnen.

▶ Zu einem späteren Zeitpunkt (z. B. monatlich, spätestens aber zum Jahresende) erfolgt die **Umbuchung der Bezugskosten** auf das Konto „Aufwendungen für Waren". Diese Umbuchung ist erforderlich, um auf dem **Konto „Aufwendungen für Waren"** die **Anschaffungskosten (= Bezugspreis)** ausweisen zu können.

▶ **Jeder Warengruppe** wird je ein **eigenes Warenbestands-, Wareneingangs- und Bezugskostenkonto** zugewiesen. Dadurch wird die Buchhaltung übersichtlicher, sodass sehr schnell die genauen Warenbestände, Wareneingänge und Bezugskosten für jede Warengruppe abgelesen werden können.

▶ Schickt der Unternehmer **Waren an den Lieferer zurück,** weil diese falsch oder mit Mängeln behaftet geliefert wurden, so **verringert sich der Warenwert** (auf der Habenseite des Kontos **6060 Aufwendungen für Waren**). Warenrücksendungen an den Lieferer werden auf dem **Unterkonto des Wareneingangskontos** gebucht: **6062 Nachlässe/Rücksendungen.** Die nachträgliche Verringerung des Warenwertes führt zwangsläufig dazu, dass die **Vorsteuer anteilig zu berichtigen** ist.

6470146

141   Die Baustoffgroßhandlung Erich Wette OHG, Bielefeld, verzeichnet in ihrer Buchhaltung am 27. Dezember .. folgende vorläufige Summenbilanz:

Vorläufige Summenbilanz	Soll	Haben
0800 Betriebs- und Geschäftsausstattung	192.026,00	2.500,00
2280 Warenbestand	350.000,00	–
2400 Forderungen a. LL	874.200,00	782.300,00
2600 Vorsteuer	88.272,00	48.600,00
2800 Bank	931.428,00	700.810,00
2880 Kasse	65.200,00	53.400,00
3000 Eigenkapital	–	621.500,00
3001 Privat	48.400,00	–
4400 Verbindlichkeiten a. LL	463.400,00	542.100,00
4800 Umsatzsteuer	48.600,00	144.416,00
5100 Umsatzerlöse für Waren	–	890.600,00
5420 Entnahme v. G. u. s. L. mit U.-Steuer	–	12.000,00
6060 Aufwendungen für Waren	450.400,00	–
6061 Bezugskosten	41.300,00	5.600,00
6062 Nachlässe/Rücksendungen	–	–
6520 Abschreibungen auf Sachanlagen	–	–
6700 Mieten	100.600,00	–
6800 Büromaterial	60.000,00	–
6900 Versicherungsbeiträge	40.000,00	–
70.. Betriebliche Steuern	50.000,00	–
	3.803.826,00	3.803.826,00

*Richten Sie noch folgende **Abschlusskonten** ein:* 8020 GuV, 8010 SBK.
Bis zum Abschlusstag 31. Dez. sind noch folgende **Geschäftsfälle** zu buchen:

	€	€
1. Eingangsrechnung 53 456, Warenwert	8.500,00	
Verpackungskosten	240,00	
LKW-Fracht	460,00	
Umsatzsteuer	1.472,00	10.672,00
2. Barzahlung der Hausfracht hierauf einschließlich		
Umsatzsteuer		232,00
3. Eingangsrechnung 53 457, Warenwert	5.700,00	
Fracht	600,00	
Transportversicherung	200,00	
Umsatzsteuer	1.040,00	7.540,00
4. Mietzahlung durch Banküberweisung		8.500,00
5. Privatentnahme von Waren		
einschließlich Umsatzsteuer		580,00
6. Ausgangsrechnung 48 775, netto	12.400,00	
Umsatzsteuer	1.984,00	14.384,00
7. Rücksendung beschädigter Waren an den Lieferer,		
netto	2.000,00	
Umsatzsteuer	320,00	2.320,00

Abschlussangaben: Warenendbestand lt. Inventur 160.000,00
                        Abschreibung auf BGA 20.000,00

Aufgaben
1. *Bilden Sie die Buchungssätze und buchen Sie auf den Hauptbuchkonten.*
2. *Führen Sie den Abschluss (einschließlich der Umbuchungen) durch.*

142   *Ermitteln Sie aus Aufgabe 141: a) den Einstandswert der eingekauften Waren, b) den Wareneinsatz und c) den Warenrohgewinn.*

1.3   Nachträgliche Preisnachlässe der Lieferer aufgrund von Mängelrügen

Situation Der Lagerverwalter im Unternehmen Kern kontrolliert das von der Papiermühle AG gelieferte Saugpapier (vgl. Eingangsrechnung auf Seite 141) und stellt fest, dass das Saugpapier auf einer Palette einen **geringen Mangel** aufweist: Die Rollen sind nicht sauber geschnitten, könnten aber **mit einem Preisnachlass als II. Wahl noch verkauft werden.** Frau Kern schreibt eine Mängelrüge an die Papiermühle AG, in der sie einen Preisnachlass von 250,00 € verlangt. Die Papiermühle AG erteilt daraufhin folgende Gutschrift:

Papiermühle AG Düsseldorf

Papiermühle AG · Postfach 2 36 45 · 40489 Düsseldorf

Katja Kern e. Kfr.
Papiergroßhandlung
Bonner Wall 45 – 55

50677 Köln

Ihre Mängelrüge vom ..-01-10

Datum
..-01-16

GUTSCHRIFT

Wir bedauern, dass das Saugpapier auf einer Palette unsauber geschnitten ist.

Die Schneidevorrichtung, die zu diesem Mangel geführt hat, ist inzwischen ausgewechselt worden. Auf die mangelhaft gelieferte Ware gewähren wir Ihnen einen Nachlass von:

	250,00 €
+ 16 % Umsatzsteuer	40,00 €
	290,00 €

Wir bitten um entsprechende Buchung.

Papiermühle AG

ppa. *Bergmeister*

Buchhalterische Erfassung von Preisnachlässen. Preisnachlässe, die einem Kunden vom Lieferer aufgrund einer **Mängelrüge** gewährt werden, **mindern** nachträglich den Wert der eingekauften Waren. Sie heißen auch **Anschaffungspreisminderungen.** Aus Gründen der besseren Übersicht werden diese Nachlässe nicht direkt auf dem Wareneingangskonto (allgemein: „6060 Aufwendungen für Waren") gebucht, sondern zunächst auf dem entsprechenden **Unterkonto** (allgemein: **„6062 Nachlässe/Rücksendungen").** Folgende **Unterkonten** für **jede Warengruppe** stehen zur Verfügung:

6070 Aufwendungen für Druckpapier	6075 Aufwendungen für Kopierpapier	6080 Aufwendungen für Umschlagkarton	6085 Aufwendungen für Saugpapier
6072 Nachl./Rücks. bei Druckpapier	6077 Nachl./Rücks. bei Kopierpapier	6082 Nachl./Rücks. bei Umschlagkarton	6087 Nachl./Rücks. bei Saugpapier

Umbuchung. Zum Jahresschluss werden die Unterkonten „Nachlässe/Rücksendungen" über die entsprechenden Wareneingangskonten abgeschlossen. **Auf den Wareneingangskonten** stehen dann die **berichtigten Anschaffungskosten** (= Bezugspreise).

Berichtigung der Vorsteuer. Die **nachträgliche Minderung** des Warenwertes durch den **Preisnachlass** hat eine nachträgliche **Verringerung der** (bereits gebuchten) **Vorsteuer** zur Folge. Daher ist auf der Gutschrift des Lieferers nicht nur der **Preisnachlass**, sondern auch **die darauf entfallende Vorsteuer** ausgewiesen (vgl. Seite 148).

❶ Buchung der Eingangsrechnung (vgl. Seite 142)	Soll	Haben
6085 Aufwendungen für Saugpapier .	10.000,00	
6086 Bezugskosten für Saugpapier ...	700,00	
2600 Vorsteuer	1.712,00	
an 4400 Verbindlichkeiten a. LL		12.412,00

❷ Umbuchung der Bezugskosten	Soll	Haben
6085 Aufwendungen für Saugpapier .	700,00	
an 6086 Bezugskosten f. Saugpapier		700,00

❸ Buchung des Preisnachlasses aufgrund der Gutschrift des Lieferers	Soll	Haben
4400 Verbindlichkeiten a. LL	290,00	
an 6087 Nachl./Rücks. b. Saugpapier		250,00
an 2600 Vorsteuer		40,00

❹ Umbuchung der Nachlässe am Ende der Rechnungsperiode	Soll	Haben
6087 Nachl./Rücks. bei Saugpapier ...	250,00	
an 6085 Aufwend. für Saugpapier .		250,00

Steuerberichtigung bei Datenverarbeitungsprogrammen. Wird die Buchhaltung über ein **Finanzbuchhaltungsprogramm** geführt, nimmt das Programm die Steuerberichtigung (vgl. Buchung ❸) **automatisch** vor. Es wird auf dem Konto „6087 Nachlässe/Rücksendungen bei Saugpapier" nur der Gesamtbetrag von 290,00 € eingegeben. Das FIBU-Programm rechnet die zu berichtigende Vorsteuer aus und bucht sie automatisch im Haben des Kontos „2600 Vorsteuer".

S	6085 Aufwendungen für Saugpapier	H
❶	10.000,00	❹ 250,00
❷	700,00	

S	4400 Verbindlichkeiten a. LL	H
❸	290,00	❶ 12.412,00

S	6086 Bezugskosten für Saugpapier	H
❶	700,00	❷ 700,00

S	6087 Nachl./Rücks. bei Saugpapier	H
❹	250,00	❸ 250,00

S	2600 Vorsteuer	H
❶	1.712,00	❸ 40,00

Das Konto „6085 Aufwendungen für Saugpapier" zeigt nach der Umbuchung des Nachlasses den berichtigten Warenwert (= **Anschaffungskosten** nach HGB) für diese Bestellung:

Anschaffungspreis (= Warenwert)	10.000,00 €
+ Anschaffungsnebenkosten (= Bezugskosten)	700,00 €
− Anschaffungspreisminderungen (= Nachlässe)	250,00 €
Anschaffungskosten (= Bezugspreis)	**10.450,00 €**

Zusammenfassung

▶ **Nachträgliche Preisnachlässe gewährt der Lieferer** in der Regel aufgrund einer **Mängelrüge** des Kunden. Der Kunde behält die Ware, kann sie aber nur noch zu einem ermäßigten Preis absetzen. Die Differenz zwischen dem regulären Verkaufspreis und dem ermäßigten Preis lässt sich der Kunde vom Lieferer gutschreiben.

▶ **Nachlässe** werden zunächst auf einem **Unterkonto (allgemein: „6062 Nachlässe/Rücksendungen")** des Wareneingangskontos (allgemein: „6060 Aufwendungen für Waren") gebucht und monatlich oder spätestens am Jahresende auf das Wareneingangskonto umgebucht.

▶ **Nachlässe mindern den Wert** der gekauften Ware **und** damit auch die auf sie entfallende **Vorsteuer**. Die Vorsteuer ist um den in der Gutschrift genannten Betrag zu berichtigen. Sollte in einer Gutschrift der Betrag, um den die Vorsteuer zu berichtigen ist, nicht extra ausgewiesen sein, muss der Kaufmann sie berechnen:

↪ siehe „Prozentrechnung", Kap. H, 4

Beispiel	Es soll angenommen werden, dass in der Gutschrift auf Seite 148 nur der Bruttobetrag von 290,00 € genannt ist. Dann muss der Betrag, um den die Vorsteuer zu berichtigen ist, wie folgt berechnet werden:

$$\begin{matrix} 116\ \% \sim 290,00\ € \\ 16\ \% \sim \quad x \quad € \end{matrix} \qquad x\ € = \frac{290,00\ € \cdot 16\ \%}{116\ \%} = 40,00\ €$$

▶ Der Lieferer kann auch **nachträglich** einen **Bonus** gewähren, der auf einem **Unterkonto (allgemein: „6064 Liefererboni")** gebucht wird. Der Bonus ist ein Mengen-, Treue- oder Umsatzrabatt, der am Ende einer Rechnungsperiode (z.B. zum Jahresende) auf den insgesamt erreichten **Warenumsatz** gewährt wird.

Aufgaben

143 *Buchen Sie die Gutschrift für die Möbelgroßhandlung Werner Theuer e. Kfm.:*

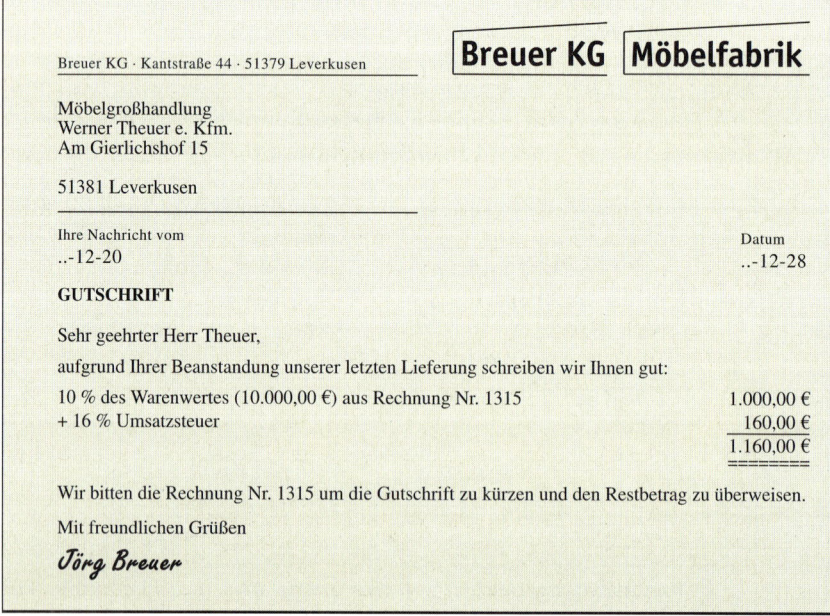

Breuer KG · Kantstraße 44 · 51379 Leverkusen

Breuer KG | Möbelfabrik

Möbelgroßhandlung
Werner Theuer e. Kfm.
Am Gierlichshof 15

51381 Leverkusen

Ihre Nachricht vom	Datum
..-12-20	..-12-28

GUTSCHRIFT

Sehr geehrter Herr Theuer,

aufgrund Ihrer Beanstandung unserer letzten Lieferung schreiben wir Ihnen gut:

10 % des Warenwertes (10.000,00 €) aus Rechnung Nr. 1315	1.000,00 €
+ 16 % Umsatzsteuer	160,00 €
	1.160,00 €

Wir bitten die Rechnung Nr. 1315 um die Gutschrift zu kürzen und den Restbetrag zu überweisen.

Mit freundlichen Grüßen

Jörg Breuer

144 Ein Warenlieferer gewährt uns wegen Mängelrüge einen Preisnachlass von 10 % des Rechnungsbetrages. Der Rechnungsbetrag (ER 488) lautete über 11.600,00 €.
1. *Ermitteln Sie die Gutschrift und die Steuerberichtigung.*
2. *Erstellen Sie die entsprechende Gutschriftsanzeige.*
3. *Nennen Sie den Buchungssatz aufgrund der Gutschriftsanzeige.*

---

145 Gutschrift über eine Umsatzvergütung von 3 % auf den Nettowarenumsatz des 2. Halbjahres in Höhe von 350.000,00 €.
1. *Erstellen Sie die Gutschriftsanzeige.*
2. *Wie bucht der Kunde?*
3. *Erläutern Sie die Auswirkung der Boni im Einkaufsbereich.*

---

146 *Buchen Sie den folgenden Beleg in der Finanzbuchhaltung von Birgit Tempel e. Kfr.*

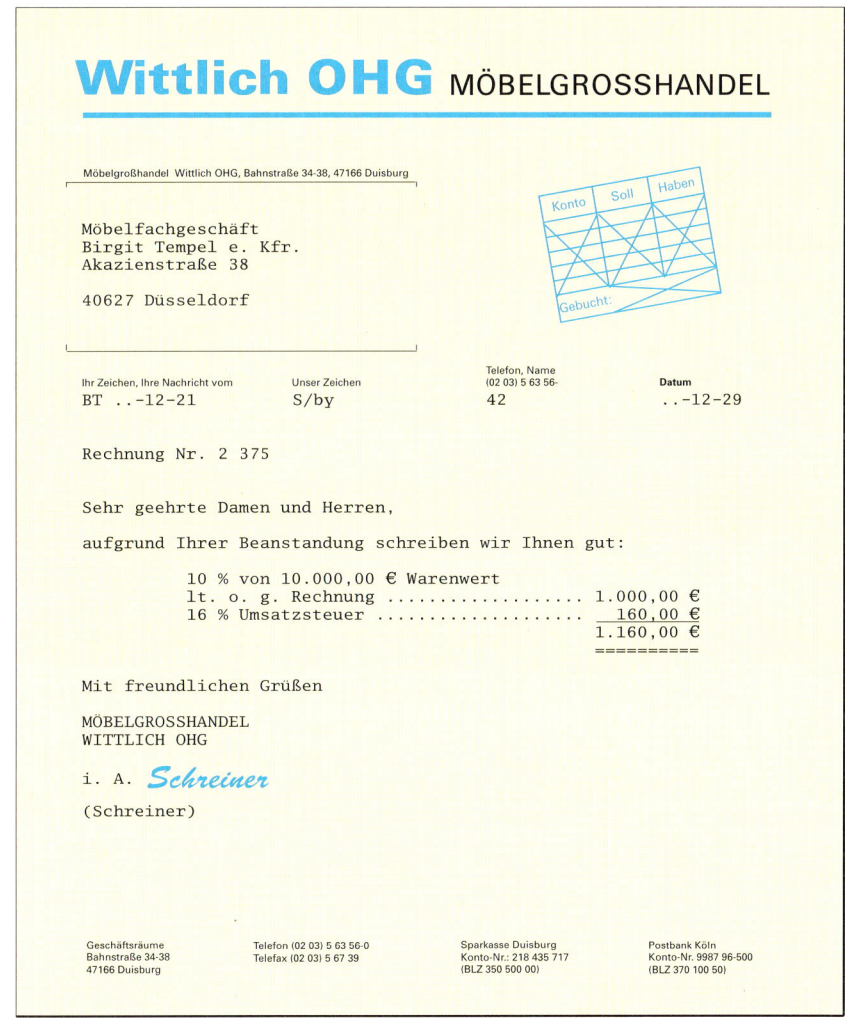

1.4 Der Verkauf von Handelswaren

1.4.1 Die Kalkulation des Verkaufspreises

Situation Frau Kern hat eine Anfrage ihres Kunden Kaufkette AG, Aachener Straße 4–10, 50674 Köln, auf Lieferung von **4 000 Packungen zu je 2 Rollen Saugpapier** vorliegen. Dieses Saugpapier hat Frau Kern bereits bei der Papiermühle AG, Düsseldorf, bestellt, die Eingangsrechnung erhalten (vgl. S. 141) und eine Bezugskalkulation durchgeführt (vgl. S. 136 f.). Die Bezugskalkulation hat einen Bezugspreis von 0,525 € je Rolle oder **1,05 € je Packung** (= 2 Rollen) ergeben. Katja Kern will dem Kunden Kaufkette AG ein Angebot unterbreiten und benötigt dazu den **Verkaufspreis.** Sie beauftragt die Sachbearbeiterin in der Verkaufsabteilung, ihr die entsprechende Angabe zu machen. Die Sachbearbeiterin legt ihrer Preisberechnung (= Verkaufskalkulation) folgende Angaben zugrunde:

1. das **Kalkulationsschema,** das zur Berechnung des Verkaufspreises **allgemein** verwendet wird (vgl. ausführliche Darstellung im Kapitel F, 4.3):

 siehe „Prozentrechnung", Kap. H, 4

Bezugspreis	€
+ % Handlungskosten	€
Selbstkostenpreis	€
+ % Gewinn	€
Barverkaufspreis	€
+ % Kundenskonto	€
Zielverkaufspreis	€
+ % Kundenrabatt	€
Angebotspreis (= Listenverkaufspreis)	€

2. die **betriebsinternen Zuschläge für Handlungskosten und Gewinn,** die aus den bisherigen Kalkulationen bekannt sind und hier übernommen werden. Im Unternehmen Kern wird mit einem **allgemeinen Zuschlagssatz für Handlungskosten von 22 %** gerechnet und mit einem **allgemeinen Gewinnzuschlag von 3 %.** Mit dem Handlungskostenzuschlag werden alle Kosten (z. B. Löhne, Gehälter, Miete, Abschreibungen, Werbung, Reisekosten u. a.) **anteilig** der jeweiligen Ware zugerechnet (vgl. ausführliche Darstellung im Kapitel F, 4.2). Über den Gewinnzuschlag wird sichergestellt, dass jede Ware einen anteiligen Beitrag zum notwendigen Betriebsgewinn leistet (vgl. Kapitel F, 4.3.1);

3. die **betriebsinternen Zahlungsbedingungen und Rabattstaffeln.** Im Unternehmen Kern gelten die Zahlungsbedingungen: „Zahlbar in 10 Tagen mit 2 % Skonto oder nach spätestens 40 Tagen ohne Abzug." Für Saugpapier legt Frau Kern folgende **Rabattstaffel** fest:

bis	1 000 Packungen	5 % Kundenrabatt,
bis	5 000 Packungen	10 % Kundenrabatt,
über	5 000 Packungen	15 % Kundenrabatt.

Vertriebskosten. Beim Warenverkauf fallen Vertriebskosten an, die für den Großhändler **betrieblichen Aufwand** darstellen. Diesen Aufwand berechnet der Großhändler im Allgemeinen dem Kunden (Regel: **„Warenschulden sind Holschulden").** So kauft der Großhändler z. B. Verpackungsmaterial ein, das er in den **Handlungskosten** anteilig an den Kunden weiterbelastet, oder er beauftragt einen Spediteur mit dem Transport der Ware und bezahlt dessen Rechnung. Diesen Betrag belastet er dann dem Kunden **in seiner Rechnung** (vgl. Beispiel auf Seite 141).

6470152

Beispiel Aus den zuvor beschriebenen Angaben erstellt die Sachbearbeiterin folgende **Kalkulation** zur Berechnung des Angebotspreises:

Bezugspreis für 1 Packung Saugpapier	1,05 €
+ 22 % Handlungskosten	0,23 €
Selbstkostenpreis	1,28 €
+ 3 % Gewinn	0,04 €
Barverkaufspreis	1,32 €
+ 2 % Kundenskonto	0,03 €
Zielverkaufspreis	1,35 €
+ 10 % Kundenrabatt	0,15 €
Angebotspreis	1,50 €

Frau Kern legt den Angebotspreis für eine Packung Saugpapier auf **1,50 €** fest.

Erläuterungen zur obigen Kalkulation (vgl. ausführl. Darstellung im Kapitel F, 4):

Anteilige Handlungskosten. Die Handlungskosten werden über den betriebsintern ermittelten **Zuschlagsatz vom Bezugspreis** errechnet und zum Bezugspreis addiert; als Summe ergibt sich der **Selbstkostenpreis.**

$$100 \% \sim 1{,}05 \, € \qquad 22 \% \sim x \quad € \qquad x \, € = \frac{1{,}05 \, € \cdot 22 \%}{100 \%} = 0{,}23 \, €$$

Anteiliger Gewinn. Außer den Kosten will Katja Kern beim Warenverkauf vom Kunden auch einen angemessenen Gewinn erstattet bekommen. Betriebsintern hat sie einen **Gewinnzuschlag von 3 % vom Selbstkostenpreis** ermittelt. Mithilfe der Prozentrechnung rechnet sie den Gewinn aus, den eine Packung Saugpapier erbringen soll, und addiert diesen Gewinn zum Selbstkostenpreis. Sie erhält danach den **Barverkaufspreis,** also den Umsatzerlös, den sie beim Verkauf unbedingt erzielen will.

$$100 \% \sim 1{,}28 \, € \qquad 3 \% \sim x \quad € \qquad x \, € = \frac{1{,}28 \, € \cdot 3 \%}{100 \%} = 0{,}04 \, €$$

Kundenskonto. Der Barverkaufspreis wird um die beim Verkauf gewährten „Vergünstigungen" erhöht. Frau Kern rechnet in den Barverkaufspreis zunächst den Zuschlag für Kundenskonto ein, den sie dem Kunden bei Zahlung innerhalb von 10 Tagen gewähren will. Nimmt der Kunde mehr als 10 Tage Zahlungsziel in Anspruch, dann muss er den um Skonto höheren Betrag (= Zielverkaufspreis oder Rechnungspreis) zahlen. Skonto ist also ein **Zinszuschlag,** den der Verkäufer dafür verlangt, dass er dem Kunden ein längeres Zahlungsziel einräumt. Der Kunde entscheidet, ob er **Skonto vom Rechnungspreis** ausnutzen will. Für den Kunden entspricht also beim Skontoabzug der **Rechnungspreis 100 %** und der **Barverkaufspreis** (= Überweisungsbetrag) ist der **um 2 % verminderte Betrag (= 98 %).** Also muss Katja Kern in ihrer schrittweisen Vorwärtskalkulation den **Barverkaufspreis mit 98 %** ansetzen.

$$98 \% \sim 1{,}32 \, € \qquad 2 \% \sim x \quad € \qquad x \, € = \frac{1{,}32 \, € \cdot 2 \%}{98 \%} = 0{,}03 \, €$$

Kundenrabatt. Den Kundenrabatt gewährt Frau Kern z.B. als **Mengenrabatt vom Angebotspreis;** dann ist der **Angebotspreis** für die Rabattberechnung 100 % und der **Zielverkaufspreis** entsprechend **90 %:**

$$90 \% \sim 1{,}35 \, € \qquad 10 \% \sim x \quad € \qquad x \, € = \frac{1{,}35 \, € \cdot 10 \%}{90 \%} = 0{,}15 \, €$$

1.4.2 Buchung der Ausgangsrechnung

Situation Frau Kern legt den Angebotspreis für **eine Packung Saugpapier** auf **1,50 €** fest und unterbreitet ihrem Kunden, der Kaufkette AG, Köln, folgendes **Angebot,** das hier in Kurzfassung wiedergegeben ist:

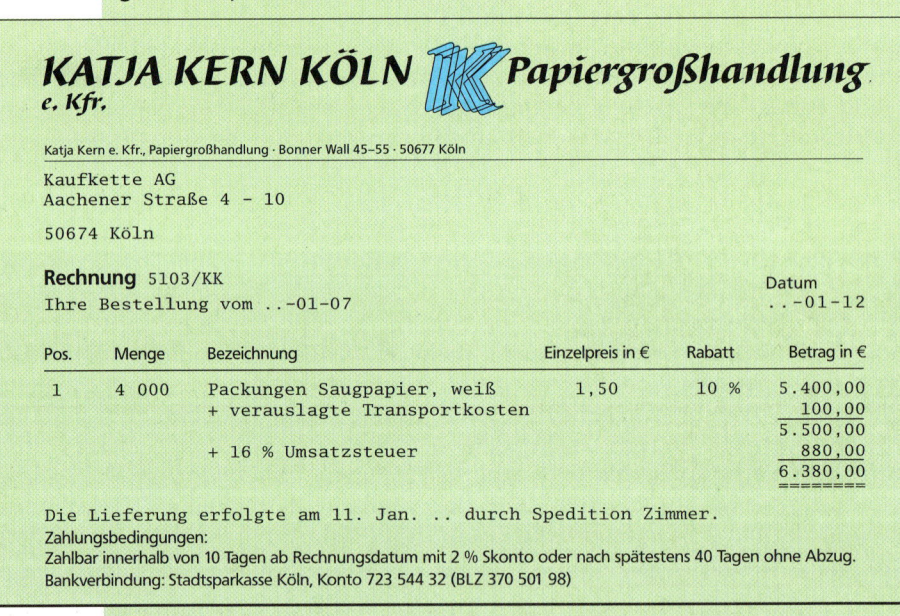

Angebot 334/KK

Auf Ihre Anfrage vom 4. Jan. .. biete ich Ihnen an:
4 000 Packungen Saugpapier zu je 2 Rollen, baumwollverstärkt, perforiert,
weiß, Preis je Packung 1,50 €.

Bei Abnahme von 4 000 Packungen gewähre ich einen Mengenrabatt von
10 %.

<u>Zahlungsbedingungen:</u> Die Rechnung ist innerhalb von 10 Tagen mit 2 %
Skonto oder nach spätestens 40 Tagen ohne Abzug zu begleichen.
<u>Lieferzeit:</u> sofort; die Lieferung erfolgt durch Spedition auf Ihre Kosten.

Katja Kern

Die Papiergroßhandlung Kern erhält daraufhin am 7. Januar .. eine dem Angebot entsprechende **Bestellung** der Kaufkette AG. Sie veranlasst, dass die Ware dem Kunden durch die Spedition Zimmer, Köln, unverzüglich zugestellt wird. Von der Spedition Zimmer erhält sie eine **Speditionsrechnung über 100,00 € + 16,00 € Umsatzsteuer,** die sie bei Vorlage **bar an Zimmer bezahlt.** Ihrem Kunden schickt Frau Kern folgende **Ausgangsrechnung,** in der sie die verauslagten Transportkosten weiterbelastet:

KATJA KERN KÖLN KK Papiergroßhandlung
e. Kfr.

Katja Kern e. Kfr., Papiergroßhandlung · Bonner Wall 45–55 · 50677 Köln

Kaufkette AG
Aachener Straße 4 - 10

50674 Köln

Rechnung 5103/KK   Datum
Ihre Bestellung vom ..-01-07   ..-01-12

Pos.	Menge	Bezeichnung	Einzelpreis in €	Rabatt	Betrag in €
1	4 000	Packungen Saugpapier, weiß	1,50	10 %	5.400,00
		+ verauslagte Transportkosten			100,00
					5.500,00
		+ 16 % Umsatzsteuer			880,00
					6.380,00

Die Lieferung erfolgte am 11. Jan. .. durch Spedition Zimmer.
Zahlungsbedingungen:
Zahlbar innerhalb von 10 Tagen ab Rechnungsdatum mit 2 % Skonto oder nach spätestens 40 Tagen ohne Abzug.
Bankverbindung: Stadtsparkasse Köln, Konto 723 544 32 (BLZ 370 501 98)

Buchhalterische Erfassung der Nebenkosten beim Warenverkauf. Beim Warenverkauf können folgende **Nebenkosten** anfallen, die der Großhändler als **betrieblichen Aufwand in der Kontenklasse 6 bucht:**

6040 Verpackungsmaterial
6140 Frachten und Fremdlager
6150 Vertriebsprovisionen

6470154

Das Verpackungsmaterial (z.B. Kartons, Wellpappe, Verpackungspapier) soll die Waren beim Transport vor Beschädigung schützen. Beim Kauf bucht der Großhändler dieses Material auf das **Konto „6040 Verpackungsmaterial"**. Der Wert dieses Materials geht in die Handlungskosten ein und wird somit anteilig **in die Angebotspreise der Waren eingerechnet** (vgl. ausführliche Darstellung in Kapitel F, 4).

Ausgangsfrachten treten dann auf, wenn der Verkäufer den Transport der Waren veranlasst und die Kosten dem Käufer belastet. Sie fallen für jede Sendung in genau bestimmbarer Höhe an und werden auf der Ausgangsrechnung gesondert ausgewiesen (vgl. obiges Beispiel). **Sie gehören dann zu den Umsatzerlösen und unterliegen in der Ausgangsrechnung der Umsatzsteuer (Konto „6140 Frachten und Fremdlager")**.

Die Vertriebsprovision fällt dann an, wenn der Auftrag durch einen Vertreter vermittelt worden ist. Sie wird **in den Angebotspreis einkalkuliert**.

Buchhalterische Erfassung der Umsatzerlöse auf Gruppenkonten. Katja Kern bucht die Umsatzerlöse aus Gründen der besseren Übersicht **getrennt nach Warengruppen**. Neben dem allgemeinen Erlöskonto **„5100 Umsatzerlöse für Waren"** führt sie folgende Gruppenkonten:

5110 Umsatzerlöse für Druckpapier	5115 Umsatzerlöse für Kopierpapier	5120 Umsatzerlöse für Umschlagkarton	5125 Umsatzerlöse für Saugpapier

Im Folgenden wird der obige Verkaufsvorgang – einschließlich der Speditionsrechnung – buchungsmäßig dargestellt:

❶ Buchung der bar bezahlten Speditionsrechnung	Soll	Haben
6140 Frachten und Fremdlager	100,00	
2600 Vorsteuer	16,00	
an 2880 Kasse		116,00

❷ Buchung der Ausgangsrechnung	Soll	Haben
2400 Forderungen a. LL	6.380,00	
an 5125 Umsatzerlöse f. Saugpapier		5.500,00
an 4800 Umsatzsteuer		880,00

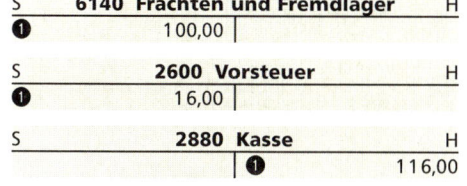

Zusammenfassung

▶ Durch die **Verkaufskalkulation** wird der **Angebotspreis** für eine Ware berechnet. Berechnungsgrundlage (= 100 %) für Kundenskonto (und Vertriebsprovision) ist hierbei der Zielverkaufspreis; Berechnungsgrundlage (= 100 %) für den Kundenrabatt ist der Angebotspreis. Das Kalkulationsschema von Seite 152 ist zu beachten.

▶ Die Umsatzerlöse werden nach Warengruppen getrennt erfasst. In der Regel führt der Großhändler neben dem **allgemeinen Konto „5100 Umsatzerlöse für Waren" für jede Warengruppe gesonderte Umsatzerlöskonten.**

▶ **Vertriebskosten** (z. B. Verpackungsmaterial, Ausgangsfrachten, Provisionen) stellen für den Verkäufer **betriebliche Aufwendungen** dar. Sie werden zunächst in der Kontenklasse 6 gebucht und in der Regel dem Kunden in Rechnung gestellt. Sie sind buchhalterisch als **Umsatzerlöse** zu behandeln.

Aufgaben

147   *Erläutern Sie die Aussage: „Warenschulden sind Holschulden" aus der Sicht des Verkäufers und schildern Sie die buchhalterischen Auswirkungen, wenn der Verkäufer Vertriebskosten in der Ausgangsrechnung geltend macht.*

148   *Buchen Sie folgende Rechnungen als Ausgangsrechnungen:*

1. für Bergmeister GmbH aus Aufgabe 137, Seite 143,
2. für PC-ONLINE GMBH aus Aufgabe 139, Seite 144,
3. für die gelieferten Fernsehgeräte aus Aufgabe 140, Seite 144.

149   Die Großhandlung W. Kneiper KG, Bergstr. 44, 24103 Kiel, kauft Verpackungsfolie zum Bezugspreis von 230,00 € je 100 m ein. Sie kalkuliert mit 30 % Handlungskosten, 2 % Gewinn, 3 % Kundenskonto und – bei Abnahme von 10 000 m – mit einem Mengenrabatt von 15 %.

1. *Berechnen Sie den Angebotspreis für 100 m Folie.*

Die Bestellung des Kunden Ernst Berghaus OHG, Fabrikstraße 21, 23568 Lübeck, über 10 000 m Folie wird zur Lieferungsbedingung „ab Lager" ausgeführt. Die Verkäuferin W. Kneiper KG beauftragt einen Spediteur mit dem Transport der Ware, bezahlt die Rechnung des Spediteurs über 400,00 € + 64,00 € Umsatzsteuer bei Vorlage bar und belastet den Kunden Berghaus in der Rechnung mit 400,00 € Frachtkosten sowie 200,00 € Verpackungskosten.

2. *Erstellen Sie die Ausgangsrechnung für die Großhandlung W. Kneiper.*
3. *Buchen Sie die Speditionsrechnung und die Ausgangsrechnung bei W. Kneiper.*

150   Ein Großhändler kalkuliert den Barverkaufspreis für einen Büroschrank mit 316,00 €.

1. *Berechnen Sie den Angebotspreis bei 2,5 % Kundenskonto und 12 % Kundenrabatt.*

Ein Kunde bestellt 5 Schränke. Der Auftrag wird „ab Lager" mit eigenem Fahrzeug ausgeführt; die Frachtkosten von 120,00 € sind dem Kunden in der Rechnung zu belasten.

2. *Erstellen Sie die Ausgangsrechnung und buchen Sie den Vorgang für den Verkäufer.*

151   Katja Kern ermittelt den Bezugspreis für Umschlagkarton mit 25,00 € je 100 Stück.

1. *Zu welchem Angebotspreis kann sie diesen Karton ihren Kunden anbieten, wenn sie in der Kalkulation die Zuschlagssätze für Handlungskosten, Gewinn und Skonto von Seite 152 verwendet sowie einen Rabatt von 15 % ansetzt?*
2. *Auf wie viel Prozent müsste sie den Kundenrabatt senken, wenn sie den Angebotspreis von 34,00 €, zu dem ein Konkurrent anbietet, nicht überschreiten will?*

6470156

152 *Nennen Sie die Buchungssätze zu folgenden Geschäftsfällen:*

1. Ausgangsrechnung 4567: Warenwert 15.000,00
   + Umsatzsteuer 2.400,00   17.400,00
2. Ausgangsfracht hierauf bar, netto 500,00
   + Umsatzsteuer 80,00   580,00
3. ER 2345: Verpackungsmaterial für den Versand, netto 7.500,00
   + Umsatzsteuer 1.200,00   8.700,00
4. ER 2346: Reparaturkosten für verkaufte Waren
   werden von uns aus Garantieverpflichtung übernommen, netto 2.500,00
   + Umsatzsteuer 400,00   2.900,00
5. ER 2347: Unser Handelsvertreter stellt uns
   an Vertriebsprovisionen in Rechnung, netto 4.500,00
   + Umsatzsteuer 720,00   5.220,00
6. ER 2348: Spediteur berechnet für Warenlieferung an
   Kunden, netto 650,00
   + Umsatzsteuer 104,00   754,00

153 a) Barzahlung der Ausgangsfracht für AR 607: netto 350,00 € + 56,00 € Umsatzsteuer.

b)

AR 607		
Warenwert		7.650,00
Verpackungskosten	200,00	
Verladekosten	150,00	
Bahnfracht	350,00	700,00
		8.350,00
+ Umsatzsteuer		1.336,00
Rechnungsbetrag		9.686,00

1. *Buchen Sie aus der Sicht des Lieferers.*
2. *Wie hoch sind die Umsatzerlöse?*

154 a) Die Aufgabe 153 b) ist als Eingangsrechnung beim Kunden zu buchen.
   b) Der Kunde zahlt die Hausfracht bar: 250,00 € netto + 40,00 € Umsatzsteuer.

1. *Wie lauten die Buchungssätze für die Fälle a) und b)?*
2. *Ermitteln Sie die Anschaffungskosten der Warensendung.*

155

AR 608		
10 Behälter Chlor zu je 250,00 €	2.500,00	
abzüglich 20 % Rabatt	500,00	2.000,00
Transportversicherung	80,00	
Bahnfracht	220,00	300,00
		2.300,00
+ Umsatzsteuer		368,00
Rechnungsbetrag		2.668,00

Buchen Sie den Vorgang für den Verkäufer und erläutern Sie die Höhe und Zusammensetzung der Umsatzerlöse.

156
a) Die Aufgabe 155 ist beim Kunden auf den entsprechenden Konten zu buchen.
b) Barzahlung der Hausfracht 185,60 € einschließlich Umsatzsteuer.

Nennen Sie die Buchungssätze und ermitteln Sie den Einstandswert.

157

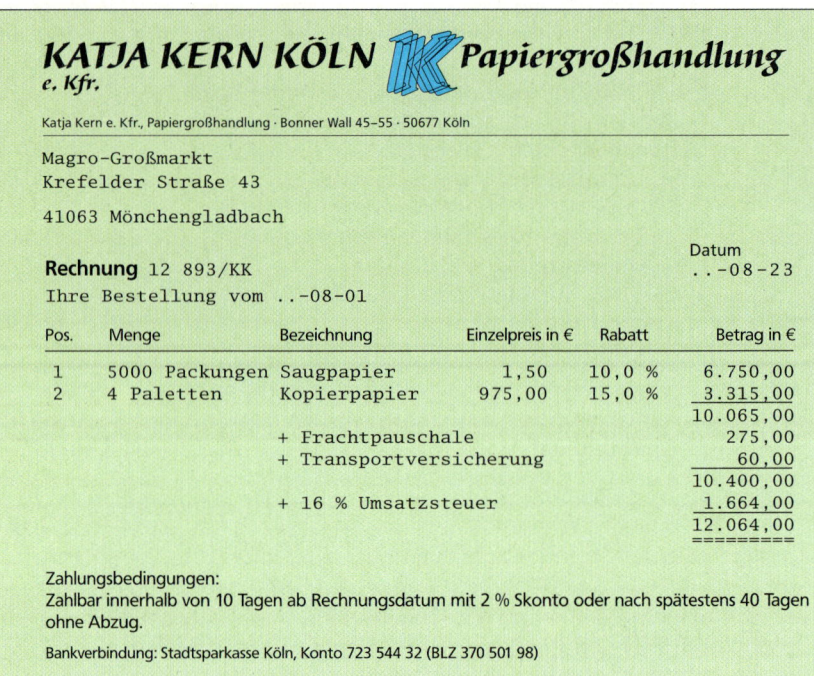

KATJA KERN KÖLN **Papiergroßhandlung**
e. Kfr.

Katja Kern e. Kfr., Papiergroßhandlung · Bonner Wall 45–55 · 50677 Köln

Magro-Großmarkt
Krefelder Straße 43

41063 Mönchengladbach

Datum
..-08-23

Rechnung 12 893/KK
Ihre Bestellung vom ..-08-01

Pos.	Menge	Bezeichnung	Einzelpreis in €	Rabatt	Betrag in €
1	5000 Packungen	Saugpapier	1,50	10,0 %	6.750,00
2	4 Paletten	Kopierpapier	975,00	15,0 %	3.315,00
					10.065,00
		+ Frachtpauschale			275,00
		+ Transportversicherung			60,00
					10.400,00
		+ 16 % Umsatzsteuer			1.664,00
					12.064,00
					=========

Zahlungsbedingungen:
Zahlbar innerhalb von 10 Tagen ab Rechnungsdatum mit 2 % Skonto oder nach spätestens 40 Tagen ohne Abzug.

Bankverbindung: Stadtsparkasse Köln, Konto 723 544 32 (BLZ 370 501 98)

1. *Buchen Sie die Ausgangsrechnung für die Großhandlung Kern.*
2. *Geben Sie die Buchung der Eingangsrechnung für den Kunden Magro-Großmarkt an.*

158
Der Elektrogroßhandlung Eisengeb KG liegt die Bestellung eines Warenhauses über 100 Kaffeemaschinen „SANTOS II", 80 Toaster „Thermofix" und 60 Eierkocher „Superegg" vor. Die Eisengeb KG hat folgende Barverkaufspreise der Artikel kalkuliert:

Kaffeemaschine „SANTOS II",   Stückpreis 42,50 €,
                                 15 % Rabatt bei Abnahme von 100 Stück;
Toaster „Thermofix",   Stückpreis 32,50 €,
                                 10 % Rabatt bei Abnahme von 80 Stück;
Eierkocher „Superegg",   Stückpreis 21,25 €,
                                   8 % Rabatt bei Abnahme von 60 Stück.

Die Eisengeb KG gewährt bei Zahlungen innerhalb von 10 Tagen 3 % Skonto.

Die Lieferung erfolgt unfrei. Für Fracht zahlt die Eisengeb KG bei Auslieferung an den Spediteur 340,00 € bar (zuzüglich Umsatzsteuer). Diesen Betrag belastet sie in der Ausgangsrechnung weiter an den Kunden.

1. *Kalkulieren Sie die Angebotspreise für die drei Artikel.*
2. *Erstellen Sie die Ausgangsrechnung an das Warenhaus.*
3. *Buchen Sie den Vorgang für die Eisengeb KG einschließlich der Frachtrechnung.*

1.5　Warenrücksendungen von Kunden

Situation　Der Lagerverwalter im Großhandelsunternehmen Kern hat beim gelieferten Saugpapier einen Mangel entdeckt, der zu einer Rücksendung an den Lieferer geführt hat (vgl. Beispiel Seite 145). Es konnte nicht mehr kontrolliert werden, ob die inzwischen an den Kunden Kaufkette AG gelieferten 4 000 Packungen (vgl. Seite 154) fehlerfrei waren. Deshalb schreibt Frau Kern an die Kaufkette AG und bittet um genaue Prüfung der Rollen auf richtige Wicklung. Die Kaufkette AG teilt daraufhin mit, dass **100 Packungen** fehlerhaft sind. Frau Kern bittet telefonisch um Rücksendung und erteilt folgende **Gutschrift.**

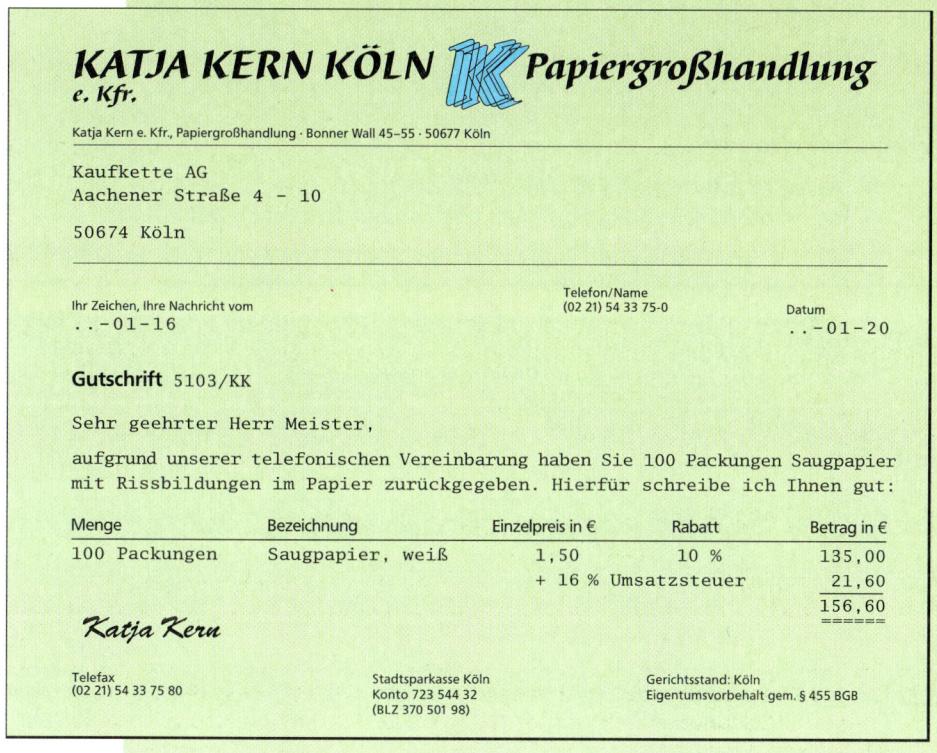

Schicken Kunden fehlerhafte Waren zurück, sind aufgrund der erteilten Gutschrift **Umsatzerlöse, Umsatzsteuer und Forderungen a. LL zu berichtigen.** Aus Gründen der Übersicht wird jedoch die Warenrücksendung zunächst auf einem **Unterkonto** des Kontos **5100 Umsatzerlöse für Waren** gebucht: allgemein Konto **5101 Erlösberichtigungen/Rücksendungen,** dessen Beträge dann monatlich auf Konto 5100 **umgebucht** werden.

Für die Warengruppen stehen folgende **Unterkonten** zur Verfügung:

5110 Umsatzerlöse für Druckpapier	5115 Umsatzerlöse für Kopierpapier	5120 Umsatzerlöse für Umschlagkarton	5125 Umsatzerlöse für Saugpapier
5111 Erlösbericht./Rücks. bei Druckpapier	5116 Erlösbericht./Rücks. bei Kopierpapier	5121 Erlösbericht./Rücks. bei Umschlagkarton	5126 Erlösbericht./Rücks. bei Saugpapier

❶ Buchung der Ausgangsrechnung (S. 154):	Soll	Haben
2400 Forderungen a. LL	6.380,00	
an **5125 Umsatzerlöse für Saugpapier**		5.500,00
an **4800 Umsatzsteuer**		880,00

❷ **Buchung der Rücksendung** aufgrund der Gutschrift an den Kunden	Soll	Haben
5126 Erlösbericht./Rücks. bei Saugpapier	135,00	
4800 Umsatzsteuer	21,60	
an 2400 Forderungen a. LL		156,60

❸ **Umbuchung der Rücksendung**	Soll	Haben
5125 Umsatzerlöse für Saugpapier	135,00	
an 5126 Erlösb./Rücks. bei Saugpapier		135,00

S	2400 Forderungen a. LL		H		S	5125 Umsatzerlöse für Saugpapier		H
❶	6.380,00	❷	156,60		❸	135,00	❶	5.500,00

S	5126 Erlösbericht./Rücks. b. Saugpapier		H		S	4800 Umsatzsteuer		H
❷	135,00	❸	135,00		❷	21,60	❶	880,00

Zusammenfassung

▶ **Mangelhaft gelieferte Ware,** die der Kunde nicht verwenden kann, wird nach vorheriger Vereinbarung an den Lieferer zurückgeschickt.

▶ Der Lieferer erteilt dem Kunden eine **Gutschrift über** den Wert der **zurückgenommenen Waren und** der darauf entfallenden **Umsatzsteuer.**

▶ Die Gutschrift wird beim Lieferer über das **Unterkonto** (allgemein) **5101 Erlösberichtigungen/Rücksendungen** gebucht, wodurch die Umsatzsteuer, die Forderungen a. LL und − **nach Umbuchung** des Kontos 5101 − die Umsatzerlöse entsprechend berichtigt werden.

Aufgabe

159

Kontenplanauszug
2400, 2600, 4400, 4800, 5100, 5101, 6060, 6061, 6062.

Ermitteln Sie für die folgenden Geschäftsfälle jeweils den Rechnungs- bzw. Gutschriftsbetrag, nennen Sie den Buchungssatz und buchen Sie auf Konten.

1. ER 2356 für Waren: Listenpreis . . . . 20.000,00 €
   Gewährter Mengenrabatt . . . . 15 %
   + Umsatzsteuer
2. Rücksendung beschädigter Waren (ER 2356), Nettowert . . 5.000,00 €
   + Umsatzsteuer
3. AR 3456: Verkauf von Waren, Listenpreis . . . . 40.000,00 €
   Gewährter Wiederverkäuferrabatt . . . . 25 %
   + Umsatzsteuer
4. Kunde (AR 3456) sendet uns beschädigte Waren zurück,
   Nettowert . . . . 4.000,00 €
5. ER 2358: 12 Fässer Schmieröl (Waren) zum Stückpreis
   von 125,00 €, netto . . . . 1.500,00 €
   Verpackung . . . . 300,00 €
   + Umsatzsteuer
6. AR 3457: Verkauf von Waren, Rechnungspreis . . . . 2.500,00 €
   + Umsatzsteuer
7. Kunde (AR 3457) erhält Gutschrift f. Rücksendung, netto . 1.300,00 €

1. *Wie lauten die Abschlussbuchungen für die Konten 5101, 6061 und 6062?*
2. *Warum ist in Gutschriftsanzeigen die Umsatzsteuer auszuweisen?*
3. *Warum rechnen Verpackungskosten zu den Bezugskosten?*
4. *Welche Rechte können bei Mängelrügen geltend gemacht werden?*

6470160

1.6 Nachträgliche Preisnachlässe an Kunden aufgrund von Mängelrügen (Erlösberichtigungen)

Situation Am 25. Januar .. erhält Frau Kern telefonisch die Mitteilung von Frau Werner, Disponentin der Kaufkette AG, Köln, dass an **400 Packungen Saugpapier unsaubere Schnittkanten** festgestellt wurden. Frau Werner sieht sich zwar in der Lage, diese Rollen noch zu verkaufen, kann sie aber nur zu einem **ermäßigten Preis als II. Wahl** absetzen. Frau Kern bietet einen **Preisnachlass von 0,50 € je Packung** an und erteilt der Kaufkette AG folgende **Gutschrift:**

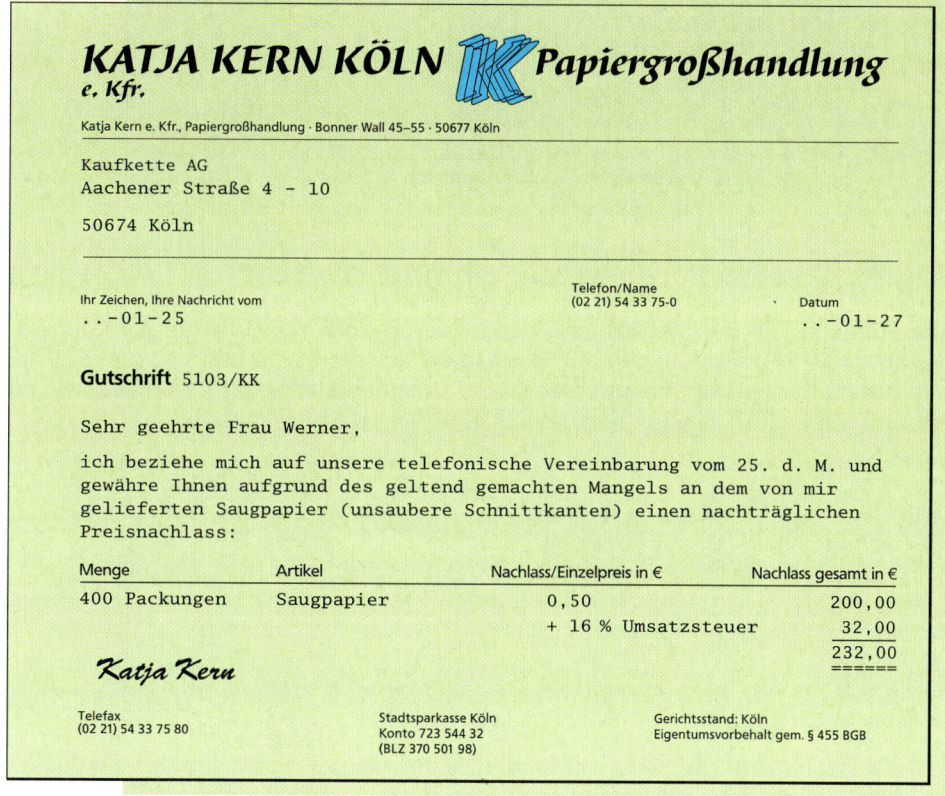

KATJA KERN KÖLN **Papiergroßhandlung**
e. Kfr.

Katja Kern e. Kfr., Papiergroßhandlung · Bonner Wall 45–55 · 50677 Köln

Kaufkette AG
Aachener Straße 4 - 10

50674 Köln

Ihr Zeichen, Ihre Nachricht vom	Telefon/Name	Datum
.. –01–25	(02 21) 54 33 75-0	.. –01–27

Gutschrift 5103/KK

Sehr geehrte Frau Werner,

ich beziehe mich auf unsere telefonische Vereinbarung vom 25. d. M. und gewähre Ihnen aufgrund des geltend gemachten Mangels an dem von mir gelieferten Saugpapier (unsaubere Schnittkanten) einen nachträglichen Preisnachlass:

Menge	Artikel	Nachlass/Einzelpreis in €	Nachlass gesamt in €
400 Packungen	Saugpapier	0,50	200,00
		+ 16 % Umsatzsteuer	32,00
			232,00

Katja Kern

Telefax	Stadtsparkasse Köln	Gerichtsstand: Köln
(02 21) 54 33 75 80	Konto 723 544 32	Eigentumsvorbehalt gem. § 455 BGB
	(BLZ 370 501 98)	

Preisnachlässe, die der Lieferer **einem Kunden nachträglich** aufgrund einer Mängelrüge **gewährt, mindern die Umsatzerlöse.** Sie werden zunächst auf **Unterkonten** der Umsatzerlöskonten gebucht, um die **Höhe der Nachlässe kontrollieren zu können.** Neben dem Unterkonto **„5101 Erlösberichtigungen/Rücksendungen"** zum **allgemeinen Erlöskonto „5100 Umsatzerlöse"** führt Frau Kern die **Warengruppen-Nachlasskonten** (siehe auch S. 159):

5110 Umsatzerlöse für Druckpapier	5115 Umsatzerlöse für Kopierpapier	5120 Umsatzerlöse für Umschlagkarton	5125 Umsatzerlöse für Saugpapier
5111 Erlösbericht./Rücks. bei Druckpapier	5116 Erlösbericht./Rücks. bei Kopierpapier	5121 Erlösbericht./Rücks. bei Umschlagkarton	5126 Erlösbericht./Rücks. bei Saugpapier

Am Ende der Rechnungsperiode erfolgt die **Umbuchung der Erlösberichtigungen** auf die Umsatzerlöskonten, die dann die **berichtigten Umsatzerlöse** ausweisen.

Berichtigung der Umsatzsteuer. Die nachträgliche Verminderung der Umsatzerlöse hat eine nachträgliche Verringerung der (bereits gebuchten) Umsatzsteuer zur Folge.

❶ Buchung der Ausgangsrechnung	Soll	Haben
2400 Forderungen a. LL	6.380,00	
an 5125 Umsatzerlöse f. Saugpapier		5.500,00
an 4800 Umsatzsteuer		880,00

❷ Buchung des Preisnachlasses aufgrund der Gutschrift	Soll	Haben
5126 Erlösbericht./Rücks. b. Saugpapier	200,00	
4800 Umsatzsteuer	32,00	
an 2400 Forderungen a. LL		232,00

❸ Umbuchung der Preisnachlässe am Ende der Rechnungsperiode	Soll	Haben
5125 Umsatzerlöse für Saugpapier....	200,00	
an 5126 Erlösbericht./Rücksendungen bei Saugpapier		200,00

Steuerberichtigung bei Datenverarbeitungsprogrammen. Wird die Buchhaltung über ein Finanzbuchhaltungsprogramm geführt, nimmt das Programm die Steuerberichtigung (vgl. Buchung ❷) **automatisch** vor. Es wird auf dem Konto „5126 Erlösberichtigungen/Rücksendungen bei Saugpapier" nur der Gesamtbetrag von 232,00 € eingegeben. Das FIBU-Programm rechnet die zu berichtigende Umsatzsteuer aus und bucht sie automatisch im Soll des Kontos „4800 Umsatzsteuer".

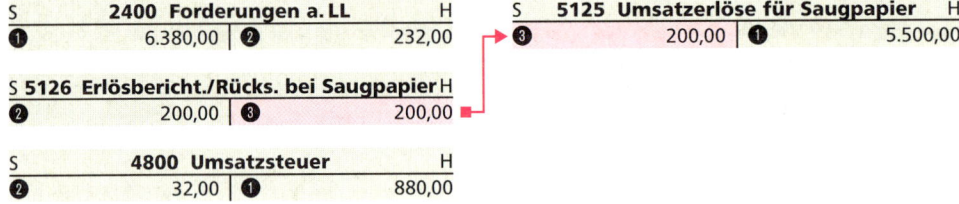

Zusammenfassung

▶ **Nachträgliche Preisnachlässe (Erlösberichtigungen)** gewährt der Lieferer **aufgrund einer Mängelrüge des Kunden.** Der Kunde behält die Ware, kann sie aber nur noch zu einem ermäßigten Preis absetzen. Die Differenz zwischen dem Rechnungspreis und dem ermäßigten Preis schreibt der Lieferer dem Kunden gut.

▶ Nachlässe werden zunächst auf **Unterkonten** (z. B. „5101 Erlösberichtigungen/Rücksendungen") der Umsatzerlöskonten (z. B. „5100 **Umsatzerlöse für Waren**") gebucht und spätestens am Jahresende auf die jeweiligen Umsatzerlöskonten umgebucht.

▶ **Nachlässe mindern** den **Wert der verkauften Waren und** damit auch die auf sie entfallende **Umsatzsteuer.** Die **Umsatzsteuer** ist um den in der Gutschrift genannten Betrag zu **berichtigen.**

▶ Dem Kunden kann auch nachträglich ein **Bonus** gewährt werden. Der Bonus ist ein **Mengen-, Treue- oder Umsatzrabatt,** der am Ende einer Rechnungsperiode auf den insgesamt erreichten **Warenumsatz** gewährt wird (z. B. Konto „5103 **Kundenboni**").

6470162

160   *Buchen Sie die Gutschrift aus dem Beispiel von Seite 148 für die Papiermühle AG, Düsseldorf.*

161   *Der Großhändler E. Hoffmann GmbH, Autozubehör, Ellerstraße 3, 40227 Düsseldorf, gewährt dem Kunden Bernd Heßler e. K., Motortuning, Felsenstraße 14, 47058 Duisburg, aufgrund einer Mängelrüge nachträglich einen Preisnachlass von 20 % des Rechnungsbetrages. Die Ausgangsrechnung weist einen Rechnungsbetrag (einschließlich Umsatzsteuer) von 17.400,00 € aus.*

1. *Berechnen Sie die Gutschrift und die Steuerberichtigung (vgl. Rechenhinweis S. 150).*
2. *Erstellen Sie die Gutschriftsanzeige.*
3. *Buchen Sie die Gutschrift für die E. Hoffmann GmbH.*

162
1. *Erläutern Sie, welche Auswirkungen ein nachträglicher Preisnachlass, den der Lieferer einem Kunden gewährt, auf die Umsatzerlöse und auf die Umsatzsteuer hat.*
2. *Begründen Sie, warum ein nachträglicher Preisnachlass zunächst auf das Unterkonto „Erlösberichtigungen/Rücksendungen" gebucht wird.*

163   *Buchen Sie den folgenden Beleg in der Finanzbuchhaltung der Möbelgroßhandlung Paul Krämer KG.*

MÖBELGROSSHANDLUNG PAUL KRÄMER KG

Möbelgroßhandlung Paul Krämer KG · Dieselstraße 44 · 51381 Leverkusen

Möbelfachgeschäft
Wilhelm Tandler e. Kfm.
Am Hofacker 15

51381 Leverkusen

Ihr Zeichen, Ihre Nachricht vom	Unser Zeichen	Telefon, Name (0 21 71) 5 63 56-	Datum
WT/..-11-09	S/by	42	..-11-17

Rechnung 8 329

Sehr geehrte Damen und Herren,

aufgrund Ihrer Beanstandung schreiben wir Ihnen gut:

10 % von 20.000,00 € Warenwert	
lt. o. g. Rechnung	2.000,00 €
+ 16 % Umsatzsteuer	320,00 €
	2.320,00 €

Mit freundlichen Grüßen

MÖBELGROSSHANDLUNG
PAUL KRÄMER KG

i. A. *Schrader*

Geschäftsräume Dieselstraße 44 51381 Leverkusen	Telefax (0 21 71) 5 67 39	Sparkasse Leverkusen Konto: 318 465 714 (BLZ: 375 514 40)	Postbank Köln Konto: 4967 86-503 (BLZ: 370 100 50)

Buchen Sie im Grund- und Hauptbuch. Erstellen Sie den Jahresabschluss zum 31. Dezember.

Kontenplan und vorläufige Summenbilanz zum 27. Dezember	Soll	Haben
0840 Fuhrpark	84.000,00	—
0860 Geschäftsausstattung	248.000,00	—
2280 Warenbestand	150.000,00	—
2400 Forderungen a. LL	165.100,00	—
2600 Vorsteuer	66.200,00	—
2800 Bank	192.624,00	—
2880 Kasse	19.200,00	—
3000 Eigenkapital	—	450.000,00
3001 Privat	72.000,00	—
4400 Verbindlichkeiten a. LL	—	240.000,00
4800 Umsatzsteuer	—	209.824,00
5100 Umsatzerlöse für Waren	—	1.357.500,00
5101 Erlösberichtigungen/Rücksendungen	55.500,00	—
5103 Kundenboni	2.900,00	—
5420 Entnahme v. G. u. s. L. mit U.-Steuer	—	12.300,00
6040 Verpackungsmaterial	30.000,00	—
6050 Aufwendungen für Energie	42.700,00	—
6060 Aufwendungen für Waren	808.400,00	—
6061 Bezugskosten	25.400,00	—
6062 Nachlässe/Rücksendungen	—	8.500,00
6064 Liefererboni	—	1.500,00
6140 Frachten und Fremdlager	28.500,00	—
6160 Fremdinstandsetzung	56.800,00	—
6300 Gehälter	170.300,00	—
6520 Abschreibungen auf Sachanlagen	—	—
6700 Mieten	62.000,00	—
Abschlusskonten: 8010 und 8020	2.279.624,00	2.279.624,00

Geschäftsfälle vom 27. Dezember bis 31. Dezember

1. Zieleinkäufe von Waren, ab Werk, ER 460–466
   Warenwert 18.900,00
   + Verpackungskosten 800,00
   + Umsatzsteuer 3.152,00   22.852,00

2. Eingangsfrachten hierauf bar, Nettofrachtbetrag .. 860,00
   + Umsatzsteuer 137,60   997,60

3. Rücksendung mangelhafter Waren an Lieferer (ER 462)
   Warenwert 900,00
   + Umsatzsteuer 144,00   1.044,00

4. Zielverkäufe von Waren, frei dort, AR 962–968
   Warenwert 52.400,00
   + Verpackungskosten 800,00
   + Umsatzsteuer 8.512,00   61.712,00

5. Ausgangsfrachten hierauf bar, brutto 1.624,00

6. Lastschrift der Bank für Mietüberweisung 6.500,00
   Darin enthalten ist die Miete für die Wohnung des Inhabers . 900,00

7. Gutschriftsanzeige (Mängelrüge) an Kunden (AR 963), brutto 754,00

8. Kunde erhält von uns einen Bonus, netto 1.500,00

9. Gutschriftsanzeige (Mängelrüge) eines Lieferers (ER 465),
   brutto 406,00

10. Kunde sendet mangelhafte Waren zurück (AR 964), brutto .. 928,00
11. Lieferer gewährt uns einen Bonus von netto 2.000,00

Abschlussangaben

1. je 20 % Abschreibung vom Buchwert auf 0840 und 0860
2. Warenendbestand lt. Inventur 200.000,00
3. Im Übrigen entsprechen die Buchwerte der Inventur.

---

165 **Kontenplan und vorläufige Summenbilanz der Aufgabe 164**
Geschäftsfälle

1. Banküberweisung für Ausgangsfrachten (AR 978–982)
   einschließlich Umsatzsteuer 1.160,00
2. Zielverkäufe von Waren, ab hier, AR 978–982
   Warenwert 24.800,00
   + Frachten 1.000,00
   + Verpackungskosten 1.200,00
   + Umsatzsteuer 4.320,00   31.320,00
3. Einem Kunden (AR 966) werden aufgrund seiner Mängelrüge
   gutgeschrieben, brutto 1.073,00
4. Privatentnahme von Waren, Warenwert 600,00
5. Rücksendung beschädigter Waren (ER 458), Warenwert 700,00
6. Zieleinkäufe von Waren, ab Werk, ER 489–490
   Warenwert 15.400,00
   + Fracht und Transportversicherung 600,00
   + Umsatzsteuer 2.560,00   18.560,00
7. Barzahlung der Hausfracht hierauf einschließlich USt 232,00
8. Gutschriftsanzeige des Lieferers aufgrund unserer Mängelrüge
   (ER 432) einschließlich Umsatzsteuer 870,00
9. Banküberweisung für Fahrzeugreparatur, netto ... 2.800,00
   + Umsatzsteuer 448,00   3.248,00
10. Kunde sendet wegen Falschlieferung Waren (AR 980) zurück
    und erhält von uns eine Gutschrift einschließlich USt 2.900,00
11. Banküberweisung der Lebensversicherungsprämie des
    Geschäftsinhabers 860,00
12. Lieferer gewährt uns einen Bonus, brutto 3.480,00

Abschlussangaben

1. Abschreibungen auf Fuhrpark: 18.000,00 €; auf Geschäftsausstattung:
   32.000,00 €.
2. Inventurwert des Warenschlussbestandes 250.000,00

---

166 1. *Wie hoch sind in den Aufgaben 164/165 jeweils*
   a) die berichtigten Umsatzerlöse, b) der Wareneinsatz, c) der Rohgewinn
   und d) der Reingewinn?
2. *Halten Sie die Höhe des Reingewinns für angemessen, wenn man für die*
   Arbeitsleistung des Geschäftsinhabers einen Unternehmerlohn (= Ver-
   gütung für eine vergleichbare Tätigkeit) von 60.000,00 € je Geschäftsjahr
   zugrunde legt?
3. *Welche Gründe sprechen für die gesonderte buchhalterische Erfassung der*
   Bezugskosten, Rücksendungen, Nachlässe und Boni?
4. *Erläutern Sie die Zusammensetzung der Anschaffungskosten nach § 255*
   HGB.

1.7 Exkurs: Der Warenverkehr mit ausländischen Lieferern und Kunden

1.7.1 Der Warenverkehr im Gemeinschaftsgebiet der EU

Seit der Verwirklichung des Europäischen Binnenmarktes (1993) muss im Handel mit ausländischen Staaten unterschieden werden zwischen dem

▶ **Warenverkehr mit EU-Mitgliedstaaten** und dem

▶ **Warenverkehr mit Nicht-EU-Mitgliedstaaten,** den so genannten **Drittländern,** wie USA, Schweiz u. a.

 siehe „Währungsrechnung", Kap. H, 2

Situation ❶ Die Papiergroßhandlung Kern, Köln, verkauft am 10. Januar .. an eine französische Druckerei in Paris Druckpapier im Wert von netto 35.000,00 € mit einem Zahlungsziel von 60 Tagen.

❷ Am 15. Januar .. erwirbt die Papiergroßhandlung Kern von einem belgischen Unternehmen in Brüssel Kopierpapier zum Nettopreis von umgerechnet 40.000,00 €. Das Zahlungsziel beträgt 30 Tage.

Die Europäische Union (EU) ist umsatzsteuerrechtlich ein **Gemeinschaftsgebiet.** Deshalb ist der **Warenverkehr zwischen den einzelnen EU-Mitgliedstaaten** auch als eine **innergemeinschaftliche Lieferung** bzw. als ein **innergemeinschaftlicher Erwerb** von Waren zu verstehen. Nur im **Warenhandel mit Drittländern** liegt umsatzsteuerrechtlich eine **Einfuhr bzw. Ausfuhr** von Waren vor.

Wegen der unterschiedlich hohen Umsatzsteuersätze in den einzelnen EU-Mitgliedstaaten musste der Ministerrat der Europäischen Union zunächst eine **umsatzsteuerliche Übergangsregelung** erlassen. Bis zu einer endgültigen Regelung ist nicht die Lieferung von einem EU-Mitgliedstaat in einen anderen **umsatzsteuerpflichtig,** sondern der **Erwerb** der Ware, und zwar mit dem **Umsatzsteuersatz des jeweiligen Bestimmungslandes.** Umsatzsteuer wird also erst dort erhoben, wo die Ware den gewerblichen Empfänger erreicht **(Bestimmungslandprinzip).**

Normalsteuersätze in den 15 EU-Mitgliedstaaten[1]			
Staaten	**Steuersatz**	**Staaten**	**Steuersatz**
Belgien	21,0 %	Italien	20,0 %
Dänemark	25,0 %	Luxemburg	15,0 %
Deutschland	16,0 %	Niederlande	17,5 %
England	17,5 %	Österreich	20,0 %
Finnland	22,0 %	Portugal	17,0 %
Frankreich	20,6 %	Schweden	25,0 %
Griechenland	18,0 %	Spanien	16,0 %
Irland	21,0 %		

Der Erwerber der Ware schuldet seinem Finanzamt die Umsatzsteuer, die er jedoch auch **zugleich als Vorsteuer** geltend machen kann, soweit er **Unternehmer** ist und die Ware für **sein Unternehmen** erworben hat. Die Umsatzsteuer belastet also den gewerblichen Erwerber der Ware nicht.

In den Umsatzsteuervoranmeldungen sind die **steuerpflichtigen innergemeinschaftlichen Erwerbe (i. E.)** und die **steuerfreien innergemeinschaftlichen Lieferungen (i. L.)** getrennt auszuweisen. Deshalb sollten in der Finanzbuchhaltung **geson-**

---

1 Stand 2000

6470166

derte Konten eingerichtet werden, nicht zuletzt auch wegen der **Verprobung der Umsatzsteuer:**

2290 Warenbestand aus innergemeinschaftlichem Erwerb (i. E.)
5190 Erlöse aus innergemeinschaftlicher Lieferung (i. L.)
6090 Aufwendungen für Waren aus i. E.
2610 Vorsteuer (16 %) für i. E.
4810 Umsatzsteuer (16 %) für i. E.

Die Buchungen in der Papiergroßhandlung Kern lauten:

1. Buchung der umsatzsteuerfreien innergemeinschaftlichen Lieferung:

Buchungssatz	Soll	Haben
2400 Forderungen a. LL	35.000,00	
an 5190 Erlöse aus i. L.		35.000,00

2. Buchung des umsatzsteuerpflichtigen innergemeinschaftlichen Erwerbs:

Buchungen	Soll	Haben
❶ 6090 Aufwendg. f. Waren aus i. E. . .	40.000,00	
an 4400 Verbindlichkeiten a. LL .		40.000,00
❷ 2610 Vorsteuer für i. E.	6.400,00	
an 4810 Umsatzsteuer für i. E. . .		6.400,00

Zur Kontrolle der Umsatzsteuer im innergemeinschaftlichen Handelsverkehr wird allen zum Vorsteuerabzug berechtigten Unternehmen eine **Umsatzsteuer-Identifikationsnummer (USt-Id-Nr.)** zugeteilt, die mit dem jeweiligen Ländercode (z. B. DE für Deutschland) beginnt. **Ausgangsrechnungen** müssen jeweils die eigene Identifikationsnummer und die des Kunden ausweisen. Das ermöglicht einen schnellen Informationsaustausch zwischen den Finanzbehörden der einzelnen EU-Mitgliedstaaten.

Zusammenfassung

▶ Der **Warenverkehr zwischen den EU-Mitgliedstaaten** ist umsatzsteuerlich ein **innergemeinschaftlicher** Vorgang. **Ein- und Ausfuhr** von Waren gibt es **nur** im Handelsverkehr **mit Nicht-EU-Mitgliedstaaten** (= Drittländer).

▶ Bis zu einer endgültigen Regelung gibt es **umsatzsteuerlich** eine befristete **Übergangsregelung** (§ 1 Abs. 1 Nr. 5 UStG):

○ Eine **innergemeinschaftliche gewerbliche Lieferung** von Gütern ist **umsatzsteuerfrei.**

○ Ein **innergemeinschaftlicher gewerblicher Erwerb** von Gütern unterliegt der **Umsatzsteuer des jeweiligen Bestimmungslandes.**

○ Die **geschuldete Umsatzsteuer** kann zugleich **als Vorsteuer verrechnet** werden. Die Umsatzsteuer belastet das Unternehmen nicht.

▶ Zur **Kontrolle** des Umsatzsteueraufkommens müssen **Ausgangsrechnungen** die **USt-Identifikationsnummern** des Lieferanten und des Kunden enthalten.

▶ In den **Umsatzsteuervoranmeldungen** sind die **innergemeinschaftlichen Lieferungen und Erwerbe gesondert auszuweisen.**

▶ **Zusatzinformation:** Für **Privatpersonen** gilt die Besteuerung nach dem Bestimmungslandprinzip nicht. Sie werden mit der **Umsatzsteuer des jeweiligen Einkaufslandes** belastet (Ausnahme: PKW-Kauf).

167   Die Papiergroßhandlung Katja Kern e. Kfr. kauft bei einer italienischen Papierfabrik in Mailand Packpapier im Wert von 45.000,00 €. Die Rechnung weist die
Umsatzsteuer-Identifikationsnummern der beiden Unternehmen aus.

1. *Beurteilen Sie den Geschäftsfall umsatzsteuerrechtlich aus der Sicht a) des
Lieferers und b) des Kunden.*
2. *Wie lauten die Buchungen in der Papiergroßhandlung Kern?*
3. *Nennen Sie die Buchung im italienischen Unternehmen.*

168   Ein Möbelgroßhändler in Hamburg liefert an ein Unternehmen in Paris Büromöbel im Wert von 150.000,00 €. Die Ausgangsrechnung weist die erforderlichen
Umsatzsteuer-Identifikationsnummern aus.

1. *Wie lautet die Buchung des Möbelgroßhändlers?*
2. *Begründen Sie die Buchung des Möbelgroßhändlers.*
3. *Wie lauten die Buchungen im französischen Unternehmen bei einem
Umsatzsteuersatz von 20,6 %?*

169   Ein Textilgroßhändler in Stuttgart kaufte bei einer Textilfabrik in London Waren
im Wert von 250.000,00 €. Die Rechnung enthält die USt-Id-Nummern.

Wie lauten die Buchungen beim a) Kunden und b) Lieferer? Begründen Sie.

170   Ein deutscher Elektrogroßhändler hat in einer Lampenfabrik in Amsterdam für
sein Privathaus eine Lampe für 4.500,00 € anfertigen lassen.

Beurteilen Sie den Fall umsatzsteuerrechtlich.

171   Ein Autohändler in Köln hat von einer Autofabrik in Frankreich Ersatzteile im
Wert von 120.000,00 € bezogen. Die Rechnung ist ordnungsgemäß.

Nennen und begründen Sie die Buchungen für den Autohändler.

172   1. *Welche Staaten bilden den EU-Binnenmarkt?*
2. Im Umsatzsteuerrecht aller EU-Mitgliedstaaten unterscheidet man die
Begriffe a) Inland, b) Gemeinschaftsgebiet und c) Drittlandsgebiet. *Ordnen
Sie entsprechend zu:
1. Niedersachsen, 2. Schweiz, 3. Stuttgart, 4. Italien, 5. Kanada, 6. Paris.*

173   1. *Ergänzen Sie:*
Nach § 1 Abs. 1 Nr. 5 UStG unterliegt ab ••• auch der innergemeinschaftliche ••• im ••• gegen ••• der Umsatzsteuer.
2. *Welche Voraussetzungen müssen nach § 1 Abs. 1 UStG für die Besteuerung
des innergemeinschaftlichen Erwerbs im Einzelnen vorliegen?*
3. *Wo wird der innergemeinschaftliche Erwerb besteuert?*
4. *Warum unterliegt in der EU nicht die innergemeinschaftliche Lieferung,
sondern der innergemeinschaftliche Erwerb der Ware der Umsatzsteuer?*

174   1. *Ergänzen Sie:*
a) Was aus der Sicht des vorsteuerabzugsberechtigten Verkäufers eine
innergemeinschaftliche Lieferung ist, wird spiegelbildlich beim vorsteuerabzugsberechtigten Abnehmer zu einem innergemeinschaftlichen •••.
b) Die Lieferung im Ausgangsland des EU-Binnenmarktes ist stets steuer •••,
der Erwerb im Bestimmungsland ist steuer •••.
c) Der Erwerber kann die geschuldete Umsatzsteuer als ••• abziehen.
2. *Welchen Zweck haben die Umsatzsteuer-Identifikationsnummern?*

6470168

1.7.2   Der Warenverkehr mit Drittländern

Während die **Einfuhr** von Waren **aus Drittländern,** also aus Staaten, die nicht der EU angehören, der **Einfuhrumsatzsteuer** (§ 11 UStG) und gegebenenfalls dem **Zoll** unterliegt, ist die **Ausfuhr** von Waren **umsatzsteuerfrei.** Aus Gründen der **Umsatzsteuerverprobung** sind folgende **Sonderkonten** einzurichten:

2295 Warenbestand aus Einfuhren
2620 Einfuhrumsatzsteuer
5195 Erlöse aus Warenausfuhr[1]
6095 Aufwendungen für Wareneinfuhr[1]

Die **Einfuhrumsatzsteuer** (16 % bzw. 7 %), die in Unternehmen als **Vorsteuer** abzugsfähig ist, und der **Zoll** (in Prozent vom Zollwert) werden von der **Zollbehörde** erhoben. Beide Abgaben dienen dem **Schutz inländischer Erzeugnisse** vor ausländischer Konkurrenz. Sie haben **unterschiedliche Bemessungsgrundlagen:**

Ermittlung des Zollwertes als Bemessungsgrundlage für den Zoll	Ermittlung der Bemessungsgrundlage der Einfuhrumsatzsteuer (EUSt)
Warenwert + Verpackungskosten + Transportkosten (Auslandsfracht) – möglicher Skonto **Zollwert** (= Bezugspreis)	Zollwert (= Bezugspreis) + Zoll + Verbrauchsteuern (z. B. Kaffeesteuer) + Beförderungskosten (Inlandsfracht) **EUSt-Bemessungsgrundlage**

Rechnungen in ausländischer Währung sind **vor** ihrer Buchung auf der Grundlage amtlicher Devisenkurse (Kurstabellen) **umzurechnen.** Von Banken in Rechnung gestellte **Kosten der Zahlungsabwicklung** (Maklergebühr, Abwicklungsgebühr, Spesen) werden auf folgendem Konto erfasst:

6750 Kosten des Geldverkehrs.

Kursunterschiede zwischen Rechnungseingang und -ausgleich werden gebucht auf:

6750 Kosten des Geldverkehrs
5430 Andere sonstige betriebliche Erträge

siehe „Währungsrechnung", Kap. H, 2 ⮕

Situation 1 Die Papiergroßhandlung Kern bezieht aus den USA einen Posten Lackpapier. Die **Eingangsrechnung** geht am 10. Januar ein und lautet:

	Umrechnung zum Tageskurs: 1 € = 0,9025 US-$	
Lackpapier	30.000,00 US-$	33.241,00 €
+ Transportkosten (bis Hamburg)	2.000,00 US-$	2.216,07 €
Rechnungsbetrag	32.000,00 US-$	35.457,07 €

Die Ware wird mit firmeneigenem LKW in Hamburg abgeholt.

Buchung der Importeingangsrechnung	Soll	Haben
6095 Aufwendg. für Wareneinfuhr . . .	33.241,00	
6096 Bezugskosten	2.216,07	
an **4400 Verbindlichkeiten a. LL**		35.457,07

---

1 Unterkonten entsprechend Warengruppe I (siehe Kontenrahmen)

Situation 2 Die Papiergroßhandlung Kern erhält vom zuständigen Zollamt den Bescheid über die **Zollabgabe** und die **Einfuhrumsatzsteuer:**

Warenwert	33.241,00 €	Zollwert	35.457,07 €	
+ Transportkosten	2.216,07 €	+ Zoll	2.836,57 €	
Zollwert	**35.457,07 €**	Bemessungswert	38.293,64 €	
8 % Zoll:	**2.836,57 €**	**16 % EUSt:**	**6.126,98 €**	

Buchungssatz	Soll	Haben
6096 Bezugskosten	2.836,57	
2620 Einfuhrumsatzsteuer	6.126,98	
an **4820 Zollverbindlichkeiten**		8.963,55

Nennen Sie jeweils den Buchungssatz für

1. die Umbuchung der Warenbezugskosten,

2. die Verrechnung der Einfuhrumsatzsteuer als Vorsteuer und

3. die Begleichung der Zollverbindlichkeiten durch Banküberweisung.

Die Ausfuhr von Waren in Drittländer ist einschließlich aller Nebenkosten (Frachten u. a.) aus Gründen der Exportförderung **umsatzsteuerfrei** (§ 4 Nr. 1 und 3 UStG), sofern der **Nachweis der Ausfuhrlieferung** durch internationalen Frachtbrief oder Grenzübertrittsbescheinigung des Zolls erbracht wird.

Situation Die Großhandlung Kern exportiert Saugpapier in die Schweiz mit eigenem LKW. Die **Ausgangsrechnung** vom 20. März lautet:

Warenwert	13.500,00 sfr
+ Transportkosten	1.500,00 sfr
Rechnungsbetrag	**15.000,00 sfr**

Der **Ausfuhrnachweis** in Form einer Grenzübertrittsbescheinigung liegt vor.
Tageskurs: 1 € = 1,6010 sfr

$$\text{Rechnungsbetrag} = \frac{1 \cdot 15.000,00}{1,6010} = \textbf{9.369,14 €}$$

Buchung der Exportausgangsrechnung	Soll	Haben
2400 Forderungen a. LL	9.369,14	
an **5195 Erlöse aus Warenausfuhr** .		9.369,14

Zusammenfassung

▶ Für **Einfuhren aus Drittländern** (Nicht-EU-Mitgliedstaaten) ist **Einfuhrumsatzsteuer** und in der Regel auch **Zoll** an die **Zollbehörden** zu entrichten.

▶ **Bemessungsgrundlage für den Zoll** ist der **Zollwert,** der dem Bezugspreis bis zur deutschen Grenze entspricht.

▶ **Bemessungsgrundlage der Einfuhrumsatzsteuer** ist die Summe aus Zollwert, Zoll und Inlandsfracht. Die Steuersätze entsprechen den üblichen Umsatzsteuersätzen (16 % bzw. 7 %).

▶ Die **Einfuhrumsatzsteuer** ist als **Vorsteuer** abzugsfähig.

▶ **Ausfuhrlieferungen** in Drittländer sind **umsatzsteuerfrei.** Deshalb entsteht in exportintensiven Unternehmen oft ein Vorsteuerüberhang.

▶ Aus Gründen der Umsatzsteuerverprobung sind **Außenhandelsgeschäfte auf besonderen Konten** zu buchen (siehe oben und Kontenrahmen).

Aufgaben

175 Eine Werkzeuggroßhandlung importiert Werkzeuge aus den USA zum Preis von 45.000,00 US-$ FOB New York. Für Fracht werden 3.000,00 US-$ berechnet. Kurs bei Rechnungseingang: 1 € = 0,9063 US-$. Die Ware wird mit eigenem LKW in Rotterdam abgeholt. 10 % Zoll und 16 % Einfuhrumsatzsteuer.

1. *Berechnen Sie Warenwert, Frachtkosten, Verbindlichkeiten a. LL, Zollwert, Zoll und EUSt, Zollverbindlichkeiten.*
2. *Die Importrechnung wird zum Anschaffungskurs durch Banküberweisung beglichen. Die Bank belastet den Importeur mit 85,00 € Gebühren.*
3. *Nennen Sie die Buchungssätze und buchen Sie auf den Konten 2620, 2800, 4400, 4820, 6095, 6096 und 6750.*

176 Die in Aufgabe 175 genannte Importrechnung wird zum Kurs von 1. 1 € = 0,8782 US-$ und 2. 1 € = 0,9082 US-$ durch Banküberweisung beglichen. Für die Zahlungsabwicklung belastet die Bank das Großhandelsunternehmen mit 78,00 €.
Nennen Sie die Buchungssätze und buchen Sie auf den Konten 2800, 4400, 5430 und 6750.

177 Ein Großhandelsunternehmen in Köln importiert Autozubehörteile für 8.500.000 Yen CIF Duisburg. Bei Rechnungseingang beträgt der Kurs 123,3000 Yen/1 €. Der Spediteur berechnet für die Fracht Duisburg-Köln 2.800,00 € + 16 % USt. 15 % Zoll, 16 % EUSt.

1. *Berechnen Sie den Zollwert, den Zoll, die Einfuhrumsatzsteuer und die Anschaffungskosten der Warensendung.*
2. *Bilden Sie die Buchungssätze und buchen Sie auf den Konten 2600, 2620, 4400, 4820, 6095 und 6096.*

178 Ein Textilgroßhandelsunternehmen exportiert Waren in die Schweiz mit eigenem LKW. Die Fakturierung erfolgt in sfr: 73.000,00 sfr Warenwert + 2.000,00 sfr Transport. Tageskurs bei Rechnungserteilung am 30. Apr.: 1 € = 1,6120 sfr.

Am 28. Mai wird die Rechnung fristgerecht durch Banküberweisung beglichen. Die Bankgutschrift erfolgt zum Tageskurs von 1,6030 sfr/1 € unter Abzug von 65,00 € Umrechnungsgebühr.

Nennen Sie die Buchungssätze und buchen Sie auf den Konten 2400, 2800, 5195, 5430 und 6750.

179 Die vorhergehende Aufgabe 178 ist nunmehr unter folgender Bedingung zu buchen: Die Bankgutschrift erfolgt zum Tageskurs von 1,6250 sfr/1 €. 65,00 € Umrechnungsgebühr. *Wie lautet der Buchungssatz?*

180 Zum 30. April .. weist ein Großhandelsunternehmen folgende Konten aus:

	Soll	Haben
2600 Vorsteuer	210.000,00	5.000,00
2620 Einfuhrumsatzsteuer	25.000,00	—
4800 Umsatzsteuer	6.000,00	136.000,00

1. *Ermitteln Sie buchhalterisch das Ergebnis der USt-Voranmeldung f. April.*
2. *Das Finanzamt erstattet den Vorsteuerüberhang durch Banküberweisung. Die Bankgutschrift erfolgt zum 15. Mai .. Wie lautet der Buchungssatz?*

181 1. *Warum sind Ausfuhrlieferungen in nahezu allen Staaten umsatzsteuerfrei?*
2. *Nennen Sie die Voraussetzung für eine steuerfreie Ausfuhrlieferung.*
3. *Inwiefern entsteht bei Exportunternehmen oft ein Vorsteuerüberhang?*
4. *Erläutern Sie Zweck und Zusammensetzung des Zollwertes.*

2 Zahlungs- und Finanzbereich

Im vorhergehenden Kapitel haben Sie anhand von Situationen die Beschaffungs- und Absatzvorgänge kennen gelernt und diese Vorgänge unter Berücksichtigung der Umsatzsteuer gebucht. In den dabei verwendeten Situationen waren auch die grundlegenden Buchungen beim **Zahlungsausgleich** enthalten, die wir hier noch einmal wiederholen:

Buchung beim **Zahlungsausgang** aufgrund einer Eingangsrechnung		Buchung beim **Zahlungseingang** aufgrund einer Ausgangsrechnung	
Beispiel	Kauffrau Kern begleicht die Eingangsrechnung der Papiermühle AG, Düsseldorf, in Höhe von 12.412,00 € durch **Überweisungsauftrag** ohne Skontoabzug (vgl. Seite 141).	Beispiel	Kauffrau Kern bucht den Zahlungseingang (Beleg: **Kontoauszug** der Sparkasse) aufgrund ihrer Rechnung an die Kaufkette AG, Köln, über 6.380,00 € (vgl. Seite 154). Die Kaufkette AG hat keinen Skontoabzug vorgenommen.

Buchungssatz	Soll	Haben	Buchungssatz	Soll	Haben
4400 Verbindlichkeiten a. LL an 2800 Bank	12.412,00	12.412,00	2800 Bank ...... an 2400 Forderungen a. LL	6.380,00	6.380,00

In diesem Kapitel machen wir Sie mit zwei noch nicht erwähnten – in der Praxis aber häufig vorkommenden – **Zahlungsmöglichkeiten** vertraut,

▶ der formulargestützten **Sammelüberweisung** und
▶ dem formulargestützten **Lastschriftverfahren**.

Danach stellen wir den Zahlungsausgleich unter **Skontoabzug** dar, zeigen die Abwicklung **verspäteter Zahlungen** und geben einen Überblick über die Handhabung des **Schecks** und des **Wechsels** als Zahlungs- und Finanzierungsmittel. Vertiefte Darstellungen zu den grundlegenden **Rechentechniken** finden Sie im Kapitel „H, 5 Zinsrechnung".

2.1 Die Nutzung der Sammelüberweisung

In der Regel wird ein Unternehmer nicht einzelne Überweisungsaufträge an sein Geldinstitut geben, sondern die täglich oder auch wöchentlich anfallenden Überweisungsaufträge aufgrund fälliger Rechnungen an **verschiedene Zahlungsempfänger** in einer sog. Sammelüberweisung zusammenfassen. In diesen speziellen Vordruck trägt er die **Gesamtsumme** aller beigefügten Einzelüberweisungen ein und unterschreibt nur diesen Vordruck. Das Geldinstitut belastet das Konto des Auftraggebers mit der Gesamtsumme aller Überweisungen und führt die Einzelüberweisungen an jeden Empfänger aus.

Für das Buchen des Zahlungsausgangs gilt die obige Darstellung entsprechend mit der – praxisgerechten – Einschränkung, dass bei der EDV-gestützten Buchführung direkt auf das jeweilige Liefererkonto und nicht auf das Sachkonto „Verbindlichkeiten a. LL" zu buchen ist.

6470172

2.2 Zahlungen im Lastschrifteinzugsverkehr

Einzugsermächtigung. Bei wiederkehrenden Zahlungen (auch in unterschiedlicher Höhe und zu unterschiedlichen Zeitpunkten) vereinbaren Zahlungsempfänger und Zahlungspflichtiger häufig eine sog. Einzugsermächtigung. Hierin ermächtigt der Zahlungspflichtige den Zahlungsempfänger, fällige Beträge von seinem Konto einzuziehen. Aufgrund einer solchen Vereinbarung verwendet der Zahlungsempfänger spezielle **Lastschriftvordrucke** seines Geldinstituts:

Auf diesen Vordrucken muss in der rechten oberen Ecke der Vermerk stehen: **„Einzugsermächtigung des Zahlungspflichtigen liegt dem Zahlungsempfänger vor."** Für den Zahlungspflichtigen sind Lastschriften bei Sicht zahlbar, d. h., sein Konto wird bei Vorlage der Lastschrift belastet. Er hat die Möglichkeit, dieser Lastschrift innerhalb von sechs Wochen zu widersprechen.

Der Vorteil dieses Verfahrens liegt für den **Zahlungspflichtigen** darin, dass er sich nicht um den Ausgleich fälliger Zahlungen zu kümmern braucht. Insbesondere bei regelmäßig wiederkehrenden Zahlungen (z. B. Versicherungsprämien, Steuervorauszahlungen, Rundfunk- und Fernsehgebühren) findet dieses Verfahren Anwendung. Es kann auch bei Rechnungen mit unterschiedlich hohen Beträgen eingesetzt werden (z. B. Fernsprechgebühren). Der **Zahlungsempfänger** hat den **Vorteil** darin, dass er Rechnungsbeträge bei Fälligkeit einziehen lassen kann und nicht auf die Zahlungswilligkeit des Zahlungspflichtigen angewiesen ist.

Dauer-Abbuchungsverfahren. Ein der Einzugsermächtigung ähnliches – aber wenig verbreitetes – Verfahren ist das Dauer-Abbuchungsverfahren, bei dem der Zahlungspflichtige seiner Bank die Ermächtigung erteilt, die von namentlich genannten Zahlungsempfängern eingehenden Lastschriften einzulösen.

Das Buchen der Lastschriften entspricht dem zuvor dargestellten Vorgang bei Überweisungen. Belege für das Buchen sind stets die **Kontoauszüge.**

2.3 Liefererskonto

Situation

Frau Kern begleicht die Eingangsrechnung der Papiermühle AG (siehe S. 141) durch Banküberweisung innerhalb der vereinbarten Frist von 10 Tagen unter Abzug von 2 % Skonto. Auf der Eingangsrechnung vermerkt sie für die Finanzbuchhaltung:

Gesamtbetrag der Rechnung	12.412,00 €
− 2 % Skonto (= 12.412,00 € · 0,02 =)	248,24 €
Überweisungsbetrag an die Papiermühle AG	**12.163,76 €**

Der Skonto ist ein mit dem Lieferer vereinbarter **Abzug vom Rechnungspreis,** den der Kunde dafür vornehmen kann, dass er die Rechnung innerhalb der angegebenen kurzen Frist begleicht. Skonto ist also eine **Zinsvergütung für kurzfristige Zahlung.**

 siehe „Zinsrechnung", Kap. H, 5

Vorsteuerberichtigung. Wie beim Preisnachlass aufgrund einer Mängelrüge führt der Liefererskonto zu einer **nachträglichen Verminderung des Anschaffungspreises der Waren** und damit auch zu einer anteiligen **Verminderung der Vorsteuer.** Da der Skonto in der obigen Situation vom Rechnungsbetrag berechnet wurde, muss aus dem Bruttoskontobetrag von 248,24 € die darin enthaltene Vorsteuer herausgerechnet werden:

$$\begin{array}{ll} 116\text{ \% Skontoabzug} & \sim\ \ 248,24\ € \\ 16\text{ \% Vorsteuer} & \sim\ \ \ \ \ \ x\ \ € \end{array} \qquad x\ € = \frac{248,24\ € \cdot 16\ \%}{116\ \%} = \mathbf{34,24\ €}$$

Der **Nettoskonto** beträgt somit **214,00 €** (248,24 € − 34,24 €). Das sind genau 2 % vom Anschaffungswert der eingekauften Waren in Höhe von 10.700,00 € (siehe S. 141). Der Nettoskonto wird als **Anschaffungspreisminderung** der Waren auf einem **Unterkonto des jeweiligen Wareneingangskontos** gebucht. Außer dem allgemeinen Wareneingangskonto **„6060 Aufwendungen für Waren"** mit dem Unterkonto **„6063 Liefererskonti"** gibt es im Unternehmen Kern für die unterschiedlichen **Warengruppen** folgende Unterkonten:

6070 Aufwendungen für Druckpapier	6075 Aufwendungen für Kopierpapier	6080 Aufwendungen für Umschlagkarton	6085 Aufwendungen für Saugpapier
6073 Liefererskonti auf Druckpapier	6078 Liefererskonti auf Kopierpapier	6083 Liefererskonti auf Umschlagkarton	6088 Liefererskonti auf Saugpapier

Aus den auf den Unterkonten angesammelten Liefererskonti kann Frau Kern schnell ermitteln, wie viel Liefererskonti sie im **Durchschnitt** (in % des Warenwertes) erhalten hat. Die Unterkonten werden **monatlich** über das entsprechende Wareneingangskonto abgeschlossen. Die Buchungen im Zeitablauf lauten:

❶ Buchung der Eingangsrechnung	Soll	Haben
6085 Aufwendungen für Saugpapier .	10.000,00	
6086 Bezugskosten für Saugpapier ...	700,00	
2600 Vorsteuer	1.712,00	
an 4400 Verbindlichkeiten a. LL		12.412,00

❷ Umbuchung der Bezugskosten	Soll	Haben
6085 Aufwendungen für Saugpapier .	700,00	
an 6086 Bezugskosten f. Saugpapier		700,00

❸ Buchung des Zahlungsausgleichs mit Skontoabzug	Soll	Haben
4400 Verbindlichkeiten a. LL	12.412,00	
an 6088 Liefererskonti a. Saugpapier		214,00
an 2600 Vorsteuer		34,24
an 2800 Bank		12.163,76

6470174

❹ Umbuchung der Liefererskonti	Soll	Haben
6088 Liefererskonti auf Saugpapier ...	214,00	
an 6085 Aufwend. für Saugpapier		214,00

S	6085 Aufwendungen für Saugpapier		H		S	4400 Verbindlichkeiten a. LL		H
❶	10.000,00	❹	214,00 ◄─		❸	12.412,00	❶	12.412,00
❷	700,00							

S	6086 Bezugskosten für Saugpapier		H		S	6088 Liefererskonti auf Saugpapier		H
❶	700,00	❷	700,00	◄─■ ❹		214,00	❸	214,00

S	2600 Vorsteuer		H		S	2800 Bank		H
❶	1.712,00	❸	34,24				❸	12.163,76

Im vorstehenden Beispiel wurde der **Skonto** auf dem Konto „Liefererskonti" **direkt netto** gebucht. Man spricht deshalb auch vom **Nettobuchungsverfahren.** Wird der Skonto dagegen zunächst **brutto,** also einschließlich Steueranteil, auf dem Konto „Liefererskonti" erfasst, ist spätestens beim **monatlichen** Abschluss (Ende des Umsatzsteuervoranmeldungszeitraumes) der **Steuerbetrag aus den angesammelten Bruttoskontobeträgen** herauszurechnen und als **Sammelberichtigung** zu buchen.

Bei Anwendung des **Bruttoskontobuchungsverfahrens** lautet die o. g. Buchung ❸ wie folgt:

❸ Buchung des Rechnungsausgleichs bei Bruttobuchung des L.-Skontos	Soll	Haben
4400 Verbindlichkeiten a. LL	12.412,00	
an 6088 Liefererskonti a. Saugpapier		248,24
an 2800 Bank		12.163,76

Die Buchung der **Steuerberichtigung** lautet dann:

Buchung der Vorsteuerberichtigung	Soll	Haben
6088 Liefererskonti auf Saugpapier ...	34,24	
an 2600 Vorsteuer		34,24

S	4400 Verbindlichkeiten a. LL		H		S	2800 Bank		H
❸	12.412,00	❶	12.412,00				❸	12.163,76

S	2600 Vorsteuer		H		S	6088 Liefererskonti auf Saugpapier		H
❶	1.712,00	6088	34,24 ◄─■		2600	34,24	❸	248,24

Zusammenfassung

▶ **Liefererskonto** wird als Prozentabzug vom **Rechnungsbetrag** berechnet.

▶ Bei **Liefererskonto** wird die **Umsatzsteuerberichtigung** wie folgt ermittelt:

$$\text{Umsatzsteuerberichtigungsbetrag} = \frac{\text{Bruttoskontobetrag} \cdot 16\,\%}{116\,\%}$$

▶ Der **Liefererskonto** wird **brutto oder direkt netto** auf dem Unterkonto „Liefererskonti" gebucht. Die angesammelten Nettoskontobeträge werden **monatlich auf das entsprechende Wareneingangskonto umgebucht.**

▶ **Bei Verwendung eines Fibu-Programms** wird die **Steuerberichtigung automatisch** errechnet und gebucht. Auf dem Konto „Liefererskonti" wird lediglich der Bruttoskontobetrag (hier: 248,24 €) eingegeben. Das Programm errechnet die Steuerberichtigung (34,24 €) und bucht diese direkt im Haben des Vorsteuerkontos.

182

> # Heimann AG · Heizungsanlagen
>
> Heimann AG, Brüderstraße 32, 41238 Mönchengladbach
>
> Pohlig & Eickmeier GmbH
> Sanitärgroßhandlung
> Rheinstraße 22
>
> 47799 Krefeld
>
> | Ihre Bestellung vom | Datum |
> |---|---|
> | . . - 0 5 - 2 3 | . . - 0 6 - 0 2 |
>
> **Rechnung** 598/55/PG
>
> Wir lieferten frachtfrei:
>
> | Pos. | Menge | Artikel | Einzelpreis | Rabatt | Gesamtpreis |
> |---|---|---|---|---|---|
> | 1 | 400 | Heizungsventile 1/2" | 12,25 € | 10 % | 4.410,00 € |
> | | | + 16 % Umsatzsteuer | | | 705,60 € |
> | | | | | | 5.115,60 € |
>
> Zahlungsbedingungen: Der Rechnungsbetrag ist innerhalb von 15 Tagen mit 2,5 % Skonto oder nach spätestens 30 Tagen ohne Abzug zu begleichen.
>
> Bankverbindung: Commerzbank Mönchengladbach, Konto-Nr. 334 320 71 (BLZ 310 400 15)

Verwenden Sie für die folgenden Aufgaben die Konten: 2600, 2800, 4400, 6060, 6063.

1. *Buchen Sie die obige Rechnung als Eingangsrechnung für die Pohlig & Eickmeier GmbH.*
2. Die Rechnung wird unter Skontoabzug durch Banküberweisung beglichen:
   a) *Berechnen Sie den Bruttoskontoabzug.*
   b) *Berechnen Sie die Vorsteuerberichtigung und den Nettoskontobetrag.*
   c) *Buchen Sie den Skonto beim Rechnungsausgleich*
      ca) *netto und* cb) *brutto.*
   d) *Buchen Sie den Skontobetrag auf das Wareneingangskonto um und berechnen Sie die Anschaffungskosten für diesen Auftrag.*

183

1. *Buchen Sie für die H. Stellmag KG a) die Eingangsrechnung aus Aufgabe 137, Seite 143, und b) den Zahlungsausgleich (Banküberweisung) unter Ausnutzung von Skonto ba) netto und bb) brutto auf den Konten 2600, 2800 (Anfangsbestand 34.500,00 €), 4400, 6060, 6061 und 6063.*
2. *Geben Sie die Anschaffungskosten für ein Spot-Schienen-Set an.*

184

1. *Buchen Sie für die Papiergroßhandlung Katja Kern e. Kfr. die Eingangsrechnung aus Aufgabe 139, Seite 144, und den Zahlungsausgleich durch Banküberweisung unter Skontoabzug (Nettobuchung) auf den Konten 0860, 2600, 2800 (Anfangsbestand 83.400,00 €) und 4400.*
2. *Geben Sie die Anschaffungskosten für die Personalcomputer an.*

185

1. *Buchen Sie den Vorgang aus Aufgabe 140, Seite 144, vollständig, indem Sie*
   a) *zunächst die Eingangsrechnung,*
   b) *danach den Zahlungsausgleich unter Abzug von Skonto (netto) buchen.*
2. *Ermitteln Sie die Anschaffungskosten für die gesamte Sendung sowie den Bezugspreis für ein Fernsehgerät.*

186

Die Papiergroßhandlung Katja Kern e. Kfr. hat von der Deutschen Papier AG, Leipzig, eine Sendung Umschlagkarton frei Haus erhalten. Die Rechnung lautet über:

40 Paletten Umschlagkarton	
zu je 1.312,50 € = ...	52.500,00 €
+ 16 % Umsatzsteuer	8.400,00 €
Rechnungsbetrag	60.900,00 €

Die Zahlungsbedingungen lauten: Zahlbar in 10 Tagen mit 3 % Skonto oder nach spätestens 40 Tagen ohne Abzug.

1. *Buchen Sie die Eingangsrechnung für Frau Kern (siehe Warengruppenkontennummern, S. 148).*
2. *Berechnen Sie den Nettoskontoabzug sowie die Vorsteuerberichtigung und buchen Sie den Zahlungsausgleich durch Überweisungsauftrag an die Sparkasse (Bestand auf Sparkassenkonto: 126.400,00 €).*

187

Unter den gelieferten Umschlagkartons (vgl. Aufgabe 186) befindet sich eine Palette mit beschädigten Kartons. Frau Kern bietet der Deutschen Papier AG an, diese Ware gegen einen Preisnachlass von 20 % des Warenwertes zu behalten. Die Deutsche Papier AG schreibt daraufhin gut:

Gutschrift für beschädigt gelieferte Umschlagkartons:	
20 % von 1.312,50 € = ...	262,50 €
+ 16 % Umsatzsteuer	42,00 €
Gesamtbetrag der Gutschrift	304,50 €

1. *Prüfen Sie die rechnerische Richtigkeit der Gutschrift und buchen Sie die Gutschrift zunächst auf dem entsprechenden Unterkonto.*
2. *Buchen Sie den Preisnachlass auf das zutreffende Wareneingangskonto um.*

188

1. *Welche Gründe sprechen für die gesonderte buchhalterische Erfassung der Rücksendungen an Lieferer, nachträglichen Preisnachlässe und Liefererskonti?*
2. *Erläutern Sie die Zusammensetzung der Anschaffungskosten nach § 255 HGB.*
3. *Warum ist bei Rücksendungen, nachträglichen Preisnachlässen und Liefererskonti die zuvor gebuchte Vorsteuer zu berichtigen?*
4. Der nachträgliche Preisnachlass beträgt **einschließlich** der Umsatzsteuer 143,84 €. Berechnen Sie die Steuerberichtigung und den Nettobetrag des Preisnachlasses.
5. *Schildern Sie den Vorgang der Steuerberichtigung bei Rücksendungen, Nachlässen und Liefererskonti, wenn ein Finanzbuchhaltungsprogramm verwendet wird.*
6. *Warum ist es zweckmäßig, für jede Warengruppe eigene Wareneingangskonten mit jeweils getrennten Konten für Rücksendungen, Nachlässe und Liefererskonti zu führen?*
7. Von einem Rechnungsbetrag wurden 2,5 % Skonto ~ 243,60 € abgezogen. *Berechnen Sie den Rechnungsbetrag und die Steuerberichtigung.*

2.4   Kundenskonto

Situation   Die Kaufkette AG begleicht die Rechnung Nr. 5103/KK (vgl. Seite 154) durch
Überweisung auf das Konto der Papiergroßhandlung Kern bei der Stadtsparkasse Köln unter Abzug des vereinbarten Skontos. Frau Kern erhält einen Kontoauszug mit der Gutschrift. Auf dem Überweisungsauftrag hat der Buchhalter
der Kaufkette AG folgenden Vermerk angebracht:

Ausgleich Ihrer Rechnung Nr. 5103/KK	6.380,00 €
— 2 % Skonto (= 6.380,00 € · 0,02 =)	127,60 €
Überweisungsbetrag	**6.252,40 €**

Umsatzsteuerberichtigung. Wie beim Preisnachlass aufgrund einer Mängelrüge
führt auch der dem Kunden gewährte Skonto zu einer **nachträglichen Verminderung
der Umsatzerlöse und** damit auch zu einer anteiligen Verminderung **der Umsatzsteuer.** Im obigen Beispiel enthält der Kundenskonto zugleich noch den Umsatzsteuer-
anteil, da er vom Rechnungsbetrag berechnet wurde. Die zu berichtigende Umsatzsteuer muss deshalb noch aus dem **Bruttoskontobetrag** errechnet werden:

$$\begin{matrix} 116\ \%\ \text{Skontoabzug} \sim 127{,}60\ € \\ 16\ \%\ \text{Umsatzsteuer} \sim \quad x \quad € \end{matrix} \qquad x\ € = \frac{127{,}60\ € \cdot 16\ \%}{116\ \%} = \mathbf{17{,}60\ €}$$

 siehe „Prozentrechnung", Kap. H, 4

Der **Nettoskonto** beträgt somit **110,00 €** (127,60 € − 17,60 €), also genau 2 % der
durch Verkauf der Waren an die Kaufkette AG erzielten Umsatzerlöse von 5.500,00 €
(siehe S. 154).

Der Kundenskonto wird allgemein auf dem Konto **„5102 Kundenskonti"** als **„Unterkonto des Kontos „5100 Umsatzerlöse für Waren"** gebucht. Im Unternehmen Kern
gibt es **für jede Warengruppe** das entsprechende Unterkonto „Kundenskonti", aus
dem sich auch die durchschnittlich in % der Umsatzerlöse gewährten Skonti leicht
ermitteln lassen. Die auf den Unterkonten „Kundenskonti" angesammelten Beträge
werden **monatlich** auf das entsprechende Umsatzerlöskonto umgebucht.

5110 Umsatzerlöse für Druckpapier	5115 Umsatzerlöse für Kopierpapier	5120 Umsatzerlöse für Umschlagkarton	5125 Umsatzerlöse für Saugpapier
5112 Kundenskonti auf Druckpapier	5117 Kundenskonti auf Kopierpapier	5122 Kundenskonti auf Umschlagkarton	5127 Kundenskonti auf Saugpapier

Der Kundenskonto wird in der Regel **netto** gebucht. Die Buchungen im Zeitablauf
lauten:

❶ Buchung der Ausgangsrechnung	Soll	Haben
2400 Forderungen a. LL	6.380,00	
an 5125 Umsatzerlöse f. Saugpapier		5.500,00
an 4800 Umsatzsteuer		880,00

❷ Buchung des Zahlungseingangs	Soll	Haben
2800 Bank	6.252,40	
5127 Kundenskonti auf Saugpapier ..	110,00	
4800 Umsatzsteuer	17,60	
an 2400 Forderungen a. LL		6.380,00

❸ Umbuchung der Kundenskonti	Soll	Haben
5125 Umsatzerlöse für Saugpapier ...	110,00	
an 5127 Kundenskonti a. Saugpapier		110,00

6470178

S	2400 Forderungen a. LL	H		S	5125 Umsatzerlöse für Saugpapier	H
❶	6.380,00	❷ 6.380,00		❸	110,00	❶ 5.500,00

S	2800 Bank	H		S	4800 Umsatzsteuer	H
❷	6.252,40			❷	17,60	❶ 880,00

S	5127 Kundenskonti auf Saugpapier	H
❷	110,00	❸ 110,00

Bei Anwendung des **Bruttoskontobuchungsverfahrens** lautet die o. g. Buchung ❷:

❷ Buchung des Zahlungseingangs	Soll	Haben
2800 Bank	6.252,40	
5127 Kundenskonti auf Saugpapier ..	127,60	
an 2400 Forderungen a. LL		6.380,00

Die Buchung der **Steuerberichtigung** zum Monatsende lautet dann:

Buchung der Umsatzsteuerberichtigung	Soll	Haben
4800 Umsatzsteuer	17,60	
an 5127 Kundenskonti a. Saugpapier		17,60

S	2800 Bank	H		S	2400 Forderungen a. LL	H
❷	6.252,40			❶	6.380,00	❷ 6.380,00

S	5127 Kundenskonti auf Saugpapier	H		S	4800 Umsatzsteuer	H
❷	127,60	4800 17,60		5127	17,60	❶ 880,00

Zusammenfassung

▶ **Kundenskonto** wird als Prozentabzug vom **Rechnungsbetrag** berechnet.

▶ Bei **Kundenskonto** wird die Umsatzsteuerberichtigung nach folgender Rechnung ermittelt:

$$\text{Umsatzsteuerberichtigungsbetrag} = \frac{\text{Bruttoskontoabzug} \cdot 16\,\%}{116\,\%}$$

▶ Der **Kundenskonto** wird **brutto oder direkt netto** auf dem **Unterkonto „Kundenskonti"** gebucht. Die angesammelten Nettoskontobeträge werden **monatlich auf** das entsprechende **Umsatzerlöskonto umgebucht.**

▶ Bei Verwendung eines **EDV-Buchführungsprogramms** wird die Umsatzsteuerberichtigung nach Eingabe des Bruttoskontobetrages **automatisch** errechnet und gebucht.

189
1. *Buchen Sie die Rechnung aus Aufgabe 182, Seite 176, als Ausgangsrechnung für die Heimann AG.*
2. Der Kunde Pohlig & Eickmeier GmbH (vgl. Aufgabe 182) zahlt die Rechnung durch Banküberweisung unter Skontoabzug.
   a) *Berechnen Sie den Skontoabzug brutto und netto.*
   b) *Buchen Sie für die Heimann AG den Zahlungseingang nach dem Nettoverfahren.*
   c) *Buchen Sie den Skontobetrag auf das Umsatzerlöskonto um.*

190
Im Großhandelsunternehmen Katja Kern e. Kfr. betragen die Umsatzerlöse im Monat April insgesamt 1.345.000,00 €. Die Kunden haben im gleichen Zeitraum 18.830,00 € Kundenskonti ausgenutzt.
1. *Wie viel Prozent Kundenskonti wurden durchschnittlich von den Kunden in Anspruch genommen?*
2. *Welche Schlussfolgerungen lassen sich aus dieser Zahl ziehen, wenn die Papiergroßhandlung Kern grundsätzlich 2 % Kundenskonti einräumt?*

191
Frau Kern sieht auf ihrem Kontoauszug die Gutschrift einer Kundenrechnung über 16.369,92 €.

Frau Kern weiß, dass der Kunde 2 % Kundenskonto abgezogen hat.
1. *Bestimmen Sie den Rechnungsbetrag und den Skontoabzug.*
2. *Buchen Sie die Ausgangsrechnung für Katja Kern.*
3. *Berechnen Sie die Steuerberichtigung und buchen Sie den Zahlungseingang nach dem Nettoverfahren.*
4. *Schließen Sie das Konto „5102 Kundenskonti" ab.*

192
Die Papiergroßhandlung Katja Kern e. Kfr. verkauft einem Kunden Kopierpapier. Die Ausgangsrechnung lautet über:

50 Paletten Kopierpapier zu je 1.025,00 €	51.250,00 €
+ 16 % Umsatzsteuer	8.200,00 €
	59.450,00 €

Zahlungsbedingungen: Zahlbar in 10 Tagen mit 2 % Skonto oder nach spätestens 40 Tagen ohne Abzug.

Der Kunde begleicht die Rechnung mit Skontoabzug und überweist auf das Sparkassenkonto der Großhandlung Kern 58.261,00 €.

Frau Kern bucht den Vorgang auf den Konten: 2400, 2800, 4800, 5115 und 5117.
1. *Buchen Sie die Ausgangsrechnung.*
2. *Prüfen Sie, ob der Überweisungsbetrag vom Kunden richtig errechnet wurde und geben Sie den Skontoabzug an.*
3. *Berechnen Sie die Steuerberichtigung und den Nettoskontobetrag.*
4. *Buchen Sie den Zahlungseingang und die Steuerberichtigung und schließen Sie das Konto „5117 Kundenskonti auf Kopierpapier" ab.*

6470180

2.5　Effektiver Zinssatz bei Liefererskonto

Anwendung. Bei Zahlungsbedingungen mit Skontoabzug **belastet** der Lieferer den Kunden mit einem **Zinszuschlag** für die Zeit, für die er den **Lieferantenkredit in Anspruch** nimmt.

Beispiel 1 Die Papiergroßhandlung Kern bezieht Küchenrollen von der Papiermühle AG[1] unter folgenden Zahlungsbedingungen: „Der Rechnungsbetrag ist innerhalb von 10 Tagen mit 2 % Skonto oder nach 40 Tagen ohne Abzug zu begleichen."

Wie hoch ist der effektive Zinssatz, der diesen Bedingungen zugrunde liegt?

❶ In diesem Beispiel gelten die ersten 10 Tage als sog. **Barzahlungszeitraum,** in dem der Kunde den vom Lieferer **in den Warenwert eingerechneten Zinszuschlag (= Skonto) nicht bezahlen muss.**

❷ Zahlt der Kunde erst nach Ablauf von 10 Tagen und bis spätestens 40 Tage nach Rechnungserhalt, so hat er den **vollen Rechnungsbetrag** (einschließlich des Zinszuschlags) zu begleichen.

❸ Der Lieferer räumt also ein **Zahlungsziel von 30 Tagen** ein (40 Tage – 10 Tage) und berechnet **für diese Zeit einen Skontozuschlag von 2 %.**

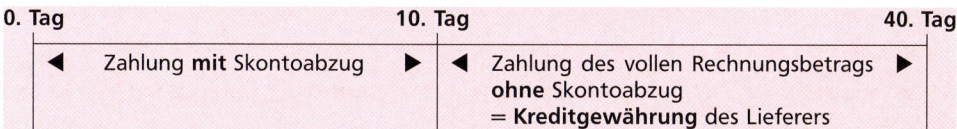

Näherungsweise Lösung. Bei der näherungsweisen Lösung werden die tatsächliche Zahlung und der Skontoabzug in Euro nicht berücksichtigt, sondern nur der **Skontosatz und die Kreditzeit:**

siehe „Zinsrechnung", Kap. H, 5 ➜

Lösung über den Dreisatz

$$
\begin{aligned}
30 \text{ Tage} &\sim 2 \text{ \% Skonto} \\
360 \text{ Tage} &\sim p \text{ \% Skonto}
\end{aligned}
\qquad
p \text{ \%} = \frac{2 \text{ \% } \cdot 360 \text{ Tage}}{30 \text{ Tage}} = 24 \text{ \%}
$$

Der auf **1 Jahr** umgerechnete Skontosatz beträgt **24 %.**

Die genaue Lösung berücksichtigt die tatsächliche Zahlung und den Skontoabzug in Euro: Der Skontoabzug beträgt 12.412,00 € · 0,02 = 248,24 €; die Zahlung macht demnach (12.412,00 € – 248,24 €) = 12.163,76 € aus.

$$
p \text{ \%}[2] = \frac{Z \cdot 360}{K \cdot t} = \frac{248{,}24 \text{ € } \cdot 360 \text{ Tage}}{12.163{,}76 \text{ € } \cdot 30 \text{ Tage}} = 24{,}49 \text{ \%}
$$

Bei dieser Rechnung ist der effektive Skontosatz höher als bei verkürzter Rechnung.

Zusammenfassung

▶ Der **effektive Zinssatz** bei Skonto kann überschlagsmäßig bestimmt werden, indem man den für die Laufzeit des Lieferantenkredits geltenden Skontosatz (= Zeitprozentsatz) auf den Jahreszinssatz umrechnet.

▶ Für die genaue Bestimmung des effektiven Skontosatzes sind **Skontobetrag** und **tatsächliche Zahlung** zu berücksichtigen.

1　vgl. Eingangsrechnung, Seite 141
2　vgl. Kapitel H, 5.4, Seite 470

Beispiel 2 Die Papiergroßhandlung Kern hat eine Warenrechnung über 27.840,00 € zu begleichen. Die Zahlungsbedingung lautet: „Zahlbar innerhalb von 10 Tagen mit 1,5 % Skonto oder spätestens nach 50 Tagen ohne Abzug."

Da die Großhandlung Kern zur Begleichung der Rechnung zurzeit über kein Bankguthaben verfügt, wird überlegt,

a) ob sich die Inanspruchnahme eines Kontokorrentkredits zur Begleichung der Rechnung unter Skontoabzug lohnt, oder

b) ob es günstiger wäre, auf die Skontierung zu verzichten, die Rechnung also erst nach Ablauf der Zahlungsfrist zu begleichen, um die Zinsen des Kontokorrentkredits einzusparen.

Die Bank berechnet **12,5 % Zinsen/Jahr** für die Inanspruchnahme des Kontokorrentkredits.

Lösung zu a): Berechnung des effektiven Zinssatzes bei Skonto

❶ 27.840,40 € – 417,60 € Skonto = 27.422,40 € tatsächliche Zahlung

❷ Zeitraum des Lieferantenkredits = 50 Tage – 10 Tage = 40 Tage

❸ $p\% = \dfrac{417,60\ € \cdot 360\ \text{Tage}}{27.422,40\ € \cdot 40\ \text{Tage}}$ = **13,71 % effektiver Zinssatz**

Das Ergebnis besagt, dass das Unternehmen Kern **bei Skontoausnutzung einen Zinsvorteil von 13,71** % hat, während die Bank nur einen Zins von 12,5 % verlangt. In diesem Fall ist es günstiger, den Kontokorrentkredit in Anspruch zu nehmen und die Rechnung unter Ausnutzung von Skonto innerhalb von 10 Tagen zu begleichen.

❹ **Berechnung des Finanzierungsvorteils:**

Skontoabzug (1,5 % von 27.840,00 €) = ... 417,60 €

− Kreditzinsen ($\dfrac{27.422,40\ € \cdot 40\ \text{Tg.} \cdot 12,5\ \%}{100\ \% \cdot 360\ \text{Tg.}}$) = ... 380,87 €

_____

Finanzierungsvorteil durch Skontoausnutzung .... **36,73 €**

Zusammenfassung

▶ Die Ausnutzung von Skonto lohnt sich auch dann, wenn der Rechnungsausgleich durch einen kurzfristigen Kredit finanziert werden muss, sofern **der effektive Skontosatz höher als der Kreditzinssatz ist.**

Aufgaben

193 Die Zahlungsbedingungen auf einer Rechnung lauten: „Zahlbar innerhalb von 15 Tagen mit 2,5 % Skonto oder nach spätestens 40 Tagen ohne Abzug."

1. *Bestimmen Sie – nach vereinfachter Rechnung – den effektiven Skontosatz.*
2. Die Rechnung lautet über brutto 14.500,00 €. *Wie hoch ist der effektive Skontosatz?*
3. Für die Begleichung der Rechnung soll ein Kontokorrentkredit zu 13 %/Jahr aufgenommen werden. *Weisen Sie nach, dass sich die Kreditaufnahme zur Skontoausnutzung lohnt und berechnen Sie den Finanzierungsvorteil.*

194 Die Großhandlung Müller GmbH schuldet aus einer Warenlieferung 9.860,00 €. Die Rechnung ist innerhalb von 10 Tagen mit 1 % Skonto oder nach 30 Tagen ohne Abzug zu begleichen.

Die Müller GmbH überlegt, ob zur Skontoausnutzung ein Kontokorrentkredit zu 11,5 %/Jahr aufgenommen werden soll oder ob es günstiger ist, auf den Skontoabzug zu verzichten und die Rechnung erst nach 30 Tagen zu begleichen. *Zeigen Sie, welche Zahlungsmöglichkeit günstiger ist.*

6470182

2.6 Zusammenfassende Aufgaben zum Bereich „Lieferer- und Kundenskonto, Nachlässe"

Die **Umsatzsteuer-Zahllast** kann am Monatsende erst nach Vornahme der anteiligen Berichtigungen auf den Steuerkonten ermittelt werden:

S	2600 Vorsteuer	H
Vorsteuerbeträge aufgrund von Eingangsrechnungen	Berichtigungen: ○ Rücksendungen an Lieferer, ○ Preisnachlässe von Lieferern, ○ Liefererboni, ○ Liefererskonti	

S	4800 Umsatzsteuer	H
Berichtigungen: ○ Rücksendungen von Kunden, ○ Preisnachlässe an Kunden, ○ Kundenboni, ○ Kundenskonti	Umsatzsteuerbeträge aufgrund von Ausgangsrechnungen	

Aufgaben

195 Die Eingangsrechnung 8857 über 2.900,00 € (Warenwert 2.500,00 € + 400,00 € Umsatzsteuer) wird unter Abzug von 2 % Skonto durch Banküberweisung an den Lieferer beglichen.
Konten: 2600, 2800 (AB 85.000,00 €), 4400, 6060, 6063.

1. *Buchen Sie den Eingang der Waren aufgrund der ER 8857.*
2. *Ermitteln Sie die Steuerberichtigung und buchen Sie beim Rechnungsausgleich den Skonto.*
3. *Wie lauten die entsprechenden Buchungen beim Lieferer?*

196 Der Kunde begleicht unsere Ausgangsrechnung 4459 über 17.400,00 € (Warenwert 15.000,00 € + 2.400,00 € Umsatzsteuer) abzüglich 2 % Skonto durch Postbanküberweisung.
Konten: 2400, 2850, 4800, 5100, 5102.

1. *Buchen Sie den Verkauf der Waren aufgrund der AR 4459.*
2. *Buchen Sie den Skonto beim Zahlungseingang.*
3. *Nennen Sie die entsprechenden Buchungen zu 1. und 2. auch beim Kunden.*

197

Auszug aus der vorläufigen Summenbilanz	Soll	Haben
2600 Vorsteuer	52.500,00	48.350,00
4800 Umsatzsteuer	72.150,00	83.450,00
5102 Kundenskonti (einschl. Umsatzsteuer)	2.900,00	?
6063 Liefererskonti (einschl. Umsatzsteuer)	?	3.712,00

1. *Ermitteln Sie am Monatsende die Steuerberichtigungen und buchen Sie.*
2. *Ermitteln Sie nach den Berichtigungsbuchungen die Umsatzsteuer-Zahllast.*

198

Auszug aus der vorläufigen Summenbilanz	Soll	Haben
2600 Vorsteuer	28.640,00	14.450,00
4800 Umsatzsteuer	43.560,00	66.350,00
5102 Kundenskonti (einschl. Umsatzsteuer)	6.148,00	?
6063 Liefererskonti (einschl. Umsatzsteuer)	?	5.336,00

Ermitteln und buchen Sie die Steuerberichtigungen. Wie hoch ist die Zahllast?

199 *Buchen Sie die Skonti in der folgenden Aufgabe.*

Bestände: Forderungen a. LL 29.000,00, Bankguthaben 225.600,00, Vorsteuer 2.400,00, Verbindlichkeiten a. LL 27.840,00, Umsatzsteuer 5.800,00.
Konten: 2400, 2600, 2800, 4400, 4800, 5102, 6063.

Geschäftsfälle €

1. Kunde begleicht AR 256 durch Banküberweisung
   abzüglich 2 % Skonto, Rechnungsbetrag 5.800,00
2. Banküberweisung an den Lieferer zum Ausgleich von ER 456
   abzüglich 2 % Skonto, Rechnungsbetrag 26.100,00
3. Banküberweisung der Umsatzsteuer-Zahllast an das Finanzamt ..... ?

200

Kontenplan und vorläufige Saldenbilanz	Soll	Haben
0840 Fuhrpark	78.000,00	—
0860 Geschäftsausstattung	110.000,00	—
2280 Waren	100.000,00	—
2400 Forderungen a. LL	140.800,00	—
2600 Vorsteuer	150.646,00	—
2800 Bank	149.980,00	—
2880 Kasse	8.400,00	—
3000 Eigenkapital	—	300.000,00
3001 Privat	76.000,00	—
4400 Verbindlichkeiten a. LL	—	104.410,00
4800 Umsatzsteuer	—	234.016,00
5100 Umsatzerlöse für Waren	—	1.535.000,00
5101 Erlösberichtigungen/Rücksendungen	26.900,00	—
5102 Kundenskonti	28.000,00	—
5103 Kundenboni	17.500,00	—
6060 Aufwendungen für Waren	919.200,00	—
6061 Bezugskosten	18.800,00	—
6062 Nachlässe/Rücksendungen	—	8.500,00
6063 Liefererskonti	—	19.300,00
6064 Liefererboni	—	3.400,00
6520 Abschreibungen auf Sachanlagen	—	—
7800 Diverse Aufwendungen	380.400,00	—
Abschlusskonten: 8010 und 8020	2.204.626,00	2.204.626,00

Geschäftsfälle € €

1. Banküberweisungen des Kunden für AR 1602
   Rechnungsbeträge 32.480,00
   − Skonti (2 %) 649,60   31.830,40
2. Gutschriftsanzeige an Kunden für Boni:
   2,5 % von 480.000,00 € Jahres-Nettoumsatz 12.000,00
   + Umsatzsteuer 1.920,00   13.920,00
3. Die Eingangsrechnung ER 1406, Warenwert 22.500,00
   + Umsatzsteuer 3.600,00   26.100,00
   wurde versehentlich als Ausgangsrechnung gebucht.
   Stornieren Sie die Falschbuchung.
4. Buchen Sie die Eingangsrechnung 1406.
5. AR 1450–1460, Warenwert 78.600,00
   + Transportkosten 3.400,00
   + Umsatzsteuer 13.120,00   95.120,00
6. Banküberweisungen an Lieferer: Rechnungsbeträge 29.000,00
   − Skonti (2 %) 580,00   28.420,00
7. Kunde erhält Preisnachlass wg. Mängelrüge, brutto 580,00
8. Lieferer schreibt uns Bonus gut:
   3 % auf den Umsatz von 680.000,00 € 20.400,00
   + Umsatzsteuer 3.264,00   23.664,00
9. Rücksendung beschädigter Waren an Lieferer,
   Warenwert 3.500,00
   + Umsatzsteuer 560,00   4.060,00

Abschlussangaben: Warenschlussbestand lt. Inventur 80.000,00
AfA: auf 0840: 4.400,00; auf 0860: 10.600,00

Auswertung

1. *Wie hoch ist a) der Rohgewinn und b) der Reingewinn des Unternehmens?*
2. *Ermitteln und beurteilen Sie die Rentabilität (Verzinsung) des Eigenkapitals in %, indem Sie den Reingewinn nach Abzug eines jährlichen Unternehmerlohnes in Höhe von 72.000,00 € zum eingesetzten Eigenkapital (300.000,00 €) in Beziehung setzen.*
3. *Wie beurteilen Sie das Verhältnis zwischen Eigenkapital und Fremdkapital?*
4. *Welche Vermögensteile werden durch eigene Mittel (Eigenkapital) gedeckt (finanziert)?*

201

a) Ein Warenlieferer gewährt uns wegen Mängelrüge einen Preisnachlass von 10 % des Rechnungsbetrages. Der Rechnungsbetrag (ER 488) lautete über 11.600,00 €.

b) Wir gewähren einem Kunden aufgrund seiner Mängelrüge nachträglich einen Preisnachlass von 20 % des Rechnungsbetrages. Die Ausgangsrechnung (AR 811) weist einen Rechnungsbetrag von 17.400,00 € aus.

1. *Ermitteln Sie jeweils die Gutschrift und die Steuerberichtigung.*
2. *Erstellen Sie die entsprechende Gutschriftsanzeige.*
3. *Nennen Sie den Buchungssatz aufgrund der Gutschriftsanzeige der Fälle a) und b).*

202

Buchen Sie den folgenden Beleg in der Finanzbuchhaltung der Textilgroßhandlung Ulrike Brandt e. Kfr.

Ulrike Brandt e. Kfr.
TEXTILGROSSHANDLUNG

Ulrike Brandt e. Kfr. · Statthalterhofweg 27 · 50858 Köln

Textilfachgeschäft
Evi Martin e. Kfr.
Am Rosengarten 45

50858 Köln

Ihr Zeichen, Ihre Nachricht vom EM/..-10-20	Unser Zeichen B/ks	Telefon, Name (02 21) 5 63 58- 42	Datum ..-10-28

Rechnung 4 167

Sehr geehrte Damen und Herren,

aufgrund Ihrer Beanstandung schreiben wir Ihnen gut:

10 % von 10.000,00 € Warenwert lt. o. g. Rechnung	1.000,00 €
+ 16 % Umsatzsteuer	160,00 €
	1.160,00 €

Mit freundlichen Grüßen

ULRIKE BRANDT E. KFR.
TEXTILGROSSHANDLUNG

U. Brandt

Geschäftsräume
Statthalterhofweg 27
50858 Köln

Telefax (02 21) 5 67 39

Stadtsparkasse Köln
Konto: 532 611 78
(BLZ: 370 501 98)

Postbank Köln
Konto: 9987 96-500
(BLZ: 370 100 50)

203

Die folgende Aufgabe nimmt Bezug auf die **Gliederung der Warenkonten nach Warengruppen.** Hierbei wird für jede Warengruppe je ein eigenes **Warenbestands-, Warenaufwands- und Umsatzerlöskonto** geführt. Zusätzlich erhalten die Warenaufwands- und Umsatzerlöskonten entsprechende **Unterkonten** (z. B. für Bezugskosten, Nachlässe/Rücksendungen, Erlösberichtigungen/Rücksendungen und Skonti).

Summen der Warenkonten zum 31. Dezember ..	Soll	Haben
2281 Warenbestand Warengruppe I (Anf.-Bestand)	64.500,00	—
6070 Warenaufwand Warengruppe I.............	497.400,00	—
6071 Bezugskosten für WG I	18.000,00	—
6072 Nachlässe/Rücksendungen bei WG I	—	12.800,00
6073 Liefererskonti auf WG I	—	24.700,00
2282 Warenbestand Warengruppe II (Anf.-Bestand)	94.600,00	—
6075 Warenaufwand Warengruppe II	458.000,00	—
6076 Bezugskosten für WG II	24.000,00	—
6077 Nachlässe/Rücksendungen bei WG II	—	8.400,00
6078 Liefererskonti auf WG II	—	14.600,00
5110 Umsatzerlöse für Warengruppe I	—	772.600,00
5111 Erlösberichtigungen/Rücksendungen bei WG I	22.600,00	—
5112 Kundenskonti auf WG I	14.800,00	—
5115 Umsatzerlöse für Warengruppe II	—	738.600,00
5116 Erlösberichtigungen/Rücksendungen bei WG II	18.400,00	—
5117 Kundenskonti auf WG II	12.700,00	—

Die durch Inventur ermittelten **Warenschlussbestände** betragen:

Warengruppe I .... 105.600,00 €
Warengruppe II .... 61.800,00 €

1. *Ermitteln Sie für jede Warengruppe die berichtigten Umsatzerlöse, den Wareneinsatz und den Rohgewinn.*
2. *Schließen Sie die Einkaufs- und Verkaufskonten ab.*
3. *Ermitteln Sie für jede Warengruppe den %-Anteil des Wareneinsatzes und des Rohgewinns an den Umsatzerlösen (= 100 %).*
4. *Berechnen Sie den %-Anteil des Rohgewinns jeder Warengruppe am Gesamtrohgewinn.*
5. *Ermitteln Sie im Gewinn- und Verlustkonto den Reingewinn des Unternehmens, wenn die übrigen Aufwendungen 390.000,00 € und die übrigen Erträge 35.000,00 € betragen.*
6. *Beurteilen Sie aufgrund der ermittelten Ergebnisse aus 3. bis 5. die Erfolgssituation des Unternehmens.*

204

Frau Kern erhält die Anfrage eines Kunden, ob sie 40 Paletten Umschlagkarton liefern könne. Sie kann diesen Karton von einer Papiermühle zu folgenden Bedingungen erhalten: Listeneinkaufspreis je Palette 1.300,00 €, Mengenrabatt 5 %, Liefererskonto 1 %, Bezugskosten 12,50 € je Palette. Betriebsintern kalkuliert Frau Kern mit 25 % Handlungskosten, 2,5 % Gewinnzuschlag, 2 % Kundenskonto und 10 % Kundenrabatt.

1. *Kalkulieren Sie den Angebotspreis/Palette, den Frau Kern ihrem Kunden nennen kann.*

Frau Kern erhält den Auftrag von ihrem Kunden. Sie bestellt die Ware daraufhin bei der Papiermühle.

2. *Erstellen Sie die Eingangs- und Ausgangsrechnungen und buchen Sie den gesamten Vorgang unter der Annahme, dass die Zahlungen unter Skontoabzug geleistet werden.*

6470186

2.7 Verspätete Zahlung an Lieferer

Zahlungsverzug. Unachtsamkeit, Nachlässigkeit oder schlechte „Zahlungsmoral" führen dazu, dass ein Unternehmer eine Rechnung nicht bei Fälligkeit begleicht. Um insbesondere kleinere und mittlere Unternehmen vor Forderungsausfällen zu schützen, ist am 1. Mai 2000 das **Gesetz zur Beschleunigung fälliger Zahlungen** in Kraft getreten. Dieses Gesetz hat den Zahlungsverzug nach § 284 BGB und § 352 HGB entscheidend geändert. Danach kommt der Schuldner einer Geldschuld in **Verzug,** wenn

▶ ihm eine **Rechnung** zugegangen ist,

▶ die in der Rechnung erhobene Forderung **fällig** ist,

▶ eine Frist von **30 Tagen** ab Fälligkeit verstrichen ist.

Grundsätzlich wird eine Forderung gemäß § 271 (1) BGB **sofort fällig.** Eine Zahlungsbedingung in der Rechnung (z. B. „Zahlbar innerhalb von 14 Tagen") ist dann so zu verstehen, dass der Verzug nicht nach 30 Tagen ab Rechnungserhalt, sondern erst nach 44 Tagen eintritt. Zu beachten ist nunmehr,

▶ dass eine Mahnung nicht mehr Voraussetzung für den Eintritt des Verzugs ist,

▶ dass die kalendermäßige Bestimmung der Fälligkeit nicht die oben genannten Bedingungen (Zahlungsaufforderung, 30-Tage-Frist) ersetzt.

Rechtsfolgen des Zahlungsverzugs. Wer mit einer Geldschuld in Verzug ist, muss dem Gläubiger für die Dauer des Verzugs **Verzugszinsen** in Höhe von **„fünf Prozent über dem Basiszinssatz nach § 1 des Diskontsatz-Überleitungs-Gesetzes"** (§ 288 I BGB) zahlen. Der **Basiszinssatz** ersetzt den bisherigen Diskontsatz und wird von der Bundeszentralbank an die Leitzinsen der Europäischen Zentralbank angepasst; zz. beträgt der Basiszinssatz **3,42 %/Jahr** (Stand: Juli 2000). Er gilt auch im Zahlungsverkehr unter Kaufleuten, wo bisher Verzugszinsen von 5 %/Jahr verlangt werden konnten.

Beispiel   Katja Kern begleicht die Eingangsrechnung der Papiermühle AG (vgl. S. 141) erst am 27. März. Der Rechnungsbetrag wurde am 2. Februar fällig (40 Tage nach dem 22. Dezember). Die Papiermühle AG belastet Frau Kern mit Verzugszinsen zu 8,42 % für die Zeit vom 2. März (30-Tage-Frist) bis zum 27. März.

$$Z = \frac{K \cdot p \cdot t}{100 \cdot 360} = \frac{12.412,00 \cdot 8,42\,\% \cdot 25}{100\,\% \cdot 360} = 72,58\ €$$

vgl. „Zinsrechnung", Kap. H, 5 ⟶

Buchung in der Großhandlung Kern	Soll	Haben
7510 Zinsaufwendungen	72,58	
an **4400** Verbindlichkeiten a. LL		72,58

Aufgabe

205   Die Textilgroßhandlung Schäffer GmbH, Bielefeld, hat eine Eingangsrechnung der Weberei Koppes KG, Münster, über brutto 24.360,00 € am 26. Juli .. bezahlt. Die Rechnung trägt den Eingangsstempel: 15. April .. Vereinbart war die sofortige Zahlung ohne Skontoabzug. Die Schäffer GmbH erhält Ende Juli eine Lastschrift der Weberei Koppes KG über

8,42 % Verzugszinsen	408,50 €
+ Auslagen	10,00 €
	418,50 €

1. *Prüfen Sie, ob die Verzugszinsen richtig berechnet wurden.*
2. *Informieren Sie die Weberei Koppes KG über das Ergebnis Ihrer Prüfung und buchen Sie den Vorgang für die Textilgroßhandlung Schäffer GmbH.*

2.8   Verspätete Zahlung von Kunden

Mahnwesen. Aus der Sicht des Verkäufers (= Lieferers) ist die verspätete Zahlung von Kunden nicht nur ein Ärgernis, das zusätzliche Arbeit und Kosten verursacht, sondern auch ein Risiko: Verzögerte Zahlungen von Kunden führen zu stockendem Kapitalrückfluss mit Auswirkung auf die Liquidität des Verkäufers. Er wird also Vorsorge treffen, dass es nur zu geringen Verzögerungen oder Ausfällen kommt. Ein sorgfältig geführtes – automatisiertes – Mahnwesen und das Lastschrifteinzugsverfahren sind ihm hierbei mögliche Hilfen.

Belastung des Kunden mit Verzugszinsen[1] und Auslagen. In der Regel wird der Verkäufer nicht jede Zahlungsverzögerung mit Verzugszinsen „ahnden", sondern ein gestuftes Mahnverfahren anwenden: von der höflichen Zahlungserinnerung über die erste Mahnung – evtl. mit Auslagenersatz – bis zur zweiten Mahnung mit Verzugszinsen und Androhung rechtlicher Schritte. Zur Durchsetzung seiner Ansprüche ist er auf die Fälligkeit der Zahlung und eingetretenem Verzug angewiesen (vgl. hierzu die Ausführungen auf Seite 187).

Beispiel   Den Zahlungseingang für ihre Rechnung an die Kaufkette AG (vgl. S. 154) kann Frau Kern erst am 15. März verbuchen. Frau Kern belastet daraufhin die Kaufkette AG mit Verzugszinsen in Höhe von:

$$Z = \frac{6.380,00 \cdot 8,42\,\% \cdot 34}{100\,\% \cdot 360} = 50,74\ \text{€}$$

vgl. „Zinsrechnung", Kap. H, 5

Buchung in der Großhandlung Kern	Soll	Haben
2400 Forderungen a. LL	50,74	
an 5710 Zinserträge		50,74

Aufgaben

206   *Lösen Sie die Aufgabe 205 aus der Sicht der Weberei Koppes KG, Münster. Beachten Sie dabei, dass die Mitteilung über die fehlerhafte Berechnung der Verzugszinsen eine Stornobuchung auslöst.*

207   Auszug aus der Ausgangsrechnung von Werner Käfer e. K., Büromaschinen, Düsseldorf, an die Schneidmühl KG, Essen.

Datum der Rechnung: 18. Mai . .

Artikel	Einzelpreis	Gesamtpreis
2 Kopiergeräte, Standard, Conil S 200	2.450,00	4.900,00
2 Fax-Geräte, Normalpapier, Sanjo 450	250,00	500,00
		5.400,00
16 % Umsatzsteuer		864,00
		6.264,00
Der Rechnungsbetrag ist unverzüglich ohne Abzug zu begleichen.		

Die Rechnung geht am 20. Mai . . bei der Schneidmühl KG ein. Die verspätete Zahlung erfolgt am 25. Juli . . Für die verspätete Zahlung belastet Werner Käfer die Schneidmühl KG mit 8,42 % Verzugszinsen und 5,00 € Auslagen.

Nehmen Sie die Berechnungen und Buchungen für Werner Käfer vor.

---

1   Verzugszinsen sind umsatzsteuerfrei.

2.9   Der Scheckverkehr

Während die Zahlung mit Wechsel – insbesondere durch die Einführung des Euros – in der Praxis kaum noch eine Rolle spielt, wird die **Zahlung mit Scheck** vor allem im internationalen Zahlungsverkehr neben der Überweisung an Bedeutung gewinnen. Je nach Größe des Unternehmens gehen täglich zahlreiche Schecks ein und aus. **Man unterscheidet zwischen eigenen und Kundenschecks.**

Eigene Schecks, also Schecks, die der Kunde ausstellt und an Gläubiger zum Ausgleich einer Verbindlichkeit aus Lieferungen und Leistungen in Zahlung gibt, werden dem Bankkonto belastet. Der **Kontoauszug** der Bank **weist die Belastung aus** und ist deshalb auch zugleich **Buchungsbeleg.**

Beispiel   Zum Ausgleich der bereits gebuchten Eingangsrechnung (vgl. S. 141) übersendet Frau Kern dem Lieferer Papiermühle AG einen Scheck über 12.412,00 €. Nach Einlösung des Schecks wird aufgrund der Lastschrift im Kontoauszug gebucht:

Buchungssatz	Soll	Haben
4400 Verbindlichkeiten a. LL	12.412,00	
an **2800 Bank**		12.412,00

Kundenschecks, die der Lieferer zum Ausgleich von Forderungen aus Lieferungen und Leistungen erhält, werden in der Regel **direkt** der Hausbank zum Einzug und zur Gutschrift eingereicht. Das geschieht zusammen mit einem ausgefüllten **Scheck-Einlieferungs-Vordruck,** auf dem die Bank die Scheckeinlieferung bestätigt. Aufgrund der Gutschrift im Kontoauszug (z. B. 6.380,00 €, vgl. S. 154) erfolgt dann die Buchung:

Buchungssatz	Soll	Haben
2800 Bank	6.380,00	
an **2400 Forderungen a. LL**		6.380,00

Kundenschecks, die **nicht sofort der Bank zum Einzug** eingereicht **oder an** einen **Lieferer zum Ausgleich einer Verbindlichkeit** weitergegeben wurden, stellen Vermögen dar und werden deshalb auch zunächst buchhalterisch erfasst auf dem **Aktivkonto**

2860 Schecks.

Beispiel   Ende Dezember erhält Frau Kern von einem Kunden zum Ausgleich einer Forderung einen Scheck über 6.960,00 €.

❶ *Wie lautet die Buchung bei Eingang des Kundenschecks?*
❷ *Wie lautet die Abschlussbuchung zum Bilanzstichtag?*
❸ *Wie lautet die Buchung, wenn der Scheck Anfang Januar n. J. von der Stadtsparkasse gutgeschrieben wird?*
❹ *Wie wäre zu buchen, wenn der Scheck im Januar n. J. an einen Gläubiger (Lieferer) zum Ausgleich einer Verbindlichkeit weitergegeben wird?*

Buchungen	Soll	Haben
❶ **2860 Schecks**	6.960,00	
an **2400 Forderungen a. LL**		6.960,00
❷ **8010 Schlussbilanzkonto**	6.960,00	
an **2860 Schecks**		6.960,00
❸ **2800 Bank**	6.960,00	
an **2860 Schecks**		6.960,00
❹ **4400 Verbindlichkeiten a. LL**	6.960,00	
an **2860 Schecks**		6.960,00

208   Zum Ausgleich einer Forderung a. LL erhalten wir am 31. Dezember einen Kundenscheck über 5.336,00 €.

1. *Wie ist zu buchen bei a) Eingang, b) Bilanzierung, c) Bankgutschrift, d) Weitergabe des Schecks an Lieferer?*
2. *Welche Gründe sprechen a) für und b) gegen die Einrichtung des Kontos „2860 Schecks"?*

2.10   Exkurs: Der Wechselverkehr

2.10.1   Grundlagen des Wechselverkehrs

Im Zahlungs- und Finanzierungsgeschäft der Geldinstitute mit ihren Kunden spielt der Wechsel heute eine unbedeutende Rolle. Wenn wir ihn hier in seinen Grundlagen und Verwendungen dennoch kurz vorstellen, so nur deshalb, weil er in dem zz. gültigen Lehrplan als Lerngegenstand noch enthalten ist und weil gelegentlich Prüfungsaufgaben zu diesem Inhalt gestellt werden.

Die Beziehungen zwischen den am Wechselgeschäft beteiligten Personen lassen sich bildhaft folgendermaßen darstellen:

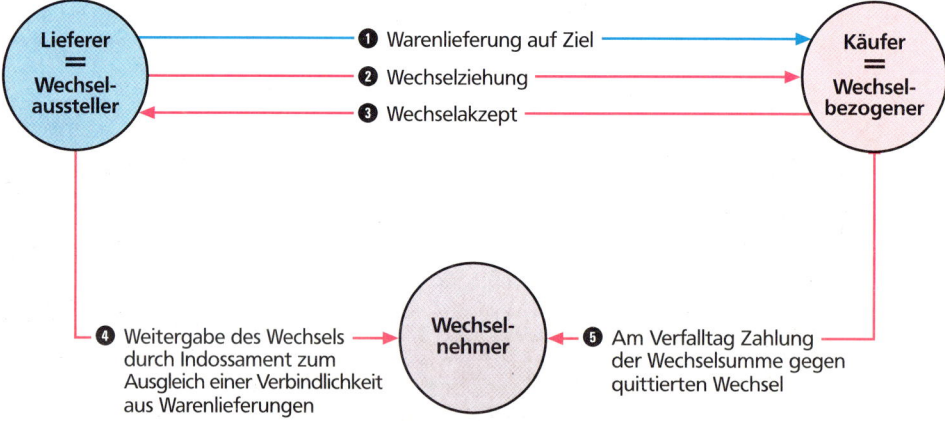

Erläuterung der Abbildung:

❶ **Beim Verkauf von Waren auf Ziel** entsteht für den **Lieferer** eine **Forderung a. LL,** für den Käufer bzw. **Kunden** dagegen eine **Verbindlichkeit a. LL.**

❷ **Wechselziehung.** Der Lieferer kann seine **Forderung sicherer und zugleich beweglicher** machen, indem er auf den Kunden einen Wechsel zieht, d. h. ausstellt.

❸ **Akzept.** Durch seine Unterschrift akzeptiert der Kunde seine Wechselschuld und **verpflichtet** sich, den Wechselbetrag am vereinbarten Tag (Verfalltag) zu zahlen.

❹ **Wechselnehmer.** Der Aussteller des Wechsels kann auf dem Wechsel entweder **sich selbst oder auch eine dritte Person** als Wechselnehmer einsetzen. Der Wechselnehmer kann den Wechsel **aufbewahren** und am Verfalltag dem Bezogenen zur Zahlung vorlegen **oder** aber durch einen Übertragungsvermerk auf der Rückseite des Wechsels (= Indossament) an einen Dritten, gegenüber dem eine Verbindlichkeit besteht, **als Zahlungsmittel weitergeben.** Er kann den Wechsel aber auch zur Geldbeschaffung **von einer Bank diskontieren** lassen.

❺ **Einlösung.** Am Verfalltag wird der Wechsel dem Bezogenen zur Einlösung (zum Inkasso) vorgelegt, womit meist ein Geldinstitut beauftragt wird. Nach Zahlung der Wechselsumme erhält der Bezogene den **quittierten** Wechsel.

2.10.2 Besitzwechsel und Schuldwechsel

Beispiel **Beim Abschluss** des Warengeschäftes[1] über netto 5.500,00 € + 880,00 € Umsatzsteuer = **6.380,00 € vereinbaren** die Papiergroßhandlung Kern und die Kaufkette AG, Köln, die **Zahlung durch Wechsel zu 7,5 % Diskont**. Der Wechsel wird am 6. Dez. .. ausgestellt und soll am 6. März n. J. fällig sein.

Ausgangsrechnung. Die Großhandlung Kern bucht den Zielverkauf zunächst aufgrund der Ausgangsrechnung:

Buchungssatz	Soll	Haben
❶ 2400 Forderungen a. LL	6.380,00	
an 5100 Umsatzerlöse für Waren		5.500,00
an 4800 Umsatzsteuer		880,00

Besitzwechsel. Durch die Wechselziehung auf den Kunden Kaufkette AG wird die Forderung des Lieferers Kern in eine **strengere Wechselforderung** umgewandelt. Der Lieferer Kern weist die Rechtmäßigkeit seiner Wechselforderung durch den **Besitz der Urkunde** („Besitzwechsel") nach. Sobald der Wechsel vom Kunden **akzeptiert** zurückkommt, bucht der Lieferer:

Buchungssatz	Soll	Haben
❷ 2450 Besitzwechsel	6.380,00	
an 2400 Forderungen a. LL		6.380,00

S	2400 Forderungen a. LL	H	S	5100 Umsatzerlöse für Waren	H
❶	6.380,00	❷ 6.380,00			❶ 5.500,00

S	2450 Besitzwechsel	H	S	4800 Umsatzsteuer	H
❷	6.380,00				❶ 880,00

Eingangsrechnung. Der Kunde Kaufkette AG, Köln, bucht entsprechend den Zieleinkauf zunächst aufgrund der Eingangsrechnung:

Buchungssatz	Soll	Haben
❶ 6060 Aufwendungen für Waren . . .	5.500,00	
2600 Vorsteuer	880,00	
an 4400 Verbindlichkeiten a. LL		6.380,00

Schuldwechsel. Durch sein Akzept verpflichtet sich der Kunde, den Betrag über 6.380,00 € am Verfalltag des Wechsels zu zahlen. Seine Verbindlichkeit gegenüber dem Lieferer wird somit in eine strengere Wechselverbindlichkeit umgewandelt. Bei **Akzeptierung des Wechsels** bucht der Kunde:

Buchungssatz	Soll	Haben
❷ 4400 Verbindlichk. a. LL	6.380,00	
an 4500 Schuldwechsel		6.380,00

S	6060 Aufwendungen für Waren	H	S	4400 Verbindlichkeiten a. LL	H
❶	5.500,00		❷	6.380,00	❶ 6.380,00

S	2600 Vorsteuer	H	S	4500 Schuldwechsel	H
❶	880,00				❷ 6.380,00

---

1   vgl. Ausgangsrechnung, Seite 154

Diskontbelastung. Der im vorhergehenden Beispiel genannte Wechsel über 6.380,00 € hat eine Laufzeit von 90 Tagen. Für diesen **Wechselkredit** stellt die Papiergroßhandlung Kern ihrem Kunden Kaufkette AG Zinsen in Form des **Diskonts zu 7,5 %/Jahr** in Rechnung. Diskont wird wie Zins berechnet:

$$\text{Diskont} = \frac{6.380,00 \ € \cdot 7,5 \ \% \cdot 90 \ \text{Tage}}{100 \ \% \cdot 360 \ \text{Tage}} = 119,63 \ €$$

Umsatzsteuerbefreiung des Diskonts. Zinsen aus **selbstständigen Kreditverträgen** (z. B. Darlehensvertrag) sind nach § 4 Nr. 8 a UStG von der Umsatzsteuer befreit. Da das **Wechselgeschäft** in der Regel eine **von der Warenlieferung getrennt vereinbarte Kreditleistung** darstellt, unterliegt auch der Diskont zuzüglich etwaiger Nebenkosten **nicht der Umsatzsteuer.**

Der dem Kunden in Rechnung gestellte Diskont ist für den Lieferer ein **Ertrag**, der auf dem Konto „5730 Diskonterträge" gebucht wird; der Kunde bucht den Diskont dagegen als **Aufwand** auf dem Konto „7530 Diskontaufwendungen".

Buchung beim Lieferer Kern	Soll	Haben
2400 Forderungen a. LL	119,63	
an 5730 Diskonterträge		119,63

Buchung beim Kunden Kaufkette AG	Soll	Haben
7530 Diskontaufwendungen	119,63	
an 4400 Verbindlichkeiten a. LL . . .		119,63

Aufgaben

209
1. Wir verkaufen Waren auf Ziel lt. AR 234 . . . . 5.000,00
   + Umsatzsteuer 800,00   5.800,00
2. Vereinbarungsgemäß akzeptiert der Kunde einen Wechsel über den genannten Rechnungsbetrag von 5.800,00
3. Wir belasten den Kunden mit Diskont in Höhe von 68,00
4. Der Kunde überweist den Diskontbetrag auf unser Bankkonto . . . 68,00

210 *Buchen Sie die Aufgabe 209 aus der Sicht des Kunden.*

211
1. Zielverkauf von Waren lt. AR 456, netto 9.000,00
   + Umsatzsteuer 1.440,00   10.440,00
2. Bei Kaufabschluss wurde zwischen Lieferer und Kunde Zahlung mit Wechsel zu 7,5 % Diskont vereinbart. Laufzeit des Wechsels: 90 Tage. Der Kunde akzeptiert den vom Lieferer ausgestellten Wechsel und schickt ihn zurück.
3. Dem Kunden werden 7,5 % Diskont für 90 Tage berechnet . . .   ?
   Das Konto des Kunden wird entsprechend belastet.
4. Der Kunde überweist den Diskont durch seine Hausbank . . . .   ?
5. Am Verfalltag wird der Wechsel fristgerecht durch die Bank eingelöst.

212 *Die Geschäftsfälle der Aufgabe 211 sind aus der Sicht des Kunden zu buchen.*

213 Ein Lieferer zieht auf uns einen Wechsel über 3.480,00 €, den wir akzeptiert zurücksenden. *Buchen Sie aus der Sicht 1. des Kunden und 2. des Lieferers.*

214
1. *Welche Bedeutung hat das Wechselakzept des Kunden?*
2. *Welche Vorteile hat der Wechsel für den Wechselaussteller und den Wechselnehmer?*

6470192

2.10.3 Verwendungsmöglichkeiten des Besitzwechsels

Der Inhaber des Besitzwechsels hat verschiedene Verwendungsmöglichkeiten für den Wechsel. Er kann ihn

▶ bei der Bank **diskontieren** lassen oder
▶ als Zahlungsmittel an einen Lieferer **weitergeben** oder
▶ bis zum Verfalltag **aufbewahren**.

2.10.3.1 Diskontierung von Besitzwechseln

Wesen. Der Wechselaussteller will mit der Wechselziehung dem Bezogenen ein Zahlungsziel (etwa 3 Monate) einräumen und gleichzeitig seine Forderung wechselmäßig absichern. Trotzdem ist er nicht gezwungen, bis zum Verfalltag des Wechsels auf den Eingang des Geldes zu warten. Er kann den Wechsel **vor** Ablauf der Fälligkeit an seine Bank verkaufen (= diskontieren!). Die Bank schreibt nach Abzug von Diskont und Nebenkosten den **Barwert** gut.

Diskont ist ein Zinsabzug vom Wechselbetrag, den die Bank dafür berechnet, dass sie dem Wechseleinreicher vom Tag der Gutschrift bis zum Tag der Fälligkeit des Wechsels Kredit gewährt. Der Diskont wird wie Zins berechnet.

Die Höhe des Diskonts richtet sich nach den Leitzinsen der Europäischen Zentralbank (Basiszinssatz). Der Basiszinssatz beträgt zurzeit ca. 3,42 %; die von den Geschäftsbanken berechneten Diskontsätze liegen um **3 %** bis **4,5 %** über dem **Basiszinssatz**.

2.10.3.2 Einzelabrechnung von Wechseln

Beispiel Die Papiergroßhandlung Kern hatte auf ihren Kunden Kaufkette AG für gelieferte Waren vereinbarungsgemäß einen Wechsel über 6.380,00 €, fällig am 6. März .., ausgestellt. Frau Kern reicht den Wechsel am 16. Dezember .. bei der Stadtsparkasse zum Diskont ein. Die Sparkasse berechnet 7,5 % Diskont/Jahr und 5,00 € Spesen.

Wechselbetrag, fällig am 6. März	6.380,00 €	≙ 100 %
− Diskont 80 Tage / 7,5 %	106,33 €	
− Spesen	5,00 €	
Gutschrift am 16. Dezember	**6.268,67 €**	

$$\text{Diskont} = \frac{K \cdot p \cdot t}{100\% \cdot 360} \quad \text{Diskont} = \frac{6.380{,}00\ € \cdot 7{,}5\% \cdot 80\ \text{Tage}}{100\% \cdot 360\ \text{Tage}} = 106{,}33\ €$$

Buchungssatz	Soll	Haben
2800 Bank	6.268,67	
7530 Diskontaufwendungen	106,33	
6750 Kosten des Geldverkehrs	5,00	
an **2450 Besitzwechsel**		6.380,00

Zusammenfassung

▶ Für die Kreditgewährung beim **Wechselankauf** berechnen die Banken einen Zinsabzug in Form des **Diskonts**.

▶ Die Diskontrechnung ist eine **angewandte Zinsrechnung**. Als Diskonttage sind die Tage von der Einreichung bis zur Fälligkeit des Wechsels einzusetzen.

2.10.3.3 Summarische Abrechnung von Wechseln

Reicht ein Bankkunde mehrere Besitzwechsel mit unterschiedlichen Verfalltagen am gleichen Tag zum Diskont ein, so rechnet die Bank diese Wechsel mithilfe der **kaufmännischen Zinsgleichung summarisch**[1] ab.

Beispiel Die Großhandlung Kern, Köln, reicht der Stadtsparkasse Köln am 10. Mai.. folgende Wechsel zum Diskont ein:

1. Wechsel über   2.472,50 €, fällig ..-05-30
2. Wechsel über   1.610,00 €, fällig ..-06-15
3. Wechsel über 13.800,00 €, fällig ..-07-09
4. Wechsel über   6.900,00 €, fällig ..-07-29

Die Sparkasse rechnet die Wechsel zu 6,5 % Diskont ab. Die angefallenen Spesen sind in der nachfolgenden Abrechnung aufgeführt.

Diskontierungstag: 10. Mai

Wechselbetrag	Verfall	Tage	Diskontzahlen zu 6,5 %	Spesen
2.472,50 €	..-05-30	20	494,5	6,40
1.610,00 €	..-06-15	36	579,6	5,80
13.800,00 €	..-07-09	60	8 280	–
6.900,00 €	..-07-29	80	5 520	–
24.782,50 €		#	14 874,1	12,20
– 268,56 €		Diskont	**268,56 €** [2]	
– 12,20 €				
24.501,74 €	Gutschrift am 10. Mai			

Aufgabe: *Buchen Sie den Vorgang (vgl. S. 193).*

Erläuterungen:

❶ Die Wechsel werden in der Reihenfolge ihrer Fälligkeit in das Abrechnungsschema eingetragen. Die Zeitspanne zwischen dem Diskontierungstag und den Verfalltagen ergibt die Diskonttage.

❷ Zu jedem Wechsel lassen sich nunmehr die **Diskontzahlen** (= Zinszahlen)[3] $= \dfrac{K \cdot t}{100}$ **berechnen.**

❸ Da es zu 6,5 % keinen ganzzahligen Diskontdivisor gibt, wird wie folgt gerechnet:

$$\text{Diskont} = \frac{\text{Diskontzahl} \cdot p\%}{360} = \frac{14874,1 \cdot 6,5\%}{360} = \mathbf{268,56\ €}\ \text{Diskont.}$$

Aufgabe

215 Ein Lieferer reicht seiner Bank folgende Wechsel zum Diskont ein:

1. Wechsel über   3.680,00 €, fällig ..-06-16;
2. Wechsel über   4.025,00 €, fällig ..-06-27;
3. Wechsel über 12.420,00 €, fällig ..-07-29.

Die Bank rechnet die Wechsel mit 7,5 % Diskont ab und schreibt den Barwert am 10. Mai gut.

1. *Stellen Sie die Wechselabrechnung auf.*   2. *Bilden Sie die Buchung.*

---

1 vgl. Kap. „H, 5.3 Summarische Zinsrechnung", S. 468 f.
2 siehe Erläuterungen, Punkt ❸
3 vgl. Kap. „H, 5.3 Summarische Zinsrechnung", S. 468 f.

2.10.3.4 Weitergabe von Besitzwechseln

Zahlung durch Wechsel. Kaufleute verwenden Besitzwechsel als Zahlungsmittel, indem sie sie ihren Gläubigern zum vollen oder teilweisen Ausgleich einer Verbindlichkeit übereignen. Da diese Wechsel in der Regel später fällig sind als die zugrunde liegende Verbindlichkeit, ist eine **Diskontierung auf den Fälligkeitstag der Verbindlichkeit** erforderlich (= Ermittlung des Barwertes). Die Diskontierung nimmt der Wechselempfänger (= Gläubiger) vor. Der Diskont ist dann **nicht umsatzsteuerpflichtig**, wenn die **Weitergabe des Wechsels als selbstständiges Kreditgeschäft** vereinbart wird.

Beispiel Die Großhandlung Kern hat die Rechnung der Papiermühle AG (vgl. S. 141) über 12.412,00 €, fällig am 2. Februar .., erhalten. **Vereinbarungsgemäß** übersendet Frau Kern zum teilweisen Ausgleich dieser Verbindlichkeit den Besitzwechsel über 6.380,00 € (vgl. S. 193), fällig am 6. März .. Die Papiermühle AG belastet die Großhandlung Kern für die Zeit vom 2. Febr. bis 6. März (= 34 Tage) mit 7,5 % Diskont.

$$\text{Diskont} = \frac{6.380,00 \ € \cdot 34 \ \text{Tage} \cdot 7,5 \ \%}{100 \ \% \cdot 360 \ \text{Tage}} = \textbf{45,19 €}$$

Die **Lastschrift** der Papiermühle AG an Frau Kern lautet über 45,19 €.

Buchung beim Kunden Kern	Soll	Haben
❶ 4400 Verbindlichkeiten a. LL	6.380,00	
an 2450 Besitzwechsel		6.380,00
❷ 7530 Diskontaufwendungen	45,19	
an 4400 Verbindlichkeiten a. LL		45,19

Buchung beim Lieferer Papiermühle AG	Soll	Haben
❶ 2450 Besitzwechsel	6.380,00	
an 2400 Forderungen a. LL		6.380,00
❷ 2400 Forderungen a. LL	45,19	
an 5730 Diskonterträge		45,19

2.10.3.5 Einziehung von Wechseln

Zur Einziehung des Wechsels am Verfalltag ist der **Wechselinhaber** berechtigt:

▶ der **Wechselaussteller**, wenn er den Wechsel bis zum Verfalltag aufbewahrt,

▶ der **Wechselnehmer** eines Wechsels **„an fremde Order"**,

▶ der **letzte Inhaber** eines als Zahlungsmittel weitergegebenen Wechsels.

Inkasso. Da Wechsel üblicherweise bei einem Geldinstitut am Zahlungsort zur Zahlung vorzulegen sind, beauftragt der Wechselinhaber in der Regel seine Bank mit der Einziehung des Wechselbetrages (= Inkasso!).

Beispiel Die Großhandlung Kern (Beispiel S. 191) übergibt den Wechsel über 6.380,00 € kurz vor Verfall ihrer Bank zum Einzug. Die Bank berechnet 20,00 € Inkassospesen.

Wechselbetrag	6.380,00 €
− Inkassospesen	20,00 €
Bankgutschrift ...	**6.360,00 €**

Buchungssatz	Soll	Haben
2800 Bank	6.360,00	
6750 Kosten des Geldverkehrs	20,00	
an 2450 Besitzwechsel		6.380,00

3 Personalbereich

3.1 Grundlagen der Lohn- und Gehaltsabrechnung

Löhne und Gehälter. Das Arbeitsentgelt eines Arbeiters bezeichnet man als Lohn, das des Angestellten als Gehalt. Löhne und Gehälter sind für den Arbeitnehmer **Einkommen,** für den Arbeitgeber hingegen **Aufwendungen** (= Personalkosten).

Abzüge. Der Arbeitgeber ist gesetzlich verpflichtet, vom **Bruttoverdienst** der Arbeiter und Angestellten die Lohnsteuer, den Solidaritätszuschlag, die Kirchensteuer und den Anteil der Arbeitnehmer an der gesetzlichen Kranken-, Pflege-, Renten- und Arbeitslosenversicherung (= 50 %) **einzubehalten** und **bis zum 10. des Folgemonats an das Finanzamt**[1] und **bis zum 15. des Folgemonats an die jeweilige Krankenkasse** zu **überweisen.** Nach Abzug der Steuern und des Arbeitnehmeranteils zur Sozialversicherung ergibt sich der **Nettoverdienst.**

Das Kindergeld wird **von der Familienkasse** des jeweiligen Arbeitsamtes **ausgezahlt.** Es beträgt für das erste und zweite Kind je 270,00 DM/138,00 €, für das dritte 300,00 DM/153,00 € und für jedes weitere Kind je 350,00 DM/178,00 €.[2]

Bruttogehalt/-lohn	
— Steuern	○ Lohnsteuer (LSt) ○ Solidaritätszuschlag (5,5 % der LSt)[2] ○ Kirchensteuer (8 bzw. 9 % der LSt)
— Arbeitnehmeranteil zur gesetzlichen Sozialversicherung	○ Krankenversicherung ○ Pflegeversicherung ○ Rentenversicherung ○ Arbeitslosenversicherung
Nettogehalt/-lohn (Auszahlung)	

3.1.1 Die Berechnung der Lohn- und Kirchensteuer

Der Lohnsteuer unterliegen alle Einkünfte aus **nicht selbstständiger** Arbeit. Sie richtet sich nach der **Höhe des Arbeitslohnes,** der **Steuerklasse** und möglichen **Freibeträgen** (z. B. für Behinderte). Das Existenzminimum (der **Grundfreibetrag**) ist lohnsteuerfrei: 13.499,00 DM/6.901,00 € für Ledige und 26.999,00 DM/13.804,00 € für Verheiratete.[2] Es gibt **sechs Lohnsteuerklassen:**

Steuerklasse	Zuordnung der Arbeitnehmer
I	Nicht verheiratete, verwitwete oder geschiedene Arbeitnehmer sowie Verheiratete, die ständig getrennt leben.
II	Arbeitnehmer der Steuerklasse I, sofern sie mindestens ein Kind haben.
III	Verheiratete, jedoch nicht ständig getrennt lebende Arbeitnehmer, deren Ehegatte keinen Arbeitslohn bezieht oder in die Steuerklasse V eingeordnet ist.
IV	Verheiratete, nicht ständig getrennt lebende Arbeitnehmer, wenn beide Arbeitslohn beziehen.
V	Verheiratete, nicht ständig getrennt lebende Ehegatten, die beide Arbeitslohn beziehen, wobei ein Ehegatte auf gemeinsamen Antrag in Steuerklasse III ist.
VI	Bezieht ein Arbeitnehmer Arbeitslohn von mehreren Arbeitgebern, wird auf der zweiten und jeder weiteren Lohnsteuerkarte die Steuerklasse VI eingetragen.

---

1 **Monatliche Zahlung** erfolgt nur bei einer **Vorjahreslohnsteuer** von **mehr als 6.000,00 DM/3.067,00 €,** was in den folgenden Aufgaben unterstellt wird.
2 Stand 2000

6470196

Steuerpflichtiges und steuerfreies Arbeitsentgelt. Grundsätzlich sind alle Einnahmen, die ein Arbeitnehmer aus einem Arbeitsverhältnis erzielt, lohnsteuerpflichtig. Es gibt aber auch Arbeitsentgelte, die in bestimmten Grenzen steuerfrei sind:

Lohnsteuerpflichtiger Arbeitslohn	Lohnsteuerfreier Arbeitslohn

○ Löhne und Gehälter
○ Zulagen (z. B. Schmutzzulage)
○ Zuschläge (z. B. für Überstunden)
○ Urlaubsgeld
○ Weihnachtsgratifikationen
  u. a.
	○ Heiratsbeihilfen bis 700,00 DM/357,00 €[1]
	○ Geburtsbeihilfen bis 700,00 DM/357,00 €[1]
	  u. a.

Solidaritätszuschlag. Zur Finanzierung der deutschen Einheit wird seit 1. Jan. 1995 ein Solidaritätszuschlag in Höhe von zurzeit **5,5 %**[1] der Lohnsteuer erhoben.

Die Kirchensteuer ist nicht in allen Bundesländern einheitlich hoch. Sie beträgt

▶ in Baden-Württemberg, Bayern, Bremen und Hamburg **8 %** und

▶ in den übrigen Bundesländern **9 %** der Lohnsteuer.

Kinderfreibetrag. Im Gegensatz zur Lohnsteuer wird bei der Bemessung der Kirchensteuer und des Solidaritätszuschlages die Anzahl der Kinder berücksichtigt. Jedes Kind wird auf der Lohnsteuerkarte mit dem Zähler 0,5 (= 414,00 DM/211,00 € monatlicher Kinderfreibetrag einschließlich Betreuungsfreibetrag) eingetragen. Der Zähler erhöht sich auf 1,0 (= 828,00 DM/423,00 €) bei verheirateten und nicht dauernd getrennt lebenden Arbeitnehmern.[1]

Lohnsteuerkarte. § 39 EStG bestimmt, dass die **Gemeinden** den steuerpflichtigen Arbeitnehmern eine nach amtlichem Muster vorgeschriebene Lohnsteuerkarte auszustellen haben. Die Lohnsteuerkarte legt der Arbeitnehmer zu Beginn eines jeden Jahres seinem Arbeitgeber vor. Er erhält sie am Jahresende nach dem Eintrag des Jahresarbeitslohnes und des Steuerabzugs zur Durchführung der Antragsveranlagung oder zur Abgabe der Einkommensteuererklärung beim Finanzamt zurück. Die Lohnsteuerkarte enthält **alle für die Lohnsteuerberechnung wichtigen Angaben** über den Steuerpflichtigen.

Nennen und erläutern Sie die für die Berechnung der Lohn- und Kirchensteuer wichtigen Daten der nebenstehenden Lohnsteuerkarte.

---

1 Stand 2000

Aus Lohnsteuertabellen können für jeden steuerpflichtigen Arbeitnehmer die Lohnsteuer, der Solidaritätszuschlag und die Kirchensteuer abgelesen werden. Die Tabellen berücksichtigen die jeweilige Steuerklasse, die Kinderfreibetragszahl und andere Freibeträge, die in der Tabelle bereits berücksichtigt sind, wie z. B. den Pauschbetrag für Werbungskosten des Arbeitnehmers in Höhe von 2.000,00 DM/1.022,00 €. Es gibt Abzugstabellen für tägliche, wöchentliche und monatliche Lohnzahlung. Darüber hinaus wird umfangreiche Tabellensoftware für eine PC-Anwendung angeboten.

Beispiel   Der kaufmännische Angestellte Herbert Till (siehe Lohnsteuerkarte auf S. 197) ist verheiratet und hat ein Kind. Seine Frau bezieht keinen Arbeitslohn. Beide Ehepartner gehören der katholischen Kirche an. Lohn- und Kirchensteuer sowie der Solidaritätszuschlag können auf S. 199 abgelesen werden.

Tarifgehalt nach der Gehaltstafel	2.635,00 €
Steuerklasse	III
Kinderfreibetragszahl	1,0
Lohnsteuer	246,61 €
Solidaritätszuschlag	2,40 €
Kirchensteuer	15,16 €
Steuerabzüge insgesamt	**264,17 €**

In der Lohn- und Gehaltsbuchhaltung wird **für jeden Arbeitnehmer** ein besonderes **Lohnkonto** geführt, das monatlich **folgende Daten** erfasst:

> Tarifgehalt bzw. Tariflohn, Zulagen, Zuschläge, Bruttoverdienst; Abzüge: Lohnsteuer, Solidaritätszuschlag, Kirchensteuer, Krankenversicherung, Pflegeversicherung, Rentenversicherung, Arbeitslosenversicherung; steuerfreie Zuwendungen, Vorschuss, Nettoauszahlung.

Die Lohnabrechnungen der Arbeiter werden in einer **Lohnliste** zusammengestellt, die Gehaltsabrechnungen der Angestellten in einer **Gehaltsliste**. Lohn- und Gehaltsliste bilden dann den **Sammelbeleg für die Buchung der Löhne und Gehälter** (s. S. 205).

Aufgabe

216   In der Papiergroßhandlung Katja Kern e. Kfr. sind sieben Angestellte beschäftigt. Die folgende Tabelle weist für den Monat Januar das jeweilige Bruttogehalt und die persönlichen Daten der Angestellten aus:

Nr.	Name	Tarifgehalt	Familienstand	Sonstige Hinweise
1	W. Beyer	2.640,00 €	verheiratet, 1,0 Kinder-Freibetrag	St.-Klasse V für Ehefrau
2	A. Fellner	2.625,00 €	ledig	–
3	B. Hübner	2.630,00 €	geschieden, 0,5 Kinder-Freibetrag	–
4	G. Lamper	2.645,00 €	verheiratet, keine Kinder	St.-Klasse IV für Ehefrau
5	R. Schmidt	2.632,00 €	ledig	–
6	J. Steiner	2.638,00 €	verheiratet, keine Kinder	–
7	H. Winter	2.635,00 €	verwitwet, keine Kinder	–

1. *Bestimmen Sie für jeden Angestellten die Lohnsteuerklasse.*
2. *Ermitteln Sie anhand der nachstehenden Lohnsteuertabelle jeweils*
    a) die Lohnsteuer,   b) den Solidaritätszuschlag   und   c) die Kirchensteuer.

Auszug aus der Lohnsteuertabelle für monatliche Lohn- und Gehaltszahlung[1]

Lohn/Gehalt bis EURO/DM	Steuerklasse	Lohnsteuer	ohne Kinderfreibeträge SolZ 5,5%	8%	9%	0,5 SolZ 5,5%	8%	9%	1,0 SolZ 5,5%	8%	9%	1,5 SolZ 5,5%	8%	9%	2,0 SolZ 5,5%	8%	9%	2,5 SolZ 5,5%	8%	9%	3,0 SolZ 5,5%	8%	9%
2.625,30 / 5.134,15	I	529,65	29,13	42,37	47,67	26,32	38,28	43,07	23,58	34,30	38,58	20,92	30,42	34,23	18,32	26,66	29,99	15,81	23,00	25,88	13,38	19,45	21,88
	II	447,25	24,60	35,78	40,25	21,90	31,86	35,85	19,29	28,06	31,57	16,74	24,36	27,41	14,28	20,77	23,37	11,89	17,29	19,45	9,57	13,92	15,66
	III	242,86	13,35	19,43	21,86	9,41	16,28	18,31	1,69	13,19	14,84		10,15	11,42		7,16	8,06		4,25	4,79		1,44	1,62
	IV	529,65	29,13	42,37	47,67	27,71	40,31	45,35	26,32	38,28	43,07	24,94	36,28	40,81	23,58	34,30	38,58	22,24	32,34	36,39	20,92	30,42	34,23
	V	919,77	50,59	73,58	82,78																			
	VI	963,19	52,97	77,05	86,68																			
2.627,61 / 5.139,15	I	530,47	29,17	42,44	47,74	26,36	38,34	43,13	23,62	34,36	38,65	20,95	30,48	34,29	18,37	26,72	30,05	15,85	23,06	25,94	13,41	19,51	21,95
	II	448,02	24,64	35,84	40,32	21,94	31,93	35,91	19,33	28,12	31,63	16,79	24,42	27,47	14,32	20,83	23,43	11,92	17,34	19,51	9,61	13,97	15,72
	III	244,14	13,43	19,53	21,97	9,66	16,38	18,43	1,92	13,28	14,95		10,25	11,52		7,26	8,17		4,34	4,88		1,53	1,72
	IV	530,47	29,17	42,44	47,74	27,76	40,38	45,42	26,36	38,34	43,13	24,98	36,34	40,88	23,62	34,36	38,65	22,28	32,41	36,46	20,95	30,48	34,29
	V	920,92	50,65	73,67	82,88																			
	VI	964,34	53,04	77,14	86,79																			
2.629,91 / 5.143,65	I	531,27	29,22	42,50	47,81	26,40	38,41	43,21	23,66	34,42	38,72	21,00	30,54	34,36	18,41	26,77	30,12	15,89	23,12	26,00	13,45	19,56	22,01
	II	448,79	24,68	35,90	40,39	21,99	31,99	35,98	19,37	28,17	31,69	16,82	24,47	27,53	14,36	20,88	23,49	11,96	17,40	19,57	9,64	14,02	15,78
	III	244,14	13,43	19,53	21,97	9,66	16,38	18,43	1,92	13,28	14,95		10,25	11,52		7,26	8,17		4,34	4,88		1,53	1,72
	IV	531,27	29,22	42,50	47,81	27,80	40,44	45,49	26,40	38,41	43,21	25,02	36,40	40,95	23,66	34,42	38,72	22,32	32,47	36,53	21,00	30,54	34,36
	V	922,11	50,72	73,77	82,99																			
	VI	965,53	53,10	77,24	86,89																			
2.632,21 / 5.148,15	I	532,08	29,26	42,57	47,88	26,44	38,47	43,28	23,70	34,48	38,79	21,03	30,60	34,43	18,45	26,83	30,19	15,93	23,17	26,07	13,49	19,62	22,07
	II	449,55	24,72	35,96	40,46	22,03	32,04	36,05	19,41	28,23	31,76	16,86	24,53	27,59	14,39	20,94	23,56	12,00	17,46	19,63	9,67	14,08	15,83
	III	245,33	13,49	19,62	22,08	9,90	16,47	18,53	2,16	13,38	15,05		10,34	11,63		7,35	8,26		4,43	4,98		1,62	1,82
	IV	532,08	29,26	42,57	47,88	27,84	40,50	45,57	26,44	38,47	43,28	25,06	36,46	41,02	23,70	34,48	38,79	22,36	32,53	36,59	21,03	30,60	34,43
	V	923,27	50,78	73,86	83,09																			
	VI	966,68	53,16	77,33	87,00																			
2.634,51 / 5.152,65	I	532,89	29,31	42,63	47,96	26,49	38,53	43,35	23,74	34,54	38,86	21,08	30,66	34,49	18,48	26,89	30,25	15,97	23,23	26,13	13,52	19,67	22,13
	II	450,36	24,77	36,03	40,53	22,07	32,10	36,12	19,45	28,29	31,83	16,90	24,59	27,66	14,43	20,99	23,62	12,04	17,51	19,69	9,71	14,13	15,90
	III	245,33	13,49	19,62	22,08	9,90	16,47	18,53	2,16	13,38	15,05		10,34	11,63		7,35	8,26		4,43	4,98		1,62	1,82
	IV	532,89	29,31	42,63	47,96	27,89	40,57	45,64	26,49	38,53	43,35	25,11	36,53	41,09	23,74	34,54	38,86	22,40	32,59	36,66	21,08	30,66	34,49
	V	924,46	50,84	73,95	83,20																			
	VI	967,88	53,23	77,43	87,11																			
2.636,81 / 5.157,15	I	533,70	29,35	42,69	48,03	26,54	38,60	43,42	23,79	34,60	38,93	21,12	30,72	34,56	18,52	26,95	30,31	16,00	23,28	26,19	13,56	19,73	22,19
	II	451,13	24,81	36,09	40,60	22,11	32,17	36,18	19,49	28,35	31,89	16,94	24,64	27,73	14,47	21,04	23,68	12,07	17,56	19,75	9,75	14,18	15,95
	III	246,61	13,56	19,73	22,19	10,14	16,57	18,64	2,40	13,48	15,16		10,43	11,73		7,44	8,37		4,52	5,08		1,70	1,91
	IV	533,70	29,35	42,69	48,03	27,93	40,63	45,71	26,54	38,60	43,42	25,15	36,59	41,16	23,79	34,60	38,93	22,45	32,65	36,73	21,12	30,72	34,56
	V	925,61	50,90	74,05	83,30																			
	VI	969,03	53,29	77,52	87,21																			
2.639,11 / 5.161,65	I	534,56	29,40	42,76	48,11	26,58	38,66	43,49	23,83	34,67	39,00	21,16	30,78	34,63	18,57	27,01	30,38	16,04	23,34	26,25	13,60	19,78	22,25
	II	451,90	24,85	36,15	40,67	22,15	32,23	36,26	19,53	28,41	31,96	16,98	24,70	27,79	14,51	21,11	23,74	12,11	17,61	19,81	9,79	14,23	16,01
	III	246,61	13,56	19,73	22,19	10,14	16,57	18,64	2,40	13,48	15,16		10,43	11,73		7,44	8,37		4,52	5,08		1,70	1,91
	IV	534,56	29,40	42,76	48,11	27,98	40,70	45,79	26,58	38,66	43,49	25,20	36,65	41,23	23,83	34,67	39,00	22,49	32,71	36,80	21,16	30,78	34,63
	V	926,80	50,97	74,14	83,41																			
	VI	970,22	53,36	77,61	87,32																			
2.641,41 / 5.166,15	I	535,36	29,44	42,83	48,18	26,62	38,73	43,56	23,87	34,73	39,07	21,20	30,84	34,70	18,61	27,06	30,44	16,09	23,40	26,32	13,64	19,84	22,32
	II	452,66	24,89	36,21	40,73	22,20	32,28	36,32	19,57	28,47	32,03	17,02	24,76	27,85	14,55	21,16	23,80	12,15	17,67	19,88	9,82	14,29	16,07
	III	247,80	13,63	19,82	22,30	10,39	16,67	18,75	2,64	13,57	15,27		10,52	11,84		7,53	8,47		4,61	5,18		1,79	2,01
	IV	535,36	29,44	42,83	48,18	28,02	40,76	45,86	26,62	38,73	43,56	25,24	36,71	41,30	23,87	34,73	39,07	22,53	32,77	36,87	21,20	30,84	34,70
	V	927,95	51,04	74,23	83,51																			
	VI	971,37	53,42	77,71	87,42																			
2.643,71 / 5.170,65	I	536,17	29,49	42,89	48,25	26,66	38,79	43,63	23,92	34,79	39,14	21,24	30,90	34,76	18,65	27,12	30,51	16,12	23,45	26,38	13,67	19,89	22,37
	II	453,47	24,94	36,28	40,81	22,24	32,34	36,39	19,61	28,53	32,09	17,06	24,82	27,92	14,58	21,21	23,86	12,18	17,72	19,94	9,86	14,34	16,13
	III	247,80	13,63	19,82	22,30	10,39	16,67	18,75	2,64	13,57	15,27		10,52	11,84		7,53	8,47		4,61	5,18		1,79	2,01
	IV	536,17	29,49	42,89	48,25	28,06	40,82	45,92	26,66	38,79	43,63	25,28	36,77	41,37	23,92	34,79	39,14	22,57	32,83	36,93	21,24	30,90	34,76
	V	929,15	51,10	74,33	83,62																			
	VI	972,56	53,49	77,80	87,53																			
2.646,01 / 5.175,15	I	536,98	29,53	42,96	48,33	26,71	38,85	43,71	23,96	34,85	39,21	21,29	30,96	34,83	18,69	27,18	30,58	16,16	23,51	26,44	13,71	19,95	22,44
	II	454,24	24,98	36,34	40,88	22,28	32,41	36,46	19,65	28,59	32,16	17,10	24,87	27,98	14,62	21,27	23,93	12,22	17,77	20,00	9,89	14,39	16,19
	III	249,08	13,70	19,93	22,42	10,63	16,77	18,87	2,88	13,67	15,37		10,62	11,94		7,63	8,58		4,70	5,29		1,87	2,11
	IV	536,98	29,53	42,96	48,33	28,11	40,89	46,00	26,71	38,85	43,71	25,32	36,83	41,44	23,96	34,85	39,21	22,61	32,89	37,00	21,29	30,96	34,83
	V	930,34	51,16	74,42	83,73																			
	VI	973,71	53,55	77,90	87,63																			
2.648,31 / 5.179,65	I	537,79	29,58	43,02	48,40	26,75	38,91	43,77	24,00	34,91	39,28	21,33	31,02	34,90	18,73	27,24	30,65	16,20	23,57	26,51	13,75	20,00	22,50
	II	455,00	25,02	36,40	40,95	22,32	32,47	36,53	19,69	28,64	32,22	17,14	24,93	28,04	14,66	21,33	23,99	12,26	17,83	20,06	9,92	14,44	16,24
	III	249,08	13,70	19,93	22,42	10,63	16,77	18,87	2,88	13,67	15,37		10,62	11,94		7,63	8,58		4,70	5,29		1,87	2,11
	IV	537,79	29,58	43,02	48,40	28,15	40,95	46,07	26,75	38,91	43,77	25,37	36,90	41,51	24,00	34,91	39,28	22,66	32,95	37,07	21,33	31,02	34,90
	V	931,49	51,23	74,52	83,83																			
	VI	974,91	53,62	77,99	87,74																			

Quelle: Jehle Rehm Euro-Lohnsteuertabelle, 2000

3.1.2 Die Ermittlung der Sozialversicherungsabzüge

Die gesetzliche Sozialversicherung besteht aus der Krankenversicherung, der Pflegeversicherung, der Rentenversicherung und der Arbeitslosenversicherung. Der **Sozialversicherungsbeitrag** für den einzelnen Arbeiter und Angestellten wird **je zur Hälfte** vom Arbeitnehmer und Arbeitgeber getragen. Der **Arbeitnehmeranteil** wird vom Bruttoverdienst **einbehalten.** Der **Arbeitgeberanteil** zum Sozialversicherungs-

---

1 Für das Bearbeiten der Aufgaben ist es nicht von Bedeutung, aus welchem Jahr die im Buch enthaltenen Abzugstabellen stammen. **Zusatzaufgabe:** *Beschaffen Sie sich aktuelle Tabellen in der Personalabteilung Ihres Ausbildungsbetriebes, bei der Krankenkasse oder über den örtlichen Buchhandel und lösen Sie die folgenden Aufgaben auch mithilfe dieser Tabellen.*

beitrag **ist zusätzlicher Personalaufwand,** ebenso die Beiträge zur **gesetzlichen Unfallversicherung** der Arbeitnehmer bei der Berufsgenossenschaft.

Für die Berechnung der Beiträge werden von Jahr zu Jahr bestimmte **Beitragsprozentsätze** und **Beitragsbemessungsgrenzen** (= Höchstgrenzen) festgelegt:

Versicherungszweig	Beitragssatz in %[1]	Beitragsbemessungsgrenze[1]
○ **Krankenversicherung (KV)**	11 bis 16 % je nach Krankenkasse	75 % der Bemessungsgrenze zur Rentenversicherung: 6.450,00 DM/3.297,00 € monatlich
○ **Pflegeversicherung (P)**	1,7 %	6.450,00 DM/3.297,00 € monatlich
○ **Rentenversicherung (RV)**	19,3 %	8.600,00 DM/4.397,00 € monatlich
○ **Arbeitslosenversicherung (ALV)**	6,5 %	Bemessungsgrenze wie bei der Rentenversicherung: 8.600,00 DM/4.397,00 € monatlich

Abzugstabelle. Die **Beiträge** zur Sozialversicherung werden wie die Lohn- und Kirchensteuer und der Solidaritätszuschlag **vom Bruttoarbeitsentgelt** des Arbeitnehmers berechnet. Die Abzugstabellen weisen jeweils nur **den Arbeitnehmeranteil (= 50 %)** zur Kranken-, Pflege-, Renten- und Arbeitslosenversicherung aus. Für PC-Anwendung gibt es Software.

Beitragsgruppen. Die Abzugstabellen sind entsprechend den Zweigen der Sozialversicherung in Beitragsgruppen unterteilt, die ein schnelles Ablesen der einzelnen Beiträge zur Kranken-, Pflege-, Renten- und Arbeitslosenversicherung erlauben:

G: allgemeiner Beitrag zur Krankenversicherung **(KV)**
P: Beitrag zur Pflegeversicherung **(P)**
K/L: Beitrag zur Rentenversicherung **(RV): K** = Arbeiter; **L** = Angestellte
M: Beitrag zur Arbeitslosenversicherung **(ALV)**

Beispiel Der Angestellte H. Till (s. S. 197) bezieht ein steuerpflichtiges Bruttogehalt von 2.635,00 €. Seine Beiträge zur Sozialversicherung werden nach den Gruppen G/P/L/M berechnet, wobei ein Krankenkassenbeitrag von 13,5 % zugrunde gelegt ist. Seine Abzüge an Sozialversicherungsbeiträgen sind in der nebenstehenden Tabelle in der Zeile „bis 2.636,81" abzulesen:

Bruttoarbeits-entgelt	KV (G)	P	RV (L)	ALV (M)	Arbeitnehmeranteil zur Sozialversicherung
2.635,00	177,91	22,40	254,34	85,66	**540,31**

Der Arbeitgeberanteil zur Sozialversicherung beträgt dann ebenfalls **540,31 €.** Gesamter Beitrag zur Sozialversicherung des Arbeitnehmers Till: **1.080,62 €.**

Das Nettogehalt errechnet sich nun wie folgt:

Bruttogehalt		2.635,00 €
− **Abzüge für**		
Lohn- und Kirchensteuer sowie Solidaritätszuschlag (s. S. 196)	264,17 €	
Arbeitnehmeranteil zur Sozialversicherung (s. o.)	540,31 €	804,48 €
Nettogehalt (Auszahlungsbetrag)		**1.830,52 €**

---

1 Stand 2000. In den neuen Bundesländern sind die Bemessungsgrenzen zz. noch niedriger.

6470200

Auszug aus der Gesamtabzugstabelle für monatliche Lohn- und Gehaltszahlung[1]

			Abzüge an Krankenversicherung bei einem Beitragssatz (in %) von										Abzüge für RV ALV P Gruppe K/L M P
12,9	13,0	13,1	13,2	13,3	13,4	Arbeits-entgelt	13,5	13,6	13,7	13,8	13,9	14,0	
Gruppe G	Gruppe G	Gruppe G	Gruppe G	Gruppe G	Gruppe G	neue und alte BL bis €	Gruppe G	Gruppe G	Gruppe G	Gruppe G	Gruppe G	Gruppe G	
169,26	170,57	171,88	173,19	174,51	175,82	**2.625,30**	177,13	178,44	179,75	181,07	182,38	183,69	253,23 85,28 22,31
169,41	170,72	172,03	173,35	174,66	175,97	**2.627,61**	177,29	178,60	179,91	181,23	182,54	183,85	253,45 85,36 22,32
169,56	170,87	172,18	173,50	174,81	176,13	**2.629,91**	177,44	178,76	180,07	181,38	182,70	184,01	253,68 85,43 22,34
169,70	171,02	172,33	173,65	174,97	176,28	**2.632,21**	177,60	178,91	180,23	181,54	182,86	184,17	253,90 85,51 22,36
169,85	171,17	172,49	173,80	175,12	176,44	**2.634,51**	177,75	179,07	180,39	181,70	183,02	184,34	254,12 85,58 22,38
170,00	171,32	172,64	173,95	175,27	176,59	**2.636,81**	177,91	179,22	180,54	181,86	183,18	184,50	254,34 85,66 22,40
170,15	171,47	172,79	174,11	175,42	176,74	**2.639,11**	178,06	179,38	180,70	182,02	183,34	184,66	254,56 85,73 22,42
170,30	171,62	172,94	174,26	175,58	176,90	**2.641,41**	178,22	179,54	180,86	182,18	183,50	184,82	254,79 85,81 22,44
170,45	171,77	173,09	174,41	175,73	177,05	**2.643,71**	178,37	179,69	181,02	182,34	183,66	184,98	255,01 85,88 22,46
170,59	171,92	173,24	174,56	175,88	177,21	**2.646,01**	178,53	179,85	181,17	182,50	183,82	185,14	255,23 85,96 22,48
170,74	172,07	173,39	174,71	176,04	177,36	**2.648,31**	178,68	180,01	181,33	182,65	183,98	185,30	255,45 86,03 22,50

Quelle: eigene Berechnungen

Aufgaben

217 Bestimmen Sie für die in Aufgabe 216, Seite 198, genannten Angestellten W. Beyer und A. Fellner mithilfe der oben stehenden Abzugstabelle die Sozial-versicherungsbeiträge, wenn beide Angestellte den Beitragsgruppen G/P/L/M zugeordnet sind und ein Krankenkassenbeitrag von 13,3 % anzusetzen ist.

1. *Wie viel € Nettogehalt werden beiden Angestellten überwiesen?*
2. *Wie viel Prozent betragen jeweils die Gesamtabzüge vom Bruttogehalt?*

218 Der Angestellte Dirk Schneider bezieht ein Bruttogehalt von 2.642,00 €. Er ist verheiratet und hat zwei Kinder. Seine Ehefrau ist nicht berufstätig, da sie den gemeinsamen Haushalt führt. Beide Ehegatten sind evangelisch.

Der Krankenkassenbeitrag von Dirk Schneider beträgt 13,8 %. Die übrigen Sozialversicherungen werden nach den Beitragsgruppen G/P/L/M berechnet.

1. *In welche Lohnsteuerklasse ist Dirk Schneider einzuordnen?*
2. *Ermitteln Sie anhand der Lohnsteuertabelle auf Seite 199 die Steuer-abzüge: a) Lohnsteuer, b) Solidaritätszuschlag, c) Kirchensteuer, d) Steuer-abzüge insgesamt.*
3. *Ermitteln Sie anhand der Sozialversicherungsabzugtabelle auf Seite 201 die Beiträge für a) die Krankenversicherung, b) die Pflegeversicherung, c) die Rentenversicherung, d) die Arbeitslosenversicherung und e) den Arbeitnehmeranteil zur Sozialversicherung insgesamt.*
4. *Nennen Sie die Höhe des Arbeitgeberanteils zur Sozialversicherung.*
5. *Wie hoch ist für Dirk Schneider der Sozialversicherungsbeitrag insgesamt?*

---

1 siehe Fußnote auf S. 199

219   Der kaufmännische Angestellte R. Hemmerle ist in der Textilgroßhandlung Brückner KG in verantwortlicher Position tätig (Gehaltsgruppe V). Sein Tarifgehalt beträgt 2.617,00 €. Er ist verheiratet und hat ein Kind. Seine Ehefrau ist nicht erwerbstätig. Für seine mehr als 10-jährige Betriebszugehörigkeit erhält Herr Hemmerle eine monatliche Treueprämie von 30,00 €. Seine Beiträge zur Sozialversicherung werden nach den Gruppen G/P/L/M berechnet, wobei ein Krankenkassenbeitrag von 13,4 % zugrunde gelegt wird.

1. *Berechnen Sie aus der Lohnabzugstabelle die von Herrn Hemmerle zu zahlende Lohn- und Kirchensteuer sowie den Solidaritätszuschlag.*
2. *Bestimmen Sie den Sozialversicherungsbeitrag für Herrn Hemmerle.*
3. *Berechnen Sie den Prozentsatz der Gesamtabzüge vom Bruttogehalt.*
4. *Stellen Sie in einer Gehaltsabrechnung das Nettogehalt fest.*

220   Das Unternehmen Schätzke GmbH beschäftigt den Angestellten A. Wagner im Außendienst. Herr Wagner ist 26 Jahre alt, ledig. Sein Tarifgehalt beträgt 2.400,00 €. Zusätzlich zum Tarifgehalt erhält er einen steuerpflichtigen Zuschuss für Kleidung von monatlich 50,00 €. Als lohnsteuerpflichtiger Sachbezug sind monatlich 182,00 € für die kostenlose Unterkunft in einer Werkswohnung anzusetzen.

Für die Berechnung der Sozialversicherungsbeiträge wird das steuerpflichtige Bruttogehalt zugrunde gelegt. Herr Wagner zahlt die Beiträge zur Sozialversicherung nach den Gruppen G/P/L/M bei einem Krankenversicherungsbeitragssatz von 13,8 %.

1. *Berechnen Sie das steuerpflichtige Bruttogehalt.*
2. *Ermitteln Sie aus den Lohnsteuer- und Sozialversicherungstabellen alle Abzüge.*
3. *Stellen Sie in einer Gehaltsabrechnung den Auszahlungsbetrag fest.*

221   1. *Welche vertraglichen Grundlagen hat die Gehaltsberechnung?*
2. *Was zählt im Einzelnen zum steuerpflichtigen Arbeitseinkommen?*
3. *Nennen Sie Beispiele für „Zulagen" und „Zuschläge".*
4. *Nennen Sie die in die Lohnsteuertabelle eingearbeiteten Freibeträge.*
5. *Welche Merkmale liegen vor, wenn ein Arbeitnehmer nach Steuerklasse III besteuert wird?*
6. *Erläutern Sie den Begriff „Beitragsbemessungsgrenze".*
7. *Warum werden in der Sozialversicherung Beitragsgruppen gebildet?*

3.2 Die Buchung der Löhne und Gehälter

Der Bruttobetrag der Löhne und Gehälter wird monatlich als **Aufwand** gebucht:

6200 Löhne und **6300 Gehälter.**

Die einbehaltenen Abzüge für Steuern und Sozialabgaben muss der Arbeitgeber bis zum 10. des Folgemonats an das Finanzamt[1] und bis zum 15. des Folgemonats an die jeweilige Krankenkasse überweisen. Bis dahin stellen sie für den Arbeitgeber Verbindlichkeiten dar, die als „durchlaufende Posten" zunächst auf folgenden Passivkonten gebucht werden:

▶ „Sonstige Verbindlichkeiten gegenüber Finanzbehörden"　▶ 4830 FB-Verbindlichkeiten
▶ „Verbindlichkeiten gegenüber Sozialversicherungsträgern"　▶ 4840 SV-Verbindlichkeiten

Der Arbeitgeberanteil zur Sozialversicherung ist zusätzlicher Personalaufwand, der auf dem Konto

„6400 Arbeitgeberanteil zur Sozialversicherung"

gebucht und auf dem folgenden Konto gegengebucht wird:

„4840 SV-Verbindlichkeiten".

Beispiel　**Auszug aus der Gehaltsliste Monat Februar: Gehaltsabrechnung H. Till**

Name	Steuer-klasse	Brutto-gehalt	Abzüge					Gesamt-abzüge	Netto-gehalt (Ausz.)
			LSt	SolZ	KiSt	Steuer-abzüge	SV		
Till, H.	III/1,0	2.635,00	246,61	2,40	15,16	264,17	540,31	804,48	1.830,52

❶ Buchung bei Gehaltszahlung	Soll	Haben
6300 Gehälter	2.635,00	
an 4830 FB-Verbindlichkeiten		264,17
an 4840 SV-Verbindlichkeiten		540,31
an 2800 Bank		1.830,52

❷ Buchung des Arbeitgeberanteils	Soll	Haben
6400 Arbeitgeberanteil zur SV	540,31	
an 4840 SV-Verbindlichkeiten		540,31

❸ Überweisung der einbehaltenen und noch abzuführenden Beträge	Soll	Haben
4830 FB-Verbindlichkeiten	264,17	
4840 SV-Verbindlichkeiten	1.080,62	
an 2800 Bank		1.344,79

S	6300 Gehälter	H
❶ 2.635,00		

S	4830 FB-Verbindlichkeiten	H
❸ 264,17	❶	264,17

S	6400 Arbeitgeberanteil zur SV	H
❷ 540,31		

S	4840 SV-Verbindlichkeiten	H
❸ 1.080,62	❶	540,31
	❷	540,31

Bruttogehalt	2.635,00
+ Arbeitgeberanteil SV	540,31
Personalkosten	**3.175,31**

S	2800 Bank	H
	❶	1.830,52
	❸	1.344,79

1　siehe S. 196

3.3   Die Buchung von Vorschusszahlungen an Mitarbeiter

Vorschüsse sind Darlehen, die Arbeitnehmern kurzfristig gewährt und bei späteren Lohn- und Gehaltszahlungen verrechnet werden. Sie werden gebucht auf dem Konto **2650 Forderungen an Mitarbeiter.**

Beispiel   Der Angestellte H. Till erhält einen Vorschuss von 900,00 € bar, der bei den nächsten Gehaltszahlungen mit 300,00 € einbehalten wird.

Buchungssatz	Soll	Haben
2650 Forderungen an Mitarbeiter	800,00	
an 2880 Kasse		800,00

Monatliche Verrechnung des Vorschusses (300,00 €):

Bruttogehalt	2.635,00 €
– Lohn- und Kirchensteuer sowie Solidaritätszuschlag	264,17 €
– Arbeitnehmeranteil zur Sozialversicherung	540,31 €
Nettogehalt	1.830,52 €
– Vorschuss	300,00 €
Auszahlung (Bank)	**1.530,52 €**

Buchungssatz	Soll	Haben
6300 Gehälter	2.635,00	
an 4830 FB-Verbindlichkeiten		264,17
an 4840 SV-Verbindlichkeiten		540,31
an 2650 Forderungen an Mitarbeiter		300,00
an 2800 Bank		1.530,52

3.4   Die Verrechnung von Sachwerten

Erwerben Angestellte oder Arbeiter Waren des eigenen Großhandelsbetriebes zum Vorzugspreis, die mit ihrem Gehalt oder Lohn verrechnet werden, so sind sie umsatzsteuerlich Käufern gleichzustellen. Der Nettowert der Waren ist als Umsatzerlös auszuweisen. Die Umsatzsteuer ist entsprechend zu buchen.

Beispiel   Herbert Till ist Angestellter des Elektrogroßhandelsunternehmens Marc Schneider e. K. Er erhält von seinem Arbeitgeber einen Kühlschrank zum Vorzugspreis von 250,00 € netto zuzüglich 40,00 € Umsatzsteuer, der mit seinem Gehalt verrechnet wird:

Bruttogehalt	2.635,00 €
– Lohn- und Kirchensteuer sowie Solidaritätszuschlag	264,17 €
– Arbeitnehmeranteil zur Sozialversicherung	540,31 €
Nettogehalt	1.830,52 €
– Warenwert	250,00 €
– Umsatzsteuer	40,00 €
Auszahlung (Bank)	**1.540,52 €**

Buchungssatz	Soll	Haben
6300 Gehälter	2.635,00	
an 4830 FB-Verbindlichkeiten		264,17
an 4840 SV-Verbindlichkeiten		540,31
an 5100 Umsatzerlöse für Waren ...		250,00
an 4800 Umsatzsteuer		40,00
an 2800 Bank		1.540,52

Die aufgrund von Lohn- und Gehaltspfändungen einbehaltenen Beträge werden auf der Habenseite des Kontos **4890 Sonstige Verbindlichkeiten** gebucht.

6470204

Zusammenfassung

▶ **Arbeitnehmer** sind mit ihrem Lohn und Gehalt **lohnsteuer- und sozialversicherungspflichtig.**

▶ Die **Höhe der Lohnsteuer** ist abhängig von der Höhe des Bruttoverdienstes und der jeweiligen Lohnsteuerklasse.

▶ **Zur Sozialversicherung zählen** die
  ○ Krankenversicherung   ○ Rentenversicherung
  ○ Pflegeversicherung   ○ Arbeitslosenversicherung

▶ Die **Beiträge zur Sozialversicherung** tragen Arbeitnehmer und Arbeitgeber **je zur Hälfte.**

▶ Der **Arbeitnehmeranteil** zur Sozialversicherung wird vom Lohn bzw. Gehalt einbehalten.

▶ Der **Arbeitgeberanteil** zur Sozialversicherung ist für den Arbeitgeber zusätzlicher **Aufwand.**

▶ Die **einbehaltenen Steuern und Sozialabgaben sowie der Arbeitgeberanteil** zur Sozialversicherung sind **bis zum 10. des Folgemonats** an das **Finanzamt** (siehe Fußnote auf S. 196) und **bis zum 15. des Folgemonats** an die **Krankenkasse zu überweisen.**

▶ Zu den **Personalkosten des Unternehmens** zählen:
  ○ Bruttoarbeitsentgelt der Arbeitnehmer
  ○ Arbeitgeberanteil zur Sozialversicherung
  ○ Gesetzliche Unfallversicherung der Arbeitnehmer
     (= Beiträge zur Berufsgenossenschaft)
  ○ Freiwillige soziale Aufwendungen des Unternehmens
     (= betriebliche Altersversorgung, Unterstützung u. a.)

Aufgaben

222

Gehaltsliste Monat Januar

Name	Steuer-klasse	Brutto-gehalt	Abzüge					Netto-gehalt (Auszahlg.)
			Lohn-steuer	SolZ	Kirchen-steuer	Steuer-abzüge	Sozial-versich.	
1. Tierjung, V.	III/2,0	2.540,00	220,62	0,00	6,20	226,82	523,28	1.789,90
2. Steinbring, W.	I	1.770,00	252,11	13,86	22,69	288,66	364,65	1.116,69
3. Walter, F.	II/0,5	2.296,00	339,79	16,16	26,44	382,39	472,92	1.440,69
		6.606,00	812,52	30,02	55,33	897,87	1.360,85	4.347,28

Buchen Sie auf den Konten 2800 (AB 35.000,00 €), 4830, 4840, 6300 und 6400

1. die Gehaltsabrechnung lt. Gehaltsliste zum 31. Januar (Banküberweisung),
2. den Arbeitgeberanteil zur Sozialversicherung,
3. die Überweisung der einbehaltenen Abzüge im Februar.

Wie hoch sind die Personalkosten des Betriebes?

223 Zum 31. Dezember weisen die nachstehenden Konten folgende Salden aus:

2650 Forderungen an Mitarbeiter .... 16.000,00 €
4830 FB-Verbindlichkeiten .... 12.600,00 €
4840 SV-Verbindlichkeiten .... 14.300,00 €

Bilden Sie die Abschlussbuchungssätze.

224   Buchen Sie auf den Konten 2650, 2800 (AB 32.000,00 €), 4830, 4840, 6200 und 6400

1. Zahlung eines Lohnvorschusses durch Banküberweisung: 4.000,00 €,
2. Lohnabrechnung mit Verrechnung des Vorschusses in Höhe von 250,00 € monatlich:

Brutto-löhne	LSt/SolZ/KiSt	Sozial-Vers.	Verrechneter Vorschuss	Auszahlung (Bank)	Arbeitgeber-anteile
7.800,00	860,00	1.120,00	250,00	5.570,00	1.120,00

3. Banküberweisung der einbehaltenen Abzüge und der Arbeitgeberanteile im Folgemonat.

---

225   Zahlung der Gehälter durch Banküberweisung zum 31. Dezember. *Bilden Sie die Buchungssätze:*

1. Gehälter lt. Gehaltsliste für den Monat Dezember:
   Bruttobeträge . . . . 55.800,00 €
   Lohn- und Kirchensteuer sowie Solidaritätszuschlag . . . . 10.050,00 €
   Sozialversicherungsbeiträge der Arbeitnehmer . . . . 11.765,00 €
2. Verrechnung von Vorschüssen (Bestand: 8.000,00 €) . . . . 2.500,00 €
3. Arbeitgeberanteil . . . .   ?
4. Die einbehaltenen Abzüge werden erst Anfang Januar an das Finanzamt und die entsprechende Krankenkasse überwiesen.

1. *Nennen Sie die Buchungen bis zum Jahresabschluss.*
2. *Wie lauten*
   a) *die Eröffnungsbuchung zum 1. Januar n. J. und*
   b) *die Überweisungsbuchung?*
3. *Wie hoch sind die gesamten Personalkosten des Betriebes für Dezember?*

---

226   Der Angestellte Stefan Stein des Textilgroßhandels Gaby Dressing e. Kfr. bezieht ein Bruttogehalt von 2.450,00 €. Seine Abzüge für Steuern betragen 395,00 € und für Sozialabgaben 445,00 €. Bei der Gehaltsabrechnung ist ein Anzug mit 150,00 € netto zuzüglich 24,00 € Umsatzsteuer zu verrechnen, den Stefan Stein im Abrechnungszeitraum von seinem Betrieb erworben hat. Die Gehaltszahlung erfolgt als Banküberweisung.

1. *Erstellen Sie die Gehaltsabrechnung.*
2. *Buchen Sie auf den entsprechenden Konten.*
3. *Wie lautet die Buchung für den Arbeitgeberanteil zur Sozialversicherung?*
4. *Wie hoch sind die Personalkosten für den Angestellten Stefan Stein?*

---

227   Die Miete der Arbeitnehmer für Werkswohnungen wird mit den Gehältern verrechnet. Die Nettogehälter werden durch Banküberweisung ausgezahlt:

Bruttogehälter lt. Gehaltsliste . . . . 66.300,00 €
Lohn- und Kirchensteuer sowie Solidaritätszuschlag . . . . 11.300,00 €
Sozialversicherungsbeiträge der Arbeitnehmer . . . . 12.600,00 €
Einbehaltene Mieten für Werkswohnungen . . . . 3.600,00 €

Ermitteln Sie die Nettoauszahlung und buchen Sie auf den entsprechenden Konten die Gehaltsabrechnung, den Arbeitgeberanteil zur Sozialversicherung und die Überweisung der Abzüge und des Arbeitgeberanteils.

Konten: 2800 (50.000,00 € Bestand), 4830, 4840, 5400, 6300 und 6400.

6470206

228 *Bilden Sie die Buchungssätze:*

1. Banküberweisung der Beiträge zur Berufsgenossenschaft: 1.200,00 €.
2. Ein Angestellter erhält Vorschuss durch Banküberweisung: 2.000,00 €.
3. Eine Angestellte erhält als Geburtsbeihilfe 300,00 € (Banküberweisung).
4. Einem Arbeiter wird eine Heiratsbeihilfe überwiesen: 200,00 €.

229 *Buchen Sie in der Papiergroßhandlung Katja Kern e. Kfr. folgende Belege:*

Beleg 1

```
Durchschrift        370 501 98     ●
                    Stadtsparkasse Köln   S
Empfänger
Finanzamt Köln-West
Konto-Nr. des Empfängers                  Bankleitzahl
435 678 95                          370 501 98
bei (Kreditinstitut)
Stadtsparkasse Köln
* Bis zur Einführung des Euro (= EUR) nur DM;   DM od. EUR*   Betrag
danach DM oder EUR.                             EUR    11.029,60--------------
Kunden-Referenznummer – nach Verwendungszweck, ggf. Name und Anschrift des Auftraggebers – (nur für Empfänger)
Steuernummer: 456/089/789
Lohnsteuer Juni ..
Kontoinhaber
Katja Kern e. Kfr., Papiergroßhandlung, 50677 Köln
Konto-Nr. des Kontoinhabers
723 544 32

  ..-07-09    Katja Kern
    Datum         Unterschrift
```

Beleg 2

```
Durchschrift        370 501 98     ●
                    Stadtsparkasse Köln   S
Empfänger
Allgemeine Ortskrankenkasse AOK, Köln
Konto-Nr. des Empfängers                  Bankleitzahl
243 765 67                          370 501 98
bei (Kreditinstitut)
Stadtsparkasse Köln
* Bis zur Einführung des Euro (= EUR) nur DM;   DM od. EUR*   Betrag
danach DM oder EUR.                             EUR    9.600,00--------------
Kunden-Referenznummer – nach Verwendungszweck, ggf. Name und Anschrift des Auftraggebers – (nur für Empfänger)
Beiträge zur Sozialversicherung für Juni ..
Nr.: SV 1234
Kontoinhaber
Katja Kern e. Kfr., Papiergroßhandlung, 50677 Köln
Konto-Nr. des Kontoinhabers
723 544 32

  ..-07-09    Katja Kern
    Datum         Unterschrift
```

Lohnsteueranmeldung zu Beleg 1
(Auszug)

Lohnsteuer-Anmeldung	..06	Juni	X	..12	Dez.			Kalender-jahr

Papiergroßhandlung Katja Kern e. Kfr.
Bonner Wall 45–55
50677 Köln
Steuernummer: 456/089/789

Berichtigte Anmeldung (falls ja, bitte eine „1" eintragen) ... **10**
Zahl der beschäftigten Arbeitnehmer **86**   29

[1] Negative Beträge sind rot einzutragen oder deutlich mit einem Minuszeichen zu versehen.
[2] Nach Abzug der im Lohnsteuerjahresausgleich erstatteten Beträge. [3] Kann auf 10 ct zu Ihren Gunsten gerundet werden.

		EUR	ct
Lohnsteuer [1] [3]	**42**	9.540	00
abzüglich an Arbeitnehmer ausgezahlte Bergmannsprämien	**46**	–	–
Verbleiben [1]	**48**	9.540	00
Solidaritätszuschlag [1] [2]	**49**	532	00
Evangelische Kirchensteuer [1] [2]	**61**	256	00
Römisch-katholische Kirchensteuer [1] [2]	**62**	701	60
Israelitische Kultussteuer Land [1] [2] (il)	**74**		
Altkatholische Kirchensteuer [1] [2] (ak)	**63**		
Gesamtbetrag [1]	**83**	11.029	60

230

Anfangsbestände €

						€
0500	Grundstücke	180.000,00	3000	Eigenkapital	721.000,00
0510	Gebäude	520.000,00	4250	Darlehensschulden	380.080,00
0860	BGA	147.000,00	4400	Verbindlichk. a. LL	131.080,00
2280	Warenbestand	210.000,00	4800	Umsatzsteuer	12.000,00
2400	Forderungen a. LL	87.000,00	4830	FB-Verbindlichk.	2.100,00
2650	Ford. a. Mitarbeiter	12.000,00	4840	SV-Verbindlichk.	4.820,00
2800	Bankguthaben	95.000,00			

Kontenplan

0500, 0510, 0860, 2280, 2400, 2600, 2650, 2800, 3000, 3001, 4250, 4400, 4800, 4830, 4840, 5100, 5420, 5710, 6060, 6200, 6300, 6400, 6420, 6520, 7510, 8000, 8010, 8020.

Geschäftsfälle €

1. Banküberweisung eines Gehaltsvorschusses an einen Angestellten 2.000,00
2. Banküberweisung des Beitrags an die Berufsgenossenschaft .. 850,00
3. Banküberweisung der Lohn- und Kirchensteuer
   sowie des Solidaritätszuschlags 2.100,00
   Sozialversicherungsbeiträge 4.820,00
   Umsatzsteuer-Zahllast 12.000,00 18.920,00
4. Privatentnahmen von Waren, Warennettowert 800,00
   + Umsatzsteuer 128,00
5. Lohnzahlung durch Banküberweisung lt. Lohnliste:

Bruttolöhne	LSt/SolZ/KiSt	Sozialvers.	Nettolöhne	Arbeitgeberanteil
5.400,00	900,00	960,00	3.540,00	960,00

6. Wareneinkäufe auf Ziel lt. ER 01—09 .... 45.000,00
   + Umsatzsteuer 7.200,00
7. Zinsgutschrift der Bank 1.200,00
8. Kunde wird mit Verzugszinsen belastet 80,00
9. Banküberweisung der Gehälter lt. Gehaltsliste:

Brutto-gehälter	LSt/SolZ/KiSt	Sozial-versicherung	Verrechneter Vorschuss	Netto-auszahlung	Arbeitgeber-anteil
7.800,00	1.200,00	1.450,00	500,00	4.650,00	1.450,00

10. Warenverkäufe auf Ziel lt. AR 01—12 .... 88.000,00
    + Umsatzsteuer 14.080,00
11. Lastschrift der Bank für Darlehenszinsen 7.200,00
12. Geschäftsinhaber überweist seine Lebensversicherungsprämie durch Banküberweisung 1.500,00
13. Ein Lieferer belastet uns mit Verzugszinsen 40,00

Abschlussangaben €

1. Warenendbestand lt. Inventur 225.000,00
2. Abschreibungen auf 0510: 12.000,00 €, auf 0860: 8.000,00 €.

231

1. *Welche Bedeutung haben die Steuerklassen für den Arbeitnehmer?*
2. *Welche Zweige der Sozialversicherung unterscheidet man?*
3. *Warum werden Sondervergütungen in der Praxis direkt auf dem Lohn- bzw. Gehaltskonto des betreffenden Arbeitnehmers gebucht?*
4. *Nennen Sie Empfänger und Zeitpunkt der Überweisung der einbehaltenen Abzüge.*
5. *Woraus setzen sich die gesamten Personalkosten des Betriebes zusammen?*

3.5 Vermögenswirksame Leistungen

Das am **1. Januar 1999** in Kraft getretene **Dritte Vermögensbeteiligungsgesetz** erbringt vielen Arbeitnehmern eine **doppelte staatliche Sparzulage,** wenn sie ihr Geld **für mindestens sieben Jahre vermögenswirksam anlegen**

- ▶ in einem **Bausparvertrag** und

- ▶ in **Beteiligungen am Produktivkapital,** wie z. B. Investmentfonds mit einem Aktienanteil von mindestens 60 % am Fondsvermögen oder Kapitalbeteiligungen am Unternehmen des Arbeitgebers (Belegschaftsaktien oder stille Beteiligung).

Die Sparzulage beträgt

- ▶ für **Bausparbeiträge bis zu 936,00 DM/478,00 € im Jahr** wie bisher **10 %,** also 93,60 DM/47,00 € pro Jahr, und

- ▶ für **Beteiligungen am Produktivkapital bis zu 800,00 DM/409,00 €** im Jahr **20 %,** also höchstens 160,00 DM/81,00 €. Für Arbeitnehmer in den neuen Bundesländern erhöht sich die Zulage bis zum Jahr 2004 auf 25 % bzw. 200,00 DM/102,00 €.

Die Einkommensgrenze für die Sparzulage bildet das **zu versteuernde Einkommen:**

- ▶ **35.000,00 DM/17.895,00 €** bei **Ledigen** und

- ▶ **70.000,00 DM/35.790,00 €** bei **Ehepaaren.**

Auf die Jahresbruttolöhne bezogen liegen die **Beträge deutlich höher:** 40.996,00 DM/20.960,00 € für ledige Arbeitnehmer ohne Kinder, 80.046,00 DM/40.926,00 € für verheiratete Alleinverdiener ohne Kinder und 93.870,00 DM/47.994,00 € für verheiratete Alleinverdiener mit zwei Kindern.

Die Beantragung der Sparzulage muss der Arbeitnehmer **jedes Jahr** zusammen mit der Steuererklärung und einer Bescheinigung des Anlageinstituts **beim Finanzamt** vornehmen. **Nach Ablauf der Sperrfrist** überweist das Finanzamt die **Sparzulage in einer Summe** auf das betreffende Anlagekonto.

Die vermögenswirksamen Geldleistungen werden entweder **allein vom Arbeitnehmer oder nur vom Arbeitgeber** aufgrund eines Tarifvertrages oder einer Betriebsvereinbarung **oder von beiden gemeinsam** erbracht. Der **Arbeitgeber überweist** die vermögenswirksamen Leistungen an das Anlageinstitut einschließlich der Beträge, die der Arbeitnehmer zahlt. Der vermögenswirksame **Anteil des Arbeitgebers erhöht die Personalkosten und zugleich das lohnsteuerpflichtige Gehalt (Lohn)** des Arbeitnehmers.

Der Anteil des Arbeitgebers zur Vermögensbildung wird in der Regel auf dem Konto

6600 Sonstige Personalaufwendungen

erfasst. Er kann **auch direkt auf den Lohn- und Gehaltskonten** gebucht werden.

Die an das Anlageinstitut abzuführenden vermögenswirksamen Beträge werden im Haben des folgenden Kontos gebucht:

4860 Verbindlichkeiten aus vermögenswirksamen Leistungen (VL).

Beispiel   Der Angestellte Heinz Klein, verheiratet, keine Kinder, bezieht ein Monatsgehalt von 2.841,00 €. Er hat einen Bausparvertrag abgeschlossen.

Laut Tarifvertrag erhält er vom Arbeitgeber zusätzlich zu seinem Gehalt 19,00 € vermögenswirksame Leistung, die einschließlich seiner eigenen Sparleistung von 20,00 € auf sein Konto bei der Bausparkasse überwiesen werden.

Gehaltsabrechnung	
Tarifgehalt	2.841,00 €
+ vermögenswirksame Leistung des Arbeitgebers	19,00 €
steuer- und soz.-vers.-pflichtige Bruttobezüge . . .	**2.860,00 €**
− Lohn- und Kirchensteuer sowie SolZ	363,15 €
− Sozialversicherungsanteil (12,9 % KV; G/P/L/M)	577,95 €
	1.918,90 €
− vermögenswirksame Sparleistung insgesamt	39,00 €
Nettogehalt (= Auszahlung)	**1.879,90 €**
Arbeitgeberanteil zur Sozialversicherung	577,95 €

Buchungen	Soll	Haben
❶ **6300 Gehälter**	2.841,00	
6600 Sonstige Personalaufwend. . . .	19,00	
an **4830 FB-Verbindlichkeiten**		363,15
an **4840 SV-Verbindlichkeiten**		577,95
an **4860 Verbindlichkeiten aus VL**		39,00
an **2800 Bank**		1.879,90
❷ **6400 Arbeitgeberanteil zur Soz.-Vers.**	577,95	
an **4840 SV-Verbindlichkeiten**		577,95

❸ **Überweisung der Steuern, Sozial-abgaben und der Sparleistung**	Soll	Haben
4830 FB-Verbindlichkeiten	363,15	
4840 SV-Verbindlichkeiten	1.155,90	
4860 Verbindlichkeiten aus VL	39,00	
an **2800 Bank**		1.558,05

Zusammenfassung

▶ Die Vermögensbildung vieler Arbeitnehmer wird durch hohe **staatliche Sparzulagen** gefördert, wenn sie Geldleistungen sieben Jahre vermögenswirksam anlegen.

▶ Die vermögenswirksame Leistung des Arbeitgebers erhöht das **Bruttoentgelt** des Arbeitnehmers und ist somit steuer- und sozialversicherungspflichtig.

▶ Die gesamte Sparleistung wird vom Gehalt (Lohn) einbehalten und der **Vermögensanlage** des Arbeitnehmers zugeführt.

Aufgaben

232   Das Gehalt eines Angestellten, verheiratet, 1 Kind, beträgt 2.150,00 €. Für einen Bausparvertrag spart er selbst monatlich 39,00 €, während sein Arbeitgeber ihm 30,00 € zum Aktiensparen gewährt. Somit werden 69,00 € an die Anlageinstitute überwiesen. Seine Abzüge für LSt/KiSt betragen 144,44 € und für Sozialversicherung 454,94 €. *Erstellen Sie die Gehaltsabrechnung und buchen Sie.*

233   Das Gehalt einer Angestellten, ledig, beträgt 1.960,00 €. Lt. Arbeitsvertrag erhält sie von ihrem Arbeitgeber zusätzlich zu ihrem Gehalt 39,00 € vermögenswirksame Leistung, die zum Erwerb von Anteilen an einem Aktienfonds überwiesen werden. LSt/SolZ/KiSt 368,32 €, Arbeitnehmeranteil zur Sozialversicherung 409,66 €. *Erstellen Sie die Gehaltsbrechnung und buchen Sie.*

(4) Sachanlagenbereich

4.1 Anlagenbuchhaltung (Anlagenkartei)

Zum Anlagevermögen eines Unternehmens zählen alle Vermögensgegenstände, die nach § 247 (2) HGB dazu bestimmt sind, dem Geschäftsbetrieb **dauernd** bzw. langfristig zu dienen. Es gliedert sich nach § 266 (2) HGB in **drei Hauptgruppen**[1]:

Immaterielle Vermögensgegenstände	Sachanlagen	Finanzanlagen
○ Konzessionen ○ Lizenzen ○ gekaufter Geschäfts- oder Firmenwert	○ Grundstücke und Bauten ○ Technische Anlagen und Maschinen ○ Andere Anlagen/Betriebs- und Geschäftsausstattung	○ Beteiligungen ○ Wertpapiere des Anlagevermögens ○ sonstige Ausleihungen

Zweck der Anlagenbuchhaltung. Die **Anlagekonten des Hauptbuches** werden **als Sammelkonten geführt.** Sie enthalten z. B. die **Anlagegruppen:** Grundstücke, Gebäude, Technische Anlagen und Maschinen, Fuhrpark, Betriebs- und Geschäftsausstattung u. a. Diese **Anlagegruppen setzen sich aus zahlreichen Einzelgegenständen und -werten zusammen.** Um bei der Vielfalt der Anlagegegenstände die **Abschreibungen** im Rahmen der Inventur zum Bilanzstichtag richtig ermitteln zu können, ist eine **Anlagenbuchführung als Nebenbuchhaltung** erforderlich.

Anlagenkarte. Für jeden einzelnen Anlagegegenstand ist daher eine besondere Anlagenkarte zu führen, die auf der Vorderseite alle wichtigen Daten (vgl. Muster) ausweist. Die Rückseite enthält meist technische Angaben über den Anlagegegenstand.

Anlagenkartei. Alle Anlagenkarten bilden zusammen die Anlagenkartei, in der sie nach den Sachkonten der Klasse 0 entsprechend geordnet sind.

Muster einer Anlagenkarteikarte

Inventar-Nr.: 418	Bezeichnung der Anlage: Verpackungsautomat			Baujahr: ..	
Anlagen-Kto.: 0700	Kostenstelle: Vertrieb			Anschaffungsdatum: ..-01-08	
Lieferant: Schneider GmbH, München				Bestellnummer: 3 648 Garantie: 2 Jahre	
Voraussichtl. Nutzungsdauer: 10 Jahre			Voraussichtlicher Schrottwert: –		
Anschaffungskosten: 98.000,00 €			Versicherungswert: 100.000,00 €		
Jahr	Abschreibungen (degressiv)			Reparaturen		
	%satz	Betrag	Buchwert	Tag	Art	€
..-12-31	30 %	29.400,00	68.600,00			

---

1 Siehe auch **Bilanz gemäß § 266 HGB** auf **Seite 271** sowie **im Anhang** des Lehrbuches.

4.2 Anschaffung von Anlagegegenständen

Gegenstände des Anlagevermögens sind zum Zeitpunkt des Erwerbs mit ihren **Anschaffungskosten** auf dem entsprechenden Anlagekonto zu **aktivieren.** Nach § 255 (1) HGB setzen sie sich zusammen aus:

> Anschaffungspreis
> + Anschaffungsnebenkosten
> – Anschaffungskostenminderungen
> Anschaffungskosten

Der **Anschaffungspreis** ist der **Nettowert** des Anlagegutes. Die Vorsteuer zählt nicht zu den Anschaffungskosten, weil sie von der Umsatzsteuer abgesetzt wird.

Anschaffungsnebenkosten sind alle Ausgaben und Aufwendungen, die neben dem Kaufpreis des Anlagegutes **sofort oder nachträglich anfallen, um das Anlagegut zu erwerben und in einen betriebsbereiten Zustand zu versetzen,** wie z. B.

▸ **Kosten** der Überführung und Zulassung **beim Kauf eines Kraftfahrzeugs;** Transport-, Fundamentierungs- und Montagekosten **bei Maschinen** u. a.

▸ **Kosten** der Vermittlung und Beurkundung sowie die Grunderwerbsteuer als auch Vermessungskosten **beim Erwerb von Grundstücken und Gebäuden.**

Handels- und Steuerrecht schreiben die **Aktivierung der Nebenkosten** vor, um sie **über** die **Abschreibungen** als Aufwand **auf** die gesamte **Nutzungsdauer** des Anlagegutes zu **verteilen. Die Erfolgsrechnungen** der einzelnen Nutzungsjahre werden somit **gleichmäßig belastet,** Gewinnverschiebungen treten nicht ein (siehe auch S. 247).

Anschaffungskostenminderungen sind alle **Preisnachlässe,** die beim Erwerb des Anlagegutes **sofort oder nachträglich** gewährt werden, wie **Rabatte, Boni** und **Skonti.**

Beispiel ❶ Kauf eines Verpackungsautomaten auf Ziel zum Nettopreis von 94.000,00 € zuzüglich Transport- und Montagekosten in Höhe von netto 6.000,00 €. Die Umsatzsteuer beträgt lt. Rechnungen 16.000,00 €.

❷ Rechnungsausgleich mit 2 % Skontoabzug durch Banküberweisung.

Ermittlung der Anschaffungskosten des Verpackungsautomaten:

Anschaffungspreis	94.000,00 €
+ Anschaffungsnebenkosten	6.000,00 €
	100.000,00 €
– Anschaffungskostenminderung: 2 % Skonto	2.000,00 €
= aktivierungspflichtige Anschaffungskosten	98.000,00 €

❶ Buchung bei Anschaffung des Verpackungsautomaten lt. Eingangsrechnung	Soll	Haben
0700 Technische Anlagen und Maschinen	100.000,00	
2600 Vorsteuer	16.000,00	
an 4400 Verbindlichkeiten a. LL	116.000,00	

❷ Buchung beim Rechnungsausgleich	Soll	Haben
4400 Verbindlichkeiten a. LL	116.000,00	
an 0700 TA u. Maschinen (Nettoskonto)		2.000,00
an 2600 Vorsteuer (Steuerberichtigung)		320,00
an 2800 Bank		113.680,00

Beachten Sie: Beim Erwerb von Anlagegütern ist der **Nettoskonto** auf der Habenseite des entsprechenden Anlagekontos **als Minderung der Anschaffungskosten zu buchen.**

S	0700 TA und Maschinen	H		S	4400 Verbindlichkeiten a. LL	H
❶ 100.000,00	❷	2.000,00		❷ 116.000,00	❶	116.000,00

S	2600 Vorsteuer	H		S	2800 Bank	H
❶ 16.000,00	❷	320,00			❷	113.680,00

Bemessungsgrundlage für die Abschreibungen (Absetzung für Abnutzung: AfA) bilden die aktivierungspflichtigen **Anschaffungskosten** des Anlagegutes.

Zusammenfassung

▶ Die **Anlagenkartei** erläutert und ergänzt als Nebenbuchhaltung die einzelnen Anlagekonten des Hauptbuches. Sie lässt sich auch mithilfe der EDV führen.

▶ Anlagegüter sind bei Erwerb mit den **Anschaffungskosten** zu bewerten.

▶ **Finanzierungskosten** gehören nicht zu den Anschaffungskosten.

▶ **Nachlässe** mindern die Anschaffungskosten des Anlagegutes und sind deshalb unmittelbar auf dem entsprechenden Anlagekonto zu buchen.

▶ Die Anschaffungskosten bilden die **Bemessungsgrundlage** für die AfA.

Aufgaben

234 Kauf einer Sortieranlage zum Nettopreis von 50.000,00 € + USt; Transportkosten 2.500,00 € + USt; Montagekosten 4.500,00 € + USt.
1. *Ermitteln Sie die Anschaffungskosten des Anlagegutes.*
2. *Buchen Sie die vorstehenden Eingangsrechnungen auf Konten.*

235 Auf den Nettopreis der Sortieranlage (Aufgabe 234) erhalten wir nachträglich wegen eines versteckten Mangels einen Nachlass von 10 %.
1. *Ermitteln Sie die aktivierungspflichtigen Anschaffungskosten.*
2. *Buchen Sie den Preisnachlass und die Zahlungen (Banküberweisung).*

236 Die „Fahrzeughandelsgesellschaft mbH" stellt uns für den Kauf eines Lastwagens in Rechnung (ER 1412): Nettopreis 84.650,00 €, Spezialaufbau 9.500,00 €, Sonderlackierung mit Werbeaufschrift 3.100,00 €, Anhängerkupplung 1.400,00 €, Überführungskosten 1.200,00 €, Zulassungskosten 150,00 €, zuzüglich USt vom Gesamtbetrag. Die Kraftfahrzeugsteuer über 400,00 € und die Haftpflichtversicherung mit 1.200,00 € werden von uns durch Banküberweisung bezahlt. Die erste Tankfüllung wird bar bezahlt: 200,00 € netto + USt.
1. *Begründen Sie, welche Anschaffungsnebenkosten zu aktivieren sind.*
2. *Ermitteln Sie die Anschaffungskosten des Lastwagens.*
3. *Buchen Sie die Geschäftsfälle auf den entsprechenden Konten.*

237 Beim Kauf eines Betriebsgrundstückes zum Preis von 250.000,00 € fallen weitere Kosten an: 3,5 % Grunderwerbsteuer vom Kaufpreis, Vermessungskosten 3.800,00 € + USt, Maklergebühr 10.000,00 € + USt, Notariatskosten 2.600,00 € + USt, Kosten für die Eintragung in das Grundbuch des zuständigen Amtsgerichts 450,00 €. Für ein Entwässerungsgutachten wurden in Rechnung gestellt 1.500,00 € + USt. Für den Anschluss an den städtischen Kanal schickt uns die Tiefbaufirma eine Rechnung über 8.000,00 € + USt. Für das laufende Quartal werden für das Grundstück an die Gemeinde überwiesen: Grundsteuer 750,00 €, Kanalbenutzungsgebühren 480,00 €.
1. *Entscheiden Sie, welche Kosten aktivierungspflichtige Anschaffungsnebenkosten sind.*
2. *Ermitteln Sie die Anschaffungskosten des Grundstücks und buchen Sie entsprechend.*

4.3 Abschreibungen auf Sachanlagen

4.3.1 Planmäßige und außerplanmäßige Abschreibungen

Abschreibungen erfassen Wertminderungen der Sachanlagen, die durch

- ▶ Nutzung,
- ▶ technischen Fortschritt,
- ▶ wirtschaftliche Überholung und
- ▶ außergewöhnliche Ereignisse

verursacht werden.

Abschreibungen sind Aufwendungen, die den **Gewinn und die gewinnabhängigen Steuern mindern,** wie z. B. die Einkommen-, Körperschaft- und Gewerbesteuer.

Bei der Abschreibung von Sachanlagen muss man zunächst unterscheiden zwischen

- ▶ **abnutzbaren** Sachanlagen (z. B. Gebäude) und
- ▶ **nicht abnutzbaren** Sachanlagen (z. B. Grundstücke).

Im ersten Fall ist die **Nutzung zeitlich begrenzt,** im zweiten nicht begrenzt. Deshalb unterscheidet man auch zwischen

- ▶ **planmäßiger** und
- ▶ **außerplanmäßiger Abschreibung.**

Planmäßige Abschreibung (AfA). Abnutzbare Sachanlagen sind nach § 253 (2) HGB planmäßig, d. h. **nach ihrer betriebsgewöhnlichen Nutzungsdauer, abzuschreiben.** Die Anschaffungs- oder Herstellungskosten werden je nach **Abschreibungsmethode**

- ▶ **linear,**
- ▶ **degressiv** oder
- ▶ **nach Leistungseinheiten**

auf die Nutzungsjahre verteilt. Die planmäßige Abschreibung, die der **steuerlichen AfA** (**A**bsetzung **f**ür **A**bnutzung) entspricht, wird gebucht auf dem Konto

6520 Abschreibungen auf Sachanlagen.

Die Anlagenkarte (vgl. S. 211) bildet den „Plan" und **weist alle wichtigen Daten des abnutzbaren Anlagegegenstandes aus:** Anschaffungskosten, Herstellungskosten (z. B. bei Gebäuden), Zeitpunkt der Anschaffung oder Herstellung, Nutzungsdauer, Abschreibungsmethode, AfA-Satz in %, Restbuchwert je Nutzungsjahr u. a. Grundlage für die Ermittlung der Nutzungsdauer sind die **AfA-Tabellen** der Finanzverwaltung (vgl. S. 83).

Beginn der planmäßigen Abschreibung. Bei abnutzbaren Sachanlagen beginnt die AfA grundsätzlich **im Monat der Anschaffung oder Herstellung (= zeitanteilige AfA). Für bewegliche abnutzbare Sachanlagen** besteht jedoch folgende steuerliche **Vereinfachungsregel:** Für die in der **ersten Hälfte** des Jahres angeschafften oder hergestellten **beweglichen Sachanlagen** gilt der **vollen Jahres-AfA-Satz,** in der **zweiten** die **halbe Jahres-AfA.**

Außerplanmäßige Abschreibungen müssen **bei abnutzbaren Sachanlagen** im Falle einer **außergewöhnlichen und dauernden Wertminderung** neben der **planmäßigen Abschreibung** vorgenommen werden. Bei einem Brandschaden muss beispielsweise nach § 253 (2) HGB eine **zusätzliche** außerplanmäßige Abschreibung erfolgen. **Nicht abnutzbare Anlagegegenstände** unterliegen keiner zeitlichen Nutzungsbegrenzung und können deshalb auch **nur außerplanmäßig** abgeschrieben werden, wenn eine Wertminderung eintritt. Außerplanmäßige Abschreibungen werden auf dem Konto **„6550 Außerplanmäßige Abschreibungen auf Sachanlagen"** erfasst.

Zusammenfassung

- ▶ **Abnutzbare Sachanlagen** werden **planmäßig** nach ihrer Nutzungsdauer abgeschrieben. Daneben müssen **außerplanmäßige Abschreibungen** für außergewöhnliche und dauernde Wertminderungen vorgenommen werden.
- ▶ **Nicht abnutzbare Anlagen** können **nur außerplanmäßig** abgeschrieben werden.

6470214

4.3.2   Methoden der planmäßigen Abschreibung

Die Berechnung der planmäßigen Abschreibung erfolgt nach folgenden **Methoden:**

▶ **linear,**   ▶ **degressiv,**   ▶ **nach Leistungseinheiten.**

4.3.2.1   Lineare (gleich bleibende) Abschreibung

Die **Abschreibung** erfolgt stets in einem **gleich bleibenden Prozentsatz von den Anschaffungs- oder Herstellungskosten** des Anlagegegenstandes. Die **Anschaffungskosten** (Herstellungskosten) werden somit „planmäßig" **in gleichen Beträgen auf** die **Nutzungsjahre verteilt.** Deshalb ist der Anlagegegenstand bei linearer Abschreibung am Ende der Nutzungsdauer **voll** abgeschrieben. Bei linearer Abschreibung wird also eine gleichmäßige Nutzung und Wertminderung des Anlagegegenstandes unterstellt.

Beispiel   Betragen die Anschaffungskosten einer Transporteinrichtung 50.000,00 € und die Nutzungsdauer 10 Jahre, so ist der jährliche Abschreibungsbetrag 5.000,00 € und der AfA-Satz 10 %:

$$\text{AfA-Betrag} = \frac{\text{Anschaffungskosten}}{\text{Nutzungsdauer}} \quad \Big| \quad \text{AfA-Satz \%} = \frac{100\ \%}{\text{Nutzungsdauer}}$$

Steuerrechtlich ist die lineare Abschreibung **bei allen beweglichen und unbeweglichen abnutzbaren Anlagegegenständen erlaubt.** Daneben dürfen außerplanmäßige Abschreibungen für dauernde Wertminderungen vorgenommen werden.

4.3.2.2   Degressive Abschreibung (Buchwert-AfA)

Die Abschreibung wird nur im ersten Jahr von den Anschaffungskosten des Anlagegegenstandes berechnet, in den folgenden Jahren dagegen mit einem gleich bleibenden **Prozentsatz vom jeweiligen Restbuchwert** (daher: Buchwert-AfA). Da der Buchwert von Jahr zu Jahr kleiner wird, ergeben sich **fallende Abschreibungsbeträge.** Am Ende der Nutzungsdauer bleibt ein **Restwert.** Diese Buchwertabschreibung nennt man auch geometrisch-degressive Abschreibung.

Der degressive AfA-Satz muss höher sein als bei linearer Abschreibung, um nach Ablauf der Nutzungsdauer einen **möglichst niedrigen Restwert** zu erzielen. Dieser Restwert ist im letzten Nutzungsjahr mit der laufenden Jahres-AfA abzuschreiben.

Steuerrechtlich ist die degressive AfA **nur bei beweglichen** abnutzbaren Anlagegegenständen möglich. Der AfA-Satz bei degressiver Abschreibung darf das **Dreifache des linearen AfA-Satzes** betragen, wobei aber **30 % nicht überschritten** werden dürfen (§ 7 [2] EStG).[1]

Vorteile der Buchwert-AfA. Die degressive Abschreibung führt **in den ersten Jahren** der Nutzung des Anlagegegenstandes zu **wesentlich höheren Abschreibungsbeträgen** als die lineare Abschreibung (vgl. nachfolgende Tabelle). **Außergewöhnliche Wertminderungen,** bedingt durch wirtschaftliche und technische Entwicklungen, **werden** somit **stärker berücksichtigt.** Der höhere Abschreibungsaufwand bewirkt zudem eine **stärkere Minderung des steuerpflichtigen Gewinns.** Die geringeren Steuerzahlungen **erhöhen** zugleich die **Liquidität** des Unternehmens. Die degressive Abschreibungsmethode wird daher in der Praxis bevorzugt.

---

1   Für Wirtschaftsgüter, die nach dem 31. Dezember 2000 angeschafft werden, gilt die Begrenzung auf das **Doppelte des linearen AfA-Satzes,** höchstens **20 %.**

Der Wechsel von der degressiven zur linearen AfA ist steuerrechtlich **erlaubt,** jedoch **nicht umgekehrt** (§ 7 [3] EStG). Er ist aus folgenden Gründen zu **empfehlen:**

▶ Der Anlagegegenstand ist am Ende der Nutzungsdauer **voll** abgeschrieben (**kein Restwert**).

▶ Der **lineare Abschreibungsbetrag** ist vom Zeitpunkt des Wechsels an **höher** als bei degressiver Abschreibung (**Steuerspareffekt**).

Der günstigste Zeitpunkt des Wechsels ist gegeben, wenn der **AfA-Betrag bei linearer Abschreibung größer** ist **als bei** fortgeführter **degressiver AfA.** Das ist z. B. bei Anlagegegenständen mit einer Nutzungsdauer von 10 Jahren im 8. Jahr der Fall. Der Restbuchwert wird dann **in gleichen Beträgen** auf die verbleibenden Jahre verteilt:

$$\text{Abschreibungsbetrag} = \frac{\textbf{Restbuchwert zum Zeitpunkt des Wechsels}}{\textbf{Restnutzungsjahre}}$$

Beispiel Anschaffungskosten einer Transporteinrichtung 50.000,00 €, Nutzungsdauer nach AfA- Tabelle 10 Jahre. Das Anlagegut kann somit **linear mit 10 %, degressiv mit** dem steuerlichen Höchstsatz von **30 %** abgeschrieben werden.[1]

Die nachstehende Übersicht macht Folgendes deutlich:

1. Die **lineare AfA** erreicht nach Ablauf der zehnjährigen Nutzungsdauer den **Nullwert.** Die **degressive** Buchwert-AfA endet dagegen mit einem **Restwert** von 1.412,00 €.
2. Deshalb empfiehlt sich **im 8. Nutzungsjahr der Übergang** von der degressiven zur linearen AfA:

Degressiver AfA-Betrag = 30 % von 4.117,00 € Buchwert   = **1.235,00 €**
Linearer AfA-Betrag   = 4.117,00 € Buchwert : 3 (Restjahre) = **1.372,00 €**

Die lineare Rest-AfA ist im 8. Jahr größer als die degressive AfA vom Buchwert. Im 7. Jahr wäre das noch nicht der Fall:

Degressiver AfA-Betrag = 30 % von 5.882,00 € Buchwert   = **1.765,00 €**
Linearer AfA-Betrag   = 5.882,00 € Buchwert : 4 (Restjahre) = **1.470,50 €**

Ermittlung des Buchwertes	Lineare AfA 10 %	Degressive AfA 30 %	Übergang degressiv ➔ linear
Anschaffungskosten AfA: 1. Jahr	50.000,00 5.000,00	50.000,00 15.000,00	**Berechnung:**
Buchwert AfA: 2. Jahr	45.000,00 5.000,00	35.000,00 10.500,00	$i = n - \dfrac{100}{p} + 1$
Buchwert AfA: 3. Jahr	40.000,00 5.000,00	24.500,00 7.350,00	i = Übergangsjahr n = Nutzungsdauer
Buchwert AfA: 4. Jahr	35.000,00 5.000,00	17.150,00 5.145,00	p = AfA-Satz
Buchwert AfA: 5. Jahr	30.000,00 5.000,00	12.005,00 3.602,00	$i = 10 - \dfrac{100}{30} + 1$
Buchwert AfA: 6. Jahr	25.000,00 5.000,00	8.403,00 2.521,00	$i = 7\,^2/_3$ aufgerundet:
Buchwert AfA: 7. Jahr	20.000,00 5.000,00	5.882,00 1.765,00	i = **8**
Buchwert AfA: 8. Jahr	15.000,00 5.000,00	4.117,00 **1.235,00**	**Lineare AfA** 4.117,00 **1.372,00**
Buchwert AfA: 9. Jahr	10.000,00 5.000,00	2.882,00 865,00	2.745,00 **1.372,00**
Buchwert AfA: 10. Jahr	5.000,00 5.000,00	2.017,00 605,00	1.373,00 **1.373,00**
Buchwert	**0,00**	**1.412,00**	**0,00**

1 Beachten Sie die Änderung im Steuerrecht (Höchstsatz 20 %) ab 1. Januar 2001. Verdeutlichen Sie sich die Konsequenzen anhand des obigen Beispiels.

6470216

4.3.2.3 Abschreibung nach Leistungseinheiten (Leistungs-AfA)

Die Abschreibung kann bei **Anlagegegenständen, deren Leistung** in der Regel **erheblich schwankt** und deren Verschleiß dementsprechend wesentliche Unterschiede aufweist, auch **nach Maßgabe der Inanspruchnahme oder Leistung** (km, Stunden u. a.) vorgenommen werden. Diese **steuerrechtlich zulässige AfA-Methode** kommt der technischen Abnutzung am nächsten.

Beispiel Betragen die Anschaffungskosten eines LKWs 80.000,00 € und die voraussichtliche Gesamtleistung 200 000 km, so ergibt sich daraus ein Abschreibungsbetrag je Leistungseinheit (km) von: 80.000 : 200 000 = **0,40 €/km**.

Den Jahresabschreibungsbetrag erhält man, indem man die jährliche **Fahrtleistung, nachzuweisen durch Fahrtenbuch,** mit dem AfA-Betrag von 0,40 € je km multipliziert:

1. Jahr: 40 000 km · 0,40 € = **16.000,00 € AfA**   **3. Jahr:** 35 000 km · 0,40 € = **14.000,00 € AfA**
2. Jahr: 60 000 km · 0,40 € = **24.000,00 € AfA**   **4. Jahr:** 65 000 km · 0,40 € = **26.000,00 € AfA**

4.3.3 Geringwertige Wirtschaftsgüter (GWG)

Wahlrecht. Nach § 6 (2) EStG kann man bei **beweglichen** Anlagegegenständen mit **Anschaffungskosten bis 800,00 DM/409,00 €** zwischen der

▶ **Vollabschreibung im Jahr der Anschaffung** und der
▶ **Abschreibung nach der Nutzungsdauer**

wählen. Diese „**Geringwertigen Wirtschaftsgüter**" (GWG) müssen jedoch auch **selbstständig nutzbar** und **bewertbar** sowie **abnutzbar** sein. Einbauteile oder Bestandteile eines Aggregates sind somit keine geringwertigen Wirtschaftsgüter im steuerlichen Sinne, wie z. B. die Eingabetastatur einer EDV-Anlage.

Buchhalterische Behandlung. Geringwertige Wirtschaftsgüter werden zum Zeitpunkt ihrer Anschaffung zunächst auf einem besonderen Anlagekonto

0890 Geringwertige Wirtschaftsgüter

erfasst. **Beim Jahresabschluss muss man sich dann für eine der beiden Abschreibungsmöglichkeiten entscheiden.** Das hängt natürlich in erster Linie von der Gewinnsituation **(Steuerspareffekt!)** des Unternehmens ab.

Beispiel Kauf eines Schreibtisches gegen Bankscheck: 300,00 € + 48,00 € USt.

❶ Buchung bei Anschaffung	Soll	Haben
0890 Geringw. Wirtschaftsgüter	300,00	
2600 Vorsteuer	48,00	
an 2800 Bank		348,00

❷ Buchung zum Jahresabschluss (Vollabschreibung)	Soll	Haben
6540 Abschreibungen auf GWG	300,00	
an 0890 Geringw. Wirtschaftsgüter .		300,00

Beachten Sie: Geringwertige Wirtschaftsgüter mit Anschaffungskosten **bis 100,00 DM/51,00 €** können zum Zeitpunkt des Erwerbs **sofort als Aufwand** gebucht werden.

Zusammenfassung

▶ Bei Anwendung der **Leistungs-AfA** ist die jährliche Leistung nachzuweisen.
▶ **Geringwertige Wirtschaftsgüter** sind auf dem Sonderkonto „0890 GWG" zu erfassen. Steuerrechtlich bestehen zwei Abschreibungsmöglichkeiten (Wahlrecht).

Aufgaben

238   Anschaffungskosten einer Maschine 220.000,00 €. Nutzungsdauer 10 Jahre.
1. *Stellen Sie in einer tabellarischen Übersicht a) die lineare Abschreibung, b) die degressive Abschreibung mit dem steuerrechtlich zulässigen Höchstsatz vergleichend gegenüber. (Die Anschaffung erfolgt im Jahr 2000.)*
2. *Nennen Sie die Vorteile a) der linearen und b) der degressiven AfA.*

239   Die Abschreibungsmethoden der Aufgabe 238 sind als Abschreibungskurven in einem Koordinatenkreuz (Abszisse: Nutzungsjahre; Ordinate: AfA-Beträge) darzustellen. *Erläutern Sie den Verlauf der Abschreibungskurven.*

240   Die Anschaffungskosten eines LKWs betragen 125.000,00 €. Die Gesamtleistung wird auf 200 000 km geschätzt.
1. *Nennen Sie die Voraussetzung für die steuerliche Anerkennung der Abschreibung nach Leistungseinheiten (Leistungs-AfA) und ermitteln Sie die AfA für: 1. Nutzungsjahr: 48 000 km, 2. Jahr: 84 000 km, 3. Jahr: 62 000 km, 4. Jahr: 56 000 km.*
2. *Stellen Sie den Verlauf der Leistungs-AfA grafisch (in einem Koordinatenkreuz) dar.*
3. *Was spricht betriebswirtschaftlich für und gegen eine AfA nach Maßgabe der Leistung?*

241   Ein LKW wurde am 1. Mai für 120.000,00 € angeschafft. Er hat eine Nutzungsdauer von 5 Jahren und wird linear abgeschrieben.
1. *Ermitteln Sie a) die zeitanteilige AfA und b) die AfA nach der Vereinfachungsregel.*
2. *Wie hoch sind jeweils die fortgeführten Anschaffungskosten?*

242   Eine Maschine mit einer Nutzungsdauer von 5 Jahren, die linear abgeschrieben wurde, hatte zum 31. Dezember des 2. Nutzungsjahres noch einen Restbuchwert (fortgeführte Anschaffungskosten) von 60.000,00 €. Zum Jahresende wird gleichzeitig bekannt, dass in den nächsten Monaten ein verbessertes Nachfolgemodell zu einem wesentlich günstigeren Preis angeboten wird. Dadurch sinkt der Wert der Maschine auf 45.000,00 € zum 31. Dezember.
1. *Wie hoch waren die Anschaffungskosten und die bisherige AfA?*
2. *Was empfehlen Sie dem Unternehmen?*
3. *Ermitteln Sie für die Restnutzungsdauer die AfA je Jahr.*

243   Eine Maschine mit Anschaffungskosten von 150.000,00 € und einer Nutzungsdauer von 8 Jahren soll unter Beachtung der steuerlichen Höchstgrenzen abgeschrieben werden. (Die Anschaffung erfolgt im Frühjahr 2001.)
1. *Welche Abschreibungsmethode empfehlen Sie dem Unternehmen?*
2. *Erstellen Sie den Abschreibungsplan für die Nutzungsdauer der Maschine.*
3. *Ist ein Wechsel von einer AfA-Methode zu einer anderen steuerrechtlich möglich?*
4. *Welche Gründe sprechen für einen Wechsel der AfA-Methode?*
5. *In welchem Jahr sollte Ihrer Meinung nach gewechselt werden?*
6. *Führen Sie den Wechsel in den Abschreibungsmethoden rechnerisch durch.*

244   Kauf eines Schreibtisches gegen Bankscheck am 15. Februar: 380,00 € + USt. *Buchen Sie 1. am 15. Februar und 2. zum 31. Dezember (Wahlrecht!).*

245   Barkauf einer Heftmaschine am 18. Juni: 49,00 € + USt. *Buchen Sie.*

246   Kauf einer Hängeregistratur am 20. Mai: 370,00 € netto + 45,00 € Versandspesen + 66,40 € Umsatzsteuer. Der Rechnungsbetrag wird abzüglich 2 % Skonto durch die Bank überwiesen. *Ermitteln Sie 1. die Anschaffungskosten und 2. buchen Sie a) die Anschaffung, b) den Rechnungsausgleich, c) zum 31. Dezember die AfA (Wahlrecht!).*

247 *Ordnen Sie die folgenden Aussagen der linearen und der degressiven AfA zu:*
1. Der Höchstsatz der AfA ist 30 % (ab 2001 nur noch 20 %).
2. Die AfA wird jedes Jahr von den Anschaffungskosten berechnet.
3. Am Ende der Nutzungsdauer ergibt sich stets ein Restwert.
4. Der Nullwert wird am Ende der Nutzungsdauer stets erreicht.
5. Die Abschreibung wird stets vom verminderten Buchwert berechnet.
6. Der Abschreibungsbetrag ist in jedem Nutzungsjahr gleich.
7. Es handelt sich um fallende Abschreibungsbeträge.
8. Die Abschreibungsmethode berücksichtigt insbesondere in den ersten Nutzungsjahren die Wertminderungen durch den technischen Fortschritt.

248 Die Anschaffungskosten eines Lastkraftwagens der Papiergroßhandlung Katja Kern e. K. betragen 140.000,00 €. Die Gesamtleistung wird auf 250 000 km geschätzt. Die betriebsgewöhnliche Nutzungsdauer beträgt fünf Jahre.
1. *Worin sehen Sie den Vorteil einer Abschreibung nach Leistungseinheiten?*
2. *Ermitteln Sie die jährlichen AfA-Beträge bei linearer Abschreibung.*
3. *Berechnen Sie die Abschreibung nach der Leistung:* 1. Jahr: 70 000 km, 2. Jahr: 45 000 km, 3. Jahr: 75 000 km, 4. Jahr: 25 000 km, 5. Jahr: 35 000 km.
4. *Stellen Sie den Verlauf der linearen und der Leistungs-AfA grafisch dar.*

249 Ein Grundstück wurde vor fünf Jahren für 200.000,00 € erworben. Aufgrund eines Gutachtens wurde festgestellt, dass das Grundstück mit Schadstoffen belastet ist und deshalb nur noch einen Verkehrswert von 120.000,00 € hat.
1. *Mit welchem Wert ist das Grundstück zum 31. Dezember zu bewerten?*
2. *Nennen Sie die Buchung zum 31. Dezember.*

250 Matthias Hein e. Kfm. erwirbt einen Schreibtischsessel für 390,00 € + USt.
1. *Begründen Sie, dass es sich hierbei um ein GWG handelt.*
2. *Nennen Sie die Buchung bei Anschaffung des Sessels.*
3. *Wovon machen Sie es abhängig, ob Sie das GWG nach der Nutzungsdauer (10 Jahre) oder im Anschaffungsjahr voll abschreiben?*
4. *Sie entscheiden sich für die Vollabschreibung. Wie lautet der Buchungssatz?*

251 Anschaffung eines Aktenschranks für 375,00 € netto + Umsatzsteuer. Der Spediteur berechnet 32,50 € + Umsatzsteuer. Die Rechnung für den Aktenschrank wird unter Abzug von 2 % Skonto durch die Bank beglichen.
1. *Ermitteln Sie die Anschaffungskosten des Anlagegutes.*
2. *Nennen Sie die Buchungen bei Anschaffung des Anlagegutes.*
3. *Begründen Sie Ihre Abschreibungsentscheidung zum 31. Dezember.*
4. *Wie lautet die Buchung zum 31. Dezember?*

252 Barkauf eines elektronischen Notizbuches für 50,00 € + Umsatzsteuer.
Begründen Sie Ihre Buchung.

253 *Welche Antwort ist a) falsch oder b) richtig?*
1. Ein Übergang von der linearen zur degressiven Abschreibung ist erlaubt.
2. Am Ende der Nutzungsdauer fällt die degressive AfA auf Null.
3. Abschreibungen vermindern als Aufwand den steuerpflichtigen Gewinn.
4. Die degressive AfA ist nur bei beweglichen Anlagegütern erlaubt.
5. Skonti mindern nicht die Anschaffungskosten.
6. Die Vorsteuer zählt zu den Anschaffungskosten eines Anlagegutes.
7. Die Abschreibungen werden als Kosten in die Verkaufspreise einkalkuliert.
8. Aus Abschreibungserlösen lassen sich keine Neuinvestitionen finanzieren.
9. Eine EDV-Tastatur im Anschaffungswert von 125,00 € ist ein GWG.
10. GWG bis 100,00 DM/51,00 € können sofort als Aufwand gebucht werden.

4.4 Ausscheiden von Anlagegütern

Der Abgang von Anlagegütern durch Verkauf oder Entnahme stellt einen **steuerpflichtigen Umsatz** dar. Grundlage für die Berechnung der Umsatzsteuer ist im Falle des Verkaufs der **Nettoverkaufspreis**, im Falle der Entnahme der **Teilwert (§ 6 [1] EStG)**, der dem **Tageswert** (Wiederbeschaffungswert) entspricht. Verkäufe und Entnahmen von Grundstücken und Gebäuden sind umsatzsteuerfrei, da der Erwerber hierfür bereits eine andere Verkehrsteuer, nämlich Grunderwerbsteuer (3,5 %), zu zahlen hat.

Erfolgsauswirkung. Der Buchwert des ausscheidenden Anlagegutes stimmt nur selten mit dem erzielten Nettoverkaufspreis oder mit dem Tageswert überein. In der Regel sind **Nettoverkaufspreis und Tageswert** entweder **höher oder niedriger als der Buchwert**. Im ersten Fall entsteht für das Unternehmen ein **Ertrag,** der auf dem Konto

5460 Erträge aus Vermögensabgang

auszuweisen ist, im zweiten Fall dagegen ein **Aufwand,** zu erfassen auf dem Konto

6960 Verluste aus Vermögensabgang.

Ermittlung des Buchwertes. Anlagegüter scheiden in der Regel **während des Geschäftsjahres** aus. In diesem Fall ist die **Abschreibung noch zeitanteilig** vorzunehmen, und zwar **bis auf den vollen vorhergehenden Monat.** Nur so sind Buchwert und damit die Erfolgsauswirkung aus dem Anlagenabgang genau zu ermitteln.

Beispiel   Ein Fahrzeug, das zum 1. Januar eines Geschäftsjahres noch einen Buchwert von 24.000,00 € hat und jährlich mit 12.000,00 € linear abgeschrieben wird, soll am 7. August des gleichen Jahres verkauft werden.

Wie hoch ist der Buchwert des Fahrzeugs zum Zeitpunkt des Ausscheidens?

Buchwert des Fahrzeugs zum 1. Januar	24.000,00 €
− Abschreibung für 7 Monate ($^{7}/_{12}$ von 12.000,00 €)	7.000,00 €
Buchwert zum 7. August	**17.000,00 €**

Buchung der zeitanteiligen Abschreibung	Soll	Haben
6520 Abschreibungen auf Sachanlagen . . .	7.000,00	
an 0840 Fuhrpark		7.000,00

S	0840 Fuhrpark		H	S 6520 Abschreibungen auf Sachanlagen H
1. Jan.	24.000,00	6520	7.000,00 ← 0840	7.000,00
		Buchwert	17.000,00	

4.4.1 Verkauf von Anlagegütern

Umsatzsteuer- und EDV-gerechtes Buchen ist gegeben, wenn **umsatzsteuerpflichtige Erlöse sowie die unentgeltliche Entnahme** kontenmäßig **gesondert erfasst** und zugleich durch die EDV-Anlage gespeichert werden. Der Verkauf eines Anlagegutes ist deshalb über das Zwischenkonto

„5440 Erlöse aus Anlagenverkäufen"

zu buchen. Da die **Erlöskonten in der EDV** meist mit der **Programmfunktion „Umsatzsteuerautomatik"** ausgestattet sind, wird die Umsatzsteuer nach Eingabe des Bruttobetrages automatisch errechnet und umgebucht sowie der Nettoerlös dem **Nettoumsatzspeicher** zugeführt. So lassen sich die **steuerpflichtigen Umsätze** schnell **überprüfen** (§ 22 UStG) und die **Umsatzsteuervoranmeldung automatisch** erstellen.

Beispiel Das o. g. Fahrzeug, dessen Buchwert zum Zeitpunkt des Ausscheidens aus dem Betrieb 17.000,00 € beträgt, wird gegen Bankscheck verkauft, und zwar für:

1. netto 17.000,00 € + 2.720,00 € USt = 19.720,00 € → Nettoverkaufspreis = Buchwert

Nettoverkaufspreis	17.000,00 €
− Buchwert	17.000,00 €
Ertrag/Aufwand aus Anlagenverkauf	**0,00 €**

❶ Buchung des Erlöses	Soll	Haben
2800 Bank	19.720,00	
an **5440 Erlöse aus Anlagenverkäufen** ..		17.000,00
an **4800 Umsatzsteuer**		2.720,00

❷ Buchung des Buchwertabganges nach Erstellung der USt-Voranmeldung[1]	Soll	Haben
5440 Erlöse aus Anlagenverkäufen	17.000,00	
an **0840 Fuhrpark**		17.000,00

S	**0840 Fuhrpark**		H
1. Jan.	24.000,00	AfA	7.000,00
		❷	17.000,00

S	**5440 Erlöse aus Anlagenverkäufen**		H
❷	17.000,00	❶	17.000,00

S	**2800 Bank**		H
❶	19.720,00		

S	**4800 Umsatzsteuer**		H
		❶	2.720,00

2. netto 22.000,00 € + 3.520,00 € USt = 25.520,00 € → Nettoverkaufspreis > Buchwert

Nettoverkaufspreis	22.000,00 €
− Buchwert	17.000,00 €
Ertrag aus Anlagenverkauf	**5.000,00 €**

❶ Buchung des Erlöses	Soll	Haben
2800 Bank	25.520,00	
an **5440 Erlöse aus Anlagenverkäufen** ..		22.000,00
an **4800 Umsatzsteuer**		3.520,00

❷ Buchung des Buchwertabganges[1]	Soll	Haben
5440 Erlöse aus Anlagenverkäufen	17.000,00	
an **0840 Fuhrpark**		17.000,00

❸ Buchung des Ertrags aus dem Anlagenverkauf[1]	Soll	Haben
5440 Erlöse aus Anlagenverkäufen	5.000,00	
an **5460 Erträge aus Vermögensabgang**		5.000,00

S	**0840 Fuhrpark**		H
1. Jan.	24.000,00	AfA	7.000,00
		❷	17.000,00

S	**5440 Erlöse aus Anlagenverkäufen**		H
❷	17.000,00	❶	22.000,00
❸	5.000,00		

S	**2800 Bank**		H
❶	25.520,00		

S	**5460 Erträge aus Vermögensabgang**		H
		❸	5.000,00

S	**4800 Umsatzsteuer**		H
		❶	3.520,00

Die Buchungen ❷ und ❸ können auch zusammengefasst werden.

---

1 **In der EDV-Fibu** erfolgt die Buchung des **Buchwertabgangs über das Aufwandskonto „6979 Anlagenabgänge"** (6979 an 0840). Aus der **Gegenüberstellung** der Konten 6979 und 5440 **im GuV-Konto** ergibt sich durch Saldierung der Aufwand oder Ertrag aus Vermögensabgang. Diese Buchungsmethode heißt „**Bruttomethode**". Sie ermöglicht im Gegensatz zur oben dargestellten Nettomethode eine korrekte Umsatzsteuerverprobung.

3. netto 15.000,00 € + 2.400,00 € USt = 17.400,00 € ➝ Nettoverkaufspreis < Buchwert

Nettoverkaufspreis	15.000,00 €
– Buchwert	17.000,00 €
Verlust aus Anlagenverkauf	**2.000,00 €**

❶ Buchung des Erlöses	Soll	Haben
2800 Bank	17.400,00	
an **5440 Erlöse aus Anlagenverkäufen** ..		15.000,00
an **4800 Umsatzsteuer**		2.400,00

❷ Buchung des Buchwertabganges und des Verlustes aus dem Anlagenverkauf	Soll	Haben
5440 Erlöse aus Anlagenverkäufen[1]	15.000,00	
6960 Verluste aus Vermögensabgang	2.000,00	
an **0840 Fuhrpark**		17.000,00

S	0840 Fuhrpark		H
1. Jan.	24.000,00	AfA	7.000,00
		❷	17.000,00

S	5440 Erlöse aus Anlagenverkäufen	H
❷ 15.000,00	❶	15.000,00

S	6960 Verluste aus Vermögensabgang	H
❷ 2.000,00		

S	2800 Bank	H
❶ 17.400,00		

S	4800 Umsatzsteuer	H
	❶	2.400,00

4.4.2 Entnahme von Gegenständen[2]

Eine **Entnahme** liegt vor, wenn ein Unternehmer **Wirtschaftsgüter** (z. B. Waren, Wertpapiere, Grundstücke), aber auch **Leistungen** aus dem betrieblichen in den privaten Bereich überführt. Seit dem 1. April 1999 wird die Entnahme von Wirtschaftsgütern einer **fiktiven entgeltlichen Lieferung** gleichgestellt, die das Unternehmen an den Unternehmer erbracht hat. Die Entnahme ist zum **Tageswert** (Teilwert) anzusetzen und unterliegt der Umsatzsteuer. Die Buchung erfolgt über das **Konto**

5420 Entnahme von Gegenständen und sonstigen Leistungen (kurz: v. G. u. s. L.)

Beispiel Ein betriebseigener PKW (Anschaffung vor dem 1. April 1999) wird privat entnommen. Buchwert 2.000,00 €, Tageswert 3.000,00 €. 16 % USt von 3.000,00 € = 480,00 €.

Entnahme zum Tageswert	3.000,00 €
– Buchwert	2.000,00 €
Ertrag aus Anlagenabgang	**1.000,00 €**

Buchungen	Soll	Haben
❶ **3001 Privatkonto**	3.480,00	
an **5420 Entnahme v. G. u. s. L.**		3.000,00
an **4800 Umsatzsteuer**		480,00
❷ **5420 Entnahme von v. G. u. s. L.**[1]	3.000,00	
an **0840 Fuhrpark**		2.000,00
an **5460 Erträge a. Vermögensabgang**		1.000,00

S	0840 Fuhrpark		H
1. Jan.	2.000,00	❷	2.000,00

S	5420 Entnahme v. G. u. s. L.	H
❷ 3.000,00	❶	3.000,00

S	3001 Privatkonto	H
❶ 3.480,00		

S	5460 Erträge aus Vermögensabgang	H
	❷	1.000,00

S	4800 Umsatzsteuer	H
	❶	480,00

1 siehe Fußnote auf Seite 221
2 siehe auch Seiten 90 f.

6470222

4.4.3 Inzahlungnahme von Anlagegütern

Bei Anschaffung eines neuen Anlagegutes wird oft ein gebrauchtes in Zahlung gegeben. Es ist buchhalterisch klarer, zunächst den **Kauf** des neuen Anlagegegenstandes **als Verbindlichkeit zu buchen.** Die Gutschrift über das in Zahlung gegebene Anlagegut wird dann über das Konto „4400 Verbindlichkeiten a. LL" gebucht. Der Saldo des Kontos „4400 Verbindlichkeiten a. LL" weist den zu zahlenden Restkaufpreis aus.

Beispiel Kauf eines neuen Kleintransporters: 50.000,00 € + USt. Ein gebrauchter PKW, der noch mit 1,00 € zu Buch steht, wird mit 2.000,00 € netto + USt in Zahlung gegeben.

EINGANGSRECHNUNG		
Kleintransporter		50.000,00 €
+ Umsatzsteuer		8.000,00 €
		58.000,00 €
− Gutschrift für PKW, netto	2.000,00 €	
+ Umsatzsteuer	320,00 €	2.320,00 €
Restbetrag		**55.680,00 €**

❶ Buchung der Anschaffung	Soll	Haben
0840 Fuhrpark	50.000,00	
2600 Vorsteuer	8.000,00	
an 4400 Verbindlichkeiten a. LL		58.000,00

❷ Buchung des Rechnungsausgleichs	Soll	Haben
4400 Verbindlichkeiten a. LL	58.000,00	
an 5440 Erlöse aus Anlagenverk. . . .		2.000,00
an 4800 Umsatzsteuer		320,00
an 2800 Bank		55.680,00

❸ Buchung des Buchwertabgangs und des Ertrags[1]	Soll	Haben
5440 Erlöse aus Anlagenverkäufen . . .	2.000,00	
an 0840 Fuhrpark		1,00
an 5460 Erträge aus Vermögensabg.		1.999,00

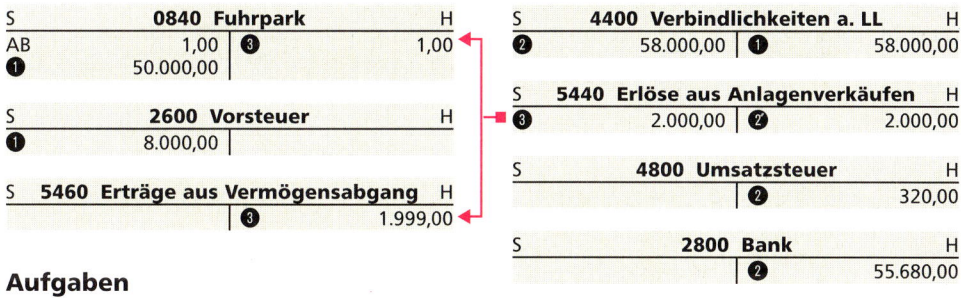

```
S        0840  Fuhrpark        H     S   4400  Verbindlichkeiten a. LL   H
AB          1,00 | ❸      1,00        ❷    58.000,00 | ❶      58.000,00
❶      50.000,00 |
                                      S   5440  Erlöse aus Anlagenverkäufen  H
S        2600  Vorsteuer        H     ❸     2.000,00 | ❷       2.000,00
❶       8.000,00 |
                                      S        4800  Umsatzsteuer        H
S  5460  Erträge aus Vermögensabgang H                | ❷        320,00
              ❸      1.999,00
                                      S        2800  Bank        H
                                                      | ❷      55.680,00
```

Aufgaben

254 Ein LKW, der zum Zeitpunkt des Ausscheidens einen Buchwert von 20.000,00 € hat, wird gegen Bankscheck verkauft für

a) 20.000,00 € + USt,   b) 25.000,00 € + USt,   c) 18.000,00 € + USt.

1. *Ermitteln Sie die Erfolgsauswirkung in den Fällen a), b) und c).*
2. *Wie hoch ist der jeweils gesondert auszuweisende steuerpflichtige Umsatz?*
3. *Nennen Sie die Buchungssätze. Buchen Sie auf den Konten 0840, 2800, 4800, 5440, 5460, 6960.*
4. *Inwiefern ist es vorteilhaft, den umsatzsteuerpflichtigen Erlös gesondert zu erfassen?*

---

1   siehe Fußnote auf S. 221

255 Eine Lagereinrichtung, Anschaffungskosten 300.000,00 €, Nutzungsdauer 10 Jahre, wurde linear abgeschrieben. Sie wird am 8. November des 9. Nutzungsjahres gegen Bankscheck verkauft, und zwar a) zum Buchwert + USt, b) 50 % über Buchwert + USt, c) 20 % unter Buchwert + USt.

1. *Ermitteln Sie die zeitanteilige Abschreibung und den Buchwert der Einrichtung zum Zeitpunkt ihres Ausscheidens aus dem Betriebsvermögen.*
2. *Buchen Sie die zeitanteilige Abschreibung.*
3. *Nennen Sie in den Fällen a), b) und c) jeweils die auszuweisenden steuerpflichtigen Erlöse. Wie lauten die Buchungen zu a), b) und c)?*

256 Eine nicht mehr benötigte Verpackungsmaschine wird am 12. Oktober .. gegen Bankscheck verkauft. Nettopreis 45.000,00 € + Umsatzsteuer.

Der Buchwert der Maschine betrug am 1. Januar des gleichen Jahres 48.000,00 €. Sie wurde linear mit jährlich 10 % = 24.000,00 € abgeschrieben.

1. *Wie hoch waren die Anschaffungskosten der Maschine?*
2. *Ermitteln Sie den Buchwert der Maschine. Buchen Sie die zeitanteilige AfA.*
3. *Ermitteln Sie die Erfolgsauswirkung. Buchen Sie nach der Bruttomethode.*

257 Die in Aufgabe 256 genannte Maschine wird zunächst auf Ziel verkauft. Der Kunde überweist allerdings noch innerhalb der Skontofrist den Rechnungsbetrag abzüglich 2 % Skonto. *Buchen Sie 1. den Zielverkauf, 2. den Rechnungsausgleich und 3. die Erfolgsauswirkung.*

258 Der Geschäftsinhaber schenkt seinem Sohn einen PC, der zum Betriebsvermögen gehört und zum Zeitpunkt der Entnahme mit 1,00 € zu Buch steht. Der Tageswert beträgt 300,00 €.

1. *Begründen Sie die Umsatzsteuerpflicht.*
2. *Nennen Sie die Buchungssätze und buchen Sie auf Konten.*

259 Ein betriebseigener PKW wird am 10. Mai zum Tageswert in das Privatvermögen übernommen. Buchwert am 1. Jan.: 24.000,00 €. Jährliche AfA: 12.000,00 €.

1. *Ermitteln Sie den Buchwert des PKWs zum 10. Mai.*
2. *Die Entnahme erfolgt zu folgenden Tageswerten: a) Buchwert = Tageswert, b) 30.000,00 €, c) 15.000,00 €. Wie lauten die Buchungen?*

260 Ein Großhandelsbetrieb kauft am 10. August eine neue Telefonanlage zu netto 30.000,00 € + USt. Eine auf 1,00 € Erinnerungswert abgeschriebene Telefonanlage wird mit 400,00 € netto + USt in Zahlung gegeben. Restzahlung durch Banküberweisung.

1. *Erstellen Sie die Rechnung.*
2. *Buchen Sie die Neuanschaffung und den Rechnungsausgleich.*
3. *Nennen Sie die erforderlichen Buchungen für den Buchwertabgang.*

261 Anschaffung einer neuen EDV-Anlage: 60.000,00 € + USt. Eine gebrauchte EDV-Anlage, die noch mit 5.000,00 € zu Buch steht, wird mit 10.000,00 € netto + USt in Zahlung gegeben. Restzahlung erfolgt durch Banküberweisung.

1. *Erstellen Sie die Rechnung und erläutern Sie die Erfolgsauswirkung.*
2. *Nennen Sie die Buchungssätze und buchen Sie auf den entspr. Konten.*

262 Die in Aufgabe 261 genannte EDV-Anlage wird mit 3.000,00 € netto in Zahlung gegeben. *Erläutern Sie die Erfolgsauswirkung und nennen Sie die Buchungen.*

263
1. *Begründen Sie, warum das Umsatzsteuergesetz (§ 22 Abs. 2 UStG) buchhalterisch den vollen Ausweis sowohl der steuerpflichtigen Umsätze als auch der Entnahmen v. G. u. s. L. verlangt.*
2. *Zu welchem Wert sind Entnahmen von Vermögensgegenständen aus dem Betriebsvermögen anzusetzen?*
3. *Erläutern Sie am Beispiel eines Anlagenverkaufs den Begriff „Stille Reserve".*

6470224

4.4.4   Die Bedeutung der Abschreibung

In der **Gewinn- und Verlustrechnung** sind **Abschreibungen Aufwand,** der den Gewinn und damit die Gewinnsteuern (z. B. Einkommensteuer) mindert. In der **Kalkulation der Warenverkaufspreise** werden Abschreibungen als **Kosten** eingesetzt. **Über die Umsatzerlöse fließen die einkalkulierten Abschreibungen in Form von liquiden Mitteln zurück,** sofern die Verkaufspreise die Selbstkosten decken. **Abschreibungsrückflüsse** stehen somit zur **Finanzierung der Ersatzbeschaffungen** zur Verfügung.

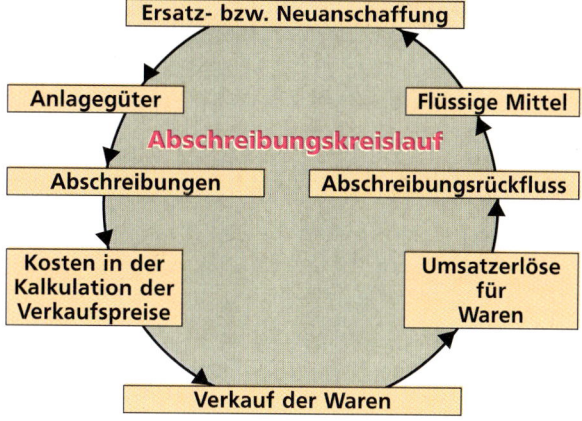

- Ersatz- bzw. Neuanschaffung
- Anlagegüter
- Flüssige Mittel
- **Abschreibungskreislauf**
- Abschreibungen
- Abschreibungsrückfluss
- Kosten in der Kalkulation der Verkaufspreise
- Umsatzerlöse für Waren
- Verkauf der Waren

Zusammenfassung

▶ **Vermögensgegenstände** sind zum Zeitpunkt ihres Erwerbs mit ihren tatsächlichen **Anschaffungskosten** zu erfassen (**zu aktivieren**). Dazu zählen nach § 255 HGB:

	Anschaffungspreis (netto):	Einkaufspreis ohne Umsatzsteuer
−	Preisminderungen (netto):	z. B. Skonti, nachträgliche Preisnachlässe
+	Nebenkosten (netto):	z. B. Bezugs-, Montage-, Notariatskosten, Gebühren, 3,5 % Grunderwerbsteuer, Umbaukosten u. a.

Anschaffungskosten (aktivierungspflichtig)

▶ **Wertminderungen** der Sachanlagen können **technische** (z. B. Abnutzung) oder **wirtschaftliche** (z. B. Preisverfall durch technischen Fortschritt) **Ursachen** haben. Sie werden zum Jahresschluss durch **Abschreibungen** erfasst.

▶ **Abnutzbare Sachanlagen** sind in ihrer **Nutzung zeitlich begrenzt.** Sie werden deshalb **planmäßig, d. h. nach ihrer Nutzungsdauer,** abgeschrieben. Bei **linearer** Abschreibung sind die jährlichen **Abschreibungsbeträge gleich hoch. Außergewöhnliche Wertminderungen** (z. B. Brandschaden) bedingen eine **außerplanmäßige Abschreibung.**

▶ Bei **linearer** Abschreibung werden die **Anschaffungskosten** einer Sachanlage in **gleichen** Beträgen **auf** die einzelnen **Nutzungsjahre** als Aufwand **verteilt.**

▶ Bei **degressiver** Abschreibung wird mit einem **festen Jahresprozentsatz** (zz. höchstens 30 %, ab 1. Jan. 2001 höchstens 20 %) vom jeweiligen **Buchwert** abgeschrieben. Dies führt zu **fallenden** Abschreibungsbeträgen.

▶ **Abschreibungen sind ein bedeutendes Mittel der Finanzierung.** Als Aufwand **mindern** sie den Gewinn und somit die **gewinnabhängigen Steuern** (z. B. Einkommensteuer, Gewerbesteuer) **und die Gewinnausschüttung. Über die Umsatzerlöse fließen** die als Kosten in die Verkaufspreise **einkalkulierten** Abschreibungen in Form **liquider Mittel** in das Unternehmen **zurück.**

▶ **Die Anlagenkartei ergänzt und erläutert als Nebenbuchhaltung die Sachanlagekonten.** Sie ist Voraussetzung für eine rationelle **Sammelabschreibung** und **befreit von der körperlichen Bestandsaufnahme** der Sachanlagen.

D   Jahresabschluss

1   Jahresabschlussarbeiten im Überblick

Situation Die **Erstellung des Jahresabschlusses** im Einzelunternehmen Katja Kern e. Kfr. **bedarf** einer sorgfältigen **Planung und Organisation,** denn die **rechnerischen Sollwerte** der Bestands- und Erfolgskonten dürfen nicht ohne **Prüfung und Inventur** in die **Schlussbilanz und Gewinn- und Verlustrechnung** übernommen werden.

Glieder des Jahresabschlusses. Zum Schluss eines jeden Geschäftsjahres ist der **Jahresabschluss** zu erstellen, der bei **Einzelunternehmen** (e. K., e. Kfr., e. Kfm.) und **Personengesellschaften** (OHG, KG) aus der **Jahresbilanz und Gewinn- und Verlustrechnung** besteht (§ 242 Abs. 3 HGB). Bei **Kapitalgesellschaften** (AG, GmbH) sind Jahresbilanz und Gewinn- und Verlustrechnung noch um einen **Anhang** (Erläuterungsbericht) zu ergänzen (§ 264 HGB).

Aufgaben des Jahresabschlusses. Im Jahresabschluss sind sämtliche Vermögensgegenstände, Schulden, Rückstellungen (siehe S. 238 f.), Rechnungsabgrenzungsposten (siehe S. 228 f.) sowie Aufwendungen und Erträge auszuweisen, wobei **keine Saldierungen zwischen Aktiv- und Passivposten sowie Aufwendungen und Erträgen** vorgenommen werden dürfen (§ 246 HGB). Der Jahresabschluss soll die Unternehmenseigner und gegebenenfalls Behörden, Gläubiger u. a. **über die tatsächliche Vermögens-, Finanz- und Ertragslage informieren.** Darüber hinaus ist der Jahresabschluss **Grundlage der Gewinnverwendung und Steuerermittlung** und soll durch **Dokumentation und Aufbewahrung** ein wichtiges **Beweismittel** für mögliche Interessenkonflikte sein.

Gliederung des Jahresabschlusses. Der Jahresabschluss kann die genannten Aufgaben nur erfüllen, wenn er **klar und übersichtlich gegliedert ist.** In der **Bilanz** sind die Gegenstände des Anlage- und Umlaufvermögens, die Schulden und Rückstellungen sowie die aktiven und passiven Rechnungsabgrenzungsposten und als Saldo das Eigenkapital **gesondert auszuweisen und hinreichend aufzugliedern** (§ 247 HGB). In der **Gewinn- und Verlustrechnung** sind die **Quellen des Jahreserfolgs** aufzuzeigen. Die meisten **Finanzbuchhaltungsprogramme** entsprechen diesen Anforderungen, indem sie die **Gliederung der Bilanz und Gewinn- und Verlustrechnung** grundsätzlich **nach den** für Kapitalgesellschaften verbindlichen **Gliederungsvorschriften der §§ 266, 275 HGB** (siehe S. 271 f., 275 f. und Anhang) ausrichten.

Die Vorbereitung des Jahresabschlusses muss gründlich geplant und organisiert werden, damit er – wie üblich – **in den ersten drei Monaten des Folgejahres** fertig gestellt ist. **Sach-, Arbeits- und Terminpläne** weisen im Einzelnen aus, **was, wo, wann und von wem zu leisten ist,** um die auf den Bestandskonten ausgewiesenen **Sollbestände** mit den durch **körperliche und buchmäßige Inventur** (siehe S. 18 f.) ermittelten **Istbeständen zu vergleichen.**

Der Abgleich zwischen Soll- und Istwerten kann beispielsweise beim Kassenbestand und vor allem bei den vielfältigen Artikeln des Warenbestandes **Differenzen aufdecken,** deren **Ursachen** (z. B. ausgelassene Buchungen, Fehlbuchungen, Schwund, Diebstahl, nicht ordnungsgemäße Lagerung u. a.) **erforscht und beseitigt** werden müssen, um Fehlentwicklungen für die Zukunft zu vermeiden. Die durch **Inventurlisten und Berichte** belegten **Abweichungen** bedingen entsprechende **Berichtigungsbuchungen,** um die rechnerischen Sollwerte der Bestandskonten den durch Inventur ermittelten tatsächlichen Werten anzupassen.

6470226

Beispiel

Im Kassenkonto der Papiergroßhandlung Kern errechnete sich zum 31. Dez. ein Sollbestand von 3.450,00 €. Lt. Kassenprotokoll ergab die Inventur zum gleichen Zeitpunkt einen Istbestand von ❶ 3.360,00 € bzw. ❷ 3.500,00 €. *Wie lautet der Buchungssatz für die Erfassung des Kassenfehlbetrages bzw. des Kassenüberschusses?*

Kassenberichtigungsbuch. zum 31. Dez.	Soll	Haben
❶ 6570 Abschreibungen auf Umlaufvermögen	90,00	
an 2880 Kasse		90,00
❷ 2880 Kasse	50,00	
an 5430 Sonstige betriebl. Erträge .		50,00

Zu den wichtigsten Vorarbeiten zur Aufstellung des Jahresabschlusses zählen:

▶ **Inventur aller Vermögensposten und Schulden zum Abgleich zwischen Soll- und Istwerten.** Buchhalterisch zu erfassen sind Inventurdifferenzen (z. B. in den Warenlagerbeständen, im Kassenbestand) und die Abschreibungen auf die Gegenstände des Anlagevermögens. Außerdem sind die Debitoren auf ihre Bonität zu prüfen, um gegebenenfalls Abschreibungen vornehmen zu müssen (siehe S. 251 f.). Ebenso bedürfen die Verbindlichkeiten und Rückstellungen (siehe S. 238 f.) einer genauen Prüfung auf Vollständigkeit.

▶ **Prüfung der Gewinn- und Verlustrechnung,** ob auch sämtliche Aufwendungen und Erträge, die das Abschlussjahr betreffen, unabhängig von ihren Ausgaben und Einnahmen „periodengerecht" erfasst worden sind (siehe S. 228 f.).

▶ **Abschluss der Unterkonten über die entsprechenden Hauptkonten.** Umbuchung der Bezugskosten, Rücksendungen, Nachlässe, Boni, Vorsteuer/Umsatzsteuer.

▶ **Ordnungsmäßige Gliederung der Bilanz und Gewinn- und Verlustrechnung** (siehe S. 271 f., S. 275 f. und Anhang).

Zusammenfassung

▶ Der **Jahresabschluss** bedarf einer sorgfältigen **Planung und Organisation** und sollte in der Regel in den ersten **drei Monaten** des Folgejahres erstellt werden.

▶ Der Jahresabschluss soll die **tatsächlichen Verhältnisse der Vermögens-, Schulden- und Ertragslage** zum Abschluss-Stichtag widerspiegeln.

▶ Der **Abgleich** zwischen den rechnerischen Sollwerten der Finanzbuchhaltung und den durch Inventur ermittelten Istwerten muss dazu führen, dass die **Ursachen der Abweichungen** aufgedeckt und beseitigt werden.

Aufgaben

264
Das Kassenkonto weist zum 31. Dezember im Soll eine Summe von 22.850,00 € und im Haben von 22.560,00 € aus. Die Inventur ergibt einen Kassenbestand von a) 232,00 € und b) 406,00 €.
1. *Ermitteln Sie den rechnerischen Kassensollbestand zum 31. Dezember.*
2. *Wie lauten die Buchungen aufgrund der Inventur in den Fällen a) und b)?*
3. *Richten Sie für die Fälle a) und b) jeweils das Kassen- und Schlussbilanzkonto sowie das erforderliche Berichtigungskonto ein und buchen Sie auf Konten.*

265
1. *Nennen Sie mögliche Ursachen für Kassendifferenzen zum 31. Dezember.*
2. *Welche Ursachen können für Abweichungen zwischen Soll- und Istbeständen im Warenlager verantwortlich sein?*
3. *Welche Vorteile bietet die permanente Inventur im Warenwirtschaftssystem?*

2 Periodengerechte Abgrenzung der Aufwendungen und Erträge

Situation Die Papiergroßhandlung Katja Kern erstellt regelmäßig zum 31. Dezember eines Geschäftsjahres den Jahresabschluss gemäß § 242 HGB (siehe Anhang), also die Bilanz und die Gewinn- und Verlustrechnung. Bevor jedoch die Bestands- und Erfolgskonten abgeschlossen werden können, sind zunächst wichtige Vorarbeiten zu leisten. So muss vorab von allen Vermögens- und Schuldenposten **Inventur** gemacht und ein **Inventar** erstellt werden. Sodann sind die **Buchwerte** der Bestandskonten **mit den Inventurwerten abzustimmen.** Schließlich sind die **Erfolgskonten** daraufhin zu **überprüfen,**

ob auch alle Aufwendungen und Erträge, die wirtschaftlich das abzuschließende Geschäftsjahr betreffen, bisher erfasst worden sind.

2.1 Sonstige Forderungen

Beispiel Die Papiergroßhandlung Kern hat einem Kunden einen Lagerraum für monatlich 2.000,00 € vermietet. Die Dezembermiete erscheint aber erst am 10. Januar nächsten Jahres als Gutschrift auf dem Bankkonto.
Wie ist zum 31. Dezember des Abschlussjahres zu buchen?

Die Miete für Dezember ist ein **Ertrag des abzuschließenden Geschäftsjahres,** der **erst im neuen Jahr** zu einer **Einnahme** auf dem Bankkonto führt. Der Mietertrag muss noch – **unabhängig von der Zahlung** – in der Gewinn- und Verlustrechnung des alten Jahres berücksichtigt werden, um den **Jahreserfolg zeitraumrichtig** (periodengerecht) ermitteln zu können. Die noch ausstehende Mieteinnahme ist zum Bilanzstichtag als „Sonstige Forderung" auf dem gleichnamigen Konto zu erfassen:

2690 Sonstige Forderungen

Buchungen zum 31. Dez. des alten Jahres	Soll	Haben
❶ 2690 Sonstige Forderungen	2.000,00	
an 5400 Mieterträge		2.000,00
❷ 5400 Mieterträge	2.000,00	
an 8020 GuV-Konto		2.000,00
❸ 8010 Schlussbilanzkonto	2.000,00	
an 2690 Sonstige Forderungen .		2.000,00

S	2690 Sonstige Forderungen		H
❶ 5400	2.000,00	❸ SBK	2.000,00

S	5400 Mieterträge		H
❷ GuV	2.000,00	❶ 2690	2.000,00

S	8010 Schlussbilanzkonto		H
❸ 2690	2.000,00		

S	8020 Gewinn- und Verlustkonto		H
		❷ 5400	2.000,00

Buchung bei Zahlungseingang der Miete am 10. Jan. des neuen Jahres	Soll	Haben
2800 Bank	2.000,00	
an 2690 Sonstige Forderungen		2.000,00

S	2800 Bank		H
2690	2.000,00		

S	2690 Sonstige Forderungen		H
AB	2.000,00	2800	2.000,00

6470228

2.2 Sonstige Verbindlichkeiten

Beispiel Die Papiergroßhandlung Kern hat am 1. Oktober ein Darlehen aufgenommen, für das am 30. September des nächsten Geschäftsjahres 1.200,00 € Zinsen zu zahlen sind.

Wie lautet die Buchung zum 31. Dezember des Abschlussjahres?

Von den Jahreszinsen in Höhe von 1.200,00 €, die erst am 30. September des nächsten Jahres gezahlt werden müssen, entfallen **als Aufwand 300,00 € auf das alte** und 900,00 € auf das neue Jahr. Um den Erfolg des abzuschließenden Geschäftsjahres periodengerecht ermitteln zu können, muss der **Zinsaufwand des alten Jahres** noch zum 31. Dezember gebucht werden. Die noch **ausstehende Zahlung** ist dann zugleich als **Schuld** auf dem folgenden Konto auszuweisen:

4890 Sonstige Verbindlichkeiten

Buchungen zum 31. Dez. des alten Jahres	Soll	Haben
❶ 7510 Zinsaufwendungen	300,00	
an 4890 Sonstige Verbindlichk. .		300,00
❷ 8020 Gewinn- und Verlustkonto ...	300,00	
an 7510 Zinsaufwendungen		300,00
❸ 4890 Sonstige Verbindlichkeiten ...	300,00	
an 8010 Schlussbilanzkonto		300,00

S	7510 Zinsaufwendungen	H		S	4890 Sonstige Verbindlichkeiten	H
❶ 4890	300,00	❷ GuV	300,00	❸ SBK	300,00	❶ 7510	300,00

S	8020 Gewinn- und Verlustkonto	H		S	8010 Schlussbilanzkonto	H
❷ 7510	300,00					❸ 4890	300,00

Buchung bei Zahlung der Jahreszinsen am 30. September des neuen Jahres	Soll	Haben
4890 Sonstige Verbindlichkeiten	300,00	
7510 Zinsaufwendungen	900,00	
an 2800 Bank		1.200,00

S	4890 Sonstige Verbindlichkeiten	H		S	2800 Bank	H
2800	300,00	AB	300,00	AB	250.000,00	4890/7510	1.200,00

S	7510 Zinsaufwendungen	H
2800	900,00	

Zusammenfassung

▶ **Der Gewinn oder Verlust** eines Geschäftsjahres wird nur durch Gegenüberstellung der **Aufwendungen und Erträge** dieses Jahres ermittelt, und zwar **unabhängig von ihrer Zahlung,** also der Ausgabe bzw. Einnahme.

▶ Aufwendungen und Erträge sind stets **dem** Geschäftsjahr zuzurechnen, zu dem sie **wirtschaftlich** gehören. Nur so lässt sich der **Erfolg** eines Geschäftsjahres **zeitraumrichtig** (periodengerecht) ermitteln.

► **Erträge des Abschlussjahres,** die erst **im neuen Jahr** zu einer **Einnahme** führen, stellen zugleich Forderungen dar, die auf dem Konto **„2690 Sonstige Forderungen"** gebucht werden. **Zum Bilanzstichtag** wird der Ertrag gebucht:

Sonstige Forderungen	an	Ertragskonto

Beispiele: Noch zu erhaltende Zinsen, Mieten, Provisionen u. a.

Im neuen Jahr wird die **Einnahme gebucht:**

Bank	an	Sonstige Forderungen

► **Aufwendungen des abzuschließenden Geschäftsjahres,** die erst im Folgejahr zu einer **Ausgabe** führen, sind zugleich Schulden, die auf dem Konto **„4890 Sonstige Verbindlichkeiten"** ausgewiesen werden. **Zum Jahresschluss** wird der Aufwand gebucht:

Aufwandskonto	an	Sonstige Verbindlichkeiten

Beispiele: Noch zu zahlende Zinsen, Mieten, Provisionen, Betriebssteuern u. a.

Im neuen Jahr wird die **Ausgabe gebucht:**

Sonstige Verbindlichkeiten	an	Bank

Aufgaben

266 *Wie lauten die Buchungssätze zu folgenden Geschäftsfällen*
a) *zum Bilanzstichtag (31. Dezember),*
b) *nach Eröffnung der Konten bei Zahlungseingang bzw. -ausgang (Bank) im neuen Jahr?*

1. Die Dezembermiete für eine Lagerhalle in Höhe von 6.500,00 € überweisen wir erst Anfang Januar des Folgejahres.
2. Wir haben von unserem Kunden die fälligen Darlehenszinsen für die Zeit vom 1. Oktober bis 31. Dezember bis zum Bilanzstichtag noch nicht erhalten. Die Bankgutschrift erfolgt erst am 10. Januar des neuen Geschäftsjahres: 1.500,00 €.
3. Der Handelskammerbeitrag für das vierte Quartal wird erst am 2. Januar n. J. überwiesen: 890,00 €.
4. Die Dezembermiete für eine vermietete Garage geht erst Anfang Januar n. J. ein: 150,00 €.
5. Die Telefonrechnung für Dezember wird erst am 2. Januar n. J. vom Bankkonto abgebucht: 860,00 € netto.
6. Wir überweisen die Zinsen nachträglich jeweils für sechs Monate am 1. März und 1. September: 4.800,00 €.
7. Die Provision unseres Handelsvertreters für November und Dezember wird erst im Januar überwiesen. Die Rechnung weist aus: 5.600,00 € Nettoprovision + 896,00 € Umsatzsteuer = 6.496,00 €.
8. Die Zinsen für die Zeit vom 1. November bis 31. Januar n. J. in Höhe von 1.200,00 € werden von uns nachträglich am 31. Januar n. J. überwiesen.

267 *Was gehört Ihrer Meinung nach zusammen?*

Einnahme im neuen Jahr, Aufwand im alten Jahr, Sonstige Forderungen, Sonstige Verbindlichkeiten, Ertrag im alten Jahr, Ausgabe im neuen Jahr.

6470230

2.3   Aktive Rechnungsabgrenzung

Beispiel   Die Papiergroßhandlung Kern hat am 1. Oktober die Kraftfahrzeugversicherung für den Lastkraftwagen in Höhe von 2.400,00 € für ein Jahr im Voraus durch Banküberweisung bezahlt.

❶ Buchung der geleisteten Vorauszahlung am 1. Okt. des Abschlussjahres	Soll	Haben
6900 Versicherungsbeiträge	2.400,00	
an 2800 Bank		2.400,00

S	6900 Versicherungsbeiträge	H
❶ 2800	2.400,00	

S	2800 Bank	H
		❶ 6900 2.400,00

Die am 1. Oktober für ein Jahr **im Voraus gezahlte** Kfz-Versicherung **berührt zwei Geschäftsjahre.** Deshalb muss zum 31. Dezember des Abschlussjahres eine genaue **periodengerechte Abgrenzung** des auf dem Konto 6900 gebuchten gesamten Versicherungsaufwands von 2.400,00 € vorgenommen werden: **600,00 €** (= $^3/_{12}$ von 2.400,00 €) entfallen auf drei Monate des Abschlussjahres, **1.800,00 €** (= $^9/_{12}$ von 2.400,00 €) auf neun Monate des folgenden Geschäftsjahres. Der auf das neue Geschäftsjahr entfallende Anteil der Kfz-Versicherung muss aus dem Konto „6900 Versicherungsbeiträge" herausgebucht und **in die Erfolgsrechnung des neuen Jahres hinübergeführt** werden. Dazu benötigt man zum 31. Dezember das **Hilfskonto**

2900 Aktive Rechnungsabgrenzung (kurz: ARA).

❷ Buchung der zeitlichen Abgrenzung zum 31. Dez. des Abschlussjahres	Soll	Haben
2900 Aktive Rechnungsabgrenzung ..	1.800,00	
an 6900 Versicherungsbeiträge		1.800,00

Das Konto **„2900 Aktive Rechnungsabgrenzung"** beinhaltet in diesem Beispiel einen Anspruch auf Versicherungsschutz für neun Monate des neuen Jahres, also einen Vermögenswert in Form einer **Leistungsforderung,** da die Versicherung bereits im alten Jahr im Voraus für das neue Jahr gezahlt wurde. Es ist deshalb als **aktives Bestandskonto** zum Schlussbilanzkonto abzuschließen. Das Konto „6900 Versicherungsbeiträge" weist nun den periodengerechten Versicherungsaufwand des Abschlussjahres in Höhe von 600,00 € aus und ist zum Gewinn- und Verlustkonto abzuschließen.

Abschlussbuchungen zum 31. Dez.	Soll	Haben
8010 Schlussbilanzkonto	1.800,00	
an 2900 Aktive Rechnungsabgr.		1.800,00
8020 Gewinn- und Verlustkonto	600,00	
an 6900 Versicherungsbeiträge		600,00

S	6900 Versicherungsbeiträge	H
❶ 2800	2.400,00	❷ 2900 1.800,00
		GuV 600,00

S	2900 ARA	H
❷ 6900	1.800,00	SBK 1.800,00

S	8020 Gewinn- und Verlustkonto	H
6900	600,00	

S	8010 Schlussbilanzkonto	H
2900 ARA	1.800,00	

Buchungen im neuen Jahr. Zu Beginn des neuen Jahres wird das Konto „2900 Aktive Rechnungsabgrenzung" mit dem Betrag von 1.800,00 € eröffnet. Danach wird dieser Betrag auf das Konto „6900 Versicherungsbeiträge" **umgebucht.** Damit hat das Konto „2900 Aktive Rechnungsabgrenzung" seine eigentliche Aufgabe erfüllt, die im alten Geschäftsjahr getätigten Ausgaben als Aufwand in die Erfolgsrechnung des neuen Geschäftsjahres hinüberzuführen. Die auf dem Konto 2900 gebuchten Beträge stellen somit „transitorische" Posten dar.

Eröffnungsbuchung	Soll	Haben
2900 Aktive Rechnungsabgrenzung ..	1.800,00	
an 8000 Eröffnungsbilanzkonto ...		1.800,00

Umbuchung	Soll	Haben
6900 Versicherungsbeiträge	1.800,00	
an 2900 Aktive Rechnungsabgr. ...		1.800,00

S	2900 ARA		H		S	6900 Versicherungsbeiträge	H
EBK	1.800,00	6900	1.800,00	➡	2900 ARA	1.800,00	

Das Versicherungskonto weist nun **periodengerecht** den anteiligen Aufwand des neuen Jahres in Höhe von 1.800,00 € aus.

Sofortige Rechnungsabgrenzung bei Zahlung. Die aktive Rechnungsabgrenzung kann auch sogleich bei Buchung der Ausgabe vorgenommen werden. Dadurch erübrigt sich zum Bilanzstichtag eine Überprüfung aller Ausgaben auf ihre Periodenzugehörigkeit. Im o. g. Beispiel soll nun die zeitliche Abgrenzung direkt bei Zahlung der Versicherungsprämie erfolgen:

Buchung bei Zahlung der Versicherungsprämie am 1. Okt.	Soll	Haben
6900 Versicherungsbeiträge	600,00	
2900 Aktive Rechnungsabgrenzung ..	1.800,00	
an 2800 Bank		2.400,00

S	6900 Versicherungsbeiträge		H		S	2800 Bank		H
2800	600,00						6900/2900	2.400,00

S	2900 ARA		H
2800	1.800,00		

2.4 Passive Rechnungsabgrenzung

Beispiel Für vermietete Büroräume erhält die Papiergroßhandlung Kern die Miete in Höhe von 6.000,00 € für die Zeit vom 1. Nov. des laufenden Jahres bis zum 30. April des folgenden Jahres im Voraus. Die Bankgutschrift erfolgt zum 1. Nov.

❶ Buchung der Einnahme am 1. Nov. des Abschlussjahres	Soll	Haben
2800 Bank	6.000,00	
an 5400 Mieterträge		6.000,00

S	2800 Bank		H		S	5400 Mieterträge		H
❶ 5400	6.000,00						❶ 2800	6.000,00

6470232

Die am 1. November für sechs Monate im Voraus erhaltene Miete **berührt zwei Geschäftsjahre.** Zum 31. Dezember des Abschlussjahres muss eine zeitliche **Abgrenzung** der auf dem Konto 5400 gebuchten Mieteinnahme von 6.000,00 € vorgenommen werden: **2.000,00 €** (= $\frac{2}{6}$ von 6.000,00 €) entfallen auf zwei Monate des Abschlussjahres, **4.000,00 €** (= $\frac{4}{6}$ von 6.000,00 €) auf vier Monate des Folgejahres. Der auf das neue Geschäftsjahr entfallende Mietanteil muss auf der Sollseite des Mietertragskontos korrigiert und **in die Erfolgsrechnung des neuen Jahres hinübergeführt** werden. Dazu benötigt man zum 31. Dezember das **Hilfskonto**

4900 Passive Rechnungsabgrenzung (kurz: PRA).

❷ Buchung der zeitlichen Abgrenzung zum 31. Dez. des Abschlussjahres	Soll	Haben
5400 Mieterträge	4.000,00	
an 4900 Passive Rechnungsabgr. . .		4.000,00

Das Konto **„4900 Passive Rechnungsabgrenzung"** beinhaltet im vorliegenden Fall eine Verpflichtung zur Überlassung der Büroräume für vier Monate des neuen Jahres, also eine Schuld in Form einer **Leistungsverbindlichkeit,** da die Miete bereits im alten Jahr im Voraus für das neue Jahr vereinnahmt wurde. Es ist deshalb als **passives Bestandskonto** zum Schlussbilanzkonto abzuschließen. Das Konto „5400 Mieterträge", das den periodengerechten Mietertrag des Abschlussjahres in Höhe von 2.000,00 € ausweist, wird zum GuV-Konto abgeschlossen.

Abschlussbuchungen zum 31. Dez.	Soll	Haben
4900 Passive Rechnungsabgrenzung . .	4.000,00	
an 8010 Schlussbilanzkonto		4.000,00
5400 Mieterträge	2.000,00	
an 8020 GuV-Konto		2.000,00

S	4900 Passive Rechnungsabgrenzung	H		S	5400 Mieterträge		H
SBK	4.000,00	❷ 5400	4.000,00	❷ 4900 PRA	4.000,00	❶ 2800	6.000,00
				GuV	2.000,00		

S	8010 Schlussbilanzkonto	H		S	8020 Gewinn- und Verlustkonto		H
		4900 PRA	4.000,00			5400	2.000,00

Buchungen im neuen Jahr. Zu Beginn des neuen Jahres wird das Konto „4900 Passive Rechnungsabgrenzung" mit dem Betrag von 4.000,00 € eröffnet. Anschließend wird dieser Betrag auf das Konto „5400 Mieterträge" **umgebucht.** Damit hat das Konto „4900 Passive Rechnungsabgrenzung" seine eigentliche Aufgabe erfüllt, die im alten Geschäftsjahr gebuchte Mieteinnahme als Ertrag in die Erfolgsrechnung des neuen Geschäftsjahres hinüberzuführen.

Eröffnungsbuchung	Soll	Haben
8000 Eröffnungsbilanzkonto	4.000,00	
an 4900 Passive Rechnungsabgr. . .		4.000,00

Umbuchung	Soll	Haben
4900 Passive Rechnungsabgrenzung . .	4.000,00	
an 5400 Mieterträge		4.000,00

S	5400 Mieterträge	H		S	4900 Passive Rechnungsabgrenzung	H
	4900	4.000,00 ← 5400	4.000,00	EBK	4.000,00

Das Konto 5400 weist nun im neuen Jahr den anteiligen im Voraus erhaltenen Mietertrag aus.

Sofortige passive Rechnungsabgrenzung bei Zahlung. Auch die passive Rechnungsabgrenzung lässt sich direkt bei Buchung der Einnahme vornehmen:

Buchung bei Eingang der Mietvorauszahlung am 1. Nov.	Soll	Haben
2800 Bank	6.000,00	
an 5400 Mieterträge		2.000,00
an 4900 Passive Rechnungsabgr. ..		4.000,00

S	2800 Bank	H		S	5400 Mieterträge	H
5400/4900	6.000,00				2800	2.000,00

S	4900 Passive Rechnungsabgrenzung	H
	2800	4.000,00

Zusammenfassung

▶ Das Konto **„2900 Aktive Rechnungsabgrenzung"** erfasst alle Ausgaben vor dem Abschluss-Stichtag, soweit sie Aufwand des Folgejahres darstellen (§ 250 HGB). Der Buchungssatz lautet

    ○ bei Abgrenzung zum 31. Dez.:   ARA   an   Aufwandskonto

    ○ bei direkter Abgrenzung: ARA   an   Zahlungsmittelkonto

▶ Das Konto **„4900 Passive Rechnungsabgrenzung"** erfasst alle Einnahmen vor dem Abschluss-Stichtag, soweit sie Ertrag des Folgejahres darstellen (§ 250 HGB). Der Buchungssatz lautet

    ○ bei Abgrenzung zum 31. Dez.:   Ertragskonto   an   PRA

    ○ bei direkter Abgrenzung: Zahlungsmittelkonto   an   PRA

▶ Aktive und passive **Rechnungsabgrenzungsposten werden zu Beginn des folgenden Geschäftsjahres aufgelöst,** indem sie auf das entsprechende Erfolgskonto **umgebucht** werden:

    ○   Aufwandskonto   an   ARA

    ○   PRA   an   Ertragskonto

▶ **Die zeitliche Abgrenzung** der Aufwendungen und Erträge **bezweckt** eine **periodengerechte Ermittlung des Jahreserfolgs.** Man unterscheidet **vier Fälle:**

Geschäftsfall	Vorgang		Buchung zum 31. Dezember:
	im alten Jahr	im neuen Jahr	
Von uns noch zu zahlender Aufwand	**Aufwand**	Ausgabe	**Aufwandskonto an Sonstige Verbindlichkeiten**
Noch zu vereinnahmender Ertrag	**Ertrag**	Einnahme	**Sonstige Forderungen an Ertragskonto**
Von uns im Voraus bezahlter Aufwand	Ausgabe	**Aufwand**	**Aktive Rechnungsabgrenzung an Aufwandskonto**
Im Voraus vereinnahmter Ertrag	Einnahme	**Ertrag**	**Ertragskonto an Passive Rechnungsabgrenzung**

Aufgaben

268

a) *Buchen Sie den Zahlungsvorgang der folgenden Geschäftsfälle zunächst auf Konten oder im Grundbuch.*

b) *Buchen Sie die erforderliche zeitliche Abgrenzung zum Bilanzstichtag 31. Dezember ..*

c) *Buchen Sie die Auflösung der aktiven und passiven Rechnungsabgrenzung im neuen Jahr.*

1. Die Kraftfahrzeugsteuer für die Geschäftswagen wird am 1. Juli für ein Jahr im Voraus vom Bankkonto überwiesen: 600,00 €.
2. Am 1. Dezember erhalten wir die Miete für vermietete Geschäftsräume für Dezember, Januar u. Februar im Voraus durch Banküberweisung: 4.500,00 €.
3. Für die EDV-Anlage besteht mit dem Lieferanten ein Wartungsvertrag. Am 1. Mai wird der Jahresbetrag lt. Rechnung ER 345 überwiesen: 1.200,00 € + 192,00 € Umsatzsteuer = 1.392,00 €.
4. Am 1. Oktober werden die Jahreszinsen für ein von uns gewährtes Darlehen im Voraus auf das Bankkonto überwiesen: 960,00 €.
5. Die Gebäudeversicherung für Geschäftsgebäude wird am 1. November durch die Bank für ein Jahr im Voraus überwiesen: 3.600,00 €.
6. Bankgutschrift der Januarmiete für vermietete Lagerräume am 22. Dezember: 2.500,00 €.

269

Bei den Geschäftsfällen 1 bis 6 der vorhergehenden Aufgabe soll die zeitliche Abgrenzung direkt bei Buchung der Zahlung vorgenommen werden.

Nennen Sie die Buchungssätze.

270

*Bilden Sie zu den nachfolgenden Geschäftsfällen die Buchungssätze **zum Bilanzstichtag:***

1. Die Dezembermiete für angemietete Garagen wird erst am 3. Januar des folgenden Geschäftsjahres durch Banküberweisung beglichen: 300,00 €.
2. Die Vierteljahreszinsen (November–Januar) für ein aufgenommenes Darlehen werden von uns vereinbarungsgemäß nachträglich Ende Januar gezahlt: 900,00 €.
3. Unser Darlehensnehmer hat die Zinsen für das erste Quartal des neuen Geschäftsjahres bereits am 15. Dezember des Abschlussjahres überwiesen: 850,00 €.
4. Wir haben am 1. Dezember für Dezember bis einschließlich Februar des nächsten Jahres eine Mietvorauszahlung von 3.600,00 € erhalten.
5. Am 1. November wurde die Kraftfahrzeugsteuer für die Geschäftswagen für ein Jahr im Voraus überwiesen: 600,00 €.
6. Der Handelskammerbeitrag für das letzte Quartal des Abschlussjahres wird erst Anfang Januar überwiesen: 2.400,00 €.
7. Die Zinsgutschrift der Bank für die Zeit vom 1. Oktober bis 31. Dezember steht zum Bilanzstichtag noch aus: 450,00 €.
8. Die Halbjahresmiete (Oktober bis März) für einen vermieteten Lagerraum erhielten wir im Voraus: 9.000,00 €.
9. Die Haftpflichtversicherung für das Betriebsgebäude wurde am 1. November für ein Jahr im Voraus bezahlt: 2.400,00 €.
10. Unserem Handelsvertreter wird die Dezemberprovision erst Anfang Januar überwiesen. Die bereits erstellte Provisionsabrechnung weist aus: 4.000,00 € Provision + 640,00 € Umsatzsteuer = 4.640,00 €.

---

271 *Vervollständigen Sie folgende Aussagen:*

1. Sonstige Verbindlichkeiten werden für Aufwendungen des ••• Geschäftsjahres gebucht, die Ausgaben des ••• Geschäftsjahres darstellen.
2. Aktive Rechnungsabgrenzungsposten werden für Ausgaben im ••• Jahr gebildet, die Aufwand des ••• Geschäftsjahres darstellen.
3. Sonstige Forderungen werden für Erträge des ••• Jahres gebildet, die Einnahmen des ••• Jahres darstellen.
4. Passive Rechnungsabgrenzungsposten werden für Einnahmen des ••• Jahres gebildet, die Ertrag des ••• Geschäftsjahres darstellen.

272
1. *Begründen Sie die Notwendigkeit einer zeitlichen Abgrenzung der Aufwendungen und Erträge.*
2. *Nennen Sie die vier Möglichkeiten einer zeitlichen Abgrenzung.*
3. *Bei welcher Art der zeitlichen Abgrenzung liegt der Zahlungsvorgang a) im alten und b) im neuen Jahr?*
4. *Warum werden aktive und passive Rechnungsabgrenzungsposten auch als „Transitorische Posten" bezeichnet?*

273 In der Papiergroßhandlung Katja Kern e. Kfr. liegen Ihnen folgende Belege zur Buchung vor. Die zeitliche (periodengerechte) Abgrenzung ist mit der Buchung der Zahlung vorzunehmen.

Nennen Sie die Buchungssätze.

Beleg 1

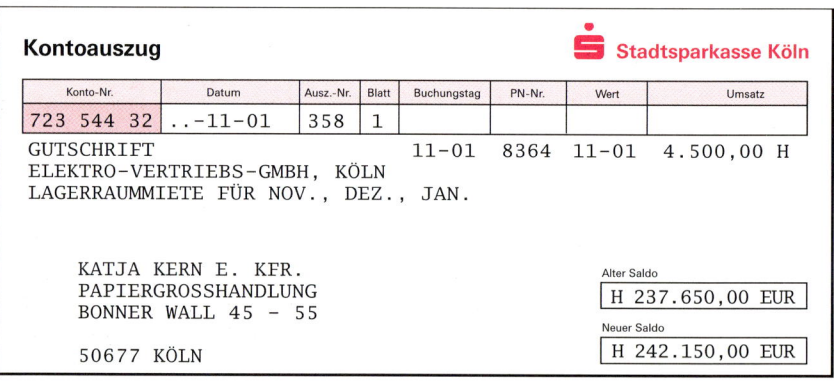

Beleg 2

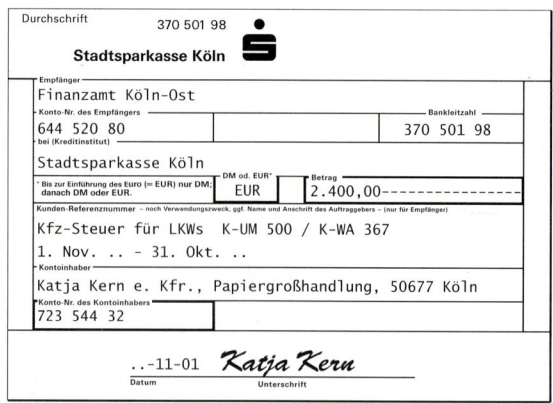

Auszug aus der vorläufigen Summenbilanz zum 31. Dezember	Soll	Haben
2600 Vorsteuer	134.400,00	127.200,00
2690 Sonstige Forderungen	6.600,00	—
2900 Aktive Rechnungsabgrenzung	—	—
4800 Umsatzsteuer	130.720,00	182.500,00
4890 Sonstige Verbindlichkeiten	—	5.700,00
4900 Passive Rechnungsabgrenzung	—	—
5400 Mieterträge	—	29.400,00
5710 Zinserträge	—	11.150,00
6150 Vertriebsprovisionen	18.000,00	—
6700 Mieten	35.800,00	—
6810 Zeitungen/Fachliteratur	1.600,00	—
6900 Versicherungsbeiträge	18.600,00	—
6920 Beiträge zu Wirtschaftsverbänden	11.700,00	—
7030 Kfz-Steuer	3.300,00	—
7510 Zinsaufwendungen	12.000,00	—

Zum 31. Dezember .. (Bilanzstichtag) sind noch folgende zeitliche Abgrenzungen vorzunehmen:

1. Die Feuerversicherungsprämie (Gebäude) für das kommende Kalenderjahr wurde am 27. Dezember durch Banküberweisung beglichen: 850,00 €.
2. Die Bezugskosten für div. Fachzeitschriften wurden am 28. Dezember mit 260,00 € netto im Voraus für das folgende Geschäftsjahr bezahlt.
3. Die Kraftfahrzeugsteuer für den LKW wurde am 1. Dezember für ein Jahr im Voraus durch Banküberweisung mit 1.200,00 € beglichen.
4. Der Handelskammerbeitrag für das letzte Quartal beträgt 750,00 €.
5. Vertreterprovision für Dezember über 1.700,00 € netto wird von uns erst im Januar bei Rechnungserteilung überwiesen.
6. Die Dezember-Lagermiete über 2.850,00 € überweisen wir erst Anfang Januar.
7. Unser Mieter begleicht die Miete für Büroräume in unserem Gebäude für Dezember in Höhe von 1.850,00 € erst im neuen Jahr.
8. Am 28. Dezember gingen 1.900,00 € Vierteljahresmiete in unserem Betrieb für das neue Kalenderjahr auf unserem Bankkonto ein.
9. Wir haben die fälligen Darlehenszinsen von 450,00 € für die Zeit vom 1. Oktober bis 31. Dezember am Jahresende noch nicht erhalten.
10. Hypothekenzinsen in Höhe von 12.000,00 € für das Halbjahr 1. Juli bis 31. Dezember werden von uns erst im Januar beglichen.

Bilden Sie die Buchungssätze für den Abschluss dieser Konten.

Ordnen Sie in Ihrem Arbeitsheft den vier Arten der zeitlichen Abgrenzung jeweils für das alte und das neue Geschäftsjahr die folgenden Begriffe entsprechend zu:

a) Aufwand,
b) Ertrag,
c) Ausgabe und
d) Einnahme.

Altes Jahr	Neues Jahr	Abgrenzungsposten
?	?	Sonstige Forderungen
?	?	Sonstige Verbindlichkeiten
?	?	Aktive Rechnungsabgrenzung
?	?	Passive Rechnungsabgrenzung

Situation Die Verpackungsanlage der Papiergroßhandlung Kern wurde am 20. Dezember des Abschlussjahres durch Brand stark beschädigt. Die Lieferfirma schätzt die Instandsetzungskosten lt. Kostenvoranschlag auf 36.000,00 €. Die Reparatur soll im Laufe des Monats Januar des nächsten Geschäftsjahres erfolgen.

Wie ist zum Bilanzstichtag zu buchen?

Die Instandsetzung der Verpackungsanlage ist **wirtschaftlich dem Abschlussjahr zuzuordnen,** da sie in diesem Zeitraum verursacht wurde. Für eine periodengerechte Ermittlung des Jahreserfolgs muss daher der **geschätzte Betrag** von 36.000,00 € noch als **Aufwand des alten Jahres** und **zugleich als Verbindlichkeit erfasst** werden. Diese Verbindlichkeit unterscheidet sich von den Verbindlichkeiten aus Lieferungen und Leistungen darin, dass ihre **Höhe und/oder ihr Fälligkeitstermin** am Bilanzstichtag **noch nicht feststehen.** Verbindlichkeiten dieser Art werden als **Rückstellungen** bezeichnet und auf einem besonderen Rückstellungskonto gebucht.

Der Kontenrahmen sieht für die Bildung von Rückstellungen **drei Konten vor:**

3700 Pensionsrückstellungen,
3800 Steuerrückstellungen,
3900 Sonstige Rückstellungen.

Beispiel Zum 31. Dezember .. ist für die Instandsetzung der Verpackungsanlage eine Rückstellung in Höhe des geschätzten Betrages von 36.000,00 € zu bilden.

Buchung zur Bildung der Rückstellung zum Bilanzstichtag	Soll	Haben
❶ 6160 Fremdinstandsetzung	36.000,00	
an 3900 Sonstige Rückstellungen		36.000,00

Abschlussbuchungen	Soll	Haben
❷ 8020 Gewinn- und Verlustkonto . . .	36.000,00	
an 6160 Fremdinstandsetzung ..		36.000,00
❸ 3900 Sonstige Rückstellungen	36.000,00	
an 8010 Schlussbilanzkonto		36.000,00

S	6160 Fremdinstandsetzung		H		S	3900 Sonstige Rückstellungen		H
❶ 3900	36.000,00	❷ GuV	36.000,00		❸ SBK	36.000,00	❶ 6160	36.000,00

S	8020 Gewinn- und Verlustkonto		H		S	8010 Schlussbilanzkonto		H
Diverse Aufwend.	400.000,00	Diverse Erträge	500.000,00				❸ 3900	36.000,00
❷ 6160	36.000,00							
Gewinn	**?**							

Der Vorteil der Rückstellungen liegt darin, dass sie für **Aufwendungen** gebildet werden, die erst im nächsten Geschäftsjahr zu einer Ausgabe führen. Sie **mindern** somit noch im Abschlussjahr den **Gewinn** und zugleich die **Gewinnsteuern** (z. B. Einkommensteuer) sowie die **Gewinnausschüttung** (Dividende). **Die geringere Zahlung von Steuern und Dividende** hat außerdem positive Auswirkungen auf die **Zahlungsfähigkeit** (Liquidität) des Unternehmens. In der Erfolgsrechnung der Papiergroßhandlung Kern wird der Gewinn des Abschlussjahres durch die Bildung einer Rückstellung für die zu erwartenden Instandsetzungskosten um 36.000,00 € gemindert.

Die Auflösung der Rückstellung erfolgt im Folgejahr bei Zahlung des endgültigen Betrages. Vorab ist aber zu Beginn des neuen Geschäftsjahres das Konto „3900 Sonstige Rückstellungen" mit der geschätzten Verbindlichkeit von 36.000,00 € zu eröffnen.

Eröffnungsbuchung zum 1. Januar des Folgejahres	Soll	Haben
8000 Eröffnungsbilanzkonto	36.000,00	
an 3900 Sonstige Rückstellungen ..		36.000,00

Wie das folgende Beispiel zeigt, sind bei der **Auflösung** der Rückstellung **drei Fälle** zu unterscheiden.

Beispiel Die Instandsetzung der o. g. Verpackungsanlage ist Ende Januar erfolgt. Die Rechnung lautet:

1.		2.		3.	
36.000,00 € netto		32.000,00 € netto		38.000,00 € netto	
+ 5.760,00 € USt		+ 5.120,00 € USt		+ 6.080,00 € USt	
41.760,00 €		37.120,00 €		44.080,00 €	

Fall 1:

Buchung: Rückstellung = Nettozahlung: 36.000,00 €	Soll	Haben
3900 Sonstige Rückstellungen	36.000,00	
2600 Vorsteuer	5.760,00	
an 2800 Bank		41.760,00

S	3900 Sonstige Rückstellungen		H	S	2800 Bank		H
2800	36.000,00	EBK	36.000,00			3900/2600	41.760,00

S	2600 Vorsteuer		H
2800	5.760,00		

Fall 2: Die **Rückstellung** (36.000,00 €) war im Vorjahr **zu hoch** gebildet worden. Deshalb entsteht nunmehr bei Zahlung von 32.000,00 € ein **periodenfremder Ertrag** in Höhe von 4.000,00 €.

Buchung: Rückstellung > Nettozahlung: 32.000,00 €	Soll	Haben
❶ 3900 Sonstige Rückstellungen	32.000,00	
2600 Vorsteuer	5.120,00	
an 2800 Bank		37.120,00
❷ 3900 Sonstige Rückstellungen	4.000,00	
an 5480 Erträge aus der Herab-		
setzung von Rückstellungen ..		4.000,00

S	3900 Sonstige Rückstellungen		H	S	2800 Bank		H
❶ 2800	32.000,00	EBK	36.000,00			❶ 3900/2600	
❷ 5480	4.000,00						37.120,00

S	2600 Vorsteuer		H		5480 Erträge aus der Herabsetzung von Rückstellungen		
❶ 2800	5.120,00			S			H
						❷ 3900	4.000,00

Die beiden Buchungen können auch zusammengefasst werden. *Nennen Sie den Buchungssatz.*

Fall 3: Die **Rückstellung** (36.000,00 €) wurde im Vorjahr **zu niedrig** bemessen. Durch die Nettozahlung von 38.000,00 € im neuen Jahr entsteht ein **periodenfremder Aufwand** von 2.000,00 €.

Buchung: Rückstellung < Nettozahlung: 38.000,00 €	Soll	Haben
3900 Sonstige Rückstellungen	36.000,00	
6990 Periodenfremde Aufwendungen	2.000,00	
2600 Vorsteuer	6.080,00	
an 2800 Bank		44.080,00

S	3900 Sonstige Rückstellungen	H
2800	36.000,00	EBK 36.000,00

S	6990 Periodenfremde Aufwendungen	H
2800	2.000,00	

S	2600 Vorsteuer	H
2800	6.080,00	

S	2800 Bank	H
	3900/6990/2600	44.080,00

Verpflichtung zur Bildung von Rückstellungen. Nach § 249 (1) HGB müssen Rückstellungen für bestimmte Fälle auf der Passivseite der Bilanz ausgewiesen werden. Diese **Passivierungspflicht** besteht für

- ► **ungewisse Verbindlichkeiten,** wie z. B. zu erwartende Steuernachzahlungen, Prozesskosten, Pensionsverpflichtungen u. a.,
- ► **drohende Verluste aus schwebenden Geschäften,** wenn z. B. der Einkaufspreis der bestellten (noch nicht gelieferten) Waren (480,00 € je Stück) am Bilanzstichtag über dem aktuellen Preis (400,00 € je Stück) liegt,
- ► **im Abschlussjahr unterlassenen Instandhaltungsaufwand,** der innerhalb der ersten **drei Monate** des neuen Geschäftsjahres nachgeholt wird,
- ► **Gewährleistungen,** die ohne rechtliche Verpflichtung **(aus Kulanz)** erbracht werden.

Nach § 253 (1) HGB sind Rückstellungen nur in **Höhe** des Betrages anzusetzen, der **nach vernünftiger kaufmännischer Beurteilung** erforderlich ist.

Zusammenfassung

- ► **Rückstellungen** sind **Verbindlichkeiten für Aufwendungen,** die zum Bilanzstichtag dem Grund nach feststehen, deren **Höhe und/oder Fälligkeit** jedoch **noch ungewiss** sind (= **ungewisse Verbindlichkeiten**).
- ► **Für Rückstellungen** besteht nach § 249 (1) HGB in bestimmten Fällen **Passivierungspflicht.**
- ► Rückstellungen dienen der **periodengerechten Ermittlung des Jahreserfolgs.**
  Buchung: | Aufwandskonto an Rückstellungen |
- ► Die **Bildung** von Rückstellungen **mindert den Gewinn, die Gewinnsteuern** sowie die **Gewinnausschüttung** (Dividende) und **erhöht** somit die **Liquidität** des Unternehmens.
- ► Bei **Auflösung von Rückstellungen** entstehen oft **periodenfremde** Aufwendungen und Erträge.

Aufgaben

276 Die Papiergroßhandlung Katja Kern e. Kfr. rechnet zum 31. Dezember des Abschlussjahres mit einer Gewerbesteuernachzahlung von 12.000,00 €.

1. *Bilden Sie den Buchungssatz zum 31. Dezember.*
2. *Wie wirkt sich die Bildung der Rückstellung auf a) den Gewinn bzw. b) den Verlust des Unternehmens aus?*
3. *Wie ist zu buchen, wenn das Großhandelsunternehmen am 15. März des Folgejahres an das Finanzamt folgende Beträge überweist?*
   a) 12.000,00 €,   b) 10.000,00 €,   c) 15.000,00 €.

6470240

277 Eine notwendige Gebäudereparatur konnte im Dezember nicht mehr durchgeführt werden. Der Kostenvoranschlag für die Instandsetzungsarbeiten, die im Laufe des Monats Januar des nächsten Jahres durchgeführt werden sollen, liegt zum 31. Dezember vor: 25.000,00 €.

1. *Begründen Sie die Notwendigkeit einer Buchung und nennen Sie den Buchungssatz.*
2. *Nennen Sie die Abschlussbuchungen.*
3. *Nennen Sie für das Rückstellungskonto den Eröffnungsbuchungssatz zum 1. Januar.*
4. *Wie lautet der Buchungssatz, wenn Ende Januar n. J. nach erfolgter Instandsetzung des Gebäudes die folgende Rechnung durch Banküberweisung beglichen wird?*
   a) 28.000,00 € + Umsatzsteuer,   b) 24.000,00 € + Umsatzsteuer.

278 Für einen schwebenden Prozess rechnen wir zum Bilanzstichtag mit Gerichtskosten in Höhe von 12.000,00 €. Der Gebührenbescheid des Gerichts am 20. April n. J. lautet über
a) 12.000,00 €,   b) 15.000,00 €,   c) 10.000,00 €.

Die Zahlung erfolgt durch Postbanküberweisung.

Nennen Sie den Buchungssatz zum Bilanzstichtag und am 20. April.

279 *Vervollständigen Sie in Ihrem Arbeitsheft folgende Sätze:*

1. Rückstellungen sind •••, die ihrem Grunde nach •••, nicht aber nach ••• und/oder •••.
2. Der Betrag der Rückstellung muss ••• werden.
3. Rückstellungen dienen der ••• Ermittlung des Jahreserfolgs.

280 Die Baustoff-GmbH bestellt am 2. Dezember 3 000 t Zement XR 304 zu 60,00 € je t + Umsatzsteuer. Lieferungstermin 15. Februar n. J. Am Bilanzstichtag (31. Dezember) beträgt der Tagespreis 55,00 € je t.

1. *Begründen Sie, dass es sich hierbei um ein schwebendes Geschäft handelt.*
2. *In welchem Fall sind schwebende Geschäfte im Jahresabschluss zu berücksichtigen?*
3. *Buchen Sie a) zum 31. Dez. und b) nach Rechnungseingang im Februar n. J.*

281 Zum Bilanzstichtag rechnen wir mit Steuerberatungskosten in Höhe von 3.200,00 € netto. Im April n. J. erhalten wir die Rechnung des Steuerberaters über a) 3.500,00 € + Umsatzsteuer und b) 2.900,00 € + Umsatzsteuer.

1. *Buchen Sie zum Bilanzstichtag und geben Sie die Abschlussbuchungen an.*
2. *Nennen Sie die Eröffnungsbuchung für das Rückstellungskonto.*
3. *Wie lautet jeweils die Buchung nach Rechnungseingang?*

282 1. *Was ist unter dem Begriff „Rückstellungen" zu verstehen?*
2. *Worin unterscheiden sich Rückstellungen und Sonstige Verbindlichkeiten?*
3. *Haben Rückstellungen und Sonstige Verbindlichkeiten einen gemeinsamen Zweck?*
4. *Für welche Sachverhalte müssen nach § 249 (1) HGB Rückstellungen gebildet werden?*
5. *Kann man durch Bildung von Rückstellungen den Gewinn beeinflussen?*
6. *Zu welchem Zeitpunkt sind Rückstellungen aufzulösen?*
7. *Wozu führt a) eine zu hohe und b) eine zu niedrige Schätzung der Rückstellung bei Zahlung?*

283

Kontenplan und vorläufige Saldenbilanz	Soll	Haben
0700 Technische Anlagen und Maschinen	1.260.000,00	–
0800 Betriebs- und Geschäftsausstattung	400.000,00	–
0890 Geringwertige Wirtschaftsgüter	8.600,00	–
2280 Warenbestand	95.000,00	–
2400 Forderungen a. LL	437.160,00	–
2600 Vorsteuer	105.800,00	–
2800 Bank	348.500,00	–
2880 Kasse	7.400,00	–
3000 Eigenkapital	–	900.000,00
3001 Privat	88.700,00	–
3900 Sonstige Rückstellungen	–	10.000,00
4250 Darlehensschulden	–	300.000,00
4400 Verbindlichkeiten a. LL	–	270.000,00
4800 Umsatzsteuer	–	316.160,00
4890 Sonstige Verbindlichkeiten	–	110.000,00
5100 Umsatzerlöse für Waren	–	1.976.000,00
5710 Zinserträge	–	4.000,00
6060 Aufwendungen für Waren	626.000,00	–
6160 Fremdinstandsetzung	8.000,00	–
6700 Mietaufwendungen	145.300,00	–
6770 Rechts- und Beratungskosten	14.000,00	–
7510 Zinsaufwendungen	46.400,00	–
7800 Diverse Aufwendungen	295.300,00	–
Weitere Konten: 2900, 4900, 5420, 6520, 6550, 6570, 8010, 8020	3.886.160,00	3.886.160,00

Abschlussangaben zum Bilanzstichtag

1. Außerplanmäßige Abschreibungen: a) Vollabschreibung der GWG; b) Eine EDV-Anlage, Buchwert 8.500,00 €, hat nur noch einen Wert von 500,00 €.
2. Planmäßige Abschreibungen: TA und Maschinen: 30 % degressiv
   BGA: 20 % linear von 500.000,00 €
   Anschaffungskosten.
3. Private Warenentnahme im Wert von 1.200,00 € netto.
4. Bildung einer Prozesskostenrückstellung in Höhe von 32.800,00 € und einer Rückstellung für unterlassene Instandhaltungen über 68.000,00 €.
5. Die Dezembermiete für die Lagerhalle wird von uns Anfang n. J. mit 15.000,00 € gezahlt.
6. Ein Kunde hatte uns für einen kurzfristigen Kredit die Halbjahreszinsen in Höhe von 600,00 € am 1. November im Voraus überwiesen.
7. Kassenfehlbetrag lt. Inventur 400,00 €.
8. Am 1. Okt. zahlten wir 17.100,00 € Halbjahres-Darlehenszinsen im Voraus.
9. Der Tageswert des Inventurbestandes der Waren beträgt 92.000,00 €. Die durchschnittlichen Anschaffungskosten betragen 80.000,00 €.[1]

1. *Erstellen Sie den Jahresabschluss. Gliedern Sie die Bilanz nach § 266 HGB (siehe Anhang).*
2. *Ermitteln Sie in % die Rentabilität des Eigenkapitals, indem Sie vom Jahresgewinn für die Arbeitsleistung des Geschäftsinhabers zunächst einen Unternehmerlohn von 96.000,00 € abziehen und den Restgewinn zum Eigenkapital vom 1. Januar des Geschäftsjahres in Beziehung setzen (siehe auch S. 250). Hat sich der Kapitaleinsatz gelohnt?*

---

1 **Beachten Sie:** Nach dem **Prinzip der kaufmännischen Vorsicht** sind Vermögensgegenstände des Umlaufvermögens in der Jahresbilanz zum **niedrigsten** Wert **(Niederstwertprinzip)** auszuweisen (siehe auch S. 245).

6470242

3 Ermittlung der Wertansätze in der Jahresbilanz

3.1 Zweck der handels- und steuerrechtlichen Bewertung

Situation Die Papiergroßhandlung Kern hatte zu Beginn des Geschäftsjahres eine Verpackungsanlage erworben. Die Anschaffungskosten betrugen 200.000,00 €. Ohne Berücksichtigung der Abschreibung dieser Maschine, die eine Nutzungsdauer von 10 Jahren hat, beträgt der Unternehmensgewinn 240.000,00 €. Zum Schluss des ersten Geschäftsjahres ergibt sich für Frau Kern das folgende Problem:

„Mit welchem Wert soll die Maschine in das Inventar und die Bilanz eingesetzt werden?"

Frau Kern möchte einen möglichst niedrigen Gewinn ausweisen, um weniger Steuern (z. B. Einkommensteuer) zahlen zu müssen. Sie entscheidet sich deshalb nicht für die **lineare** Abschreibung der Maschine (= 10 %), sondern für die **degressive Abschreibung,** die das **Dreifache der linearen AfA, höchstens jedoch 30 %** (siehe Fußnote auf S. 215), beträgt. Das führt zugleich zu einem niedrigeren Wertansatz der Maschine in der Bilanz:

Ermittlung des Wertansatzes	bei linearer AfA	bei degressiver AfA
Anschaffungskosten	200.000,00 €	200.000,00 €
− Abschreibung	20.000,00 €	60.000,00 €
Bilanzansatz zum 31. Dezember	**180.000,00 €**	**140.000,00 €**

Der niedrigere Wertansatz der Maschine **bei degressiver Abschreibung** führt wegen des höheren Abschreibungsbetrags zu einer **zusätzlichen Gewinnminderung von 40.000,00 €.** Unterstellt man einen Einkommensteuersatz von 50 %, so beträgt die **Steuerersparnis** bei Wahl des niedrigeren Wertansatzes **20.000,00 €:**

Ermittlung d. Gewinnsteuer (ESt)	bei linearer AfA	bei degressiver AfA
Vorläufiger Gewinn	240.000,00 €	240.000,00 €
− Abschreibung	20.000,00 €	60.000,00 €
Endgültiger Jahresgewinn	220.000,00 €	180.000,00 €
hiervon **50 % Einkommensteuer**	**110.000,00 €**	**90.000,00 €**

Die geschilderte Situation macht deutlich, dass die **Bestimmung des Wertansatzes** zugleich den **Gewinn und die Steuerlast** des Unternehmens **beeinflusst. Ein Mehr oder Weniger im Wertansatz** der einzelnen Vermögens- und Schuldposten hat ein **gleiches Mehr oder Weniger an Gewinn (Verlust)** zur Folge.

Falsche Bewertung, wie z. B. eine überhöhte, zu niedrige oder gar unterlassene Abschreibung oder Rückstellung u. a., **führt zu einer falschen Darstellung der Vermögens-, Schulden- und Erfolgslage des Unternehmens. Vor Täuschungen sind** aber insbesondere die **Gläubiger** des Unternehmens **zu schützen.** Deshalb hat der Gesetzgeber Bewertungsvorschriften erlassen, die eine willkürliche Über- und Unterbewertung der Vermögensteile und Schulden untersagen. Es gibt **handels- und besondere steuerrechtliche Bewertungsvorschriften,** die jedoch **unterschiedliche Zielsetzungen haben:**

▶ **Die handelsrechtliche Bewertung** richtet sich nach §§ 252–256 HGB. Die Vorschriften gelten für **alle Unternehmen,** gleich welcher Rechtsform. Sie dienen der **Erhaltung des Eigenkapitals** als Haftungssubstanz und damit insbesondere dem **Schutz der Gläubiger.** Deshalb müssen Vermögen, Schulden und Erfolg des Unternehmens **vorsichtig** ermittelt werden. So sind z. B. Vermögensteile stets zu ihrem niedrigsten Wert und nicht mit ihrem höheren Marktwert anzusetzen. Das **Prinzip der Vorsicht** ist der **wichtigste Grundsatz** handelsrechtlicher Bewertung.

▶ **Die steuerliche Bewertung** richtet sich nach **§§ 5–7 Einkommensteuergesetz.** Die Vorschriften sollen die **Ermittlung des Gewinns nach einheitlichen Grundsätzen** sicherstellen und damit für mehr **Steuergerechtigkeit** sorgen. So weisen z. B. die **amtlichen AfA-Tabellen** die Nutzungsdauer der Sachanlagen mit den entsprechenden Abschreibungssätzen aus.

Die nach den handelsrechtlichen Bewertungsvorschriften erstellte Bilanz heißt **„Handelsbilanz".** Ihre **Wertansätze** sind zugleich **verbindlich für** die dem Finanzamt einzureichende **„Steuerbilanz",** sofern die steuerlichen Bewertungsvorschriften keine andere Bewertung zwingend vorschreiben. Man spricht deshalb auch vom **„Grundsatz der Maßgeblichkeit der Handelsbilanz für die Steuerbilanz".** Wurde beispielsweise in der Handelsbilanz linear abgeschrieben, so gilt das zwangsläufig auch für die Steuerbilanz. Nur bei **Kapitalgesellschaften** (AG, GmbH) gibt es **getrennte** Bilanzen, da diese Unternehmen ihren handelsrechtlichen Jahresabschluss veröffentlichen müssen **(Publizitätspflicht). Einzelunternehmen** (e. K. usw.) **und Personengesellschaften** (OHG, KG) stellen in der Regel nur **eine** Bilanz auf, die zugleich Handels- und Steuerbilanz ist.

3.2   Allgemeine Bewertungsgrundsätze

§ 252 Abs. 1 HGB enthält die folgenden allgemeinen Bewertungsgrundsätze:

▶ **Grundsatz der Bilanzidentität.** Die Wertansätze in der Eröffnungsbilanz eines Geschäftsjahres müssen mit denen der Schlussbilanz des vorangegangenen Geschäftsjahres übereinstimmen.

▶ **Grundsatz der Unternehmensfortführung.** Bei der Bewertung ist von der **Fortführung der Unternehmenstätigkeit** auszugehen und nicht von Werten, die bei der Auflösung des Unternehmens (Liquidation, Insolvenzverfahren) erzielt werden.

▶ **Grundsatz der Einzelbewertung.** Jeder Vermögens- und Schuldposten ist grundsätzlich **einzeln** zu bewerten. **Bewertungsvereinfachungsverfahren,** wie z. B. die Bewertung gleichartiger Waren nach Durchschnittswerten, sind nach § 240 Abs. 4 HGB **erlaubt** (siehe S. 249).

▶ **Grundsatz der Vorsicht.** Die Bewertung der Aktiv- und Passivposten muss vorsichtig erfolgen und **alle vorhersehbaren Risiken und Verluste,** die bis zum Abschluss-Stichtag entstanden sind, **berücksichtigen.** Gewinne aufgrund von Wertsteigerungen dürfen erst dann ausgewiesen werden, wenn sie tatsächlich, also z. B. durch Verkauf eines Vermögensgegenstandes, erzielt wurden **(Realisationsprinzip).** Drohende Verluste (z. B. aus einem schwebenden Geschäft, siehe S. 240) sind dagegen zu berücksichtigen, obwohl sie noch nicht tatsächlich entstanden sind. Das Prinzip der Vorsicht verhindert somit überhöhte Gewinnausschüttungen und trägt damit zur **Erhaltung des Eigenkapitals als Haftungssubstanz** gegenüber den Gläubigern bei **(Gläubigerschutz).**

▶ **Grundsatz der Periodenabgrenzung.** Aufwendungen und Erträge sind **unabhängig vom Zeitpunkt ihrer Ausgabe oder Einnahme** dem Geschäftsjahr zuzuordnen, in dem sie wirtschaftlich entstanden sind.

▶ **Grundsatz der Bewertungsstetigkeit.** Die einmal gewählte **Bewertungsmethode** (z. B. lineare oder degressive Abschreibungsmethode) **soll grundsätzlich beibehalten werden,** um die **Vergleichbarkeit** der Jahresabschlüsse zu ermöglichen.

6470244

3.3 Besondere Bewertungsgrundsätze

Zum Bilanzstichtag sind im Rahmen der Inventur alle **Vermögens- und Schuldposten** nach § 252 HGB **einzeln und vorsichtig zu bewerten.** Bei der Bewertung jedes Einzelpostens müssen, wie bereits erwähnt, **vorhersehbare Risiken und Verluste** berücksichtigt werden. Dabei sind **Vermögensgegenstände** grundsätzlich zum niedrigsten Wert **(Niederstwertprinzip)** und **Schulden** jeweils mit ihrem höchsten Wert **(Höchstwertprinzip)** anzusetzen. Die Bewertungsgrundsätze sollen **Gläubiger** vor falschen Entscheidungen und damit Schaden bewahren.

Das Prinzip der Vorsicht findet Anwendung in **speziellen Bewertungsprinzipien:**

Anschaffungswertprinzip	Niederstwertprinzip	Höchstwertprinzip

3.3.1 Das Anschaffungswertprinzip

Die ursprünglichen **Anschaffungskosten** eines Vermögensgegenstandes **bilden die absolute Bewertungsobergrenze,** die **nicht überschritten werden darf.**

Beispiel Der Wert eines vor 10 Jahren erworbenen Grundstücks ist inzwischen auf 300.000,00 € gestiegen. Das Konto „0500 Unbebaute Grundstücke" weist die Anschaffungskosten des Grundstücks in Höhe von 250.000,00 € aus.

Da das Grundstück noch nicht für 300.000,00 € verkauft worden ist, ist auch der Gewinn von 50.000,00 € **noch nicht tatsächlich entstanden (realisiert). Nicht realisierte Gewinne** sind lediglich **„stille Reserven".** Aus Gründen kaufmännischer Vorsicht **dürfen** sie **nicht ausgewiesen** und somit auch **nicht ausgeschüttet werden.** Das Eigenkapital soll in Höhe der stillen Reserve als **Haftungssubstanz** gegenüber den **Gläubigern** erhalten bleiben. Deshalb darf das Grundstück höchstens mit 250.000,00 € Anschaffungskosten in die Bilanz eingesetzt werden.

3.3.2 Das Niederstwertprinzip

Für die Bewertung der Güter **des Anlage- und Umlaufvermögens** gilt das **Niederstwertprinzip:** Von zwei möglichen Werten, nämlich dem **Tageswert** (Börsen- oder Marktwert) **am Bilanzstichtag** und den **Anschaffungskosten,** ist grundsätzlich der **niedrigste anzusetzen.**

Beispiel Ein Grundstück, das vor 8 Jahren für 230.000,00 € Anschaffungskosten erworben wurde, hat wegen giftiger Ablagerungen lt. Gutachten nur noch einen Marktwert von 100.000,00 €.

Da eine **dauernde Wertminderung** vorliegt, ist das Grundstück mit dem **niedrigeren Wertansatz** von 100.000,00 € im Inventar und in der Bilanz anzusetzen. Dadurch ergibt sich ein **nicht realisierter Verlust** von 130.000,00 €, der durch eine entsprechende **außerplanmäßige Abschreibung** (= außerordentliche Abschreibung) erfasst und ausgewiesen werden muss (vgl. S. 214, 247 f.).

Nennen Sie den Buchungssatz.

S	0500 Unbebaute Grundstücke		H		S	6550 Außerplanmäßige Abschreibungen		H
EBK	230.000,00	6550	130.000,00	←	0500	130.000,00	GuV	130.000,00
		SBK	100.000,00					

S	8010 Schlussbilanzkonto		H		S	8020 Gewinn- und Verlustkonto		H
0500	100.000,00				6550	130.000,00		

3.3.3 Das Höchstwertprinzip

Aus Gründen kaufmännischer Vorsicht (Gläubigerschutz) sind die **Schulden** des Unternehmens stets **zu ihrem höchsten Wert** in der Bilanz auszuweisen **(zu passivieren)**: Von zwei möglichen Werten ist jeweils der höhere in die Bilanz einzusetzen.

Beispiel Ein Textilgroßhandelsunternehmen importierte am 15. Dezember .. Waren aus den USA für 10.000,00 US-$ mit einem Zahlungsziel von 30 Tagen. Umrechnungskurs am 15. Dezember: 1 € = 0,9564 US-$. Zum 31. Dezember beträgt der Kurs für 1 €: 0,9382 US-$.

Wie lauten die Buchungen zum 15. Dezember und zum 31. Dezember?

Die Eingangsrechnung lautet auf Dollar und ist zum **Tageskurs** umzurechnen.

$$\frac{10.000,00 \text{ US-\$}}{0,9564} = 10.455,88 \text{ €}$$

Buchung der Eingangsrechnung zum 15. Dezember	Soll	Haben
6060 Aufwendungen für Waren	10.455,88	
an 4400 Verbindlichkeiten a. LL		10.455,88

S	6060 Aufwendungen f. Waren	H		S	4400 Verbindlichkeiten a. LL	H
4400	10.455,88				6060	10.455,88

Zum Bilanzstichtag ist die Währungsverbindlichkeit **aus Gründen kaufmännischer Vorsicht** mit dem **höheren Kurswert** von 10.658,71 € zu bewerten und **in die Bilanz einzusetzen.**

$$\frac{10.000,00 \text{ US-\$}}{0,9382} = 10.658,71 \text{ €}$$

Das **Höchstwertprinzip** führt somit zum Ausweis eines **nicht realisierten Verlustes** von 202,83 €.

Buchung zum Bilanzstichtag 31. Dez.	Soll	Haben
6060 Aufwendungen f. Waren	202,83	
an 4400 Verbindlichkeiten a. LL		202,83

S	6060 Aufwendungen für Waren	H		S	4400 Verbindlichkeiten a. LL	H
4400	10.455,88				6060	10.455,88
4400	202,83				6060	202,83

Würde der **Kurs** zum Bilanzstichtag **0,9635 US-$/1 € betragen,** muss die Währungsverbindlichkeit **zum niedrigeren Anschaffungskurs von 0,9564 US-$/1 € passiviert werden,** da sonst ein **Gewinn** von 77,05 € ausgewiesen würde, der jedoch **noch nicht durch Zahlung realisiert ist.** Nicht realisierte Gewinne dürfen aus Vorsichtsgründen nicht ausgewiesen werden!

Anschaffungswert-, Niederstwert- und Höchstwertprinzip bewirken, dass im Jahresabschluss **nicht realisierte Verluste ausgewiesen** werden, **nicht aber nicht realisierte Gewinne.** Diese **ungleiche** Behandlung von nicht realisierten Gewinnen und Verlusten wird auch als **„Imparitätsprinzip"**

bezeichnet. Es ist **Ausdruck kaufmännischer Vorsicht** als dem **wichtigsten allgemeinen Bewertungsgrundsatz.**

6470246

3.4   Die Bewertung des Anlagevermögens

Das Anlagevermögen gliedert sich in folgende **Gruppen:**[1]

I. Immaterielle Vermögensgegenstände	II. Sachanlagen	III. Finanzanlagen
z. B. Konzessionen, Lizenzen, Geschäfts- oder Firmenwert u. a.	z. B. Grundstücke u. Gebäude, BGA, Technische Anlagen/ Maschinen u. a.	z. B. Beteiligungen an Unternehmen, Wertpapiere des Anlagevermögens u. a.

Im Hinblick auf die Bewertung der Anlagegegenstände ist zwischen abnutzbaren und nicht abnutzbaren Anlagen zu unterscheiden. Während **abnutzbare** Sachanlagen **planmäßig nach ihrer betriebsgewöhnlichen Nutzungsdauer** abgeschrieben werden, können **nicht abnutzbare Anlagegüter** wegen fehlender Nutzungsdauer **nur außerplanmäßig** abgeschrieben werden, wenn sich eine Wertminderung einstellt.[2]

Abnutzbare Anlagegüter sind zum Bilanzstichtag mit ihren **fortgeführten** Anschaffungskosten (Herstellungskosten) anzusetzen. Sie müssen nach § 253 (2) HGB **planmäßig abgeschrieben** werden, also **linear, degressiv** oder nach **Leistungseinheiten**[3].

Beispiel	Am 10. Januar .. wurde ein Papierschneideautomat angeschafft. Die Anschaffungskosten betragen 400.000,00 €. Die Anlage hat eine betriebsgewöhnliche Nutzungsdauer von 10 Jahren und soll linear abgeschrieben werden.

Wie hoch sind die fortgeführten Anschaffungskosten?

Anschaffungskosten	400.000,00 €
− planmäßige (lineare) Abschreibung	40.000,00 €
fortgeführte Anschaffungskosten	**360.000,00 €**

Nennen Sie den Buchungssatz für die planmäßige Abschreibung der Anlage.

Sollte während der Nutzungsdauer des Anlagegutes eine **außerordentliche und dauerhafte Wertminderung** durch Schadensfall oder Unwirtschaftlichkeit der Anlage eintreten, muss nach § 253 (2) HGB neben der planmäßigen **zusätzlich** noch eine **außerplanmäßige Abschreibung** über das Konto **„6550 Außerplanmäßige Abschreibungen"** vorgenommen werden.

Nicht abnutzbare Anlagegüter (z. B. Grundstücke, als Daueranlage angeschaffte Wertpapiere u. a.) werden in der Regel zu **Anschaffungskosten** ausgewiesen. Im Falle einer **dauerhaften Wertminderung** muss allerdings eine **Abschreibung** auf den niedrigeren Tageswert erfolgen **(Strenges Niederstwertprinzip)**.

Beispiel	Zur langfristigen Kapitalanlage erwarb die Papiergroßhandlung Kern am 10. Februar .. Aktien zum Anschaffungswert von 85.000,00 €. Zum 31. Dezember .. ist der Kurswert nachhaltig auf 80.000,00 € gesunken.

Anschaffungskosten der Wertpapiere des Anlagevermögens	85.000,00 €
− außerplanmäßige Abschreibung zum 31. Dezember	5.000,00 €
Bilanzansatz zum 31. Dezember	**80.000,00 €**

Buchungssatz	Soll	Haben
7400 Abschreibungen auf Finanzanlagen des Anlagevermögens .	5.000,00	
an **1500 Wertpapiere d. Anl.-Verm.** .		5.000,00

---

1   siehe Bilanzgliederung gemäß § 266 HGB, S. 271 f., Anhang (Rückseite des Kontenrahmens)
2   siehe Kapitel C, 4.3.1
3   siehe Kapitel C, 4.3

Wertaufholung. Sollte in Zukunft der Kurswert auf 90.000,00 € steigen, kann eine **Zuschreibung** (Wertaufholung) **höchstens bis zu den Anschaffungskosten**, also um 5.000,00 €, erfolgen. *Nennen Sie den Buchungssatz.*

Zusammenfassung

▶ Nur **abnutzbare Anlagegüter** unterliegen einer **planmäßigen Abschreibung**. Die **fortgeführten Anschaffungskosten**/Herstellungskosten bilden den Wertansatz.

▶ Die **Anschaffungskosten** stellen in der Regel den Wertansatz eines **nicht abnutzbaren Anlagegutes** dar.

▶ Alle Anlagegüter müssen bei einer voraussichtlich dauernden Wertminderung **außerplanmäßig** auf den niedrigeren **Tageswert** abgeschrieben werden.

▶ Anlagegüter dürfen nach § 253 (2) HGB auch bei einer nur **vorübergehenden Wertminderung** auf den **niedrigeren Tageswert** abgeschrieben werden (gemildertes Niederstwertprinzip). Dieses Abschreibungswahlrecht gilt bei Kapitalgesellschaften nach § 279 (1) HGB nur für das Finanzanlagevermögen.

Aufgaben

284   Die Textilhandel GmbH hat im Geschäftsjahr 01 ein Aktienpaket zur langfristigen Anlage zum Kurswert von 150.000,00 € erworben.

a) Am 31. Dez. 01 beträgt der Kurswert 120.000,00 €.
b) Am 31. Dez. 02 ist der Kurswert wiederum auf 140.000,00 € gestiegen.
c) Am 31. Dez. 03 beträgt der Kurswert 200.000,00 €.

Ermitteln und begründen Sie die Wertansätze in den Fällen a), b) und c).

285   Im Geschäftsjahr 01 hat die Textilhandel GmbH zur Erweiterung ein Baugrundstück zum Kaufpreis von 600.000,00 € erworben. Grunderwerbsteuer 3,5 %; Notariatskosten 5.000,00 € + USt; Maklergebühr 18.000,00 € + USt; Grundbuchkosten 2.800,00 €. Alle Zahlungen erfolgen durch Banküberweisungen.

Im Laufe des folgenden Geschäftsjahres ergibt ein Gutachten, dass das Grundstück wegen eines sumpfigen Unterbodens nur unter beträchtlichem Aufwand bebaut werden kann. Wertminderung des Grundstücks: 80.000,00 €.

1. *Ermitteln Sie die Anschaffungskosten des Grundstücks.*
2. *Nennen Sie die Buchungen zur Bilanzierung des Grundstücks.*
3. *Begründen Sie Ihre Bewertungsentscheidung zum 31. Dez. 02 und nennen Sie die Buchung.*

286   Die Textilhandel GmbH hat im Februar des Geschäftsjahres 01 eine neue EDV-Anlage für 200.000,00 € angeschafft. Lineare Abschreibung bei einer Nutzungsdauer von 5 Jahren. Zum Schluss des 3. Geschäftsjahres ist die EDV-Anlage als wirtschaftlich und technisch überholt anzusehen, da die Lieferfirma ein verbessertes Nachfolgemodell zu einem erheblich günstigeren Preis anbietet. Der Tageswert der EDV-Anlage beträgt nur noch 20.000,00 €.

Ermitteln und begründen Sie jeweils den Wertansatz zum a) 31. Dez. 01, b) 31. Dez. 02 und c) 31. Dez. 03.

287   Die Textilhandel GmbH hat am 1. Juli .. einen computergesteuerten Stoffschneideautomaten in Betrieb genommen. Anschaffungskosten: 350.000,00 €.

1. *Ermitteln Sie die Wertansätze der neuen Anlage für die ersten drei Geschäftsjahre a) bei linearer und b) bei degressiver Abschreibung. Die Nutzungsdauer beträgt 10 Jahre.*
2. *Welche Vorteile hat die degressive Abschreibungsmethode?*
3. *Ist ein Wechsel von der degressiven zur linearen Abschreibung möglich?*

6470248

3.5 Die Bewertung des Umlaufvermögens

Zum Umlaufvermögen zählen nach § 266 HGB die folgenden Vermögensgruppen:

I. Vorräte	II. Forderungen und sonstige Vermögensgegenstände	III. Wertpapiere	IV. Schecks, Kassenbestand, Guthaben bei Kreditinstituten

Die Wirtschaftsgüter des Umlaufvermögens sind nach dem **strengen Niederstwertprinzip** zu bewerten. Von zwei Werten, nämlich den **Anschaffungskosten** (AK) und dem **Tageswert** (TW) am Bilanzstichtag, ist jeweils der niedrigere anzusetzen:

$$AK > TW \longrightarrow \text{Bewertung zum Tageswert}$$
$$AK < TW \longrightarrow \text{Bewertung zu Anschaffungskosten}$$

3.5.1 Die Bewertung der Warenvorräte

Situation Der Elektrogroßhandel Blitz KG hat zum Bilanzstichtag lt. Inventur noch 2 000 Schalter ZX23 aus unterschiedlichen Lieferungen auf Lager. Es ist nicht feststellbar, aus welcher Lieferung der Schlussbestand stammt.

*Mit welchem Wert ist der Vorrat an Schaltern anzusetzen, wenn der **Tageswert** am 31. Dezember **7,50 €** je Schalter beträgt und folgende Einzellieferungen erfolgten?*

		Stückzahl	Anschaffungskosten je Stück	Anschaffungskosten insgesamt
Anfangsbestand	1. Jan.	1 400	6,00 €	8.400,00 €
Zugang	15. April	800	6,50 €	5.200,00 €
Zugang	12. Juli	1 050	6,50 €	6.825,00 €
Zugang	18. Okt.	1 200	6,80 €	8.160,00 €
Zugang	28. Nov.	1 600	7,00 €	11.200,00 €
Summe		**6 050**		**39.785,00 €**

Warenvorräte sind durch Inventur zu erfassen und mit dem niedrigsten Wert anzusetzen. Für **gleichartige Waren,** die **zu unterschiedlichen Preisen** während des Geschäftsjahres angeschafft wurden, darf nach § 240 (4) HGB ein **Durchschnittswert** ermittelt werden, der **mit dem Tageswert** am Bilanzstichtag zu **vergleichen** ist.

$$\text{Durchschnittliche Anschaffungskosten je Stück} = \frac{39.785,00}{6\,050} = 6,58 \text{ €}$$

Die durchschnittlichen Anschaffungskosten je Stück (6,58 €) sind **niedriger** als der **Tageswert** des Schalters (7,50 €). Der Schlussbestand der 2 000 Schalter ist nach dem **strengen Niederstwertprinzip** mit 6,58 € zu bewerten:

Inventurmenge	·	Wert je Stück	=	Bilanzansatz
2 000	·	6,58	=	**13.160,00 €**

Der Warenschlussbestand ist mit 13.160,00 € in der Bilanz auszuweisen. Würde der Tageswert am Bilanzstichtag je Schalter nur 6,20 € betragen, müsste der Bestand mit 2 000 · 6,20 = 12.400,00 € angesetzt werden. Somit würde zugleich ein **nicht durch Umsatz realisierter Verlust** in Höhe von 13.160,00 € − 12.400,00 € = **760,00 €** entstehen. In diesem Fall lauten die Buchungen:

❶ 8010 Schlussbilanzkonto . . . . an 2280 Warenbestand . . 12.400,00 €
❷ 6060 Aufwendungen für Waren . an 2280 Warenbestand . .   760,00 €

288

Die Media Großhandel GmbH hat am Abschluss-Stichtag noch Videorekorder auf Lager. Der mengenmäßige Bestand beträgt lt. körperlicher Inventur 280 Stück. Die Anschaffungskosten betrugen 350,00 € je Stück.

a) Zum Bilanzstichtag beträgt der Tageswert 380,00 € je Stück.

b) Zum Bilanzstichtag beträgt der Tageswert 270,00 € je Stück.

1. *Begründen Sie Ihre Bewertungsentscheidung und ermitteln Sie den Bilanzansatz für die Videorekorder. Wie lautet die Buchung?*

2. *Erklären Sie die Auswirkung auf den Erfolg.*

289

Der Lagerbestand einer bestimmten Handelsware beträgt in einem Unternehmen lt. Inventur 300 Stück, die für 40,00 € je Stück angeschafft wurden. Zum Bilanzstichtag beträgt der Wiederbeschaffungswert 50,00 € je Stück. Der Buchhalter bewertet diesen Bestand mit 300 · 50,00 = 15.000,00 € Bilanzansatz.

1. *Nehmen Sie zu dieser Bewertungsentscheidung des Buchhalters Stellung und erklären Sie die Auswirkung auf die Erfolgsrechnung.*

2. *Ermitteln Sie gegebenenfalls den neuen Bilanzansatz, begründen und buchen Sie.*

290

Ein Großhandelsunternehmen hat zum Bilanzstichtag lt. Inventur noch einen Bestand von 2 500 Elektromotoren auf Lager. Die Elektromotoren wurden während des Geschäftsjahres erworben, jedoch nicht nach Lieferungen getrennt gelagert. Zum Bilanzstichtag ist somit nicht feststellbar, aus welchen Lieferungen die Elektromotoren stammen und zu welchen Preisen sie angeschafft wurden.

1. *Unterscheiden Sie zwischen Einzel- und Sammelbewertung.*

2. *Begründen Sie, warum im vorliegenden Fall eine Sammelbewertung rechtlich möglich ist.*

3. *Schlagen Sie ein sowohl handels- als auch steuerrechtlich zulässiges Sammelbewertungsverfahren vor.*

291

Der Leiter des Rechnungswesens (Aufgabe 290) stellt Ihnen folgende Unterlagen für eine Sammelbewertung der Elektromotoren zum Bilanzstichtag zur Verfügung:

Anfangsbestand zum   1. Jan.   2 000 Stück zu je 45,00 € Anschaffungskosten
Zugänge   10. Febr.   3 000 Stück zu je 50,00 € Anschaffungskosten
                     10. Aug.   2 000 Stück zu je 55,00 € Anschaffungskosten
                     10. Okt.   1 500 Stück zu je 58,00 € Anschaffungskosten

1. *Ermitteln Sie zum Bilanzstichtag die durchschnittlichen jährlichen Anschaffungskosten je Stück (gewogener Durchschnittspreis).*

2. *Errechnen Sie den zulässigen Bilanzansatz für den Schlussbestand von 2 500 Stück,*

   a) *wenn die durchschnittlichen Anschaffungskosten dem Tageswert am Bilanzstichtag (31. Dez.) entsprechen,*

   b) *wenn der Tageswert 70,00 € je Stück beträgt,*

   c) *wenn der Tageswert zum Abschluss-Stichtag bei 50,00 € liegt.*

292

1. *Inwiefern ist das Niederstwertprinzip Ausdruck kaufmännischer Vorsicht?*

2. *Welchen Vorteil hat der jeweils niedrigstmögliche Wertansatz?*

3. *Begründen Sie, weshalb die Anschaffungs- bzw. Herstellungskosten eines Wirtschaftsgutes stets die Bewertungsobergrenze (Höchstwert!) bilden.*

4. *Unterscheiden Sie zwischen   a) Stichtagsinventur,   b) permanenter Inventur und   c) verlegter (vor- bzw. nachverlegter) Inventur. Vgl. auch S. 20.*

3.5.2 Die Bewertung der Forderungen

3.5.2.1 Einführung

Bewertung zum Jahresabschluss. Zum Schluss des Geschäftsjahres sind die „Forderungen a. LL" hinsichtlich ihrer **Güte (Bonität)** zu überprüfen und zu bewerten. Dabei unterscheidet man **drei Gruppen:**

1. einwandfreie Forderungen	2. zweifelhafte Forderungen	3. uneinbringliche Forderungen

Einwandfrei sind Forderungen, wenn mit ihrem Zahlungseingang in voller Höhe gerechnet werden kann.

Zweifelhaft ist eine Forderung, wenn der **Zahlungseingang unsicher** ist, also ein vollständiger oder teilweiser **Forderungsausfall zu erwarten** ist. Das ist beispielsweise der Fall, wenn der Kunde **trotz Mahnung nicht gezahlt** hat oder über sein Vermögen ein **Insolvenzverfahren** beantragt oder eröffnet worden ist. Zweifelhafte Forderungen werden auch als „Dubiose" bezeichnet.

Uneinbringlich ist eine Forderung, wenn der **Forderungsausfall endgültig** feststeht. Das ist beispielsweise der Fall, wenn das Insolvenzverfahren mangels Masse eingestellt oder fruchtlos gepfändet worden ist oder bei Verjährung der Forderung.

Die Bewertung der Forderungen (§ 253 [3] HGB) entspricht dieser Einteilung:

- ▶ **einwandfreie** Forderungen sind mit dem **Nennbetrag** anzusetzen,
- ▶ **zweifelhafte** Forderungen sind mit ihrem **wahrscheinlichen Wert** zu bilanzieren,
- ▶ **uneinbringliche** Forderungen sind **voll abzuschreiben.**

Bewertungsverfahren. Für die Bewertung von Forderungen zum Bilanzstichtag gibt es **zwei Möglichkeiten:**

1. **Einzelbewertung** für das **spezielle Ausfallrisiko** (z. B. Insolvenz)
2. **Pauschalbewertung** für das **allgemeine Ausfallrisiko**

Abschreibung vom Nettowert der Forderung. Die Bewertung von Forderungen a. LL bedingt oft auch deren **Abschreibung.** Dabei ist zu beachten, dass die Abschreibung wegen eines zu erwartenden oder bereits eingetretenen Forderungsverlustes **stets nur vom Nettowert** der Forderung vorgenommen und somit als **Aufwand** gebucht werden kann. Die in der Forderung enthaltene **Umsatzsteuer** wird beim Ausfall der Forderung vom Finanzamt in entsprechender Höhe erstattet. Sie darf deshalb grundsätzlich erst dann **berichtigt** werden, wenn der **Ausfall (Verlust)** der Forderung **endgültig** feststeht und somit „das vereinbarte Entgelt für eine steuerpflichtige Lieferung oder sonstige Leistung uneinbringlich geworden ist" (§ 17 [2] Ziffer 1 UStG), wie beispielsweise nach Abschluss eines Insolvenzverfahrens über das Vermögen eines Kunden.

3.5.2.2 Die Einzelbewertung von Forderungen a. LL

Spezielles Ausfallrisiko. Zum Jahresende werden alle Forderungen aus Lieferungen und Leistungen **einzeln** auf ihre Bonität oder Einbringlichkeit überprüft. Die **Einzel-bewertung** (§ 152 [1] Ziffer 3 HGB) berücksichtigt das individuelle Ausfallrisiko beim Kunden, wie z. B. die Eröffnung eines Insolvenzverfahrens.

Aus Gründen der Klarheit in der Buchführung werden zunächst die im Rahmen der Einzelbewertung ermittelten **zweifelhaften** Forderungen von den **einwandfreien** (vollwertigen) Forderungen buchhalterisch **getrennt.** Das geschieht durch **Umbu-chung** der gefährdeten Einzelforderungen auf das Konto

„2470 Zweifelhafte Forderungen".

3.5.2.2.1 Die direkte Abschreibung uneinbringlicher Forderungen a. LL

Situation 1 Über das Vermögen des Kunden Anton Pleite e. K. wurde am 10. Dez. das Insol-venzverfahren eröffnet. Die Forderung der Großhandlung Kern beträgt 17.400,00 € (15.000,00 € netto + 2.400,00 € USt). Vor Aufstellung der Bilanz zum 31. Dez. .. erfährt Frau Kern, dass das Insolvenzverfahren mangels Masse eingestellt wurde.

Die gefährdete Forderung wird zunächst **kontenmäßig gesondert erfasst:**

Buchungssatz	Soll	Haben
❶ 2470 Zweifelhafte Forderungen ...	17.400,00	
an 2400 Forderungen a. LL		17.400,00

Werden zweifelhafte Forderungen teilweise oder vollständig **uneinbringlich,** wird der **Nettobetrag** des entsprechenden Forderungsausfalls **direkt abgeschrieben:**

„6950 Abschreibungen auf Forderungen."

Gleichzeitig ist die **Umsatzsteuer** im Soll des Kontos „4800 USt" zu **berichtigen,** da durch den Forderungsausfall eine **Rückforderung an das Finanzamt** entsteht.

Buchungssatz	Soll	Haben
❷ 6950 Abschreib. auf Forderungen..	15.000,00	
4800 Umsatzsteuer	2.400,00	
an 2470 Zweifelh. Forderungen .		17.400,00

S 2470 Zweifelhafte Forderungen H	S 6950 Abschreibungen a. Forderungen H
❶ 17.400,00 | ❷ 17.400,00	❷ 15.000,00 |

S 2400 Forderungen a. LL H	S 4800 Umsatzsteuer H
... 185.600,00 | ❶ 17.400,00	❷ 2.400,00 |

Situation 2 Auf eine im vorigen Jahr als uneinbringlich abgeschriebene Forderung erhält Frau Kern am 15. Dez. unerwartet 2.900,00 € (2.500,00 € netto + 400,00 € USt) durch Banküberweisung. Damit lebt die Umsatzsteuer wieder auf.

Buchungssatz	Soll	Haben
2800 Bank	2.900,00	
an 5490 Periodenfremde Erträge ..		2.500,00
an 4800 Umsatzsteuer		400,00

3.5.2.2.2 Die Einzelwertberichtigung von zweifelhaften Forderungen (EWB)

Indirekte Abschreibung. Ist zum **Bilanzstichtag** bei einer Forderung ein Verlust zu erwarten, so muss in Höhe des **vermuteten** (geschätzten) **Ausfalls** eine entsprechende Abschreibung vorgenommen werden. Diese Abschreibung erfolgt aus Gründen der **Klarheit und Übersichtlichkeit** in der Buchführung in der Regel nicht direkt über das Konto „Zweifelhafte Forderungen", sondern **indirekt** über ein **Wertberichtigungskonto:**

„2401 Einzelwertberichtigungen auf Forderungen" (EWB).

Die **Zuführung** zu der EWB, also die **Bildung der EWB**, erfolgt über das **Aufwandskonto**

„6952 Zuführung zur EWB auf Forderungen".

Beispiel Kunde Karl Kurz e. Kfm. hat am 13. Dez. .. das Insolvenzverfahren beantragt. Die Forderung der Großhandlung Kern beträgt 11.600,00 € (= 10.000,00 € netto + 1.600,00 € USt). Zum 31. Dez. .. wird der Verlust auf 80 % von 10.000,00 € (= 8.000,00 €) geschätzt.

❶ Umbuchung der zweifelhaften Forderung zum 31. Dez. ..	Soll	Haben
2470 Zweifelhafte Forderungen	11.600,00	
an 2400 Forderungen a. LL		11.600,00

❷ Indirekte Abschreibung des vermuteten Forderungsverlustes zum 31. Dez. ..	Soll	Haben
6952 Zuführung zur EWB	8.000,00	
an 2401 EWB auf Forderungen		8.000,00

S	2400 Forderungen a. LL	H
... 232.000,00	❶ 2470 11.600,00	
	SBK 220.400,00	

S	2470 Zweifelhafte Forderungen	H
❶ 2400 11.600,00	SBK 11.600,00	

S	6952 Zuführung zur EWB	H
❷ 2401 8.000,00	GuV 8.000,00	

S	2401 EWB auf Forderungen	H
SBK 8.000,00	❷ 6952 8.000,00	

Soll	8010 Schlussbilanzkonto	Haben
2400 Forderungen a. LL 220.400,00	2401 EWB auf Forderungen 8.000,00	
2470 Zweifelhafte Forderungen ... 11.600,00[1]		

Im neuen Jahr werden die **Konten 2470 und 2401** wieder **eröffnet**, damit die **ursprüngliche Höhe** der zweifelhaften Forderung **und der erwartete Verlust** erkennbar sind:

Buchungen	Soll	Haben
2470 Zweifelhafte Forderungen	11.600,00	
an 8000 Eröffnungsbilanzkonto ...		11.600,00
8000 Eröffnungsbilanzkonto	8.000,00	
an 2401 EWB auf Forderungen		8.000,00

S	2470 Zweifelhafte Forderungen	H
8000 11.600,00		

S	8000 Eröffnungsbilanzkonto	H
2401 8.000,00	2470 11.600,00	

S	2401 EWB auf Forderungen	H
	8000 8.000,00	

---

1 **Beachten Sie:** In der nach § 266 HGB zu **veröffentlichenden** Bilanz der **Kapitalgesellschaften** sind „Zweifelhafte Forderungen" nicht vorgesehen. Sie sind unter „**II. 1. Forderungen a. LL**" auszuweisen (siehe Anhang).

Der sich im neuen Jahr ergebende **tatsächliche** Ausfall der zweifelhaften Forderung wird **direkt** abgeschrieben über das Konto

„6950 Abschreibungen auf Forderungen",

obwohl für diese Forderung bereits eine Wertberichtigung besteht. Auf diese Weise werden **alle umsatzsteuermindernden Forderungsausfälle** ausschließlich **auf dem Konto 6950 erfasst,** das, versehen mit einer **Umsatzsteuerautomatik,** wiederum eine **EDV-gerechte** Umsatzsteuerverprobung ermöglicht. Die für die zweifelhafte Forderung gebildete **Einzelwertberichtigung** bleibt somit **bis zum Jahresende unberührt.**

Beispiel Nach Abschluss des Insolvenzverfahrens gegen den Kunden Karl Kurz e. Kfm. überweist der Insolvenzverwalter 2.320,00 €. Die Restforderung in Höhe von 9.280,00 € (11.600,00 € – 2.320,00 €) ist endgültig verloren. Die darin enthaltene Umsatzsteuer über 1.280,00 € wird berichtigt.

Buchungssatz	Soll	Haben
2800 Bank	2.320,00	
6950 Abschreibungen auf Forderungen	8.000,00	
4800 Umsatzsteuer	1.280,00	
an 2470 Zweifelhafte Forderungen .		11.600,00

S	2470 Zweifelhafte Forderungen	H		S	2800 Bank	H
8000	11.600,00	Diverse 11.600,00		2470	2.320,00	

S	2401 EWB auf Forderungen	H		S 6950 Abschreibungen auf Forderungen	H
	8000	8.000,00		2470	8.000,00

		S	4800 Umsatzsteuer	H
		2470	1.280,00	

Die **bisherige** EWB (8.000,00 €) wird **zum 31. Dez.** jeweils der **aktuellen** EWB zweifelhafter Forderungen **angepasst.**

Beispiele EWB zum 31. Dez.: ❶ 5.000 €, ❷ 9.000,00 €.

❶ **Neue EWB < bisherige EWB:** In Höhe des Differenzbetrages (8.000,00 € – 5.000,00 € = 3.000,00 €) erfolgt eine **Herabsetzung der EWB.**

Buchungssatz	Soll	Haben
2401 EWB auf Forderungen	3.000,00	
an 5450 Erträge aus der Herab-		
setzung von Wertberichtigungen		
auf Forderungen		3.000,00

S	5450 Erträge a. WB-Herabsetzung	H		S	2401 EWB auf Forderungen	H
GuV	3.000,00	2401 3.000,00		5450	3.000,00	AB 8.000,00
				SBK	5.000,00	

❷ **Neue EWB > bisherige EWB:** In Höhe des Differenzbetrages (9.000,00 € – 8.000,00 € = 1.000,00 €) erfolgt eine **Erhöhung der EWB.**

Buchungssatz	Soll	Haben
6952 Zuführung zur EWB	1.000,00	
an 2401 EWB auf Forderungen		1.000,00

S	6952 Zuführung zur EWB	H		S	2401 EWB auf Forderungen	H
2401	1.000,00	GuV 1.000,00		SBK	9.000,00	AB 8.000,00
						6952 1.000,00

6470254

Aufgaben

293 Der Kunde Mathias Schneider e. K. hat am 8. Nov. beim zuständigen Amtsgericht das Insolvenzverfahren beantragt. Unsere Forderung beträgt einschließlich Umsatzsteuer 5.800,00 €. Am 20. Nov. erfahren wir, dass die Insolvenzeröffnung mangels Masse abgelehnt wurde. Das Konto „2400 Forderungen a. LL" weist einen Bestand von 255.200,00 € aus, das Konto „4800 Umsatzsteuer" 35.200,00 €.

1. *Buchen Sie auf den entsprechenden Konten a) zum 8. und b) zum 20. Nov.*
2. *Warum darf nur vom Nettowert der Forderung abgeschrieben werden?*

294 Der Kunde Hans Moog e. K. hat am 2. Dez. das Insolvenzverfahren beantragt. Unsere Forderung: 11.600,00 €. Ein Vergleich kommt am 28. Dez. zustande. Die Erstattungsquote beträgt 50 % = 5.800,00 €. Die Bankgutschrift erfolgt noch zum 29. Dez. *Buchen Sie* 1. *zum 2. Dez. und* 2. *zum 29. Dez.*

295 Der Kunde Dirk Krämer e. K. hat am 10. Nov. das Insolvenzverfahren beantragt. Unsere Forderung beträgt einschließlich Umsatzsteuer 13.920,00 €. Beim letzten Termin am 15. Dez. ergab sich eine Erstattungsquote von a) 50 % und b) 70 %. Die Zahlung erfolgte zum gleichen Zeitpunkt durch Banküberweisung. Bestand auf Konto 2400: 208.800,00 €, auf Konto 4800: 28.800,00 €.

1. *Buchen Sie auf den erforderlichen Konten zum 10. Nov.*
2. *Wie lauten die Buchungen zum 15. Dez. a) bei 50 % und b) bei 70 % Erstattungsquote?*
3. *Inwiefern ergibt sich in den Fällen 2. a) und 2. b) ein Kürzungsanspruch und damit eine Korrektur der Umsatzsteuer?*

296 Im vergangenen Jahr war eine uneinbringlich gewordene Forderung von 6.960,00 € direkt in voller Höhe abgeschrieben worden. Unerwartet erhalten wir am 15. Mai des laufenden Jahres 1.740,00 € einschließlich USt auf unser Bankkonto überwiesen. *Buchen Sie und begründen Sie die Auswirkung des Falles auf die Umsatzsteuer.*

297 Über das Vermögen unseres Kunden Martin Ohnesorg e. K. wird am 15. Dez. das Insolvenzverfahren eröffnet. Unsere Forderung beträgt 8.120,00 € (7.000,00 € netto + 1.120,00 € USt). Zum Bilanzstichtag wird mit einem Ausfall von 70 % der Forderung gerechnet. Das Konto „2400 Forderungen a. LL" weist einen Bestand von 348.000,00 € aus.

1. *Wie lauten die Buchungen a) zum 15. Dez. und b) zum 31. Dez.?*
2. *Schließen Sie die Bestandskonten über das Schlussbilanzkonto ab und erläutern Sie den Aussagewert dieser Bilanzposten.*
3. *Wie wäre zum 31. Dez. bei einem EWB-Anfangsbestand von 3.500,00 € zu buchen?*
4. *Vergleichen Sie die Aussagefähigkeit der* **Kundenkonten** *bei direkter und bei indirekter Abschreibung der zweifelhaften Forderungen.*
5. *Warum darf in diesem Fall zum 31. Dez. noch keine USt-Korrektur erfolgen?*

298 Die Bestandskonten der Aufgabe 297 sind mit ihren Beständen zum 1. Jan. .. zu eröffnen. Das Konto „4800 Umsatzsteuer" weist einen Bestand von 24.000,00 € aus. Am 15. Febr. des laufenden Geschäftsjahres werden uns nach Abschluss des Insolvenzverfahrens folgende Beträge einschließlich Umsatzsteuer auf unser Bankkonto überwiesen: a) 3.480,00 €; b) 2.320,00 €.

1. *Ermitteln Sie rechnerisch jeweils die Umsatzsteuerkorrektur.*
2. *Buchen Sie auf den entsprechenden Konten die Fälle a) und b).*
3. *Bei Bewertung der Forderungen zum Bilanzstichtag gilt — wie bei allen Wirtschaftsgütern — der Grundsatz der Einzelbewertung. Begründen Sie das.*

3.5.2.3 Die Pauschalwertberichtigung auf Forderungen (PWB)

Allgemeines Ausfallrisiko. Bei großem Kundenstamm ist eine **Einzelbewertung** aller Forderungen zum Bilanzstichtag **zu zeitaufwendig**. Erfahrungsgemäß ist aber auch bei einwandfreien Forderungen im Laufe des Geschäftsjahres mit Ausfällen zu rechnen. Diesem nicht vorsehbaren **allgemeinen Ausfall- bzw. Kreditrisiko** trägt man vorsorglich durch eine Pauschalabschreibung der Forderungen Rechnung.

Berechnung der Pauschalabschreibung. Aufgrund der betrieblichen Erfahrungen (Forderungsausfälle der letzten 3–5 Jahre) wird ein Prozentsatz ermittelt und auf den Bestand der Forderungen (Nettowert) angewandt. Dieser **Pauschalsatz** muss rechnerisch **nachweisbar** sein.

Indirekte Abschreibung. Die Pauschalabschreibung erfolgt aus Gründen der Klarheit **indirekt** über das Konto

„2402 Pauschalwertberichtigung auf Forderungen" (PWB).

Die Bildung der PWB auf Forderungen erfolgt über das **Aufwandskonto**

„6953 Zuführung zur Pauschalwertberichtigung auf Forderungen".

Zum Jahresschluss wird das Pauschalwertberichtigungskonto genauso wie das Einzelwertberichtigungskonto über das Schlussbilanzkonto abgeschlossen.

Beispiel

Gesamtbetrag der Forderungen zum 31. Dez., brutto	232.000,00 €
– Umsatzsteueranteil	32.000,00 €
Nettoforderungen, die der Pauschalbewertung unterliegen	200.000,00 €
Hierauf 3 % Pauschalabschreibung	**6.000,00 €**

Buchungen	Soll	Haben
❶ 6953 Zuführung zur PWB a. F.	6.000,00	
an 2402 PWB auf Forderungen ..		6.000,00
❷ 2402 PWB auf Forderungen	6.000,00	
an 8010 Schlussbilanzkonto		6.000,00
❸ 8010 Schlussbilanzkonto	232.000,00	
an 2400 Forderungen a. LL		232.000,00
❹ 8020 GuV-Konto	6.000,00	
an 6953 Zuführung z. PWB a. F. .		6.000,00

S	6953 Zuführung zur PWB a. F.	H
❶ 6.000,00	❹ GuV	6.000,00

S	8020 GuV-Konto	H
❹ 6.000,00		

S	2400 Forderungen a. LL	H
... 232.000,00	❸ SBK	232.000,00

S	2402 PWB auf Forderungen	H
❷ SBK 6.000,00	❶	6.000,00

Soll	8010 Schlussbilanzkonto	Haben
❸ 2400 Forderungen a. LL 232.000,00	❷ 2402 PWB auf Forderungen 6.000,00	

Im neuen Jahr werden die Konten 2400 und 2402 wieder eröffnet, damit die ursprüngliche Höhe der Forderungen und der geschätzte Pauschalausfall erkennbar sind:

Buchungen	Soll	Haben
2400 Forderungen a. LL	232.000,00	
an 8000 Eröffnungsbilanzkonto ...		232.000,00
8000 Eröffnungsbilanzkonto	6.000,00	
an 2402 PWB auf Forderungen		6.000,00

S	2400 Forderungen a. LL	H
8000 232.000,00		

S	8000 Eröffnungsbilanzkonto	H
2402 6.000,00	2400	232.000,00

S	2402 PWB auf Forderungen	H
	8000	6.000,00

6470256

Buchungen während des Geschäftsjahres. Bei Ausfall einer Forderung während des Geschäftsjahres wird die **Pauschalwertberichtigung nicht in Anspruch genommen.** Der Ausfall wird **direkt** über das Konto 6950 (mit Steuerberichtigung) gebucht.

Beispiel Im März des neuen Geschäftsjahres wird ein Kunde zahlungsunfähig. Die Forderung in Höhe von 1.044,00 € (900,00 € + 144,00 €) ist uneinbringlich.

Buchung	Soll	Haben
6950 Abschreibungen auf Forderungen	900,00	
4800 Umsatzsteuer	144,00	
an 2400 Forderungen a. LL		1.044,00

Anpassung zum Bilanzstichtag. Die **Pauschalwertberichtigung** ist zum Jahresabschluss stets dem neuen Forderungsbestand anzupassen. Sie muss entweder herauf- oder herabgesetzt werden. Eine **Aufstockung** bedeutet eine zusätzliche Neubildung in Höhe des Unterschiedsbetrages zwischen dem Bestand der PWB und dem zu bildenden neuen Wert der Pauschalwertberichtigung. Eine **Herabsetzung** bedingt eine entsprechende Auflösung der PWB über das Konto

„5450 Erträge aus der Herabsetzung von Wertberichtigungen auf Forderungen".

Beispiel Die PWB hat im obigen Beispiel einen Bestand am 31. Dez. von 6.000,00 €. Aufgrund des relativ geringen Forderungsausfalls im letzten Jahr setzen wir den Pauschalsatz von 3 % auf 2 % herab. Zwei Fälle sind möglich:

❶ **Forderungsbestand zum 31. Dez.: netto 350.000,00 €; Pauschalsatz 2 %**

2 % von 350.000,00 € Forderungsbestand zum 31. Dez.	7.000,00 €
— Bestand der PWB des Vorjahres	6.000,00 €
Heraufsetzung der PWB zum 31. Dez.	1.000,00 €

Buchung	Soll	Haben
6953 Zuführung zur PWB a. F.	1.000,00	
an 2402 PWB auf Forderungen		1.000,00

Soll	2402 PWB auf Forderungen		Haben
8010	7.000,00	8000	6.000,00
		6953	1.000,00
	7.000,00		7.000,00

❷ **Forderungsbestand zum 31. Dez.: netto 150.000,00 €; Pauschalsatz 2 %**

2 % von 150.000,00 € Forderungsbestand zum 31. Dez.	3.000,00 €
— Bestand der PWB des Vorjahres	6.000,00 €
Auflösung der PWB zum 31. Dez.	3.000,00 €

Buchung	Soll	Haben
2402 PWB auf Forderungen	3.000,00	
an 5450 Erträge aus der Herab-		
setzung von Wertb. a. F.		3.000,00

Soll	2402 PWB auf Forderungen		Haben
5450	3.000,00	8000	6.000,00
8010	3.000,00		
	6.000,00		6.000,00

Aufgaben

299
Die Netto-Forderungsbestände der letzten 5 Jahre betragen insgesamt 1.800.000,00 €, die entsprechenden Forderungsverluste 45.000,00 € netto.
1. *Ermitteln Sie den Prozentsatz für eine PWB der Forderungen.*
2. *Bilden und buchen Sie die Pauschalwertberichtigung zum 31. Dez. des laufenden Jahres bei einem Forderungsbestand von 406.000,00 € und einem Anfangsbestand der PWB von 7.000,00 €.*

300
Der Forderungsbestand eines Handelsunternehmens beträgt zum 31. Dez. 01 80.000,00 €. Wegen des allgemeinen Kreditrisikos wird aufgrund der Erfahrungen in der Vergangenheit mit einem Ausfall von 2 % gerechnet. Eine Einzelbewertung war nicht möglich. *Berechnen Sie die Pauschalwertberichtigung und buchen Sie zum 31. Dez. (Anfangsbestand PWB 12.000,00 €).*

301
Im folgenden Jahr (Aufgabe 300) liegen folgende Zahlungsausfälle vor:

2. März	Kunde Ley:	Forderung: 2.320,00 €;	Ausfall	100 %
8. Juni	Kunde Maag:	Forderung: 3.480,00 €;	Ausfall	60 %
11. Okt.	Kunde Naumann:	Forderung: 1.102,00 €;	Ausfall	50 %

Restzahlung durch Banküberweisung. *Buchen Sie die Forderungsausfälle.*

302
Zum Bilanzstichtag am 31. Dez. 02 beträgt der Forderungsbestand des oben genannten Handelsunternehmens (Aufgaben 300/301): a) 696.000,00 €, b) 232.000,00 €.
1. *Berechnen Sie für den Abschluss die neue PWB zu 2 % und ermitteln Sie den jeweiligen Betrag für die Herauf- bzw. Herabsetzung der PWB.*
2. *Buchen Sie die Anpassung der PWB an die neuen Werte.*

303
Der Gesamtbetrag der Forderungen (brutto) beläuft sich auf 464.000,00 €. Darin sind folgende Außenstände enthalten, die im Rahmen der Einzelbewertung wertberichtigt werden müssen:

Kunden	Bruttobetrag der Forderung	Mutmaßlicher Ausfall
Becker	23.200,00	80 %
Meier	11.600,00	30 %
Schnell	4.640,00	50 %

Für den Rest des Forderungsbestandes ist eine Pauschalwertberichtigung von 3 % zu bilden.
Anfangsbestände: EWB 15.000,00 €, PWB 12.000,00 €.

304
Das Insolvenzverfahren im Falle des Kunden Becker (Aufgabe 303) ist abgeschlossen. Der Insolvenzverwalter überweist auf unser Bankkonto die Erstattungsquote von   a) 30 %,   b) 10 %.
Stellen Sie in den Fällen a) und b) jeweils die Berechnung des endgültigen Ausfalls dar und buchen Sie entsprechend.

305
Auf eine im vergangenen Jahr als uneinbringlich abgeschriebene Forderung werden uns unerwartet 580,00 € (500,00 € netto + 80,00 € Umsatzsteuer) auf unser Bankkonto überwiesen. *Buchen Sie den Vorgang.*

306
1. *Die Forderungen werden im Hinblick auf ihre Bewertung in drei Gruppen eingeteilt. Nennen Sie diese und geben Sie jeweils an, wie die Forderungen zu bewerten sind.*
2. *Welche Vorteile hat die indirekte Abschreibung auf zweifelhafte Forderungen für die Buchhaltung eines Unternehmens?*
3. *Begründen Sie die Notwendigkeit der Bildung einer Pauschalwertberichtigung auf Forderungen.*

6470258

3.6 Die Bewertung der Schulden

Höchstwertprinzip. Verbindlichkeiten sind zum Bilanzstichtag gemäß § 253 [1] HGB zu ihrem **Höchstwert,** d. h. mit ihrem

höheren Rückzahlungsbetrag

in die Bilanz einzusetzen, sofern überhaupt eine Wahlmöglichkeit zwischen einem niedrigeren und einem höheren Wert besteht. Das ist z. B. der Fall bei

▶ **Währungsverbindlichkeiten** und ▶ **Hypotheken.**

Bei Währungsverbindlichkeiten (Valutaverbindlichkeiten) ist zunächst der **Tages-Wechselkurs am Bilanzstichtag** festzustellen. Ist dieser gesunken, so darf nicht der niedrigere Kurs eingesetzt werden **(nicht realisierter Gewinn!).** Ist der Wechselkurs dagegen gestiegen, so muss **aus Gründen kaufmännischer Vorsicht** die Verbindlichkeit zum höheren Wert in der Bilanz ausgewiesen werden **(Höchstwertprinzip!).**

Beispiel Wir haben am 18. Dez. aus den USA Waren mit einem Zahlungsziel von 4 Wochen importiert. Die Rechnung lautet über 5.000,00 US-$. Zum 18. Dez. betrug der Wechselkurs 0,9463 US-$/1 €. Der Rechnungsbetrag der **Eingangsrechnung** von 5.283,74 € (5.000,00 : 0,9463) wurde **gebucht:**

Buchung	Soll	Haben
6060 Aufwendungen für Waren	5.283,74	
an 4400 Verbindlichkeiten a. LL		5.283,74

Bei der Bewertung der Währungsverbindlichkeit sind **drei** Fälle möglich:

❶ **Am Bilanzstichtag entspricht der Tageskurs dem Anschaffungskurs von 0,9463 US-$/1 €.**

Die Auslandsschuld ist zum **Anschaffungskurs** zu passivieren:

Bilanzansatz = 5.000,00 US-$: 0,9463 = **5.283,74 €**

❷ **Am Bilanzstichtag ist der Kurs auf 0,9371 US-$/1 € gefallen,** d. h., der Kurs für den US-$ ist gestiegen und der Kurs für den Euro ist gefallen.

Nach dem strengen Höchstwertprinzip müssen Verbindlichkeiten zum Abschluss-Stichtag mit ihrem **höheren Rückzahlungsbetrag** bewertet und in die Schlussbilanz eingesetzt werden:

Bilanzansatz = 5.000,00 US-$: 0,9371 = **5.335,61 €**

Damit wird bereits zum Bilanzstichtag ein **Verlust von 51,87 €** ausgewiesen.

Buchung	Soll	Haben
6060 Aufwendungen für Waren	51,87	
an 4400 Verbindlichkeiten a. LL		51,87

Nach dieser Buchung erscheint die Währungsverbindlichkeit mit ihrem höheren Tageswert von 5.335,61 € in der Bilanz.

❸ **Am Bilanzstichtag ist der Kurs auf 0,9584 US-$/1 € gestiegen,** d. h., der Kurs für den US-$ ist gefallen und der Kurs für den Euro ist gestiegen.

Die Währungsverbindlichkeit darf nun **nicht** mit dem niedrigeren Wert von 5.217,03 € (5.000,00 : 0,9584) angesetzt werden, da sonst ein Gewinn von 66,71 € ausgewiesen würde, der durch Bezahlung der Rechnung noch nicht entstanden (realisiert) ist. **Nicht realisierte Gewinne dürfen nicht ausgewiesen werden!** Aus Gründen der Vorsicht muss die Verbindlichkeit zum **höheren** ursprünglichen Anschaffungswert von 5.283,74 € passiviert werden.

Bei Hypothekenschulden ist der **Rückzahlungsbetrag** (= 100 %) meist höher als der **vereinnahmte** Betrag. Der **Unterschiedsbetrag, das so genannte Disagio, darf** nach § 250 (3) HGB unter die Rechnungsabgrenzungsposten der Aktivseite **(ARA)** aufgenommen werden **(Aktivierungsrecht).** Das Disagio ist dann allerdings durch **planmäßige** Abschreibungen auf die gesamte Laufzeit der Hypothek zu verteilen.

Beispiel   Zur Finanzierung einer Lagerhalle haben wir bei der Bank eine Hypothek von 500.000,00 € aufgenommen, die zu 96 % = 480.000,00 € ausgezahlt wurde. Das Disagio von 20.000,00 € ist als Zinsaufwand auf die zehnjährige Laufzeit der Hypothek planmäßig zu verteilen (abzuschreiben), also jährlich 2.000,00 €.

❶ Buchung bei Aufnahme d. Hypothek	Soll	Haben
2800 Bank	480.000,00	
2900 ARA	20.000,00	
an 4250 Hypothekenschulden		500.000,00

❷ Buchung zum 31. Dez.	Soll	Haben
7590 Sonst. zinsähnliche Aufwend. ...	2.000,00	
an 2900 ARA		2.000,00

Zusammenfassung

▶ **Zum Schluss des Geschäftsjahres** ist für jeden einzelnen Vermögens- und Schuldposten der richtige **Wertansatz in Inventar und Bilanz** zu ermitteln.

▶ **Abnutzbare Anlagegüter** werden **planmäßig** (z. B. linear) abgeschrieben. Außergewöhnliche Wertminderungen bedingen bei **allen** Anlagegütern **außerplanmäßige** Abschreibungen.

▶ Bei der Bewertung von **gleichartigen Waren** darf ein **Durchschnittswert** angesetzt werden, der mit dem Tageswert zum Bilanzstichtag zu vergleichen ist (Strenges Niederstwertprinzip).

▶ **Forderungen** sind mit ihrem **wahrscheinlichen Wert** anzusetzen. Bei **zweifelhaften** Forderungen ist der **Verlust** der Nettoforderung zu **schätzen** und zu buchen. Uneinbringliche Forderungen sind **abzuschreiben.** Die **Umsatzsteuer** darf nur bei **tatsächlichem** Forderungsausfall **berichtigt** werden.

▶ **Schulden** sind in Inventar und Bilanz mit ihrem **höchsten Wert** anzusetzen.

▶ **Handelsrechtliche Bewertungsvorschriften** bewirken **zum Schutz der Unternehmenseigner und Gläubiger** eine **vorsichtige Bewertung** des Vermögens und der Schulden. Sie tragen zur **Erhaltung des Eigenkapitals als Haftungssubstanz** gegenüber den Gläubigern bei.

▶ Das **Prinzip der Vorsicht** findet seinen **Ausdruck im Anschaffungswert-, Niederstwert- und Höchstwertprinzip.** Diese Bewertungsgrundsätze sorgen dafür, dass einerseits **nicht realisierte Gewinne** nicht ausgewiesen werden und somit im Unternehmen als **stille Reserven** verbleiben, andererseits aber **nicht realisierte Verluste** ausgewiesen werden müssen.

▶ Die **ungleiche** Behandlung von nicht realisierten Gewinnen und Verlusten wird auch als **Imparitätsprinzip** bezeichnet.

▶ Die **steuerrechtlichen Bewertungsvorschriften** sollen eine **einheitliche Gewinnermittlung** sicherstellen.

▶ Der **Grundsatz der Maßgeblichkeit** besagt, dass die **handelsrechtlichen** Bewertungsvorschriften **für** die **steuerliche** Gewinnermittlung **maßgebend (verbindlich)** sind, sofern das Steuerrecht nicht zwingend eine andere Bewertung vorschreibt.

6470260

307   Die Anschaffungskosten einer im Oktober gekauften Ware betrugen 150,00 €
je Stück. Am Bilanzstichtag beträgt der Markt- bzw. Tageswert 170,00 €. Der
Lagerbestand beträgt zum 31. Dezember 100 Stück.

1. *Ermitteln Sie den Wertansatz des Warenbestandes im Inventar und in der
   Bilanz.*
2. *Begründen Sie Ihre Bewertung.*

308   Die Anschaffungskosten einer Ware betragen 220,00 € je Stück. Am Bilanzstichtag beträgt der Wiederbeschaffungswert 180,00 €. Von dieser Ware sind am
31. Dezember lt. Inventur noch 150 Stück vorhanden.

1. *Ermitteln Sie zum Bilanzstichtag den Wertansatz für Inventar und Bilanz.*
2. *Begründen Sie Ihre Bewertungsentscheidung.*

309   Das Textilgroßhandelsunternehmen Lutz Lang e. K. erwarb ein Grundstück im
Wert von 120.000,00 € gegen Bankscheck. An das Finanzamt wurden 3,5 %
Grunderwerbsteuer durch Bank überwiesen. Die Rechnung des Notars lautet
über 1.500,00 € + Umsatzsteuer und wird durch Banküberweisung beglichen.
Die Kosten für die Eintragung in das Grundbuch betragen 800,00 €. Die Zah-
lung erfolgt durch Banküberweisung.

Fünf Jahre nach Anschaffung hat das Grundstück einen Marktwert von
150.000,00 €.

1. *Ermitteln Sie die Anschaffungskosten des Grundstücks.*
2. *Wie lautet Ihre Bewertungsentscheidung im fünften Jahr nach Anschaffung des Grundstücks? Begründen Sie diese.*

310   Das Elektrogroßhandelsunternehmen Blitz KG erwarb vor 10 Jahren ein Grundstück zu 180.000,00 € Anschaffungskosten. Wegen Schadstoffbelastung hat
das Grundstück lt. Gutachten heute nur noch einen Verkehrswert von
120.000,00 €.

Entscheiden Sie über die Bewertung des Grundstücks und begründen Sie diese.

311   Die Papiergroßhandlung Katja Kern e. Kfr. hat am 10. Januar .. einen LKW
erworben. Die Anschaffungskosten betragen 100.000,00 €. Betriebsgewöhnliche Nutzungsdauer: fünf Jahre. Der LKW wird zum 31. Dezember linear abgeschrieben.

*Wie hoch sind die fortgeführten Anschaffungskosten am Ende des dritten
Nutzungsjahres?*

312   Am 15. Januar des vierten Nutzungsjahres hat der LKW (siehe vorhergehende
Aufgabe) durch Unfall einen Totalschaden. Der Schrottwert beträgt 6.000,00 €.

1. *Begründen Sie Ihre Bewertung zum 15. Januar.*
2. *Nennen Sie den Buchungssatz.*

313   Ein Großhandelsunternehmen importiert am 10. Dez. .. Waren aus den USA. Die
Rechnung lautet über 15.000,00 US-$. Zahlungsziel vier Wochen. Der Kurs
beträgt am 10. Dez. 0,9405 US-$/1 €. Am Bilanzstichtag ist der Umrechnungs-
kurs 0,9364 US-$/1 €.

1. *Nennen und begründen Sie den Wertansatz der Währungsverbindlichkeit
   zum 31. Dezember.*
2. *Nennen Sie die erforderliche Buchung zum 31. Dezember.*

314 In einem Großhandelsunternehmen beträgt der Lagerbestand einer bestimmten Handelsware 400 Stück. Die Anschaffungskosten wurden mit 60,00 € je Stück ermittelt. Zum Bilanzstichtag lautet der Wiederbeschaffungswert 70,00 € je Stück. Der Buchhalter bewertet den Schlussbestand mit 400 · 70,00 = 28.000,00 € Bilanzansatz.

1. *Nehmen Sie zur Bewertungsentscheidung des Buchhalters Stellung.*
2. *Ermitteln Sie den Bilanzansatz.*

315 In einem Baustoffgroßhandel ergab die körperliche Inventur der Warengruppe Kleber f 12 einen Bestand von 2 000 kg zum Bilanzstichtag. Da der Bestand aus verschiedenen Lieferungen mit unterschiedlichen Preisen stammt, müssen für die Bewertung die durchschnittlichen Anschaffungskosten ermittelt werden:

1. Jan.	Anfangsbestand	800 kg zu je 8,00 €
10. April	Zugang	500 kg zu je 7,50 €
15. Aug.	Zugang	900 kg zu je 7,30 €
12. Okt.	Zugang	1 200 kg zu je 7,00 €

1. *Ermitteln Sie die durchschnittlichen Anschaffungskosten des Schlussbestandes lt. Inventur.*
2. *Bewerten Sie den Schlussbestand, wenn der Wiederbeschaffungswert am 31. Dezember a) 8,20 € je kg und b) 6,00 € je kg beträgt.*
3. *Begründen Sie Ihre Bewertungsentscheidung in den Fällen 2. a) und 2. b).*

316 Zur kurzfristigen Anlage wurden am 20. Februar .. 20 Ulrica-Aktien zu je 390,00 € Anschaffungskosten erworben. Zum 31. Dezember beträgt der Stückkurs der Aktien a) 325,00 € und b) 420,00 €.

Begründen Sie Ihre Bewertungsentscheidung zum 31. Dezember.

317 Die Textilvertriebs-GmbH hat zu Beginn des Geschäftsjahres eine Maschine zu 200.000,00 € Anschaffungskosten erworben. In ihrer Handelsbilanz zum 31. Dezember wurde die Maschine linear mit 10 % abgeschrieben. In der dem Finanzamt eingereichten Steuerbilanz wurde die Maschine mit dem steuerlichen Höchstsatz degressiv abgeschrieben.

1. *Ermitteln Sie den Wertansatz der Maschine für die Handelsbilanz und die Steuerbilanz.*
2. *Begründen Sie, warum das Finanzamt den niedrigeren Wertansatz der Maschine in der Steuerbilanz nicht anerkennt, obwohl er steuerrechtlich zulässig ist.*

318 Im Konto „4400 Verbindlichkeiten a. LL" ist eine Währungsverbindlichkeit von 20.000,00 US-$ zum Anschaffungskurs von 0,9335 US-$/1 € enthalten. Zum Bilanzstichtag beträgt der Tageskurs a) 0,9392 US-$/1 € und b) 0,9287 US-$/1 €.

1. *Ermitteln und begründen Sie den Bilanzansatz in den Fällen a) und b).*
2. *Nennen Sie gegebenenfalls auch die Buchung zum 31. Dezember und die Auswirkung auf den Jahresgewinn.*

319 *Vervollständigen Sie folgende Aussagen:*

1. Nicht durch Umsatz realisierte Gewinne entstehen, wenn der ••• am Bilanzstichtag ••• ist als die Anschaffungskosten.
2. Nicht durch Umsatz realisierte Verluste ergeben sich, wenn der Tageswert am Bilanzstichtag ••• ist als die •••.
3. Die handelsrechtlichen Bewertungsprinzipien sorgen dafür, dass keine nicht realisierten ••• ausgewiesen werden, wohl aber nicht realisierte •••.

6470262

4. Wenn keine nicht realisierten Gewinne gebucht werden dürfen, können sie auch nicht an die Unternehmenseigner ••• werden. Dadurch bleibt das Eigenkapital zum Schutz der ••• •••.

5. Die handelsrechtlichen Bewertungsvorschriften bezwecken also eine ••• Bewertung der Vermögens- und Schuldposten. Man spricht deshalb auch vom Prinzip der •••.

6. Die handelsrechtliche Bewertung ist ••• für die steuerliche Gewinnermittlung, es sei denn, dass steuerliche Vorschriften etwas anderes •••.

7. Die steuerlichen Bewertungsvorschriften sollen aus Gründen der Steuer ••• eine ••• Gewinnermittlung sicherstellen.

8. Die ungleiche Behandlung von nicht realisierten Gewinnen und Verlusten wird auch als •••prinzip bezeichnet.

320

Kauf eines Betriebsgrundstücks für 300.000,00 €. Die Grunderwerbsteuer beträgt 3,5 %. Der Makler stellt 9.000,00 € + USt in Rechnung. Für ein Entwässerungsgutachten für das Grundstück wurden 2.000,00 € + USt gezahlt. Der Anschluss des Grundstücks an den Kanal verursachte Kosten in Höhe von 3.000,00 € + USt.

Der Notar berechnet 1.500,00 € + USt. Die Grundbuchkosten belaufen sich auf 450,00 €.

Alle Zahlungen erfolgen durch Banküberweisung.

Zur Finanzierung des Grundstücks musste bei der Sparkasse eine Hypothek über 200.000,00 € bei 100%iger Auszahlung und 10 % Zinsen aufgenommen werden. Die Zinsen sind halbjährlich im Voraus zu zahlen.

1. *Ermitteln Sie die Anschaffungskosten des Grundstücks (siehe S. 82).*
2. *Begründen Sie, welche Kosten im vorliegenden Fall nicht zu den Anschaffungskosten rechnen.*
3. *Buchen Sie die Anschaffung des Grundstücks aufgrund der vorliegenden Rechnungen.*
4. *Nennen Sie den Buchungssatz zur Aufnahme der Hypothek.*
5. *Buchen Sie die Hypothekenzinsen bei Zahlung am 1. Oktober. Welche Buchung ist zum 31. Dezember erforderlich?*
6. *Zu welchem Wert dürfen nicht abnutzbare Anlagegüter zum Bilanzstichtag höchstens angesetzt werden?*

321

Die Anschaffungskosten einer Maschine betrugen im Februar 50.000,00 €. Nutzungsdauer 10 Jahre; Jahres-AfA linear 5.000,00 €. Somit beträgt der Buchwert der Maschine zum 31. Dezember des zweiten Nutzungsjahres 40.000,00 €. Durch technischen Fortschritt ist der Wert der Maschine am Ende des dritten Jahres nachhaltig auf 30.000,00 € gesunken.

1. *Ermitteln und begründen Sie den Wertansatz der Maschine zum 31. Dezember des dritten Jahres.*
2. *Wie errechnet sich die Abschreibung für die Restnutzungsdauer?*

322

1. *Nennen Sie die Zielsetzung der handels- und steuerrechtlichen Bewertungsvorschriften.*
2. *Was beinhaltet das Prinzip der Einzelbewertung?*
3. *In welchen Bewertungsprinzipien findet das Prinzip der Vorsicht seinen Ausdruck?*
4. *§ 252 HGB (siehe Anhang) enthält die allgemeinen Bewertungsgrundsätze. Welcher Bewertungsgrundsatz ist Ihrer Meinung nach der wichtigste? Begründen Sie.*

---

323 Kauf eines Geschäfts-PKWs am 1. Oktober. Die Lieferfirma stellt in Rechnung:

Listenpreis 30.000,00 €, 5 % Sonderrabatt auf den Listenpreis, Sonderzubehör 800,00 €, Überführungskosten 500,00 €, Nummernschilder 80,00 €, Zulassungskosten 120,00 €, + Umsatzsteuer.

Außerdem werden gezahlt: Kfz-Steuer für ein Jahr 440,00 €,
Kfz-Versicherung für sechs Monate 660,00 €.

Alle Zahlungen erfolgen durch Banküberweisung.

1. *Ermitteln Sie die Anschaffungskosten.*
2. *Erstellen Sie die Rechnung der Lieferfirma.*
3. *Buchen Sie aufgrund der Eingangsrechnung.*
4. *Buchen Sie den Rechnungsausgleich und die Überweisung der Kfz-Steuer und der Kfz-Versicherung zum 1. Oktober.*
5. *Die Nutzungsdauer des PKWs beträgt fünf Jahre. Wie hoch ist der Abschreibungsbetrag zum 31. Dezember? Beachten Sie den Anschaffungszeitpunkt.*
6. *Ermitteln Sie den Wertansatz zum 31. Dezember. Wie bezeichnet man den Wert, der sich bei abnutzbaren Anlagegütern nach Vornahme der Abschreibungen ergibt?*
7. *Wie lauten die Buchungen zum Jahresabschluss*
   a) *für die planmäßige Abschreibung und*
   b) *für die zeitliche Abgrenzung der Kfz-Steuer und Kfz-Versicherung?*

324 Ein Baustoffgroßhandelsbetrieb hat am 15. Januar eine Förderanlage erworben. Der Listenpreis beträgt 80.000,00 €. Die Lieferfirma gewährt hierauf 10 % Rabatt.

In Rechnung gestellt werden ferner: Transportkosten 2.000,00 €, Fundamentierungskosten 2.500,00 €, Montagekosten 3.500,00 €, + Umsatzsteuer.

Der Rechnungsbetrag wird mit 2 % Skonto durch Banküberweisung beglichen.

Zur Finanzierung der Anlage wurde ein Darlehen von 60.000,00 € aufgenommen. Die Zinsen für das laufende Geschäftsjahr wurden mit 5.600,00 € im Voraus überwiesen.

1. *Ermitteln Sie die Anschaffungskosten der Förderanlage.*
2. *Erstellen Sie die Rechnung der Lieferfirma.*
3. *Buchen Sie den Eingang der Rechnung.*
4. *Nennen Sie die Buchung für den Rechnungsausgleich.*
5. *Die Förderanlage hat eine Nutzungsdauer von 10 Jahren. Ermitteln Sie*
   a) *den niedrigsten und*
   b) *den höchstmöglichen Abschreibungsbetrag*
   zum 31. Dezember.
6. *Nennen Sie den Wertansatz für den Fall 5. a) und 5. b).*
7. *Für welchen Wertansatz würden Sie sich entscheiden, wenn das Unternehmen zum 31. Dezember.*
   a) *mit Verlust und*
   b) *mit hohem Gewinn*
   abschließt? Begründen Sie.

6470264

4 Vorbereitender Abschluss in der Abschlussübersicht

4.1 Die Abschlussübersicht

Der endgültige Abschluss aller Konten im Hauptbuch wird in der Praxis durch die

Abschlussübersicht

vorbereitet, die auch **Abschlusstabelle** oder **Betriebsübersicht** genannt wird. Das geschieht, um

> ▶ **die rechnerische Richtigkeit** der im Geschäftsjahr vorgenommenen Buchungen zu **überprüfen** (Buchungsfehler),
>
> ▶ **eine zusammenfassende Übersicht über alle Daten** der Bestands- und Erfolgskonten als **Informations- und Entscheidungsgrundlage** für die Unternehmensleitung zu gewinnen,
>
> ▶ **den Jahresabschluss vorzubereiten.** Viele vorbereitende Abschlussbuchungen bedürfen grundsätzlicher Vorüberlegungen **(Bewertungsfragen)** und damit der **Entscheidung der Geschäftsleitung,** z. B. über die Höhe der Abschreibungen, die Bildung von Rückstellungen, die Bewertung von Forderungen u. a. Es ist daher sinnvoll, den Jahresabschluss zunächst **außerhalb** der Buchführung **tabellarisch** vorzunehmen.

Die Abschlussübersicht umfasst in der Regel 6 Spalten[1] (vgl. Seite 268):

1. Summenbilanz

Sie bildet den Ausgangspunkt und damit die **Grundlage** für die zu erstellende Abschlussübersicht. Die Summenbilanz übernimmt alle im Geschäftsjahr geführten **Bestands- und Erfolgskonten** einzeln **mit den Summen ihrer Soll- und Habenseiten,** die sich aus der Buchung der Anfangsbestände und aller Geschäftsfälle ergeben haben. Im Sinne der Bilanzgleichung muss die Summenbilanz im Endergebnis auf beiden Seiten die gleichen Summen aufweisen **(Probebilanz!);** sie ist damit Beleg für die **rechnerische Richtigkeit** der Buchungen. In der Summenbilanz sind bereits wichtige Umschlagszahlen auf den Sachkonten zu erkennen, z. B. Umfang der entstandenen und ausgeglichenen Forderungen und Verbindlichkeiten, die Bewegungen auf den Finanzkonten u. a. m.

2. Saldenbilanz I

Aus den Zahlen der Summenbilanz werden für die einzelnen Konten die Salden ermittelt und in die Saldenbilanz I eingetragen. Im Gegensatz zum Konto muss der Saldo in der Saldenbilanz jeweils **auf der größeren Seite** erscheinen. Sind die Salden richtig errechnet, so müssen Soll- und Habenseite auch in der Saldenbilanz summengleich sein.

3. Umbuchungen

Diese Spalte nimmt die **vorbereitenden Abschlussbuchungen** auf:

▶ Abschreibungen auf Anlagen und Umlaufvermögen
▶ Warenbestandsveränderungen
▶ Zeitliche Abgrenzungen
▶ Ausgleich von Bestandsdifferenzen zwischen Buchbestand und Istbestand lt. Inventur
▶ Bildung von Rückstellungen
▶ Bewertungskorrekturen
▶ Abschluss der Unterkonten über die entsprechenden Hauptkonten, z. B. Privat, Bezugskosten, Erlösberichtigungen/Rücksendungen, Nachlässe/Rücksendungen
▶ Verrechnung der Konten „Vorsteuer" und „Umsatzsteuer"

---

1 Der „Summenbilanz" können noch zusätzlich die Spalten **„Eröffnungsbilanz"** und **„Umsatzbilanz"** vorgeschaltet werden, aus deren Addition sich dann die **„Summenbilanz"** ergibt (= achtspaltige Abschlussübersicht).

Das Vorgehen dabei ist folgendes:

▶ Zunächst werden in der Spalte „Inventurbilanz" (vgl. unter Punkt 5) die durch Inventur und Bewertung ermittelten **Vermögens- und Schuldenwerte** eingetragen.

▶ Danach werden in der Spalte „Umbuchungen" die **vorbereitenden Abschlussbuchungen** auf der Grundlage der Bewertungsunterlagen (z. B. Abschreibungspläne in der Anlagenkartei, Inventurdifferenzen beim Umlaufvermögen, Währungsgewinne oder -verluste, Bildung von Rückstellungen u. a.) nach dem Prinzip der Doppik durchgeführt. Durch diese Umbuchungen ist es möglich, einen **Soll-Ist-Abgleich** vorzunehmen, d. h. die **Buchwerte** der Konten im Hauptbuch auf die **Inventurwerte** der Inventurbilanz abzustimmen, sowie die endgültige Höhe der Aufwendungen und Erträge für die Gewinn- und Verlustrechnung zu ermitteln.

4. Saldenbilanz II

Aus der Saldenbilanz I und der Umbuchungsspalte ergeben sich nunmehr die endgültigen Salden in der Saldenbilanz II. Aus ihr wird die Erfolgsrechnung entwickelt. Die Salden der Saldenbilanz II stimmen mit den Inventurwerten der Inventurbilanz überein.

5. Inventurbilanz

Die Inventurbilanz übernimmt die Inventurwerte des Vermögens und der Schulden und weist somit die endgültigen Bilanzansätze aus. Aktiva und Passiva sind in der Regel nicht summengleich: Der Saldo bedeutet Gewinn oder Verlust, je nachdem, welche Seite überwiegt. Dieser Saldo muss dem Saldo der Spalte 6 „Gewinn- und Verlustrechnung" entsprechen.

6. Gewinn- und Verlustrechnung

Diese Spalte übernimmt die Aufwands- und Ertragssalden aus der Saldenbilanz II und weist durch die Gegenüberstellung aller Aufwendungen und Erträge als Saldo das **Jahresergebnis der Unternehmung** aus (Gewinn oder Verlust).

Situation	Die im Hauptbuch der Papiergroßhandlung Katja Kern e. Kfr. geführten Konten sind in der auf Seite 268 dargestellten Abschlussübersicht mit ihren Soll- und Habensalden aufgelistet. Die Inventurwerte wurden in die Spalte „Inventurbilanz" übernommen. Die folgenden Abschlussangaben sind in der Spalte „Umbuchungen" berücksichtigt worden:

1. Planmäßige Abschreibung lt. Anlagenkartei:
   - auf Bebaute Grundstücke .... 72.000,00 €
   - auf Technische Anlagen .... 90.000,00 €
   - auf Fuhrpark .... 88.000,00 €
   - auf Betriebs- und Geschäftsausstattung .... 37.400,00 €

2. Beim Artikel „Druckpapier" ist ein Mehrbestand von .... 25.000,00 € ermittelt worden.

3. Beim Artikel „Kopierpapier" hat sich durch die Inventur gezeigt, dass die auf Lager liegenden Vorräte gegenüber dem Buchwert zu hoch bewertet wurden, und zwar um .... 15.000,00 € Ein entsprechend niedrigerer Wertansatz ist in der Inventurbilanz vorgenommen worden.

4. Beim Artikel „Umschlagkarton" ist eine Korrektur des Inventurwertes gegenüber dem Buchwert um .... 3.000,00 € vorgenommen worden.

5. Die Kasse weist gegenüber dem Buchbestand einen Fehlbetrag von .... 810,00 € aus.

6. Das Konto „6700 Mieten" enthält die Mietvorauszahlung für den Monat Januar des folgenden Jahres in Höhe von ... 11.500,00 €

7. Die Einzelwertberichtigung auf Forderungen ist um .... 4.750,00 € zu erhöhen.

8. In der Umbuchungsspalte sind außerdem folgende vorbereitende Abschlussbuchungen durchgeführt worden:
   - Verrechnung der Vorsteuer mit der Umsatzsteuer .... 166.000,00 €
   - Umbuchung des Saldos aus dem Privatkonto auf das Eigenkapitalkonto .... 90.000,00 €
   - Umbuchung der Erlösberichtigungen/Rücksendungen .... 40.500,00 €
   - Umbuchung der Kundenskonti .... 60.200,00 €
   - Umbuchung der Bezugskosten .... 13.000,00 €
   - Umbuchung der Nachlässe/Rücksendungen .... 28.400,00 €
   - Umbuchung der Liefererskonti .... 30.900,00 €

Über diese Umbuchungen werden die Bestandskonten des Hauptbuches mit den Inventurwerten abgestimmt (vgl. Saldenbilanz II). Außerdem zeigt die Saldenbilanz II die endgültigen Aufwendungen und Erträge, die zur Gewinn- und Verlustrechnung als letzter Spalte der Abschlussübersicht zusammengestellt werden.

Es zeigt sich, dass die Inventurbilanz einen Überschuss des Vermögens über die Schulden (= Gewinn) in Höhe von **763.540,00 €** ausweist. Die gleich hohe Differenz zwischen Erträgen und Aufwendungen zeigt die Gewinn- und Verlustrechnung.

Auf der Grundlage dieser Abschlussübersicht kann in der Papiergroßhandlung Katja Kern der **kontenmäßige** Abschluss der Bestandskonten zum Schlussbilanzkonto und der Erfolgskonten zum Gewinn- und Verlustkonto vorgenommen werden.

Die Abschlussübersicht ist auch die Grundlage zur **Aufstellung der Bilanz nach § 266 HGB,** vgl. S. 269, und der **Gewinn- und Verlustrechnung in Staffelform nach § 275 (2) HGB,** vgl. Seite 269. Die Übersicht zu den Gliederungsvorschriften der Bilanz und der Gewinn- und Verlustrechnung nach HGB finden Sie auf den Seiten 271 f. und im Anhang dieses Buches.

Zusammenfassung

- ▶ Die Abschlussübersicht vermittelt **in tabellarischer Form** eine **Gesamtübersicht** über alle Bestands- und Erfolgskonten.
- ▶ Sie ist die Grundlage zur Aufstellung der **Bilanz** und der **Gewinn- und Verlustrechnung** nach den Gliederungsvorschriften des HGB.
- ▶ Sie dient darüber hinaus der Vorbereitung des **kontenmäßigen Jahresabschlusses** im Hauptbuch.

Abschlussübersicht der Papiergroßhandlung Katja Kern e. Kfr. zum 31. Dezember ..

Kto.-Nr.	Sachkonten	Summenbilanz S	Summenbilanz H	Saldenbilanz I S	Saldenbilanz I H	Umbuchungen S	Umbuchungen H	Saldenbilanz II S	Saldenbilanz II H	Inventurbilanz Aktiva	Inventurbilanz Passiva	Gewinn und Verlust Aufw.	Gewinn und Verlust Erträge
0510	Bebaute Grundstücke	1.837.500	30.000	1.807.500			72.000	1.735.500		1.735.500			
0700	Technische Anlagen	462.400	12.000	450.400			90.000	360.400		360.400			
0840	Fuhrpark	383.000	26.000	357.000			88.000	269.000		269.000			
0860	Geschäftsausstattung	187.100		187.100			37.400	149.700		149.700			
2281	Waren Druckpapier	1.607.200		1.607.200		25.000		1.632.200		1.632.200			
2282	Waren Kopierpapier	732.800		732.800			15.000	717.800		717.800			
2283	Waren Umschl.-Karton	210.000		210.000			3.000	207.000		207.000			
2284	Waren Saugpapier	30.000		30.000				30.000		30.000			
2400	Forderungen a. LL	2.606.250	2.240.000	366.250				366.250		366.250			
2401	Einzelwertberichtig. a. F.		30.000		30.000		4.750		34.750		34.750		
2600	Vorsteuer	166.000		166.000			166.000						
2800	Bank	2.288.800	1.972.000	316.800				316.800		316.800			
2880	Kasse	108.350	91.400	16.950			810	16.140		16.140			
2900	Aktive Rechnungsabgzg.					11.500		11.500		11.500			
3000	Eigenkapital		3.000.000		3.000.000				2.910.000		2.910.000		
3001	Privat	90.000		90.000			90.000						
4200	Verbindlichk. gg. Banken		1.474.000		1.474.000				1.474.000		1.474.000		
4400	Verbindlichkeiten a. LL	1.209.200	1.735.200		526.000				526.000		526.000		
4800	Umsatzsteuer		270.000		270.000	166.000			104.000		104.000		
5110	Umsatzerlöse Druckpapier		7.240.500		7.240.500	40.500			7.200.000				7.200.000
5111	Erlösberichtigungen/Rücks.	40.500		40.500			40.500						
5115	Umsatzerlöse Kopierpap.		4.860.200		4.860.200	60.200			4.800.000				4.800.000
5117	Kundenskonti	60.200		60.200			60.200						
5120	Umsatzerlöse U-Karton		2.200.000		2.200.000				2.200.000				2.200.000
5125	Umsatzerlöse Saugpapier		250.000		250.000				250.000				250.000
5400	Mieterträge		180.000		180.000				180.000				180.000
5710	Zinserträge		20.000		20.000				20.000				20.000
6070	Warenaufwdg. Druckpapier	5.913.000		5.913.000		13.000	25.000	5.901.000				5.901.000	
6071	Bezugskosten	13.000		13.000			13.000						
6075	Warenaufwdg. Kopierpap.	4.080.400		4.080.400			28.400	4.052.000				4.052.000	
6072	Nachlässe/Rücksend.		28.400		28.400	28.400							
6080	Warenaufwdg. U-Karton	1.820.900		1.820.900			30.900	1.790.000				1.790.000	
6083	Liefererskonti		30.900		30.900	30.900							
6085	Warenaufwdg. Saugpap.	200.000		200.000				200.000				200.000	
6140	Frachten und Fremdlager	100.000		100.000				100.000				100.000	
6200	Löhne	510.000		510.000				510.000				510.000	
6300	Gehälter	360.000		360.000				360.000				360.000	
6400	Soziale Aufwendungen	156.000		156.000				156.000				156.000	
6520	Abschreibg. a. Sachanl.					287.400		287.400				287.400	
6570	Abschreibg. a. Umlaufverm.					18.000		18.000				18.000	
6700	Mieten	150.000		150.000			11.500	138.500				138.500	
6850	Reisekosten	145.000		145.000				145.000				145.000	
6952	Zuführung zu EWB					4.750		4.750				4.750	
6960	Verluste a. Verm.-Abgang	25.000		25.000		810		25.810				25.810	
70.	Betriebl. Steuern	18.000		18.000				18.000				18.000	
7510	Zinsaufwendungen	180.000		180.000				180.000				180.000	
		25.690.600	25.690.600	20.110.000	20.110.000	776.460	776.460	19.698.750	19.698.750	5.812.290	5.048.750	13.886.460	14.650.000
											763.540	763.540	
										5.812.290	5.812.290	14.650.000	14.650.000

4.2 Aufstellung von Bilanz[1] und Gewinn- und Verlust- rechnung[1] aus der Abschlussübersicht

Situation In der Papiergroßhandlung Katja Kern e. Kfr. werden die Bilanz und die Gewinn- und Verlustrechnung zum 31. Dezember .. aus der Abschlussübersicht entwickelt. Ihre Bilanz gliedert Katja Kern entsprechend dem Gliederungsschema nach § 266 HGB, ihre Gewinn- und Verlustrechnung nach § 275 HGB (vgl. Anhang des Buches).

Bilanz der Papiergroßhandlung Katja Kern e. Kfr. zum 31. Dezember ..

Aktiva		Passiva	
A. Anlagevermögen		**A. Eigenkapital** 1. Jan. 3.000.000	
II. Sachanlagen		– Entnahmen 90.000	
1. Grundstücke/Gebäude	1.735.500	+ Einlagen 0	
2. TA u. Fuhrpark	629.400	+ Jahresgewinn **763.540**	
3. Betr.- u. Gesch.-Ausstattung	149.700	Eigenkapital 31. Dez.	3.673.540
B. Umlaufvermögen		**C. Verbindlichkeiten**	
I. Vorräte		2. Verbindlichkeiten	
1. Waren	2.587.000	geg. Kreditinstituten	1.474.000
II. Forderungen		4. Verbindlichkeiten a. LL	526.000
1. Forderungen a. LL	331.500	8. Sonstige Verbindl.	104.000
IV. Kassenbestand/ Guthaben bei Kreditinstituten	332.940		
C. Rechnungsabgrenzung	11.500		
	5.777.540		**5.777.540**

Köln, 21. Februar ..   *Katja Kern*

Gewinn- und Verlustrechnung der Papiergroßhandlung Katja Kern e. Kfr. zum 31. Dezember ..

1.	Umsatzerlöse	14.450.000
5.	Warenaufwendungen	11.943.000
	Rohergebnis	**(+) 2.507.000**
6.	Personalaufwand:	
	a) Löhne und Gehälter	(–) 870.000
	b) Soziale Aufwendungen und Aufwendungen für Altersversorgung	(–) 156.000
7.	Abschreibungen:	
	a) auf Sachanlagen	(–) 287.000
	b) auf Gegenstände des Umlaufvermögens	(–) 18.000
8.	sonstige betriebliche Aufwendungen	(–) 432.060
11.	sonstige Zinsen und ähnliche Erträge	(+) 200.000
13.	Zinsen und ähnliche Aufwendungen	(–) 180.000
		(–) 1.743.460
	Ergebnis der gewöhnlichen Geschäftstätigkeit	**(+) 763.540**

---

1 vgl. auch Seiten 271 f.

5 Exkurs: Jahresabschluss der Kapitalgesellschaften

5.1 Publizitäts- und Prüfungspflicht

Der Jahresabschluss der Kapitalgesellschaften (GmbH, AG, KGaA) besteht aus **drei Teilen,** die nach § 264 HGB eine **Einheit** bilden (→ Faltblatt im Anhang):

▶ **Bilanz** (§ 266 HGB)

▶ **Gewinn- und Verlustrechnung** (§ 275 HGB)

▶ **Anhang** (§ 284 HGB)

Der Anhang ist gleichwertiger **Bestandteil des Jahresabschlusses** und soll die **Bilanz und die Gewinn- und Verlustrechnung** in den einzelnen Positionen **näher erläutern.** Die **Bewertungs- und Abschreibungsmethoden** sind dabei ebenso darzustellen wie die **Beteiligungen** an anderen Unternehmen, die **Verbindlichkeiten** mit einer **Restlaufzeit von über fünf Jahren,** die Bezüge der Geschäftsführer und Mitglieder des Vorstandes sowie des Aufsichtsrates, die **Zahl der Arbeitnehmer** u. a. m.

Lagebericht. Außer dem Jahresabschluss ist auch noch ein Lagebericht gemäß § 289 HGB zu erstellen. Der Lagebericht ist **kein Bestandteil** des Jahresabschlusses. Er soll lediglich zusätzliche **Informationen über den Geschäftsverlauf** im Abschlussjahr und die wirtschaftliche und finanzielle Lage der Gesellschaft am Bilanzstichtag darstellen, wie z. B. **Höhe des Absatzes** im Inland und Ausland, **Personalentwicklung, Liquiditätslage** u. a. Außerdem muss die **voraussichtliche Entwicklung** des Unternehmens erörtert werden.

Kapitalgesellschaften sind grundsätzlich verpflichtet, den Jahresabschluss und den Lagebericht zu veröffentlichen und vorher durch **unabhängige Abschlussprüfer** prüfen zu lassen. Zum Schutz kleiner und mittelständischer Unternehmen vor Konkurrenzeinblick richten sich jedoch **Art und Umfang der Veröffentlichung** sowie die **Prüfungspflicht** nach der **Größe der Kapitalgesellschaft. Für die Zuordnung** der Unternehmen zu einer Größenklasse **müssen zwei der drei Größenmerkmale** an zwei aufeinander folgenden Bilanzstichtagen **zutreffen:**[1]

Merkmale	Kleine Gesellschaften	Mittelgroße Gesellschaften	Große Gesellschaften
❶ Bilanzsumme	bis 6.720.000,00 DM (3.435.881,00 €)	bis 26.890.000,00 DM (13.748.638,00 €)	über 26.890.000,00 DM (13.748.638,00 €)
❷ Umsatz	bis 13.440.000,00 DM (6.871.762,00 €)	bis 53.780.000,00 DM (27.497.277,00 €)	über 53.780.000,00 DM (27.497.277,00 €)
❸ Beschäftigte	bis 50	bis 250	über 250

Veröffentlichung und Prüfung des Jahresabschlusses und des Lageberichts ergeben sich aus der nachfolgenden Tabelle. Sie zeigt, was und an welcher Stelle (HR: Einreichung beim Handelsregister; BA: Vollständige Veröffentlichung im Bundesanzeiger) offen zu legen ist und ob eine Prüfungspflicht besteht.

Kapital-gesellschaften	Offenlegung (§ 325 HGB)					Prüfung (§ 316 HGB)
	Jahresabschluss			Lagebericht	Publizität	
	Bilanz	GuV	Anhang			
kleine	x	—	x	—	HR[2]	—
mittelgroße	x	x	x	x	HR[2]	x
große	x	x	x	x	HR + BA	x

1 AG mit **börsengängigen** Aktien gilt stets als **große** Kapitalgesellschaft (§ 267 [3] HGB).
2 Im Bundesanzeiger wird lediglich auf die erfolgte Einreichung beim HR hingewiesen.

5.2 Gliederung der Bilanz nach § 266 HGB

Kapitalgesellschaften haben die Jahresbilanz, die veröffentlicht wird, nach § 266 HGB zu gliedern. Zum Schutz kleiner und mittelgroßer Unternehmen richtet sich jedoch der **Umfang der Gliederung nach der Größe** der Kapitalgesellschaft.

▶ **Große Kapitalgesellschaften** müssen ihre Bilanzen unter Berücksichtigung des in § 266 Abs. 2 und 3 HGB ausgewiesenen **vollständigen Gliederungsschemas** aufstellen und veröffentlichen (siehe nebenstehende Seite und im Anhang auf der Rückseite des Kontenrahmens). Die Bilanz wird hierbei in ihren Einzelpositionen sehr detailliert dargestellt und ermöglicht somit einen **tiefen Einblick in die Vermögens- und Finanzlage** eines Unternehmens.

▶ **Kleine Kapitalgesellschaften** brauchen nur eine **verkürzte Bilanz** (siehe unten) zu veröffentlichen, in der die mit **Buchstaben und römischen Zahlen** bezeichneten Posten des vollständigen Gliederungsschemas aufgeführt sind (§ 266 [1] HGB). Durch die starke Straffung der Bilanzpositionen sind diese Bilanzen natürlich für Außenstehende nur **von geringem Aussagewert**.

▶ **Mittelgroße Kapitalgesellschaften** müssen ihre Bilanzen zwar **nach dem vollständigen Gliederungsschema erstellen,** brauchen sie aber nur in der für kleine Kapitalgesellschaften vorgeschriebenen **Kurzform** zu **veröffentlichen**. Sie müssen dann allerdings wahlweise in der Bilanz oder im Anhang bestimmte Posten zusätzlich gesondert angeben, wie z. B. Gebäude, Technische Anlagen und Maschinen, Beteiligungen, Verbindlichkeiten gegenüber Kreditinstituten u. a. m. (§ 327 HGB).

Aktiva	Bilanzschema kleiner Kapitalgesellschaften	Passiva

A. Anlagevermögen
  I. Immaterielle Vermögens-
     gegenstände
  II. Sachanlagen
  III. Finanzanlagen
 	
B. Umlaufvermögen
  I. Vorräte
  II. Forderungen und sonstige
     Vermögensgegenstände
  III. Wertpapiere
  IV. Flüssige Mittel
 	
C. Rechnungsabgrenzungsposten
	A. Eigenkapital
	  I. Gezeichnetes Kapital
	  II. Kapitalrücklage
	  III. Gewinnrücklagen
	  IV. Gewinn-/Verlustvortrag
	  V. Jahresüberschuss/Jahresfehlbetrag
	
	B. Rückstellungen
	
	C. Verbindlichkeiten
	
	D. Rechnungsabgrenzungsposten	

Zur Erhöhung der Bilanzklarheit ist bei Bilanzen, die **veröffentlicht** werden, zusätzlich noch Folgendes zu beachten:

▶ Zu jedem Bilanzposten ist der entsprechende **Vorjahresbetrag** anzugeben.

▶ In der Bilanz oder im Anhang ist die Entwicklung des Anlagevermögens durch einen Anlagenspiegel darzustellen (siehe Anhang).

▶ In der Bilanz muss der Betrag der **Forderungen mit einer Restlaufzeit** von **über einem Jahr** sowie der **Verbindlichkeiten** mit einer Restlaufzeit **bis zu einem Jahr** angegeben werden. Das verschafft Außenstehenden mehr **Einblick in die Liquiditätslage** des Unternehmens.

▶ Unter der Bilanz oder im Anhang sind **Eventualverbindlichkeiten** aus weitergegebenen Wechseln sowie aus Bürgschaftsverpflichtungen und aus Gewährleistungsverträgen anzugeben. Sie dürfen in einem Betrag angegeben werden (§ 251 HGB)[1].

---

1 Auch Bilanzen <u>nicht</u> offenlegungspflichtiger Unternehmen müssen diesen Vermerk nach § 251 HGB enthalten.

Gliederung der Jahresbilanz
nach § 266 Abs. 2 und 3 Handelsgesetzbuch

Aktiva   Passiva

A. Anlagevermögen

I. Immaterielle Vermögensgegenstände
1. Konzessionen, gewerbliche Schutzrechte und ähnliche Rechte und Werte sowie Lizenzen an solchen Rechten und Werten
2. Geschäfts- oder Firmenwert
3. geleistete Anzahlungen

II. Sachanlagen
1. Grundstücke, grundstücksgleiche Rechte und Bauten einschließlich der Bauten auf fremden Grundstücken
2. technische Anlagen und Maschinen
3. andere Anlagen, Betriebs- und Geschäftsausstattung
4. geleistete Anzahlungen und Anlagen im Bau

III. Finanzanlagen
1. Anteile an verbundenen Unternehmen
2. Ausleihungen an verbundene Unternehmen
3. Beteiligungen
4. Ausleihungen an Unternehmen, mit denen ein Beteiligungsverhältnis besteht
5. Wertpapiere des Anlagevermögens
6. sonstige Ausleihungen

B. Umlaufvermögen

I. Vorräte
1. Roh-, Hilfs- und Betriebsstoffe
2. unfertige Erzeugnisse
3. fertige Erzeugnisse und Waren
4. geleistete Anzahlungen

II. Forderungen und sonstige Vermögensgegenstände
1. Forderungen aus Lieferungen und Leistungen
2. Forderungen gegen verbundene Unternehmen
3. Forderungen gegen Unternehmen, mit denen ein Beteiligungsverhältnis besteht
4. sonstige Vermögensgegenstände

III. Wertpapiere
1. Anteile an verbundenen Unternehmen
2. eigene Anteile
3. sonstige Wertpapiere

IV. Schecks, Kassenbestand, Bundesbank- und Postbankguthaben, Guthaben bei Kreditinstituten

C. Rechnungsabgrenzungsposten

A. Eigenkapital

I. Gezeichnetes Kapital

II. Kapitalrücklage

III. Gewinnrücklagen
1. gesetzliche Rücklage
2. Rücklage für eigene Anteile
3. satzungsmäßige Rücklagen
4. andere Gewinnrücklagen

IV. Gewinnvortrag/Verlustvortrag

V. Jahresüberschuss/Jahresfehlbetrag

B. Rückstellungen
1. Rückstellungen für Pensionen und ähnliche Verpflichtungen
2. Steuerrückstellungen
3. sonstige Rückstellungen

C. Verbindlichkeiten
1. Anleihen, davon konvertibel
2. Verbindlichkeiten gegenüber Kreditinstituten
3. erhaltene Anzahlungen auf Bestellungen
4. Verbindlichkeiten aus Lieferungen und Leistungen
5. Verbindlichkeiten aus der Annahme gezogener Wechsel und der Ausstellung eigener Wechsel
6. Verbindlichkeiten gegenüber verbundenen Unternehmen
7. Verbindlichkeiten gegenüber Unternehmen, mit denen ein Beteiligungsverhältnis besteht
8. sonstige Verbindlichkeiten, davon aus Steuern davon im Rahmen der sozialen Sicherheit

D. Rechnungsabgrenzungsposten

5.3 Ausweis des Eigenkapitals in der Bilanz

Alle Posten des Eigenkapitals einer Kapitalgesellschaft werden in der Bilanz zu einer Gruppe „A. Eigenkapital" zusammengefasst.

Beispiel Darstellung des Eigenkapitals in der Bilanz der X-GmbH für das
Berichtsjahr: Verlustvortrag und Jahres**überschuss** (Jahresgewinn)
Vorjahr: Gewinnvortrag und Jahres**fehlbetrag** (Jahresverlust)

Bilanz X-GmbH	Berichtsjahr		Vorjahr	Passiva
A. Eigenkapital				
I. Gezeichnetes Kapital	800.000,00		800.000,00	
II. Kapitalrücklage	100.000,00		100.000,00	
III. Gewinnrücklage	250.000,00		250.000,00	
IV. Verlust-/Gewinnvortrag	150.000,00[1]		50.000,00	
V. Jahresüberschuss/-fehlbetrag .	300.000,00	1.300.000,00	200.000,00	1.000.000,00

Gezeichnetes Kapital ist das im Handelsregister eingetragene Kapital, auf das die **Haftung der Gesellschafter** beschränkt ist. Bei der **GmbH** ist es das **Stammkapital** (mindestens 50.000,00 DM/25.000,00 €), bei der **AG** das **Grundkapital** (mindestens 100.000,00 DM/50.000,00 €. Es ist **stets zum Nennwert auszuweisen. Ausstehende Einlagen** auf das gezeichnete Kapital werden **in der Regel auf der Aktivseite** vor dem Anlagevermögen als Forderung des Unternehmens an die Gesellschafter und somit als Korrekturposten zum „Gezeichneten Kapital" ausgewiesen. Sie dürfen nach § 272 (1) HGB auch auf der Passivseite offen vom „Gezeichneten Kapital" abgesetzt werden.

Beispiel Bilanzausweis der „Ausstehenden Einlagen" **(Regelfall)**

Aktiva	Bilanz der Y-GmbH		Passiva
A. Ausstehende Einlagen auf das gezeichnete Kapital	400.000,00	A. Eigenkapital I. Gezeichnetes Kapital	2.000.000,00
B. Anlagevermögen			

> **Der Gewinn-/Verlustvortrag** ist der Gewinn- bzw. Verlust**rest des Vorjahres.**
> **Der Jahresüberschuss/Jahresfehlbetrag** ist das in der Gewinn- und Verlustrechnung ermittelte **Ergebnis des Geschäftsjahres,** das in die Jahresbilanz einzustellen ist, sofern die Bilanz vor Verwendung des Jahresergebnisses (Gewinnverwendung bzw. Verlustdeckung) aufgestellt wird, was bei der GmbH die Regel ist.
> **Rücklagen sind getrennt ausgewiesenes Eigenkapital,** die es in der Regel nur bei Kapitalgesellschaften wegen des **konstanten** „Gezeichneten Kapitals" gibt. Nach § 272 Abs. 2 und 3 HGB unterscheidet man **Kapital- und Gewinnrücklagen.**
> **Kapitalrücklagen** entstehen durch ein **Aufgeld (Agio),** das bei der Ausgabe von Anteilen (Stammanteile, Aktien) über den Nennwert erzielt wird oder durch **Zuzahlungen** von Gesellschaftern für die Gewährung einer Vorzugsdividende.

Beispiel Eine Aktiengesellschaft erhöht ihr „Gezeichnetes Kapital" durch Ausgabe junger Aktien: Nennwert 10.000.000,00 €, Ausgabekurs 150 % = 15.000.000,00 € (Bank). Das Agio ist der Kapitalrücklage zuzuführen.

Buchung	Soll	Haben
2800 Bank	15.000.000,00	
an **3000 Gezeichnetes Kapital**		10.000.000,00
an **3100 Kapitalrücklagen**		5.000.000,00

---

1 200.000,00 € Jahresfehlbetrag des Vorjahres − 50.000,00 € Gewinnvortrag des Vorjahres = **150.000,00 €** Verlustvortrag des Berichtsjahres

Gewinnrücklagen werden **aus dem bereits versteuerten Jahresgewinn** (40 %[1] Körperschaftsteuer) durch Einbehaltung bzw. Nichtausschüttung von Gewinnanteilen gebildet (§ 272 [3] HGB). Man unterscheidet vor allem zwischen **gesetzlichen, satzungsmäßigen und anderen (freien) Gewinnrücklagen:**

▶ **Gesetzliche Rücklagen** müssen **Aktiengesellschaften zur Deckung von Verlusten** bilden. Nach § 150 AktG sind jährlich 5 % des um einen Verlustvortrag geminderten Jahresüberschusses in die gesetzliche Rücklage einzustellen, bis die **gesetzliche Rücklage und die Kapitalrücklage zusammen mindestens 10 %** oder den in der Satzung bestimmten höheren Anteil **des Grundkapitals** erreichen. Solange die gesetzliche und die Kapitalrücklage die **Mindesthöhe** nicht übersteigen, müssen ein Gewinnvortrag aus dem Vorjahr und freie Rücklagen zur Verlustdeckung herangezogen werden. Bei der GmbH gibt es keine gesetzlich vorgeschriebenen, sondern nur freie (freiwillige) Rücklagen.

▶ **Satzungsmäßige oder auf Gesellschaftsvertrag beruhende Rücklagen.**

▶ **Andere Gewinnrücklagen (Freie Rücklagen).** Über die gesetzliche Verpflichtung hinaus können bei Aktiengesellschaften **bis zur Hälfte des Jahresüberschusses** in die andere (freie) Gewinnrücklage eingestellt werden (§ 58 AktG). **Freie Rücklagen** können **für beliebige Zwecke** verwendet werden, z. B. zur Finanzierung von Ersatz- und Erweiterungsinvestitionen. Da Rücklagen aus nicht ausgeschütteten Gewinnen gebildet werden, dienen sie zugleich der **Selbstfinanzierung** des Unternehmens und ganz allgemein der **Stärkung der Eigenkapitalbasis** der Unternehmen.

Beispiel	In einer Aktiengesellschaft werden aus dem Jahresüberschuss u. a. 60.000,00 € der gesetzlichen und 140.000,00 € der freien Rücklage zugeführt.

Buchung (vereinfacht)	Soll	Haben
8020 Gewinn- und Verlustkonto	200.000,00	
an **3210 Gesetzliche Rücklage**		60.000,00
an **3240 Andere Gewinnrücklagen** .		140.000,00

Offene Rücklagen. Kapital- und Gewinnrücklagen werden in der Bilanz **offen** als **gesonderte** Eigenkapitalposten **ausgewiesen.** Man spricht von „offenen" Rücklagen.

Stille Rücklagen (stille Reserven) sind im Gegensatz zu den offenen Rücklagen aus der Bilanz nicht zu ersehen. Sie **entstehen** in der Regel **durch Unterbewertung der Vermögenswerte** (z. B. durch überhöhte Abschreibungen) oder durch **Überbewertung von Rückstellungen.** Stille Reserven sind auch stets in den Erinnerungswerten von 1,00 € enthalten. Die gesetzlichen Bewertungsvorschriften engen allerdings den Spielraum zur Bildung stiller Reserven ein. Die **Vollabschreibung geringwertiger Wirtschaftsgüter** im Jahr ihrer Anschaffung oder Herstellung ist z. B. eine gesetzlich erlaubte Möglichkeit zur Bildung von stillen Reserven. Da Wirtschaftsgüter höchstens zu ihren Anschaffungs- bzw. Herstellungskosten aktiviert werden dürfen, entstehen zwangsläufig stille Reserven, wenn die **Preise am Markt (Tageswert) steigen.** Beträgt z. B. der Wiederbeschaffungspreis eines Grundstücks 280,00 € je m², das 1950 mit umgerechnet 10,00 € je m² angeschafft und bilanziert worden ist, so ist die stille Reserve 270,00 € je m². Auch **Währungsverbindlichkeiten** enthalten oft stille Reserven.

---

[1] Ab 2001 werden die **Gewinne von Kapitalgesellschaften** unabhängig davon, ob sie einbehalten (thesauriert) oder ausgeschüttet werden, mit einem **einheitlichen Steuersatz von 25 %** belastet.

6470274

5.4 Gliederung der Gewinn- und Verlustrechnung nach § 275 HGB

Nur mittelgroße und große Kapitalgesellschaften müssen ihre Gewinn- und Verlustrechnung **veröffentlichen,** und zwar nach § 275 HGB **in Staffelform.** Wie bei der Bilanz ist auch hier zu jedem Posten der **Vorjahresbetrag** anzugeben. Die Staffelform ermöglicht auch dem Buchführungslaien einen schnellen **Überblick über Entstehung und Zusammensetzung des Jahresergebnisses.**

Für ein Großhandelsunternehmen ergibt sich aus dem Gliederungsschema des § 275 (2) HGB (s. S. 276) folgender kurz gefasster Aufbau der Erfolgsrechnung:

1	Umsatzerlöse (Warenverkauf)
2	+ Aktivierte Eigenleistungen
3	+ sonstige betriebliche Erträge
4	− Aufwendungen für Waren
	= Rohergebnis
5– 7	− übrige betriebliche Aufwendungen
8–10	+ Erträge aus dem Finanzbereich
11–12	− Aufwendungen aus dem Finanzbereich
13	**= Ergebnis der gewöhnlichen Geschäftstätigkeit**
14	+ außerordentliche Erträge
15	− außerordentliche Aufwendungen
16	**± außerordentliches Ergebnis**
17–18	− Personen- und Betriebssteuern
19	**= Jahresüberschuss/Jahresfehlbetrag**

Mittelgroße Kapitalgesellschaften dürfen in der zu veröffentlichenden Erfolgsrechnung die **Posten 1 bis 5 als Rohergebnis zusammenfassen.** Damit bleibt der Konkurrenz die **Umsatzhöhe verborgen.**

Zusammenfassung

▶ Der **Jahresabschluss einer Kapitalgesellschaft** besteht aus **drei Teilen,** nämlich der **Bilanz,** der **Gewinn- und Verlustrechnung** und dem **Anhang.** Zusätzlich ist ein **Lagebericht** zu erstellen.

▶ Art und Umfang der **Prüfung, Gliederung und Offenlegung** des Jahresabschlusses **richten sich nach der Größe** des Unternehmens. Nur **große und mittelgroße** Kapitalgesellschaften müssen ihre Gewinn- und Verlustrechnung in **Staffelform** veröffentlichen.

▶ Kapitalgesellschaften müssen das **gezeichnete Kapital** in der Bilanz zum **Nennwert** ausweisen. **Rücklagen, Gewinne und Verluste** sind in der Bilanz **offen** auszuweisen.

▶ **Kapitalrücklagen** entstehen durch Zuzahlungen der Gesellschafter bzw. Aktionäre. **Gewinnrücklagen** werden aus dem versteuerten Gewinn gebildet.

▶ **Stille Rücklagen** (Reserven) entstehen durch Unterbewertung von Aktivposten und Überbewertung bestimmter Passivposten. Sie sind aus der Bilanz nicht zu ersehen.

▶ **Rücklagen** stellen **Eigenkapital** dar, **Rückstellungen** dagegen **Fremdkapital.**

Gliederung der Gewinn- und Verlustrechnung in Staffelform (§ 275 [2] HGB)

1. Umsatzerlöse (Warenverkauf)

2. Andere aktivierte Eigenleistungen
   (z. B. selbst erstellte Anlagen)

3. Sonstige betriebliche Erträge
   (z. B. Mieterträge, Buchgewinne u. a.)

4. Aufwendungen für Waren

5. Personalaufwand
   a) Löhne und Gehälter
   b) Soziale Abgaben und Aufwendungen
      für Altersversorgung und für Unter-
      stützung

6. Abschreibungen
   a) auf immaterielle Anlagewerte und
      Sachanlagen
   b) auf Vermögensgegenstände des
      Umlaufvermögens, soweit diese die
      in der Kapitalgesellschaft üblichen
      Abschreibungen überschreiten

7. Sonstige betriebliche Aufwendungen
   (z. B. Raumkosten, Buchverluste u. a.)

8. Erträge aus Beteiligungen[1]

9. Erträge aus anderen Wertpapieren und
   Ausleihungen des Finanzanlage-
   vermögens[1]

10. Sonstige Zinsen und ähnliche Erträge[1]

11. Abschreibungen auf Finanzanlagen
    und auf Wertpapiere des Umlauf-
    vermögens

12. Zinsen und ähnliche Aufwendungen[1]

**13. Ergebnis der gewöhnlichen Geschäfts-
    tätigkeit** (= Saldo aus 1–12)

14. Außerordentliche Erträge

15. Außerordentliche Aufwendungen

16. Außerordentliches Ergebnis
    (= Saldo)

17. Steuern vom Einkommen und vom
    Ertrag (Körperschaft-, Gewerbesteuer)

18. Sonstige Steuern (z. B. Grund-, Kfz-
    Steuer u. a.)

19. Jahresüberschuss/Jahresfehlbetrag

Erläuterungen (siehe auch Rückseite des Kontenrahmens):

Die Posten **1–3** stellen **betriebsgewöhnliche Erträge** und die Posten **4–7 betriebsge-wöhnliche Aufwendungen** der Kapitalgesellschaft dar.

Die Posten **3/7** sind **Sammelposten** für alle nicht im Gliederungsschema gesondert auszuweisenden Erträge und Aufwendungen aus der gewöhnlichen Geschäftstätigkeit (siehe nebenstehende Beispiele).

Die Posten **8–12** sind Erträge und Aufwendungen des **Finanzbereiches.**

Die Posten **14–15** erfassen lediglich **ungewöhnliche (seltene) Aufwendungen** (z. B. Verluste aus sehr großen Schadensfällen und Enteignungen, Verlust aus dem Verkauf eines Teilbetriebs u. a.) und **Erträge** (z. B. Steuererlass, Gewinne aus dem Verkauf eines Teilbetriebs, Erträge aus Gläubigerverzicht u. a.).

In der Regel weisen Bilanz und Gewinn- und Verlustrechnung als Jahresergebnis einen Jahresüberschuss oder Jahresfehlbetrag aus. Die Verwendung des Jahresergebnisses erfolgt dann im nächsten Geschäftsjahr. Wird jedoch die **Bilanz nach teilweiser Verwendung des Jahresüberschusses** durch Einstellung in die Gewinnrücklagen aufgestellt, so tritt an die Stelle der Posten „Jahresüberschuss" und „Gewinn-/Verlustvortrag" der Posten „Bilanzgewinn":

Beispiel

Jahresüberschuss	420.000,00 €
+ Gewinnvortrag des Vorjahres	30.000,00 €
− Einstellung in Gewinnrücklage	300.000,00 €
Bilanzgewinn	150.000,00 €

---

1 In der **Vorspalte** ist jeweils anzugeben: … davon aus (an) **verbundene(n) Unternehmen** …

6470276

325 Das Schlussbilanzkonto der Stahlhandels GmbH weist zum 31. Dez. aus:

Soll	8010 Schlussbilanzkonto		Haben
0510 Bebaute Grundst... 1.410.000,00		3000 Gezeichn. Kapital ..	2.800.000,00
0700 Technische Anlagen		32.. Gewinnrücklagen ..	250.000,00
und Maschinen 1.280.000,00		3400 Jahresüberschuss ...	360.000,00
0860 Geschäftsausstattg. 290.000,00		3900 Sonst. Rückstell. ...	70.000,00
1500 Wertpapiere des		4250 Langfristige Bank-	
Anlagevermögens . 120.000,00		verbindlichkeiten ..	1.730.000,00
2280 Warenbestand 1.800.000,00		4400 Verbindlichk. a. LL ..	230.000,00
2400 Forderungen a. LL . 207.000,00		4800 Umsatzsteuer	50.000,00
2800 Bankguthaben 243.000,00		4900 Pass. Rechnungsabgr.	10.000,00
2850 Postbankguthaben 90.000,00			
2880 Kasse 45.000,00			
2900 Akt. Rechnungsabgr. 15.000,00			
5.500.000,00			5.500.000,00

1. *Erstellen Sie die Bilanz nach dem Gliederungsschema auf Seite 272.*
2. *Wie hoch ist das Eigenkapital zum 31. Dezember?*
3. *Inwieweit deckt das Eigenkapital das Anlagevermögen?*

326 Das Gewinn- und Verlustkonto der o. g. Stahlhandels GmbH weist zum 31. Dez. folgende Zahlen aus:

Soll	8020 Gewinn- und Verlustkonto		Haben
6060 Aufw. für Waren .. 2.360.000,00		5100 Umsatzerlöse	4.800.000,00
6160 Fremdinstandsetzung 140.000,00		54.. Sonst. Erträge	566.000,00
6200 Löhne 940.000,00		5710 Zinserträge	78.000,00
6300 Gehälter 456.000,00			
6400 Arbeitgeberant. z. SV 224.000,00			
6520 Abschreib. auf SA . 184.000,00			
6700 Mieten 16.000,00			
6800 Büromaterial 20.000,00			
6820 Porto – Telefon –			
Telefax 64.000,00			
6870 Werbung 126.000,00			
70.. Betriebliche Steuern 174.000,00			
7510 Zinsaufwendungen 86.000,00			
7710 Körperschaftsteuer 294.000,00			
3400 Jahresüberschuss .. 360.000,00			
5.444.000,00			5.444.000,00

1. *Erstellen Sie die Gewinn- und Verlustrechnung in Staffelform nach dem Schema auf Seite 275 und ermitteln Sie das Rohergebnis, das Ergebnis der gewöhnlichen Geschäftstätigkeit und den Jahresüberschuss.*
2. *Richten Sie für den Abschluss des Gewinn- und Verlustkontos das Konto „3400 Jahresüberschuss/Jahresfehlbetrag" ein. Wie lautet im vorliegenden Fall die Abschlussbuchung des Gewinn- und Verlustkontos?*
3. *Nennen Sie die Abschlussbuchung für das Konto „3400 Jahresüberschuss/ Jahresfehlbetrag".*
4. *Ermitteln Sie die Rentabilität des Anfangseigenkapitals.*

6 Auswertung des Jahresabschlusses

Aus dem Jahresabschluss lassen sich wertvolle **Erkenntnisse über die Vermögens-, Finanz- und Erfolgslage** des Unternehmens gewinnen, wenn man die Abschlusszahlen entsprechend auswertet. Ein Vergleich mit den Jahresabschlüssen der Vorjahre **(Zeitvergleich)** gibt außerdem Auskunft über die betriebseigene **Entwicklung.** Wie das Unternehmen innerhalb seiner Branche zu beurteilen ist, zeigt ein Vergleich mit den Zahlen branchengleicher Unternehmen **(Betriebsvergleich).**

Die betriebswirtschaftliche Auswertung des Jahresabschlusses umfasst die

▶ **Aufbereitung (Analyse)** und die
▶ **Beurteilung (Kritik)** des Zahlenmaterials.

Allgemein spricht man auch von **„Bilanzanalyse und Bilanzkritik".**

6.1 Die Auswertung der Bilanz

6.1.1 Die Aufbereitung der Bilanz (Bilanzanalyse)

Umgliederung der Bilanzposten. Die Bilanzen müssen zunächst für eine kritische Beurteilung entsprechend aufbereitet werden. Die zahlreichen Bilanzposten sind daher nach bestimmten Gesichtspunkten umzugliedern und gruppenmäßig zusammenzufassen. Die Vermögensseite umfasst die beiden Hauptgruppen **„Anlagevermögen"** und **„Umlaufvermögen"**, die Kapitalseite **„Eigenkapital"** und **„Fremdkapital"**. Das Umlaufvermögen ist nach der **Flüssigkeit** in die Gruppen **„Vorräte"**, **„Forderungen"** und **„Flüssige Mittel"** zu gliedern. Die Positionen des Fremdkapitals sind nach der **Fälligkeit** in **„Langfristiges Fremdkapital"** und **„Kurzfristiges Fremdkapital"** zu ordnen. Wertberichtigungen sind vorab mit dem entsprechenden Aktivposten zu saldieren. Aktive Rechnungsabgrenzungssammelposten werden den Forderungen, passive Rechnungsabgrenzungsposten den kurzfristigen Verbindlichkeiten zugeordnet.

Die Bilanzstruktur ist das **Ergebnis der Aufbereitung** der Bilanzposten. Sie lässt bereits deutlich den **Vermögens- und Kapitalaufbau** des Unternehmens erkennen:

Vermögen	BILANZSTRUKTUR	Kapital
I. Anlagevermögen		**I. Eigenkapital**
II. Umlaufvermögen 1. Vorräte		
2. Forderungen		**II. Fremdkapital** 1. langfristig
3. Flüssige Mittel		2. kurzfristig
Wie ist das Kapital angelegt?		Woher stammt das Kapital?

Zur besseren Vergleichbarkeit und Überschaubarkeit stellt man die **Bilanzstruktur** nicht nur in absoluten Zahlen, sondern auch in **Prozentzahlen** dar, wobei die **Bilanzsumme die Basis (≙ 100 %)** bildet. Damit wird auf einen Blick erkennbar, welches Gewicht die einzelnen Hauptgruppen innerhalb des Gesamtvermögens (Aktiva) und Gesamtkapitals (Passiva) haben. Vermögens- und Kapitalstruktur werden dadurch noch anschaulicher dargestellt.

Beispiel Die Bilanzen der **Papiergroßhandlung Katja Kern e. Kfr.**, Köln, lauten für die beiden letzten Geschäftsjahre (gerundete Zahlen, vgl. S. 269):

Aktiva	Berichtsjahr T€	Vorjahr T€	Passiva	Berichtsjahr T€	Vorjahr T€
Gebäude	1.750	1.400	Eigenkapital 1. Jan. .	3.000	2.415
Techn. Anlagen	360	400	− Entnahmen	90	120
Fuhrpark	270	210		2.910	2.295
BuG-Ausstattung ...	150	120	+ Einlagen	0	100
Waren	2.600	2.400		2.910	2.395
Forderungen a. LL ..	350	550	+ Gewinn	760	605
Kasse	15	10	Eigenkapital 31. Dez.	3.670	3.000
Bankguthaben	320	120	Rückstellungen	45	200
			Hypothekenschulden	800	680
			Darlehensschulden ..	674	520
			Verbindlichk. a. LL ..	526	710
			Sonstige Verbindl. ..	100	100
	5.815	5.210		5.815	5.210

Anmerkungen zur Bilanzaufbereitung: Die Rückstellungen sind je zur Hälfte als langfristig und kurzfristig zu behandeln. Der Gewinn verbleibt im Unternehmen.

siehe „Prozentrechnung", Kap. H, 4 ⮌

Die Aufbereitung der Bilanzen wird nach folgendem Schema vorgenommen:

AKTIVA	Berichtsjahr T€	Berichtsjahr %	Vorjahr T€	Vorjahr %	Zu- oder Abnahme T€
Anlagevermögen	2.530	43,5	2.130	40,9	+ 400
Vorräte	2.600	44,7	2.400	46,1	+ 200
Forderungen a. LL	350	6,0	550	10,5	− 200
Flüssige Mittel	335	5,8	130	2,5	+ 205
Umlaufvermögen	3.285	56,5	3.080	59,1	+ 205
Gesamtvermögen	5.815	100	5.210	100	+ 605

PASSIVA	Berichtsjahr T€	Berichtsjahr %	Vorjahr T€	Vorjahr %	Zu- oder Abnahme T€
Eigenkapital	3.670	64,0	3.000	57,6	+ 670
50 % Rückstellungen	22,5	0,4	100	1,9	− 77,5
Hypothekenschulden	800	13,8	680	13,7	+ 120
Darlehensschulden	674	11,6	520	10,0	+ 154
Langfr. Fremdkapital	1.496,5	25,8	1.300	25,0	+ 196,5
50 % Rückstellungen	22,5	0,4	100	1,9	− 77,5
Verbindlichkeiten a. LL	526	9,0	710	13,6	− 184
Sonstige Verbindlichk.	100	0,8	100	1,9	+/− 0
Kurzfr. Fremdkapital	648,5	10,2	910	17,4	− 261,5
Gesamtkapital	5.815	100	5.210	100	+ 605

6.1.2 Die Beurteilung der Bilanz (Bilanzkritik)

Die aufbereiteten Bilanzen enthalten bereits die wichtigsten Kennzahlen und Angaben zur **Beurteilung** der

▶ **Kapitalausstattung,** ▶ **Zahlungsfähigkeit** und des

▶ **Anlagenfinanzierung,** ▶ **Vermögensaufbaus**

des Unternehmens. Die nun einsetzende Bilanzbeurteilung stellt zwischen den durch die Aufbereitung gewonnenen Verhältniszahlen sinnvolle **Beziehungen** her und wertet diese im Hinblick auf die **Lage und Entwicklung** des Unternehmens.

6.1.2.1 Beurteilung der Kapitalausstattung (Finanzierung)

Grad der Unabhängigkeit. Bei der Beurteilung der **Kapitalausstattung oder Finanzierung** geht es vor allem um die Frage, ob das Unternehmen überwiegend mit **eigenem oder fremdem Kapital** arbeitet. In der Regel kann die Finanzierung eines Unternehmens als günstig bezeichnet werden, wenn das **Eigenkapital als Haftungs- bzw. Schutzkapital** das Fremdkapital überwiegt; denn je höher der Anteil des Eigenkapitals am Gesamtkapital, umso **sicherer** ist die Lage des Unternehmens in Krisenzeiten und umso **unabhängiger** ist das Unternehmen **gegenüber** seinen **Gläubigern.** Der Anteil des Eigenkapitals am Gesamtkapital ist daher zugleich Ausdruck des Grades der finanziellen Unabhängigkeit des Unternehmens.

Der Grad der Verschuldung kommt durch den Anteil des Fremdkapitals am Gesamtkapital zum Ausdruck. Ein im Verhältnis zum Eigenkapital zu hohes Fremdkapital bedeutet eine erhebliche **Einengung der Selbstständigkeit des Unternehmens,** da mit jeder weiteren Kreditaufnahme stets der Nachweis der Kreditverwendung und ständige Kontrollen durch Gläubiger verbunden sind. Ist der Anteil an kurzfristigen Schulden sehr hoch, so wird die **Liquidität (Zahlungsfähigkeit)** des Unternehmens stark eingeschränkt. Die **Zusammensetzung des Fremdkapitals** (lang- und kurzfristig) ist daher eine wichtige Frage bei der Beurteilung der Finanzierung eines Unternehmens.

Kennzahlen der Finanzierung (Kapitalstruktur)		B	V
❶ Grad der finanziellen Unabhängigkeit	$= \dfrac{\text{Eigenkapital} \cdot 100\ \%}{\text{Gesamtkapital}}$	63,1 %	57,6 %
❷ Grad der Verschuldung	$= \dfrac{\text{Fremdkapital} \cdot 100\ \%}{\text{Gesamtkapital}}$	36,9 %	42,4 %
❸ Anteil des langfristigen Fremdkapitals	$= \dfrac{\text{lgfr. Fremdkapital} \cdot 100\ \%}{\text{Gesamtkapital}}$	25,7 %	25,0 %
❹ Anteil des kurzfristigen Fremdkapitals	$= \dfrac{\text{kfr. Fremdkapital} \cdot 100\ \%}{\text{Gesamtkapital}}$	11,2 %	17,5 %

Die Kennzahlen zeigen deutlich, dass sich im Berichtsjahr der **Grad der finanziellen Unabhängigkeit von 57,6 % auf 63,1 %** und damit entsprechend der **Grad der Verschuldung von 42,4 % auf 36,9 %** entscheidend verbessert haben. Die beachtliche Steigerung des Eigenkapitals ist auf eine **Kapitaleinlage** der Unternehmerin in Höhe **von 100 T€** sowie auf den im Berichtsjahr erwirtschafteten hohen **Jahresgewinn von 760 T€** zurückzuführen. Erfreulicherweise konnte dadurch der Anteil des Fremdkapitals und somit der Einfluss der Gläubiger erheblich vermindert werden. Der **Rückgang des kurzfristigen Fremdkapitals von 17,5 % auf 11,2 %** ist im Hinblick auf die Liquidität des Unternehmens besonders positiv zu beurteilen. Der beachtliche Abbau der kurzfristigen Fremdmittel ist vor allem auf eine **Umschuldung** zurückzuführen, also auf eine Umwandlung kurzfristiger in langfristige Schulden. So steht einer Abnahme an kurzfristigen Fremdmitteln in Höhe von 261,5 T€ eine Zunahme der langfristigen Schulden in Höhe von 196,5 T€ gegenüber (vgl. aufbereitete Bilanzen auf Seite 279).

Die Unternehmensleitung hat im Berichtsjahr sinnvolle Maßnahmen durchgeführt, um die Finanzierung des Unternehmens noch krisenfester zu gestalten.

6470280

Zusammenfassung

► **Je größer das Eigenkapital** im Verhältnis zum Fremdkapital ist, desto solider und **krisenfester ist die Finanzierung** und desto geringer ist die Abhängigkeit gegenüber Gläubigern.

6.1.2.2 Beurteilung der Anlagendeckung (Investierung)

Die Finanzierung (Deckung) des Anlagevermögens durch

► **Eigenkapital** → **Deckungsgrad I**

und durch

► **langfristiges Kapital** (Eigenkapital und langfr. Fremdkapital) → **Deckungsgrad II**

ist zugleich ein wichtiger **Maßstab zur Beurteilung der Kapitalausstattung** des Unternehmens schlechthin. Da **Anlagegegenstände** in der Regel langfristig gebundenes Vermögen darstellen, müssen sie durch **entsprechend langfristiges Kapital** finanziert werden. Damit wird sichergestellt, dass im Krisenfalle keine Anlagegüter veräußert werden müssen, um den Tilgungsverpflichtungen termingerecht nachzukommen. Deshalb sollen Wirtschaftsgüter des Anlagevermögens grundsätzlich **nicht kurzfristig** finanziert werden. Die Anlagenfinanzierung kann somit als sehr gut bezeichnet werden, wenn das Anlagevermögen voll durch Eigenkapital **(Deckungsgrad I)** gedeckt ist. Reicht das Eigenkapital jedoch nicht zur Finanzierung des Anlagevermögens aus, so darf zusätzlich nur langfristiges Fremdkapital herangezogen werden. Der **Deckungsgrad II** muss mindestens 100 % betragen, wenn eine volle Deckung durch langfristiges Kapital gegeben sein soll.

Kennzahlen der Anlagendeckung (Investierung)	Berichtsjahr	Vorjahr
Deckungsgrad I $= \dfrac{\text{Eigenkapital} \cdot 100\,\%}{\text{Anlagevermögen}}$	145 %	141 %
Deckungsgrad II $= \dfrac{\text{Langfristiges Kapital} \cdot 100\,\%}{\text{Anlagevermögen}}$	204 %	202 %

Die Anlagendeckung durch Eigenkapital (Deckungsgrad I) war bereits im Vorjahr sehr gut. Sie konnte im Berichtsjahr durch die bereits erwähnte **Erhöhung des Eigenkapitals** noch verbessert werden. **Nicht nur das Anlagevermögen, sondern auch der größte Teil der Warenvorräte werden** nunmehr **durch eigene Mittel finanziert.** Besonders erfreulich ist auch die Tatsache, dass die erheblichen **Anschaffungen (Investitionen)** im Anlagevermögen in Höhe von 400 T€ **ebenfalls** in vollem Umfang **durch Eigenkapital finanziert** wurden.

Die Anlagendeckung durch langfristiges Kapital (Deckungsgrad II) ist in den beiden Vergleichsjahren ausgezeichnet. Besonders im Berichtsjahr wird der größte Teil des Umlaufvermögens **langfristig** finanziert, was sich auf die Liquidität des Unternehmens zwangsläufig günstig auswirken muss. Die für das Berichtsjahr als **sehr gut beurteilte** Finanzierung wird durch die Anlagendeckung I und II voll bestätigt.

Zusammenfassung

► **Die Anlagendeckung** ist zugleich **Maßstab** zur Beurteilung der Finanzierung (Kapitalausstattung) des Unternehmens.

► Das Anlagevermögen und der eiserne Bestand an Waren sollten stets durch entsprechend **langfristiges** Kapital (Eigen- + langfr. Fremdkapital) finanziert sein.

6.1.2.3 Beurteilung der Zahlungsfähigkeit (Liquidität)

Liquidität ist die Zahlungsfähigkeit eines Unternehmens, die sich aus dem **Verhältnis der flüssigen (liquiden) Mittel zu den fälligen kurzfristigen Verbindlichkeiten** erkennen lässt. Es muss deshalb untersucht werden, ob das Unternehmen in der Lage sein wird, die **fälligen** Verbindlichkeiten **fristgerecht** zu begleichen.

Aufgrund der Bilanzzahlen kann die **Liquidität** eines Unternehmens natürlich **nur überschlägig** ermittelt werden, da wichtige Angaben aus den Bilanzen nicht hervorgehen, wie **Fälligkeiten** der Verbindlichkeiten und Forderungen, **laufende Zahlungen** für Steuern, Mieten u.a.m. Dennoch lassen sich verschiedene Stufen oder Grade der Zahlungsfähigkeit des Unternehmens aus den Abschlusszahlen errechnen.

Die Kennzahlen der Liquidität berücksichtigen jeweils den Grad der Zahlungsfähigkeit. Die **Liquidität I (1. Grades),** auch **Barliquidität** genannt, setzt die flüssigen Mittel (Kasse, Bank- und Postbankguthaben, börsenfähige Wertpapiere des Umlaufvermögens) ins Verhältnis zu den kurzfristigen Fremdmitteln. Die **Liquidität II,** auch **einzugsbedingte Liquidität** genannt, berücksichtigt zusätzlich die Forderungen. Die **umsatzbedingte Liquidität III** setzt schließlich das gesamte Umlaufvermögen zum kurzfristigen Fremdkapital in Beziehung. Nach einer **Erfahrungsregel** sollte mindestens die Liquidität II bereits eine volle Deckung der kurzfristigen Schulden bringen. Die Liquidität III müsste nach einer amerikanischen Faustregel zu einer zweifachen Deckung (200 %) führen.

Liquiditätskennzahlen		Berichtsjahr	Vorjahr
Liquidität I $=$	$\dfrac{\text{flüssige Mittel} \cdot 100\,\%}{\text{kurzfristiges Fremdkapital}}$	51,7 %	14,3 %
Liquidität II $=$	$\dfrac{(\text{flüssige Mittel} + \text{Forderungen}) \cdot 100\,\%}{\text{kurzfristiges Fremdkapital}}$	105,6 %	74,7 %
Liquidität III $=$	$\dfrac{\text{Umlaufvermögen} \cdot 100\,\%}{\text{kurzfristiges Fremdkapital}}$	506,6 %	338,5 %

Die Liquiditätslage des Unternehmens hat sich im Berichtsjahr gegenüber dem Vorjahr ganz entschieden verbessert. Selbst unter Berücksichtigung der Forderungen konnte im Vorjahr keine volle Deckung der kurzfristigen Verbindlichkeiten erreicht werden. Im Berichtsjahr führte dagegen die Liquidität II bereits zu einer erheblichen Überdeckung. Die Liquidität 3. Grades zeigt im Berichtsjahr deutlich die ausgezeichnete finanzielle Lage des Unternehmens. Das Umlaufvermögen ist über fünfmal so groß wie die kurzfristigen Fremdmittel. Diese äußerst positive Entwicklung der Zahlungsfähigkeit ist einerseits auf die bereits erwähnte Kapitalerhöhung sowie Umschuldung und andererseits vor allem auch auf die erhebliche Absatzsteigerung zurückzuführen. Diese von der Unternehmensleitung getroffenen **Maßnahmen dienten** nicht zuletzt der **Stärkung der Liquidität.**

Zusammenfassung

▶ Je mehr die flüssigen Mittel 1., 2. und 3. Grades die kurzfristigen Verbindlichkeiten decken, desto **liquider** und damit **sicherer** ist das Unternehmen.

▶ Für die fälligen Schulden müssen stets Zahlungsmittel bereitstehen, denn **Zahlungsunfähigkeit** bedeutet in der Regel die **zwangsweise Auflösung** des Unternehmens im Rahmen eines Insolvenzverfahrens.

▶ Nach einer **Erfahrungsregel** gilt die Zahlungsfähigkeit als gesichert, wenn das Umlaufvermögen doppelt so groß ist wie das kurzfristige Fremdkapital.

6470282

6.1.2.4 Beurteilung der Vermögensstruktur (Konstitution)

Die Vermögensstruktur zeigt sich im **Verhältnis zwischen Anlage- und Umlauf-vermögen.** Dieses Verhältnis ist weitgehend abhängig von der Branche, der das Unternehmen angehört, sowie vom **Ausmaß der Ausstattung und Automatisierung.** So sind beispielsweise Unternehmen der Grundstoff- und Schwerindustrie mit einem Anlagenanteil von 60–70 % besonders anlagenintensiv, im Gegensatz zu Großhandels-unternehmen, in denen in der Regel das Umlaufvermögen deutlich überwiegt.

Das Anlagevermögen verursacht erhebliche **fixe (feste) Kosten,** wie Abschreibungen, Instandsetzungen u. a., **die unabhängig von der Beschäftigungs- und Absatz-lage,** also **auch in Krisenzeiten, anfallen** und ständig die Erfolgsrechnung als Aufwand belasten. Je niedriger das Anlagevermögen im Verhältnis zum Umlaufvermögen ist, desto geringer ist die Belastung mit festen Kosten und desto besser kann sich ein Unternehmen **den veränderten Marktverhältnissen anpassen.**

Das Umlaufvermögen besteht in der Regel aus Warenvorräten, Forderungen sowie flüssigen Mitteln. Vergleicht man die Posten mit den **Umsatzerlösen,** lassen sich wertvolle **Erkenntnisse über die Absatzlage** des Unternehmens erzielen. Ein erhöhter Bestand an Forderungen bedeutet Absatzsteigerung, wenn zugleich die Umsatzerlöse entsprechend gestiegen sind. Eine Veränderung der Vorräte und flüssigen Mittel sollte daher auch im Zusammenhang mit den Umsatzerlösen gesehen werden.

Kennzahlen der Vermögensstruktur		Berichtsjahr	Vorjahr
❶ Anteil des Anlagevermögens	$= \dfrac{AV \cdot 100\,\%}{\text{Gesamtvermögen}}$	43,5 %	40,9 %
❷ Anteil des Umlaufvermögens	$= \dfrac{UV \cdot 100\,\%}{\text{Gesamtvermögen}}$	56,5 %	59,1 %
❸ Anteil der Vorräte	$= \dfrac{\text{Vorräte} \cdot 100\,\%}{\text{Gesamtvermögen}}$	44,7 %	46,1 %
❹ Anteil der Forderungen	$= \dfrac{\text{Forderungen} \cdot 100\,\%}{\text{Gesamtvermögen}}$	6,0 %	21,9 %
❺ Anteil der flüssigen Mittel	$= \dfrac{\text{Flüssige Mittel} \cdot 100\,\%}{\text{Gesamtvermögen}}$	5,8 %	2,5 %

Angaben lt. GuV-Rechnung:	Berichtsjahr	Vorjahr
Umsatzerlöse	14.450 T€	12.500 T€

Die Kennzahlen der Vermögensstruktur zeigen deutlich die positive Entwicklung des Unternehmens im Vergleichszeitraum. Die Steigerung des Anlagevermögens ist auf **Neuanschaffungen** in Höhe von 400 T€ zurückzuführen, die zu einer **Kapazitäts-erweiterung** führten, worauf auch die gestiegenen Umsatzerlöse hinweisen. Auch die **Erhöhung der flüssigen Mittel** steht offensichtlich im Zusammenhang mit einer **erheblichen Absatzsteigerung.** Bedenklich ist der hohe Bestand an Vorräten, wenngleich bei den Umsatzerlösen eine deutliche Steigerung zu vermerken ist (vgl. oben).

Zusammenfassung

▶ Das **Verhältnis** zwischen Anlage- und Umlaufvermögen wird weitgehend von der **Branche** und dem **Grad der Ausstattung** des Unternehmens bestimmt.

▶ **Vorräte** und **Forderungen** sind mit den **Umsatzerlösen** zu vergleichen.

327
1. Welche Möglichkeiten hat der Unternehmer, die Finanzierung (Kapitalausstattung des Unternehmens) zu verbessern?
2. Ein Unternehmer hat einen sehr großen Teil des Anlagevermögens mit einem kurzfristigen Bankkredit finanziert. Wie beurteilen Sie das?
3. Wodurch wird die Vermögensstruktur (AV : UV) bestimmt?
4. Welche Gefahr liegt in einem a) zu geringen und b) zu großen Anlagevermögen?
5. Welche Gefahr liegt in einem a) zu geringen und b) zu hohen Umlaufvermögen?

328
1. Welche Möglichkeiten hat der Unternehmer, die Liquidität zu verbessern?
2. Der Bestand an sofort greifbaren flüssigen Mitteln ist im Verhältnis zu hoch. Was empfehlen Sie dem Unternehmen?
3. Vermittelt die Bilanz ein eindeutiges Bild der Zahlungsfähigkeit?
4. Beurteilen Sie die folgenden Bilanzstrukturen:

Bilanz 1	
Anlagevermögen 40 %	Eigenkapital 50 %
Umlaufvermögen 60 %	Fremdkapital 50 %

Bilanz 2	
Anlagevermögen 40 %	Eigenkapital 30 %
Umlaufvermögen 60 %	langfristiges Fremdkapital 10 % kurzfristiges Fremdkapital 60 %

329
Nach der Aufbereitung zeigt die Bilanz eines Großhandelsunternehmens die folgende Vermögens- und Kapitalstruktur:

Vermögen	Aufbereitete Bilanz			Kapital		
	T€	%			T€	%
I. Anlagevermögen .	2.400	30	**I. Eigenkapital**		4.800	60
II. Umlaufvermögen			**II. Fremdkapital**			
1. *nicht* flüssig .... (Vorräte)	3.300		1. *langfristig* ...... (Hyp. u. Darl.)		2.000	
2. *bedingt* flüssig.. (Ford. a. LL)	1.700	70	2. *kurzfristig* ...... (Verbindlichk.		1.200	40
3. *sofort* flüssig ... (Kasse, Postbank, Bankguthaben)	600		a. LL. u. a.)			
	8.000	100			8.000	100

1. Beurteilen Sie auch unter Berücksichtigung von **Branchen-Richtwerten ( )**
   a) die Finanzierung oder Kapitalausstattung (35 : 65),
   b) den Vermögensaufbau (25 : 75),
   c) die Anlagenfinanzierung bzw. -deckung (Deckung I: 80 %; II: 120 %) sowie
   d) die Zahlungsfähigkeit (Liquidität) des Unternehmens.
2. Inwiefern erübrigt sich im vorliegenden Fall die Ermittlung des Deckungsgrades II im Rahmen der Beurteilung der Anlagenfinanzierung?
3. Welchen entscheidenden Vorteil bietet die Auswertung bei einem Bilanzvergleich (Zeit- oder Betriebsvergleich)?

6470284

330

Aktiva	Berichts-jahr	Vorjahr	Passiva	Berichts-jahr	Vorjahr
	T€	T€		T€	T€
I. Anlagevermögen			**I. Eigenkapital**	3.000	1.600
1. Gebäude	1.480	1.000	**II. Fremdkapital**		
2. BuG-Ausstattg.	500	200	1. Hypotheken-		
3. Fuhrpark	280	100	schulden	650	680
II. Umlaufvermögen			2. Darlehens-		
1. Vorräte	1.400	1.650	schulden	880	520
2. Forderungen	900	750	3. Lieferer-		
3. Kasse	20	10	schulden	470	1 200
4. Postbankguth.	30	40			
5. Bankguthaben	390	250			
	5.000	4.000		5.000	4.000

1. Bereiten Sie obige Bilanzen der Textilgroßhandlung Jutta Kolberg e. K. entsprechend dem Aufbereitungsschema auf Seite 279 auf und stellen Sie jeweils die Veränderungen der Vermögens- und Kapitalposten fest.
2. Ermitteln Sie die Kennzahlen zur Beurteilung der
   a) Finanzierung, b) Anlagendeckung, c) Liquidität, d) Vermögensstruktur.
3. Beurteilen Sie die Entwicklung des Unternehmens in den Vergleichsjahren aufgrund der Kennzahlen und versuchen Sie die Ursachen der Veränderungen offen zu legen. Stellen Sie sich dabei stets **folgende Fragen:**

> ▶ Wie ist die Entwicklung in absoluten und relativen Zahlen?
> ▶ Worauf könnte die positive oder negative Entwicklung zurückzuführen sein?
> ▶ Welche Maßnahmen zur Verbesserung der Finanzierung, Anlagendeckung, Liquidität und Vermögensstruktur würden Sie der Unternehmensleitung empfehlen?

331

Aktiva	Berichts-jahr	Vorjahr	Passiva	Berichts-jahr	Vorjahr
	T€	T€		T€	T€
Gebäude	960	710	Eigenkapital 1. Jan.	1.160	1.030
BuG-Ausstattung ..	610	390	− Entnahmen	80	60
Fuhrpark	130	160		1.080	970
Waren	1.200	1.850	+ Einlagen	400	−
Forderungen a. LL .	820	370		1.480	970
Kasse	20	15	+ Gewinn	320	190
Bank	260	105	Eigenkapital 31. Dez.	1.800	1.160
			Rückstellungen	80	60
			Hypothekenschuld..	670	480
			Darlehensschulden .	930	750
			Verbindlichk. a. LL .	520	1.150
	4.000	3.600		4.000	3.600

Anmerkungen: Die Rückstellungen sind je zur Hälfte lang- und kurzfristig. Die Umsatzerlöse betrugen im Berichtsjahr 7.800 T€, im Vorjahr 5.800 T€.

1. Bereiten Sie oben stehende Bilanzen der Elektrogroßhandlung Georg Heider e. K. auf.
2. Ermitteln und beurteilen Sie die Kennzahlen a) der Finanzierung, b) der Anlagendeckung, c) der Liquidität und d) der Vermögensstruktur.
3. Worauf führen Sie die hohen Vorräte im Vorjahr zurück?
4. Fassen Sie in einem Kurzbericht das Ergebnis Ihrer Auswertung zusammen.

6.2 Die Auswertung der Gewinn- und Verlustrechnung

6.2.1 Beurteilung der Rentabilität

Die Rentabilität ist Maßstab für den Erfolg eines Unternehmens. Sie wird ermittelt, indem man den Gewinn zum **Eigenkapital** oder **Umsatz** in Beziehung setzt. Bei **Einzelunternehmen und Personengesellschaften** muss der Jahresgewinn vorab noch um einen **Unternehmerlohn** für den **mitarbeitenden Inhaber (Gesellschafter)** gekürzt werden. Nur so ist ein **Vergleich mit einer Kapitalgesellschaft** der gleichen Branche (z. B. GmbH) möglich, in der die Gehälter der geschäftsführenden Gesellschafter Aufwand (Betriebsausgabe) darstellen und somit den Gewinn schmälern. Die Höhe des Unternehmerlohns bemisst sich nach dem Gehalt eines leitenden Angestellten in vergleichbarer Position.

Beispiel: Papiergroßhandlung Kern	Berichtsjahr	Vorjahr
Jahresgewinn (vgl. S. 279)[1]	760 T€	605 T€
− Unternehmerlohn	120 T€	120 T€
Unternehmergewinn	**640 T€**	**485 T€**

6.2.1.1 Eigenkapitalrentabilität (Unternehmerrentabilität)

Die Rentabilität des Eigenkapitals wird ermittelt, indem man den Unternehmergewinn (UG) zum Eigenkapital (∅ aus AB + SB: s. Bilanzen, S. 279) ins Verhältnis setzt.

 siehe „Prozentrechnung", Kap. H, 4

Beispiel: Papiergroßhandlung Kern	Berichtsjahr	Vorjahr
Eigenkapitalrentabilität $= \dfrac{UG \cdot 100\,\%}{\text{Eigenkapital}}$	$\dfrac{640 \cdot 100\,\%}{3.335} = \textbf{19,2\,\%}$	$\dfrac{485 \cdot 100\,\%}{2.707,5} = \textbf{17,9\,\%}$

Risikoprämie. Vergleicht man die Eigenkapitalrendite mit dem landesüblichen Zinssatz für langfristig angelegte Gelder (im Beispiel 6 %), so ist der **Überschuss** der Eigenkapitalverzinsung eine Prämie für das allgemeine Risiko des Unternehmers.

Beispiel: Papiergroßhandlung Kern	Berichtsjahr	Vorjahr
Eigenkapitalrentabilität	19,2 %	17,9 %
− landesüblicher Zinssatz für langfr. Kapital	6,0 %	6,0 %
Risikoprämie für Unternehmerwagnis	**13,2 %**	**11,9 %**

Beurteilung der Erfolgslage. Der Jahresgewinn der Papiergroßhandlung Kern ist von absolut 605 T€ im Vorjahr auf 760 T€ im Berichtsjahr, also um 155 T€ oder 25,6 %, gestiegen. Diese beachtliche Gewinnsteigerung konnte sich bei der Eigenkapitalrentabilität nicht entsprechend auswirken, da sich im Berichtsjahr auch das Eigenkapital erheblich erhöht hatte. Dennoch zeigte die Rentabilität des Eigenkapitals eine erfreuliche Steigerung von 17,9 % auf 19,2 %. Im Berichtsjahr wurde außer der landesüblichen Verzinsung eine Risikoprämie von 13,2 % erwirtschaftet.

Zusammenfassung

> ▶ Der **Jahresgewinn** eines Personenunternehmens sollte Folgendes entgelten:
> 1. einen angemessenen **Unternehmerlohn,**
> 2. eine landesübliche **Verzinsung des Eigenkapitals** und
> 3. zusätzlich eine branchenübliche **Prämie für das Unternehmerrisiko.**

---

1 Der Jahresgewinn enthält keine außerordentlichen Aufwendungen und Erträge.

6.2.1.2 Gesamtkapitalrentabilität (Unternehmungsrentabilität)

Der Gewinn wird mit dem Gesamtkapital der Unternehmung erzielt. Will man die Rentabilität des Gesamtkapitals **(Eigen- und Fremdkapital)** ermitteln, muss man die für das Fremdkapital gezahlten **Zinsen** dem Unternehmergewinn wieder hinzurechnen, da diese als **Aufwand** den Gewinn gemindert haben.

$$\text{Gesamtkapitalrentabilität} = \frac{(\text{Unternehmergewinn} + \text{Zinsen}) \cdot 100\ \%}{\text{Gesamtkapital}}$$

Beispiel: Papiergroßhandlung Kern	Berichtsjahr	Vorjahr
Gesamtkapital am 1. Januar	5.210 T€	4.930 T€
Gesamtkapital am 31. Dezember	5.815 T€	5.210 T€
Durchschnittliches Gesamtkapital (GK)	5.512,5 T€	5.070 T€
Unternehmergewinn (UG)	640 T€	485 T€
Zinsen lt. GuV-Rechnung (Z)	180 T€	120[1] T€
Gesamtkapitalrentabilität $= \dfrac{(\text{UG} + \text{Z}) \cdot 100\ \%}{\text{GK}}$	$\dfrac{(640 + 180) \cdot 100\ \%}{5.512,5}$ $= 14,9\ \%$	$\dfrac{(485 + 120[1]) \cdot 100\ \%}{5.070}$ $= 11,9\ \%$
Eigenkapitalrentabilität	19,2 %	17,9 %

Beurteilung. Die Gesamtkapitalrentabilität gibt Aufschluss darüber, ob sich die Aufnahme von Fremdkapital gelohnt hat. Das ist stets der Fall, wenn der **Fremdkapitalzins niedriger ist als die Gesamtkapitalrentabilität** oder – anders ausgedrückt –, wenn die **Rentabilität des Eigenkapitals größer ist als die des Gesamtkapitals.** Das Unternehmen muss daher bestrebt sein **möglichst zinsniedriges Fremdkapital aufzunehmen.** In beiden Vergleichsjahren übersteigt die Eigenkapitalrentabilität die Gesamtkapitalrendite, wobei sich das Ergebnis im Berichtsjahr deutlich verbessert hat.

6.2.1.3 Umsatzrentabilität (Umsatzverdienstrate)

Umsatzverdienstrate. Setzt man den Unternehmergewinn zu den Umsatzerlösen in Beziehung, erfährt man, wie viel Prozent der Umsatzerlöse als Gewinn dem Unternehmen zugeflossen sind. Oder: wie viel € je 100,00 € Umsatz verdient wurden.

Beispiel: Papiergroßhandlung Kern	Berichtsjahr	Vorjahr
Umsatzrentabilität $= \dfrac{\text{Unternehmergewinn} \cdot 100\ \%}{\text{Umsatzerlöse}}$	$\dfrac{640 \cdot 100\ \%}{14.450} = 4,4\ \%$	$\dfrac{485 \cdot 100\ \%}{12.500} = 3,9\ \%$

Beurteilung. Die sehr positive Entwicklung des Unternehmens zeigt sich auch deutlich in der Umsatzrendite, die im Vergleichszeitraum von 3,9 % auf 4,4 %, also um 12,8 %, erhöht werden konnte. Im Berichtsjahr wurden somit 4,40 € je 100,00 € Umsatz gegenüber 3,90 € im Vorjahr verdient. Das bedeutete eine Steigerung der Ertragskraft des Unternehmens.

Zusammenfassung

▶ Aus Gründen der besseren Vergleichbarkeit der Ergebnisse sollte der Jahresgewinn vorab um einmalige und zufällige Posten bereinigt werden:

    Jahresgewinn
    + außergewöhnliche Aufwendungen
    – außergewöhnliche Erträge
    Bereinigter Jahresgewinn

---

1   angenommene Zinsen

332

Zahlen (T€) des Baustoffgroßhandels Lang KG	Berichtsjahr	Vorjahr
Eigenkapital zum 1. Januar	1.260	1.130
Eigenkapital zum 31. Dezember	1.800	1.260
Bereinigter Jahresgewinn	320	190
Unternehmerlohn	60	60
Umsatzerlöse	7.800	5.800

1. *Ermitteln Sie   a) das durchschnittliche Eigenkapital und*
   b) den Unternehmergewinn.
2. *Berechnen Sie   a) die Rentabilität des Eigenkapitals und*
   b) die Risikoprämie bei landesüblichen Zinsen von 7 %.
3. *Berechnen Sie die Umsatzrentabilität in Prozent.*
4. *Beurteilen Sie die Erfolgslage des Unternehmens im Vergleichszeitraum.*

333

Zahlen (T€) der Textilgroßhandlung Hay OHG	1. Jahr	2. Jahr	3. Jahr
Eigenkapital zum 1. Januar	2.400	2.600	3.400
Eigenkapital zum 31. Dezember	2.600	3.400	4.600
Jahresgewinn	520	660	790
außergewöhnliche Aufwendungen	20	10	30
außergewöhnliche Erträge	50	30	–
Unternehmerlohn	72	72	72
Umsatzerlöse	12.880	15.200	18.100

1. *Ermitteln Sie den bereinigten Jahresgewinn.*
2. *Ermitteln Sie a) das Durchschnittskapital und b) den Unternehmergewinn.*
3. *Berechnen Sie a) die Eigenkapitalrendite und b) die Risikoprämie bei einer*
   unterstellten landesüblichen Verzinsung von 7 %.
4. *Wie viel € je 100,00 € Umsatz wurden jeweils verdient?*
5. *Fassen Sie die Ergebnisse Ihrer Auswertung in einem Kurzbericht zusammen.*

334   Den Jahresabschlüssen eines Großhandelsunternehmens entnehmen wir folgende Zahlen:

Jahresabschlusszahlen (T€)	1. Jahr	2. Jahr	3. Jahr
Durchschnittliches Eigenkapital	2.500	3.000	4.000
Durchschnittliches Gesamtkapital	4.000	6.000	6.500
Jahresgewinn	550	750	880
außergewöhnliche Aufwendungen	40	60	120
außergewöhnliche Erträge	30	70	80
Unternehmerlohn	100	100	100
Zinsaufwendungen	90	200	180
Umsatzerlöse	13.860	16.200	19.100

1. *Ermitteln Sie den bereinigten Unternehmergewinn.*
2. *Berechnen Sie die Rentabilität des*
   a) Eigenkapitals,   b) Gesamtkapitals,   c) Umsatzes.
3. *Beurteilen Sie die Entwicklung der Rentabilitätskennzahlen.*
4. *Worüber gibt die Gesamtkapitalrentabilität Auskunft?*
5. *Inwiefern ist bei Rentabilitätsberechnungen vom bereinigten Jahresgewinn*
   auszugehen?
6. *Was sollte der Jahresgewinn eines Personenunternehmens im Einzelnen*
   abdecken?
7. *Welcher Zusammenhang besteht zwischen Wirtschaftszweig und Risiko-*
   prämie?

6.2.2 Wie beurteilt man die Umschlagskennzahlen?

Maßstab der Wirtschaftlichkeit. Umschlagskennzahlen sind ein Maßstab zur Beurteilung und Kontrolle der Wirtschaftlichkeit des Betriebsprozesses, also des **Verhältnisses der betriebsbedingten Aufwendungen** (= Kosten) zu den **betriebsbedingten Erträgen** (= Leistungen). Sie werden ermittelt, indem man bestimmte Posten der Bilanz **(Waren, Forderungen a. LL, Kapital)** zum **Wareneinsatz** (= Warenaufwendungen +/– Bestandsveränderungen) bzw. zu den **Umsatzerlösen** in Beziehung setzt.

6.2.2.1 Lagerumschlag der Warenbestände

Die Lagerumschlagshäufigkeit des Warenbestandes errechnet sich aus dem Verhältnis von **Wareneinsatz** zum **Durchschnittsbestand der Waren.** Sie gibt an, **wie oft** in einem Jahr der durchschnittliche Lagerbestand umgesetzt, d. h. verkauft und ersetzt wurde:

$$\text{Lagerumschlagshäufigkeit} = \frac{\text{Wareneinsatz}}{\varnothing \text{ Lagerbestand an Waren}}$$

Die durchschnittliche Lagerdauer ergibt sich, indem man das Jahr mit 360 Tagen ansetzt und durch die Umschlagshäufigkeit dividiert:

$$\text{Durchschnittliche Lagerdauer} = \frac{360}{\text{Lagerumschlagshäufigkeit}}$$

Aus den Angaben der Papiergroßhandlung Kern ergeben sich folgende Ergebnisse. Für das Vorjahr wurde das entsprechende Vergleichsjahr vorgeschaltet:

Beispiel: Papiergroßhandlung Kern	Berichtsjahr	Vorjahr
Warenbestand zum 1. Januar	2.400 T€	2.500 T€[1]
Warenbestand zum 31. Dezember	2.600 T€	2.400 T€
Wareneinsatz lt. GuV-Rechnung	11.943 T€	10.800 T€[1]
Durchschn. Lagerbestand an Waren	$\frac{2.400 + 2.600}{2} = 2.500$	$\frac{2.500 + 2.400}{2} = 2.450$
Lagerumschlagshäufigkeit	$\frac{11.943}{2.500} = 4{,}8\text{-mal}$	$\frac{10.800}{2.450} = 4{,}4\text{-mal}$
Durchschnittliche Lagerdauer	$\frac{360}{4{,}8} = 75\text{ Tage}$	$\frac{360}{4{,}4} = 82\text{ Tage}$

Lagerumschlagshäufigkeit und -dauer haben sich im Berichtsjahr ganz entscheidend verbessert. Die **hohe** Umschlagshäufigkeit trägt dazu bei, dass der **Kapitaleinsatz geringer** wird, da **in kürzeren Abständen** (75 statt 82 Tage) immer wieder **Kapital zurückfließt.** Dadurch werden **Zinsen und Lagerkosten geringer,** was sich positiv auf die Wirtschaftlichkeit, den Gewinn und die Rentabilität auswirkt.

Zusammenfassung

> ▶ **Je höher** die **Umschlagshäufigkeit des Lagerbestandes** ist, **desto**
> - kürzer ist die Lagerdauer,
> - geringer sind der Kapitaleinsatz und das Lagerrisiko,
> - geringer sind die Kosten für die Lagerhaltung (Zinsen, Schwund, Verwaltungskosten),
> - höher ist die Wirtschaftlichkeit und desto
> - höher ist letztlich der Gewinn und damit die Rentabilität.

---

1 angenommener Bestand

6.2.2.2 Umschlag der Forderungen a. LL

Die Kennzahlen des Forderungsumschlags sind zugleich ein Maßstab zur Beurteilung der Liquidität eines Unternehmens:

$$\text{Umschlagshäufigkeit der Forderungen} = \frac{\text{Umsatzerlöse}}{\varnothing \ \text{Forderungsbestand}}$$

Daraus ergibt sich die **Laufzeit** der Forderungen, d.h. die von den Kunden durchschnittlich in Anspruch genommene **Kreditdauer (Zahlungsziel):**

$$\text{Durchschnittliche Kreditdauer} = \frac{360}{\text{Umschlagshäufigkeit der Forderungen}}$$

Beispiel: Papiergroßhandlung Kern	Berichtsjahr	Vorjahr
Forderungsbestand zum 1. Januar	550 T€	480 T€[1]
Forderungsbestand zum 31. Dezember ..	350 T€	550 T€
Durchschnittlicher Forderungsbestand .	$\frac{550 + 350}{2} = 450$	$\frac{480 + 550}{2} = 515$
Umsatzerlöse lt. GuV-Rechnung	14.450	12.500
Umschlagshäufigkeit	14.450 : 450 = **32,1-mal**	12.500 : 515 = **24,3-mal**
Durchschnittliche Kreditdauer	360 : 32,1 = **11 Tage**	360 : 24,3 = **15 Tage**

Im Berichtsjahr nahmen die Kunden durchschnittlich ein Zahlungsziel von nur 11 Tagen gegenüber 15 Tagen im Vorjahr in Anspruch. Unterstellt man ein übliches Zahlungsziel von 30 Tagen, so liegt eine hervorragende Zahlungsmoral vor.

Zusammenfassung

▶ **Je rascher der Forderungsumschlag, desto**

  – kürzer ist die durchschnittliche Kreditdauer,
  – besser ist die eigene Liquidität,
  – geringer sind Zinsbelastung und Wagnis (Kosten),
  – höher sind Wirtschaftlichkeit und Rentabilität.

6.2.2.3 Umschlag des Eigen- und Gesamtkapitals

Zur Ermittlung der Kapitalumschlagshäufigkeit wird der Umsatz mit dem Eigen- oder Gesamtkapital (Eigen- und Fremdkapital) in Beziehung gesetzt:

$$\text{Umschlagshäufigkeit des Eigenkapitals} = \frac{\text{Umsatzerlöse}}{\text{Eigenkapital}}$$

$$\text{Umschlagshäufigkeit des Gesamtkapitals} = \frac{\text{Umsatzerlöse}}{\text{Gesamtkapital}}$$

$$\text{Durchschnittliche Kapitalumschlagsdauer} = \frac{360}{\text{Kapitalumschlagshäufigkeit}}$$

Die Kapitalumschlagshäufigkeit gibt an, **wie oft** das **eingesetzte Kapital** in Form von Erlösen **zurückgeflossen** ist. Je rascher der Umschlagsprozess vor sich geht, desto geringer ist der erforderliche Kapitaleinsatz. **Bei hoher Kapitalumschlagshäufigkeit** kann man deshalb mit einem verhältnismäßig **niedrigen Kapitaleinsatz** zu einer entsprechend **hohen Rendite** und infolge des raschen Kapitalrückflusses zu einer **günstigen Liquidität** gelangen.

---

1 angenommener Bestand

Beispiel: Papiergroßhandlung Kern	Berichtsjahr	Vorjahr
Durchschnittliches Eigenkapital	3.335 T€	2.707,5 T€
Umsatzerlöse lt. GuV-Rechnung	14.450 T€	12.500 T€
EK-Umschlagshäufigkeit	14.450 : 3.335 = **4,33-mal**	12.500 : 2.707,5 = **4,6-mal**
EK-Umschlagsdauer	360 : 4,33 = **83 Tage**	360 : 4,6 = **78 Tage**

Die Kapitalumschlagszahlen der Papiergroßhandlung Kern kennzeichnen eine insgesamt stabile Entwicklung des Unternehmens im Berichtsjahr.

Zusammenfassung

▶ **Je höher** die **Kapitalumschlagshäufigkeit** ist, **desto**
- rascher fließt das Kapital über die Erlöse zurück,
- geringer ist der erforderliche Kapitaleinsatz,
- höher ist die Rentabilität,
- günstiger ist die Liquidität des Unternehmens.

Aufgaben

335 Die Jahresabschlüsse einer Großhandlung weisen folgende Zahlen aus:

	1. Jahr	2. Jahr	3. Jahr
Warenbestand zum 1. Jan.	160.000,00	240.000,00	280.000,00
Warenbestand zum 31. Dez. . . .	240.000,00	280.000,00	200.000,00
Wareneinsatz	1.600.000,00	2.340.000,00	2.880.000,00

1. Berechnen Sie jeweils a) den Durchschnittsbestand, b) die Lagerumschlagshäufigkeit und c) die Lagerdauer. Beurteilen Sie die Entwicklung.
2. Begründen Sie, inwiefern die Lagerumschlagshäufigkeit Kapitalbedarf, Kosten und damit die Rentabilität des Unternehmens beeinflusst.

336 Die Jahresabschlüsse einer Großhandlung weisen folgende Zahlen aus:

Forderungen	1. Jahr	2. Jahr	3. Jahr
Anfangsbestand	450.000,00	580.000,00	800.000,00
Schlussbestand	580.000,00	800.000,00	1.200.000,00
Umsatzerlöse	5.150.000,00	8.280.000,00	12.000.000,00

1. Berechnen Sie für die einzelnen Jahre a) den durchschnittlichen Forderungsbestand, b) die Umschlagshäufigkeit der Forderungen, c) die durchschnittliche Laufzeit (Kreditdauer) der Außenstände.
2. Erklären Sie den Zusammenhang zwischen der Umschlagshäufigkeit der Außenstände und der Liquidität, Wirtschaftlichkeit und Rentabilität.
3. Wie beurteilen Sie die Entwicklung? Welche Schlüsse ziehen Sie daraus?

337 Kapitalstruktur eines Großhandelsunternehmens (Durchschnittswerte):

Kapital (Mittelwerte)	1. Jahr	2. Jahr	3. Jahr
Eigenkapital	2.000 T€	2.500 T€	2.500 T€
Fremdkapital	1.000 T€	1.500 T€	600 T€
Umsatzerlöse	15.000 T€	16.400 T€	13.200 T€

1. Ermitteln Sie a) die Kapitalumschlagshäufigkeit des Eigen- und Gesamtkapitals und b) die Kapitalumschlagsdauer des Eigen- und Gesamtkapitals.
2. Wie beurteilen Sie die Entwicklung im Beispiel?

E   Beleggeschäftsgang 2

EDV-gestützte und konventionelle Bearbeitung. Der Beleggeschäftsgang 2 kann wie der Beleggeschäftsgang 1 (s. S. 122 f.) sowohl konventionell im Arbeitsheft als auch computergestützt mit einem Fibu-Programm gebucht werden.

Aufgabe

338   In der Finanzbuchhaltung der **Elektrogroßhandlung Karl Wirtz e. K.,** Rheinstr. 44, 90451 Nürnberg, Bankverbindungen: Stadtsparkasse Nürnberg: Konto-Nr. 218 435 717 (BLZ 760 501 01); Postbank Nürnberg: Konto-Nr. 9987 96-850 (BLZ 760 100 85), werden folgende **Bücher** geführt:

▶ **Grundbuch** (Journal) für die laufenden Buchungen, die vorbereitenden Abschlussbuchungen und die Abschlussbuchungen.

▶ **Hauptbuch** für die Sachkonten: Bestandskonten, Erfolgskonten, Abschlusskonten.

▶ **Kontokorrentbuch** für die Personenkonten: Kundenkonten, Liefererkonten.

▶ **Bilanzbuch** für die Aufnahme des ordnungsmäßig gegliederten Jahresabschlusses: Jahresbilanz und Gewinn- und Verlustrechnung mit Unterschrift.

In der EDV-Fibu müssen die folgenden **Salden der Sach- und Personenkonten** über das **Hilfs- bzw. Gegenkonto „8050 Saldenvorträge"** gebucht werden.

Die Sachkonten weisen zum 27. Dezember .. im Soll und Haben folgende Salden aus:

Kontenplan und vorläufige Saldenbilanz	Soll	Haben
0840 Fuhrpark	107.200,00	—
0860 Geschäftsausstattung	240.000,00	—
2280 Warenbestand	150.000,00	—
2400 Forderungen a. LL	116.000,00	—
2600 Vorsteuer	112.590,00	—
2800 Bank	272.600,00	—
2850 Postbank	28.100,00	—
2880 Kasse	24.778,80	—
2900 Aktive Rechnungsabgrenzung	—	—
3000 Eigenkapital	—	625.000,00
3001 Privat	84.872,00	—
3900 Sonstige Rückstellungen	—	—
4400 Verbindlichkeiten a. LL	—	156.692,80
4800 Umsatzsteuer	—	192.448,00
5100 Umsatzerlöse für Waren	—	1.220.000,00
5101 Erlösberichtigungen/Rücksendungen	3.400,00	—
5102 Kundenskonti	21.600,00	—
5420 Entnahme v. G. u. s. L. mit Umsatzsteuer	—	4.800,00
5421 Entnahme v. G. u. s. L. ohne Umsatzsteuer	—	3.000,00
6050 Aufwendungen für Energie	18.000,00	—
6060 Aufwendungen für Waren	775.600,00	—
6062 Nachlässe/Rücksendungen	—	8.200,00
6063 Liefererskonti	—	16.800,00
6160 Fremdinstandsetzung	20.100,00	—
6300 Gehälter	143.400,00	—
6400 Arbeitgeberanteil zur Sozialversicherung	18.600,00	—
6520 Abschreibungen auf Sachanlagen	—	—
6700 Mietaufwendungen	64.800,00	—
6820 Porto – Telefon – Telefax	6.400,00	—
6850 Reisekosten	2.800,00	—
7000 Betriebliche Steuern	16.100,00	—
Abschlusskonten: 8010, 8020	2.226.940,80	2.226.940,80

Offene-Posten-Liste: Folgende Rechnungen an die Kunden und von den Lieferern stehen noch offen, sind also noch nicht bezahlt:

Kundenkonten (Debitoren)		Offene Posten – Kunden			
Konto	Kunden	Datum	Rechnungs-Nr.	Betrag	Salden
10001	Heinz Karls e. K. Hauptstraße 7 06132 Halle	..-12-10 ..-12-16 ..-12-18	4538 4552 4556	14.500,00 812,00 7.888,00	23.200,00
10002	Werner Gruppe e. Kfm. Am Römerhof 8 52066 Aachen	..-12-04 ..-12-21	4535 4563	40.600,00 11.600,00	52.200,00
10003	Rolf Naumann e. K. Amselweg 14 67063 Ludwigshafen	..-12-21 ..-12-27	4565[1] 4567[1]	5.800,00 11.600,00	17.400,00
10004	Stadtwerke 90475 Nürnberg	..-12-12 ..-12-21	4541 4564	2.320,00 11.600,00	13.920,00
10005	Wolfgang Kunde e. K. 76646 Bruchsal	..-12-10 ..-12-27	4539 4566	2.088,00 7.192,00	9.280,00
Saldensumme der Kundenkonten (Abstimmung mit Konto 2400)					116.000,00

1 Firma Naumann werden 2 % Skonto gewährt.

Liefererkonten (Kreditoren)		Offene Posten – Lieferer			
Konto	Lieferer	Datum	Rechnungs-Nr.	Betrag	Salden
60001	Velox GmbH Postfach 65 11 20 22359 Hamburg	..-12-23	4567	29.208,80	29.208,80
60002	Hausgeräte GmbH Kantstraße 22 19063 Schwerin	..-12-09 ..-12-21	5500 5567	20.880,00 19.720,00	40.600,00
60003	Franz Schneider KG Saalestraße 16 39126 Magdeburg	..-12-15	8765	37.120,00	37.120,00
60004	Hausmann GmbH Am Wiesenrain 16 75181 Pforzheim	..-12-20 ..-12-23	7654[1] 7660[1]	17.400,00 12.644,00	30.044,00
60005	Sonstige Lieferer	–	–	19.720,00	19.720,00
Saldensumme der Liefererkonten (Abstimmung mit Konto 4400)					156.692,80

1 Rechnungen der Hausmann GmbH werden mit 2 % Skonto beglichen.

Geschäftsfälle

Die Belege 1–22 auf den folgenden Seiten stellen die Geschäftsfälle der Elektrogroßhandlung Karl Wirtz e. K. vom 27. Dezember .. bis zum 31. Dezember .. dar.

Abschlussangaben (→ siehe Belege 23-25)

1. Abschreibungen auf Fuhrpark 24.000,00 €; auf Geschäftsausstattung 45.400,00 €.
2. Warenmehrbestand lt. Inventur .... 57.400,00 €
3. Die Fahrzeugreparatur erfolgt erst im Januar n. J., Kostenvoranschlag ... 3.200,00 €
4. Das Konto 6700 enthält die Mietvorauszahlung für Januar n. J. .... 3.400,00 €
5. Im Übrigen entsprechen die Buchbestände der Inventur.

Aufgaben

1. *Eröffnen Sie die Sach- und Personenkonten mit den Salden zum 27. Dezember ..*
2. *Vorkontierung der Belege auf einem besonderen Grundbuchblatt:*

Soll-konto	Beleg-nummer	Beleg-datum	Haben-konto	Betrag	Steuerart V bzw. M	Prozent-satz	OP-Nr.	B-Text

3. *Buchen Sie die Geschäftsfälle konventionell oder EDV-gestützt.*
4. *Erstellen Sie einen ordnungsmäßigen Jahresabschluss.*

Beleg 1

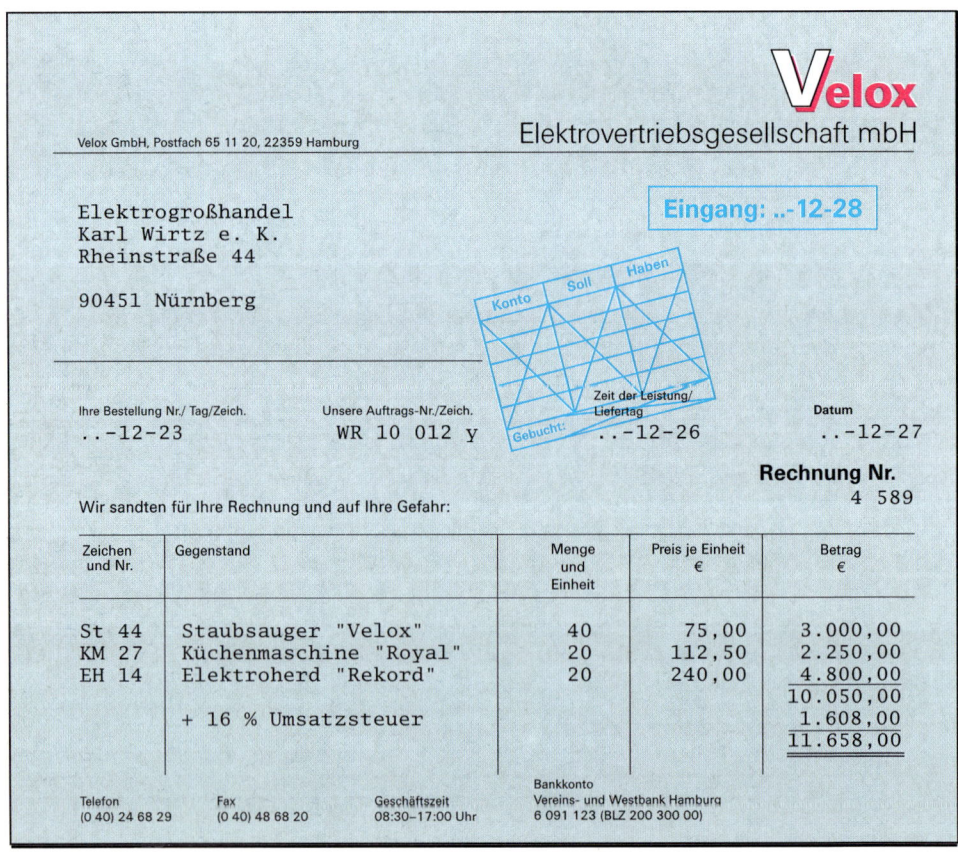

EBERHARD ZACK
Bezirks-Schornsteinfegermeister
90451 Nürnberg
Heidestr. 84 – Telefon (09 11) 5 28 09

QUITTUNG
RECHNUNG

Firma/Herrn/Frau *Elektrogroßhandlung Karl Wirtz e. K.*

Rauchgasanalyse		35,00
Reinigung der Zentralheizung		115,00

Nürnberg *27. Dez.* Nettobetrag 150,00

Betrag erhalten: + 16 % Umsatzsteuer 24,00

Zack Bruttobetrag 174,00

Bezirks-Schornsteinfegermeister *KB 126*

Anlage: Bescheinigung über das Messergebnis
Bankkonto: Deutsche Bank, Nürnberg   Konto-Nr. 104 000 700 (BLZ 760 700 12)

Fachgerechte Reinigung spart Heizkosten.

Beleg 2

Velox GmbH, Postfach 65 11 20, 22359 Hamburg

Velox
Elektrovertriebsgesellschaft mbH

Elektrogroßhandel
Karl Wirtz e. K.
Rheinstraße 44

90451 Nürnberg

Eingang: ..-12-28

Ihre Bestellung Nr./ Tag/Zeich.	Unsere Auftrags-Nr./Zeich.	Zeit der Leistung/ Liefertag	Datum
..-12-23	WR 10 012 y	..-12-26	..-12-27

Rechnung Nr.
4 589

Wir sandten für Ihre Rechnung und auf Ihre Gefahr:

Zeichen und Nr.	Gegenstand	Menge und Einheit	Preis je Einheit €	Betrag €
St 44	Staubsauger "Velox"	40	75,00	3.000,00
KM 27	Küchenmaschine "Royal"	20	112,50	2.250,00
EH 14	Elektroherd "Rekord"	20	240,00	4.800,00
				10.050,00
	+ 16 % Umsatzsteuer			1.608,00
				11.658,00

Telefon	Fax	Geschäftszeit	Bankkonto
(0 40) 24 68 29	(0 40) 48 68 20	08:30–17:00 Uhr	Vereins- und Westbank Hamburg 6 091 123 (BLZ 200 300 00)

6470294

Beleg 3

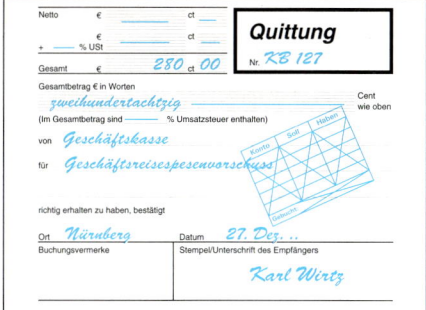

Beleg 4[1]

Konto-auszug zu Beleg 4

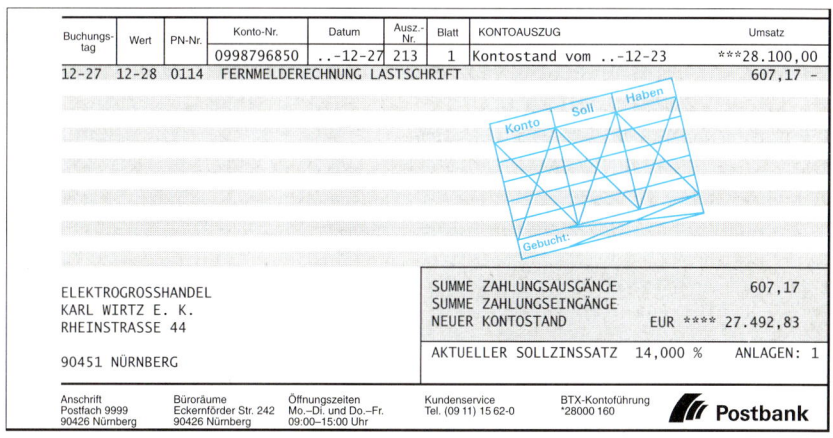

---

1 **Beachten Sie:** Bei diesem Beleg sind nur die **€-Beträge** zu buchen.

Beleg 5

Karl Wirtz e. K. ELEKTROGROSSHANDEL

Elektrogroßhandel K. Wirtz e. K., Rheinstr. 44, 90451 Nürnberg

Elektrofachgeschäft
Werner Gruppe e. Kfm.
Am Römerhof 8

52066 Aachen

Unsere Auftrags-Nr.	20 336
Lieferschein-Nr.	20 586
Versanddatum:	..-12-28
Versandart:	LKW
Verpackungsart:	Kartons

Konto | Soll | Haben
Gebucht:

Ihr Zeichen/Bestellung Nr. vom: WA/4 896/..-12-18
Kunden-Nr.: 10 002

Bitte bei Zahlung angeben:
Rechnungs-Nr. 4 586
Rechnungsdatum: ..-12-28

Rechnung

Position	Sachnummer	Bezeichnung der Lieferung Leistung	Menge und Einheit	Preis je Einheit	Betrag €
L	4 842	Kaiser-Leuchte	8	130,00	1.040,00
K	2 245	Küchenmaschine "Royal"	6	145,00	870,00
H	3 451	Elektroherd "Rekord"	4	290,00	1.160,00
					3.070,00
		+ 16 % Umsatzsteuer			491,20
					3.561,20

Zahlbar rein netto innerhalb von 20 Tagen. Skontoabzug ist nicht zulässig.

Geschäftsräume
Rheinstraße 44
90451 Nürnberg

Telefon (09 11) 5 63 56
Telefax (09 11) 4 44 81

Stadtsparkasse Nürnberg
Konto-Nr. 218 435 717
(BLZ 760 501 01)

Postbank Nürnberg
Konto-Nr. 9987 96-850
(BLZ 760 100 85)

Beleg 6

Entnahmebeleg
Nr. PE 19

Netto € ____ ct ____
+ ____ % USt € ____ ct ____
Gesamt € 500 ct 00

Gesamtbetrag € in Worten: fünfhundert — Cent wie oben
(Im Gesamtbetrag sind ____ % Umsatzsteuer enthalten)

von Geschäftskasse
für private Zwecke

Konto | Soll | Haben
Gebucht:

richtig erhalten zu haben, bestätigt

Ort Nürnberg   Datum 29. Dez. ..

Buchungsvermerke

Stempel/Unterschrift des Empfängers
Karl Wirtz

Beleg 7

Deutsche Post AG
90403 Nuernberg
82531081   1037
..-12-29
KB 128

*340,00 EUR

Postwertzeichen
ohne Zuschlag

Konto | Soll | Haben
Gebucht:

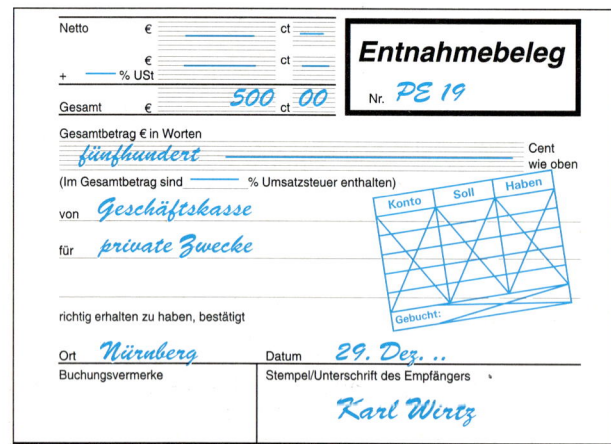

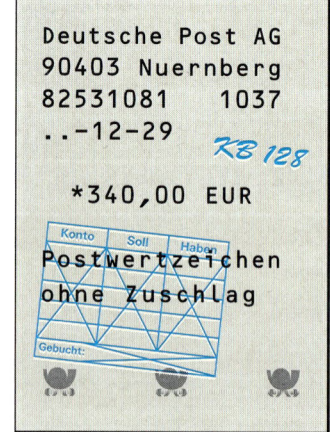

6470296

Beleg 8

Kontoauszug

 **Stadtsparkasse Nürnberg**

Konto-Nr.	Datum	Ausz.-Nr.	Blatt	Buchungstag	PN-Nr.	Wert	Umsatz
218 435 717	..-12-28	66	1				

```
GUTSCHRIFT                          12-28  8744   12-28    5.684,00 H
R. NAUMANN, LUDWIGSHAFEN
RE 4 565 VOM 21. DEZ. .. 5.800,00
- 2 % SKONTO                116,00
(KONTO 10 003)

        ELEKTROGROSSHANDEL
        KARL WIRTZ E. K.
        RHEINSTR. 44

        90451 NÜRNBERG
```

Alter Saldo
H 272.600,00 EUR

Neuer Saldo
H 278.284,00 EUR

Beleg 9

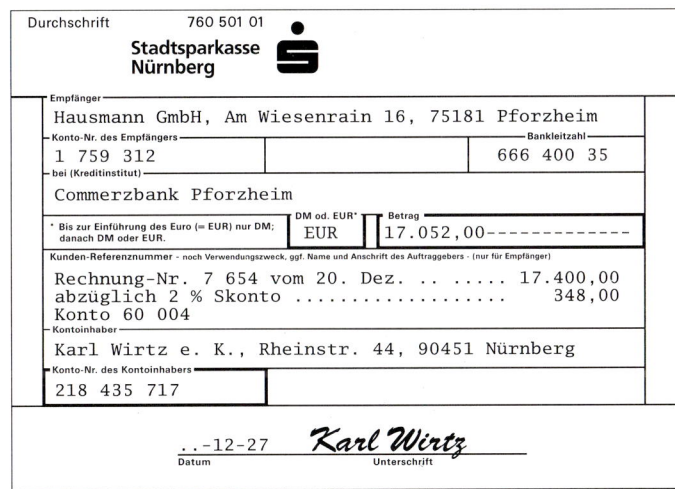

```
Durchschrift        760 501 01
Stadtsparkasse
Nürnberg

Empfänger
Hausmann GmbH, Am Wiesenrain 16, 75181 Pforzheim
Konto-Nr. des Empfängers                    Bankleitzahl
1 759 312                                   666 400 35
bei (Kreditinstitut)
Commerzbank Pforzheim
* Bis zur Einführung des Euro (= EUR) nur DM;   DM od. EUR*  Betrag
danach DM oder EUR.                             EUR          17.052,00------------
Kunden-Referenznummer – noch Verwendungszweck, ggf. Name und Anschrift des Auftraggebers - (nur für Empfänger)
Rechnung-Nr. 7 654 vom 20. Dez. .. ..... 17.400,00
abzüglich 2 % Skonto ...................     348,00
Konto 60 004
Kontoinhaber
Karl Wirtz e. K., Rheinstr. 44, 90451 Nürnberg
Konto-Nr. des Kontoinhabers
218 435 717

              ..-12-27   Karl Wirtz
              Datum          Unterschrift
```

Beleg 10

```
Zahlschein
Einzahler-Quittung        760 501 01
Stadtsparkasse
Nürnberg

Empfänger
Elektrogroßhandel Karl Wirtz e. K.
Konto-Nr. des Empfängers                    Bankleitzahl
218 435 717                                 760 501 01
bei (Kreditinstitut)
Stadtsparkasse Nürnberg
* Bis zur Einführung des Euro (= EUR) nur DM;  DM od. EUR*  Betrag
danach DM oder EUR.                            EUR          6.500,00----------
Kunden-Referenznummer – noch Verwendungszweck (nur für Empfänger)
Einzahlung aus der Geschäftskasse

Auftraggeber/Einzahler
Karl Wirtz e. K., 90451 Nürnberg
(Empfangsbestätigung der annehmenden Kasse)
              ..-12-27   6.500,00
        Stadtsparkasse Nürnberg
              Kurz
(Bei maschineller Buchung ist für die Quittung der Maschinendruck maßgebend)
```

Kontoauszug zu den Belegen 9 und 10

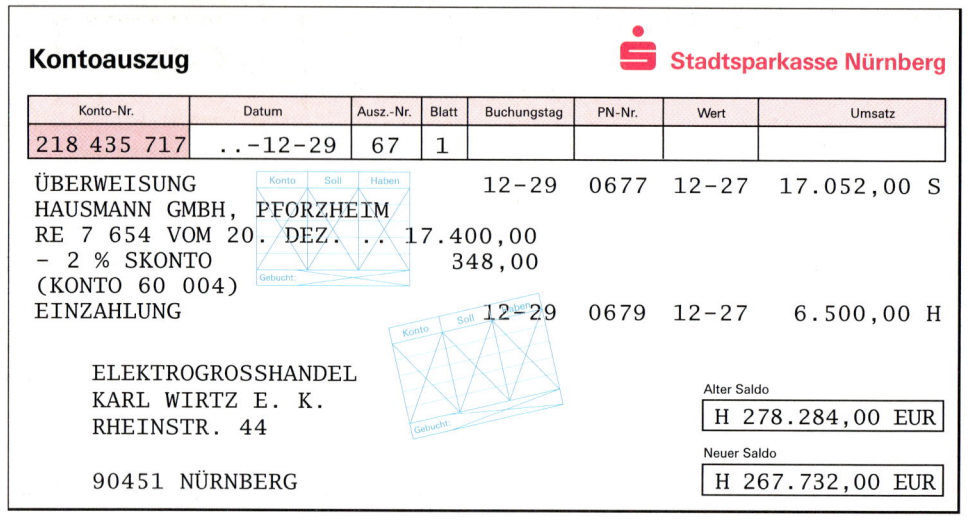

Kontoauszug — Stadtsparkasse Nürnberg

Konto-Nr.	Datum	Ausz.-Nr.	Blatt	Buchungstag	PN-Nr.	Wert	Umsatz
218 435 717	..-12-29	67	1				
ÜBERWEISUNG HAUSMANN GMBH, PFORZHEIM RE 7 654 VOM 20. DEZ. .. 17.400,00 - 2 % SKONTO 348,00 (KONTO 60 004)				12-29	0677	12-27	17.052,00 S
EINZAHLUNG				12-29	0679	12-27	6.500,00 H

Konto | Soll | Haben | Gebucht:

ELEKTROGROSSHANDEL
KARL WIRTZ E. K.
RHEINSTR. 44

90451 NÜRNBERG

Alter Saldo: H 278.284,00 EUR

Neuer Saldo: H 267.732,00 EUR

Beleg 11

Ernst Offermann & Sohn OHG

Transporte – Heizöle – Kohlen

Ernst Offermann & Sohn OHG, Industriestr. 200, 90765 Fürth

Eingang: ..-12-30

Elektrogroßhandel
Karl Wirtz e. K.
Rheinstraße 44

90451 Nürnberg

Konto | Soll | Haben | Gebucht:

Bankverbindungen:
Vereinigte Sparkasse Fürth Nr. 218 211 936 (BLZ 762 501 10)
Volksbank Fürth Nr. 724 320 (BLZ 762 900 00)
Commerzbank Fürth Nr. 6 105 672 (BLZ 762 400 11)

Industriestraße 200 · Telefon (09 11) 5 17 99 · Telefax (09 11) 5 35 29
90765 Fürth

Rechnungs-Nr.	Rechnungsdatum
12 954	..-12-29

Rechnung

Lieferdatum	Bezeichnung	Menge	ME	E-Preis	Betrag
..-12-27	Heizöl EL	12 200	1	0,30	3.660,00

Warenwert	Bruttobetrag	USt	USt €	Rechnungsbetrag
3.660,00		16 %	585,60	4.245,60 €

Zahlbar innerhalb 14 Tagen nach Rechnungseingang ohne Skontoabzug. Die gelieferte Ware bleibt bis zur vollständigen Bezahlung unser Eigentum. Gerichtsstand für beide Teile ist Fürth.

6470298

Beleg 12

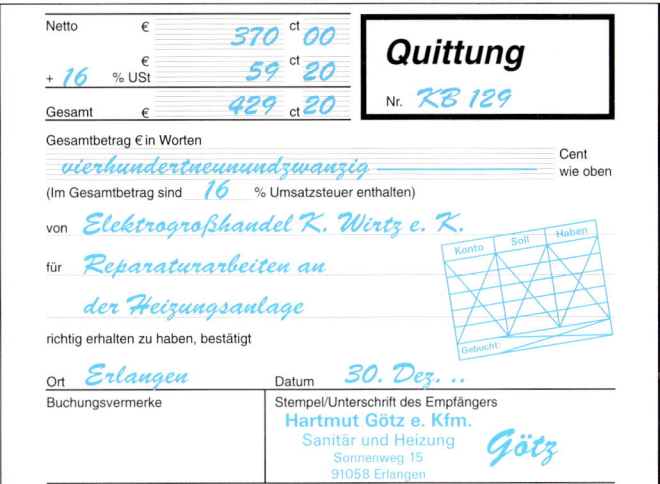

Beleg 13

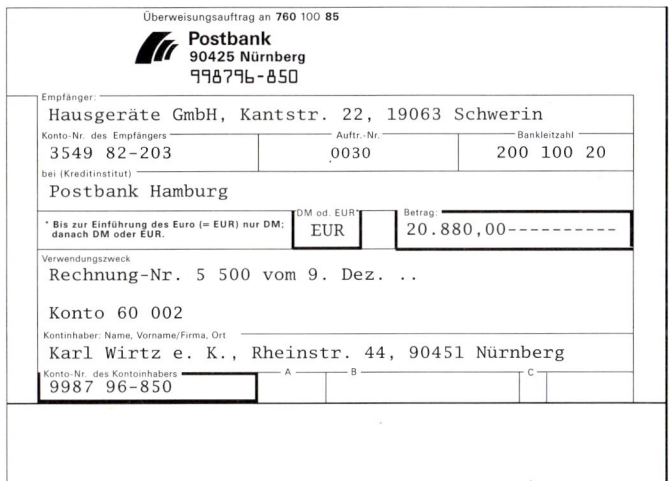

**Konto-
auszug zu
Beleg 13**

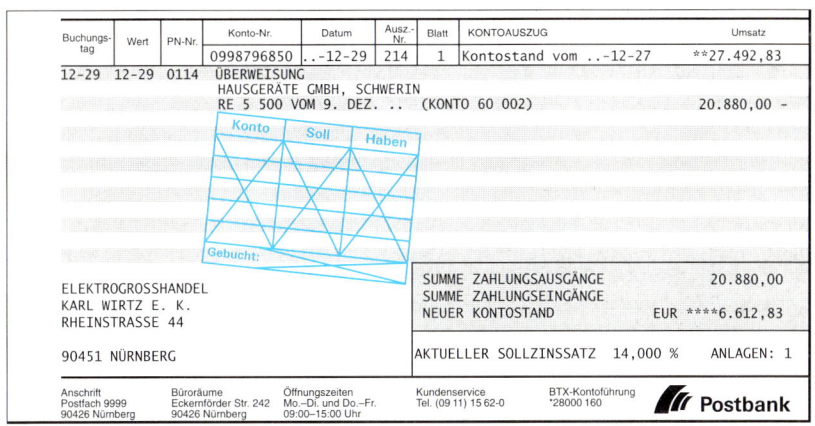

6470299

Kontoauszug zu den Belegen 14 und 15

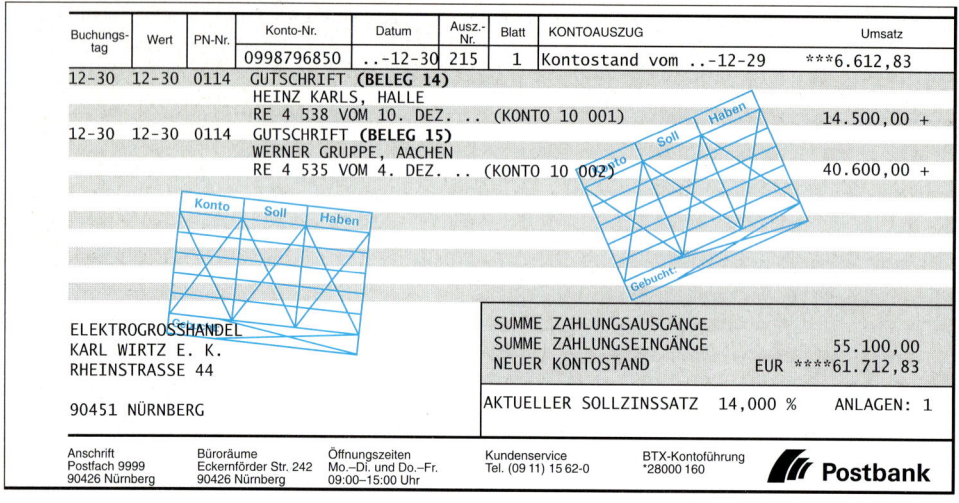

Buchungs-tag	Wert	PN-Nr.	Konto-Nr.	Datum	Ausz.-Nr.	Blatt	KONTOAUSZUG	Umsatz
			0998796850	..-12-30	215	1	Kontostand vom ..-12-29	***6.612,83
12-30	12-30	0114	GUTSCHRIFT **(BELEG 14)**					
			HEINZ KARLS, HALLE					
			RE 4 538 VOM 10. DEZ. .. (KONTO 10 001)					14.500,00 +
12-30	12-30	0114	GUTSCHRIFT **(BELEG 15)**					
			WERNER GRUPPE, AACHEN					
			RE 4 535 VOM 4. DEZ. .. (KONTO 10 002)					40.600,00 +

ELEKTROGROSSHANDEL
KARL WIRTZ E. K.
RHEINSTRASSE 44

90451 NÜRNBERG

SUMME ZAHLUNGSAUSGÄNGE	
SUMME ZAHLUNGSEINGÄNGE	55.100,00
NEUER KONTOSTAND	EUR ****61.712,83
AKTUELLER SOLLZINSSATZ 14,000 %	ANLAGEN: 1

Anschrift	Büroräume	Öffnungszeiten	Kundenservice	BTX-Kontoführung	
Postfach 9999	Eckernförder Str. 242	Mo.–Di. und Do.–Fr.	Tel. (09 11) 15 62-0	*28000 160	**Postbank**
90426 Nürnberg	90426 Nürnberg	09:00–15:00 Uhr			

Beleg 16

Walter Schreiber e. K. • Büroeinrichtungen

Walter Schreiber e. K., Büroeinrichtungen, Ring 12, 65779 Kelkheim

Eingang: ..-12-31

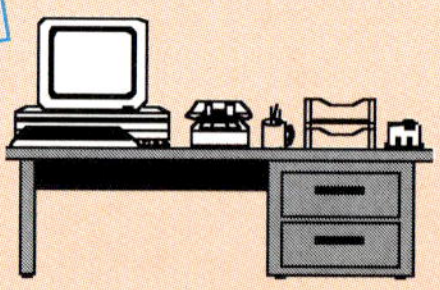

Elektrogroßhandel
Karl Wirtz e. K.
Rheinstraße 44

90451 Nürnberg

Konto	Soll	Haben

Gebucht:

Rechnung Nr. 679

Ihr Zeichen/Ihre Bestell.-Nr. vom	Unser Auftrag Nr./Zeich.	Zeit der Leistung	Datum
..-12-21	US 8 012	..-12-27	..-12-30

Wir sandten für Ihre Rechnung und auf Ihre Gefahr:

Zeichen/Nr.	Gegenstand	Menge/Einheit	Preis je Einheit €	Betrag €
ST 43	Schreibtisch, Eiche 156/76 mit 6 Schubfächern	2	805,00	1.610,00
	+ 16 % Umsatzsteuer			257,60
				1.867,60

Telefon	Telefax	Geschäftszeit	Postbank Frankfurt/M.
(0 61 95) 3 46 25	(0 61 95) 3 21 58	08:30 – 18:30 Uhr	4012 52-605 (BLZ 500 100 60)

6470300

Beleg 17

Herstellung von Elektrogeräten

Franz Schneider KG

Franz Schneider KG, Postfach 12 60, 39104 Magdeburg

Elektrogroßhandel
Karl Wirtz e. K.
Rheinstraße 44

90451 Nürnberg

Konto	Soll	Haben

Gebucht:

Eingang: ..-12-31

Ihre Bestellung vom	Unser Auftrag Nr.	Zeit der Leistung	Datum
..-12-21	K 4 789 IV	..-12-27	..-12-30

Rechnung Nr. 9 345

Wir sandten für Ihre Rechnung auf Ihre Gefahr:

Artikel Nr.	Gegenstand	Menge/Stück	Stückpreis €	Gesamtpreis €
TS 12	Warmwassergerät	20	40,00	800,00
W 26	Elektro-Warmluftofen	30	80,00	2.400,00
				3.200,00
	+ 16 % Umsatzsteuer			512,00
				3.712,00

Geschäftsräume:
Saalestraße 16
39126 Magdeburg

Telefon
(03 91) 48 69

Telefax
(03 91) 3 52 75

Bankkonto 486 222
Deutsche Bank, Magdeburg
(BLZ 810 700 00)

Postbank
Berlin 124 45-101
(BLZ 100 100 10)

Beleg 18

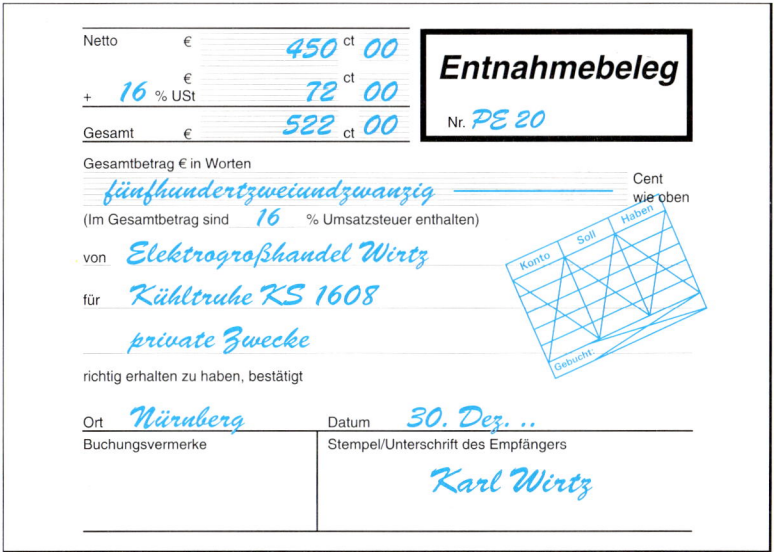

Netto	€	450 ct 00
+ 16 % USt	€	72 ct 00
Gesamt	€	522 ct 00

Entnahmebeleg

Nr. *PE 20*

Gesamtbetrag € in Worten

fünfhundertzweiundzwanzig ———— Cent wie oben

(Im Gesamtbetrag sind 16 % Umsatzsteuer enthalten)

von *Elektrogroßhandel Wirtz*

für *Kühltruhe KS 1608*

private Zwecke

Konto	Soll	Haben

Gebucht:

richtig erhalten zu haben, bestätigt

Ort *Nürnberg*   Datum *30. Dez. ..*

Buchungsvermerke   Stempel/Unterschrift des Empfängers

Karl Wirtz

Beleg 19

Karl Wirtz e. K. ELEKTROGROSSHANDEL

Elektrogroßhandel K. Wirtz e. K., Rheinstr. 44, 90451 Nürnberg

Haushaltsgerätevertrieb
Rolf Naumann e. K.
Amselweg 14

67063 Ludwigshafen

Unsere Auftrags-Nr.	20 337
Lieferschein-Nr.	20 587
Versanddatum:	..-12-29
Versandart:	LKW
Verpackungsart:	Original

Ihr Zeichen/Bestellung Nr. vom | Kunden-Nr.
LZ/2 112/..-12-27   10 003

Bitte bei Zahlung angeben:	
Rechnungs-Nr.	4 569
Rechnungsdatum:	..-12-30

Rechnung

Position	Sachnummer	Bezeichnung der Lieferung/ Leistung	Menge und Einheit	Preis je Einheit	Betrag €
KS	5 634	Kühlschrank 150 l	12	240,00	2.880,00
GT	4 321	Geschirrspülmaschine	4	375,00	1.500,00
					4.380,00
		+ 16 % Umsatzsteuer			700,80
					5.080,80

Bei Zahlung innerhalb von 8 Tagen mit 2 % Skonto.

Geschäftsräume Rheinstraße 44 90451 Nürnberg	Telefon (09 11) 5 63 56 Telefax (09 11) 4 44 81	Stadtsparkasse Nürnberg Konto-Nr. 218 435 717 (BLZ 760 501 01)	Postbank Nürnberg Konto-Nr. 9987 96-850 (BLZ 760 100 85)

Beleg 20

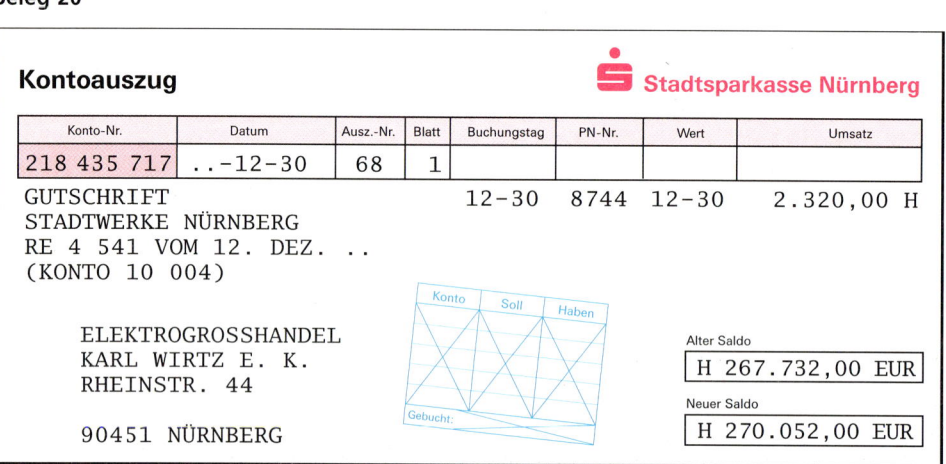

Kontoauszug   Stadtsparkasse Nürnberg

Konto-Nr.	Datum	Ausz.-Nr.	Blatt	Buchungstag	PN-Nr.	Wert	Umsatz
218 435 717	..-12-30	68	1				

GUTSCHRIFT   12-30   8744   12-30   2.320,00 H
STADTWERKE NÜRNBERG
RE 4 541 VOM 12. DEZ. ..
(KONTO 10 004)

    ELEKTROGROSSHANDEL
    KARL WIRTZ E. K.
    RHEINSTR. 44

    90451 NÜRNBERG

Alter Saldo
H 267.732,00 EUR

Neuer Saldo
H 270.052,00 EUR

Beleg 21

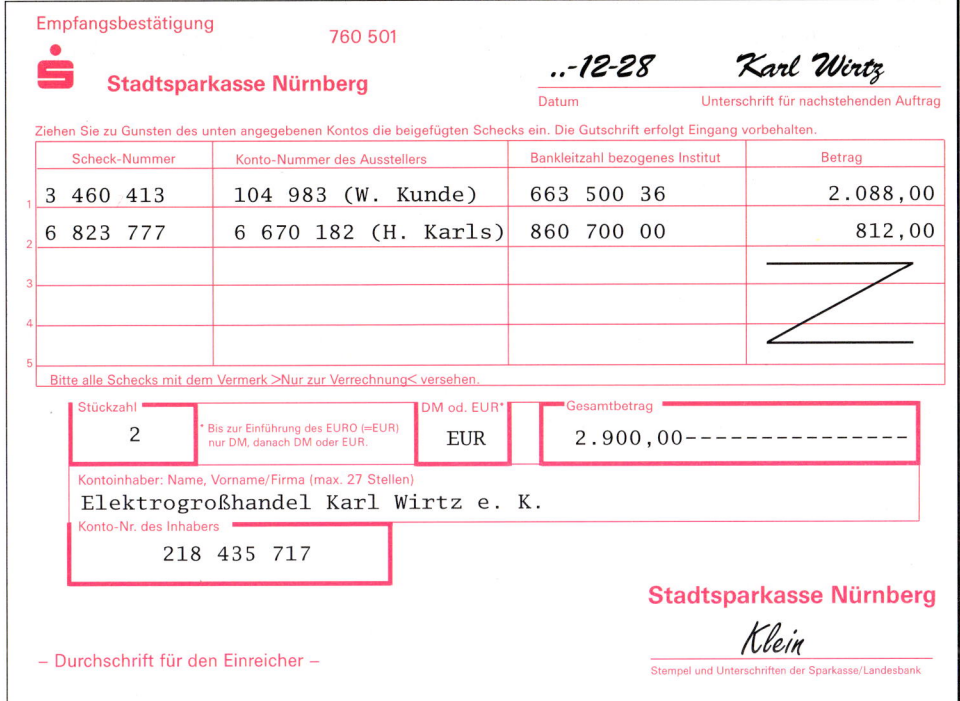

Kontoauszug zu den Belegen 21 und 22[1]

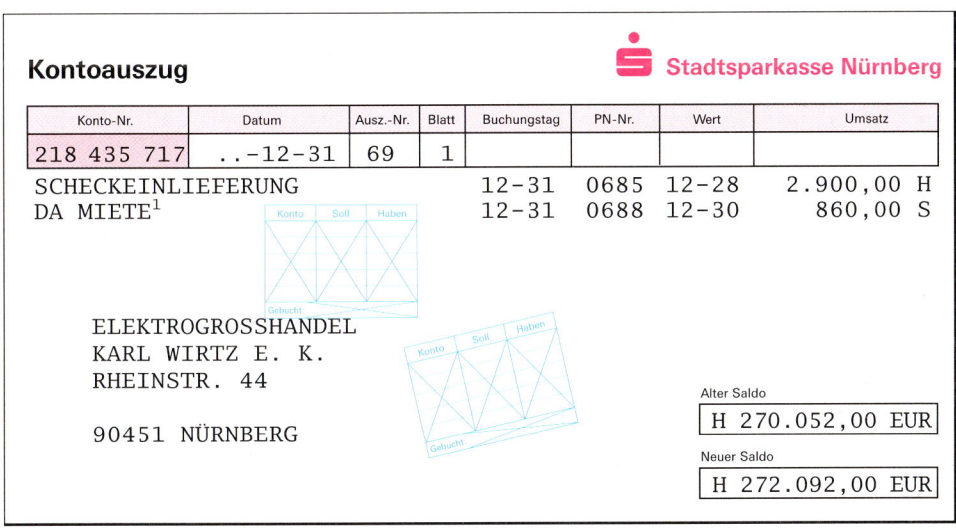

---

1 **Beleg 22: DA = Dauerauftrag für die Wohnungsmiete des Geschäftsinhabers.**

Beleg 23

Buchungsanweisung	Datum: ..-12-31	Beleg-Nr.:		
Betreff: Abschreibungen auf Sachanlagen lt. Anlagenkartei		Gebucht: Datum:		
Buchungstext	Soll		Haben	
	Konto	Betrag	Konto	Betrag
0840 Fuhrpark.............				
0860 Geschäftsausstattung..				

Beleg 24

Buchungsanweisung	Datum: ..-12-31	Beleg-Nr.:		
Betreff: Umbuchungen		Gebucht: Datum:		
Buchungstext	Soll		Haben	
	Konto	Betrag	Konto	Betrag
2280 Warenmehrbestand.....				
2600 Vorsteuerübertragung.				
3001 Privatentnahmen......				
5101 Erlösbericht./Rücks..				
5102 Kundenskonti........				
6062 Nachlässe/Rücksend. .				
6063 Liefererskonti.......				

Beleg 25

Buchungsanweisung	Datum: ..-12-31	Beleg-Nr.:		
Betreff: Zeitliche Abgrenzungen		Gebucht: Datum:		
Buchungstext	Soll		Haben	
	Konto	Betrag	Konto	Betrag
1. Rückstellung für Fahrzeug-reparatur lt. Kosten-voranschlag...........				
2. Unsere Mietvorauszahlung für Januar...........				

6470304

F Kosten- und Leistungsrechnung (KLR) im Großhandelsbetrieb

1 Einordnung der Kosten- und Leistungsrechnung

Situation Frau Kern organisiert ihr Rechnungswesen in zwei Bereichen,

- der **Finanzbuchhaltung (FB)** und
- der **Kosten- und Leistungsrechnung (KLR)**.

Die Finanzbuchhaltung zur Dokumentation aller vermögens- und erfolgswirksamen Geschäftsfälle führt sie in den Kontenklassen 0 bis 8 des Kontenrahmens und zeichnet dort außer den Vermögens- und Schuldenposten sowie dem Eigenkapital (Klassen 0 bis 4) auch **alle Arten von Aufwendungen und Erträgen** (Klassen 5 bis 7) — jeweils auf eine Rechnungsperiode bezogen — auf. Im Gewinn- und Verlustkonto ermittelt sie schließlich aus allen Aufwendungen und Erträgen das **Gesamtergebnis** einer Rechnungsperiode, das ihr eine Aussage über den **Unternehmensgewinn** oder **Unternehmensverlust** liefert.

Die Kosten- und Leistungsrechnung zur Dokumentation und zur Analyse der Erfolgssituation aus den eigentlichen betrieblichen Tätigkeiten könnte Frau Kern auch auf Konten (in der Klasse 9) organisieren. In der Praxis haben sich jedoch tabellarische Formen der KLR außerhalb des Kontenrahmens — und damit außerhalb der FB — bewährt. Diesen Formen schließt sich Frau Kern im Folgenden an, um so in übersichtlicher Weise diejenigen Aufwendungen und Erträge, Kosten und Umsatzerlöse zu erfassen, die im Zusammenhang mit den betrieblichen Tätigkeiten ihres Großhandelsunternehmens, also

dem **Einkauf**, der **Lagerung** und dem **Verkauf von Waren**,

entstanden sind. Diese betrieblichen Aufwendungen — z. B. Warenaufwendungen, Personalkosten, Mieten, Steuern, Beiträge, Werbe- und Reisekosten, Kosten der Warenabgabe, Betriebskosten, Kosten der allgemeinen Verwaltung, Abschreibungen u. a. — bilden die Grundlage der Kostenrechnung und werden in der KLR als **„Kosten"**, die betrieblichen Erträge — z. B. Umsatzerlöse, Provisionserträge, Eigenverbrauch von Waren u. a. — als **„Leistungen"** bezeichnet. Aus der Gegenüberstellung der Kosten und Leistungen ergibt sich in der KLR das Ergebnis aus der eigentlichen betrieblichen Tätigkeit, nämlich das

Betriebsergebnis.

Zusammenfassung

▶ Die **Finanzbuchhaltung** ist auf das gesamte Unternehmen bezogen. Sie schließt die Ergebnisrechnung (GuV-Konto) mit dem **Gesamtergebnis** ab.

▶ Die **Kosten- und Leistungsrechnung** ist auf die eigentlichen betrieblichen Tätigkeiten bezogen. Sie erfasst alle Kosten und Leistungen einer Rechnungsperiode und ermittelt daraus das **Betriebsergebnis**.

▶ Die Erfassung aller Kosten und Leistungen ist die Grundlage für weiter reichende Aufgaben der KLR, so z. B. die Errechnung der **Selbstkosten** für eine Abrechnungsperiode oder für eine Wareneinheit sowie die **Kontrolle** der **Rentabilität** und **Wirtschaftlichkeit** der betrieblichen Prozesse.

Situation Frau Kern ist sehr daran interessiert, die **monatlich anfallenden Kosten aus der eigentlichen betrieblichen Tätigkeit** ihres Unternehmens, nämlich dem **Einkauf, der Lagerung und dem Verkauf von Waren,** zu erfahren. Nur so kann sie abschätzen, ob ihr Unternehmen erfolgreich gearbeitet hat. Erfolgreich ist die Arbeit dann gewesen, **wenn die in einem Monat aus dem Verkauf von Waren erzielten Erlöse,** die auch **Leistungen** des Unternehmens genannt werden, **höher gewesen sind als die angefallenen Kosten.** Dann hat das Unternehmen einen **Betriebsgewinn** erwirtschaftet.

Bisher hat Frau Kern den **Unternehmensgewinn** (oder Verlust) aus dem **Gewinn- und Verlustkonto** ihrer Buchhaltung ermittelt. Ihr ist klar, dass der **Unternehmensgewinn nicht gleich dem Betriebsgewinn** ist, da im GuV-Konto **alle Aufwendungen und Erträge** zusammengefasst sind und nicht nur die betrieblich bedingten. Um sich die Frage nach den Kosten und Leistungen beantworten zu können, greift sie dennoch auf die Zahlen des folgenden GuV-Kontos für den Monat September zurück und untersucht die Aufwands- und Ertragspositionen daraufhin, ob sie den normalen betrieblichen Tätigkeiten zuzuordnen sind oder nicht.

Gewinn- und Verlustkonto				
Soll	für den Monat September ..			Haben
	Warenaufwendungen für		Umsatzerlöse für	
6070	Druckpapier	500.000,00	5110 Druckpapier	620.000,00
6075	Kopierpapier	300.000,00	5115 Kopierpapier	380.000,00
6080	Umschlagkarton . . .	180.000,00	5120 Umschlagkarton . . .	225.000,00
6085	Saugpapier	20.000,00	5125 Saugpapier	25.000,00
6140	Frachten u. Fremdl.	10.000,00	5400 Mieterträge	28.000,00
6200	Löhne	49.000,00	5710 Zinserträge	2.000,00
6300	Gehälter	33.000,00		
6400	Soziale Aufwendg.	14.000,00		
6520	Abschreibg./Sachanl.	25.000,00		
6700	Mieten	15.000,00		
6850	Reisekosten	16.000,00		
6960	Verluste aus Verm.-Abgang	25.000,00		
70..	Betriebliche Steuern	18.000,00		
7510	Zinsaufwendungen	20.000,00		
Monatsüberschuss	**55.000,00**			
		1.280.000,00		1.280.000,00

Mit der oben beschriebenen Frage ist ein **wesentliches Ziel der KLR** genannt worden:

Mithilfe der Kosten- und Leistungsrechnung werden die in einer Rechnungsperiode (z. B. monatlich) angefallenen **Kosten und Leistungen vollständig** und nach Kosten- und Leistungsarten **gegliedert** errechnet, um daraus das **Betriebsergebnis** bestimmen zu können:

▶ **Leistungen > Kosten = Betriebsgewinn**
▶ **Leistungen < Kosten = Betriebsverlust**

6470306

2.1 Wodurch unterscheiden sich Aufwendungen und Kosten voneinander?

Das GuV-Konto (vgl. Seite 306) zeigt auf der linken Seite (= Soll-Seite) die **gesamten Aufwendungen** des Monats September. Im Einzelnen ist abzulesen,

- ▶ wie viel Geld Frau Kern für den **Einkauf von Waren** aufwenden musste (vgl. die Positionen „Warenaufwendungen"),
- ▶ wie viel Geld Frau Kern dafür aufwenden musste, dass sie die **Dienste anderer Unternehmungen** (vgl. Aufwandsposten „Frachten und Fremdlager", „Miete", „Reisekosten", „Zinsaufwendungen") oder die **Arbeitskraft ihrer Mitarbeiter** (vgl. Positionen „Löhne", „Gehälter") in Anspruch genommen hat,
- ▶ wie hoch die **Wertminderungen der gekauften Gebäude, Einrichtungen und Fahrzeuge** sind (vgl. Position „Abschreibungen auf Sachanlagen"),
- ▶ wie viel Geld sie aufgrund gesetzlicher Vorschriften an **Abgaben** (vgl. „Soziale Aufwendungen") und **Steuern** abführen musste,
- ▶ welche **sonstigen Aufwendungen** angefallen sind, z. B. „Verluste aus Vermögensabgängen".

Mit **Aufwendungen** bezeichnen wir also **alle** während einer Rechnungsperiode getätigten oder noch zu tätigenden Geldausgaben (= Werteverzehr) für gekaufte Waren, in Anspruch genommene Dienste, für Abgaben und sonstige Vorgänge im Unternehmen sowie für Abschreibungen. Dieser **Werteverzehr vermindert das Eigenkapital.** Dabei spielt es keine Rolle, ob diese Aufwendungen für betriebliche oder nicht betriebliche Zwecke entstanden sind.

Beispiel Will Frau Kern wissen, wie viel Euro Aufwendungen im Monat September insgesamt angefallen sind, so muss sie die **Summe aller Aufwandsposten** im obigen GuV-Konto bilden.
Die Aufwendungen im Monat September betragen 1.225.000,00 €.

Kosten. Um die Frage nach den Kosten zu beantworten, betrachtet Frau Kern nur diejenigen Aufwendungen, die **in unmittelbarem Zusammenhang** mit dem Zweck ihres Unternehmens stehen. Dieser **Betriebszweck** lautet:

Erzielung von Gewinn durch den Einkauf und Verkauf von Waren.

Also prüft Frau Kern, ob alle im GuV-Konto aufgeführten Aufwendungen auch tatsächlich aus **normalen und geplanten betrieblichen Tätigkeiten** entstanden sind, die mit dem Einkauf, der Lagerung und dem Verkauf von Waren zu tun haben. Diese Aufwendungen heißen **betriebliche Aufwendungen** oder **Kosten.** Sie sortiert diejenigen Aufwendungen aus, die aus anderen Tätigkeiten herrühren. Es kann ja sein, dass das GuV-Konto Aufwendungen enthält, die durch **ungewöhnliche betriebliche oder sogar betriebsfremde Vorgänge** verursacht wurden. So ist z. B. ein Verlust, der aus dem Verkauf eines gebrauchten Gabelstaplers entstanden ist (= Konto „6960 Verluste aus dem Abgang von Gegenständen des Anlagevermögens"), ein **Aufwand, der mit der normalen betrieblichen Tätigkeit nichts zu tun hat,** aber den Gewinn im GuV-Konto schmälert.

Beispiel　Nach der obigen Aussage gelten alle Aufwendungen des GuV-Kontos des Großhandelsunternehmens Kern (vgl. Seite 306) mit Ausnahme der Verluste aus Sachanlageabgängen (Konto 6960) als **Kosten:**

60..	Warenaufwendungen insgesamt	1.000.000,00 €
6140	Frachten und Fremdlager	10.000,00 €
6200	Löhne	49.000,00 €
6300	Gehälter	33.000,00 €
6400	Soziale Aufwendungen	14.000,00 €
6520	Abschreibungen auf Sachanlagen	25.000,00 €
6700	Mieten	15.000,00 €
6850	Reisekosten	16.000,00 €
70..	Betriebliche Steuern	18.000,00 €
7510	Zinsaufwendungen	20.000,00 €
Kosten insgesamt		**1.200.000,00 €**

Neutrale Aufwendungen. Außer den Kosten gibt es im Großhandelsunternehmen in der Regel auch Aufwendungen, die in **keinem Zusammenhang** mit dem Einkauf, der Lagerung und dem Verkauf von Waren stehen oder die in **ungewöhnlicher Höhe** anfallen. Sie werden als **neutrale Aufwendungen** bezeichnet. Der Ausdruck „neutral" besagt, dass diese Aufwendungen **von den Kosten abgesondert** – also „neutralisiert" – werden, da sie sonst die Höhe der Kosten – und damit auch die Berechnung der Selbstkosten und des Betriebsergebnisses – verfälschen würden.

Neutrale Aufwendungen entstehen

▶ **bei der Verfolgung betriebsfremder Ziele**
(z. B.: Frau Kern hat Geldmittel, die sie zurzeit nicht benötigt, in Wertpapieren angelegt. Beim Verkauf dieser Papiere erleidet sie 1.500,00 € Kursverlust.),

▶ **durch Verluste aus dem Abgang von Vermögensgegenständen**
(z. B.: Frau Kern verkauft ein gebrauchtes Fahrzeug, das noch einen Buchwert von 15.000,00 € hat, für 12.000,00 €. Sie erleidet einen Verlust von 3.000,00 €.),

▶ **aus betrieblichen periodenfremden Vorgängen**
(z. B.: Frau Kern hat für das zurückliegende Geschäftsjahr 14.500,00 € Gewerbesteuer an das Finanzamt nachzuzahlen.),

▶ **als außerordentliche Aufwendungen aufgrund ungewöhnlicher und selten vorkommender Geschäftsfälle**
(z. B.: Frau Kern verkauft zur Straffung ihrer Geschäftstätigkeit eine Zweigniederlassung in Norddeutschland mit einem Verlust von 50.000,00 €.).

Beispiel　Unter den Aufwendungen des obigen Gewinn- und Verlustkontos sind

die Verluste aus dem Abgang von Anlagegegenständen mit 25.000,00 € neutrale Aufwendungen.

Erläuterung: Verluste aus dem Abgang von Vermögensgegenständen lassen sich nicht vermeiden. Sie treten im Zusammenhang mit dem Verkauf gebrauchter Anlagegegenstände dann auf, wenn der **Verkaufspreis niedriger als der Buchwert** des Anlagegegenstandes ist. Dieser Vorgang ist letztlich betrieblich bedingt, **ihm fehlt aber der Bezug zum Betriebszweck,** sodass der Verlust aus einem solchen Vorgang nicht als Kosten in die Kostenrechnung eingebracht werden darf.

Zusammenfassung

▶ Unter **Aufwendungen** wird der **gesamte Werteverzehr** im Unternehmen an Gütern, Diensten und Abgaben während einer Rechnungsperiode verstanden.

▶ Aufwendungen lassen sich unterscheiden in:
  ○ **betriebliche Aufwendungen = Kosten**
  ○ **neutrale Aufwendungen = Nichtkosten**

▶ Unter **Kosten** wird der Werteverzehr an Gütern, Diensten und Abgaben verstanden, der zur Erreichung des Betriebszwecks in einer Rechnungsperiode getätigt wird.

▶ Zu den **Neutralen Aufwendungen** gehören **betriebsfremde, betriebliche periodenfremde** und **außerordentliche Aufwendungen** sowie Verluste aus Vermögensabgängen und aus Schadensfällen. Sie dürfen **nicht** in die Kostenrechnung übernommen werden. Im Kontenrahmen sind sie in den Kontengruppen 69, 74 bis 76 enthalten.

Aufgaben

339
1. *Nennen Sie wichtige Aufgaben der Kosten- und Leistungsrechnung.*
2. *Beschreiben Sie, worin sich*
   a) Aufwendungen und Kosten,
   b) Kosten und neutrale Aufwendungen
   voneinander unterscheiden.
3. *Geben Sie typische Beispiele mit den zugehörigen Konten an:*
   a) für Kosten,
   b) für neutrale Aufwendungen.
4. *a) Erträge   > Aufwendungen = •••*
   b) Leistungen < Kosten   = •••
   c) Erträge   < Aufwendungen = •••

340
Die Aufwendungen der Finanzbuchhaltung sind entweder betrieblich oder neutral.

Ordnen Sie die folgenden Aufwandsarten nach betrieblichen oder neutralen Aufwendungen:

a) Lohnzahlungen
b) Verlust aus Wertpapierverkäufen
c) Abschreibungen auf Sachanlagen
d) Brandschaden im Warenlager
e) Abschreibungen auf ein vermietetes Lagergebäude
f) Verlust aus dem Verkauf einer nicht mehr benötigten Maschine
g) Gesetzliche soziale Aufwendungen
h) Gehaltszahlungen
i) Instandsetzungsaufwendungen für Fahrzeuge
j) Hoher Forderungsausfall durch Insolvenz eines Kunden
k) Nachzahlung von Betriebssteuern für vergangene Geschäftsjahre aufgrund einer Betriebsprüfung
l) Warenaufwendungen
m) Mietzahlung für gemietetes Lagergebäude
n) Überweisung der Kfz-Steuer für Betriebs-LKW
o) Zinsaufwendungen
p) Aufwendungen für Altersversorgung der Arbeitnehmer
q) Zahlung der Gebäudeversicherung

2.2 Wodurch unterscheiden sich Erträge und Leistungen voneinander?

Das GuV-Konto (vgl. S. 306) zeigt auf der rechten Seite (= Haben-Seite) die **gesamten Erträge** des Monats September. Im Einzelnen ist abzulesen,

> ▶ wie viel Geld Frau Kern aus dem **Verkauf von Waren** eingenommen hat oder einnehmen wird (vgl. die Position „Umsatzerlöse"),
>
> ▶ wie viel Geld sie dafür erhält, dass sie eigene betriebliche **Räumlichkeiten nicht selbst nutzt,** sondern anderen zur Verfügung stellt (vgl. Position „Mieterträge"),
>
> ▶ wie hoch das Entgelt ist, das Frau Kern dafür erhält, dass sie **Guthaben bei Kreditinstituten unterhält** (vgl. Position „Zinserträge").

Mit **Erträgen** bezeichnen wir also **alle** während einer Rechnungsperiode dem Unternehmen zugeflossenen **erfolgswirksamen Werte.** Diese Wertzuflüsse **erhöhen das Eigenkapital.** Dabei spielt es keine Rolle, ob es sich um betriebliche oder neutrale Wertzuflüsse handelt.

Beispiel   Will Frau Kern wissen, wie viel Euro Erträge im Monat September ihrem Unternehmen insgesamt zugeflossen sind, so muss sie die **Summe aller Ertragspositionen** im GuV-Konto (vgl. S. 306) bilden.

Die Erträge im Monat September belaufen sich auf 1.280.000,00 €.

Leistungen. Für die Zwecke der Kosten- und Leistungsrechnung werden die Erträge eingeteilt in

> ▶ **betriebliche Erträge, die auch Leistungen heißen,** und
>
> ▶ **neutrale Erträge.**

Die Leistungen sind das **Ergebnis der eigentlichen betrieblichen Tätigkeit.** Sie entstehen vor allem beim **Warenverkauf.** Zu den Leistungen des Betriebes zählen:

> ▶ **Absatzleistungen**
>   = **Erlöse** aus dem Verkauf von Waren;
>
> ▶ **Unentgeltliche Entnahme von Waren**
>   = in der Abrechnungsperiode für **private Zwecke** entnommene Waren;
>
> ▶ **Aktivierte Eigenleistungen**
>   = **selbst erstellte Anlagen,** die im eigenen Betrieb Verwendung finden.

Beispiel   Die Leistungen im Unternehmen Katja Kern bestehen im Monat September (vgl. GuV-Konto S. 306) aus

Umsatzerlösen in Höhe von insgesamt 1.250.000,00 €.

Neutrale Erträge. Außer den Leistungen gibt es im Großhandelsbetrieb auch Erträge, die in **keinem Zusammenhang** mit dem Einkauf, der Lagerung und dem Verkauf von Waren stehen oder dabei **unregelmäßig und/oder in außergewöhnlicher Höhe** anfallen. Sie werden als neutrale Erträge bezeichnet und **nicht in die KLR übernommen,** da sie sonst die Höhe der Leistungen verfälschen würden.

6470310

Neutrale Erträge entstehen

▶ **bei der Verfolgung betriebsfremder Ziele**
(z. B. Mieterträge, Zinserträge, Erträge aus Wertpapierverkäufen),

▶ **durch Erträge aus Anlageabgängen und aus Wertkorrekturen**
(z. B. Erträge aus dem Verkauf von Gegenständen des Anlagevermögens),

▶ **aus zwar betrieblichen, aber periodenfremden Erträgen**
(z. B. Steuerrückerstattung für zurückliegende Geschäftsjahre),

▶ **als außerordentliche Erträge aufgrund ungewöhnlicher und selten vorkommender Geschäftsfälle**
(z. B. Steuererlass, Erträge aus Gläubigerverzicht).

Beispiel Unter den Erträgen des Gewinn- und Verlustkontos von Seite 306 zählen die folgenden zu den **neutralen Erträgen:**

Mieterträge	28.000,00 €
Zinserträge	2.000,00 €
Neutrale Erträge	**30.000,00 €**

Erläuterung: Mieterträge entstehen im Unternehmen Kern dadurch, dass Frau Kern ein zum Betriebsvermögen gehörendes Gebäude **nicht betrieblich** nutzt, sondern an einen Außenstehenden vermietet hat. Dafür erhält sie monatliche Mieteinnahmen. Diese Einnahmen entspringen aber **nicht aus der eigentlichen betrieblichen Tätigkeit** des Unternehmens — nämlich dem Einkauf und Verkauf von Waren — und sind deswegen **nicht zu den Leistungen,** sondern zu den **neutralen Erträgen** zu rechnen.

Zinserträge ergeben sich im Unternehmen Kern dadurch, dass zurzeit nicht benötigte flüssige Mittel verzinslich (z. B. in Form von Termingeld) angelegt werden. Die hieraus dem Unternehmen zufließenden Zinsen haben **mit der eigentlichen betrieblichen Tätigkeit nichts zu tun** und gehören deswegen zu den **neutralen Erträgen.**

Zusammenfassung

▶ Unter **Erträgen** wird der **gesamte Wertezufluss** in ein Unternehmen innerhalb einer Rechnungsperiode (z. B. Monat) verstanden. Erträge sind also erfolgswirksam; sie erhöhen das Eigenkapital.

▶ Erträge lassen sich einteilen in:
  ○ **betriebliche Erträge (= Leistungen)**
  ○ **neutrale Erträge.**

▶ **Leistungen** sind das Ergebnis der geplanten betrieblichen Leistungserstellung und Leistungsverwertung. Zu den Leistungen des Großhandelsbetriebes zählen:
  ○ **Absatzleistungen (= Erlöse aus dem Warenverkauf),**
  ○ **Unentgeltliche Entnahme** von Waren und
  ○ **aktivierte Eigenleistungen.**

▶ Zu den **neutralen Erträgen** gehören betriebsfremde, betriebliche außerordentliche und **betriebliche periodenfremde Erträge.** Sie werden nicht in die KLR übernommen. Neutrale Erträge sind in den Kontengruppen „54 Sonstige betriebliche Erträge", „55/56 Erträge aus Beteiligungen und Wertpapieren", „57 Zinsen und ähnliche Erträge" und „58 Außerordentliche Erträge" enthalten.

341   Im Rechnungswesen unterscheidet man zwischen Aufwendungen und Kosten.

Geben Sie je ein Beispiel an für
a) Aufwendungen, die zugleich Kosten sind,
b) Aufwendungen, die keine Kosten sind.

342   Im Rechnungswesen unterscheidet man ebenso zwischen Erträgen und Leistungen.

Geben Sie je ein Beispiel an für
a) Erträge, die zugleich Leistungen sind,
b) Erträge, die keine Leistungen sind.

343   Die Erträge des Unternehmens sind entweder betrieblich oder neutral.

Ordnen Sie die folgenden Ertragsarten nach betrieblichen oder neutralen Erträgen:

a) Umsatzerlöse für Waren
b) Mieterträge
c) Ertrag aus dem Abgang eines Vermögensgegenstandes
d) Selbst erstellte Maschine für die Verwendung im eigenen Betrieb
e) Zinsgutschrift der Bank
f) Provisionsertrag aus einem Gelegenheitsgeschäft
g) Unentgeltliche Entnahme von Waren
h) Erträge aus Wertpapierverkäufen
i) Erträge aus bereits abgeschriebenen Forderungen
j) Rückerstattung zu viel entrichteter Betriebssteuern für vergangene Geschäftsjahre durch das Finanzamt
k) Periodenfremde Erträge

344   In der Buchführung eines Großhandelsbetriebes schließen die Erfolgskonten mit folgenden Salden ab:

	€
Umsatzerlöse für Waren	850.000,00
Mieterträge	45.000,00
Zinserträge	20.000,00
Warenaufwendungen	420.000,00
Reparaturen	9.000,00
Löhne	150.000,00
Gehälter	100.000,00
Gesetzliche soziale Aufwendungen	40.000,00
Verluste aus Anlagenabgängen	15.000,00
Gewerbesteuer	25.000,00
Zinsaufwendungen	10.000,00
Außerordentliche Aufwendungen	60.000,00

1. *Ermitteln Sie im Gewinn- und Verlustkonto das Gesamtergebnis des Unternehmens.*
2. *Berechnen Sie in gesonderten Aufstellungen:*
   a) die Kosten und die Leistungen,
   b) die neutralen Aufwendungen und neutralen Erträge.
3. *Wie hoch ist die Differenz aus Leistungen minus Kosten, also das Betriebsergebnis?*
4. *Wie hoch ist die Differenz aus neutralen Erträgen minus neutralen Aufwendungen, also das Neutrale Ergebnis?*

345 Im Unternehmen Katja Kern e. Kfr. liegen Monatsabschlüsse für August und September .. in Form der nachstehenden Gewinn- und Verlustrechnungen vor:

Aufwendungen	Gewinn- und Verlustrechnungen				Erträge	
	August	September			August	September
6070	450.000,00	500.000,00	5110		550.000,00	620.000,00
6075	275.000,00	300.000,00	5115		350.000,00	380.000,00
6080	150.000,00	180.000,00	5120		185.000,00	225.000,00
6085	–	20.000,00	5125		–	25.000,00
6140	8.000,00	10.000,00	5400		28.000,00	28.000,00
6200	45.000,00	49.000,00	5420		5.000,00	–
6300	33.000,00	33.000,00	5460		22.000,00	–
6400	13.500,00	14.000,00	5710		1.500,00	2.000,00
6520	25.000,00	25.000,00				
6700	15.000,00	15.000,00				
6850	12.000,00	16.000,00				
6870	5.500,00	–				
6960	–	25.000,00				
70..	5.000,00	18.000,00				
7510	18.000,00	20.000,00				
Monatsüberschuss	86.500,00	55.000,00				
	1.141.500,00	1.280.000,00			1.141.500,00	1.280.000,00

1. Erklären Sie durch den Vergleich der Werte in den einzelnen Positionen der Gewinn- und Verlustrechnungen die Abweichungen und deren Auswirkung auf den jeweiligen Monatsüberschuss.

2. Deuten Sie die hinter den Zahlen verborgenen betrieblichen und nicht betrieblichen Vorgänge.

3. Wie beurteilen Sie unter dem Gesichtspunkt der betrieblichen Leistungserstellung und Leistungsverwertung die Monatsüberschüsse im August und im September?

4. Begründen Sie, warum die Gewinn- und Verlustrechnungen in der vorliegenden Form keine geeignete Grundlage sind, um über die wirtschaftliche Situation des Unternehmens Kern zutreffende Aussagen zu machen.

5. Verändern Sie die obigen Gewinn- und Verlustrechnungen zu Gegenüberstellungen von Kosten und Leistungen für die beiden Abrechnungsmonate. Erläutern Sie die Ergebnisse.

6. Welche Schlussfolgerungen können Sie ziehen, wenn Sie für beide Monate ausrechnen, wie viel Prozent der Betriebsgewinn bezogen auf die gesamten Umsatzerlöse ausmacht?

7. Wie sieht das Verhältnis von Leistungen zu Kosten für beide Monate aus? Welche Schlussfolgerungen ziehen Sie daraus?

8. Untersuchen Sie das Verhältnis von neutralen Erträgen zu den gesamten Erträgen in beiden Monaten und ziehen Sie Schlussfolgerungen.

9. Untersuchen Sie das Verhältnis von neutralen Aufwendungen zu den gesamten Aufwendungen in beiden Monaten und ziehen Sie Schlussfolgerungen.

3 Aufstellung und Auswertung der Ergebnistabelle

Abgrenzungsrechnung. Im vorhergehenden Abschnitt haben wir Ihnen einen Überblick über wichtige Begriffe der Kosten- und Leistungsrechnung gegeben und zeigen Ihnen im Folgenden ein Verfahren, wie **außerhalb der Finanzbuchhaltung in einer Tabelle** aus den Zahlen des Gewinn- und Verlustkontos die Kosten und Leistungen ermittelt werden. Die hierfür verwendete Tabelle heißt **Ergebnistabelle.** In ihr können auf recht einfache Weise **aus den gesamten Aufwendungen und Erträgen einer Rechnungsperiode die neutralen Aufwendungen und Erträge abgegrenzt oder —** bildhafter ausgedrückt — **herausgefiltert werden,** sodass am Ende die Kosten und Leistungen übrig bleiben. Der Buchhalter bezeichnet diesen Vorgang auch als **Abgrenzungsrechnung.**

Ein wesentliches Ziel der Abgrenzungsrechnung ist es, die Kosten und Leistungen einer Rechnungsperiode **vollständig und** nach Kosten- und Leistungsarten **gegliedert** zu erfassen, um sie für **weiter reichende Ziele,** z. B.

▶ Ermittlung des Betriebsergebnisses,
▶ Erstellung von Vorkalkulationen,
▶ Erstellung von Nachkalkulationen,
▶ Kontrolle des Kostenverbrauchs in einzelnen Betriebsabteilungen

zu verwenden.

3.1 Neutrale Aufwendungen und Erträge werden von Kosten und Leistungen abgegrenzt

Situation Frau Kern möchte sehr gerne erfahren, zu welchem Ergebnis (Betriebsgewinn oder Betriebsverlust) die betrieblichen Tätigkeiten in ihrem Unternehmen geführt haben. Sie weiß bisher aus dem Gewinn- und Verlustkonto (vgl. Seite 306), dass sie einen Monatsüberschuss von insgesamt 55.000,00 € erzielt hat. Diese Zahl sagt ihr aber noch nichts darüber aus, wie gut oder schlecht sie ihren Betriebszweck (vgl. Seite 307) erreicht hat. Die dafür erforderliche Zahl, nämlich das **Betriebsergebnis,** gewinnt sie durch die **Abgrenzungs- und Betriebsergebnisrechnung,** die sie in der folgenden vereinfachten **Ergebnistabelle** durchführt:

Ergebnistabelle						
❶ **Finanzbuchhaltung** (= Rechnungskreis I)			❷ **Kosten- und Leistungsrechnung** (= Rechnungskreis II)			
Gesamtergebnisrechnung der FB			❸ **Abgrenzungsrechnung**		❹ **Betriebsergebnisrechnung**	
Kontenklassen 5, 6, 7	Aufwendungen (Klassen 6, 7)	Erträge (Klasse 5)	neutrale Aufwendungen	neutrale Erträge	Kosten	Leistungen
❺ **Abstimmung:**	**Gesamtergebnis**		**Neutrales Ergebnis** (Abgrenzungsergebnis)		**Betriebsergebnis**	

$$\text{Gesamtergebnis} = \text{Neutrales Ergebnis (Abgrenzungsergebnis)} + \text{Betriebsergebnis}$$

6470314

Die Ergebnistabelle ist folgendermaßen aufgebaut:

❶ Sie spiegelt das **Zweikreissystem** des Kontenrahmens (vgl. S. 97 f.) wider: In ihrem **linken Teil** mit der Überschrift „**Finanzbuchhaltung (= Rechnungskreis I)**" nimmt sie **alle Aufwands- und Ertragskonten mit ihren jeweiligen Salden** aus den Kontenklassen 5, 6 und 7 der Finanzbuchhaltung auf. Damit wird in diesem Teil der Inhalt des Gewinn- und Verlustkontos aus dem Rechnungskreis I (= RK I) wiedergegeben und das **Gesamtergebnis der Unternehmung ausgewiesen.**

❷ Der **rechte Teil** der Tabelle ist der **Kosten- und Leistungsrechnung (= Rechnungskreis II)** vorbehalten. Er wird unterteilt in die **Abgrenzungsrechnung** und die **Betriebsergebnisrechnung.**

❸ Die **Abgrenzungsrechnung** übernimmt aus dem linken Teil der Tabelle, dem RK I, die **neutralen Aufwendungen und Erträge**. Sie schließt mit dem **Neutralen Ergebnis** (Neutraler Gewinn oder Neutraler Verlust) ab.

❹ Die **Betriebsergebnisrechnung** übernimmt aus dem linken Teil der Tabelle **alle Kosten und Leistungen** und ermittelt daraus das **Betriebsergebnis.**

❺ Durch dieses Verfahren lassen sich in einer Tabelle das Gesamtergebnis der FB sowie das Neutrale Ergebnis und das Betriebsergebnis der KLR übersichtlich darstellen. Ebenso ist es möglich, die Ergebnisse der beiden Rechnungskreise auf ihre Richtigkeit hin abzustimmen.

Beispiel Frau Kern erstellt nach den obigen Grundsätzen aus dem Gewinn- und Verlustkonto für den Monat September eine Ergebnistabelle. Hierbei untersucht sie die Positionen des GuV-Kontos dahingehend, ob diese dem Betriebszweck dienen und somit in die Betriebsergebnisrechnung hineingehören oder ob sie „neutral" sind und somit in die Abgrenzungsrechnung gehören. Sie berücksichtigt hierbei, dass

1. die Mieterträge für ein vermietetes Gebäude erzielt werden und dass dieses Gebäude mit 2.000,00 € abgeschrieben wurde. Diese 2.000,00 € sind in den Abschreibungen auf Sachanlagen enthalten.

2. in der GuV-Position „Betriebliche Steuern" auch Grundsteuern enthalten sind, von denen 1.000,00 € auf das vermietete Gebäude entfallen.

Gewinn- und Verlustkonto			
Soll	für den Monat September ..		Haben
Warenaufwendungen für		Umsatzerlöse für	
6070 Druckpapier 500.000,00		5110 Druckpapier 620.000,00	
6075 Kopierpapier 300.000,00		5115 Kopierpapier 380.000,00	
6080 Umschlagkarton 180.000,00		5120 Umschlagkarton 225.000,00	
6085 Saugpapier 20.000,00		5125 Saugpapier 25.000,00	
6140 Frachten u. Fremdl. . 10.000,00		5400 Mieterträge 28.000,00	
6200 Löhne 49.000,00		5710 Zinserträge 2.000,00	
6300 Gehälter 33.000,00			
6400 Soziale Aufwend. ... 14.000,00			
6520 Abschreibg./Sachanl. . 25.000,00			
6700 Mieten 15.000,00			
6850 Reisekosten 16.000,00			
6960 Verluste aus Verm.-			
Abgang 25.000,00			
70.. Betriebliche Steuern . 18.000,00			
7510 Zinsaufwendungen .. 20.000,00			
Monatsüberschuss 55.000,00			
1.280.000,00		1.280.000,00	

Ergebnistabelle

| | Finanzbuchhaltung (= Rechnungskreis I) | | Kosten- und Leistungsrechnung (= Rechnungskreis II) | | | |
| | Gesamtergebnisrechnung der FB | | Abgrenzungsrechnung | | Betriebsergebnis-rechnung | |
Konto	Aufwen-dungen	Erträge	neutrale Auf-wendungen	neutrale Erträge	Kosten	Leistungen
5110		620.000				620.000
5115		380.000				380.000
5120		225.000				225.000
5125		25.000				25.000
5400		28.000		28.000		
5710		2.000		2.000		
6070	500.000				500.000	
6075	300.000				300.000	
6080	180.000				180.000	
6085	20.000				20.000	
6140	10.000				10.000	
6200	49.000				49.000	
6300	33.000				33.000	
6400	14.000				14.000	
6520	25.000		2.000		23.000	
6700	15.000				15.000	
6850	16.000				16.000	
6960	25.000		25.000			
70 ..	18.000		1.000		17.000	
7510	20.000				20.000	
	1.225.000	1.280.000	28.000	30.000	1.197.000	1.250.000
	55.000		2.000		53.000	
	1.280.000	1.280.000	30.000	30.000	1.250.000	1.250.000

Abstimmung der Ergebnisse

1. Gesamtergebnis im Rechnungskreis I		(+) 55.000,00 €
2. Neutraler Gewinn	(+) 2.000,00 €	
3. Betriebsgewinn	(+) 53.000,00 €	
4. Gesamtergebnis im Rechnungskreis II		(+) 55.000,00 €

Erläuterungen zur Ergebnistabelle. Nachdem die Salden aller Erfolgskonten (= Ergebniskonten) aus dem Gewinn- und Verlustkonto der FB in die linken Spalten der Ergebnistabelle (Aufwendungen und Erträge im Rechnungskreis I) **übernommen** und zum Gesamtergebnis zusammengefasst worden sind, erfolgt die **Übertragung dieser Salden in die Betriebsergebnisrechnung oder in die Abgrenzungsrechnung** nach folgenden Überlegungen:

❶ **In die Betriebsergebnisrechnung** werden die Salden aus dem RK I dann übertragen,

▶ wenn es sich um **Erträge handelt, die in voller Höhe Leistungen darstellen,** oder
▶ wenn es sich um **Aufwendungen handelt, die in voller Höhe Kosten darstellen.**

So überträgt Frau Kern z. B. die Umsatzerlöse (Konten 5110, 5115, 5120, 5125) aus der Ertragsspalte im RK I in die Spalte **„Leistungen"** der Betriebsergebnisrechnung und die Salden der Konten 6070, 6075, 6080, 6085, 6140, 6200, 6300, 6400, 6700, 6850 und 7510 überträgt sie aus der Aufwandsspalte im RK I als Kosten in die Spalte **„Kosten"** der Betriebsergebnisrechnung.

❷ In die Abgrenzungsrechnung werden die Salden aus dem RK I dann übertragen,

▶ wenn es sich **in voller Höhe um neutrale** Erträge oder Aufwendungen handelt.

So überträgt Frau Kern die Salden der Konten 5400 und 5710 aus dem RK I in die Spalte „Neutrale Erträge" der Abgrenzungsrechnung. Die Mieterträge und die Zinserträge werden somit **von der Betriebsergebnisrechnung fern gehalten.**

Bei den neutralen Aufwendungen verfährt Frau Kern entsprechend: Das Konto „6960 Verluste aus Sachanlageabgängen" enthält einen nicht dem Betriebszweck dienenden Aufwand von 25.000,00 €, der in die Spalte „Neutrale Aufwendungen" der Abgrenzungsrechnung übertragen und damit von der Betriebsergebnisrechnung fern gehalten wird.

❸ Besondere Beachtung verdienen das Konto „6520 Abschreibungen auf Sachanlagen" und die Kontengruppe „70 . . Betriebliche Steuern":

Von den bilanzmäßigen Abschreibungen in Höhe von 25.000,00 € sind zunächst 2.000,00 € als **neutraler Aufwand** in die Abgrenzungsrechnung einzustellen. Dieser Betrag hat mit den Abschreibungen auf das **betrieblich genutzte** Anlagevermögen nichts zu tun, da er auf das von Frau Kern vermietete Gebäude entfällt. Er wird in die Spalte **„Neutrale Aufwendungen"** der Abgrenzungsrechnung eingesetzt und damit **von der Betriebsergebnisrechnung fern gehalten.** In die Spalte „Kosten" der Betriebsergebnisrechnung ist nur noch der Restbetrag von 23.000,00 € einzusetzen.

Entsprechend verfährt Frau Kern bei der Kontengruppe „70 . . Betriebliche Steuern": Hier werden 1.000,00 € Grundsteuer auf das vermietete Gebäude als neutraler Aufwand eingesetzt und damit von der Betriebsergebnisrechnung abgegrenzt. Der Restbetrag der betrieblichen Steuern (= 17.000,00 €) gilt als Kosten und wird also in die Spalte „Kosten" der Betriebsergebnisrechnung eingesetzt.

❹ Ausweis der Einzelergebnisse. Während das GuV-Konto auf Seite 306/315 nur das Gesamtergebnis der Unternehmung für den Monat September in Höhe von 55.000,00 € ausweist, lassen sich aus der Ergebnistabelle auf Seite 316 zusätzlich die Teilergebnisse

> **Neutrales Ergebnis** (Neutraler Gewinn) . . . . **2.000,00 €**
> und
> **Betriebsergebnis** (Betriebsgewinn) . . . . **53.000,00 €**

ablesen. Die Ergebnistabelle macht damit in der Spalte „Betriebsergebnisrechnung" eine für die Unternehmensleitung wichtige Aussage über das Ergebnis aus der eigentlichen betrieblichen Tätigkeit. Im obigen Beispiel stammt der unternehmerische Erfolg fast ausschließlich aus der betrieblichen Tätigkeit. Die sonstigen Vorgänge, die nichts mit regelmäßigen, planvollen betrieblichen Geschäftsfällen zu tun haben, führen zu einem neutralen Gewinn von nur 2.000,00 €.

❺ Kosten und Leistungen. Die Ergebnistabelle verdeutlicht, dass das Betriebsergebnis der Abrechnungsperiode (= Monat) aus Absatzleistungen (= Umsatzerlösen) in Höhe von **1.250.000,00 €** besteht und durch den Einsatz von insgesamt **1.197.000,00 €** Kosten erzielt wurde.

❻ Wirtschaftlichkeit. Für Frau Kern ist die Wirtschaftlichkeit, mit der Betriebsmittel und Waren eingesetzt wurden, um Umsatzerlöse zu erzielen, eine wichtige Kennzahl zur Beurteilung ihres betrieblichen Handelns. Sie berechnet diese Zahl, indem sie **die Leistungen durch die Kosten dividiert:**

$$\text{Wirtschaftlichkeit} = \frac{\text{Leistungen}}{\text{Kosten}} = \frac{1.250.000,00 \, €}{1.197.000,00 \, €} = \mathbf{1,044}$$

Diese Zahl besagt, dass für je 1,00 € eingesetzte Kosten 1,04 € Umsatzerlöse ins Unternehmen zurückgeflossen sind.

Zusammenfassung

▶ In der **Ergebnistabelle** werden die neutralen Aufwendungen und Erträge von den Kosten und Leistungen abgetrennt. Sie ermöglicht damit eine Abgrenzung des Neutralen Ergebnisses vom Betriebsergebnis.

▶ Die Ergebnistabelle macht Aussagen über die Höhe der Kosten und der Leistungen einer Rechnungsperiode und ermöglicht so die Berechnung der Wirtschaftlichkeit.

Aufgaben

346 Der Finanzbuchhaltung der Möbelgroßhandlung Schneider OHG entnehmen wir für den Monat Dezember .. folgende Aufwendungen und Erträge:

		€
5100	Umsatzerlöse für Waren	1.280.000,00
5400	Mieterträge	14.000,00
5420	Entnahmen (Waren)	15.000,00
5460	Erträge aus dem Abgang von Vermögensgegenständen ..	56.000,00
5480	Erträge aus der Herabsetzung von Rückstellungen	30.000,00
5710	Zinserträge	4.000,00
6060	Warenaufwendungen	330.000,00
6160	Fremdinstandsetzung	3.000,00
6200	Löhne	520.000,00
6300	Gehälter	130.000,00
6400	Soziale Aufwendungen	140.000,00
6520	Abschreibungen auf Sachanlagen	60.000,00
6850	Reisekosten	12.000,00
6930	Verluste aus Schadensfällen	40.000,00
7000	Gewerbesteuer	35.000,00
7090	Sonstige Betriebssteuern	10.000,00
7400	Abschreibungen auf Finanzanlagen	6.000,00
7510	Zinsaufwendungen	10.000,00

Aufgaben für die Erstellung der Ergebnistabelle

1. *Übernehmen Sie die Aufwendungen und Erträge der Finanzbuchhaltung in die Gesamtergebnisrechnung des Rechnungskreises I der Ergebnistabelle.*
2. *Führen Sie im Rechnungskreis II die Abgrenzungsrechnung durch.*
3. *Die betrieblichen Aufwendungen und Erträge sind entsprechend als Kosten und Leistungen in die Betriebsergebnisrechnung einzubringen.*
4. *Errechnen Sie a) das Neutrale Ergebnis (Abgrenzungsergebnis),*
   b) das Betriebsergebnis,
   c) das Gesamtergebnis der Unternehmung.
5. *Stimmen Sie das Gesamtergebnis des Rechnungskreises I mit dem Gesamtergebnis des Rechnungskreises II nach folgendem Schema ab:*

Abstimmung der Rechnungskreise I und II

1. Gesamtergebnis im Rechnungskreis I .... €

2. Neutrales Ergebnis .... €   ↑

3. Betriebsergebnis .... €   ↓

4. Gesamtergebnis im Rechnungskreis II (2. + 3.)   .... €

6470318

347   Die FB der Textilgroßhandlung Wilhelm KG hat für das 1. Quartal .. folgende Aufwendungen und Erträge erfasst:

		€
5110	Umsatzerlöse, Warengruppe 1	1.270.500,00
5115	Umsatzerlöse, Warengruppe 2	800.000,00
5400	Mieterträge	25.200,00
5420	Entnahmen (Waren)	42.000,00
5430	Sonstige Erträge (neutral)	11.500,00
5460	Erträge aus dem Abgang von Vermögensgegenständen	1.900,00
5500	Erträge aus Beteiligungen	8.200,00
57..	Zins- und Dividendenerträge	4.100,00
6070	Warenaufwendungen, Warengruppe 1	700.000,00
6075	Warenaufwendungen, Warengruppe 2	550.000,00
6200	Löhne	298.000,00
6300	Gehälter	101.000,00
6400	Soziale Aufwendungen	185.100,00
6520	Abschreibungen auf Sachanlagen	92.500,00
6570	Abschreibungen auf Umlaufvermögen	31.200,00
6700	Mieten und Pachten	4.900,00
6870	Aufwendungen für Werbung	12.200,00
6960	Verluste aus dem Abgang von Vermögensgegenständen	55.600,00
70..	Betriebliche Steuern	22.400,00

1. *Erstellen Sie die Ergebnistabelle entsprechend der Aufgabenstellung in der Aufgabe 346.*
2. *Beurteilen Sie die Erfolgslage des Unternehmens.*

348   Die FB der Sanitärgroßhandlung Heinz Schnell e. K. weist für das 4. Quartal .. folgende Aufwendungen und Erträge aus:

		€
5110	Umsatzerlöse, Warengruppe 1	981.500,00
5115	Umsatzerlöse, Warengruppe 2	414.200,00
5400	Mieterträge	30.000,00
5460	Erträge aus dem Abgang von Vermögensgegenständen	24.800,00
5480	Erträge aus der Herabsetzung von Rückstellungen	22.500,00
5710	Zinserträge	7.800,00
5800	Außerordentliche Erträge	8.200,00
6070	Warenaufwendungen, Warengruppe 1	475.000,00
6075	Warenaufwendungen, Warengruppe 2	418.500,00
6160	Fremdinstandsetzung	39.600,00
6200	Löhne	135.000,00
6300	Gehälter	110.000,00
6400	Soziale Aufwendungen	65.000,00
6420	Beiträge zur Berufsgenossenschaft	13.200,00
6440	Aufwendungen für Altersversorgung	28.400,00
6520	Abschreibungen auf Sachanlagen	42.800,00
6700	Aufwendungen für Mieten und Pachten	21.200,00
6870	Aufwendungen für Werbung	36.100,00
6960	Verluste aus dem Abgang von Maschinen	2.200,00
7000	Gewerbesteuer	33.900,00
7030	Kfz-Steuer (Betrieb)	8.400,00
7400	Abschreibungen auf Finanzanlagen	5.200,00

1. *Erstellen Sie die Ergebnistabelle.*
2. *Beurteilen Sie die Erfolgssituation des Unternehmens.*

349 Die Elektrogroßhandlung Karl Wurm e. K., Nürnberg, schließt das Geschäftsjahr .. mit folgender Gewinn- und Verlustrechnung ab:

Aufwendungen			Gewinn- und Verlustrechnung			Erträge
	Warenaufwendungen:				Umsatzerlöse:	
6070	Großgeräte	3.200.000,00	5110		Großgeräte	3.950.000,00
6075	Unterhaltungselektronik	4.450.000,00	5115		Unterhaltungselektronik	5.500.000,00
6080	Installationen	750.000,00	5120		Installationen	900.000,00
6140	Frachten u. Fremdl.	24.000,00	5400		Mieterträge	35.000,00
6160	Fremdinstandsetzung	42.000,00	5420		Entnahme v. G. u. s. L.	4.000,00
6200	Löhne	350.000,00	5460		Erträge aus Vermögensabgang	6.000,00
6300	Gehälter	250.000,00				
6400	Soziale Aufwend.	102.000,00	5480		Erträge aus der Auflösung von	
6420	Beitr. zur Berufsgenossenschaft	18.000,00			Rückstellungen	15.000,00
6520	Abschreibungen auf Sachanlagen	240.000,00	5710		Zinserträge	2.500,00
6700	Mieten/Pachten	48.000,00	5800		Außerordentliche Erträge	21.500,00
6800	Büromaterial	14.300,00				
6820	Porto – Telefon – Telefax	6.700,00				
6870	Werbung	41.400,00				
6900	Vers.-Beiträge	55.600,00				
6920	Beiträge zu Wirtschaftsverbänden	3.000,00				
6930	Verluste aus Schadensfällen	8.000,00				
6990	Periodenfremde Aufwendungen	4.000,00				
70..	Betr. Steuern	183.000,00				
7510	Zinsaufwendungen	144.000,00				
	Untern.-Gewinn	**500.000,00**				
		10.434.000,00				10.434.000,00

Bei der Aufstellung der Ergebnistabelle sind folgende Angaben zu beachten:

1. Die Mieterträge werden für ein vermietetes Lagergebäude erzielt, das zum Betriebsvermögen gehört. Das Gebäude wird mit 18.000,00 €/Jahr abgeschrieben. Dieser Betrag ist in den gesamten Abschreibungen auf Sachanlagen enthalten.

2. Die Position „Fremdinstandsetzung" enthält 15.000,00 € für den Fassadenanstrich des vermieteten Lagergebäudes.

3. Unter der Position „Versicherungsbeiträge" ist die Haftpflichtversicherung für das vermietete Lagergebäude mit 4.200,00 € enthalten.

4. Die „Betrieblichen Steuern" enthalten auch die Grundsteuer für das vermietete Lagergebäude mit 3.000,00 €.

Aufgaben

1. *Führen Sie die Abgrenzungs- und Betriebsergebnisrechnung durch.*

2. *Beurteilen Sie anhand des Wirtschaftlichkeitskoeffizienten die Erfolgslage des Unternehmens.*

3. *Das im Geschäftsjahr durchschnittlich im Unternehmen gebundene Eigenkapital beträgt 5.200.000,00 €. Beziehen Sie den erzielten Betriebsgewinn auf dieses Eigenkapital und interpretieren Sie die so errechnete Rentabilität.*

3.2 Kalkulatorische Kosten werden in der Ergebnistabelle berücksichtigt

Frau Kern hat in der Ergebnistabelle von Seite 316 alle Aufwendungen, die regelmäßig und/oder planvoll zum Erreichen der betrieblichen Zwecke angefallen waren, als Kosten in die Betriebsergebnisrechnung übernommen. Sie hat hierbei — unter Beachtung der Umsatzerlöse — einen Betriebsgewinn von 53.000,00 € ausgewiesen. Ihr ist bewusst, dass ihr dieser Gewinn so nicht zur freien Verfügung steht, da sie noch **nicht alle Kosten berücksichtigt** hat bzw. die **Höhe einzelner Kosten noch verändern** muss. Hierdurch wird der Gewinn, den sie für den Betrieb oder für sich verwenden kann, niedriger als 53.000,00 € ausfallen. Folgende Überlegungen stellt sie an:

❶ Sie hat bisher nicht berücksichtigt, dass sie für ihre **Mitarbeit im eigenen Unternehmen** eine „Entlohnung" zu beanspruchen hat. Sie kann sich zwar kein Gehalt berechnen und buchen, so wie sie es für ihre Angestellten und Arbeiter macht — schließlich ist sie Unternehmerin und kann nicht mit sich selbst einen Arbeitsvertrag schließen —, aber ihre Arbeitskraft hat einen „Wert", den sie als **Kosten in der Betriebsergebnisrechnung** ansetzt. Dieser „Lohn" für die unternehmerische Tätigkeit heißt **Unternehmerlohn.** Frau Kern kalkuliert ihn in die Verkaufspreise mit ein und lässt sich so diesen Lohn über die Umsatzerlöse von ihren Kunden vergüten.

❷ Die **Zinsaufwendungen** hat Frau Kern mit 20.000,00 € als Kosten übernommen. In diesen Aufwendungen ist aber nur die Verzinsung des tatsächlichen langfristigen Fremdkapitals (Hypotheken- und Darlehensschulden) enthalten. Die Verzinsung des eingesetzten Eigenkapitals fehlt unter den Kosten. Da sie dieses Eigenkapital zur Finanzierung des Betriebsvermögens eingesetzt hat — sie hätte es ja auch verzinslich anlegen können —, steht ihr eine Verzinsung des Eigenkapitals zu. Anstelle der tatsächlichen Fremdkapitalzinsen will sie also **kalkulatorische Zinsen** vom **gesamten** betriebsnotwendigen Kapital als Kosten ansetzen.

❸ Die **Abschreibungen auf das Anlagevermögen** hat Frau Kern in der Finanzbuchhaltung mit einem Wert (23.000,00 €) berechnet und gebucht, **der für die Kostenrechnung ungeeignet ist.** Bei der Berechnung der bilanzmäßigen Abschreibungen hat sie sich an die handels- und steuerrechtlichen Vorschriften gehalten, also z. B. **degressiv** — ausgehend von den **Anschaffungskosten** — abgeschrieben. In der Kostenrechnung möchte sie aus Gründen des Kostenvergleichs gleichmäßig (also **linear**) **und** von den zukünftigen (gestiegenen) **Wiederbeschaffungskosten** abschreiben, damit sie demnächst auch in der Lage ist, aus den über die Umsatzerlöse „verdienten" Abschreibungen die teureren Ersatzanlagen zu beschaffen. Anstelle der bilanzmäßigen Abschreibungen will sie also in der Betriebsergebnisrechnung **kalkulatorische Abschreibungen** als Kosten ansetzen.

Mit dem Ansatz kalkulatorischer Kosten in der Betriebsergebnisrechnung — anstelle der entstandenen Aufwendungen aus der Finanzbuchhaltung — folgt Frau Kern einem **wesentlichen Grundsatz der Kostenrechnung:**

**In der Betriebsergebnisrechnung
werden alle Kosten verursachungs- und periodengerecht
in ihrer tatsächlichen Höhe erfasst.**

Damit wird auch deutlich, dass die Ausgestaltung der Kostenrechnung durch keine rechtlichen Vorschriften eingeengt wird, sondern ihre Grenze in den Marktgegebenheiten (Konkurrenzsituation, Verhalten der Nachfrager) findet.

Nachdem Frau Kern geklärt hat, dass sie einige betriebliche Aufwendungen in der Betriebsergebnisrechnung durch kalkulatorische Kosten ersetzen will, stellt sich für sie die Frage, **wie** sie die betrieblichen Aufwendungen und die kalkulatorischen Kosten in der Ergebnistabelle erfassen kann. Aus Gründen der besseren Übersichtlichkeit und der klareren Aussage will sie diesen Bereich nicht mit den zuvor abgegrenzten neutralen Aufwendungen und Erträgen vermischen. Sie übernimmt einen Vorschlag der IHK zur Organisation der Ergebnistabelle und fügt in der Abgrenzungsrechnung zwei zusätzliche Spalten mit der Überschrift **„Kostenrechnerische Korrekturen"** ein. Die **linke Spalte** benennt sie **„Betriebliche Aufwendungen"**, die **rechte Spalte „Verrechnete Kosten"**. Damit weist sie in der Abgrenzungsrechnung **zwei Teilergebnisse** aus:

○ das **Ergebnis aus neutralen Aufwendungen und Erträgen**, das auch **„Ergebnis aus unternehmensbezogenen Abgrenzungen"** genannt wird, und

○ das **Ergebnis aus kostenrechnerischen Korrekturen.**

Beide Teilergebnisse fasst sie zusammen zum

○ **Neutralen Ergebnis.**

Ihre Ergebnistabelle hat nunmehr folgendes Aussehen:

Ergebnistabelle							
Finanzbuchhaltung (= RK I)			**Kosten- und Leistungsrechnung (= RK II)**				
Gesamtergebnisrechnung der FB			**Abgrenzungsrechnung**				**Betriebsergebnis-rechnung**
			Abgrenzung der neutralen Aufwendungen und Erträge		**Kostenrechnerische Korrekturen**		
Konto	Aufwendungen	Erträge	neutrale Aufwendungen	neutrale Erträge	betriebliche Aufwendungen	verrechnete Kosten	Kosten	Leistungen
			Ergebnis aus neutralen Aufwdg. und Erträgen		Ergebnis aus kostenrechn. Korrekturen			
Gesamtergebnis		**=**	**Neutrales Ergebnis**			**+Betriebsergebnis**	

Zusammenfassung

▶ Die Abgrenzungsrechnung wird außerhalb der Finanzbuchhaltung tabellarisch in zwei Bereichen durchgeführt:

In einem ersten Bereich — auch **unternehmensbezogene Abgrenzung** genannt — werden aus den gesamten Aufwendungen und Erträgen der FB die neutralen Aufwendungen und Erträge herausgefiltert und zum **Ergebnis aus neutralen Aufwendungen und Erträgen** (auch „Ergebnis aus unternehmensbezogenen Abgrenzungen" genannt) zusammengeführt.

In einem zweiten Bereich — den **kostenrechnerischen Korrekturen** — werden die korrekturbedürftigen betrieblichen Aufwendungen der FB (z. B. bilanzmäßige Abschreibungen, Zinsaufwendungen) von der Kostenrechnung fern gehalten. Ihnen sind kalkulatorische Kosten aus der Kostenrechnung gegenüberzustellen. Aus den korrekturbedürftigen betrieblichen Aufwendungen und den verrechneten Kosten wird das **„Ergebnis aus kostenrechnerischen Korrekturen"** errechnet.

▶ Die beiden Teilergebnisse der Abgrenzungsrechnung werden zum **„Neutralen Ergebnis"** zusammengefasst.

3.2.1 Kalkulatorischer Unternehmerlohn

Beispiel Frau Kern setzt ihren monatlichen Unternehmerlohn auf **10.000,00 €** fest. Dieser Betrag soll als Kosten in die Betriebsergebnisrechnung eingebracht werden.

Nachfolgend zeigen wir das Verfahren, nach dem der kalkulatorische Unternehmerlohn in die Ergebnistabelle eingesetzt wird und erläutern die Auswirkungen. Ziehen Sie zum Vergleich die Ergebnistabelle von Seite 316 heran.

Ergebnistabelle								
Finanzbuchhaltung (= RK I)			**Kosten- und Leistungsrechnung (= RK II)**					
Gesamtergebnisrechnung der FB			Abgrenzungsrechnung				Betriebsergebnis-rechnung	
			Abgrenzung der neutralen Aufwendungen und Erträge		Kostenrechnerische Korrekturen			
Konto	Aufwen-dungen	Erträge	neutrale Aufwen-dungen	neutrale Erträge	betriebliche Aufwen-dungen	verrechnete Kosten	Kosten	Leistungen
5110		620.000						620.000
5115		380.000						380.000
5120		225.000						225.000
5125		25.000						25.000
5400		28.000		28.000				
5710		2.000		2.000				
6070	500.000						500.000	
6075	300.000						300.000	
6080	180.000						180.000	
6085	20.000						20.000	
6140	10.000						10.000	
6200	49.000						49.000	
6300	33.000						33.000	
6400	14.000						14.000	
6520	25.000		2.000				23.000	
6700	15.000						15.000	
6850	16.000						16.000	
6960	25.000		25.000					
70..	18.000		1.000				17.000	
7510	20.000						20.000	
U.-Lohn						10.000 ◄─►10.000		
	1.225.000	1.280.000	28.000	30.000	0	10.000	1.207.000	1.250.000
	55.000		2.000		10.000		43.000	
	1.280.000	1.280.000	30.000	30.000	10.000	10.000	1.250.000	1.250.000

Abstimmung der Ergebnisse

1. Gesamtergebnis der FB (= RK I)		(+) 55.000,00 €
2. Ergebnis aus unternehmensbez. Abgrenzungen	(+) 2.000,00 €	
3. Ergebnis aus kostenrechnerischen Korrekturen	(+) 10.000,00 €	
4. Betriebsergebnis	(+) 43.000,00 €	
5. Gesamtergebnis der KLR (= RK II)		(+) 55.000,00 €

Erläuterungen:

❶ Der kalkulatorische Unternehmerlohn von 10.000,00 € wird **zunächst in die Spalte „Kosten" der Betriebsergebnisrechnung eingesetzt**. Er geht damit (zusammen mit den übrigen Kosten) in die Preiskalkulation ein. Im Normalfall ist er also **in den Umsatz-erlösen enthalten** und fließt in den Finanzmitteln (z. B. Banküberweisung von Kunden) dem Unternehmen zu. Im nebenstehenden Beispiel bewirkt die zusätzliche Berücksichtigung des Unternehmerlohns, dass der Betriebsgewinn von vorher 53.000,00 € (vgl. S. 316) auf nunmehr **43.000,00 € sinkt,** ohne dass sich an den Aufwendungen oder Erträgen der Finanzbuchhaltung etwas verändert hätte.

❷ Danach ist der Unternehmerlohn als **Ertrag** in der Spalte **„Verrechnete Kosten" der Abgrenzungsrechnung** aufzuschreiben. Das Aufschreiben als Ertrag ist erforderlich, um einen Ausgleich für den **zusätzlich als Kosten** eingesetzten Unternehmerlohn in der Spalte „Kosten" der Betriebsergebnisrechnung herzustellen. Dadurch **steigt der neutrale Gewinn** von vorher 2.000,00 € (vgl. S. 316) **auf nunmehr 12.000,00 €.**

❸ Insgesamt bleibt durch dieses Verfahren der Gesamtgewinn in der KLR von 55.000,00 € bestehen und stimmt nach wie vor mit dem Gesamtgewinn der FB überein, es erfolgt lediglich eine Verlagerung vom Betriebsgewinn auf den Neutralen Gewinn:

> Neutraler Gewinn unter Beachtung des Unternehmerlohns .. 12.000,00 €
> Betriebsgewinn unter Beachtung des Unternehmerlohns .... 43.000,00 €
> **Gesamtgewinn in der KLR (= RK II) .... 55.000,00 €**

❹ Dieses Vorgehen zur Einsetzung des kalkulatorischen Unternehmerlohns in die Ergebnistabelle entspricht der **Buchung:**

> **Kosten** der Betriebsergebnisrechnung
> an **Verrechnete Kosten** der Abgrenzungsrechnung

Auswirkung der Buchung des Unternehmerlohns auf die Teilergebnisse. Sofern über die Umsatzerlöse der in die Preise einkalkulierte Unternehmerlohn an das Unternehmen zurückfließt, hat seine Berücksichtigung unter den Kosten **keinen Einfluss auf das Betriebsergebnis.**

Im Neutralen Ergebnis bewirkt der Unternehmerlohn durch seine Buchung als Ertrag in der Spalte „Verrechnete Kosten" eine Erhöhung der Erträge. **Er hat damit Einfluss auf das Neutrale Ergebnis.**

Auf das Gesamtergebnis der FB **wirkt der in den Umsatzerlösen enthaltene Unternehmerlohn Gewinn erhöhend,** da ihm hier kein entsprechender Aufwand gegenübersteht.

Zusammenfassung

▶ **Bei Einzelunternehmungen und Personengesellschaften** wird für die mitarbeitenden Inhaber ein angemessener **Unternehmerlohn** in die Betriebsergebnisrechnung und in die Preiskalkulation einbezogen.

▶ Der kalkulatorische Unternehmerlohn stellt einen echten **Kostenbestandteil** in der KLR dar, dem kein Aufwand und keine Ausgabe in der Finanzbuchhaltung gegenüberstehen.

▶ Der kalkulatorische Unternehmerlohn wird in die Spalte „Kosten" der Betriebsergebnisrechnung eingesetzt und in der Spalte „Verrechnete Kosten" der Abgrenzungsrechnung als Ertrag gegengebucht.

▶ Bei vollem **Kostenersatz über die Umsatzlöse** hat der kalkulatorische Unternehmerlohn keinen Einfluss auf die Höhe des Betriebsergebnisses. Das Neutrale Ergebnis und das Gesamtergebnis werden durch ihn Gewinn erhöhend beeinflusst.

6470324

3.2.2   Kalkulatorische Zinsen

Situation In der Ergebnistabelle auf Seite 316 hat Frau Kern die in der Finanzbuchhaltung gebuchten Fremdkapitalzinsen in Höhe von 20.000,00 € als Kosten in die Betriebsergebnisrechnung übernommen. Das ist grundsätzlich richtig, da die Fremdkapitalzinsen einen betrieblichen Aufwand darstellen. Es stellt sich aber die Frage, ob es **zweckmäßig** ist, diesen Betrag als Kosten anzusetzen. Frau Kern kann zu Recht erwarten, dass ihr in den Umsatzerlösen eine angemessene Verzinsung des eingesetzten Eigenkapitals zukommt. Um das zu erreichen, werden in der KLR Zinsen für das **gesamte im Unternehmen für betriebliche Zwecke eingesetzte Kapital** berechnet und als Kosten gebucht. Das geschieht z. B. in der Weise, dass Frau Kern ❶ das betriebsnotwendige Kapital bestimmt, ❷ davon Zinsen berechnet und ❸ diese Zinsen anstelle der tatsächlich gezahlten Fremdkapitalzinsen als Kosten in die Betriebsergebnisrechnung einsetzt.

Beispiel 1 Frau Kern ermittelt auf der Grundlage ihrer Bilanz (vgl. Seite 29 f.) das folgende **betriebsnotwendige Kapital**, das sie mit **7,5 %/Jahr kalkulatorisch** verzinsen will:

Anlagevermögen:	Grundstücke u. Gebäude	1.255.500,00 €
	− Wert des vermieteten Gebäudes	255.500,00 €
	+ Betriebs- und Geschäftsausstattung	494.500,00 €
Umlaufvermögen:	+ Waren	2.550.000,00 €
	+ Forderungen a. LL	366.250,00 €
	+ Kassen- und Bankguthaben	333.750,00 €
	Betriebsnotwendiges Vermögen	4.744.500,00 €
	− **Abzugskapital** (z. B. Liefererverbindlichkeiten ohne Skonto, Rückstellungen)	344.500,00 €
	Betriebsnotwendiges Kapital	**4.400.000,00 €**

Die **kalkulatorischen Zinsen** für das Jahr betragen dann:

$$\text{Zinsen/Jahr} = \frac{4.400.000,00\ € \cdot 7,5\ \%}{100\ \%} = 330.000,00\ €$$

und **für den Monat**:

Zinsen/Monat = 330.000,00 € : 12 = **27.500,00 €.**

siehe „Zinsrechnung", Kap. H, 5

Erläuterungen:

❶ **Zum betriebsnotwendigen Anlagevermögen** zählen nur solche **Anlagegüter,** die **dauernd** dem eigentlichen **Betriebszweck dienen.** Nicht betriebsnotwendige Anlagen, wie z. B. vermietete Gebäude oder stillgelegte Anlagen, werden nicht berücksichtigt. Dagegen gehören Reserveanlagen (z. B. in Reserve gehaltene Stromerzeuger) stets zum betriebsnotwendigen Anlagevermögen.

❷ **Zum betriebsnotwendigen Umlaufvermögen** gehören alle dem eigentlichen **Betriebszweck** dienenden Vermögensgegenstände. Nicht dazu zählen z. B. Wertpapiere, die als liquide Reserve gehalten werden.

❸ Das **Abzugskapital** besteht aus solchen Fremdkapitalposten, die dem Unternehmen **zinslos** zur Verfügung stehen, wie z. B. Anzahlungen von Kunden, sonstige Verbindlichkeiten, Rückstellungen und Verbindlichkeiten a. LL, sofern kein Skontoabzug möglich ist.

Beispiel 2 Katja Kern ersetzt in der Betriebsergebnisrechnung der Ergebnistabelle (vgl. S. 323) die Fremdkapitalzinsen (20.000,00 €) durch die monatlichen kalkulatorischen Zinsen in Höhe von 27.500,00 €.

Ergebnistabelle

Finanzbuchhaltung (= RK I)		Kosten- und Leistungsrechnung (= RK II)						
Gesamtergebnisrechnung der FB		Abgrenzungsrechnung				Betriebsergebnis-rechnung		
		Abgrenzung der neutralen Aufwendungen und Erträge		Kostenrechnerische Korrekturen				
Konto	Aufwendungen	Erträge	neutrale Aufwendungen	neutrale Erträge	betriebliche Aufwendungen	verrechnete Kosten	Kosten	Leistungen
5110		620.000						620.000
5115		380.000						380.000
5120		225.000						225.000
5125		25.000						25.000
5400		28.000		28.000				
5710		2.000		2.000				
6070	500.000						500.000	
6075	300.000						300.000	
6080	180.000						180.000	
6085	20.000						20.000	
6140	10.000						10.000	
6200	49.000						49.000	
6300	33.000						33.000	
6400	14.000						14.000	
6520	25.000		2.000				23.000	
6700	15.000						15.000	
6850	16.000						16.000	
6960	25.000		25.000					
70..	18.000		1.000				17 000	
7510	20.000				20.000	27.500 ◄──►27.500		
U.-Lohn						10.000	10.000	
	1.225.000	1.280.000	28.000	30.000	20.000	37.500	1.214.500	1.250.000
	55.000		**2.000**		**17.500**		**35.500**	
	1.280.000	1.280.000	30.000	30.000	37.500	37.500	1.250.000	1.250.000

Abstimmung der Ergebnisse

1. Gesamtergebnis der FB (= RK I)		**(+) 55.000,00 €**
2. Ergebnis aus unternehmensbez. Abgrenzungen	(+) 2.000,00 €	
3. Ergebnis aus kostenrechnerischen Korrekturen	(+) 17.500,00 €	
4. Betriebsergebnis	(+) 35.500,00 €	
5. Gesamtergebnis der KLR (= RK II)		**(+) 55.000,00 €**

Erläuterungen:

❶ Die Fremdkapitalzinsen (vgl. Konto 7510) werden mit 20.000,00 € in die Spalte „Betriebliche Aufwendungen" der „Kostenrechnerischen Korrekturen" übertragen und damit von der Betriebsergebnisrechnung fern gehalten.

❷ Die kalkulatorischen Zinsen werden mit 27.500,00 € in die Spalte „Kosten" der Betriebsergebnisrechnung eingetragen und als Ertrag in der Spalte „Verrechnete Kosten" der „Kostenrechnerischen Korrekturen" gegengebucht. Der Betriebsgewinn fällt dadurch um 7.500,00 € niedriger aus als vor der Berücksichtigung der kalkulatorischen Zinsen und beträgt nunmehr 35.500,00 €.

❸ In der Abgrenzungsrechnung stehen sich Fremdkapitalzinsen (20.000,00 €) und kalkulatorische Zinsen (27.500,00 €) gegenüber. In diesem Fall ergibt sich daraus ein Ergebnis aus kostenrechnerischen Korrekturen von (+) 7.500,00 €. Um diesen Betrag fällt der neutrale Gewinn höher aus als zuvor und beträgt nunmehr 19.500,00 €.

6470326

3.2.3 Kalkulatorische Abschreibungen

Situation Frau Kern hat die in der Finanzbuchhaltung gebuchten **bilanzmäßigen Abschreibungen** (vgl. Konto 6520) in Höhe von 23.000,00 € als Kosten in die Betriebsergebnisrechnung übernommen (vgl. S. 316). Dagegen ist grundsätzlich nichts einzuwenden, da Abschreibungen betriebliche Aufwendungen darstellen. Es zeigt sich aber, dass die **bilanzmäßigen Abschreibungen als Kosten ungeeignet** sind, da Frau Kern sie nach steuer- und handelsrechtlichen Vorschriften berechnet, z. B. schreibt sie in der FB degressiv von den Buchwerten mit hohen Anfangsbeträgen und fallenden Folgebeträgen ab (vgl. S. 215). Solche von Jahr zu Jahr fallenden Abschreibungsbeträge eignen sich nicht für die Kostenrechnung, da sie die **tatsächliche Wertminderung** nicht zutreffend angeben. Außerdem wird in der Kostenrechnung auf gleich hohe Belastung jeder Rechnungsperiode mit Abschreibungen Wert gelegt, damit **Kostenvergleiche** möglich sind. Frau Kern hat noch einen wichtigen Grund, warum sie die bilanzmäßigen Abschreibungen nicht in die Betriebsergebnisrechnung übernimmt: **Bilanzmäßig** darf sie nur von den **Anschaffungskosten** abschreiben, sodass sie nach Ablauf der Nutzungsdauer in den Umsatzerlösen auch nur die bilanzmäßigen Abschreibungen in Höhe der Anschaffungskosten zurückerhält. Wenn nun in der Zwischenzeit die Anschaffungskosten für die Ersatzanlage gestiegen sind, dann kann Frau Kern die Ersatzanlage nur mit zusätzlichen Finanzmitteln (aus Krediten oder aus dem Gewinn) anschaffen. Und das will sie vermeiden, indem sie in die Betriebsergebnisrechnung anstelle der bilanzmäßigen Abschreibungen die sog. **kalkulatorischen Abschreibungen** einsetzt, **die sie von den (vermutlich höheren) Wiederbeschaffungskosten nach der linearen Abschreibungsmethode berechnet.**

Beispiel 1 Frau Kern berechnet die **monatlichen kalkulatorischen Abschreibungen** nach folgenden **geschätzten** Wiederbeschaffungskosten:

Anlagevermögen	Wiederbeschaffungs-kosten	Abschr.-Satz	Abschreibungs-betrag
Gebäude (ohne Grundstücke, ohne vermietete Gebäude)	2.800.000,00 €	4 %	112.000,00 €
Betriebs- und Geschäftsausstattung	1.000.000,00 €	20 %	200.000,00 €
Summe der jährlichen kalkulatorischen Abschreibungen			312.000,00 €
monatliche kalkulatorische Abschreibungen			**26.000,00 €**

siehe „Prozentrechnung", Kap. H, 4

Zusammenfassung

▶ **Kalkulatorische Abschreibungen** sind Kosten, die **anstelle der bilanzmäßigen Abschreibungen** in die Betriebsergebnisrechnung eingesetzt werden.

▶ Sie werden in der Regel nach der **linearen Abschreibungsmethode** von den (gestiegenen) **Wiederbeschaffungskosten** berechnet und sichern damit die **Substanzerhaltung** des Unternehmens, sofern sie **über die Umsatzerlöse voll erwirtschaftet** werden können.

Beispiel 2 Frau Kern ersetzt in der Betriebsergebnisrechnung der Ergebnistabelle (vgl. S. 326) die bilanzmäßigen Abschreibungen (23.000,00 €) durch die monatlichen kalkulatorischen Abschreibungen in Höhe von 26.000,00 €.

Ergebnistabelle								
Finanzbuchhaltung (= RK I)			**Kosten- und Leistungsrechnung (= RK II)**					
Gesamtergebnisrechnung der FB			Abgrenzungsrechnung				Betriebsergebnis-rechnung	
			Abgrenzung der neutralen Aufwendungen und Erträge		Kostenrechnerische Korrekturen			
Konto	Aufwen-dungen	Erträge	neutrale Aufwen-dungen	neutrale Erträge	betriebliche Aufwen-dungen	verrechnete Kosten	Kosten	Leistungen
5110		620.000						620.000
5115		380.000						380.000
5120		225.000						225.000
5125		25.000						25.000
5400		28.000		28.000				
5710		2.000		2.000				
6070	500.000						500.000	
6075	300.000						300.000	
6080	180.000						180.000	
6085	20.000						20.000	
6140	10.000						10.000	
6200	49.000						49.000	
6300	33.000						33.000	
6400	14.000						14.000	
6520	25.000		2.000		**23.000**	26.000 ◄─►26.000		
6700	15.000						15.000	
6850	16.000						16.000	
6960	25.000		25.000					
70..	18.000		1.000				17.000	
7510	20.000				20.000	27.500	27.500	
U.-Lohn						10.000	10.000	
	1.225.000	1.280.000	28.000	30.000	43.000	63.500	1.217.500	1.250.000
	55.000		**2.000**		**20.500**		**32.500**	
	1.280.000	1.280.000	30.000	30.000	63.500	63.500	1.250.000	1.250.000

Abstimmung der Ergebnisse

1. Gesamtergebnis der FB (= RK I)		**(+) 55.000,00 €**
2. Ergebnis aus unternehmensbez. Abgrenzungen	(+) 2.000,00 €	
3. Ergebnis aus kostenrechnerischen Korrekturen	(+) 20.500,00 €	
4. Betriebsergebnis	(+) 32.500,00 €	
5. Gesamtergebnis der KLR (= RK II)		**(+) 55.000,00 €**

Erläuterungen:

❶ Die bilanzmäßigen Abschreibungen (vgl. Konto 6520) werden mit 23.000,00 € in die Spalte „Betriebliche Aufwendungen" der „Kostenrechnerischen Korrekturen" übertragen und damit von der Betriebsergebnisrechnung fern gehalten.

❷ Die kalkulatorischen Abschreibungen werden mit 26.000,00 € in die Spalte „Kosten" der Betriebsergebnisrechnung eingetragen und als Ertrag in der Spalte „Verrechnete Kosten" der „Kostenrechnerischen Korrekturen" gegengebucht. Der Betriebsgewinn fällt dadurch um 3.000,00 € niedriger aus als vor der Berücksichtigung der kalkulatorischen Abschreibungen und beträgt nunmehr 32.500,00 €.

❸ In den Kostenrechnerischen Korrekturen stehen sich nun bilanzmäßige Abschreibungen (23.000,00 €) als Aufwand und kalkulatorische Abschreibungen (26.000,00 €) als Ertrag gegenüber. Der neutrale Gewinn wird um 3.000,00 € höher ausgewiesen und beträgt nunmehr insgesamt 22.500,00 €.

6470328

Abschreibungskreislauf.[1] Ein wesentliches Unternehmensziel muss die **Erhaltung der Vermögenssubstanz** sein; insbesondere geht es hierbei um die Erhaltung der im Anlagevermögen ruhenden Leistungsfähigkeit. Dies wird durch die **Ersatzbeschaffung** (= Reinvestition) **verbrauchter Anlagen** erreicht. Die **Finanzierung** solcher Anlagen hat grundsätzlich aus „verdienten" Kosten **ohne Zuführung von Eigenkapital** zu erfolgen. Um dies zu erreichen, bedarf es des Ansatzes von Abschreibungen

> ▶ in der **Finanzbuchhaltung** als **Aufwand,** um zu verhindern, dass in der Gewinn- und Verlustrechnung **ein zu hoher Gewinn ausgewiesen** und möglicherweise **ausgeschüttet** wird (= Gefahr der Substanzausschüttung),
>
> ▶ in der **Kosten- und Leistungsrechnung** als **Kosten,** um den Werteverzehr der Anlagen zu erfassen und in die **Preisberechnung** einzubeziehen. In der Regel müssen dem Unternehmen im Preis für die Waren **alle Kosten** zurückerstattet werden. In den Umsatzerlösen fließen also auch die Abschreibungsbeträge (= **Abschreibungsgegenwerte**) zurück und stehen in Form flüssiger Mittel für die Erneuerung von Anlagen zur Verfügung.

So ergibt sich – unter der Voraussetzung, dass die kalkulatorischen Abschreibungen vom Markt vergütet werden – folgender

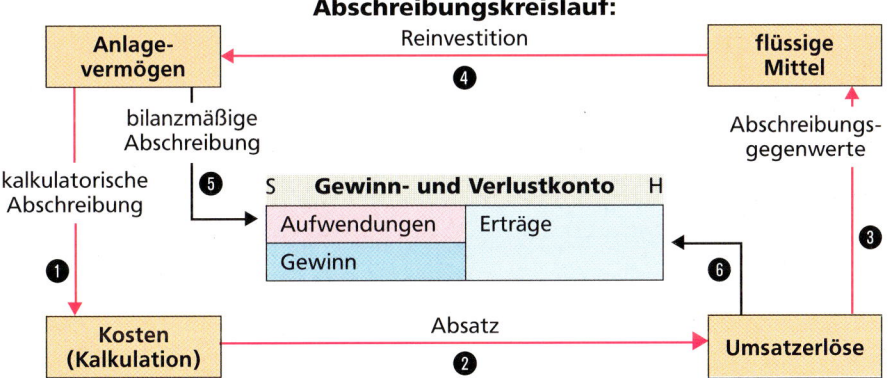

Abschreibungskreislauf:

Aufgabe: *Erläutern Sie den Abschreibungskreislauf ❶ bis ❻ anhand eines Zahlenbeispiels.*

Finanzierung aus Abschreibungsgegenwerten. Die obige Darstellung macht deutlich, dass kein Unternehmen auf Abschreibungen als wesentliches Mittel der Finanzierung (= **Innenfinanzierung**) verzichten kann.

Bei der Finanzierungswirkung der Abschreibung lassen sich drei Fälle unterscheiden:

> ▶ **Bilanzmäßige Abschreibungen und kalkulatorische Abschreibungen stimmen überein.** In diesem Fall findet eine **Vermögensumschichtung** vom Anlagevermögen zum Umlaufvermögen statt. Auf Dauer wird die Substanz nur **nominell** erhalten.
>
> ▶ **Bilanzmäßige Abschreibungen sind höher als kalkulatorische Abschreibungen.** In diesem Fall führt der gebuchte Mehraufwand zu einer **verdeckten Finanzierung aus dem Gewinn.**
>
> ▶ **Bilanzmäßige Abschreibungen sind niedriger als kalkulatorische Abschreibungen.** In diesem Fall führt der erzielte Mehrerlös zu einer **offenen Finanzierung aus dem Gewinn.**

---

1 vgl. S. 225

Zusammenfassung

▶ **Aufgabe der kalkulatorischen Kosten.** Die kalkulatorischen Kosten sorgen dafür, dass nur der Werteverzehr in die Kosten- und Leistungsrechnung eingebracht wird, der durch die Umsatzprozesse **tatsächlich** entstanden ist, auch wenn er in der Ergebnisrechnung der Finanzbuchhaltung **nicht oder in anderer Höhe angefallen ist.** Dadurch wird die Kosten- und Leistungsrechnung **genauer, von Schwankungen** einzelner Aufwendungen (z. B. degressive Abschreibung) **befreit** und ein **Kostenvergleich** mit einzelnen Perioden oder branchengleichen Betrieben **ist möglich.**

▶ **Arten der kalkulatorischen Kosten.** Die meisten Aufwendungen der Finanzbuchhaltung können unverändert als Kosten übernommen werden. In diesen Fällen spricht man von **aufwandsgleichen Kosten** oder **Grundkosten.**

Anderskosten. Einige Aufwendungen der Finanzbuchhaltung stellen zwar betrieblichen Aufwand dar, **eignen sich aber in ihrer Höhe nicht für die Kostenrechnung.** Sie werden deshalb mit einem **anderen Wert in der KLR** angesetzt, als sie in der FB gebucht wurden. Kosten dieser Art heißen **Anderskosten;** sie sind **aufwandsungleiche Kosten.** Dazu rechnen z. B. kalkulatorische Abschreibungen, kalkulatorische Zinsen auf das Fremdkapital und kalkulatorische Wagnisse.

Zusatzkosten. Einigen Kosten der KLR liegt gar kein Aufwand in der FB zugrunde. Es handelt sich um **aufwandslose Kosten (= Zusatzkosten).** Sie dürfen in der FB nicht erfasst werden, da mit ihnen **keine Geldausgaben** verbunden sind. Zusatzkosten stellen jedoch echten betriebsbedingten Werteverzehr dar und müssen deshalb in der KLR **zusätzlich** berücksichtigt werden. Zu ihnen zählen der kalkulatorische Unternehmerlohn bei Einzelunternehmungen und Personengesellschaften und die kalkulatorischen Zinsen auf das betriebsnotwendige Eigenkapital.

▶ Durch das Einbringen der kalkulatorischen Kosten in die Betriebsergebnisrechnung bezweckt der Unternehmer die **vollständige Erfassung der Kosten,** um das Betriebsergebnis berechnen zu können, das ihm den „wahren" Erfolg seiner betrieblichen Tätigkeit mitteilt.

▶ Die mit den Umsatzerlösen in das Unternehmen zurückfließenden kalkulatorischen Kosten stehen als flüssige Finanzierungsmittel zur Verfügung. Sie werden durch die in der FB gebuchten Aufwendungen vor der Ausschüttung bewahrt.

Das folgende **Schaubild** soll Ihnen den Zusammenhang zwischen den Aufwendungen der Finanzbuchhaltung und den Kosten der Kosten- und Leistungsrechnung verdeutlichen.

Aufwendungen der Finanzbuchhaltung		
Neutrale Aufwendungen	Betriebliche Aufwendungen	Betriebliche Aufwendungen
	=	≠
	Grundkosten	Anderskosten · Zusatzkosten
	Kosten der Kosten- und Leistungsrechnung	

3.3 Was lässt sich aus der Ergebnistabelle erkennen?

Die Ergebnistabelle von Seite 328 bedarf nun keiner weiteren Veränderungen mehr, um das zuvor formulierte Ziel **„Erfassung aller Kosten und Leistungen einer Rechnungsperiode"** zu erreichen und Frau Kern kann sich nunmehr der Frage zuwenden:

Was sagen mir die in der Ergebnistabelle ausgewiesenen Zahlen?

Das Betriebsergebnis, im vorliegenden Fall ein **Betriebsgewinn** für den Monat September in Höhe von **32.500,00 €,** sagt aus, dass es das Unternehmen Kern über die Umsatzerlöse nicht nur geschafft hat, **alle Kosten** — einschließlich der gesamten kalkulatorischen Kosten — **zu „verdienen",** sondern auch noch einen Überschuss von 32.500,00 € zu erwirtschaften. Da in den Kosten bereits der Unternehmerlohn, die Verzinsung des Eigenkapitals sowie die Sicherung der Ersatzinvestitionen über die kalkulatorischen Abschreibungen enthalten sind, stellt dieser Überschuss einen **Restgewinn** dar.

▶ Mit diesem Restgewinn kann Frau Kern ihr **allgemeines Unternehmerrisiko** abdecken. Er ist also ihr „Polster", mit dem sie schlechtere Monate oder Jahre ausgleichen kann, wenn z. B. der Umsatz rückläufig sein sollte und nicht mehr die Kosten in voller Höhe deckt.

▶ Er ist aber auch ihre **Finanzierungsquelle für neue Investitionen,** wenn sie z. B. eine Vergrößerung ihres Unternehmens plant. Sie ist dann nicht auf Kredite der Banken angewiesen, sondern kann die Investition aus **eigenen Mitteln** bestreiten.

Frau Kern wird in diesen Fällen den Betriebsgewinn in ihrem Unternehmen belassen. Sie führt ihn ihrem Eigenkapital zu (vgl. Seite 52 f.). Zugleich steht er ihr in den Vermögensposten zur Verfügung. Natürlich könnte sie diesen Gewinn auch für private Zwecke verwenden (vgl. Seite 86 f.).

Umsatzrentabilität. Der Betriebsgewinn von 32.500,00 € ist zunächst nur eine Zahl, die nicht mehr oder nicht weniger aussagt, als dass das Unternehmen Kern einen Überschuss erzielt hat. Sie sagt noch nichts darüber aus, **ob dieser Überschuss** (im Vergleich mit früheren Rechnungsperioden oder im Vergleich mit anderen Unternehmen der gleichen Branche) **angemessen** ist. Um das festzustellen, rechnet Frau Kern aus dem **Betriebsgewinn** und den **Umsatzerlösen** die **Umsatzrentabilität in Prozent** aus:

$$\text{Umsatzrentabilität} = \frac{\text{Betriebsgewinn} \cdot 100\,\%}{\text{Umsatzerlöse}} = \frac{32.500,00\ € \cdot 100\,\%}{1.250.000,00\ €} = \mathbf{2,6\,\%}$$

siehe „Prozentrechnung", Kap. H, 4 ⟳

Die Umsatzrentabilität gibt die **Ertragskraft des Unternehmens** an, in diesem Fall, wie viel Prozent des Umsatzes auf den Betriebsgewinn entfallen. Da Frau Kern weiß, dass eine **Umsatzrentabilität über 2 % in ihrer Branche als gut** bezeichnet wird, kann sie jetzt abschätzen, dass in ihrem Unternehmen sehr rentabel gearbeitet worden ist.

Wirtschaftlichkeit. Mit der Wirtschaftlichkeit „misst" Frau Kern, ob die eingesetzten Faktoren (Arbeitskräfte, Maschinen, Waren) in ihrem Unternehmen „kostengünstig" gearbeitet haben, indem sie die Leistungen (= Umsatzerlöse) durch die Kosten dividiert:

$$\text{Wirtschaftlichkeit} = \frac{\text{Leistungen}}{\text{Kosten}} = \frac{1.250.000,00\ €}{1.217.500,00\ €} = \mathbf{1,03}$$

Die Wirtschaftlichkeitszahl 1,03 besagt, dass das Unternehmen Kern für je 1,00 € Kosten Leistungen von 1,03 € geschaffen hat. Das ist eine nicht zufrieden stellende Zahl (vgl. auch Seite 317).

Aufgaben

350   Ein Großhandelsunternehmen verfügt über folgende betriebsnotwendige Vermögenswerte:

Anlagevermögen:	Gebäude	750.000,00 €
	Betriebs- und Geschäftsausstattung	390.000,00 €
	Fuhrpark	260.000,00 €
Umlaufvermögen:	Waren	530.000,00 €
	Kundenforderungen	280.000,00 €
	Zahlungsmittel	190.000,00 €

Das Abzugskapital besteht aus Lieferantenkrediten in Höhe von 200.000,00 €.
Der kalkulatorische Zinssatz wird mit 9 % angesetzt.
Die Fremdkapitalzinsen betragen im Geschäftsjahr 135.000,00 €.

1. *Ermitteln Sie das betriebsnotwendige Kapital sowie die jährlichen und monatlichen kalkulatorischen Zinsen.*
2. *Erstellen Sie die Ergebnistabelle.*

351   Auf einen LKW mit Anschaffungskosten von 120.000,00 € werden aus steuerlichen Gründen 20 % bilanzmäßig abgeschrieben. Die kalkulatorische Abschreibung beträgt 15 % der Wiederbeschaffungskosten von 140.000,00 €.

1. *Stellen Sie den Vorgang in einer Ergebnistabelle dar.*
2. *Welche Auswirkung auf das Gesamtergebnis haben die kalkulatorischen Abschreibungen bei vollem Kostenersatz?*

352   Die in der Finanzbuchhaltung für das Jahr .. erfassten Fremdkapitalzinsen betragen 72.000,00 €. Die kalkulatorischen Zinsen werden in der Kosten- und Leistungsrechnung mit 90.000,00 € verrechnet.

1. *Um wie viel € übersteigen die Zusatzkosten, die durch die Verrechnung der kalkulatorischen Zinsen entstehen, die Fremdkapitalzinsen?*
2. *Welche Zinsen beeinflussen in welcher Höhe*
   a) das Gesamtergebnis, b) das Betriebsergebnis, c) das Neutrale Ergebnis?

353   Der Großhändler Eberhard Naumann berechnet für seine Arbeitsleistung einen kalkulatorischen Unternehmerlohn von 12.000,00 € monatlich.

1. *Wie wird der Vorgang in der Ergebnistabelle erfasst?*
2. *Zeigen Sie in der Ergebnistabelle auf, wie sich der kalkulatorische Unternehmerlohn auf die Kosten und auf das Gesamtergebnis auswirkt, wenn voller Kostenersatz über die Umsatzerlöse möglich ist.*
3. *Weshalb bezeichnet man den Unternehmerlohn auch als Zusatzkosten?*

354   Ein Unternehmen hat aufgrund der angespannten Wirtschaftslage im abgelaufenen Jahr seine Waren unter Selbstkosten verkauft. Folgende Angaben aus der Finanzbuchhaltung und der Kosten- und Leistungsrechnung liegen vor:

Umsatzerlöse	1.140.000,00 €
Kosten (ohne Abschreibungen und Zinsen)	1.030.000,00 €
Bilanzmäßige Abschreibungen	33.000,00 €
Gezahlte Fremdkapitalzinsen	39.000,00 €
Kalkulatorische Abschreibungen	90.000,00 €
Kalkulatorische Zinsen	56.000,00 €

1. *Erstellen Sie die Ergebnistabelle.*
2. *Begründen Sie, warum trotz eines Betriebsverlustes ein Unternehmungsgewinn entsteht.*

6470332

355 In der Finanzbuchhaltung eines Großhandelsunternehmens wurden im abgelaufenen Jahr Kosten (ohne kalkulatorische Abschreibungen) in Höhe von 1.620.000,00 € gebucht. Die Erlöse betrugen 2.110.000,00 €. Die Anlagen (Buchwert 350.000,00 €) werden mit 20 % geometrisch-degressiv abgeschrieben. In der Kostenrechnung veranschlagt man die tatsächliche Wertminderung dieser Anlagen mit linear 15 % der Wiederbeschaffungskosten von 420.000,00 €.

Erstellen Sie eine Ergebnistabelle und ermitteln Sie das Betriebsergebnis, das Neutrale Ergebnis und das Gesamtergebnis.

356 Der Summenbilanz eines Großhandelsunternehmens sind folgende Angaben entnommen:

0700 Technische Anlagen . . . . 860.000,00 €
0840 Fuhrpark . . . . 340.000,00 €

Abschlussangaben
1. Bilanzmäßige Abschreibungen:
   20 % auf 0700 von den Anschaffungskosten . . . . 1.110.000,00 €
   15 % auf 0840 von den Anschaffungskosten . . . . 500.000,00 €
2. Kalkulatorische Abschreibungen:
   15 % auf 0700 von den Wiederbeschaffungskosten . . . . . 1.240.000,00 €
   10 % auf 0840 von den Wiederbeschaffungskosten . . . . . 540.000,00 €

Erstellen Sie die Ergebnistabelle.

357

Auszug aus der Summenbilanz eines Unternehmens für den Monat Juli ..	Soll	Haben
05/08.. Anlagen	240.000,00	—
24/28.. Finanzkonten	860.000,00	570.000,00
3000 Eigenkapital	—	450.000,00
4200 Verbindlichkeiten gegenüber Banken . . .	—	50.000,00
5100 Umsatzerlöse für Waren	—	1.100.000,00
5400 Mieterträge	—	12.300,00
6060 Warenaufwendungen	740.000,00	—
62–64 Löhne, Gehälter, Soziale Aufwendungen	150.000,00	—
6520 Abschreibungen auf Sachanlagen	—	—
6700 Mieten	13.800,00	—
6850 Reisekosten	30.000,00	—
6900 Versicherungsbeiträge	20.000,00	—
6950 Abschreibungen auf Forderungen	40.000,00	—
70.. Betriebliche Steuern	60.000,00	—
7510 Zinsaufwendungen	28.500,00	—
	2.182.300,00	2.182.300,00

Abschlussangaben €
1. Bilanzmäßige Abschreibungen auf Anlagen 20.000,00
   Kalkulatorische Abschreibungen auf Anlagen 17.000,00
2. Kalkulatorische Zinsen auf das betriebsnotwendige Kapital . . 30.000,00
3. Kalkulatorischer Unternehmerlohn 15.000,00
4. Die Buchbestände entsprechen im Übrigen den Inventurwerten.

1. *Erstellen Sie die Ergebnistabelle und geben Sie das Betriebsergebnis an.*
2. *Ermitteln Sie die Handlungskosten (= Kosten ohne Warenaufwendungen) für den Abrechnungsmonat.*
3. *Werten Sie die Ergebnistabelle aus (vgl. Seite 331).*

358 Die Buchhaltung der Mayer KG schließt mit folgenden Aufwendungen und Erträgen ab:

	€
5100 Umsatzerlöse für Waren	1.180.000,00
5400 Mieterträge	9.800,00
5420 Entnahmen (Waren)	15.000,00
5460 Erträge aus dem Abgang von Verm.-Gegenst. (AV)	42.000,00
5710 Zinserträge	4.500,00
6060 Warenaufwendungen	480.000,00
6200 Löhne	110.000,00
6300 Gehälter	185.000,00
6400 Gesetzliche soziale Aufwendungen	45.000,00
6520 Abschreibungen auf Sachanlagen	120.000,00
6700 Mieten, Pachten	43.000,00
6960 Verluste aus dem Abgang von Verm.-Gegenst. (UV)	22.000,00
7510 Zinsaufwendungen	3.500,00
Kalkulatorische Abschreibungen auf Sachanlagen betragen	140.000,00
Kalkulatorischer Unternehmerlohn wird angesetzt mit	15.000,00
Als kalkulatorische Zinsen sind zu verrechnen	18.000,00

1. *Führen Sie die Gesamtergebnisrechnung, die Abgrenzungsrechnung und die Betriebsergebnisrechnung in der Ergebnistabelle durch.*
2. *Werten Sie die Ergebnistabelle aus (vgl. Seite 331).*

359 Die Gewinn- und Verlustrechnung eines Großhandelsunternehmens weist folgende Beträge aus:

	€
5100 Umsatzerlöse für Waren	775.000,00
5400 Mieterträge	14.200,00
5420 Entnahmen (Waren)	25.900,00
5460 Erträge aus dem Abgang von Verm.-Gegenst. (AV)	41.600,00
5480 Erträge aus der Auflösung von Rückstellungen	18.700,00
5710 Zinserträge	13.250,00
6060 Warenaufwendungen	355.600,00
6200 Löhne	74.700,00
6300 Gehälter	31.800,00
6400 Gesetzliche soziale Aufwendungen	24.300,00
6520 Abschreibungen auf Sachanlagen	78.900,00
6900 Versicherungsbeiträge	18.100,00
6950 Abschreibungen auf Forderungen	15.800,00
6960 Verluste aus dem Abgang von Verm.-Gegenst. (UV)	7.500,00
70.. Betriebliche Steuern	21.300,00
7510 Zinsaufwendungen	1.250,00
Der kalkulatorische Unternehmerlohn beträgt	62.000,00
Die kalkulatorischen Zinsen belaufen sich auf	18.300,00
Die kalkulatorischen Abschreibungen auf Sachanlagen betragen	72.500,00
Die kalkulatorischen Abschreibungen auf Forderungen betragen	5.000,00

1. *Ermitteln Sie in der Ergebnistabelle das Gesamtergebnis der Unternehmung, das Neutrale Ergebnis und das Betriebsergebnis.*
2. *Werten Sie die Ergebnistabelle aus (vgl. Seite 331).*

360 Auf der Grundlage der Gewinn- und Verlustrechnung der Elektrogroßhandlung Karl Wurm e. K., Nürnberg (vgl. Aufgabe 349, Seite 320) ist die dort zu erstellende Ergebnistabelle um folgende kalkulatorische Kosten zu ergänzen:

1. Herr Wurm setzt seinen **monatlichen** Unternehmerlohn mit 15.000,00 € als Kosten an.

2. Der Verzinsung des betriebsnotwendigen Kapitals legt Herr Wurm folgende Vermögenswerte zugrunde:

   Anlagevermögen: Grundstücke und Gebäude . . . . 1.200.000,00 €

   Betriebs- und Geschäftsausstattung . . . 400.000,00 €

   Umlaufvermögen: Warenvorräte . . . . 1.800.000,00 €

   Forderungen . . . . 260.000,00 €

   Kasse/Bankguthaben . . . . 190.000,00 €

   Das vermietete Lagergebäude ist mit einem Wert von 200.000,00 € abzusetzen. Das Abzugskapital in Form von zinslosen Liefererverbindlichkeiten beträgt 250.000,00 €. Herr Wurm legt den kalkulatorischen Zinssatz mit 6 %/Jahr fest.

3. Herr Wurm berechnet die jährlichen kalkulatorischen Abschreibungen nach folgenden geschätzten Wiederbeschaffungswerten:

Planmäßig abzu-schreibendes Vermögen	Wiederbeschaffungs-kosten	Kalkulatorische Abschreibungssätze
Gebäude	3.500.000,00 €	4 %
Betriebs- und Geschäftsausstattung	800.000,00 €	20 %

Aufgaben

1. *Erstellen Sie nach den obigen Angaben sowie den Angaben aus Aufgabe 349, Seite 320, die Ergebnistabelle.*

2. *Erläutern Sie die einzelnen Ergebnisse „Ergebnis aus unternehmensbezogenen Abgrenzungen", „Ergebnis aus kostenrechnerischen Korrekturen" und „Betriebsergebnis".*

3. *Interpretieren Sie die Abweichungen zwischen den Fremdkapitalzinsen der Finanzbuchhaltung und den kalkulatorischen Zinsen sowie zwischen der bilanzmäßigen Abschreibung und der kalkulatorischen Abschreibung.*

4. *Was bedeutet es für die Reinvestitionen im Unternehmen Wurm, wenn über die Umsatzerlöse die gesamten kalkulatorischen Abschreibungen ersetzt werden?*

5. *Beurteilen Sie die Umsatzrentabilität und die Wirtschaftlichkeit des Unternehmens.*

4 Zuschlagskalkulation mit einheitlichem Handlungskostensatz

Situation Nachdem Frau Kern die Kosten sorgfältig ermittelt hat, kommt es ihr darauf an, die **Kalkulation der Verkaufspreise** ihrer Waren auf eine gute Grundlage zu stellen. Hierbei geht sie von folgenden **Annahmen** aus:

❶ Die Kalkulation hat das Ziel, den Preis einer Ware zu berechnen, der unter **Einrechnung aller anteiligen Kosten und eines angemessenen Gewinns** vom Kunden zu fordern ist. Dieser Preis stellt somit sicher, dass dem Unternehmen über die Umsatzerlöse so viele Finanzmittel zufließen, dass seine Existenz auf Dauer gesichert ist. Von der Konkurrenzsituation auf dem jeweiligen Absatzmarkt hängt es ab, ob dieser Preis auch tatsächlich und immer gefordert werden kann. Auf jeden Fall hat dieser Preis eine **Kontrollfunktion:** Wird er unterschritten, so muss das Unternehmen auf einen Teil des Gewinns und/oder den Ersatz von Kosten (z. B. der kalkulatorischen Kosten) verzichten.

❷ Der Verkaufspreis wird mithilfe eines Kalkulationsverfahrens, der **Zuschlagskalkulation,** berechnet. Die Zuschlagskalkulation geht vom **Listeneinkaufspreis** einer Ware aus (vgl. Seite 134 f.) und rechnet schrittweise die anteiligen Kosten und sonstigen Zuschläge ein. Für dieses Kalkulationsverfahren verwendet Frau Kern das folgende **Kalkulationsschema:**

```
    Listeneinkaufspreis .................
  − Lieferrabatt ......................   ⎞
    Zieleinkaufspreis ....................  ⎟
  − Liefererskonto ....................    ⎬  Bezugskalkulation
    Bareinkaufspreis ....................  ⎟
  + Bezugskosten ......................   ⎠
    Bezugspreis (= Einstandspreis) ........  ⎞
  + Handlungskosten ....................   ⎟
    Selbstkostenpreis ...................   ⎟
  + Gewinn ...........................     ⎟
    Barverkaufspreis ....................   ⎬  Selbstkosten- und
  + Kundenskonto ......................   ⎟  Verkaufskalkulation
    Rechnungspreis (= Zielverkaufspreis) ...  ⎟
  + Kundenrabatt ......................    ⎟
    Angebotspreis .......................   ⎠
```

Bezugskalkulation. Der obere Teil dieses Kalkulationsschemas, die Bezugskalkulation, ist Ihnen schon aus dem **Angebotsvergleich** bekannt. Wir gehen an dieser Stelle nicht mehr darauf ein und verweisen auf die ausführliche Darstellung auf den Seiten 134 f. Zur besseren Einarbeitung in die Kalkulation ist es günstig, wenn Sie diese Seiten im Buch wiederholen.

Bezugspreis. In den nachfolgenden Ausführungen gehen wir immer vom Bezugspreis aus, also von dem Preis, den der Käufer nach Abzug der Nachlässe und Einrechnung der Bezugskosten zahlen muss, bis die Ware in seinem Lager eingetroffen ist.

6470336

4.1 Wodurch unterscheiden sich Einzelkosten und Gemeinkosten voneinander?

Für das Verständnis der Zuschlagskalkulation ist es wichtig, zunächst Einzelkosten und Gemeinkosten voneinander zu unterscheiden. Wir wollen Ihnen den Unterschied an zwei typischen Beispielen verdeutlichen.

Beispiel In der Ergebnistabelle auf Seite 328 sind alle Kosten für den Monat September erfasst. Unter anderem finden Sie darin die Positionen:

6070 Warenaufwendungen für Druckpapier .... 500.000,00 €
6520 Kalkulatorische Abschreibungen auf Sachanlagen .. 26.000,00 €

Die Warenaufwendungen für Druckpapier sind Kosten, die von einer ganz bestimmten Warengruppe, nämlich Druckpapier, verursacht wurden. Sie können deshalb auch **eindeutig dieser Warengruppe zugerechnet werden**. Dagegen sind die kalkulatorischen Abschreibungen auf Sachanlagen für alle Anlagen im Unternehmen berechnet und gebucht worden, ohne dass gesagt werden kann, welche Warengruppe diese Abschreibungen verursacht hat (z. B. dadurch, dass bestimmte Waren auf Lastkraftwagen transportiert wurden, für die Abschreibungen angefallen sind). **Die Abschreibungen lassen sich also nicht ohne weiteres einer bestimmten Warengruppe zuordnen.**

Einzelkosten. Alle Kosten, die die Eigenschaft haben, dass sie unmittelbar einer bestimmten Ware oder Warengruppe zugeordnet werden können, weil sie von dieser Ware oder Warengruppe verursacht wurden, heißen **Einzelkosten**. Zu den Einzelkosten im Unternehmen Katja Kern gehören vor allem:

▶ **Warenaufwendungen** der Kontenklasse 6,
▶ **Bezugskosten** für einzelne Waren oder Warengruppen.

Vereinfacht gehen wir davon aus, dass die auf den Konten 6070, 6075, 6080 und 6085 (vgl. Ergebnistabelle Seite 328) gebuchten Nettowarenaufwendungen die Einzelkosten der jeweiligen Warengruppe sind (Warenaufwand = Wareneinsatz). Ebenso stellt der kalkulierte Bezugspreis einer Ware deren Einzelkosten je Wareneinheit dar (vgl. S. 134 f.).

Gemeinkosten lassen sich nicht unmittelbar einer einzelnen Ware oder Warengruppe zurechnen, weil sie für alle Waren des Unternehmens angefallen sind. Zu den Gemeinkosten im Unternehmen Kern gehören — ausgenommen die Warenaufwendungen — **alle sonstigen Kosten der Kontenklassen 6 und 7** und die **kalkulatorischen Kosten** (vgl. Ergebnistabelle S. 328):

▶ **Kosten der Warenabgabe,**
▶ **Löhne und Gehälter,**
▶ **Soziale Aufwendungen,**
▶ **Kalkulatorische Abschreibungen auf Sachanlagen,**
▶ **Mieten,**
▶ **Werbe- und Reisekosten,**
▶ **Betriebliche Steuern, Beiträge, Versicherungen,**
▶ **Kalkulatorische Zinsen,**
▶ **Kalkulatorischer Unternehmerlohn.**

Handlungskosten. Diese Gemeinkosten heißen im Großhandelsbetrieb auch **Handlungskosten**.

4.2 Wie werden der einheitliche Handlungskostensatz berechnet und die Selbstkosten kalkuliert?

Situation Frau Kern möchte gerne die Selbstkosten der eingekauften Waren, z. B. die **Selbstkosten für eine Packung Saugpapier, berechnen.** Unter Selbstkosten verstehen wir die **Kosten für eine Ware**, die durch deren **Einkauf, Lagerung, Verwaltung und Vertrieb** verursacht wurden. Beim Verkauf dieser Ware müssen über die Umsatzerlöse mindestens diese Kosten an das Unternehmen zurückfließen, wenn kein Verlust entstehen soll. Das Problem besteht nun darin, dass die meisten der bei diesen betrieblichen Tätigkeiten anfallenden Kosten Gemeinkosten sind, die nicht direkt für eine bestimmte Ware entstanden sind. Es kann z. B. nicht gesagt werden, wie viel der gezahlten Gehälter für die Angestellten auf die Warengruppe Druckpapier, wie viel auf die Warengruppe Saugpapier usw. entfallen sind. Frau Kern löst dieses Problem folgendermaßen:

❶ Sie kennt die **Warenaufwendungen** (= Einzelkosten) des Monats September für jede Warengruppe aus der Ergebnistabelle (vgl. Seite 328).

❷ Sie kann die **gesamten Handlungskosten** für denselben Monat ermitteln, indem sie die nicht zu den Warenaufwendungen gehörenden Kosten in der Ergebnistabelle auf Seite 328 addiert.

❸ Sie setzt die gesamten Handlungskosten und die gesamten Warenaufwendungen in ein **Prozentverhältnis** zueinander, indem sie die **Handlungskosten durch die Warenaufwendungen dividiert**.

❹ Auf diese Weise ermittelt sie einen **Handlungskostenzuschlagssatz in Prozent auf die Einzelkosten** (z. B. auf den Bezugspreis!), mit dem sie die **anteiligen Handlungskosten für jede Ware** berechnen kann, sodass beim Verkauf dieser Waren kein Verlust entsteht.

Beispiel 1 Aus der Ergebnistabelle der Unternehmung Kern auf Seite 328 lassen sich folgende Zahlen berechnen:

Warenaufwendungen (= Wareneinsatz) insgesamt:	
Wareneinsatz für Druckpapier	500.000,00 €
Wareneinsatz für Kopierpapier	300.000,00 €
Wareneinsatz für Umschlagkarton	180.000,00 €
Wareneinsatz für Saugpapier	20.000,00 €
	1.000.000,00 €
Handlungskosten insgesamt:	
Frachten und Fremdlager	10.000,00 €
Löhne und Gehälter	82.000,00 €
Soziale Aufwendungen	14.000,00 €
Mieten	15.000,00 €
Reisekosten	16.000,00 €
Betriebliche Steuern	17.000,00 €
Kalkulatorische Kosten insgesamt	63.500,00 €
	217.500,00 €

$$\text{Zuschlagssatz für Handlungskosten (Handlungskostensatz)} = \frac{\text{Handlungskosten} \cdot 100 \, \%}{\text{Wareneinsatz}}$$

$$\text{Handlungskostensatz} = \frac{217.500,00 \ € \cdot 100 \ \%}{1.000.000,00 \ €} = 21,75 \, \%$$

⮡ siehe „Prozentrechnung", Kap. H, 4

Aufgrund der obigen Rechnung legt Frau Kern den einheitlichen Handlungskostensatz auf 22 % fest.

Selbstkostenkalkulation. Der Handlungskostensatz von 22 % besagt, dass auf den Bezugspreis einer jeden Ware ein (durchschnittlicher) Zuschlag von 22 % berechnet werden muss, damit jede Ware einen so hohen Anteil an den Handlungskosten trägt, dass beim Verkauf **aller** Waren die **gesamten** Handlungskosten über die Umsatzerlöse an das Unternehmen zurückfließen. Mithilfe der Selbstkostenkalkulation kann nun berechnet werden, **wie viel Euro eine Wareneinheit insgesamt kostet.**

Beispiel 2   Aufgrund der **Bezugskalkulation** von Seite 134 f. hatte sich ein **Bezugspreis für eine Packung** (= 2 Rollen) Saugpapier in Höhe von 2 · 0,525 € **= 1,05 €** ergeben.

Frau Kern hat einen für alle Warengruppen geltenden durchschnittlichen Handlungskostensatz von 22 % berechnet (s. o.).

Wie hoch ist der Selbstkostenpreis für eine Packung Saugpapier?

Bezugspreis für eine Packung Saugpapier	1,05 €
+ 22 % Handlungskosten	0,23 €
Selbstkostenpreis für eine Packung	1,28 €

Berechnung der anteiligen Handlungskosten:

$$100\ \% \sim 1,05\ € \qquad x\ \% = \frac{1,05\ € \cdot 22\ \%}{100\ \%} = 0,231\ €, \text{ gerundet } 0,23\ €$$
$$22\ \% \sim x\quad €$$

Bei einem Selbstkostenpreis von 1,28 € deckt jede Packung Saugpapier alle von ihr verursachten Kosten.

siehe „Dreisatzrechnung", Kap. H, 1, und „Prozentrechnung", Kap. H, 4 ⤵

Zusammenfassung

▶ Der Großhändler setzt den Verkaufspreis für eine Ware so hoch fest, dass in ihm außer dem Bezugspreis auch die anteiligen Handlungskosten, ein angemessener Gewinn und Zuschläge für Rabatt und Skonto enthalten sind. Für diese Rechnung benutzt er das **Kalkulationsschema der Zuschlagskalkulation** (vgl. Seite 336).

▶ Dieses Kalkulationsschema geht vom **Bezugspreis als Einzelkosten** für die Wareneinheit aus. Die **Handlungskosten als Gemeinkosten** werden über einen Handlungskostensatz anteilig auf den Bezugspreis aufgeschlagen.

Einzelkosten sind alle Kosten, die **unmittelbar** von einer bestimmten **Ware** oder **Warengruppe verursacht** werden. Sie können dieser Ware **direkt** zugerechnet werden.

Gemeinkosten fallen **für alle Waren gemeinsam** oder für das Unternehmen insgesamt an. Sie können nicht direkt einer bestimmten Ware zugeordnet, sondern nur **indirekt über einen Zuschlagssatz** in Prozent **anteilig den Einzelkosten zugerechnet** werden.

▶ Der **Handlungskostensatz** ist ein **Prozentsatz**, der aus den **gesamten Handlungskosten eines Monats** und den **gesamten Wareneinsätzen desselben Monats** berechnet wird. Er gibt an, wie viel Prozent des Bezugspreises als anteilige Handlungskosten in den Bezugspreis eingerechnet werden müssen.

▶ **Bezugspreis** und **anteilige Handlungskosten zusammen** ergeben den **Selbstkostenpreis einer Ware.** Dieser Preis nennt die anteiligen Kosten, die eine Wareneinheit (z. B. ein Stück) mindestens beim Verkauf erbringen muss. Dadurch wird sichergestellt, dass beim Verkauf aller Waren auch alle Kosten an das Unternehmen zurückfließen.

361   Die Elektrogroßhandlung Krüger KG, Stuttgart, bezieht 50 Heizlüfter mit Thermostat zum Bezugspreis von 45,00 € je Stück.

Ermitteln Sie den Handlungskostensatz aus der Ergebnistabelle des vergangenen Geschäftsjahres und die anteiligen Handlungskosten für einen Heizlüfter.

Kosten	Leistungen
Warenaufwendungen . . . 1.650.000,00	Umsatzerlöse 2.294.000,00
Gehälter 230.000,00	
Soziale Aufwendungen . . 47.500,00	
Mieten und Pachten 36.500,00	
Steuern/Abgaben 54.000,00	
Reise/Werbung 65.000,00	
Abschreibungen 26.000,00	

362   *Errechnen Sie die Handlungskostensätze.*

	Warenaufwendungen	Handlungskosten	Handlungskosten-zuschlagssatz
a)	980.500,00	313.760,00	?
b)	1.045.000,00	438.900,00	?
c)	1.312.000,00	367.360,00	?
d)	2.080.000,00	748.800,00	?
e)	2.460.000,00	947.100,00	?
f)	3.530.000,00	1.447.300,00	?

363   Die Ergebnistabelle der Hofstetter KG zeigt am Ende einer Abrechnungsperiode folgende Kosten und Leistungen:

Kosten	Leistungen
Warenaufwendungen . . . 2.000.000,00	Umsatzerlöse 3.400.000,00
Löhne 300.000,00	Entnahmen (Waren) 25.000,00
Gehälter 320.000,00	
Ges. soz. Aufwendungen 130.000,00	
Mieten 60.000,00	
Betriebliche Steuern 90.000,00	
Aufw. f. Beiträge 40.000,00	
Aufw. f. Kommunikation . 207.000,00	
Kalkulat. Abschreibungen 90.000,00	
Kalkulatorische Zinsen . . . 70.000,00	
insgesamt **3.307.000,00**	insgesamt **3.425.000,00**

Berechnen Sie den Handlungskostensatz.

364   Die Hofstetter KG bezieht 50 Herrensporträder zum Listenpreis von 180,00 € je Fahrrad und 50 Damensporträder zum Listenpreis von 165,00 € je Fahrrad. Der Einkaufsrabatt beträgt 12 %. Für Zahlung innerhalb der vereinbarten Frist werden 2 % Lieferskonto gewährt. Die Verpackung für die gesamte Sendung wird mit 320,00 € in Rechnung gestellt. Für Bahnfracht und Hausfracht fallen insgesamt 580,00 € an (Verpackung, Bahnfracht und Hausfracht sind nach dem Wert [= Zieleinkaufspreis] zu verteilen).

1. *Berechnen Sie den Bezugspreis für ein Herren- und ein Damensportrad.*
2. *Berechnen Sie mithilfe des Handlungskostensatzes aus Aufgabe 363 den Selbstkostenpreis für ein Herren- und ein Damenfahrrad.*

4.3 Wie wird der Verkaufspreis kalkuliert?

Situation Frau Kern überlegt, was passiert, wenn sie die Waren zu deren Selbstkostenpreisen verkaufen würde: In diesem Fall erhielte sie **alle Kosten** – einschließlich der kalkulatorischen Kosten (vgl. Handlungskosten, S. 338) – über die Umsatzerlöse zurück, hätte aber darüber hinaus **keinen Gewinn** erzielt. Genau betrachtet, wäre diese Situation gar nicht schlecht: Verkauft sie alle in einem Monat eingekauften Waren zu den Selbstkostenpreisen (wahrscheinlich nicht im gleichen Monat, aber doch innerhalb kurzer Zeit danach), dann erhält sie so viele Umsatzerlöse, dass sie **alle tatsächlich angefallenen Kosten des Monats** (z. B. Löhne, Gehälter, Mieten, Steuern, Reise- und Werbekosten, usw.) damit abdecken kann. Zusätzlich erhält sie auch das Geld für die **eingerechneten kalkulatorischen Abschreibungen, die kalkulatorischen Zinsen und den kalkulatorischen Unternehmerlohn** zurück. Sie kann damit auf Dauer Ersatzanlagen auch zu erhöhten Wiederbeschaffungskosten kaufen, sie hat eine angemessene Verzinsung für ihr eingesetztes Eigenkapital erhalten und sie bekommt ein Entgelt für ihre Arbeitskraft, gewissermaßen ein „Gehalt", von dem sie leben kann. So gesehen ist ihre Existenz und die Existenz ihres Unternehmens auf Dauer gesichert.

Trotzdem will Frau Kern mit folgender Begründung den **Selbstkostenpreis einer jeden Ware um einen Gewinn erhöhen** (vgl. auch Ausführungen auf Seite 331):

❶ Sie plant z. B. eine Vergrößerung ihres Unternehmens (= **Erweiterungsinvestition**) oder eine **Veränderung ihres Sortiments** und benötigt dafür Geld. Dieses Geld will sie über einen **Gewinnaufschlag** „verdienen".

❷ Sie muss immer damit rechnen, dass für ihr Unternehmen auch einmal „magere Jahre" kommen, in denen sie Absatz- und Umsatzeinbußen hinnehmen muss. Um dieses **„allgemeine Unternehmerrisiko"** abdecken zu können, benötigt sie ein finanzielles Polster, das sie sich über einen Gewinnaufschlag verschafft.

4.3.1 Berechnung des Gewinnzuschlags und des Barverkaufspreises

Gewinnzuschlag. Jede verkaufte Ware soll über ihren Erlös einen Anteil zum Gewinn beitragen. Dies wird dadurch erreicht, dass man vom Selbstkostenpreis der Ware einen bestimmten Prozentsatz als Gewinn berechnet und zum Selbstkostenpreis hinzuaddiert. Die Höhe dieses Gewinnzuschlagssatzes legt der Unternehmer grundsätzlich selbst fest. Er kann sich dabei an die veröffentlichten Branchenzahlen halten oder aus den Zahlen seiner Betriebsergebnisrechnung einen eigenen Zuschlagssatz berechnen.

Beispiel 1 Frau Kern entnimmt der Ergebnistabelle von Seite 328 folgende Zahlen und berechnet daraus einen **durchschnittlichen Gewinnzuschlagssatz**:

Kosten insgesamt (= gesamte Selbstkosten) . . . . 1.217.500,00 €
Betriebsgewinn . . . . 32.500,00 €

$$\text{Gewinnzuschlagssatz} = \frac{\text{Gewinn} \cdot 100\,\%}{\text{Selbstkosten}} = \frac{32.500,00\ \text{€} \cdot 100\,\%}{1.217.500,00\ \text{€}} = \mathbf{2{,}67\,\%}$$

siehe „Prozentrechnung", Kap. H, 4 ⮕

Frau Kern legt aufgrund dieser Rechnung den Gewinnzuschlag auf 3 % fest. Diesen Zuschlagssatz verwendet sie bei allen zukünftigen Kalkulationen.

Kalkulation des Barverkaufspreises. Wir führen das Beispiel von Seite 339 fort. Der dort errechnete Selbstkostenpreis für eine Packung Saugpapier ist die Grundlage für die nun anstehende Berechnung des Barverkaufspreises. Der Barverkaufspreis bezeichnet den **Warenpreis, den der Unternehmer unbedingt erzielen will.** Er wird ihn nur in Ausnahmefällen unterschreiten (z. B. starke Konkurrenz oder Verschlechterung der Absatzlage).

Beispiel 2 Auf der Grundlage des Selbstkostenpreises für eine Packung Saugpapier in Höhe von **1,28 €** (vgl. S. 339) und des festgelegten Gewinnzuschlags von **3 %** berechnet Frau Kern den Barverkaufspreis für eine Packung Saugpapier:

Selbstkostenpreis für eine Packung Saugpapier	**1,28 €**
+ 3 % Gewinn	**0,04 €**
Barverkaufspreis für eine Packung Saugpapier	**1,32 €**

Berechnung des Gewinns:

100 % ~ 1,28 €
3 % ~ x   €

$$x € = \frac{1{,}28\,€ \cdot 3\,\%}{100\,\%} = 0{,}04\,€$$

↪ siehe „Dreisatzrechnung", Kap. H, 1, und „Prozentrechnung", Kap. H, 4

4.3.2 Berücksichtigung von Kundenskonto und Kundenrabatt in der Verkaufskalkulation

Situation Im Geschäftsverkehr mit den Kunden ist es durchaus üblich, **„Kaufanreize"** zu geben. Ein solcher „Kaufanreiz" kann darin bestehen, dass Frau Kern ihren Kunden ein längeres Zahlungsziel (z. B. von 40 Tagen, vgl. Ausgangsrechnung auf Seite 154) einräumt. Natürlich tut sie dies nicht umsonst: Sie rechnet in den Verkaufspreis einen **Zinszuschlag in Form des Kundenskontos** ein (z. B. 2 %). Der Kunde zahlt somit einen höheren Preis, wenn er das Zahlungsziel ausnutzen will. Andererseits kann er den Rechnungspreis um den Skontoaufschlag vermindern, wenn er die Rechnung innerhalb einer kurzen Frist (z. B. in 10 Tagen, vgl. Ausgangsrechnung auf Seite 154) bezahlt. Für Frau Kern, die den Verkaufspreis kalkuliert, ergibt sich nun das folgende rechnerische Problem:

❶ Sie will den Barverkaufspreis (im obigen Beispiel also 1,32 € je Packung) in **voller Höhe** vom Kunden haben.

❷ Sie muss dem Kunden einen Rechnungspreis nennen, in den der Skontozuschlag (2 %) schon eingerechnet ist.

❸ Der Kunde entscheidet, ob er Skonto ausnutzt oder das Zahlungsziel in Anspruch nimmt. Nutzt er den Skonto aus, **so rechnet er ihn vom Rechnungspreis aus** und subtrahiert ihn.

❹ Der **Rechnungspreis entspricht also beim Skontoabzug 100 %** und der **Barverkaufspreis** ist der um 2 % Skonto verminderte Betrag **(= 98 %).**

Beispiel 1 Frau Kern kalkuliert den Skontoaufschlag auf den Barverkaufspreis, um den Rechnungspreis zu erhalten. Sie legt hierbei einen Skontoaufschlag von 2 % zugrunde und geht vom Barverkaufspreis (1,32 €, s. o.) aus.

98 % ~ 1,32 €
2 % ~ x   €

$$x € = \frac{1{,}32\,€ \cdot 2\,\%}{98\,\%} = 0{,}03\,€ \text{ Skonto}$$

↪ siehe „Dreisatzrechnung", Kap. H, 1, und „Prozentrechnung", Kap. H, 4

6470342

Selbstkostenpreis für eine Packung Saugpapier	1,28 €
+ 3 % Gewinn	0,04 €
Barverkaufspreis für eine Packung Saugpapier	1,32 €
+ 2 % Kundenskonto	0,03 €
Rechnungspreis (= Zielverkaufspreis)	1,35 €

Kundenrabatt. Einen weiteren **„Kaufanreiz"** kann Frau Kern ihren Kunden dadurch bieten, dass sie ihnen bei Abnahme größerer Mengen einen **Mengenrabatt** gewährt (vgl. hierzu die Rabattstaffel auf Seite 153). Kunden, die geringere Mengen kaufen, haben dann einen höheren Preis zu zahlen. Das rechnerische Problem bei der Rabattberechnung entspricht dem bei der Skontoberechnung: Bestellt ein Kunde eine größere Menge und erhält dafür z. B. 10 % Rabatt, **so zieht Frau Kern diesen Rabatt vom Angebotspreis ab** und stellt nur den um Rabatt verminderten Betrag in Rechnung. **Der Angebotspreis entspricht also 100 %, der Rechnungspreis nur noch 90 %.**

Beispiel 2 Frau Kern kalkuliert den Aufschlag für Kundenrabatt, um den Angebotspreis zu erhalten. Sie legt dabei einen Rabattzuschlag von 10 % zugrunde und geht vom (bekannten) Rechnungspreis (s. Beispiel 1) aus:

$$90 \% \sim 1,35 \ € \\ 10 \% \sim x \quad € \qquad x \ € = \frac{1,35 \ € \cdot 10 \%}{90 \%} = 0,15 \ € \ \text{Rabatt}$$

siehe „Dreisatzrechnung", Kap. H, 1, und „Prozentrechnung", Kap. H, 4 ⤳

Selbstkostenpreis für eine Packung Saugpapier	1,28 €
+ 3 % Gewinn	0,04 €
Barverkaufspreis für eine Packung Saugpapier	1,32 €
+ 2 % Kundenskonto	0,03 €
Rechnungspreis (= Zielverkaufspreis)	1,35 €
+ 10 % Kundenrabatt	0,15 €
Angebotspreis für eine Packung Saugpapier	1,50 €

**Aufgrund der obigen Kalkulation legt Frau Kern den Angebotspreis
für eine Packung Saugpapier auf 1,50 € fest.**

Zusammenfassung

▶ Die **Verkaufskalkulation geht vom Selbstkostenpreis aus.** Sie wird schrittweise durch Einrechnung des Gewinnzuschlags, des Kundenskontos und des Kundenrabatts bis zum **Angebotspreis** fortgeführt.

▶ **Der einzurechnende Gewinn** muss so hoch ausfallen, dass er das allgemeine Unternehmerrisiko abdeckt und Finanzmittel für Erweiterungsinvestitionen zur Verfügung stellt. **Eigenkapitalverzinsung** und **Unternehmerlohn sind** in der Regel **nicht im Gewinn enthalten,** sondern werden als **Teil der Handlungskosten kalkuliert** und sind damit **anteilig im Handlungskostenzuschlag** enthalten.

▶ **Kundenskonto und Kundenrabatt** stellen **Verkaufszuschläge als Kaufanreize** dar, die vom Verkäufer entweder für Zahlung innerhalb bestimmter Fristen (= Kundenskonto) oder für die Abnahme bestimmter Warenmengen (= Mengenrabatt) gewährt werden. **Kundenskonto** wird bei der **Vorwärtskalkulation** in den **Barverkaufspreis, Kundenrabatt** in den **Rechnungspreis** eingerechnet. Bei dieser Rechnung ist **jeweils vom verminderten Grundwert** (i. H.) auszugehen.

4.4 Zusammenfassung der Kalkulationsschritte

Bisher wurde die Zuschlagskalkulation in ihrem stufenweisen Aufbau als Bezugs-, Selbstkosten- und Verkaufskalkulation dargestellt. Das nachfolgende Beispiel zeigt die Kalkulation eines Artikels vom Listeneinkaufspreis bis zum Angebotspreis auf der Grundlage des Kalkulationsschemas von Seite 336.

Beispiel Die Papiergroßhandlung Kern kalkuliert auf der Grundlage des Angebotes der Papiermühle AG (vgl. S. 135) den Angebotspreis für eine Packung Saugpapier. Als innerbetriebliche Zuschläge sind zu berücksichtigen: 22 % Handlungskosten, 3 % Gewinn, 2 % Kundenskonto, 10 % Kundenrabatt.

	Listeneinkaufspreis	1,25 €				
−	20 % Lieferrabatt	0,25 €				
	Zieleinkaufspreis	1,00 €				
−	2 % Liefererskonto	0,02 €				
	Bareinkaufspreis	0,98 €				
+	Bezugskosten (vgl. S. 135)	0,07 €				
	Bezugspreis je Packung	1,05 €				
+	22 % Handlungskosten	0,23 €				
	Selbstkostenpreis	1,28 €				
+	3 % Gewinn	0,04 €				
	Barverkaufspreis	1,32 €	≙	98 %		
+	2 % Kundenskonto	0,03 €	≙	2 %		
	Rechnungspreis (Zielverkaufspreis)	1,35 €	≙	100 %	≙	90 %
+	10 % Kundenrabatt	0,15 €			≙	10 %
	Angebotspreis für eine Packung	1,50 €				100 %

Den Angebotspreis setzt Frau Kern auf 1,50 € je Packung fest.

Aufgaben

365 Die Selbstkosten für Verpackungsfolie betragen für 200 000 m Folie 610.000,00 €. Das Angebot an einen Kunden wird mit 12 % Gewinn, 3 % Kundenskonto und 20 % Mengenrabatt kalkuliert.

Wie hoch ist der Angebotspreis insgesamt und für 100 m Folie?

366 Eine Großhandlung bietet repräsentative Keramikvasen aus Italien an. Den Bezugspreis hat sie mit 34,50 € je Vase kalkuliert.

Berechnen Sie den Angebotspreis unter Berücksichtigung folgender Zuschläge: 42 % Handlungskosten, 10 % Gewinn, 35 % Verkaufsrabatt bei einer Mindestabnahme von 50 Stück, 3 % Verkaufsskonto.

367 Aus der Ergebnistabelle einer Großhandlung sind die folgenden Zahlen entnommen worden:

Warenaufwendungen der Rechnungsperiode . . . . 425.000,00 €
Handlungskosten . . . . 255.000,00 €
Gewinn . . . . 153.000,00 €

1. *Berechnen Sie die Zuschlagssätze für Handlungskosten und Gewinn.*
2. *Kalkulieren Sie auf der Grundlage dieser Zuschlagssätze den Angebotspreis für folgenden Artikel: Rechnungspreis 820,00 €, 2,5 % Einkaufsskonto, 10,50 € Bezugskosten, 3 % Verkaufsskonto, 5 % Verkaufsrabatt.*

6470344

368 Die aufbereitete Ergebnistabelle eines Großhandelsunternehmens weist für die abgelaufene Rechnungsperiode folgende Zahlen aus:

Auszug aus der Ergebnistabelle		
Warenaufwendungen	420.000,00 €	–
ges. Handlungskosten	168.000,00 €	–
Umsatzerlöse		676.200,00 €
	588.000,00 €	676.200,00 €
Betriebsgewinn	88.200,00 €	
	676.200,00 €	676.200,00 €

1. Berechnen Sie den Handlungskosten- und den Gewinnzuschlag.
2. Kalkulieren Sie auf dieser Grundlage den Angebotspreis einer Ware unter Berücksichtigung folgender Angaben:
260,00 € Listeneinkaufspreis, 15 % Liefererrabatt, 2 % Bezugskosten, 3 % Kundenskonto, 10 % Kundenrabatt.

369 Für einen hochwertigen Taschenrechner, der vom Hersteller zum Listeneinkaufspreis von 35,00 € je Stück angeboten wird, kalkuliert ein Großhändler den Angebotspreis aufgrund folgender Angaben:

8 % Liefererrabatt, 2 % Liefererskonto, 3 % Bezugskosten, 65 % Handlungskosten, 10 % Gewinn, 1,5 % Kundenskonto, 5 % Kundenrabatt.

370 Der Bezugspreis einer Ware beläuft sich auf 136,00 €. Die innerbetrieblichen Kalkulationszuschläge betragen:

55 % Handlungskosten, 6 % Gewinn, 2 % Kundenskonto, 5 % Kundenrabatt.

Berechnen Sie den Angebotspreis.

371 Der MAGRO-Markt bezieht vom Erzeugergroßmarkt Speisekartoffeln im Bruttogewicht von 25 000 kg, Tara 4 %. Der Preis für 100 kg beträgt 8,00 €.

Kalkulieren Sie den Angebotspreis für einen 25-kg-Sack unter Berücksichtigung folgender Angaben: 5 % Liefererrabatt, 2 % Liefererskonto, 65 % Handlungskostenzuschlag, 8 % Gewinnzuschlag, 2 % Kundenskonto, 10 % Kundenrabatt.

372 Ein Werkzeugmaschinen-Großhändler bietet eine Drehmaschine nach folgenden Angaben an:

Bezugspreis 35.000,00 €, 40 % Handlungskosten, 15 % Gewinn, 2 % Kundenskonto.

Berechnen Sie den Angebotspreis.

373 Eine Ladenkette importiert aus Japan 1000 Kleinbildkameras, Listeneinkaufspreis 40.000,00 €. Mengenrabatt: 10 %. Der Rechnungsausgleich erfolgt nach 10 Tagen mit 2 % Skontoabzug. Der LKW-Spediteur berechnet für den Transport aus dem Freihafen bis zum Empfänger 835,00 € Fracht. Es sind 10 % Zoll vom Zieleinkaufspreis zu entrichten.

1. Wie hoch ist der Bezugspreis für eine Kamera?
2. Wie hoch ist der Ladenpreis (einschl. 16 % Umsatzsteuer auf den Zielverkaufspreis) für eine Kamera, wenn 55 % Handlungskosten, 5 % Gewinn und 2 % Kundenskonto zu berücksichtigen sind?

374 Eine Lebensmittelgroßhandlung beschließt das Geschäftsjahr mit folgenden Kosten und Erlösen:

Auszug aus der Ergebnistabelle (Betriebsergebnisrechnung)			
Kosten	**€**	**Leistungen**	**€**
Warenaufwendungen ...	800.000,00	Umsatzerlöse	1.620.000,00
Personalkosten	265.000,00		
Miete	60.000,00		
Kalkulatorische Zinsen	12.000,00		
Werbekosten	45.000,00		
Transportkosten	33.000,00		
Betriebliche Steuern	74.000,00		
Aufw. f. Kommunikation ..	21.000,00		
Kalkulat. Abschreibungen	130.000,00		
Betriebsgewinn	180.000,00		
	1.620.000,00		1.620.000,00

1. *Berechnen Sie den Handlungskosten- und den Gewinnzuschlag.*
2. *Kalkulieren Sie den Angebotspreis für eine neu ins Sortiment aufzuneh-mende Ware: Listeneinkaufspreis 420,00 €, 8 % Liefererrabatt, 2 % Liefe-rerskonto, 12,50 € Bezugskosten, 1 % Kundenskonto, 5 % Kundenrabatt.*

375 Im Monat Juni zeigten die Warenkonten einer Großhandlung folgende Bewe-gungen:

			€
1. Anfangsbestand:	Waren Sorte A	....	100.000,00
	Waren Sorte B	....	150.000,00
2. Verkäufe:	Waren Sorte A, netto	....	323.680,00
	Waren Sorte B, netto	....	404.000,00
3. Einkäufe:	Waren Sorte A, Warenwert	....	240.000,00
	Waren Sorte B, Warenwert	....	260.000,00
4. Bezugskosten:	Waren Sorte A, netto	....	2.500,00
	Waren Sorte B, netto	....	3.500,00
5. Rücksendungen von Waren Sorte A an Lieferer, Warenwert		....	5.000,00
6. Rücksendungen von Waren Sorte B von Kunden, Warenwert		...	4.000,00
7. Lieferer gewährt Preisnachlass für Waren Sorte B, netto		....	6.000,00
8. Kunde erhält Preisnachlass für Waren Sorte A, netto		....	8.000,00
9. Schlussbestand:	Waren Sorte A	....	137.500,00
	Waren Sorte B	....	135.500,00

1. *Führen Sie die Warenkonten und schließen Sie sie über das GuV-Konto ab.*
2. *Bestimmen Sie die Wareneinsätze der Waren Sorte A und B und den gemeinsamen Handlungskostenzuschlag, wenn die gesamten Kosten der Rechnungsperiode 160.400,00 € betragen.*
3. *Berechnen Sie den Gewinn in Prozent der Selbstkosten.*
4. *Kalkulieren Sie einen Artikel, der zum Listenpreis von 415,00 € mit 12 % Lie-fererrabatt, 2 % Liefererskonto sowie 13,50 € Bezugskosten eingekauft wird. Für Kundenskonto sind 1,5 % einzurechnen.*

4.5 Kalkulationszuschlag und Kalkulationsfaktor

Vereinfachung der Verkaufskalkulation. Das bisher gezeigte Verfahren der Zuschlagskalkulation für einzelne Waren setzt voraus, dass man von Kalkulationsstufe zu Kalkulationsstufe jeweils Zwischenergebnisse bilden muss.

Kalkulationszuschlag. Sofern die Verkaufspreise mehrerer Waren oder Warengruppen stufenweise mit **gleichen Zuschlagssätzen** kalkuliert werden, lässt sich die Preisberechnung dadurch vereinfachen, dass man die einzelnen Zuschlagssätze zu einem **einzigen Zuschlagssatz** zusammenfasst, der die unmittelbare Berechnung des Verkaufspreises zulässt. Der aus den Einzelzuschlägen gebildete Zuschlagssatz heißt **Kalkulationszuschlag.** Er enthält nur die **innerbetrieblichen Zuschläge für Handlungskosten, Gewinn und Verkaufskosten.** Die Bezugskalkulation ist auch bei diesem vereinfachten Kalkulationsverfahren für jede Ware oder Warengruppe gesondert durchzuführen, da sie in der Regel auf unterschiedlichen Einkaufsbedingungen beruht.

Berechnung des Kalkulationszuschlags. Der Kalkulationszuschlag ergibt sich aus der **Differenz von Bezugspreis und Nettoverkaufspreis, ausgedrückt in Prozenten des Bezugspreises.** Man kann ihn auch durch eine besondere Kalkulation, bei der man von **100,00 €** Bezugspreis ausgeht, berechnen. Es wäre falsch, ihn durch Addition der Einzelzuschläge bestimmen zu wollen.

Beispiel 1 Im Großhandelsunternehmen Kern werden die Verkaufspreise verschiedener Warengruppen mit folgenden Einzelzuschlägen kalkuliert:

22 % Handlungskosten, 3 % Gewinn, 2 % Kundenskonto, 10 % Kundenrabatt.

*Ausgehend von einem **angenommenen Bezugspreis von 100,00 €** ist der Kalkulationszuschlag zu berechnen.*

Bezugspreis	100,00 €
+ 22 % Handlungskosten	22,00 €
Selbstkostenpreis	122,00 €
+ 3 % Gewinn	3,66 €
Barverkaufspreis	125,66 €
+ 2 % Kundenskonto (i. H.)	2,56 €
Zielverkaufspreis	128,22 €
+ 10 % Kundenrabatt (i. H.)	14,25 €
Angebotspreis	142,47 €

$$\text{Kalkulationszuschlag} = \frac{(\text{Angebotspreis} - \text{Bezugspreis}) \cdot 100\,\%}{\text{Bezugspreis}}$$

$$= \frac{(142,47\ \text{€} - 100,00\ \text{€}) \cdot 100\ \%}{100,00\ \text{€}} = 42,47\,\% \approx 42,5\,\%$$

siehe „Prozentrechnung", Kap. H, 4

Beispiel 2 Für die Warengruppe „Saugpapier" ist ein Kalkulationszuschlag von 42,5 % ermittelt worden (s. o.). Der Bezugspreis für Saugpapier beträgt 1,05 € je Packung.

Der Angebotspreis ist zu berechnen (vgl. Seite 343).

Bezugspreis	1,05 €	~ 100,0 %
+ 42,5 % Kalkulationszuschlag	0,45 €	~ 42,5 %
Angebotspreis	1,50 €	~ 142,5 %

$$100 \quad \% \sim 1{,}05 \; \text{€}$$
$$42{,}5 \; \% \sim x \quad \text{€} \qquad x \; \text{€} = \frac{1{,}05 \; \text{€} \cdot 42{,}5 \; \%}{100 \; \%} = 0{,}45 \; \text{€}$$

↪ siehe „Prozentrechnung", Kap. H, 4

Beispiel 3 Für eine Packung Saugpapier sind der Bezugs- und der Angebotspreis bekannt: Bezugspreis 1,05 €; Angebotspreis 1,50 € (vgl. S. 343).

Der Kalkulationszuschlag ist zu berechnen.

$$\text{Kalkulationszuschlag} = \frac{(\text{Angebotspreis} - \text{Bezugspreis}) \cdot 100 \; \%}{\text{Bezugspreis}}$$

$$= \frac{(1{,}50 \; \text{€} - 1{,}05 \; \text{€}) \cdot 100 \; \%}{1{,}05 \; \text{€}} = 42{,}9 \; \%$$

Die geringe Differenz gegenüber der Rechnung auf Seite 347 ergibt sich aus der Rundung des Angebotspreises.

Kalkulationsfaktor. Die Anwendung des Kalkulationsfaktors stellt beim Einsatz von Taschenrechnern eine weitere Vereinfachung der Warenkalkulation dar. Während bei der Verwendung des Kalkulationszuschlags ein prozentualer Zuschlag auszurechnen und zum Bezugspreis zu addieren ist, wird beim Rechnen mit dem Kalkulationsfaktor der Verkaufspreis **durch eine einzige Multiplikation** ermittelt.

Beispiel zur Berechnung des Kalkulationsfaktors: (vgl. S. 347)

Bezugspreis	100,00 €
Kalkulationszuschlag	42,5 %

Bezugspreis (angenommen)	100,00 €
+ Kalkulationszuschlag	42,50 €
Angebotspreis	142,50 €

$$\text{Kalkulationsfaktor} = \frac{\text{Angebotspreis}}{\text{Bezugspreis}} = \frac{142{,}5}{100} = 1{,}425$$

Anwendung. Der Bezugspreis einer Packung Saugpapier beträgt 1,05 €. Der Angebotspreis ergibt sich unter Anwendung des Kalkulationsfaktors unmittelbar aus folgender Rechnung:

Bezugspreis	·	Kalkulationsfaktor	=	Nettoverkaufspreis
1,05 €	·	1,425	=	1,50 €

Zusammenfassung

▶ Der **Kalkulationszuschlag** ist die Differenz zwischen Bezugspreis und Angebotspreis, ausgedrückt in Prozenten des Bezugspreises. Er wird entweder durch eine besondere Kalkulation (ausgehend von 100,00 € Bezugspreis) ermittelt oder aus vorgegebenem Bezugs- und Nettoverkaufspreis berechnet.

▶ Der **Kalkulationsfaktor** ist die Zahl, mit der der Bezugspreis multipliziert werden muss, um den Angebotspreis zu erhalten.

$$\text{Kalkulationsfaktor} = \frac{\text{Angebotspreis}}{\text{Bezugspreis}}$$

6470348

Aufgaben

376 *Begründen Sie, warum der Kalkulationszuschlag nicht durch Addition der Einzelzuschläge berechnet werden kann.*

377 *Berechnen Sie zu den Aufgaben 369–372, Seite 345, jeweils den Kalkulationszuschlag und den Kalkulationsfaktor.*

378 Ein Kaufmann kalkuliert mit folgenden innerbetrieblichen Zuschlägen:
Handlungskosten: 44 %, Gewinn: 16 %, Kundenskonto: 2 %.

Berechnen Sie den Kalkulationszuschlag und den Kalkulationsfaktor.

379 In den drei Hauptabteilungen eines Großhandelsunternehmens wird mit folgenden Zuschlägen kalkuliert:

Abteilung	Handlungs-kosten	Gewinn	Kunden-skonto	Kunden-rabatt
P I	34 %	7 %	2 %	10 %
P II	38 %	6 %	–	15 %
P III	41 %	8 %	1 %	8 %

1. *Berechnen Sie jeweils den Kalkulationszuschlag und den Kalkulationsfaktor.*
2. In das Sortiment der Abteilung P I wird ein neuer Artikel zum Listeneinkaufspreis von 112,00 € aufgenommen. Der Liefererrabatt beträgt 8 %, der Liefererskonto 2 % und die Bezugskosten 3,40 € je Stück.
   Bestimmen Sie mithilfe des Kalkulationsfaktors den Angebotspreis.
3. In das Sortiment der Abteilung P III soll ein Artikel aufgenommen werden, der zum Bezugspreis von 215,00 € eingekauft und aus Konkurrenzgründen zum Angebotspreis von 350,00 € an den Einzelhandel abgegeben wird.
   Überprüfen Sie, ob der für die Abteilung P III errechnete Kalkulationszuschlag erreicht wird.

380 Ein neuer Artikel, der zum empfohlenen Richtpreis von 365,00 € verkauft werden soll, kann zum Listenpreis von 150,00 € mit 10 % Liefererrabatt, 2 % Liefererskonto und 14,70 € Bezugskosten eingekauft werden. Im Unternehmen wird mit einem Kalkulationsfaktor von 1,45 kalkuliert.

Überprüfen Sie, ob dieser Artikel unter Beibehaltung der innerbetrieblichen Zuschläge in das Sortiment aufgenommen werden kann.

381 In einem Großhandelsbetrieb soll die Zuschlagskalkulation auf die einfachere Kalkulation mit dem Kalkulationszuschlag umgestellt werden.

Es wurde bisher mit folgenden Einzelzuschlägen gerechnet:

34 % Handlungskosten, 8 % Gewinn, 2 % Kundenskonto, 15 % Kundenrabatt.

1. *Berechnen Sie den Kalkulationszuschlag.*
2. *Ermitteln Sie den Angebotspreis für eine Ware, die zum Listenpreis von 345,00 € mit 12 % Liefererrabatt, 3 % Liefererskonto und 21,50 € Bezugskosten eingekauft wurde.*

4.6   Rückwärtskalkulation

Das Schema der Zuschlagskalkulation, so wie wir es auf Seite 344 vollständig darge-stellt haben, eignet sich auch dann, wenn der Großhändler in bestimmten Marktsitua-tionen **den aufwendbaren Einkaufspreis** oder **den tatsächlich erzielbaren Gewinn** errechnen will.

Aufwendbarer Einkaufspreis. Die Marktlage, in der sich der Händler befindet, ist in der Regel dadurch gekennzeichnet, dass er den **Verkaufspreis seiner Waren nicht frei festsetzen** kann. Die Konkurrenzsituation, die vom Hersteller vorgegebenen Richt-preise oder behördliche Preisfestsetzungen **legen die Verkaufspreise oft nach oben** fest. Eine Unterschreitung der Verkaufspreise ist nur bei besonders günstiger Kosten-lage gegenüber der Konkurrenz oder durch Anwendung der Preisdifferenzierung (vgl. Kapitel „Deckungsbeitragsrechnung", S. 376 f.) möglich.

Für den Händler ergibt sich hieraus die Notwendigkeit, vor der Aufnahme einer Ware in das Sortiment zu prüfen, wie hoch der **aufwendbare Einkaufspreis** sein darf, wenn die kalkulatorischen Zuschläge in voller Höhe abgedeckt werden sollen.

Rückwärtsrechnung. Bei der Durchführung dieser Kontrollrechnung werden in das Kalkulationsschema für die Zuschlagskalkulation **zunächst der vorgegebene Ver-kaufspreis** (z. B. Angebotspreis) und die **innerbetrieblichen Kalkulationszuschläge** eingetragen. Die Rechnung erfolgt dann **stufenweise rückwärts.**

Beispiel	Frau Kern kalkuliert den Angebotspreis für das neu ins Sortiment aufgenom-mene Saugpapier nach dem auf Seite 344 dargestellten Rechenschema.
	Ein Kunde ist bereit, eine größere Menge an Saugpapier zu einem Angebots-preis von **1,38 € je Packung** abzunehmen.
	Zu welchem Preis müsste Frau Kern das Saugpapier einkaufen, um alle Kalkula-tionszuschläge berücksichtigen zu können?

↪ siehe „Prozentrechnung", Kap. H, 4

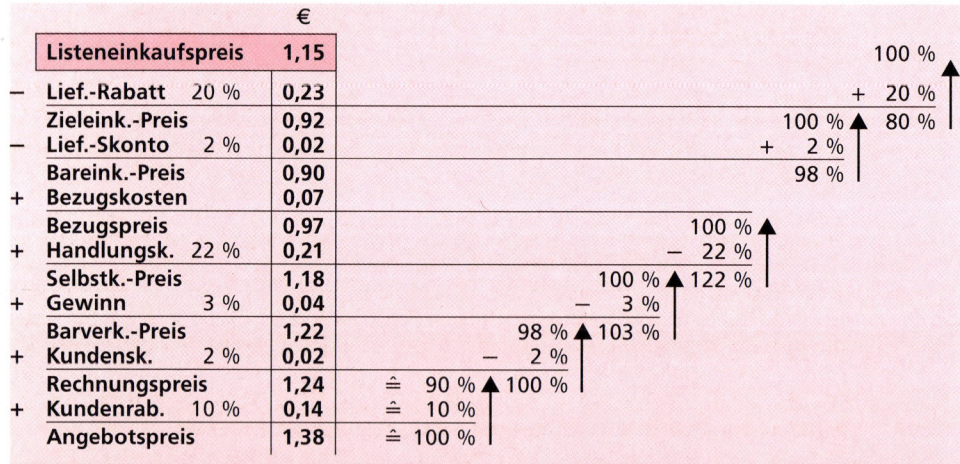

Um den Auftrag des Kunden annehmen zu können, müsste Frau Kern mit ihrem Lieferer einen Listeneinkaufspreis von **1,15 €** statt 1,25 € (vgl. S. 344) aushandeln.

382 Aus Konkurrenzgründen muss der Angebotspreis für ein Küchengerät von 64,00 € auf 58,00 € gesenkt werden. Bisher wurde mit 3 % Verkaufsskonto, 8 % Gewinn und 24 % Handlungskosten kalkuliert.

Wie hoch darf der neue Bezugspreis höchstens sein, wenn auch auf einen Gewinn verzichtet wird?

383 Eine Großhandlung verkauft an eine Winzergenossenschaft 20 000 Probiergläser mit Werbeaufdruck zu 40,00 € je 100 Stück unter folgenden Bedingungen: Einkaufsrabatt 20 %, Einkaufsskonto 2 %, Bezugskosten 15,00 € je 1 000 Stück. Handlungskosten 32 %, Gewinn 12 %, Verkaufsrabatt 8 %, Verkaufsskonto 1,5 %.

Errechnen Sie den Listeneinkaufspreis für ein Glas.

384 Ein Personalcomputer soll dem Einzelhandel zu 1.200,00 € angeboten werden.

Zu welchem Zieleinkaufspreis muss ein Großhändler den Computer beim Hersteller einkaufen, wenn er seiner Kalkulation folgende Abzüge und Zuschläge zugrunde legt: Einkaufsskonto 3 %, Bezugskosten 4,5 %, Handlungskosten 20 %, Gewinn 6 %, Verkaufsskonto 2 %, Verkaufsrabatt 7 %?

385 Eine Möbelgroßhandlung erweitert ihr Sortiment um das exklusive Jugendzimmer „Studio" und gibt ihren Kunden folgende Preisempfehlung einschließlich USt:

für das Etagenbett 370,00 €,   für einen Schreibtisch 185,00 €,
für den Kleiderschrank 420,00 €,   für einen Stuhl 64,50 €.

Wie hoch darf der Bezugspreis für die Einzelteile höchstens sein, wenn 10 % Gewinn erzielt werden sollen und folgende Zuschläge zu berücksichtigen sind: Kundenrabatt 20 %, Kundenskonto 3 %, Handlungskosten 42 %?

386 Eine Großhandlung verkauft ihren Kunden eine hochwertige Kamera, deren empfohlener Verkaufspreis 478,00 € beträgt, zu 345,00 €.

Welchen Listeneinkaufspreis muss der Händler erzielen, wenn folgende Bedingungen zu berücksichtigen sind: Gewinn $12\frac{1}{2}$ %, Einkaufsrabatt 20 %, Einkaufsskonto 3 %, Bezugskosten 8,40 € je Stück, Handlungskosten 32 %?

387 Ein Großhändler kalkuliert die Nettoverkaufspreise der Waren in der Warengruppe „Dekorationsstoffe" mit einem Kalkulationszuschlag von 80 %. Unter den Artikeln dieser Warengruppe befinden sich auch Vorhangstoffe, die er dem Einzelhandel zum Nettoverkaufspreis von 29,70 € je Meter verkaufen will.

Zu welchem Zieleinkaufspreis dürfte er diese Stoffe höchstens beim Hersteller ordern, wenn 1 % Bezugskosten und 2 % Liefererskonto zu berücksichtigen sind?

388 Fachgroßhändler Gerd Konzel e. K. kalkuliert Bürogeräte mit folgenden Abzügen und Zuschlägen: 8 % Liefererrabatt, 1 % Liefererskonto, 1,5 % Bezugskosten, 45 % Handlungskosten, 8 % Gewinn, 2 % Kundenskonto. Das Faxgerät „PERFEKT" des Herstellers Osyria will er aus Konkurrenzgründen zum Zielverkaufspreis von 360,00 € je Gerät an den Einzelhandel abgeben.

Zu welchem Listeneinkaufspreis müsste Konzel die Geräte vom Hersteller beziehen, um konkurrenzfähig zu sein?

4.7 Handelsspanne

Vereinfachung der Rückwärtskalkulation. Bei vorgegebenem Angebotspreis ist es zur Bestimmung des aufwendbaren Bezugspreises vorteilhaft, die Handelsspanne anzuwenden und nicht eine stufenweise Rückwärtsrechnung durchzuführen. Mithilfe **der Handelsspanne** lässt sich — ausgehend vom Angebotspreis — der **Bezugspreis in einem Rechenschritt** ermitteln.

Beispiel zur Berechnung der Handelsspanne (vgl. S. 344)

Die Unternehmung Kern kalkuliert mit folgenden Einzelzuschlägen: 22 % Handlungskosten, 3 % Gewinn, 2 % Kundenskonto, 10 % Kundenrabatt. Aus Konkurrenzgründen soll eine Packung Saugpapier zum Angebotspreis von 1,50 € verkauft werden.

Wie viel Prozent beträgt die Handelsspanne?

	Bezugspreis	1,05 €
+	22 % Handlungskosten	0,23 €
	Selbstkostenpreis	1,28 €
+	3 % Gewinn	0,04 €
	Barverkaufspreis	1,32 €
+	2 % Kundenskonto	0,03 €
	Zielverkaufspreis	1,35 €
+	10 % Kundenrabatt	0,15 €
	Angebotspreis	1,50 €

siehe „Prozentrechnung", Kap. H, 4

$$\text{Handelsspanne} = \frac{(\text{Angebotspreis} - \text{Bezugspreis}) \cdot 100\ \%}{\text{Angebotspreis}}$$

$$= \frac{(1,50\ \text{€} - 1,05\ \text{€}) \cdot 100\ \%}{1,50\ \text{€}} = 30\ \%$$

Die Handelsspanne kann auch aus dem Kalkulationszuschlag und dem Kalkulationsfaktor berechnet werden (vgl. S. 347/348):

$$\text{Handelsspanne} = \frac{\text{Kalkulationszuschlag}}{\text{Kalkulationsfaktor}} = \frac{42,5\ \%}{1,425} = 30\ \%$$

Anwendung

Frau Kern bietet dem Einzelhandel Saugpapier zum Angebotspreis von 1,50 € an. Sie kalkuliert mit einer Handelsspanne von 30 %.

Wie hoch darf der Bezugspreis sein?

	Bezugspreis	1,05 €
+	30 % Handelsspanne	0,45 €
	Angebotspreis	1,50 €

$$\text{Handelsspanne in €} = \frac{1,50\ \text{€} \cdot 30\ \%}{100\ \%} = 0,45\ \text{€}$$

siehe „Prozentrechnung", Kap. H, 4

Zusammenfassung

▶ Die **Handelsspanne** ist die **Differenz zwischen dem Angebotspreis und dem Bezugspreis, ausgedrückt in Prozent des Angebotspreises.** Mithilfe der Handelsspanne lässt sich die **Rückwärtskalkulation vereinfachen.** Sie dient darüber hinaus durch Vergleich mit branchenüblichen Handelsspannen zur **Kontrolle der Leistungsfähigkeit** des Unternehmens.

6470352

Aufgaben

389

Kalkulationszuschlag in %	Handelsspanne in %
20	?
25	?
?	25
50	?
?	50

1. Vervollständigen Sie die Übersicht.
2. Welcher Zusammenhang besteht zwischen Kalkulationszuschlag und Handelsspanne?

390

Ein Großhändler kalkuliert mit folgenden Einzelzuschlägen:

35 % Handlungskosten, 8 % Gewinn, 2 % Kundenskonto, 5 % Kundenrabatt.

Welchen Kalkulationszuschlag und welche Handelsspanne müsste er in Ansatz bringen?

391

Der Bezugspreis einer Ware beträgt 819,00 €, der kalkulierte Angebotspreis 1.260,00 €.

1. *Mit welcher Handelsspanne rechnet der Großhändler?*
2. *Wie hoch ist der Kalkulationszuschlag?*

392

In der Warengruppe „Haushaltsporzellan" kalkulierte ein Großhändler bisher mit einer Handelsspanne von 50 %.

Aufgrund verschärfter Konkurrenz sollen die Angebotspreise dieser Warengruppe um 10 % gesenkt werden.

Mit welcher Handelsspanne ist nunmehr zu kalkulieren?

393

Ein Großhändler kalkuliert mit einem Kalkulationsfaktor von 1,85. Der Angebotspreis einer Ware wird aus Konkurrenzgründen auf 407,00 € festgesetzt.

1. *Zu welchem Bezugspreis muss die Ware eingekauft werden?*
2. *Mit welcher Handelsspanne kalkuliert der Großhändler?*

394

Die Warengruppe A wird in einer Großhandlung mit einer Handelsspanne von 60 % kalkuliert. Nach Erhöhung der Bezugspreise in dieser Warengruppe um 10 % soll die Handelsspanne bei unverändertem Angebotspreis der neuen Situation angepasst werden.

1. *Mit welcher Handelsspanne ist nach der Erhöhung der Bezugspreise zu kalkulieren?*
2. Nach Erhöhung der Bezugspreise um 10 % setzt der Großhändler die Angebotspreise um 5 % herauf. *Welche Auswirkung hat diese Maßnahme auf die Handelsspanne?*

395

Ein Textilgroßhändler kalkuliert in der Warengruppe „Herrenoberbekleidung" mit einem Kalkulationszuschlag von 80 %. Er bietet dem Einzelhändler Anzüge zum Preis von 120,00 € an. Die Erhöhung der Bezugspreise um 8 % will der Großhändler auf den Einzelhändler abwälzen.

Mit welchem Kalkulationsfaktor und mit welcher Handelsspanne muss er nach der Preiserhöhung kalkulieren?

4.8 Differenzkalkulation

Kalkulation auf der Basis vorgegebener Einkaufs- und Verkaufspreise. Die Kalkulationsfreiheit des Händlers wird durch die **gleichzeitige Vorgabe des Einkaufs- und des Verkaufspreises** noch weitgehender eingeschränkt, als dies bei der Vorgabe des Verkaufspreises bereits der Fall ist. In der Praxis liegen vor der Aufnahme einer Ware in das Sortiment mehrere Angebote mit bestimmten Listeneinkaufspreisen vor; zugleich wird der Verkaufspreis (z. B. aufgrund starker Konkurrenz) nur in geringem Umfang beeinflussbar sein.

Tatsächlich erzielbarer Gewinn. In dieser Situation obliegt es der **Einkaufsabteilung,** auf der Basis der Bezugspreise das **günstigste Angebot** zu ermitteln. Der **Kalkulationsabteilung** kommt die Aufgabe zu, den **tatsächlich erzielbaren** Gewinn zu bestimmen. Hierzu wird zunächst im Schema der Zuschlagskalkulation **der Selbstkostenpreis berechnet** und danach – **ausgehend vom Angebotspreis** – durch Rückwärtskalkulation der Barverkaufspreis ermittelt. Die Differenz zwischen dem Selbstkostenpreis und dem Barverkaufspreis ergibt den **Gewinn (Barverkaufspreis > Selbstkostenpreis)** oder den **Verlust (Barverkaufspreis < Selbstkostenpreis)** beim Verkauf einer Wareneinheit. Die Geschäftsleitung hat dann zu entscheiden, ob ein errechneter Gewinn angemessen ist, sodass die Ware in das Sortiment aufgenommen werden kann.

Beispiel Das Unternehmen Kern bezieht Saugpapier von der Papiermühle AG zu den auf den Seiten 135 f. genannten Bedingungen (vgl. auch die Kalkulation auf Seite 344). Ein Kunde von Frau Kern ist bereit, eine größere Menge an Saugpapier zu einem Angebotspreis von **1,45 € je Packung** abzunehmen.

Mithilfe der Differenzkalkulation soll festgestellt werden, ob sich die Annahme des Auftrags – auf der Kalkulationsbasis von 1000 Packungen – lohnt, wenn alle Kalkulationszuschläge berücksichtigt werden.

↪ siehe „Prozentrechnung", Kap. H, 4

	€				
Listeneinkaufspreis	1.250,00	≙ 100 %			
− **Lief.-Rabatt** 20 %	250,00	≙ 20 %			
Zieleink.-Preis	1.000,00	≙ 80 % ▼	≙ 100 %		
− **Lief.-Skonto** 2 %	20,00		≙ 2 %		
Bareink.-Preis	980,00		≙ 98 % ▼		
+ **Bezugskosten**	70,00				
Bezugspreis	1.050,00			≙ 100 %	
+ **Handlungsk.** 22 %	231,00			≙ 22 %	
Selbstk.-Preis	1.281,00			≙ 122 % ▼	
Verlust b. 1000 Packg.	2,10				
Barverk.-Preis	1.278,90	≙ 98 % ▲			
− **Kundensk.** 2 %	26,10	≙ 2 %			
Rechnungspreis	1.305,00	≙ 90 % ▲	≙ 100 %		
− **Kundenrab.** 10 %	145,00	≙ 10 %			
Angebotspreis	1.450,00	≙ 100 %			

Die Annahme des Auftrags empfiehlt sich, obwohl ein Verlust von 2,10 €/1000 Packungen erzielt wird. Entscheidend hierbei ist, dass der Auftrag **alle Kosten** – einschließlich der kalkulatorischen Kosten – deckt. In diesem Fall würde Frau Kern lediglich **auf den Ersatz des Unternehmerrisikos verzichten** (vgl. Seite 331). Dadurch, dass sie einen Angebotspreis von 1,45 € je Packung (statt 1,50 €, vgl. Seite 344) akzeptiert, erhält sie keinen Restgewinn mehr (vgl. Seite 331) und büßt einen geringen Teil der kalkulatorischen Kosten ein.

396 Überprüfen Sie, ob das folgende Angebot für den Großhändler Gewinn bringend ist:

420,00 € Listeneinkaufspreis, 10 % Liefererrabatt, 2 % Liefererskonto, 10,60 € Bezugskosten. Aus Konkurrenzgründen muss die Ware zu einem Angebotspreis von 680,00 € an den Einzelhandel abgegeben werden.

Der Großhändler kalkuliert mit einer Handelsspanne von 45 %.

397 Der Angebotspreis eines Taschenrechners liegt mit 42,00 € fest. Auf diesen Preis gewährt der Hersteller dem Großhändler einen Wiederverkäuferrabatt von 55 %.

Berechnen Sie den erzielbaren Gewinn in € und Prozent je Taschenrechner, wenn 2 % Liefererskonto abgerechnet werden, Bezugskosten in Höhe von 0,80 € je Taschenrechner anfallen und der Händler mit 35 % Handlungskosten, 2 % Kundenskonto sowie 30 % Kundenrabatt kalkuliert.

398 Für einen Radiorekorder legt der Hersteller einen unverbindlichen Richtpreis von 120,00 € fest. Beim Verkauf an den Großhändler gewährt der Hersteller auf den Richtpreis 50 % Rabatt mit der Maßgabe, dem Einzelhändler einen Wiederverkäuferrabatt in Höhe von 25 % (des Richtpreises) einzuräumen.

Der Großhändler kalkuliert mit 1,50 € Bezugskosten je Gerät, 40 % Handlungskosten und 3 % Kundenskonto. Er ist bereit, dieses Gerät in das Sortiment aufzunehmen, wenn er mindestens 5 % Gewinn erzielt.

Lohnt sich für den Großhändler die Aufnahme dieses Gerätes in das Sortiment?

399 Zur Abrundung seines Sortiments will ein Großhändler einen zusätzlichen Gerätetyp auf Lager nehmen. Ihm liegen die Angebote von drei Herstellern vor:

	Angebot A	Angebot B	Angebot C
Unverbindlicher Richtpreis	1.250,00 €	1.180,00 €	1.310,00 €
Wiederverkäuferrabatt	40 %	35 %	45 %
Liefererskonto	1 %	—	2 %
Bezugskosten	15,00 € je Gerät	2 % auf Bareinkaufspreis	18,00 € je Gerät
Handlungskosten		30 %	
Kundenskonto		2 %	
Kundenrabatt		20 %	

1. *Wählen Sie das Angebot mit dem niedrigsten Bezugspreis je Gerät aus.*
2. *Berechnen Sie den bei diesem Angebot erzielbaren Stückgewinn in € und Prozent.*
3. *Zu welchem Angebotspreis könnte der Händler das Gerät an den Einzelhandel weitergeben, wenn er seiner Kalkulation einen Gewinn von 5 % zugrunde legt?*

400 Ein Großhändler kalkuliert mit folgenden innerbetrieblichen Zuschlägen: 38 % Handlungskosten, 16 % Gewinn, 2 % Kundenskonto.

Einen Artikel, den er zum Listenpreis von 235,00 € mit 6 % Liefererrabatt, 1,5 % Liefererskonto und 3,40 € Bezugskosten vom Hersteller beziehen kann, will er zum Zielverkaufspreis von 350,00 € an den Einzelhandel weitergeben.

Wie hoch ist der tatsächlich erzielbare Gewinn in € und Prozent?

5 Betriebsabrechnungsbogen (= Kostenstellenrechnung)

5.1 Welche Vorteile hat die Kostenstellenrechnung gegenüber der einheitlichen Zuschlagskalkulation?

Im vorhergehenden Abschnitt 4 haben wir gezeigt, wie Verkaufspreise mithilfe der Zuschlagskalkulation berechnet werden können. Hierbei legten wir einen einheitlichen Zuschlagssatz für die Handlungskosten zugrunde, d. h., **alle Waren oder Warengruppen wurden mit dem gleichen Zuschlagssatz kalkuliert.** Dieses Vorgehen entspricht nur dann dem wesentlichen Grundsatz der Kostenrechnung, dass nämlich die Handlungskosten **verursachungsgerecht** auf die einzelnen Waren oder Warengruppen verteilt werden sollen, **wenn alle Waren (oder Warengruppen) im Verhältnis zu ihren Bezugspreisen annähernd gleiche Kosten verursachen.** Sobald eine Ware oder Warengruppe — z. B. wegen eines höheren Aufwandes bei der Lagerung und Pflege oder sorgfältiger Verpackung — höhere Handlungskosten verursacht als eine andere, gibt die Kalkulation mit einheitlichem Zuschlagssatz nicht mehr die verursachungsgerechten Kosten an: Eine Ware, die tatsächlich einen geringeren Anteil an den Handlungskosten hat, wird über den einheitlichen Zuschlagssatz mit zu hohen Kosten belastet. Eine Ware, die tatsächlich höhere Handlungskosten verursacht, wird mit zu niedrigen Kosten belastet.

Situation Um zu möglichst verursachungsgerechten Kosten für jede Ware (oder Warengruppe) zu gelangen, geht Frau Kern folgendermaßen vor:

❶ Die Einzelkosten (= Warenaufwendungen) werden direkt aufgrund der Zahlen der Betriebsergebnisrechnung den einzelnen Warengruppen zugerechnet.

❷ Die Gemeinkosten (= Handlungskosten) werden zunächst nach den Betriebsabteilungen getrennt aufgeschrieben, in denen sie entstanden sind. Solche Betriebsabteilungen können im Großhandel sein: Fuhrpark, Einkauf, Lager, Verwaltung, Verkaufsabteilungen für jede Warengruppe. Sie heißen in der Kostenrechnung **Kostenstellen.** Die Tabelle, mit deren Hilfe diese Aufteilung vorgenommen wird, heißt **Betriebsabrechnungsbogen** (abgekürzt: **BAB,** vgl. Seite 358) und die entsprechende Tätigkeit „Kostenstellenrechnung". Am Ende der Tabelle kann so abgelesen werden, wie viel Euro Handlungskosten insgesamt in der jeweiligen Abteilung angefallen sind. Wenn diese Tabelle monatlich aufgestellt wird, hat Frau Kern eine **Kontrolle über den Kostenverbrauch** in den Abteilungen über die Monate hinweg.

❸ Anschließend werden die Handlungskosten aus den „Neben"-Abteilungen auf die **Verkaufsabteilungen für die einzelnen Warengruppen** (z. B. „Druckpapier", „Kopierpapier", „Umschlagkarton", „Saugpapier") verteilt, in denen bereits die Warenaufwendungen (siehe unter ❶) erfasst wurden.

❹ Somit hat Frau Kern jetzt die Möglichkeit, z. B. für die Verkaufsabteilung „Druckpapier" aus dem BAB abzulesen, wie hoch die Warenaufwendungen und die Handlungskosten dieser Warengruppe im Monat September .. waren (vgl. S. 361). Aus diesen beiden Zahlen kann sie nun den speziell für die Kalkulation von Druckpapier geltenden Handlungskostenzuschlagssatz berechnen (vgl. Rechnung auf Seite 338). Auf die gleiche Weise kann sie für alle Warengruppen getrennte Zuschlagssätze für Handlungskosten berechnen und so ihre Kalkulation genauer gestalten und die Kosten sorgfältiger kontrollieren.

6470356

Kostenstellen. Wir haben bereits erwähnt, dass Betriebsabteilungen, in denen Kosten entstehen, zu Kostenstellen erklärt werden, um die Handlungskosten über die Kostenstellen verursachungsgerechter auf die Warengruppen verteilen und um die Kosten von Monat zu Monat besser kontrollieren zu können. Die Aufteilung des Großhandelsbetriebes in Kostenstellen ist nach folgenden Gesichtspunkten möglich:

Kostenstellen im Großhandelsbetrieb

Verursachungsbereiche	Kostenstellen	Bezeichnung
Verkaufsabteilungen	nach Warengruppen geordnete Verkaufs- abteilungen	Hauptkosten- stellen
Betriebliche Teilbereiche	Einkauf, Vertrieb, Lager, Verwaltung u. a.	Hilfskosten- stellen
Allgemeine Bereiche	Geschäftsführung, Fuhrpark, Sozialeinrich- tungen, EDV u. a.	Allgemeine Kostenstellen

Da für jede Warengruppe ein eigener Handlungskostenzuschlagssatz ermittelt werden soll, ist es sinnvoll, die **Hauptkostenstellen** (= räumlich getrennte Verkaufsabteilungen) nach den **Warengruppen** auszurichten. Die **Hilfskostenstellen** stimmen in der Regel mit denjenigen Betriebsabteilungen überein, die den Hauptkostenstellen **Hilfsdienste** leisten. Die **Allgemeinen Kostenstellen** übernehmen Aufgaben für den **Gesamtbetrieb.** Die hier anfallenden Kosten lassen sich keiner der zuvor genannten Kostenstellen ausschließlich zuordnen.

Kostenträger. Die in einer Abrechnungsperiode **verkauften Waren jeder Warengruppe** heißen in der Kostenrechnung **Kostenträger** dieser Abrechnungsperiode. Sie „tragen" die durch ihren Einkauf, ihre Lagerung und ihren Verkauf verursachten Einzel- und Gemeinkosten und erzielen beim Verkauf die Umsatzerlöse (vgl. S. 372).

Übersicht über den Zusammenhang zwischen Kostenarten, Kostenstellen und Kostenträgern

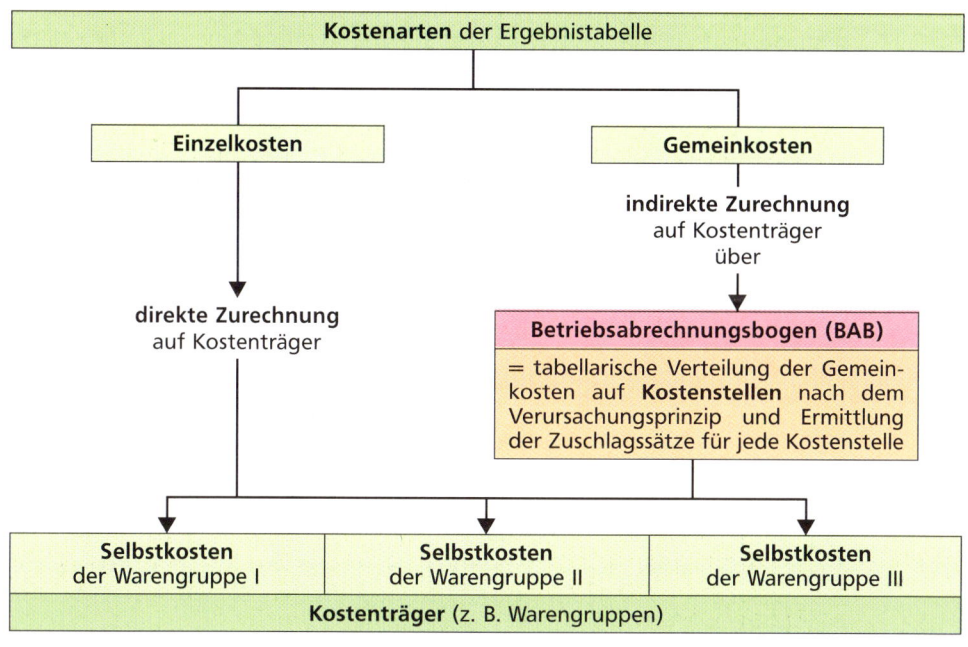

5.2 Wie ist der Betriebsabrechnungsbogen aufgebaut?

Beispiel Im Unternehmen Kern wird zur Verteilung der Gemeinkosten auf die Kostenstellen folgender Betriebsabrechnungsbogen verwendet:

Kosten-arten	Zahlen der Betriebs-ergebnis-rechnung	Vertei-lungs-schlüssel	Allg. Kosten-stelle: Fuhrpark	Hilfs-kosten-stelle: Verwaltg./ Lager	Hauptkostenstellen (Verkaufsabteilungen)				
					Druck-papier	Kopier-papier	Umschlag-karton	Saug-papier	Summe
Einzelkosten									
Summe									
Gemeinkosten									
Summe									

Betriebsabrechnungsbogen der Unternehmung Katja Kern e. Kfr., Papiergroßhandlung, Köln

Erläuterungen zum Betriebsabrechnungsbogen:

Der Betriebsabrechnungsbogen ist als **Tabelle** aufgebaut.

In die ersten beiden Spalten werden **alle Kostenarten** mit ihren **Bezeichnungen** und ihren **Geldbeträgen** aus der Betriebsergebnisrechnung (vgl. Seite 328) übernommen. In der dritten Spalte wird vermerkt, wie die Verteilung der Gemeinkosten auf die nachfolgend aufgeführten Kostenstellen vorzunehmen ist. Diese Verteilung kann auf der Grundlage von **Belegen** (z. B. Verteilung der Löhne nach den **Lohnlisten**), auf der Grundlage von **Bezugsgrößen** (z. B. Verteilung der Miete nach den **Raumgrößen** der einzelnen Abteilungen) oder auf der Grundlage von **Erfahrungswerten** (z. B. Verteilung der kalkulatorischen Kosten nach **Verhältniszahlen**) erfolgen.

In den nachfolgenden Spalten sind alle Kostenstellen aufgeführt, die das Unternehmen eingerichtet hat. Hierbei wird auf folgende Anordnung geachtet: Zunächst wird die **Allgemeine Kostenstelle** (hier: Fuhrpark) aufgeschrieben, die für alle übrigen Kostenstellen Dienste ausführt. Daran schließen sich alle **Hilfskostenstellen** an (hier: Verwaltung/Lager), die für die Hauptkostenstellen Aufgaben übernehmen. Am Ende der Tabelle stehen die **Hauptkostenstellen,** die hier nach den Verkaufsabteilungen für die einzelnen Papierarten eingerichtet wurden. Die Papierarten sind zugleich die **Kostenträger** im Unternehmen.

In der **letzten Zeile** des Betriebsabrechnungsbogens wird die Summe der Gemeinkosten für jede Kostenstelle gebildet. Diese Zahlen geben an, wie viel Euro Gemeinkosten jede Kostenstelle verursacht hat. Vergleicht man die Gemeinkostensummen einer Kostenstelle über mehrere Monate, dann lässt sich eine vereinfachte Kostenkontrolle durchführen.

5.3 Wie werden die Gemeinkosten auf die Kostenstellen aufgeteilt?

Beispiel Das Unternehmen Kern erstellt für den Monat September einen Betriebsabrechnungsbogen. Hierfür werden die in der Betriebsergebnisrechnung auf Seite 328 aufgeführten Kosten und Leistungen zugrunde gelegt. Unter diesen Kosten sind die Warenkosten (Konten 6070, 6075, 6080, 6085) **Einzelkosten** (vgl. Seite 337); sie können unmittelbar den Hauptkostenstellen zugewiesen werden. Die übrigen Kosten sind **Gemeinkosten** (= Handlungskosten, vgl. Seite 337). Sie bedürfen einer Verteilung auf die Kostenstellen. Im nachfolgenden Betriebsabrechnungsbogen ist diese Verteilung vorgenommen worden.

<table>
<tr><th colspan="11">Betriebsabrechnungsbogen
der Unternehmung Katja Kern e. Kfr., Papiergroßhandlung, Köln</th></tr>
<tr><th rowspan="2">Kosten-
arten</th><th rowspan="2">Zahlen
der
Betriebs-
ergebnis-
rechnung</th><th rowspan="2">Vertei-
lungs-
schlüssel</th><th rowspan="2">Allg.
Kosten-
stelle:
Fuhrpark</th><th rowspan="2">Hilfs-
kosten-
stelle:
Verwaltg./
Lager</th><th colspan="5">Hauptkostenstellen
(Verkaufsabteilungen)</th></tr>
<tr><th>Druck-
papier</th><th>Kopier-
papier</th><th>Umschlag-
karton</th><th>Saug-
papier</th><th>Summe</th></tr>
<tr><td colspan="11">Einzelkosten</td></tr>
<tr><td>6070</td><td>500.000</td><td></td><td></td><td></td><td>500.000</td><td></td><td></td><td></td><td></td></tr>
<tr><td>6075</td><td>300.000</td><td></td><td></td><td></td><td></td><td>300.000</td><td></td><td></td><td></td></tr>
<tr><td>6080</td><td>180.000</td><td></td><td></td><td></td><td></td><td></td><td>180.000</td><td></td><td></td></tr>
<tr><td>6085</td><td>20.000</td><td></td><td></td><td></td><td></td><td></td><td></td><td>20.000</td><td></td></tr>
<tr><td>Summe</td><td>1.000.000</td><td></td><td></td><td></td><td>500.000</td><td>300.000</td><td>180.000</td><td>20.000</td><td>1.000.000</td></tr>
<tr><td colspan="11">Gemeinkosten</td></tr>
<tr><td>6140</td><td>10.000</td><td>Rechnung</td><td>1.000</td><td>9.000</td><td>–</td><td>–</td><td>–</td><td>–</td><td>–</td></tr>
<tr><td>6200</td><td>49.000</td><td>Lohnliste</td><td>14.000</td><td>35.000</td><td>–</td><td>–</td><td>–</td><td>–</td><td>–</td></tr>
<tr><td>6300</td><td>33.000</td><td>Geh.-Liste</td><td>–</td><td>8.000</td><td>12.500</td><td>5.500</td><td>4.500</td><td>2.500</td><td>–</td></tr>
<tr><td>6400</td><td>14.000</td><td>L.-/G.-Liste</td><td>2.000</td><td>7.000</td><td>2.000</td><td>1.500</td><td>1.500</td><td>–</td><td>–</td></tr>
<tr><td>6520</td><td>26.000</td><td>Anl.-Werte</td><td>6.000</td><td>7.500</td><td>5.000</td><td>4.000</td><td>3.000</td><td>500</td><td>–</td></tr>
<tr><td>6700</td><td>15.000</td><td>m^2</td><td>3.000</td><td>8.000</td><td>2.000</td><td>1.000</td><td>1.000</td><td>–</td><td>–</td></tr>
<tr><td>6850</td><td>16.000</td><td>Rechnung</td><td>2.000</td><td>14.000</td><td>–</td><td>–</td><td>–</td><td>–</td><td>–</td></tr>
<tr><td>70 . .</td><td>17.000</td><td>Verh.-Zahl</td><td>1.000</td><td>11.500</td><td>2.000</td><td>1.000</td><td>1.000</td><td>500</td><td>–</td></tr>
<tr><td>7510</td><td>27.500</td><td>Kapital</td><td>6.000</td><td>10.500</td><td>4.500</td><td>4.000</td><td>2.000</td><td>500</td><td>–</td></tr>
<tr><td>U.-Lohn</td><td>10.000</td><td>Verh.-Zahl</td><td>1.000</td><td>6.000</td><td>1.000</td><td>1.000</td><td>1.000</td><td>–</td><td>–</td></tr>
<tr><td>Summe</td><td>217.500</td><td></td><td>36.000</td><td>116.500</td><td>29.000</td><td>18.000</td><td>14.000</td><td>4.000</td><td>217.500</td></tr>
</table>

Einzelkosten. Im oberen Abschnitt des BAB sind die Einzelkosten (= Warenaufwendungen) aufgeführt. Sie werden direkt auf die Hauptkostenstellen übertragen.

Verteilung der Gemeinkosten. Die Gemeinkosten (= Handlungskosten) sind verursachungsgerecht auf die einzelnen Kostenstellen zu verteilen. Im Folgenden zeigen wir an einigen Beispielen, wie diese Verteilung vorgenommen wurde.

Die **Ausgangsfrachten** (Konto 6140), die **Löhne** (Konto 6200), die **Gehälter** (Konto 6300), die **Sozialen Aufwendungen** (Konto 6400) und die **Reisekosten** (Konto 6850) wurden aufgrund der vorliegenden Belege (z. B. Lohn- und Gehaltslisten, Rechnungen, Quittungen) verteilt. In diesen Belegen ist aufgeführt, für welche Kostenstellen und in welcher Höhe die Kosten angefallen sind. Diese Belege führen wir hier nicht auf.

Die **kalkulatorischen Abschreibungen** (Konto 6520) wurden **im Verhältnis der Wiederbeschaffungskosten** (abgekürzt **WK**) verteilt. Die Wiederbeschaffungskosten der Anlagen betragen insgesamt **3.800.000,00 €** (vgl. hierzu Seite 327) und verteilen sich wie folgt auf die Kostenstellen:

WK insgesamt	Fuhrpark	Verwaltg./ Lager	Druck-papier	Kopier-papier	Umschlag-karton	Saug-papier
3.800.000	877.000	1.096.000	731.000	585.000	439.000	72.000

Insgesamt sind 26.000,00 € kalkulatorische Abschreibungen auf insgesamt 3.800.000,00 € WK zu verteilen. Auf die Kostenstelle „Fuhrpark" mit 877.000,00 € WK entfallen dann

$$\begin{matrix} 3.800.000,00 \ € \sim 26.000,00 \ € \\ 877.000,00 \ € \sim \quad x \quad € \end{matrix} \qquad x \ € = \frac{26.000,00 \ € \cdot 877.000,00 \ €}{3.800.000,00 \ €} = 6.000,53 \ €$$

abgerundet **6.000,00 €**

 siehe „Verteilungsrechnung", Kap. H, 3

Die Allgemeine Kostenstelle „Fuhrpark" hat also 6.000,00 € kalkulatorische Abschreibungen zu übernehmen. Nach der gleichen Rechnung lassen sich die Anteile der übrigen Kostenstellen an den kalkulatorischen Abschreibungen berechnen.

Die Miete (Konto 6700) wurde **im Verhältnis der Raumgrößen** (in m^2) auf die einzelnen Kostenstellen verteilt. Folgende Raumgrößen sollen vorliegen:

Raum-größe	Fuhrpark	Verwaltg./ Lager	Druck-papier	Kopier-papier	Umschlag-karton	Saug-papier
1 200 m^2	240 m^2	640 m^2	160 m^2	80 m^2	80 m^2	—

Die Miete für insgesamt 1 200 m^2 beträgt 15.000,00 €. Davon entfallen auf den Fuhrpark:

$$\begin{matrix} 1\,200 \ m^2 \sim 15.000,00 \ € \\ 240 \ m^2 \sim \quad x \quad € \end{matrix} \qquad x \ € = \frac{15.000,00 \ € \cdot 240 \ m^2}{1\,200 \ m^2} = \mathbf{3.000,00 \ €}$$

Die Allgemeine Kostenstelle „Fuhrpark" wird also mit 3.000,00 € Mietanteil belastet. Auf die gleiche Weise lassen sich die Anteile der übrigen Kostenstellen berechnen.

Die betrieblichen Steuern (Konto 70..) werden **nach einem betriebsintern festgelegten Schlüssel** (= Verhältniszahlen) auf die einzelnen Kostenstellen verteilt. Hierfür sind im Unternehmen Kern folgende Verhältniszahlen ermittelt worden:

Verh.-Zahlen	Fuhrpark	Verwaltg./ Lager	Druck-papier	Kopier-papier	Umschlag-karton	Saug-papier
34	2	23	4	2	2	1

Die betrieblichen Steuern von insgesamt 17.000,00 € sind auf insgesamt 34 „Anteile" zu verteilen. Die Allgemeine Kostenstelle „Fuhrpark" hat hiervon 2 „Anteile" zu übernehmen:

$$\begin{matrix} 34 \ \text{Anteile} \sim 17.000,00 \ € \\ 2 \ \text{Anteile} \sim \quad x \quad € \end{matrix} \qquad x \ € = \frac{17.000,00 \ € \cdot 2}{34} = \mathbf{1.000,00 \ €}$$

Die Allgemeine Kostenstelle „Fuhrpark" wird also mit einem Anteil an den betrieblichen Steuern in Höhe von 1.000,00 € belastet.

Die kalkulatorischen Zinsen wurden nach dem in den einzelnen Kostenstellen investierten **betriebsnotwendigen Kapital** verteilt. Diese Rechnung zeigen wir hier nicht.

Den kalkulatorischen Unternehmerlohn verteilt Frau Kern nach folgenden Verhältniszahlen (führen Sie die Rechnung selbstständig durch!):

Verh.-Zahlen	Fuhrpark	Verwaltg./ Lager	Druck-papier	Kopier-papier	Umschlag-karton	Saug-papier
10	1	6	1	1	1	—

Verteilung der Gemeinkosten aus der Allgemeinen Kostenstelle „Fuhrpark" und aus der Hilfskostenstelle „Verwaltung/Lager" auf die Hauptkostenstellen

Situation   Eine wichtige Aufgabe des Betriebsabrechnungsbogens ist es, jeder **Haupt-kostenstelle** einen eigenen Handlungskostensatz zuzuweisen. Im vorliegenden BAB (vgl. Seite 359) ist das noch nicht möglich, da noch nicht **alle** Gemein-kosten (= Handlungskosten) den vier Hauptkostenstellen zugerechnet sind. Zunächst sind die Gemeinkosten der Allgemeinen Kostenstelle „Fuhrpark" und der Hilfskostenstelle „Verwaltung/Lager" auf die vier Hauptkostenstellen zu verteilen. Diese Verteilung erfolgt mithilfe von **Verhältniszahlen,** in denen sich widerspiegelt, in welchem Umfang die Hauptkostenstellen Dienste der Allge-meinen Kostenstelle und der Hilfskostenstelle in Anspruch nehmen. Im Unter-nehmen Kern wird dabei folgendermaßen vorgegangen:

❶ Die Gemeinkosten der Allgemeinen Kostenstelle „Fuhrpark" werden im Ver-hältnis **5 : 4 : 3 : 0** auf die vier Hauptkostenstellen „Druckpapier", „Kopierpa-pier", „Umschlagkarton" und „Saugpapier" verteilt.

❷ Von den Gemeinkosten der Hilfskostenstelle „Verwaltung/Lager" werden **500,00 €** der Hauptkostenstelle „Saugpapier" zugerechnet. Der Restbetrag von 116.000,00 € wird im Verhältnis **14 : 9 : 6** auf die Hauptkostenstellen „Druckpapier", „Kopierpapier" und „Umschlagkarton" verteilt.

Betriebsabrechnungsbogen
der Unternehmung Katja Kern e. Kfr., Papiergroßhandlung, Köln

| Kosten-arten | Zahlen der Betriebs-ergebnis-rechnung | Vertei-lungs-schlüssel | Allg. Kosten-stelle: Fuhrpark | Hilfs-kosten-stelle: Verwaltg./ Lager | Hauptkostenstellen (Verkaufsabteilungen) | | | | |
					Druck-papier	Kopier-papier	Umschlag-karton	Saug-papier	Summe
Einzelkosten									
6070	500.000				500.000				
6075	300.000					300.000			
6080	180.000						180.000		
6085	20.000							20.000	
Summe	**1.000.000**				**500.000**	**300.000**	**180.000**	**20.000**	**1.000.000**
Gemeinkosten									
6140	10.000	Rechnung	1.000	9.000	—	—	—	—	—
6200	49.000	Lohnliste	14.000	35.000	—	—	—	—	—
6300	33.000	Geh.-Liste	—	8.000	12.500	5.500	4.500	2.500	—
6400	14.000	L.-/G.-Liste	2.000	7.000	2.000	1.500	1.500	—	—
6520	26.000	Anl.-Werte	6.000	7.500	5.000	4.000	3.000	500	—
6700	15.000	m^2	3.000	8.000	2.000	1.000	1.000	—	—
6850	16.000	Rechnung	2.000	14.000	—	—	—	—	—
70 ..	17.000	Verh.-Zahl	1.000	11.500	2.000	1.000	1.000	500	—
7510	27.500	Kapital	6.000	10.500	4.500	4.000	2.000	500	—
U.-Lohn	10.000	Verh.-Zahl	1.000	6.000	1.000	1.000	1.000	—	—
Summe	**217.500**		**36.000**	**116.500**	**29.000**	**18.000**	**14.000**	**4.000**	**—**
❶ Verteilung: Fuhrpark		5:4:3:0			15.000	12.000	9.000	0	
❷ Verteilung: Verwaltg./Lager		500,00 € 14:9:6			56.000	36.000	24.000	500	
Summe der Handlungskosten					**100.000**	**66.000**	**47.000**	**4.500**	**217.500**

Dieser Betriebsabrechnungsbogen erfüllt die gestellte Aufgabe: Er zeigt für jede Hauptkostenstelle an, wie hoch im Abrechnungsmonat September .. deren Einzel-kosten (= Warenaufwendungen) und deren Gemeinkosten (= Handlungskosten) sind.

Verteilung der Gemeinkosten der Allgemeinen Kostenstelle „Fuhrpark"

Hauptkostenstelle	Verteilungsschlüssel		Wert je Anteil		Gemeinkosten je Hauptkostenstelle
Druckpapier	5	·	3.000,00 €	=	15.000,00 €
Kopierpapier	4	·	3.000,00 €	=	12.000,00 €
Umschlagkarton	3	·	3.000,00 €	=	9.000,00 €
Saugpapier	0	·	3.000,00 €	=	0,00 €
12 Anteile				~	36.000,00 €
1 Anteil				~	3.000,00 €

Verteilung der Gemeinkosten der Allgemeinen Kostenstelle „Verwaltung/Lager"

Hauptkostenstelle	Verteilungsschlüssel		Wert je Anteil		Gemeinkosten je Hauptkostenstelle
Druckpapier	14	·	4.000,00 €	=	56.000,00 €
Kopierpapier	9	·	4.000,00 €	=	36.000,00 €
Umschlagkarton	6	·	4.000,00 €	=	24.000,00 €
Saugpapier	500,00 €		—		500,00 €
29 Anteile				~	116.000,00 €
1 Anteil				~	4.000,00 €

 siehe „Verteilungsrechnung", Kap. H, 3

Zusammenfassung

▶ **Kostenstellen sind Verkaufs- und Betriebsabteilungen,** die Gemeinkosten verursachen. Es lassen sich **Hauptkostenstellen, Hilfskostenstellen** und **Allgemeine Kostenstellen** unterscheiden. Die Hauptkostenstellen werden im Großhandelsbetrieb in der Regel nach den Warengruppen ausgerichtet.

▶ **Kostenstellen** werden eingerichtet, um die **Gemeinkosten** dort zu **erfassen, wo sie anfallen.** Dadurch ist es möglich, den Kostenverbrauch von Monat zu Monat zu kontrollieren.

▶ Die Verteilung der Gemeinkosten auf die Kostenstellen geschieht tabellarisch. Die hierfür benutzte Tabelle heißt **Betriebsabrechnungsbogen** (abgekürzt **BAB**). Der Betriebsabrechnungsbogen ist so aufgebaut, dass links die Kostenarten der Betriebsergebnisrechnung mit ihren Geldbeträgen und den Verteilungsschlüsseln stehen. Rechts davon sind die Kostenstellen in der Reihenfolge Allgemeine Kostenstellen – Hilfskostenstellen – Hauptkostenstellen aufgeführt.

▶ Der **Betriebsabrechnungsbogen (BAB)** stellt eine **Kontrollrechnung** dar. Er wird gewöhnlich **monatlich** nachträglich aus den Zahlen der Betriebsergebnisrechnung aufgestellt.

▶ Die **Verteilung der Gemeinkosten auf die Kostenstellen** geschieht meist **aufgrund von Belegen.** Die Belege (z. B. Lohnlisten, Rechnungen u. a.) weisen nicht nur die Beträge, sondern auch die Abteilungen (= Kostenstellen) aus, für die diese Kosten entstanden sind. Nicht alle Gemeinkosten lassen sich auf diese Weise verteilen. Bei manchen ist zwar ein Beleg vorhanden, aber sie sind für mehrere Kostenstellen angefallen. Dann ist eine **Verteilung** nur **mithilfe von Schlüsselzahlen** möglich (z. B. Verteilung der Miete nach der Raumgröße der Kostenstellen, Verteilung der freiwilligen sozialen Aufwendungen nach der Zahl der Beschäftigten in den einzelnen Kostenstellen, Verteilung der Abschreibungen nach den Anlagewerten usw.). In einigen Fällen liegen überhaupt keine

6470362

Belege vor (z. B. beim kalkulatorischen Unternehmerlohn). Dann erfolgt die **Verteilung nach Erfahrungswerten über Verhältniszahlen.**

▶ Die **Einzelkosten (= Warenaufwendungen)** bedürfen keiner Verteilung auf die Kostenstellen, da sie **direkt den Hauptkostenstellen zugerechnet** werden können.

5.4 Was lässt sich aus dem Betriebsabrechnungsbogen erkennen?

Beispiel 1 Die im Betriebsabrechnungsbogen auf Seite 361 ermittelten Einzelkosten (= Warenaufwendungen) und Gemeinkosten (= Handlungskosten) sollen dazu verwendet werden, die **Handlungskostenzuschlagssätze** für jede Hauptkostenstelle zu berechnen.

Betriebsabrechnungsbogen
der Unternehmung Katja Kern e. Kfr., Papiergroßhandlung, Köln

Kosten-arten	Zahlen der Betriebs-ergebnis-rechnung	Vertei-lungs-schlüssel	Allg. Kosten-stelle: Fuhrpark	Hilfs-kosten-stelle: Verwaltg./ Lager	Hauptkostenstellen (Verkaufsabteilungen)				
					Druck-papier	Kopier-papier	Umschlag-karton	Saug-papier	Summe
Einzelkosten									
6070	500.000				500.000				
6075	300.000					300.000			
6080	180.000						180.000		
6085	20.000							20.000	
Summe	**1.000.000**				**500.000**	**300.000**	**180.000**	**20.000**	**1.000.000**
Gemeinkosten									
6140	10.000	Rechnung	1.000	9.000	—	—	—	—	—
6200	49.000	Lohnliste	14.000	35.000	—	—	—	—	—
6300	33.000	Geh.-Liste	—	8.000	12.500	5.500	4.500	2.500	—
6400	14.000	L.-/G.-Liste	2.000	7.000	2.000	1.500	1.500	—	—
6520	26.000	Anl.-Werte	6.000	7.500	5.000	4.000	3.000	500	—
6700	15.000	m²	3.000	8.000	2.000	1.000	1.000	—	—
6850	16.000	Rechnung	2.000	14.000	—	—	—	—	—
70 ..	17.000	Verh.-Zahl	1.000	11.500	2.000	1.000	1.000	500	—
7510	27.500	Kapital	6.000	10.500	4.500	4.000	2.000	500	—
U.-Lohn	10.000	Verh.-Zahl	1.000	6.000	1.000	1.000	1.000	—	—
Summe	**217.500**		**36.000**	**116.500**	**29.000**	**18.000**	**14.000**	**4.000**	**—**
❶ Verteilung: Fuhrpark		5 : 4 : 3 : 0			15.000	12.000	9.000	0	
❷ Verteilung: Verwaltg./Lager		500,00 € 14 : 9 : 6			56.000	36.000	24.000	00	
Summe der Handlungskosten					**100.000**	**66.000**	**47.000**	**4.500**	**217.500**
Handlungskostenzuschlagssatz je Warengruppe					**20 %**	**22 %**	**26,1 %**	**22,5 %**	**(21,75 %)**

Berechnung der Zuschlagssätze. Für jede Warengruppe (= Hauptkostenstelle) wird aus den **Warenaufwendungen** und den **Handlungskosten** ein Prozentsatz gebildet (vgl. Seite 338).

siehe „Prozentrechnung", Kap. H, 4 ↪

Handlungskostenzuschlagssatz für Druckpapier $= \dfrac{100.000,00 \ € \ \cdot \ 100 \ \%}{500.000,00 \ €} = $ **20 %**

Handlungskostenzuschlagssatz für Kopierpapier $= \dfrac{66.000,00 \ € \ \cdot \ 100 \ \%}{300.000,00 \ €} = $ **22 %**

$$\text{Handlungskostenzuschlagssatz für Umschlagkarton} = \frac{47.000,00 \text{ € } \cdot 100 \text{ \%}}{180.000,00 \text{ €}} = \mathbf{26,1 \%}$$

$$\text{Handlungskostenzuschlagssatz für Saugpapier} = \frac{4.500,00 \text{ € } \cdot 100 \text{ \%}}{20.000,00 \text{ €}} = \mathbf{22,5 \%}$$

Zusätzlich ist im obigen BAB auch der einheitliche (oder durchschnittliche) Zuschlagssatz für Handlungskosten mit **21,75 %** angegeben. Er stimmt mit dem auf Seite 338 berechneten Prozentsatz überein und war dort auf **22 %** aufgerundet worden.

Auswertung: Die Zuschlagssätze für die einzelnen Warengruppen zeigen deutliche Abweichungen zum einheitlichen Zuschlagssatz. So beträgt der Zuschlagssatz für Druckpapier 20 % und liegt damit um 1,75 % (bzw. 2 %) unter dem einheitlichen Zuschlagssatz. Der Zuschlagssatz für Umschlagkarton beträgt 26,1 % und liegt damit deutlich über dem einheitlichen Satz. Das hat Auswirkungen auf die Kalkulationen. Wir zeigen dies am Beispiel der Selbstkostenkalkulation für **100 Packungen Saugpapier** (vgl. Seite 339).

Kalkulation	einheitlicher Zuschlagssatz		Zuschlagssatz aus dem BAB	
Bezugspreis für 100 Packungen		105,00 €		105,00 €
+ **Handlungskosten**	22 %	23,10 €	22,5 %	23,63 €
Selbstkostenpreis		128,10 €		128,63 €

 siehe „Prozentrechnung", Kap. H, 4

Bei 100 Packungen Saugpapier beträgt der Unterschied bereits 0,53 €, d. h., der Selbstkostenpreis auf der Grundlage des einheitlichen Zuschlagssatzes ist um 0,53 € **zu niedrig** angesetzt worden. Diese Ware trägt nicht alle Kosten, die sie verursacht hat.

Zusammenfassung

▶ Im BAB werden zunächst die **Gemeinkosten** auf die Kostenstellen verteilt.

▶ Die Kosten der **Allgemeinen Kostenstellen** und der **Hilfskostenstellen** werden danach aufgrund von Verteilungsschlüsseln (= Verhältniszahlen) auf die Hauptkostenstellen umgerechnet. Der BAB weist dann die **gesamten Handlungskosten** für jede Warengruppe (= Kostenträger) aus.

▶ Aus den Handlungskosten und den Warenaufwendungen wird für jeden Kostenträger ein **gesonderter Handlungskostenzuschlagssatz** berechnet. Mithilfe dieser Zuschlagssätze lassen sich warengruppenbezogene **Kalkulationen** durchführen.

▶ Die Kalkulation des Verkaufspreises einer Ware heißt auch **Kostenträgerstückrechnung**.

Aufgabe

401   Die Bezugspreise für je eine Palette Papier oder Karton betragen:

1 Palette Druckpapier .... 1.400,00 €
1 Palette Kopierpapier .... 800,00 €
1 Palette Umschlagkarton .... 1.312,50 €

1. *Kalkulieren Sie mithilfe der im obigen BAB errechneten Zuschlagssätze für Handlungskosten die Selbstkostenpreise für je eine Palette jeder Warensorte.*
2. *Stellen Sie die Abweichungen gegenüber den Kalkulationen mit dem einheitlichen Zuschlagssatz von 22 % fest.*

6470364

Beispiel 2 In den Betriebsabrechnungsbogen von Seite 361 sollen die Nettoumsatzerlöse aus der Betriebsergebnisrechnung (vgl. Seite 328) aufgenommen werden, sodass im BAB eine Aussage zur **Erfolgssituation** jeder Warengruppe gemacht werden kann. Diese Erweiterung des BAB heißt **Kostenträgerzeitrechnung** (vgl. auch Seite 372).

Betriebsabrechnungsbogen
der Unternehmung Katja Kern e. Kfr., Papiergroßhandlung, Köln

Kosten-arten	Zahlen der Betriebs-ergebnis-rechnung	Vertei-lungs-schlüssel	Allg. Kosten-stelle: Fuhrpark	Hilfs-kosten-stelle: Verwaltg./Lager	Hauptkostenstellen (Verkaufsabteilungen)				
					Druck-papier	Kopier-papier	Umschlag-karton	Saug-papier	Summe
Einzelkosten									
6070	500.000				500.000				
6075	300.000					300.000			
6080	180.000						180.000		
6085	20.000							20.000	
Summe	**1.000.000**				**500.000**	**300.000**	**180.000**	**20.000**	**1.000.000**
Gemeinkosten									
6140	10.000	Rechnung	1.000	9.000	–	–	–	–	–
6200	49.000	Lohnliste	14.000	35.000	–	–	–	–	–
6300	33.000	Geh.-Liste	–	8.000	12.500	5.500	4.500	2.500	–
6400	14.000	L.-/G.-Liste	2.000	7.000	2.000	1.500	1.500	–	–
6520	26.000	Anl.-Werte	6.000	7.500	5.000	4.000	3.000	500	–
6700	15.000	m²	3.000	8.000	2.000	1.000	1.000	–	–
6850	16.000	Rechnung	2.000	14.000	–	–	–	–	–
70 . .	17.000	Verh.-Zahl	1.000	11.500	2.000	1.000	1.000	500	–
7510	27.500	Kapital	6.000	10.500	4.500	4.000	2.000	500	–
U.-Lohn	10.000	Verh.-Zahl	1.000	6.000	1.000	1.000	1.000	–	–
Summe	**217.500**		**36.000**	**116.500**	**29.000**	**18.000**	**14.000**	**4.000**	**–**
❶ Verteilung: Fuhrpark		5 : 4 : 3 : 0			15.000	12.000	9.000	0	
❷ Verteilung: Verwaltg./Lager		500,00 € 14 : 9 : 6			56.000	36.000	24.000	500	
Summe der Handlungskosten					**100.000**	**66.000**	**47.000**	**4.500**	**217.500**
Selbstkosten des Abrechnungsmonats (Warenaufwendungen plus Handlungskosten)					600.000	366.000	227.000	24.500	1.217.500
Nettoumsatzerl. d. Abrechnungsmonats (vgl. S. 328)					620.000	380.000	225.000	25.000	1.250.000
Betriebsgewinn/-verlust je Kostenträger und insg.					(+) 20.000	(+) 14.000	(–) 2.000	(+) 500	(+) 32.500
Gewinnzuschlagssätze je Kostenträger und insges.					3,3 %	3,8 %	(– 8,8 %)	2,0 %	2,7 %

siehe „Prozentrechnung", Kap. H, 4 ↪

Auswertung: Der Betriebsabrechnungsbogen ermöglicht es, aus den Warenaufwendungen und den Handlungskosten die **Selbstkosten für jeden Kostenträger** zu berechnen. In der Zeile „Selbstkosten des Abrechnungsmonats" finden Sie diese Angaben. In die nachfolgende Zeile sind die **Nettoumsatzerlöse für jeden Kostenträger** aus der Betriebsergebnisrechnung (vgl. Seite 328) eingetragen worden. Subtrahiert man die Nettoumsatzerlöse und die Selbstkosten voneinander, so erhält man den **Betriebsgewinn oder Betriebsverlust für jede Warenart und insgesamt**. Sie finden diese Angaben in der Zeile „Betriebsgewinn/-verlust je Kostenträger und insgesamt". Auffallend hieran ist, dass die Warengruppe „Umschlagkarton" einen **Verlust** in Höhe von 2.000,00 € erwirtschaftet hat und dass die erst nachträglich in das Sortiment aufgenommene Warengruppe „Saugpapier" bereits mit einem Gewinn von 500,00 € abschließt. Aussagefähig sind auch die errechneten Gewinnzuschlagssätze (Berechnung s. Seite 341). Im Unternehmen Kern wird allen Kalkulationen ein Gewinnzuschlag von **3 %** zugrunde gelegt (vgl. Seite 341). Der BAB zeigt, dass die beiden ersten Warengruppen diese Vorgabe übertreffen (3,3 % bzw. 3,8 % Gewinn) und dass die Warengruppe „Saugpapier" mit 2 % deutlich unter dieser Vorgabe bleibt. „Sorgenkind" mit einem Verlust von 8,8 % ist die Warengruppe „Umschlagkarton".

402 *Kalkulieren Sie auf der Grundlage der Bezugspreise aus Aufgabe 401, Seite 364, sowie der in den Betriebsabrechnungsbögen auf Seite 363 und Seite 365 ermittelten Handlungskostenzuschlagssätze und Gewinnzuschlagssätze die Barverkaufspreise für jede Warenart.*

403 Aus den Zahlen der Betriebsergebnisrechnung (BER) ist der BAB für den Monat Juli zu erstellen.

Kosten-arten	Zahlen der BER	Hilfskostenstellen		Hauptkostenstellen		
		Lager	Verwaltg.	W.-Gruppe 1	W.-Gruppe 2	W.-Gruppe 3
Löhne	8.000,00	1.000,00	4.200,00	1.000,00	1.000,00	800,00
Gehälter	35.000,00	4.000,00	20.000,00	4.000,00	4.000,00	3.000,00
Mieten	12.000,00	vgl. unten				
Werbung	6.000,00	–	6.000,00	–	–	–
Bürokosten	45.000,00	4.000,00	20.000,00	9.000,00	6.000,00	6.000,00
Kalk. Abschr.	10.000,00	vgl. unten				

Die Mietkosten sind nach den Raumgrößen

Lager: 375 m^2,   Verkauf W.-Gruppe 1: 250 m^2,
Verwaltung: 250 m^2,   Verkauf W.-Gruppe 2: 375 m^2,
                                 Verkauf W.-Gruppe 3: 250 m^2

auf die Kostenstellen umzulegen, die kalkulatorischen Abschreibungen nach dem Schlüssel 3 : 2 : 1 : 2 : 2.

Die Kosten der Hilfskostenstellen werden nach folgenden Schlüsseln auf die Hauptkostenstellen abgewälzt:

1. Umlage Lager: 2 : 2 : 1,   2. Umlage Verwaltung: 4 : 2 : 2.

Die Warenaufwendungen und die Nettoumsatzerlöse betrugen im Abrechnungsmonat:

Warengruppen	Warenaufwendungen	Nettoumsatzerlöse
Warengruppe 1	104.375,00 €	185.370,00 €
Warengruppe 2	79.000,00 €	142.042,00 €
Warengruppe 3	60.700,00 €	103.797,00 €

1. *Ermitteln Sie im BAB die Handlungskosten für jede Warengruppe.*
2. *Berechnen Sie für jede Warengruppe den Handlungskostenzuschlagssatz.*
3. *Bestimmen Sie den Betriebsgewinn für jede Warengruppe und insgesamt sowie die Gewinnzuschlagssätze für jede Warengruppe.*
4. *Ermitteln Sie die Kalkulationszuschläge für die drei Warengruppen, wenn der Großhändler in allen Warengruppen mit 2 % Verkaufsskonto und 5 % Verkaufsrabatt kalkuliert.*
5. *Kalkulieren Sie mit den Zuschlagssätzen den Barverkaufspreis für einen Artikel der Warengruppe 1, den der Großhändler zum Bezugspreis von 34,00 € gekauft hat.*

404 Eine Textilgroßhandlung führt in ihrer Kostenrechnung die nach Warengruppen gegliederten Abteilungen „Herrenoberbekleidung", „Damenoberbekleidung", „Kinderbekleidung" als Hauptkostenstellen. Zusätzlich ist die Abteilung „Lager/ Verwaltung" als Hilfskostenstelle eingerichtet. Die Abteilung Fuhrpark ist Allgemeine Kostenstelle. Für den Monat Mai liegen folgende Zahlen vor:

Warenkosten: 6070 Herrenoberbekleidung ..... 330.555,00 €
                      6075 Damenoberbekleidung .... 447.500,00 €
                      6080 Kinderbekleidung .... 226.000,00 €

Die Handlungskosten der Ergebnistabelle sind im nachfolgenden BAB aufgeführt und dort zum Teil bereits aufgeschlüsselt:

Kosten- arten	Zahlen der BER	Fuhr- park	Hilfskostenstelle Lager/Verwaltung	Hauptkostenstellen		
				HOB	DOB	KB
Instandsetzung	40.000,00	vgl. unten				
Frachten	25.000,00	–	22.000	1.000	1.000	1.000
Pers.-Kosten	240.000,00	20.000	160.000	20.000	30.000	10.000
Mieten	30.000,00	vgl. unten				
Werbung	40.000,00	–	40.000	–	–	–
Steuern/Vers.	88.000,00	14.000	62.500	3.500	5.500	2.500
Betr.-Kosten	12.000,00	12.000	–	–	–	–
Kalk. Zinsen	15.000,00	3.000	9.000	1.000	1.000	1.000
Kalk. Abschr.	70.000,00	vgl. unten				

Die Mietkosten sind nach Raumgrößen aufzuteilen:

Fuhrpark:	300 m²,
Lager/Verwaltung:	700 m²,
HOB:	200 m²,
DOB:	200 m²,
KB:	100 m².

Die Instandsetzungen sind im Verhältnis 2 : 11 : 1 : 1 : 1 und die kalkulatorischen
Abschreibungen im Verhältnis 4 : 6 : 1 : 2 : 1 auf die Kostenstellen zu verteilen.

Die Kosten der Allgemeinen Kostenstelle „Fuhrpark" sind im Verhältnis 2 : 2 : 1
auf die Hauptkostenstellen abzuwälzen.

Für die Umlage der Hilfskostenstelle auf die Hauptkostenstellen gilt folgender
Verteilungsschlüssel: 3 : 5 : 2.

Die **Nettoumsatzerlöse** betrugen im Abrechnungszeitraum:

	HOB	DOB	KB
Nettoumsatzerlöse	550.000,00 €	751.800,00 €	381.375,00 €

1. *Ermitteln Sie im BAB die Handlungskosten für jede Warengruppe und die
   zugehörigen Handlungskostenzuschläge in Prozent.*
2. *Berechnen Sie die Selbstkosten für jede Warengruppe und insgesamt.*
3. *Bestimmen Sie den Betriebsgewinn für jede Warengruppe und insgesamt
   sowie die Gewinnzuschlagsätze für jede Warengruppe.*
4. *Führen Sie für den Artikel „Herrenoberhemd" eine Nachkalkulation mit den
   im BAB ermittelten Zuschlagssätzen durch: Bezugspreis für ein Hemd:
   12,50 €, Barverkaufspreis 24,00 €.*
5. *Führen Sie die Kalkulation für ein Damenkleid durch, das vom Hersteller
   zum Bezugspreis von 98,00 € angeboten wird. Beim Großhändler fallen
   zusätzlich 2 % Verkaufsskonto und 10 % Verkaufsrabatt an.*

405 Zur Aufstellung des BAB werden in einem Möbelhaus im Monat Februar folgende Zahlen der Ergebnistabelle entnommen:

Kostenarten	€-Betrag	Verteilungsgrundlage
Instandsetzung	88.000,00	Rechnungen
Löhne	40.000,00	Lohnlisten
Gehälter	170.000,00	Gehaltslisten
Soziale Aufwendungen	35.000,00	Lohn-/Gehaltslisten
Mieten/Pachten	15.000,00	Raumgröße
Werbung/Reise	56.000,00	Artikelgruppen
Versicherungen	12.000,00	Artikelgruppen
Steuern	24.000,00	Beschäftigtenzahl
Kalk. Abschreibungen	75.000,00	Anlagewerte
	515.000,00	

Der Betrieb hat nachstehende Kostenstellen eingerichtet:

Allgemeine Kostenstelle:	1. Fuhrpark
Hilfskostenstelle:	2. Einkauf/Lager/Verwaltung
Hauptkostenstellen:	3. Küchenmöbel
	4. Wohnmöbel
	5. Schlafzimmer
	6. Kleinmöbel

1. *Stellen Sie den BAB für die sechs Kostenstellen nach folgenden Angaben auf:*

Kosten- arten	Allg. K.-St. 1	Hilfskostenstelle 2	Hauptkostenstellen			
			3	4	5	6
Instandsetzg.	3 :	8 :	1 :	2 :	1 :	1
Löhne	10.000	30.000	—	—	—	—
Gehälter	65.000	86.000	4.000	5.000	5.000	5.000
Soz. Aufwdg.	6.000	29.000	—	—	—	—
Mieten	4.500	4.000	1.500	3.000	1.500	500
Werbung	—	40.000	4.000	6.000	4.000	2.000
Versicherg.	—	10.000	—	2.000	—	—
Steuern	3 :	7 :	3 :	5 :	4 :	2
Kalk. Abschr.	3 :	6 :	1 :	2 :	2 :	1

2. *Legen Sie die Gemeinkosten der Allg. Kostenstelle „Fuhrpark" auf die anderen Kostenstellen im Verhältnis 2 : 3 : 4 : 2 : 1 um.*

3. *Die Gemeinkosten der Hilfskostenstelle sind danach nach folgendem Schlüssel auf die Hauptkostenstellen umzulegen: 2 : 4 : 4 : 2.*

4. *Die Warenaufwendungen und die Nettoumsatzerlöse betrugen im Abrechnungsmonat:*

Warengruppe	Warenaufwendungen	Nettoumsatzerlöse
I Küchenmöbel	350.000,00 €	598.850,00 €
II Wohnmöbel	400.000,00 €	672.000,00 €
III Schlafzimmer	430.000,00 €	642.850,00 €
IV Kleinmöbel	137.000,00 €	246.600,00 €

5. *Errechnen Sie für jede Hauptkostenstelle die Handlungskosten und die Handlungskostenzuschlagssätze.*

6. *Ermitteln Sie den Betriebsgewinn für jede Warengruppe und insgesamt.*

7. *Bestimmen Sie die Gewinnzuschlagssätze.*

8. *Eine Einbauküche kann vom Großhändler zum Bezugspreis von 3.500,00 € erworben werden. Aus Konkurrenzgründen wird diese Küche zum Barverkaufspreis von 6.000,00 € an den Einzelhandel veräußert.*
   Prüfen Sie, ob die im BAB ermittelten Zuschlagssätze eingehalten wurden.

9. *Kalkulieren Sie den Angebotspreis für einen Wohnzimmerschrank, den der Großhändler zum Bezugspreis von 1.450,00 € einkauft. Zu berücksichtigen sind 2 % Kundenskonto und 5 % Kundenrabatt.*

406 Die Ergebnistabelle der Elektrogroßhandlung Karl Wurm e. K., Nürnberg, aus Aufgabe 360 auf Seite 335 ist als Grundlage zur Aufstellung eines Betriebsabrechnungsbogens nach folgenden Angaben zu verwenden:

1. Das Unternehmen Karl Wurm führt folgende Kostenstellen:

1 Allgemeine Kostenstelle:	Fuhrpark
3 Hilfskostenstellen:	Einkauf, Lager, Verwaltung/Marketing
3 Hauptkostenstellen:	Großgeräte, Unterhaltungselektronik, Installationen

2. *Übernehmen Sie die Kosten (Warenaufwendungen und Handlungskosten) der Ergebnistabelle aus Aufgabe 360 in den Betriebsabrechnungsbogen und verteilen Sie die Gemeinkosten nach folgenden Angaben:*

Kosten-arten	Betrag	Verteilg.-Schlüssel	Fuhr-park	Einkauf	Lager	Verw./Market.	Groß-geräte	Unterh.-Elektron.	Installa-tionen
6140	24.000	Rechnung	–	–	–	–	18.000	4.000	2.000
6160	27.000	Rechnung	15.000	–	4.300	4.700	3.000	–	–
6200	350.000	Lohnliste	140.000	–	100.000	–	40.000	40.000	30.000
6300	250.000	Geh.-Liste	–	80.000	60.000	110.000	–	–	–
6400	102.000	L.-/G.-Liste	22.000	14.000	28.000	19.000	7.000	7.000	5.000
6420	18.000	Gef.-Kl.	4.000	–	5.000	–	3.000	3.000	3.000
6520		siehe unten							
6700	48.000	Vertrag	–	–	–	48.000	–	–	–
6800	14.300	Rechnung	800	2.000	500	8.000	800	1 300	900
6820	6.700	Quittung	200	1.000	–	5.500	–	–	–
6870	41.400	Rechnung	–	–	–	27.100	–	14.300	–
6900		siehe unten							
6920		siehe unten							
70..		siehe unten							
7510		siehe unten							
U.-Lohn		siehe unten							
Die kalk. Abschreibungen werden im Verhältnis der Wiederbeschaffungskosten der Anlagen verteilt:			500.000	150.000	650.000	300.000	150.000	150.000	100.000
Die Vers.-Beiträge sind nach Schlüsselzahlen, die die versicherten Gefahren erfahrungsgemäß wiedergeben, zu verteilen. Die errechneten Zahlen sind auf „glatte" 100 auf- oder abzurunden:			7	1	3	1	3	3	2
Die Beiträge zu Wirtschaftsverbänden werden nach Schlüsselzahlen verteilt:			–	3	–	7	–	–	–
Die Betr.-Steuern sind nach Schlüsselzahlen wie folgt zu verteilen:			1	2	1	3	1	1	1
Die kalk. Zinsen werden im Verhältnis des betriebsnotwendigen Kapitals verteilt:			200.000	150.000	1.600.000	400.000	400.000	400.000	250.000
Den Unternehmerlohn verteilt Herr Wurm nach folgenden Schlüsselzahlen:			1	4	2	8	1	1	1
Die Gemeinkosten der Kostenstelle „Fuhrpark" sind wie folgt auf die übrigen Kostenstellen zu verteilen:			–	4	3	8	2	2	2
Die Gemeinkosten der Hilfskostenstellen „Einkauf", „Lager", „Verw./Marketing" sind nach folgenden Schlüsselzahlen auf die drei Hauptkostenstellen zu verteilen:			–	–	–	–	4	5	1

3. *Werten Sie den BAB aus, indem Sie die Handlungskosten- und Gewinnzuschläge bestimmen. Beurteilen Sie die Erfolgslage der Warengruppe „Installationen".*

5.5 Normalgemeinkosten als Grundlage für Vorkalkulationen

Situation Frau Kern ist sich darüber im Klaren, dass ihre bisherigen Kalkulationen mit differenzierten Zuschlagssätzen für die Handlungskosten (vgl. BAB S. 363) zwar recht gut dafür geeignet sind, um die Gemeinkosten verursachungsgerecht auf die Kostenträger (= Warengruppen) zu verteilen und eine brauchbare Kostenkontrolle **(Nachkalkulation)** durchzuführen. Ein Problem hat sie damit aber noch nicht gelöst: Die im BAB ausgewiesenen Kosten sind sog. **IST-Kosten,** d. h., sie spiegeln die tatsächliche Situation eines bestimmten Monats mit allen seinen Zufälligkeiten, Besonderheiten und Schwankungen wider, und diese Kosten stehen immer erst nach Abschluss einer Abrechnungsperiode (= Monat) zur Verfügung, d. h., es sind **vergangenheitsbezogene Kosten,** die keinen Prognosewert für die Zukunft haben. Für Frau Kern stellt sich die Frage, wie sie die aufgrund von Preisänderungen bei den Waren, aufgrund von Lohn- und Gehaltserhöhungen, aufgrund unterschiedlicher Auftragslagen sich von Monat zu Monat ändernden Zuschlagssätze auf eine feste Grundlage stellen kann, sodass sie über einen längeren Zeitraum konstant bleiben. Ihre Kunden erwarten von ihr z. B. eine **Vorkalkulation** (= Angebotskalkulation) mit einer für die nächste Zukunft verbindlichen Preisangabe.

Normalzuschlagssätze. Frau Kern löst das Problem konstanter Zuschlagssätze, indem sie für jede Hauptkostenstelle einen Normalzuschlagssatz für die Handlungskosten festlegt. Dazu geht sie folgendermaßen vor: Aus den IST-Zuschlagssätzen mehrerer zurückliegender Betriebsabrechnungsbögen errechnet sie das arithmetische Mittel als Normalzuschlagssatz.

Beispiel 1 Für die Hauptkostenstelle „Druckpapier" liegen folgende IST-Zuschläge vor:

Monat	Juni	Juli	August	September
IST-Zuschlag	21,4 %	22,6 %	19,8 %	20,0 %

$$\text{Normalzuschlagssatz} = \frac{21{,}4\ \% + 22{,}6\ \% + 19{,}8\ \% + 20{,}0\ \%}{4} = 20{,}95\ \%$$

Für die Hauptkostenstelle Druckpapier legt Frau Kern den Normalzuschlagssatz auf **21 %** fest.

Beispiel 2 Unter Beachtung des Trends, der saisonalen Schwankungen und unter dem Vorbehalt der späteren Korrektur legt Frau Kern folgende Normalzuschlagssätze für Handlungskosten fest, **die für jede zukünftige Kalkulation (= Vorkalkulation) verbindlich sind:**

Hauptkostenstelle „Druckpapier" . . . . **21 %**
Hauptkostenstelle „Kopierpapier" . . . . **22 %**
Hauptkostenstelle „Umschlagkarton" . . . . **26 %**
Hauptkostenstelle „Saugpapier" . . . . **24 %**

Beispiel 3 Das Unternehmen Kern kalkuliert den Selbstkostenpreis für 100 Packungen Saugpapier auf der Grundlage des Normalzuschlagssatzes von 24 %:

Bezugspreis für 100 Packungen (vgl. S. 364)	105,00 €
+ 24 % Normal-Handlungskosten	25,20 €
Selbstkostenpreis für 100 Packungen	**130,20 €**

Gegenüber der Kalkulation mit dem IST-Zuschlagssatz von 22,5 % (vgl. S. 364) ergibt sich ein um **1,58 €** höherer Selbstkostenpreis.

6470370

5.6 Kostenüberdeckung und Kostenunterdeckung

Situation Im Unternehmen Kern hat die Ausrichtung aller Kalkulationen auf Normal-zuschlagssätze für Handlungskosten folgende Auswirkungen auf den BAB:

❶ Da die Angebotskalkulationen auf Normalzuschlägen basieren, werden dem Unternehmen über die Umsatzerlöse Normalkosten erstattet.

❷ Es ist daher für jede Hauptkostenstelle zu prüfen, ob die durch die Umsatz-prozesse tatsächlich entstandenen Kosten (= IST-Kosten) mindestens von den in die Preise eingerechneten (= vorkalkulierten) Normalkosten gedeckt worden sind.

❸ Wenn für einzelne Hauptkostenstellen keine ausreichende Kostendeckung erzielt worden ist (= Kostenunterdeckung), so ist zu prüfen, ob wenigstens für alle Hauptkostenstellen zusammen Kostendeckung vorliegt.

❹ Bei anhaltender **Kostenunterdeckung** (= Normalkosten < IST-Kosten) sind die Normalzuschlagssätze zu erhöhen.

Es ist zweckmäßig, die Kostenüberdeckungen und/oder Kostenunterde-ckungen im BAB auszuweisen. Hierzu trägt Frau Kern im nachfolgenden BAB die kalkulierten Normalgemeinkosten unterhalb der IST-Gemeinkosten ein und errechnet durch Saldierung die Über- oder Unterdeckungen.

Betriebsabrechnungsbogen mit Normalgemeinkosten
der Unternehmung Katja Kern e. Kfr., Papiergroßhandlung, Köln

Kosten-arten	Zahlen der Betriebs-ergebnis-rechnung	Vertei-lungs-schlüssel	Allg. Kosten-stelle: Fuhrpark	Hilfs-kosten-stelle: Verwaltg./ Lager	Hauptkostenstellen (Verkaufsabteilungen)				
					Druck-papier	Kopier-papier	Umschlag-karton	Saug-papier	Summe
Einzelkosten									
6070	500.000				500.000				
6075	300.000					300.000			
6080	180.000						180.000		
6085	20.000							20.000	
Summe	**1.000.000**				**500.000**	**300.000**	**180.000**	**20.000**	**1.000.000**
Gemeinkosten									
6140	10.000	Rechnung	1.000	9.000	–	–	–	–	–
6200	49.000	Lohnliste	14.000	35.000	–	–	–	–	–
6300	33.000	Geh.-Liste	–	8.000	12.500	5.500	4.500	2.500	–
6400	14.000	L.-/G.-Liste	2.000	7.000	2.000	1.500	1.500	–	–
6520	26.000	Anl.-Werte	6.000	7.500	5.000	4.000	3.000	500	–
6700	15.000	m^2	3.000	8.000	2.000	1.000	1.000	–	–
6850	16.000	Rechnung	2.000	14.000	–	–	–	–	–
70 . .	7.000	Verh.-Zahl	1.000	11.500	2.000	1.000	1.000	500	–
7510	27.500	Kapital	6.000	10.500	4.500	4.000	2.000	500	–
U.-Lohn	10.000	Verh.-Zahl	1.000	6.000	1.000	1.000	1.000	–	–
Summe	**217.500**		**36.000**	**116.500**	**29.000**	**18.000**	**14.000**	**4.000**	**–**
❶ Verteilung: Fuhrpark		5 : 4 : 3 : 0			15.000	12.000	9.000	0	
❷ Verteilung: Verwaltg./Lager		500,00 € 14 : 9 : 6			56.000	36.000	24.000	500	
Summe der Handlungskosten (IST-Kosten)					**100.000**	**66.000**	**47.000**	**4.500**	**217.500**
Handlungskostenzuschlagssatz je Warengruppe (IST)					20 %	22 %	26,1 %	22,5 %	(21,75 %)
Handlungskostenzuschlagssätze (Normal)					21 %	22 %	26 %	24 %	
Normal-Handlungskosten[1]					105.000	66.000	46.800	4.800	222.600
Kostenüber-/-unterdeckung					(+) 5.000	0	(–) 200	(+) 300	(+) 5.100

---

1 Normal-Handlungskosten werden von den IST-Einzelkosten berechnet.

Auswertung des Betriebsabrechnungsbogens:

❶ **Kostenüberdeckungen** liegen in den beiden Hauptkostenstellen „Druckpapier" (+ 5.000,00 €) und „Saugpapier" (+ 300,00 €) vor. In diesen Fällen sind die kalkulierten (und über die Umsatzerlöse „verdienten") Normal-Selbstkosten höher als die tatsächlich eingetretenen IST-Selbstkosten. Diese Situation ist für das Unternehmen positiv zu bewerten.

❷ **Kostenunterdeckung** liegt in der Hauptkostenstelle „Umschlagkarton" (− 200,00 €) vor. In diesem Fall decken die kalkulierten Normal-Selbstkosten nicht die tatsächlich eingetretenen IST-Selbstkosten.

❸ In der Hauptkostenstelle „Kopierpapier" stimmen kalkulierte und tatsächlich eingetretene Selbstkosten überein.

❹ Für alle Hauptkostenstellen zusammen ergibt sich eine Kostenüberdeckung von + 5.100,00 €. In dieser Situation hat das Unternehmen Kern keinen Anlass, die Normalzuschlagssätze zu ändern, sollte aber die Entwicklung in der Hauptkostenstelle „Umschlagkarton" sorgfältig im Auge behalten.

Kostenträgerzeitrechnung (BAB II). Kostenträger im Großhandelsbetrieb sind in der Regel die abgesetzten Waren je Warengruppe. Sie übernehmen die von ihnen verursachten Einzel- und Gemeinkosten einer Abrechnungsperiode, wobei die Gemeinkosten über den Handlungskostenzuschlagsatz anteilig zugerechnet werden. Die Höhe der von den einzelnen Kostenträgern zu übernehmenden Selbstkosten wird mithilfe der Kostenträgerzeitrechnung ermittelt. Sofern diese Rechnung auf Normalkostenbasis durchgeführt wird, eignet sie sich für eine sehr schnelle Ermittlung des (vorläufigen) Monatsergebnisses, ohne die Aufstellung des Betriebsabrechnungsbogens abwarten zu müssen.

Beispiel Auf der Grundlage der im Unternehmen Kern festgelegten Normalzuschlagssätze (vgl. S. 370), der Warenaufwendungen und der Umsatzerlöse sowie der im BAB ausgewiesenen Kostenüberdeckung wird das nachfolgende Kostenträgerblatt (= BAB II) auf Normalkostenbasis zur Ermittlung der Selbstkosten, des Umsatzergebnisses und des Betriebsgewinnes aufgestellt.

Kostenträgerblatt auf Normalkostenbasis (= BAB II)					
Kalkulationsschema	**Warengruppe Druckpapier**	**Warengruppe Kopierpapier**	**Warengruppe U.-Karton**	**Warengruppe Saugpapier**	**Kostenträger insgesamt**
Warenaufwendungen	500.000,00	300.000,00	180.000,00	20.000,00	1.000.000,00
+ **Normal-Handlungskosten**	105.000,00	66.000,00	46.800,00	4.800,00	222.600,00
Normal-Selbstkosten	605.000,00	366.000,00	226.800,00	24.800,00	1.222.600,00
Umsatzerlöse (vgl. S. 328)	620.000,00	380.000,00	225.000,00	25.000,00	1.250.000,00
Umsatzergebnis (Normal)	(+) 15.000,00	(+) 14.000,00	(−) 1.800,00	(+) 200,00	(+) 27.400,00
+ **Kostenüberdeckung lt. BAB** (vgl. S. 371)					5.100,00
Betriebsergebnis					32.500,00

Vergleichen Sie hierzu auch die Darstellung auf Seite 365, in der die Gewinnermittlung im BAB auf der Grundlage von IST-Kosten gezeigt wird. Die obige Rechnung hat demgegenüber den Vorteil, dass sie bis zum Umsatzergebnis — also dem auf Normalkostenbasis errechneten Betriebsgewinn (im obigen Beispiel **27.400,00 €**) — zeitlich schon vor der Aufstellung des BAB durchgeführt werden kann.

5.7 Kostenträgerstückrechnung (Zuschlagskalkulation) als Vor- und Nachkalkulation

Die Kostenträgerstückrechnung im Großhandel basiert auf der Zuschlagskalkulation (vgl. S. 336 f.). Sie dient vor allem

- ▶ der Berechnung der Angebotspreise für **einzelne** Kostenträger,
- ▶ der Kostenkontrolle (= Nachkalkulation),
- ▶ der Entscheidung über die Annahme von Aufträgen zu Marktpreisen.

Vorkalkulation. Die im Unternehmen festgelegten Normalzuschlagssätze für die Handlungskosten und für den Gewinn bilden die Grundlage für die Angebotskalkulationen nach dem im Abschnitt 4 „Zuschlagskalkulation mit einheitlichem Handlungskostensatz" dargelegten Verfahren.

Nachkalkulation. Die zur Angebotsabgabe aufgestellten Vorkalkulationen müssen nach Ablauf der Abrechnungsperiode (z. B. monatlich) auf der Basis der tatsächlich erzielten Ergebnisse überprüft werden. Hierzu dienen die Nachkalkulationen, die — auf den im BAB ermittelten IST-Zuschlagssätzen für die Handlungskosten aufbauend — den Vorkalkulationen gegenübergestellt werden.

| Beispiel | Im Unternehmen Kern wird der Angebotspreis für eine Packung Saugpapier aufgrund folgender Angaben kalkuliert: |

Bezugspreis je Packung . . . . 1,05 € (vgl. S. 339),
Normalzuschlag für Handlungskosten . . . . 24 % (vgl. S. 370),
Gewinnzuschlag (Normal) . . . . 3 % (vgl. S. 341).

In der Nachkalkulation sind folgende Änderungen zu berücksichtigen:

Wegen des nicht ausgenutzten Skontoabzugs beim Einkauf erhöhte sich der Bezugspreis auf 1,07 € je Packung.
Der tatsächliche Handlungskostenzuschlag lt. BAB beträgt 22,5 % (vgl. S. 363).
Der Barverkaufspreis ist dem Kunden verbindlich zugesagt worden und muss deshalb der Nachkalkulation zugrunde gelegt werden.

Wie hoch ist der tatsächlich erzielte Gewinn (in € und %) je Packung?

Kalkulationsschema	Vorkalkulation		Nachkalkulation	
Bezugspreis		1,05 €		1,07 €
+ Handlungskosten	24,0 %	0,25 €	22,5 %	0,24 €
Selbstkostenpreis		1,30 €		1,31 €
+ Gewinn	3,0 %	0,04 €	**2,3 %**	**0,03 €**
Barverkaufspreis		**1,34 €**		**1,34 €**

siehe „Prozentrechnung", Kap. H, 4

Das Beispiel zeigt, dass aufgrund der nicht eingehaltenen Vorgaben der tatsächliche Gewinn um 0,01 € niedriger ausfällt als der vorkalkulierte Gewinn, was sich auch in einem Absinken des Gewinnzuschlags von 3 % auf 2,3 % ausdrückt.

Zusammenfassung

- ▶ **Vorkalkulationen** werden aufgrund der **Normalzuschlagssätze** durchgeführt. Sie dienen der Berechnung des **Angebotspreises**.

- ▶ **Nachkalkulationen** sind **Kontrollrechnungen**, mit denen überprüft wird, ob die Normalzuschläge der Vorkalkulationen eingehalten werden konnten. Mit ihrer Hilfe werden die tatsächlich erzielten **Stückgewinne** ermittelt.

Aufgaben

407   Auf der Grundlage des Betriebsabrechnungsbogens von Aufgabe 403, S. 366, sowie der angegebenen Nettoumsatzerlöse sind folgende Aufgaben zu lösen:

Warengruppe	Nettoumsatzerlöse
WG 1	185.370,00 €
WG 2	142.042,00 €
WG 3	103.797,00 €

1. *Die Normalzuschlagssätze für die Handlungskosten betragen 50 %, 45 % und 45 %. Stellen Sie im BAB die Kostenüber- und Kostenunterdeckung fest.*

2. *Berechnen Sie die Normal-Selbstkosten des Abrechnungsmonats für jede Warengruppe und insgesamt.*

3. *Bestimmen Sie den Betriebsgewinn für jede Warengruppe und insgesamt sowie die Gewinnzuschlagssätze für jede Warengruppe mithilfe des Kostenträgerblattes.*

4. *Ermitteln Sie die Normal-Kalkulationszuschläge für die drei Warengruppen, wenn der Großhändler in allen Warengruppen mit 2 % Verkaufsskonto und 5 % Verkaufsrabatt kalkuliert.*

5. a) *Kalkulieren Sie mit den Normal-Zuschlagssätzen den Barverkaufspreis für einen Artikel der Warengruppe 1, den der Großhändler zum Bezugspreis von 34,00 € gekauft hat.*

   b) *Stellen Sie eine Nachkalkulation zur Ermittlung des tatsächlichen Gewinns unter folgenden Bedingungen auf:*
   Der Bezugspreis konnte aufgrund günstigerer Konditionen auf 33,85 € gesenkt werden.
   Der IST-Zuschlag für Handlungskosten ist dem BAB zu entnehmen.

408   Auf der Grundlage des Betriebsabrechnungsbogens von Aufg. 405, S. 367/368, sowie der angegebenen Nettoumsatzerlöse sind folgende Aufgaben zu lösen:

Warengruppe	Nettoumsatzerlöse
I Küchenmöbel	598.850,00 €
II Wohnmöbel	672.000,00 €
III Schlafzimmer	642.850,00 €
IV Kleinmöbel	246.600,00 €

1. Die Vorkalkulationen werden aufgrund folgender Normalzuschlagssätze für die Handlungskosten durchgeführt: I 40 %, II 40 %, III 35 %, IV 50 %.
   Stellen Sie die Kostenüber- und Kostenunterdeckung im BAB fest.

2. *Ermitteln Sie den Betriebsgewinn für jede Warengruppe und insgesamt mithilfe des Kostenträgerblattes.*

3. *Bestimmen Sie die Gewinnzuschlagssätze.*

4. *Ermitteln Sie die Normal-Kalkulationszuschläge für die vier Warengruppen, wenn der Großhändler einheitlich mit 1,5 % Verkaufsskonto und 6 % Verkaufsrabatt kalkuliert.*

5. *Kalkulieren Sie mit den Normal-Zuschlagssätzen den Angebotspreis für ein Schlafzimmer, das der Großhändler zum Bezugspreis von 4.250,00 € beziehen kann.*

6. In der Nachkalkulation zeigt sich, dass das Schlafzimmer im Einkauf 4.320,00 € kostet.
   Stellen Sie eine Nachkalkulation mit dem IST-Zuschlag für Handlungskosten auf und untersuchen Sie die Auswirkung auf den Gewinn.

409 Herr Wurm (vgl. Aufgabe 349, S. 320, und Aufgabe 360, S. 335) will für seine Angebotskalkulationen feste Zuschlagssätze für die Handlungskosten und für den Gewinn verwenden. Außer den Zahlen des letztjährigen Betriebsabrechnungsbogens (vgl. Aufgabe 406) liegen ihm die nachfolgenden Zahlen aus zwei vorhergehenden Betriebsabrechnungsbögen vor, die er der Festlegung von Normalzuschlagssätzen zugrunde legt:

	Großgeräte	Unterhaltungs-elektronik	Installationen
IST-Zuschlagssätze für Handlungskosten aus zwei zurückliegenden Abrechnungsperioden:	23,4 % 20,3 %	20,6 % 19,8 %	31,8 % 36,7 %
IST-Zuschlagssätze für Gewinn aus zwei zurückliegenden Abrechnungsperioden:	1,8 % 1,5 %	3,8 % 4,3 %	0,3 % − 3,4 %

1. *Legen Sie unter Einbeziehung der Zuschlagssätze aus dem BAB von Aufgabe 406, Seiten 368/369, sowie der obigen Zahlen Normalzuschlagssätze (mit höchstens einer Nachkommastelle) fest, die den erkennbaren Trend berücksichtigen.*

2. *Überlegen Sie, wie Sie bei der Festlegung des Gewinnzuschlags für die Warengruppe „Installationen" verfahren wollen.*

3. *Berechnen Sie auf der Grundlage Ihrer Normalzuschlagssätze die Normalselbstkosten des Abrechnungsjahres (vgl. Aufgabe 406) für jede Warengruppe und insgesamt, tragen Sie die Normalselbstkosten in den Betriebsabrechnungsbogen ein und ermitteln Sie die Kostenüberdeckung oder Kostenunterdeckung für jede Warengruppe und insgesamt. Erläutern Sie die Ergebnisse.*

4. *Stellen Sie das Kostenträgerblatt zur Ermittlung der Umsatzergebnisse für die Warengruppen auf und bestimmen Sie im Kostenträgerblatt das Betriebsergebnis.*

5. *Führen Sie eine Angebotskalkulation für das Großgerät „Waschmaschine Electra 100" durch, das Herr Wurm zum Bezugspreis von 445,00 € vom Hersteller bezieht. Berücksichtigen Sie in dieser Kalkulation, dass Herr Wurm mit 2 % Kundenskonto und 4 % Kundenrabatt (bei Abnahme von mindestens 5 Geräten) kalkuliert.*

6. *Führen Sie eine Nachkalkulation für die Waschmaschine Electra 100 unter folgenden Bedingungen durch: Beim Bezug der Maschinen wurde der Einkaufsskonto nicht ausgenutzt, außerdem fiel eine Transportversicherung an, die nicht berücksichtigt worden war; der Bezugspreis erhöhte sich dadurch auf 451,20 € je Maschine. Der Kunde hat nicht die erwarteten 5 Maschinen (sondern nur 3) bestellt; dadurch entfällt für ihn der Mengenrabatt.*

6 Deckungsbeitragsrechnung

Situation Im Unternehmen Kern werden die Verkaufspreise – ausgehend von den Bezugspreisen – mithilfe der im BAB ermittelten **Zuschlagssätze für Handlungskosten und Gewinn** kalkuliert. In die Verkaufspreise werden also **alle Kosten** anteilig über den Handlungskostenzuschlagssatz eingerechnet. Dieses Verfahren der Zuschlagskalkulation hat gewichtige **Nachteile:**

Frau Kern kann in wirtschaftlich angespannten Situationen mit schlechter Auftragslage die Verkaufspreise nicht der Kostenstruktur ihres Unternehmens anpassen. Damit ist Folgendes gemeint: Um in wirtschaftlich schlechten Zeiten Aufträge zu erhalten, ist es wichtig, Preiszugeständnisse zu machen. Wie hoch darf aber ein Preisnachlass ausfallen, ohne in **Zahlungsschwierigkeiten** zu kommen? Und welche Kosten lassen sich notfalls vorübergehend **aus der Kalkulation heraushalten** (= Verzicht auf Kostenersatz)?

Zahlungsschwierigkeiten ergeben sich für ein Unternehmen dann, wenn es über die Verkaufspreise nicht mehr diejenigen Kosten erstattet bekommt, die **kurzfristig zu Ausgaben** führen, das sind z. B. Personalkosten, Mieten, Steuerschulden.

Langfristig muss jedes Unternehmen darauf achten, dass über die Umsatzerlöse **alle** Kosten ersetzt werden, weil sonst Zahlungsschwierigkeiten auftreten und **keine Ersatzinvestitionen** möglich sind. Kurzfristig kann ein Unternehmen solche Kosten aus der Kalkulation heraushalten, die auch dann anfallen würden, wenn das Unternehmen keine Umsätze mehr tätigt. Ein **Beispiel** für solche Kosten sind die (kalkulatorischen) **Abschreibungen.** Sachanlagen werden jährlich mit einem vorbestimmten Betrag **unabhängig vom Umsatz** abgeschrieben. Abschreibungen fallen als **Kosten der Betriebsbereitschaft** selbst dann an, wenn überhaupt kein Umsatz getätigt wird. Kosten dieser Art heißen deshalb auch beschäftigungsunabhängige Kosten oder **fixe Kosten.** Anders herum formuliert bedeutet dieser Sachverhalt, dass das Unternehmen solche Kosten unbedingt in der Kalkulation berücksichtigen muss, **deren Höhe vom Umsatz abhängt:** Mit steigendem Umsatz steigen sie und mit sinkendem Umsatz gehen sie zurück. Ein **Beispiel** für solche Kosten sind die **Warenaufwendungen.** Kosten mit dieser Eigenschaft heißen beschäftigungsabhängige Kosten oder **variable Kosten.** Die Kenntnis dieser Kostenstruktur, also der Einteilung der gesamten Kosten in fixe und variable Kosten, ist für die Preisgestaltung von großer Bedeutung.

Beispiel Die **Warenaufwendungen** für Druckpapier betragen im Monat September 500.000,00 €. Es handelt sich um **variable Kosten.** Im gleichen Monat fallen **Handlungskosten** für Druckpapier in Höhe von 100.000,00 € an (vgl. BAB Seite 363). Nehmen wir an, dass es sich hierbei in voller Höhe um **fixe Kosten** handelt, d. h., unabhängig von der Höhe der monatlichen Warenaufwendungen fallen Handlungskosten von etwa 100.000,00 € an. Untersuchen wir, wie sich der Handlungskostenzuschlagssatz verändert, wenn a) die Warenaufwendungen höher als 500.000,00 €, b) niedriger als 500.000,00 € sind.

	Ausgangssituation	a) höhere Warenaufwendungen	b) niedrigere Warenaufwendungen
Warenaufwendungen	500.000,00 €	600.000,00 €	400.000,00 €
Handlungskosten (fix)	100.000,00 €	100.000,00 €	100.000,00 €
Handlungskostensatz	20 %	16 $\frac{2}{3}$ %	25 %

 siehe „Prozentrechnung", Kap. H, 4

Mit **steigendem Wareneinsatz,** also dem Kennzeichen einer guten wirtschaftlichen Situation, in der die Preise stabil oder sogar leicht steigend sind, würde nach der obigen Rechnung mit einem niedrigeren Handlungskostensatz (16 $^2/_3$ %) kalkuliert werden, was zu sinkenden Preisen führt. In wirtschaftlich schlechteren Zeiten mit **sinkendem Wareneinsatz und Preiszugeständnissen beim Warenverkauf** dagegen zeigt die obige Rechnung an, dass mit einem höheren Zuschlagssatz kalkuliert werden muss, was zu steigenden Preisen führt. Eine solche Entscheidung wäre aber in der jeweiligen wirtschaftlichen Lage unsinnig.

Wir werden im Folgenden zeigen, wie Frau Kern das Problem löst, ihre Kalkulation den Markterfordernissen anzupassen. Dazu unterscheiden wir zunächst genauer die fixen Kosten von den variablen Kosten.

6.1   Wodurch unterscheiden sich fixe Kosten und variable Kosten voneinander?

Variable Kosten haben die Eigenschaft, dass ihre Höhe vom **Umsatz** (allgemein ausgedrückt: von der **Beschäftigung**) abhängt: Steigt der Umsatz in einem Monat, so steigen auch die variablen Kosten, sinkt der Umsatz, so sinken auch die variablen Kosten. Wir gehen im folgenden Beispiel davon aus, dass die variablen Kosten **im gleichen Ausmaß** steigen oder fallen wie der Umsatz, d. h., wir betrachten hier die variablen Kosten nur in ihrer **proportionalen Abhängigkeit** vom Umsatz.

Beispiel   Im Unternehmen Katja Kern werden die bei der Papiermühle AG bestellten Saugpapiere (vgl. Seite 134 f.) in handelsübliche 4er-Packungen umgepackt. Dabei fallen Verpackungskosten von **0,25 € je 4er-Packung** an (= variable Stückkosten). Bei unterschiedlichen Absatzmengen ergeben sich folgende Verpackungskosten als gesamte variable Kosten:

Zahl der Packungen	0	1 000	2 000	3 000	4 000	5 000	6 000	7 000
variable Stückkosten	0	0,25	0,25	0,25	0,25	0,25	0,25	0,25
variable Kosten	0	250,00	500,00	750,00	1.000,00	1.250,00	1.500,00	1.750,00

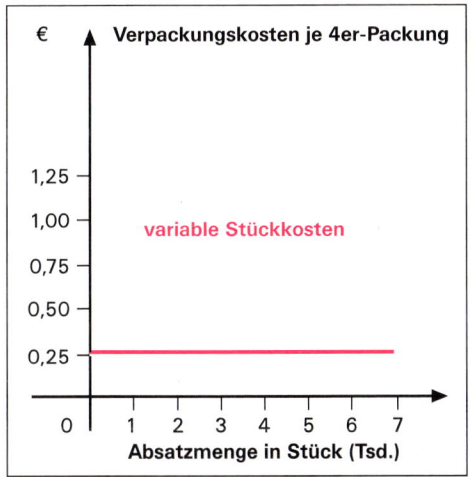

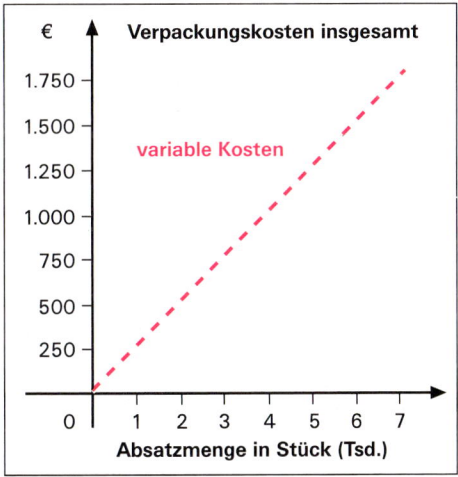

Erläuterung: Die Verpackungskosten nehmen mit steigender Absatzmenge insgesamt proportional zu. Sie verringern sich im gleichen Verhältnis, wie die Absatzmenge zurückgeht. Die auf eine 4er-Packung entfallenden Verpackungskosten bleiben bei schwankender Beschäftigung (= Absatzmenge) immer gleich hoch. Zu den variablen Kosten gehören — außer den Verpackungskosten — auch die **Warenaufwendungen,** die **Transportkosten** und die **Vertriebsprovisionen.**

Einzelkosten sind variable Kosten!

Fixe Kosten. Alle Kosten, die von Abrechnungsperiode zu Abrechnungsperiode bei unveränderter Betriebsgröße in annähernd **gleicher Höhe unabhängig vom Leistungsumfang anfallen, heißen fixe Kosten** oder **Kosten der Betriebsbereitschaft.** Der überwiegende Teil der **Gemeinkosten gehört zu den fixen Kosten,** so z. B. Personalkosten, Mieten, Steuern, Beiträge, kalkulatorische Abschreibungen.

Beispiel	Der in der Papiergroßhandlung Kern eingesetzte LKW wird monatlich mit 1.000,00 € kalkulatorisch abgeschrieben. Dieser Betrag soll gleichmäßig auf die mit dem LKW transportierten Paletten verteilt werden.

Absatzmenge (Paletten in Stück)	fixe Kosten	fixe Stückkosten
0	1.000,00	—
100	1.000,00	10,00
200	1.000,00	5,00
300	1.000,00	3,33
400	1.000,00	2,50
500	1.000,00	2,00
600	1.000,00	1,67
.	.	.

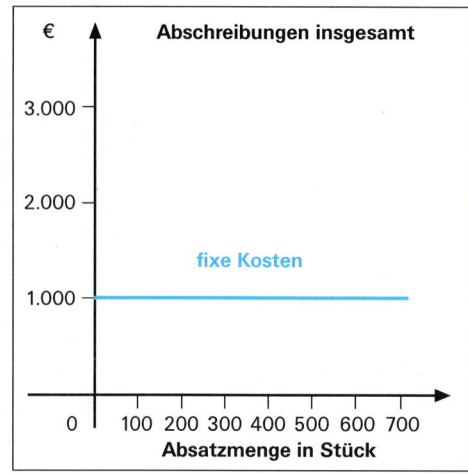

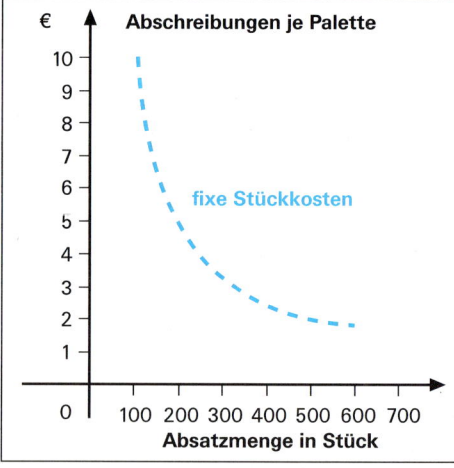

Erläuterung: Die Abschreibungen verändern sich mit steigendem oder sinkendem Absatz nicht. Sie fallen in jeder Abrechnungsperiode in nahezu unveränderter Höhe an. Die auf ein Stück umgerechneten Abschreibungen verringern sich mit steigendem Absatz und erhöhen sich bei rückläufigem Absatz. Außer den Abschreibungen gehören auch die Gehälter, zum großen Teil die Löhne und die Steuern sowie die Mieten zu den fixen Kosten.

Gemeinkosten (Handlungskosten) sind überwiegend fixe Kosten.

6470378

410
1. Unterscheiden Sie Einzel- und Gemeinkosten voneinander.
2. Erläutern Sie die Aussage: „Einzelkosten sind variable Kosten, Gemeinkosten sind überwiegend fixe Kosten."
3. Warum ist es richtig, das Gehalt eines Angestellten im Lager als fixe Kosten zu betrachten?
4. Ordnen Sie folgende Kostenarten den variablen und/oder fixen Kosten zu: Kalkulatorische Abschreibungen, Gewerbesteuer, freiwillige soziale Aufwendungen, Energiekosten, Telefonkosten, Transportkosten, Werbekosten, Ausgangsfrachten.
5. Begründen Sie, warum Lohnkosten nicht eindeutig zu den variablen Kosten zu rechnen sind.
6. Unterscheiden Sie Lohnarten, die zu den Einzelkosten gehören, von solchen, die zu den Gemeinkosten zählen.
7. Aus welchem Grund können die fixen Kosten nicht direkt auf den einzelnen Kostenträger (Ware) umgerechnet werden?
8. Ein Betrieb mit hohem Anteil der variablen Kosten an den Gesamtkosten kann sich einer veränderten Beschäftigung leicht anpassen. Begründen Sie diese Aussage.
9. Warum wird ein Großhandelsbetrieb mit hohem Anteil der fixen Kosten an den Gesamtkosten darauf achten, dass stets mit guter Auslastung der Anlagen gearbeitet wird?

411   Der Wareneinsatz (= Warenaufwendungen) soll in der Kostenrechnung zum festen Verrechnungspreis angesetzt werden.

Der Verrechnungspreis ist als gewogener Durchschnittspreis aus folgenden Lieferungen des vergangenen Quartals zu bestimmen:

Lieferdatum	Liefermenge in kg	Bezugspreis je kg
..-01-15	12 500	80,00 €
..-01-23	8 500	76,00 €
..-02-18	10 000	82,00 €
..-03-05	7 000	85,00 €

412   Die Abschreibungen betragen in einem Großhandelsbetrieb monatlich 36.000,00 €. Die Verteilung auf die Kostenträger soll so vorgenommen werden, dass auf jedes eingekaufte Stück der gleiche Kostenanteil entfällt:

Monat	Einkaufsmenge in Stück
August	32 000
September	30 000
Oktober	38 000

Bestimmen Sie für jeden Monat den auf ein Stück entfallenden Abschreibungsbetrag und stellen Sie die Abhängigkeit der Abschreibung von der Menge grafisch dar.

413   Ein Unternehmer kalkuliert mit variablen Stückkosten von 35,00 €/Stück und fixen Kosten von insgesamt 65.000,00 €/Monat.

Wie viel Stück muss er in einem Monat mindestens absetzen, um bei einem Verkaufspreis von 61,00 €/Stück keinen Verlust zu erleiden?

6.2   Wie berechnet man den Deckungsbeitrag?

Deckungsbeitrag. Die Deckungsbeitragsrechnung verzichtet darauf, **alle** Kosten auf die Warengruppen (= Kostenträger) zu verteilen. Sie beschränkt sich auf die **Verteilung der variablen Kosten** (Einzelkosten und variable Gemeinkosten, vgl. Seiten 377/ 378), weil diese Kosten unmittelbar den Warengruppen zugerechnet werden können. Die fixen Kosten lassen sich nicht verursachungsgerecht den Warengruppen zuweisen und werden deshalb getrennt von den variablen Kosten erfasst und zu einem „Kostenblock" aufaddiert. Im Großhandelsbetrieb prüft man nun, ob jede Warengruppe nach Abzug der variablen Kosten von den Umsatzerlösen so viel Überschuss erwirtschaftet, dass die fixen Kosten voll gedeckt werden können. Nur dann erzielt das Unternehmen einen Betriebsgewinn. Dieser Überschuss, der sich als Differenz aus den **Umsatzerlösen minus den variablen Kosten** ergibt, heißt **Deckungsbeitrag**. Aus diesen Überlegungen ergibt sich das folgende **Grundschema der Deckungsbeitragsrechnung** in einem Großhandelsbetrieb mit mehreren Warengruppen:

Kalkulationsschema	Waren-gruppe I	Waren-gruppe II	Waren-gruppe III	Summe
Nettoumsatzerlöse	....	....	....	....
— Warenaufwendungen (Einzelkosten)	....	....	....	....
Warenrohgewinn	....	....	....	....
— variable Gemeinkosten	....	....	....	....
Deckungsbeitrag	....	....	....	....
— fixe Kosten	—	—	—	....
Betriebserfolg				....

Erläuterung: Die Nettoumsatzerlöse für jede Warengruppe sind unter den Kontennummern 5110, 5115, 5120, 5125 usw. in der Betriebsergebnisrechnung verzeichnet und können dort entnommen werden.

Die Warenaufwendungen können unter den Kontenbezeichnungen 6070, 6075, 6080, 6085 usw. ebenfalls der Betriebsergebnisrechnung entnommen werden. Vermindert man die Umsatzerlöse um die Warenaufwendungen, so erhält man den **Warenrohgewinn** (auch **Bruttoerfolg** genannt) für jede Warengruppe und insgesamt.

Vom Warenrohgewinn sind die den Warengruppen direkt zurechenbaren (= variablen) **Handlungskosten** zu subtrahieren, um die **Deckungsbeiträge** jeder Warengruppe und insgesamt zu erhalten. Zu den variablen Handlungskosten zählen z. B. warenbezogene Verpackungen und Ausgangsfrachten.

Die Deckungsbeiträge geben an, mit wie viel Euro jede Warengruppe zur Deckung der fixen Kosten und zur Erzielung von Gewinn beiträgt.

Das Unternehmen erzielt einen **Betriebsgewinn,** wenn die Summe der Deckungsbeiträge größer ist als die insgesamt angefallenen fixen Kosten. Reichen die Deckungsbeiträge nicht aus, um die fixen Kosten zu decken, so ergibt sich ein **Betriebsverlust.**

Deckungsbeiträge > fixe Kosten = Betriebsgewinn
Deckungsbeiträge < fixe Kosten = Betriebsverlust

Um die obige Kalkulation anwenden zu können, ist es erforderlich, die Handlungskosten in ihre variablen und fixen Kostenbestandteile aufzuteilen. Dies kann nur durch eine Kostenuntersuchung im jeweiligen Betrieb vorgenommen werden. Im folgenden Beispiel unterstellen wir, dass eine solche Untersuchung erfolgt ist und zu den im nachfolgenden Beispiel genannten Aufteilungsmerkmalen geführt hat.

6470380

Beispiel Im Unternehmen Kern wird aus den Zahlen der Betriebsergebnisrechnung von Seite 328 folgende Aufteilung der Warenaufwendungen und Handlungskosten in **variable und fixe Kosten** vorgenommen:

Kostenart	Betrag	Aufteilungs-merkmal	variable Kosten	fixe Kosten
6070 Druckpapier	500.000,00	variabel	500.000,00	–
6075 Kopierpapier	300.000,00	variabel	300.000,00	–
6080 Umschlagkarton	180.000,00	variabel	180.000,00	–
6085 Saugpapier	20.000,00	variabel	20.000,00	–
Zwischensumme: Warenaufwendungen	1.000.000,00		1.000.000,00	–
6140 Frachten u. Fremdl.	10.000,00	variabel	10.000,00	–
6200 Löhne	49.000,00	3 : 4	21.000,00	28.000,00
6300 Gehälter	33.000,00	fix	–	33.000,00
6400 Soz. Aufwendungen	14.000,00	2 : 5	4.000,00	10.000,00
6520 Kalk. Abschreibg.	26.000,00	fix	–	26.000,00
6700 Mieten	15.000,00	fix	–	15.000,00
6850 Reisekosten	16.000,00	3 : 1	12.000,00	4.000,00
70.. Betriebl. Steuern	17.000,00	fix	–	17.000,00
7510 Kalkulat. Zinsen	27.500,00	fix	–	27.500,00
Unternehmerlohn	10.000,00	fix	–	10.000,00
Zwischensumme: Handlungskosten	217.500,00		47.000,00	170.500,00

siehe „Verteilungsrechnung", Kap. H, 3 ⮑

Von den variablen Handlungskosten entfallen auf die einzelnen Warengruppen:

Kostenart	Betrag	Druckpapier	Kopierpapier	Umschl.-Kart.	Saugpapier
Frachten u. Fremdl.	10.000,00	4.000,00	3.000,00	3.000,00	0,00
Löhne	21.000,00	9.000,00	5.000,00	5.000,00	2.000,00
Soz. Aufwendg.	4.000,00	2.000,00	1.000,00	1.000,00	0,00
Reisekosten	12.000,00	3.000,00	3.000,00	4.000,00	2.000,00
Summe	47.000,00	18.000,00	12.000,00	13.000,00	4.000,00

Auf dieser Grundlage ist die **Deckungsbeitragskalkulation** nach dem Schema von Seite 380 durchzuführen.

Kalkulationsschema	Druck-papier	Kopier-papier	Umschlag-karton	Saug-papier	Summe
Nettoumsatzerlöse	620.000,00	380.000,00	225.000,00	25.000,00	1.250.000,00
– Warenaufwendg.	500.000,00	300.000,00	180.000,00	20.000,00	1.000.000,00
Warenrohgewinn	120.000,00	80.000,00	45.000,00	5.000,00	250.000,00
– var. Handl.-Kosten	18.000,00	12.000,00	13.000,00	4.000,00	47.000,00
Deckungsbeitrag	102.000,00	68.000,00	32.000,00	1.000,00	203.000,00
– fixe Kosten	–	–	–	–	170.500,00
Betriebsgewinn					32.500,00

Auswertung: Aus der obigen Kalkulation ist abzulesen, dass alle vier Warengruppen **positive Deckungsbeiträge** erzielen, d. h., bei allen Warengruppen liegen die Umsatzerlöse über deren variablen Kosten. Alle Warengruppen leisten somit über ihre positiven Deckungsbeiträge einen Beitrag zur Deckung der fixen Kosten. Da die Summe der Deckungsbeiträge mit 203.000,00 € über den fixen Kosten (170.500,00 €) liegt, erwirtschaftet das Unternehmen einen **Betriebsgewinn** von 32.500,00 € (vgl. auch BAB, Seite 365).

Ertragskraft der Warengruppen. Aussagefähig ist der Prozentanteil der Deckungsbeiträge an den Umsatzerlösen jeder Warengruppe. Mit dieser Prozentzahl lässt sich feststellen, wie **ertragsstark** oder **ertragsschwach** eine Warengruppe ist.

	Druckpapier	Kopierpapier	Umschlagkarton	Saugpapier
Deckungsbeitrag	102.000,00 €	68.000,00 €	32.000,00 €	1.000,00 €
Umsatzerlöse	620.000,00 €	380.000,00 €	225.000,00 €	25.000,00 €
Deckungsbeitrag in Prozent des Umsatzes	16,5 %	17,9 %	14,2 %	4,0 %

↪ siehe „Prozentrechnung", Kap. H, 4

Im obigen Beispiel sind die Warengruppen „Druckpapier" und „Kopierpapier" ertrags-
stärker als die Warengruppen „Umschlagkarton" und „Saugpapier". Besondere Aufmerksamkeit lenken wir auf die Warengruppe **„Umschlagkarton"**. Diese Warengruppe
hat nach der Betriebsabrechnung von Seite 365 mit einem **Verlust** von 2.000,00 €
(= 8,8 %) abgeschlossen. Hiernach hätte es nahe gelegen, diese Warengruppe aus dem
Sortiment herauszunehmen. Erst die Kalkulation nach Deckungsbeiträgen zeigt, dass
eine solche Entscheidung **falsch** gewesen wäre. Denn diese Warengruppe erzielt einen
recht hohen positiven Deckungsbeitrag und leistet damit ihren Beitrag zur Deckung
der fixen Kosten. Der Betriebsabrechnungsbogen kann hierüber keine Aussage
machen, da in ihm keine Unterscheidung nach fixen und variablen Kosten getroffen,
sondern eine Aufteilung aller Handlungskosten nach den verursachenden Kostenstellen vorgenommen wird.

Optimale Sortimentgestaltung. Das zuvor gezeigte Verfahren zur Bestimmung der
Ertragskraft einzelner Warengruppen wird genutzt, um das Warensortiment auf einen
möglichst hohen Gesamtertrag auszurichten. Hierzu werden die Warengruppen nach
ihrer Ertragskraft in eine Rangfolge gebracht, in der sie im Sortiment gepflegt werden:

1. Rang: Warengruppe **„Kopierpapier"** mit . . . . **17,9 %**
2. Rang: Warengruppe **„Druckpapier"** mit . . . . **16,5 %**
3. Rang: Warengruppe **„Umschlagkarton"** mit . . . . **14,2 %**
4. Rang: Warengruppe **„Saugpapier"** mit . . . . **4,0 %**

Aufgaben

414

1. *Worin besteht der Vorteil der Deckungsbeitragsrechnung gegenüber der
   Vollkostenrechnung?*
2. *Was versteht man unter „Deckungsbeitrag"?*
3. *Unterscheiden Sie variable Kosten und fixe Kosten voneinander.*
4. *Nennen Sie Beispiele für variable und fixe Handlungskosten.*
5. *Warum ist es grundsätzlich vorteilhaft, einen Artikel nicht aus dem Sortiment herauszunehmen, wenn er einen positiven Deckungsbeitrag erzielt?*

415

In einer Großhandlung werden die drei Warengruppen A, B und C geführt. Im
Monat Juni wurden folgende Umsatzerlöse und Kosten ermittelt:

	Warengruppen		
	A	**B**	**C**
Nettoumsatzerlöse	124.000,00	165.000,00	84.000,00
Warenaufwendungen (Einzelkosten)	77.500,00	110.000,00	60.000,00
variable Gemeinkosten	15.500,00	16.500,00	15.000,00
fixe Gemeinkosten insgesamt		28.000,00	

*Bestimmen Sie die Deckungsbeiträge jeder Warengruppe und insgesamt sowie
das Betriebsergebnis.*

6470382

416   Eine Textilgroßhandlung hat aufgrund ihrer Vollkostenrechnung für den Monat April in den drei Warengruppen Herrenoberbekleidung, Damenoberbekleidung und Kinderbekleidung folgende Erlöse und Kosten festgestellt:

	Herrenober-bekleidung	Damenober-bekleidung	Kinder-bekleidung	insgesamt
Nettoumsatzerlöse	602.550,00	838.800,00	426.250,00	1.867.600,00
Warenaufwendungen	329.600,00	466.000,00	220.000,00	1.015.600,00
Handlungskosten	180.000,00	280.000,00	100.000,00	560.000,00

Aufgrund einer Kostenanalyse ist festgestellt worden, dass 20 % der Handlungskosten variable Gemeinkosten sind. Die restlichen Handlungskosten gelten als fix.

1. *Berechnen Sie den Deckungsbeitrag für jede Warengruppe und insgesamt.*
2. *Bestimmen Sie den Betriebsgewinn.*
3. *Errechnen Sie die Ertragskraft der einzelnen Warengruppen.*
4. *Legen Sie die optimale Sortimentgestaltung fest.*

417   In einer Großhandlung mit den drei Warengruppen I, II und III wurden für den Monat November folgende Erlöse und Kosten ermittelt:

Warenaufwendungen: 6070 Warengruppe I .... 220.000,00 €
                               6075 Warengruppe II .... 340.000,00 €
                               6080 Warengruppe III .... 180.000,00 €

Umsatzerlöse: 5110 Warengruppe I .... 365.000,00 €
                               5115 Warengruppe II .... 510.000,00 €
                               5120 Warengruppe III .... 250.000,00 €

Die Handlungskosten betrugen im Monat November insgesamt 350.000,00 €. Sie verteilen sich aufgrund der durchgeführten Kostenstellenrechnung wie folgt auf die einzelnen Warengruppen:

	Warengruppe I	Warengruppe II	Warengruppe III
Handlungskosten	100.000,00 €	160.000,00 €	90.000,00 €

25 % der Handlungskosten gelten als variable Gemeinkosten.
Der Rest der Handlungskosten ist fix.

1. *Ermitteln Sie die Deckungsbeiträge für jede Warengruppe und insgesamt sowie das Betriebsergebnis.*
2. *Geben Sie die optimale Sortimentgestaltung an.*

418   Zur Untersuchung der Kosten- und Ertragssituation ist aus drei Warengruppen je eine Ware repräsentativ ausgewählt worden. Für diese Waren wurden folgende Angaben ermittelt:

	Ware A	Ware B	Ware C
Bezugspreis je Stück	36,00 €	46,50 €	26,00 €
variable Handlungskosten je Stück	21,00 €	26,00 €	12,00 €
Barverkaufspreis je Stück	63,00 €	75,00 €	42,00 €
Absatzmenge	1 300 Stück	1 200 Stück	1 500 Stück
fixe Kosten	12.500,00 €		

1. *Bestimmen Sie den Deckungsbeitrag für jede Ware.*
2. *Berechnen Sie den Betriebserfolg.*
3. *Von der Ware A können monatlich 1 250 Stück und von der Ware C 1 480 Stück abgesetzt werden. Wie viel Stück müssten von der Ware B verkauft werden, damit ein Gewinn von 10.000,00 € erzielt wird?*

419 In einer Großhandlung mit vier Warengruppen wurden im Monat August folgende Erlöse und Kosten ermittelt:

	WG I	WG II	WG III	WG IV
Nettoumsatzerlöse	210.000,00	184.000,00	244.000,00	112.000,00
Warenaufwendungen	130.000,00	118.000,00	168.000,00	81.000,00
variable Gemeinkosten	28.000,00	16.500,00	34.000,00	12.000,00
fixe Kosten	67.400,00			

Bestimmen Sie die Deckungsbeiträge, das Betriebsergebnis und die ertragsoptimale Rangfolge der Warengruppen.

420 Ein Hobby- und Baumarkt führt eine selbstständige Abteilung mit den Warengruppen „Gartengeräte" und „Gartenmöbel". Für den abgelaufenen Monat liegen aus der Buchhaltung und der Kostenrechnung folgende Zahlen vor:

	Warengruppe Gartengeräte	Warengruppe Gartenmöbel
Umsatzerlöse, brutto	70.000,00	48.000,00
Erlösberichtigungen	2.500,00	1.200,00
Frachten (Einzelkosten)	600,00	300,00
Warenaufwendungen	38.100,00	25.600,00
variable Handlungskosten	8.500,00	5.100,00
fixe Kosten	22.500,00	

1. *Berechnen Sie die Deckungsbeiträge für jede Warengruppe und insgesamt.*
2. *Berechnen Sie den Betriebserfolg und die optimale Sortimentgestaltung.*

421 In einer Großhandlung wird der monatliche Betriebserfolg für vier Warengruppen mithilfe der Deckungsbeitragsrechnung ermittelt. Für den Monat September liegen folgende Zahlen vor:

	Warengruppe A	Warengruppe B	Warengruppe C	Warengruppe D
Bezugspreis/Stück	80,00	64,00	124,00	48,00
Barverkaufspreis/Stück	125,00	90,00	128,00	67,50
Absatz in Stück	2 400	3 200	1 800	4 600

Die Handlungskosten betragen nach den Aufzeichnungen in der Betriebsergebnisrechnung insgesamt 330.000,00 €. Sie gliedern sich wie folgt auf:

Kostenart	Betrag	fix : variabel	fixe Handlungskosten	variable Handlungskosten WG A	WG B	WG C	WG D
Frachten	40.000,00	variabel	—	8.000,00	7.000,00	12.000,00	13.000,00
Löhne	50.000,00	4 : 1	40.000,00	4.000,00	2.000,00	3.000,00	1.000,00
Gehälter	30.000,00	fix	30.000,00	—	—	—	—
soz. Aufw.	24.000,00	5 : 1	20.000,00	1.500,00	500,00	1.500,00	500,00
kalk. Abschr.	60.000,00	fix	60.000,00	—	—	—	—
Mieten	16.000,00	fix	16.000,00	—	—	—	—
Werbung	35.000,00	3 : 4	15.000,00	5.500,00	4.500,00	6.000,00	4.000,00
Beiträge	5.000,00	fix	5.000,00	—	—	—	—
betr. Steuern	18.000,00	2 : 1	12.000,00	2.500,00	1.000,00	1.500,00	1.000,00
kalk. Zinsen	42.000,00	fix	42.000,00	—	—	—	—
Untern.-Lohn	10.000,00	fix	10.000,00	—	—	—	—
insgesamt	**330.000,00**		250.000,00	21.500,00	15.000,00	24.000,00	19.500,00

1. *Berechnen Sie die Deckungsbeiträge für jede Warengruppe und insgesamt.*
2. *Berechnen Sie den Betriebserfolg.*
3. *Erläutern Sie die Erfolgssituation der Warengruppe C.*
4. *Beurteilen Sie die Ertragskraft der einzelnen Warengruppen.*

6470384

6.3 Annahme von Zusatzaufträgen

Unter **Zusatzaufträgen** wollen wir alle Aufträge verstehen, die in wirtschaftlich schwierigen Zeiten zusätzlich zu den laufenden Aufträgen zu Sonderkonditionen (z. B. niedrigere Preise, längere Zahlungsfristen, günstigere Lieferungsbedingungen) angenommen werden. Der Großhändler ist zur Annahme solcher Aufträge bereit,

▶ um die vorhandene Kapazität an Arbeitskräften, Fahrzeugen und Maschinen besser nutzen zu können und

▶ um das Betriebsergebnis zu verbessern.

Gerade der letzte Punkt ist für den Großhändler von besonderem Interesse. Um aber entscheiden zu können, ob ein Zusatzauftrag das Betriebsergebnis verbessert, genügt nicht die Kenntnis des Barverkaufspreises auf Vollkostenbasis. Vielmehr muss der Großhändler über die **variablen Kosten des Zusatzauftrags** Bescheid wissen.

Beispiel Frau Kern kann einen Zusatzauftrag von einem neuen Kunden über **60 Paletten Kopierpapier** erhalten, wenn sie einen Verkaufspreis von **900,00 € je Palette** akzeptiert. Um zu sehen, wie dieser Auftrag sich auf ihren Betriebsgewinn auswirkt, untersucht sie zunächst die bisherige Kosten- und Absatzsituation für die vier Warengruppen (vgl. Situation Seite 376).

	Druckpapier	Kopierpapier	Umschlagkarton	Saugpapier
Bezugspreis je Einheit (vgl. S. 364, Aufg. 401)	1.400,00 € (je Palette)	800,00 € (je Palette)	1.312,50 € (je Palette)	105,00 € (je 100 Packg.)
+ **Handlungskosten** (vgl. BAB S. 363)	20 % 280,00 €	22 % 176,00 €	26,1 % 342,56 €	22,5 % 23,63 €
Selbstkostenpreis	1.680,00 €	976,00 €	1.655,06 €	128,63 €
+ 3 % Gewinn	50,40 €	29,28 €	49,65 €	3,86 €
Barverkaufspreis gerundeter Preis (von Frau Kern so festgelegt)	1.730,40 € **1.732,00 €**	1.005,28 € **1.005,30 €**	1.704,71 € **1.704,50 €**	132,49 € **133,00 €**
Absatzmenge	358 Paletten	378 Paletten	132 Paletten	188 Großpackg.
Umsatzerlöse (gerundet)	**620.000,00 €**	**380.000,00 €**	**225.000,00 €**	**25.000,00 €**
− **variable Kosten** (vgl. S. 381)	**518.000,00 €**	**312.000,00 €**	**193.000,00 €**	**24.000,00 €**
Deckungsbeitrag	102.000,00 €	68.000,00 €	32.000,00 €	1.000,00 €
variable Kosten je Einheit (= var. Stückkosten, gerundet)	$\frac{518.000,00 €}{358 \text{ Paletten}}$ = 1.446,93 €	$\frac{312.000,00 €}{378 \text{ Paletten}}$ = 825,40 €	$\frac{193.000,00 €}{132 \text{ Paletten}}$ = 1.462,12 €	$\frac{24.000,00 €}{188 \text{ Großpackg.}}$ = 127,66 €

Erläuterungen:

❶ In der obigen Kosten- und Absatzsituation erzielt jede Warengruppe einen positiven Deckungsbeitrag und die Summe der Deckungsbeiträge (= 203.000,00 €) **übersteigt die fixen Kosten** (= 170.500,00 €, vgl. S. 381), sodass ein Betriebsgewinn von 32.500,00 € erzielt wird.

❷ Der Zusatzauftrag für Kopierpapier ist zu einem Preis zu akzeptieren (= 900,00 €), der deutlich **unter dem kalkulierten Barverkaufspreis** (= 1.005,30 €) liegt.

❸ Frau Kern muss prüfen, ob der Preis für den Zusatzauftrag noch **über den variablen Kosten** dieses Auftrages liegt. Dann lohnt sich die Annahme, weil ja über die bisherigen Umsatzerlöse bereits **alle Kosten** — insbesondere die fixen Kosten — gedeckt sind. Der Zusatzauftrag könnte also zu den variablen Kosten, die dieser Auftrag verursacht, angenommen werden.

❹ Aus der vorstehenden Aufstellung ist zu entnehmen, dass die Warengruppe „Kopier-papier" **variable Stückkosten von 825,40 €** verursacht. Der Zusatzauftrag bringt also einen Überschuss des Verkaufspreises über die variablen Stückkosten von (900,00 € — 825,40 € =) **74,60 €** je Palette. Die zusätzlichen Umsatzerlöse betragen also 60 · 900,00 € = 54.000,00 €, die dadurch entstehenden zusätzlichen variablen Kosten 60 · 825,40 € = 49.524,00 €. **Der Betriebsgewinn erhöht sich um den Differenzbetrag von 4.476,00 € (= 60 · 74,60 €).**

Die folgende **Ergebnisrechnung** verdeutlicht diese Situation:

Ergebnisrechnung	Druck-papier	Kopier-papier	Umschlag-karton	Saug-papier	insgesamt
Umsatzerlöse aus lfd. Absatz	620.000,00	380.000,00	225.000,00	25.000,00	1.250.000,00
+ Umsatzerlöse aus Zusatzauftrag	–	54.000,00	–	–	54.000,00
Umsatzerlöse insg.	620.000,00	434.000,00	225.000,00	25.000,00	1.304.000,00
– variable Kosten aus lfd. Absatz	518.000,00	312.000,00	193.000,00	24.000,00	1.047.000,00
– variable Kosten aus Zusatzauftrag	–	49.524,00	–	–	49.524,00
Deckungsbeitrag	102.000,00	72.476,00	32.000,00	1.000,00	207.476,00
– fixe Kosten	–	–	–	–	170.500,00
Betriebsgewinn					36.976,00 ·

Aufgaben

422 Ein Großhandelsunternehmen, das Spritzgussteile verkauft, schloss die Kosten-rechnung im Monat Juni mit folgenden Zahlen ab:

Absatz	variable Gesamtkosten	fixe Gesamtkosten
8 400 Stück	126.000,00 €	84.000,00 €

Es wird damit gerechnet, dass in Zukunft ein Absatz von 7 500 Stück zum Preis von 30,00 € je Stück möglich ist.

1. *Errechnen Sie den Betriebserfolg bei der erwarteten Absatzlage.*
2. *Lohnt sich die Hereinnahme eines Zusatzauftrags über 1 500 Stück, der zum Preis von 22,00 € je Stück abgerechnet werden muss?*
3. *Zu welchem kostendeckenden Preis könnten 7 500 Stück angeboten werden?*

423 Ein Uhrengroßhändler verkauft zwei Funkuhren, Typ A und Typ B, unter folgen-den Bedingungen:

Typ	Monatlicher Absatz	variable Stückkosten	fixe Kosten	Verkaufs-preis
A	6 000	35,00	140.000,00	75,00
B	4 000	56,00	200.000,00	120,00

1. *Errechnen Sie den Deckungsbeitrag sowie den Betriebsgewinn.*
2. *Bestimmen Sie, ob sich die Annahme eines Zusatzauftrags über 500 Uhren vom Typ A zum Preis von 40,00 € je Uhr lohnt.*
3. *Um Absatzeinbußen bei der Uhr von Typ B zu vermeiden, will der Unter-nehmer den Betriebsgewinn bei Uhr B vorübergehend auf 50.000,00 € sen-ken. Ermitteln Sie den Verkaufspreis, zu dem eine Uhr unter dieser Bedin-gung angeboten werden kann.*

6470386

6.4 Preisuntergrenze

Die Preisuntergrenze gibt den Verkaufspreis an, den ein Großhandelsunternehmen für eine Ware fordern muss, um **kurzfristig** oder **langfristig** bestehen zu können. In wirtschaftlich schlechten Zeiten, die durch Absatzeinbußen gekennzeichnet sind, wird die Unternehmensleitung gezwungen sein die Umsatzpreise zu senken, um den Absatzrückgang aufzuhalten. Man muss aber wissen, in welchem Ausmaß die Preissenkung vorgenommen werden kann, ohne dass das Unternehmen in Schwierigkeiten gerät.

Die langfristige Preisuntergrenze legt den Preis für eine Ware oder die Preise für mehrere Waren so fest, dass insgesamt (bei allen Warengruppen) **kostendeckende Umsatzerlöse** erzielt werden. Das Unternehmen kann in dieser Situation über längere Zeit fortgeführt werden, da alle Kosten gedeckt werden und somit auch Ersatzinvestitionen durchführbar sind. Zur Erhaltung der Arbeitsplätze und zur Stabilisierung des Absatzes wird die Unternehmensleitung diese Preisuntergrenze anstreben.

Beispiel   Frau Kern befürchtet, dass in der nächsten Zeit der Absatz für die Warengruppe „Umschlagkarton" bei dem derzeitigen Preis rückläufig sein wird. Um den Absatzrückgang aufzuhalten, ist sie bereit den Verkaufspreis dieser Warengruppe so weit zu senken, dass **insgesamt gerade noch alle Kosten gedeckt werden.** Das Unternehmen erzielt dann **keinen Betriebsgewinn** mehr.

Das Unternehmen Kern hat bisher einen **Betriebsgewinn von 32.500,00 €** erzielt (vgl. Seite 381). Um diesen Betrag können die Umsatzerlöse bei der Warengruppe „Umschlagkarton" niedriger ausfallen. Diese Warengruppe hat bisher bei einer Absatzmenge von **132 Paletten** und einem Verkaufspreis von **1.704,50 €** (vgl. Seite 385) einen Umsatzerlös von **225.000,00 €** (vgl. Seite 381) erzielt. Die durch Preissenkung angestrebten Umsatzerlöse betragen dann:

Bisherige Umsatzerlöse (vgl. Seite 381)	225.000,00 €
− Bisheriger Betriebsgewinn (vgl. Seite 381)	− 32.500,00 €
Angestrebte Umsatzerlöse	192.500,00 €
Absatzmenge	132 Paletten
Herabgesetzter Verkaufspreis (192.500,00 € : 132 Paletten =)	1.458,33 €

Auf der Grundlage des neuen Verkaufspreises für die Warengruppe „Umschlagkarton" ergibt sich folgende Ergebnisrechnung (vgl. auch Seite 381):

Ergebnisrechnung	Druck-papier	Kopier-papier	Umschlag-karton	Saug-papier	Summe
Nettoumsatzerlöse	620.000,00	380.000,00	192.500,00	25.000,00	1.217.500,00
− Warenaufwendgn.	500.000,00	300.000,00	180.000,00	20.000,00	1.000.000,00
Warenrohgewinn	120.000,00	80.000,00	12.500,00	5.000,00	217.500,00
− var. Handl.-Kosten	18.000,00	12.000,00	13.000,00	4.000,00	47.000,00
Deckungsbeitrag	102.000,00	68.000,00	− 500,00	1.000,00	170.500,00
− fixe Kosten	−	−	−	−	170.500,00
Betriebsgewinn					0,00

Selbstverständlich kann das Unternehmen die Preissenkung auch bei mehreren (oder allen) Warengruppen vornehmen. Dazu wird der Betriebsgewinn (im Beispiel 32.500,00 €) anteilig auf die Warengruppen verteilt und die Umsatzerlöse und damit die Verkaufspreise werden entsprechend herabgesetzt.

Die kurzfristige Preisuntergrenze (= absolute Preisuntergrenze) legt den Preis (oder die Preise) fest, der genau die **variablen Kosten** der jeweiligen Warengruppe deckt. **Die Verkaufspreise sind in diesem Fall also gleich den variablen Stückkosten.** In Höhe der gesamten fixen Kosten (= Kosten der Betriebsbereitschaft) ergibt sich dann ein **Betriebsverlust.** Das Unternehmen kann nur kurzfristig auf den Ersatz der ohnehin anfallenden fixen Kosten verzichten und wird nur in wirtschaftlichen Notfällen diese Preisuntergrenze anstreben.

Beispiel Im Unternehmen Kern werden die kurzfristigen Preisuntergrenzen für alle Warengruppen nach folgender Rechnung ermittelt (die Zahlen sind der Tabelle von Seite 385 entnommen):

Kurzfristige Preisuntergrenze	Druckpapier	Kopierpapier	Umschlagkarton	Saugpapier
variable Kosten / Absatzmenge	518.000,00 € / 358 Paletten = 1.446,93 €	312.000,00 € / 378 Paletten = 825,40 €	193.000,00 € / 132 Paletten = 1.462,12 €	24.000,00 € / 188 Packungen = 127,66 €

Liquiditätsorientierte Preisuntergrenze. Die Ausrichtung der Verkaufspreise nach der kurzfristigen Preisuntergrenze kann ein Unternehmen in **Liquiditätsschwierigkeiten** bringen. Da in der kurzfristigen Preisuntergrenze nur die variablen Kosten erfasst werden, bleiben diejenigen fixen Kosten, **die kurzfristig zu Ausgaben führen,** unberücksichtigt; das sind insbesondere Mietaufwendungen, betriebliche Steuern, Gehälter, Löhne, Soziale Aufwendungen, Versicherungsbeiträge. Die liquiditätsorientierte Preisuntergrenze wird nach folgender Rechnung festgelegt:

$$\text{Liquiditätsorientierte Preisuntergrenze} = \frac{\text{variable Kosten} + \text{ausgabewirksame fixe Kosten}}{\text{Absatzmenge}}$$

Aufgaben

424   1. *Erklären Sie die Begriffe kurzfristige, langfristige und liquiditätsorientierte Preisuntergrenze.*
   2. *Begründen Sie, warum ein Großhandelsbetrieb langfristig nicht existieren kann, wenn die Umsatzerlöse gerade die gesamten Kosten decken.*

425   In einem Großhandelsbetrieb wird eine Warengruppe zu variablen Stückkosten in Höhe von 45,00 € und fixen Kosten je Abrechnungsperiode in Höhe von 120.000,00 € kalkuliert. Die monatliche Absatzmenge beträgt 5 000 Stück.

Geben Sie die langfristige und kurzfristige Preisuntergrenze an.

426   Eine Großhandlung führt drei Warengruppen. Die KLR liefert folgende Daten:

	WG I	WG II	WG III
Verkaufspreis	62,50 €	36,00 €	40,00 €
variable Stückkosten	40,00 €	20,00 €	25,00 €
fixe Kosten		460.000,00 €	
Absatzmenge	8 000 Stück	10 000 Stück	20 000 Stück

   1. *Bestimmen Sie die Deckungsbeiträge sowie das Betriebsergebnis.*
   2. *Bei der WG II liegen Absatzschwierigkeiten vor. Der Preis dieser Warengruppe soll so weit gesenkt werden, dass deren Erlös gerade noch die variablen Kosten deckt. Zu welchem Preis muss die Ware angeboten werden?*
   3. *Der Unternehmer strebt die langfristige Preisuntergrenze an, um den Absatz der Warengruppe II halten zu können. Bei welchem Preis wird die langfristige Preisuntergrenze erreicht, wenn Preise und Kosten der übrigen Warengruppen unverändert bleiben?*

6.5 Entscheidungen auf der Grundlage des Stückdeckungsbeitrags

Situation Frau Kern sucht nach einer „Maßzahl" für ihre vier Warengruppen, mit der sie veränderte Absatz- oder Kostensituationen schnell einschätzen kann (z. B. einem Kunden durch Zugeständnisse im Preis entgegenkommen, die absolute Preisuntergrenze im Auge behalten, die Erhöhung der Einkaufspreise in ihren Auswirkungen auf den Erfolg beachten, wissen, welche Absatzmenge bei einer Warengruppe erforderlich ist, damit diese Warengruppe Gewinn erzielt). Ihr Mitarbeiter aus der „Kostenrechnung", mit dem sie ihr Problem bespricht, macht ihr den Vorschlag, den **Stückdeckungsbeitrag** als „Maßzahl" zu verwenden. Er stellt ihr dazu folgende Rechnung auf:

Berechnung des Stückdeckungsbeitrags	Druckpapier	Kopierpapier	Umschlagkarton	Saugpapier
Barverkaufspreis (s. S. 385)	1.732,00 €	1.005,30 €	1.704,50 €	133,00 €
− variable Stückkosten (s. S. 385)	1.446,93 €	825,40 €	1.462,12 €	127,66 €
Stückdeckungsbeitrag	**285,07 €**	**179,90 €**	**242,38 €**	**5,34 €**

Erläuterung: Jede verkaufte Palette oder Großpackung Papier erzielt den oben angegebenen **positiven Stückdeckungsbeitrag**, d. h., der positive Stückdeckungsbeitrag gibt an, um wie viel Euro der **Verkaufspreis über den variablen Stückkosten** liegt. Mit diesem Betrag trägt jede verkaufte Wareneinheit zur Deckung der fixen Kosten und zur Erzielung von Gewinn bei. Wäre der Stückdeckungsbeitrag **negativ**, so lägen die variablen Kosten über dem Verkaufspreis.

❶ Was sagt der Stückdeckungsbeitrag hinsichtlich des Betriebserfolgs aus?

Ein positiver Stückdeckungsbeitrag verbessert in jedem Fall den Betriebserfolg. Da im obigen Beispiel alle vier Warengruppen positive Stückdeckungsbeiträge erzielen, kann die Erfolgssituation insgesamt als „gut" eingeschätzt werden. Frau Kern sollte darauf achten, dass vor allem die Warengruppen mit den höchsten Stückdeckungsbeiträgen verkauft werden. Die Vermutung liegt nahe, dass diese Warengruppen ertragsstark sind. Sehen Sie sich in diesem Zusammenhang die Prozentzahlen auf Seite 382 an, die etwas über die Ertragskraft der einzelnen Warengruppen aussagen.

Ein Stückdeckungsbeitrag gleich Null trägt nicht mehr zur Deckung der fixen Kosten bei. Er besagt, dass die zugehörige Ware genau zu ihren variablen Stückkosten verkauft wird. In dieser Situation ist die **absolute Preisuntergrenze** (vgl. Seite 388) erreicht. Für Frau Kern geht der Preisspielraum nur bis zu dieser Grenze.

Ein negativer Stückdeckungsbeitrag verschlechtert in jedem Fall den Betriebserfolg. In diesem Fall deckt der Verkaufspreis noch nicht einmal die variablen Stückkosten. Zur Deckung der fixen Kosten trägt er ohnehin nicht bei. In dieser Situation sollte Frau Kern überlegen, ob eine solche Ware nicht ganz aus dem Sortiment herauszunehmen ist. Auch für kurze Zeit kann eine solche Lage nicht hingenommen werden, weil sonst das Unternehmen in seinem Bestand gefährdet ist.

Aufgabe

427 Nehmen Sie zu der Frage Stellung, welche Warengruppen Frau Kern vorrangig im Absatz fördern sollte, um ihren Betriebserfolg möglichst groß zu machen.

❷ Wie lässt sich über den Stückdeckungsbeitrag feststellen, welche Auswirkung eine Preissenkung oder -erhöhung auf den Betriebserfolg hat?

Beispiel Frau Kern möchte die Absatzsituation bei der Warengruppe „Umschlagkarton" verbessern. Sie weiß durch Befragung ihrer Kunden, dass sie bei einer Preissenkung um **50,00 € je Palette 40 Paletten** mehr absetzen könnte.
Welche Auswirkung hätte diese Preissenkung auf den Betriebsgewinn?

Bei einer Preissenkung um 50,00 € je Palette würde sich der Stückdeckungsbeitrag auch um diesen Betrag verringern. Die Auswirkung dieser Preissenkung lässt sich also über den Stückdeckungsbeitrag wie folgt berechnen:

Umschlagkarton	Stückdeckungsbeitrag		Absatzmenge		Gesamter Deckungsbeitrag
Bisherige Situation	242,38 €	•	132 Paletten	=	31.994,16 €
Situation nach der Preissenkung	192,38 €	•	172 Paletten	=	33.089,36 €

Erläuterung: Offensichtlich gelingt es Frau Kern in dieser Situation, durch Senkung des Preises eine so große Zunahme des Absatzes zu erreichen, dass der Deckungsbeitrag von 31.994,16 € auf 33.089,36 €, also um **1.095,20 €** zunimmt. Um diesen Betrag würde auch der **Betriebsgewinn steigen**.

Aufgabe

428 Frau Kern hat den Stückdeckungsbeitrag für Kopierpapier mit 179,90 € berechnet (vgl. Seite 389): Sie möchte den Verkaufspreis für Kopierpapier um 5 % heraufsetzen, rechnet dabei aber mit einem Absatzrückgang von bisher 378 Paletten auf 350 Paletten.
Welche Auswirkung würde die Preiserhöhung auf den Betriebserfolg haben?

❸ Wie lässt sich mithilfe des Stückdeckungsbeitrags die Gewinnschwellenmenge (= Break-even-Point) berechnen?

Die Gewinnschwellenmenge bezeichnet diejenige Absatzmenge, bei der die **Deckungsbeiträge insgesamt gerade die Höhe der fixen Kosten** erreichen. Wird diese Absatzmenge überschritten, erzielt das Unternehmen einen Betriebsgewinn.

Beispiel Frau Kern will erreichen, dass die Warengruppe „Saugpapier" in der nächsten Abrechnungsperiode einen Beitrag von **2.750,00 €** zur Deckung der fixen Kosten leistet. Bisher beträgt der Beitrag nur 1.000,00 € (vgl. Seite 385).
Wie viele Großpackungen Saugpapier müssten dazu abgesetzt werden?

Da beim Verkauf einer jeden Großpackung Saugpapier ein Stückdeckungsbeitrag von 5,34 € erzielt wird (vgl. Seite 389), ist hier die Frage zu klären: Wie viel verkaufte Stück erbringen einen Beitrag zur Deckung der fixen Kosten von 2.750,00 €, also

$$x \cdot 5,34 \, € = 2.750,00 \, € \quad \longleftrightarrow \quad x = \frac{2.750,00 \, €}{5,34 \, €} = 515$$

Bei einer Absatzmenge von mindestens **515 Großpackungen** wird das gewünschte Ziel erreicht. Allgemein gilt:

$$\frac{\text{Beitrag zur Deckung der fixen Kosten}}{\text{Stückdeckungsbeitrag}} = \text{Gewinnschwellenmenge}$$

Grafisch lässt sich dieser Zusammenhang wie folgt darstellen:

Die Gleichung 5,34 x = 2.750 wird zu einer Gewinnfunktion umgeformt:

G(x) = 5,34 x − 2.750.

Bei 515 verkauften Packungen erreicht der Deckungsbeitrag gerade die Höhe der fixen Kosten **(= Gewinnschwelle oder Break-even-Point).**

Die Differenz 5,34 · 515 − 2.750 wird genau 0; d.h. G(515) = 0. Das ist der Schnittpunkt des Graphen mit der waagerechten Achse.

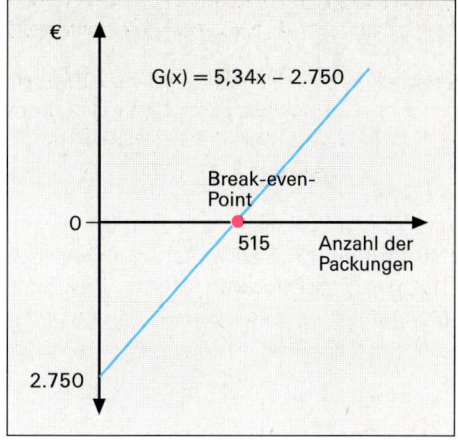

Aufgaben

429   Ein Großhändler bietet exklusive Badewannenarmaturen zum Preis von 85,00 € je Stück an. Er gewährt dem Einzelhändler 15 % Verkaufsrabatt.

Beim Einkauf sind zu berücksichtigen:
45,00 € Listeneinkaufspreis je Stück, 10 % Einkaufsrabatt, 2 % Einkaufsskonto, Bezugskosten je Stück 0,31 €. Die variablen Handlungskosten betragen 18,00 €.

1. *Berechnen Sie den Deckungsbeitrag je Stück.*
2. *Um wie viel Prozent ließe sich der Barverkaufspreis senken, sodass gerade noch die variablen Handlungskosten gedeckt werden?*
3. *Der Großhändler plant zur Steigerung des Absatzes eine Senkung des Preises um 8,00 € je Stück. Wie viel Stück müsste er zusätzlich verkaufen, um das gleiche Ergebnis wie zuvor zu erreichen (bisheriger Absatz: 60 Armaturen)?*
4. *Der Großhändler setzt zur Verbesserung der Absatzlage den Deckungsbeitrag auf 12,00 € je Stück fest. Er rechnet dadurch mit einer Absatzsteigerung von 60 Stück auf 85 Stück je Monat. Um wie viel € erhöht sich dadurch der gesamte Deckungsbeitrag dieser Armatur?*

430   Ein Maschinengroßhändler führt u. a. in der Warengruppe „Handwerkerbedarf" Bohrmaschinen, Bohrständer und Zubehör. Die folgende Übersicht zeigt die Deckungsbeiträge und Absatzmengen für zwei aufeinander folgende Monate:

	Januar		Februar	
	Deckungsbeitrag je Stück	Absatz- menge	Deckungsbeitrag je Stück	Absatz- menge
Handbohrmaschinen	44,00	50	20,00	90
Bohrständer	22,00	20	22,00	40
Zubehör	8,00	40	8,00	60

Die fixen Kosten betragen in beiden Monaten je 1.800,00 €.

1. *Berechnen Sie den Deckungsbeitrag für jede Ware in beiden Monaten.*
2. *Worauf führen Sie die Verbesserung des Betriebsergebnisses zurück?*
3. *Für den Monat März will der Großhändler erreichen, dass der Artikel „Zubehör" einen Beitrag zur Deckung der fixen Kosten von 576,00 € leistet. Wie viel Stück müssten verkauft werden (Gewinnschwellenmenge)?*

G   Controlling als Führungsinstrument im Handelsbetrieb

1   Ausgangssituation

Mit den nachfolgenden Ausführungen wollen wir Ihnen einen kurzen Einblick in den Tätigkeitsbereich des Controllers in einem mittelständischen Handelsbetrieb geben und dabei die Bedeutung des Controllings in modern organisierten Unternehmen herausstellen.

Situation Unser Controller – nennen wir ihn Kai Schubert – hat sich bei der Papiergroßhandlung Kern auf die ausgeschriebene Stelle „Kaufmännische Leitung/Finanzbereich, Controlling" erfolgreich beworben und findet folgende **Stellenbeschreibung für seinen Arbeitsbereich** vor:

Name:	Kai Schubert
Stellenbezeichnung:	Kaufmännische Leitung/Finanzbereich und Controlling
Zeichnungsberechtigung/Einordnung in die Unternehmensorganisation:	Prokura. Linienstelle, die der Geschäftsleitung direkt untersteht. Finanzbereich, Betriebliches Rechnungswesen und Controlling im engeren Sinn sind dieser Stelle unmittelbar untergeordnet.
Zielsetzung:	Der Stelleninhaber plant, kontrolliert und regt Änderungen der kurz-/langfristigen wirtschaftlichen, sozialen und ökologischen Unternehmensziele an.
Aufgaben:	Mitwirkung bei der Formulierung lang- und kurzfristiger Unternehmensziele. Aufbau eines aussagefähigen Informations- und Berichtssystems, um der Geschäftsführung eine zielorientierte Unternehmenssteuerung zu ermöglichen. Aufstellung und Koordination von Einzelplänen (Umsatz-, Kosten-, Gewinn-, Liquiditäts-, Finanzbudgets). Beratung und Überwachung der nachgeordneten Abteilungen. Erstellung von Plan-Ist-Vergleichen und von Abweichungsanalysen. Ausarbeitung von Vorschlägen zur Gegensteuerung bei Planabweichungen im Hinblick auf Zielvariablen, Plan- und Istdaten. Unverzügliche Berichterstattung an die Geschäftsleitung bei gravierenden Abweichungen und Besprechung mit der Geschäftsleitung über zu treffende Entscheidungen. Einführung innovativer Techniken und Programme. Erfahrungsaustausch mit internen und externen Stellen.
Entscheidungsbefugnis:	Der Stelleninhaber entscheidet über Zeitraum und Umfang der Informationen an die Geschäftsführung sowie an die gleich geordneten Linienabteilungen und über Maßnahmen zur Plankorrektur in seinem Arbeitsbereich. Er hat das Recht zur Mitentscheidung bei allen Planänderungen.
Fachliche und persönliche Anforderungen:	Abgeschlossene Berufsausbildung, Fachhochschulstudium mit dem Schwerpunkt Rechnungswesen/Finanzen/Controlling, gute DV-Kenntnisse, mehrjährige Berufserfahrung im Controlling. Entscheidungsfreudigkeit, Flexibilität, Kreativität, Durchsetzungsvermögen, Fähigkeit zur Mitarbeiterführung.

Aus der umseitigen Stellenbeschreibung lassen sich alle wesentlichen Aspekte des Controllings entwickeln. Wir wollen im Folgenden auf die nachstehenden Aspekte näher eingehen:

- ▶ wichtige **Aufgaben des Controllers,**
- ▶ Stellung der Controllingabteilung in der **Aufbauorganisation** des Unternehmens,
- ▶ Bedeutung des **strategischen Controllings** und des **operativen Controllings** im Unternehmen sowie deren Beziehung zueinander,
- ▶ Organisation des **Ablaufs der Controllingaufgaben.**

2 Controlling ist mehr als „Kontrolle"

Zielsetzung des Controllings und Aufgaben des Controllers in der vorstehenden Stellenbeschreibung sollen verdeutlichen, dass mit „Controlling" im Wesentlichen das gemeint ist, was sich aus dem Wortstamm „to control" im Sinne von „Steuern" oder „Regeln" herauslesen lässt. Es geht um Kontrollen im Sinne von „Überprüfung des Istzustandes mit einem zuvor festgelegten Planzustand". Der Controller hat im modern organisierten Unternehmen bildhaft gesprochen die Funktion eines Beifahrers im Rallyesport, der nicht selbst am Steuer sitzt, der aber an der Festlegung des Ziels mitwirkt, die optimale „Route" für die Zielerreichung beschreibt, das jeweilige Abweichen vom Kurs ausmacht und Vorschläge für die Kurskorrektur unterbreitet.

Der Controller liefert im Hinblick auf langfristige Unternehmensziele (z. B. Gewinnmaximierung) **der Geschäftsführung das gesamte Instrumentarium an abgestimmten Plänen, Budgets, Abweichungsanalysen und -interpretationen sowie Vorschläge zur Korrektur, damit die Geschäftsführung in die Lage versetzt ist, die zuvor festgelegten Ziele ohne größere Störungen anzusteuern.**

Controller-Tätigkeit im Großhandelsunternehmen

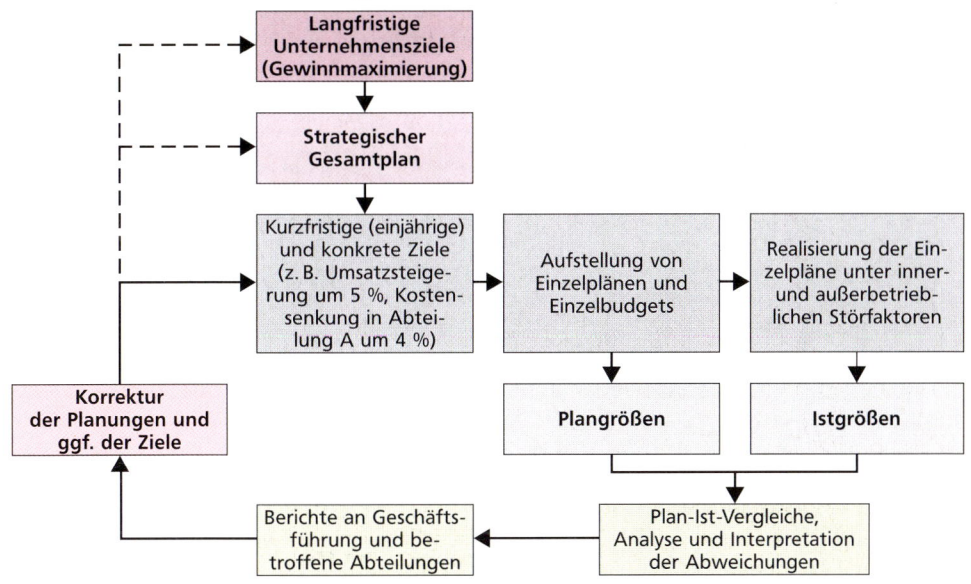

3 Controlling organisatorisch in das Unternehmen einbauen

Aus der vorstehenden Stellenbeschreibung geht hervor, dass der Finanzbereich, das Betriebliche Rechnungswesen und das Controlling in der Papiergroßhandlung Kern von einem kaufmännischen Leiter verantwortet werden. Die kaufmännischen Leitungen sind unmittelbar der Geschäftsführung unterstellt und als Linienstellen organisiert. Das nachfolgende Organigramm zeigt die entsprechende Aufbauorganisation für das Unternehmen Katja Kern.

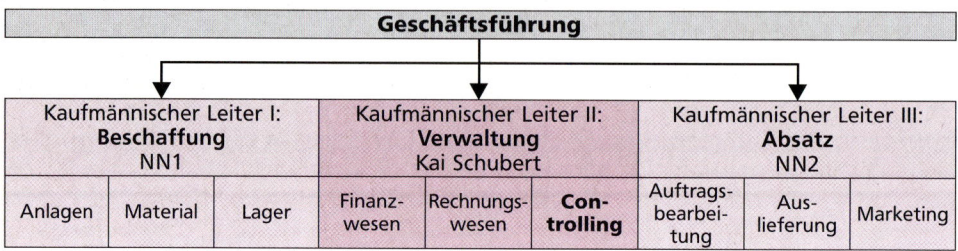

Geschäftsführung								
Kaufmännischer Leiter I: **Beschaffung** NN1			Kaufmännischer Leiter II: **Verwaltung** Kai Schubert			Kaufmännischer Leiter III: **Absatz** NN2		
Anlagen	Material	Lager	Finanz-wesen	Rechnungs-wesen	**Con-trolling**	Auftrags-bearbei-tung	Aus-lieferung	Marketing

Damit hat der Kaufmännische Leiter II als Controller eine große Machtfülle: Er ist nicht nur Informator und Berater der über- und untergeordneten Stellen, sondern er hat gegenüber dem Finanzbereich und dem Betrieblichen Rechnungswesen Anweisungsbefugnis und er kann unmittelbar auf das Zahlenmaterial dieser Abteilungen zugreifen. Darüber hinaus wirkt er bei der Realisierung von Unternehmenszielen z. B. über die Erstellung von Absatz- und Beschaffungsplänen auch in die Beschaffungs- und Absatzbereiche hinein.

Eine solche Organisationsform erscheint für ein mittelständisches Unternehmen durchaus zweckmäßig, da sich ein solches Unternehmen nicht hoch qualifizierte Fachkräfte sowohl für den Finanzbereich als auch für das Rechnungswesen und das Controlling leisten kann. In diesem Fall hat sich die Geschäftsführung entschlossen bei der Stellenausschreibung das Schwergewicht auf die Controllertätigkeit zu legen. In den Fähigkeiten des Stelleninhabers werden die für den Finanzbereich und das Rechnungswesen erforderlichen Kompetenzen mit abgedeckt.

Selbstverständlich sind je nach Unternehmensgröße, je nach gewachsenen Unternehmensstrukturen, je nach dem Aufgabenbereich des Controllers andere Organisationsformen denkbar, so kann z. B. das Controlling als **eigenständige Linienstelle** (Hauptabteilung) direkt der Geschäftsführung unterstellt sein oder das Controlling kann als **Stabsstelle** unmittelbar der Geschäftsführung zugeordnet sein. In größeren Unternehmen hat sich die letztgenannte Möglichkeit durchgesetzt, weil sich hier der Controller voll auf seine eigentlichen Tätigkeiten der Budgetierung, der Erstellung von Abweichungsanalysen und des Berichtswesens konzentrieren kann. Von Nachteil ist diese Konstruktion wegen der recht schwachen Stellung des Controllers gegenüber den Linienabteilungen im oberen Management. Für die Arbeit des Controllers kann es auch nachteilig sein, dass er keinen unmittelbaren Zugriff auf die Daten des Rechnungswesens hat. Es empfiehlt sich daher unbedingt, das betriebliche Rechnungswesen dem Controlling zuzuordnen.

4   „Strategisch planen" vor „operativ budgetieren"

Die Controllertätigkeit kann begrifflich mit **strategischem** und **operativem Controlling** umschrieben werden. Wir wollen Ihnen die Bedeutung der Begriffe und die zwischen ihnen bestehende Beziehung an einem Beispiel verdeutlichen, aus dem auch hervorgeht, dass operatives Controlling niemals ohne die dahinter wirkenden strategischen Entscheidungen zu sinnvollen Ergebnissen kommen kann.

Situation Im Unternehmen Kern werden die Artikelgruppen Druckpapier, Kopierpapier, Umschlagkarton und Saugpapier vertrieben. Aufgabe der Geschäftsführung ist es nun, diese Artikelgruppen am Markt so zu platzieren, dass deren Stärken zum Tragen kommen, dass also z. B. die Absatzchancen der einzelnen Artikel oder des Sortiments genutzt werden und dass auf ein ausgewogenes Wachstum der einzelnen Artikel geachtet wird, sodass insgesamt ein optimaler Gewinn erwirtschaftet wird. **Unternehmerische Planungen und Entscheidungen, die die Existenz des Unternehmens sichern, gehören zur strategischen Planung.** Diese Bestrebungen unterstützt der Controller durch geeignete Methoden, z. B. die **Portfolio-Analyse.** In dieser Analyse verbindet er zwei für die **strategische (langfristige) Planung** wesentliche Aspekte der einzelnen Artikel – nämlich deren **Marktanteile** und deren **Umsätze** (oder **Deckungsbeiträge**) – zu einer **aussagefähigen Anleitung zur Marktpflege** der einzelnen Artikel. Über die Artikel der Unternehmung Kern sollen folgende Zahlen oder Schätzungen vorliegen:

Artikel	Deckungs-beitrag für den Ab-rechnungs-monat September (vgl. S. 381)	Deckungs-beitrag in Prozent	Relativer Marktanteil im Vergleich zum stärksten Mitanbieter (geschätzt)	Wachstums-chancen am Markt in Prozent (geschätzt)	Einordnung in die Marktfelder „Baby", „Star", „Cash-Cow", „Dying-Dog"
Druckpapier	102.000,00 €	50,2 %	1,0	0 %	**Cash-Cow**
Kopierpapier	68.000,00 €	33,5 %	1,5	+ 10 %	**Star**
Umschlagkarton	32.000,00 €	15,8 %	0,5	− 10 %	**Dying-Dog**
Saugpapier	1.000,00 €	0,5 %	0,2	+ 30 %	**Baby**
	203.000,00 €	**100,0 %**			

Erläuterungen zur obigen Tabelle:

Aus der obigen Tabelle ist abzulesen, welche Stellung die einzelnen Artikel(gruppen) derzeit **betriebsintern** in der laufenden Erfolgsrechnung und **betriebsextern** auf dem Markt haben. Daraus ergeben sich Rückschlüsse für die **langfristige Sortimentpolitik:**

Druckpapier hat betriebsintern einen DB-Anteil von 50,2 %. Dieser Artikel hält damit innerhalb der vier Artikel eine herausragende Position. Im Vergleich mit dem regional stärksten Konkurrenten hat er einen ebenso hohen Umsatz, was sich in der Zahl **1,0** für den Marktanteil ausdrückt. Dieser Artikel hat also auf dem Markt derzeit eine recht stabile Stellung. Die Geschäftsführung gibt diesem Artikel auf dem Markt aber keine weiteren Wachstumschancen. Er befindet sich innerhalb seines Lebenszyklus' in der Reife- oder Auslaufphase. Er bringt dem Unternehmen gute Überschüsse, ohne besonderer „Pflege" zu bedürfen. Im Sinne der Portfolio-Analyse ist er ein **Cash-Cow-Artikel;** also ein Artikel, mit dem der Markt „gemolken" wird, sodass dem Unternehmen die für innovative Investitionen erforderlichen Mittel zufließen. Es handelt sich um einen ausgereiften Artikel, bei dem das Bestreben sein wird, ihn so lange wie möglich in dieser Phase zu halten.

Kopierpapier ist mit 33,5 % am Deckungsbeitrag beteiligt. Für den Kostenrechner ist dies sicherlich eine erfreuliche Erscheinung. Betrachtet man zudem den Marktanteil und die erwarteten Wachstumschancen, so sieht die Stellung dieses Artikels viel versprechend aus: Dieser Artikel erreicht im Vergleich mit dem regional stärksten Konkurrenten das 1,5fache des Konkurrenzumsatzes; er hat also eine **starke Marktstellung** und die Geschäftsführung rechnet mit einem jährlichen Wachstum von + 10 %. In der Sprache der Portfolio-Analyse ist er ein **Star:** Dieser Artikel ist offensichtlich derzeit der „Renner", der umhegt und gepflegt wird, damit er irgendwann zum Cash-Cow-Artikel wird. Er hat die Anlaufschwierigkeiten mit hohen Kosten der Markteinführung hinter sich und befindet sich in der **Wachstumsphase** mit wachsendem Umsatz, sinkenden Stückkosten und hohen positiven Deckungsbeiträgen.

Die Artikelgruppe **„Umschlagkarton"** hat betriebsintern mit einem DB-Anteil von 15,8 % eine schwache Stellung. Ihr Marktanteil ist mit 0,5 sehr niedrig und die Geschäftsführung rechnet mit einem negativen Wachstum von – 10 %/Jahr. Diese Artikelgruppe befindet sich in der Sprache der Portfolio-Analyse in der **Dying-Dog-Phase** mit sinkenden Umsätzen bei relativ steigendem Kostenanteil und rückläufigen Deckungsbeiträgen; sie hat den Cash-Cow-Bereich verlassen. Der Controller könnte hier vorschlagen den Artikel wegen seiner für das Unternehmen noch recht bedeutsamen Deckungsbeiträge ohne aufwändige Pflege weiterlaufen zu lassen.

Saugpapier hat derzeit nach der Portfolio-Analyse im Reigen der Artikel die **Baby**rolle inne. Seine Deckungsbeiträge sind zwar positiv, aber ungewöhnlich niedrig, was auf hohe Kosten der Markteinführung mit knapp kostendeckenden Preisen schließen lässt. Der Marktanteil ist mit 0,2 noch sehr niedrig; dafür wird mit einem Marktwachstum von 30 %/Jahr gerechnet. Der Artikel befindet sich in der **Anlaufphase;** der Portfolio-Analyst spricht von **Baby-Artikel.** Dieser Artikel soll demnächst der Star sein.

Die bildhafte Sprache der Portfolio-Analyse lässt sich sinnvoll durch die **grafische Darstellung** im Koordinatensystem ergänzen:

Zwischen den beiden Achsen „Marktwachstum" und „relativer Marktanteil" werden mithilfe der Begrenzungslinien „durchschnittliches Wachstum" und „Marktanteil 1,0" **vier Felder** abgesteckt. Das linke untere Feld IV ist dann durch niedrigen Marktanteil und niedriges Wachstum eines Artikels gekennzeichnet. In dieses Feld werden die Dying-Dog-Artikel platziert, usw. Im Idealfall durchläuft ein Artikel während seines Lebenszyklus' alle vier Felder in der Reihenfolge I bis IV.

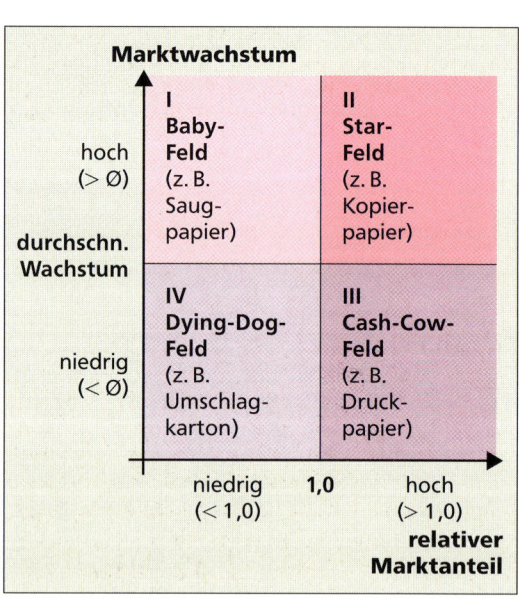

Für die **langfristige Gewinn optimierende Sortimentpolitik** ist es wichtig, dass das Unternehmen in jedem Feld eine ausreichende Anzahl von Artikeln platzieren kann, um das Leistungs- und Gewinnpotenzial zu erhalten und/oder zu verbessern. In unserem

Beispiel ist die Situation des Unternehmens Kern zz. ausgewogen: Je ein Artikel befindet sich im Baby-, Star-, Cash-Cow- und Dying-Dog-Feld. Die Artikel im Star- und Cash-Cow-Feld sorgen für kräftige Mittelzuflüsse.

Die Kenntnis dieser **strategischen Planung** ist für den Controller deshalb bedeutsam, weil er nur auf der Grundlage dieses Wissens sachgerechte Prognosen und Analysen erstellen kann. Seine Hauptaufgabe – auf die wir uns in den nachfolgenden Kapiteln konzentrieren werden – ist die **Erstellung kurzfristig** (für maximal ein Jahr) **geltender konkreter Pläne,** die er aus den Istzahlen der Vergangenheit und den prognostizierten Zielwerten aufstellt. Werden diese Pläne in **Geldwerten** ausgedrückt und von der Geschäftsführung vorgegeben, so sprechen wir von **Budgets** (vgl. S. 399).

Situation	Der Controller weiß aus den Daten des Rechnungswesens, dass der Artikel „Saugpapier" im zurückliegenden Monat einen **ungewöhnlich niedrigen Deckungsbeitrag** von (+) 1.000,00 € erwirtschaftet hat. Nach den Regeln der Kostenrechnung führt diese Situation zu der Überlegung, **ob dieser Artikel aus dem Sortiment herausgenommen werden soll,** um frei werdende Kapazitäten auf ertragsstärkere Artikel zu verlagern und so den Betriebserfolg zu erhöhen.

Eine solche Empfehlung wäre typisch für das **operative Controlling,** das auf die konkrete, kurzfristig realisierbare Ausnutzung von Gewinnchancen aus der Zusammenschau von Einzelplänen ausgerichtet ist. Erst im **Zusammenwirken von strategischer Planung und operativer Budgetierung** kann im obigen Beispiel folgende **sinnvolle Empfehlung** formuliert werden:

Der Artikel „Saugpapier" verbleibt trotz des zurzeit äußerst geringen Deckungsbeitrags im Sortiment, da er sich in der Anlaufphase befindet und nach Überwindung der hohen Markteinführungskosten (und des u. U. niedrigen Markteinführungspreises) **zu einem Leistungsträger im Sortiment mit niedrigen Stückkosten und hohen positiven Deckungsbeiträgen werden soll.**

Zusammenfassung

▶ Unter der Bezeichnung **„Controlling"** werden im Unternehmen alle Tätigkeiten zusammengefasst, die die Managemententscheidungen zur **kurz- und langfristigen Steuerung** des Unternehmens unter Ausrichtung auf **bestimmte Unternehmensziele** unterstützen.

▶ Der Controller liefert der Geschäftsführung die für die Steuerung erforderlichen **Zahlen, Analysen und Interpretationen** und unterbreitet **Vorschläge zur Plan- oder Zielkorrektur.**

▶ Um diese Aufgaben erfüllen zu können, wirkt der Controller bei der Formulierung **lang wirkender Unternehmensziele** sowie **kurzfristiger Erfolgsziele** mit, sammelt die für die Erstellung von Plänen und Budgets erforderlichen Daten aus unterschiedlichen Bereichen und Abteilungen des Unternehmens, **erstellt Pläne und Budgets, analysiert Abweichungen, arbeitet Vorschläge zur Plan- und/oder Zielkorrektur** aus und **berichtet der Geschäftsführung.**

Aufgaben

431

1. *Beschreiben Sie die wesentlichen Aufgaben eines Controllers im Großhandelsunternehmen.*
2. *Beschreiben Sie mehrere Möglichkeiten, die Controllingabteilung organisatorisch in die Unternehmensstruktur einzubauen. Geben Sie dabei Vor- und Nachteile der unterschiedlichen Möglichkeiten an. Nehmen Sie ggf. auch Bezug auf die in Ihrem Ausbildungsbetrieb bestehende Organisationsstruktur.*
3. *Unterscheiden Sie die strategische Planung von der operativen Planung, indem Sie deren unterschiedliche Zielsetzungen herausstellen.*
4. *Begründen Sie, warum der Geschäftsleitung eines Unternehmens daran gelegen ist, dass der Controller an der strategischen Planung des Unternehmens (z. B. Formulierung der Unternehmensziele, Festlegung des Sortiments) beteiligt wird.*

432

Ein Großhandelsunternehmen für Sanitärbedarf führt sechs Artikelgruppen in seinem Sortiment. In der nachfolgenden Tabelle sind für diese Artikelgruppen die Deckungsbeiträge des letzten Abrechnungsmonats sowie die von der Unternehmensleitung eingeschätzten relativen Marktanteile und Wachstumschancen angegeben.

Artikelgruppe	Deckungsbeiträge	relativer Marktanteil im Vergleich zum stärksten Mitanbieter	Wachstumschancen am Markt in Prozent
Waschbecken	82.000,00 €	0,8	0 %
Badewannen	124.000,00 €	0,6	(−) 4 %
Duschkabinen	230.000,00 €	1,2	(+) 5 %
Toiletten/Spülkästen	24.000,00 €	1,4	(−) 6 %
Badmöbel	(−) 14.000,00 €	0,4	(+) 10 %
Installationsmaterial	36.000,00 €	1,0	(+) 2 %

1. *Erstellen Sie eine Portfolio-Analyse über die Marktstellung eines jeden Artikels, indem Sie seine Platzierung auf dem Markt beschreiben und auch eine grafische Darstellung anfertigen.*
2. *Beurteilen Sie die derzeitige Platzierung des Sortiments auf dem Markt.*

433

In einer Großhandlung für Bodenbeläge wird die Marktstellung von fünf Artikelgruppen für den Abrechnungsmonat Juni wie folgt eingeschätzt:

Artikelgruppe	Deckungsbeiträge	relativer Marktanteil im Vergleich zum stärksten Mitanbieter	Wachstumschancen am Markt in Prozent
Teppichfliesen	62.000,00 €	0,3	(−) 10 %
Auslegeware	216.000,00 €	0,6	(−) 4 %
Parkett (Schiffsboden)	410.000,00 €	1,8	(+) 5 %
Parkett (Riemchen)	174.000,00 €	1,2	(−) 6 %
Laminatboden	(−) 52.000,00 €	0,4	(+) 20 %

1. *Erstellen Sie eine Portfolio-Analyse über die Marktstellung eines jeden Artikels, indem Sie seine Platzierung auf dem Markt beschreiben und auch eine grafische Darstellung anfertigen.*
2. *Beurteilen Sie die derzeitige Platzierung des Sortiments auf dem Markt.*

5   Vom operativen Plan zum Budget

Bevor wir den Vorgang der Budgetierung darstellen, unterscheiden wir **Plan und Budget** voneinander, so wie dies im vorhergehenden Kapitel bereits angeklungen ist.

Unter einem **Plan** verstehen wir jede auf ein bestimmtes Ziel gerichtete gedankliche Tätigkeit. Betriebliche Einzelpläne (z. B. Einkaufs-, Absatz-, Lagerplan) sind stets **operative** (= durchführende, eingreifende) **Pläne.** Sie gehen in der Regel von bestimmten Mengen- und/oder Wertvorstellungen aus, die erreicht werden sollen, und sie zeigen die Methoden und Verzweigungen auf, wie das Ziel erreicht werden kann.

Unter einem **Budget** verstehen wir solche Pläne, deren Ziel- und Verfahrensgrößen in **Geldwerten** ausgedrückt sind und die von der Geschäftsführung freigegeben werden. Sie erhalten dadurch für die jeweiligen Abteilungen **Vorgabe- und Verbindlichkeitscharakter.**

Die **Gültigkeitsdauer** eines Planes/Budgets ist von dem mit ihm verfolgten Zweck abhängig. **Operative Pläne/Budgets gelten für maximal ein Jahr.** Es kann auch sein, dass **vierteljährliche** oder **monatliche Pläne/Budgets** erstellt werden, weil kurzfristige Informationen, Rückkopplungen und Korrekturen erforderlich sind; dies ist z. B. bei Umsatz- oder Liquiditätsplänen der Fall. Mit dem zunehmenden DV-Einsatz sind auch **tagesgenaue Planungen** und **Plan-Ist-Vergleiche** möglich oder sogar erforderlich, z. B. bei der Überwachung der Umsätze.

Situation Controller Schubert stellt für das kommende Geschäftsjahr die wichtigsten Einzelpläne und -budgets, wie **Umsatz-, Beschaffungs-, Absatz-, Kostenplan bzw. -budget,** auf. Er geht dabei folgendermaßen vor:

Zunächst spricht er die **Budgetziele** mit der Geschäftsleitung ab und legt danach den **Planungs- und Budgetprozess** fest.

Als **vorrangiges Budgetziel** gilt im Unternehmen Katja Kern eine **Eigenkapitalverzinsung von mindestens 12 %/Jahr und eine Umsatzrendite von 3,5 %/Jahr.** Controller Schubert hat zu prüfen, ob dieses Ziel mit den budgetierten Umsätzen (vgl. Abschnitt 5.1) erreicht werden kann.

Den **Planungs- und Budgetprozess** legt Controller Schubert wie folgt fest:

1. Die aufzustellenden Pläne und Budgets sollen grundsätzlich eine maximale **Laufzeit von einem Jahr** haben.

2. Controller Schubert erstellt aus den ihm vorliegenden Ist-Zahlen und den Zukunftsprognosen die **Einzelbudgets,** z. B. Umsatz- und Rohgewinnbudget, Beschaffungsbudget, Personalkosten- und Gemeinkostenbudgets, Erfolgsrechnung. **Das Umsatzbudget stellt er hierbei bewusst an den Anfang, da eine Gewinn- und/oder Rentabilitätssteuerung nur möglich ist, wenn zu Beginn der Planung über die Höhe der zufließenden Erlöse Klarheit herrscht.** Die Budgetierung wird Controller Schubert in folgenden Schritten vornehmen:

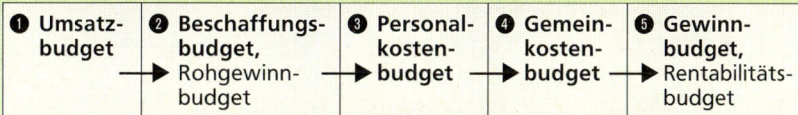

3. Die **Gesamtplanung** ist mit den eingangs genannten Zielen abzustimmen und ggf. zu korrigieren. Mit der Budgetrealisierung beginnt die **Plan-Ist-Analyse** (vgl. Abschnitt 6). Über Budgetierung und Plan-Ist-Analyse **berichtet** der Controller regelmäßig an die Geschäftsleitung (vgl. Abschnitt 7).

5.1 Das Umsatzbudget erstellen

Situation Controller Schubert budgetiert die Umsätze der einzelnen Artikelgruppen für das kommende Jahr auf der Grundlage der Artikelumsätze des laufenden Jahres sowie aufgrund der Wachstumsprognose von Seite 395. Für das im laufenden Jahr eingeführte Saugpapier liegt aus den letzten vier Monaten des Berichtsjahres ein Umsatz von 150.000,00 € vor; Wachstumsprognose 30 %.

Ist-Umsätze nach Artikelgruppen in €				
Ist-Umsatz / Jahr	Druckpapier	Kopierpapier	Umschlagkarton	Saugpapier
Berichtsjahr	7.250.000,00	4.640.000,00	2.610.000,00	150.000,00
Prognose für Planungsjahr	0 %	+ 10 %	− 10 %	+ 30 %

Aus den Basiszahlen ermittelt Herr Schubert folgende gerundete Umsatzbudgets für die einzelnen Artikelgruppen:

Budget-Umsätze nach Artikelgruppen und insgesamt in €					
Planungsjahr	Druckpapier	Kopierpapier	Umschlagkarton	Saugpapier	Umsatzbudget insgesamt
	7.250.000,00	5.100.000,00	2.350.000,00	780.000,00	15.480.000,00

Den Budgetumsatz für Saugpapier ermittelt der Controller nach folgender Rechnung, wobei er mit einem kontinuierlichen Anstieg der Monatsumsätze — ausgehend vom Dezember-Umsatz — um insgesamt 30 %/Jahr rechnet:

$$\frac{50.000,00 \text{ € } \cdot 12 \text{ Monate } \cdot (100 \text{ % } + 30 \text{ %})}{100 \text{ %}} = 780.000,00 \text{ €}.$$

Für die **zeitnahe Überwachung der Umsätze** ist es hilfreich, wenn nicht nur die Jahresumsätze budgetiert werden, sondern auch die **Monatsumsätze**. Um dies zu erreichen, legt der Controller eine Tabelle der Monatsumsätze aus den von der Buchhaltung gemeldeten Istumsätzen an und rechnet die monatlichen Istumsätze mithilfe der Wachstumsprognose in monatliche Budgetumsätze um.

Ist-Monatsumsätze des Vorjahres und Budget-Monatsumsätze des Planjahres in T€

Monat	Druckpapier Wachstum 0 %		Kopierpapier Wachstum + 10 %		Umschlagkarton Wachstum − 10 %		Saugpapier Wachstum + 30 %		Budget-Umsatz insges.
	Ist-Umsatz	Budget-Umsatz	Ist-Umsatz	Budget-Umsatz	Ist-Umsatz	Budget-Umsatz	Ist-Umsatz	Budget-Umsatz	
Januar	585	585	385	423	225	203		48	1.259
Februar	595	595	390	429	230	207		52	1.283
März	610	610	380	418	227	205		55	1.288
April	605	605	395	435	228	205		60	1.305
Mai	605	605	390	429	215	194		60	1.288
Juni	610	610	385	423	220	198		65	1.296
Juli	590	590	375	412	225	202		65	1.269
August	610	610	390	429	220	198		70	1.307
Sept.	620	620	380	418	225	202	25	70	1.310
Oktober	610	610	390	429	205	185	34	75	1.299
Nov.	610	610	395	435	200	180	41	80	1.305
Dez.	600	600	385	420	190	171	50	80	1.271
gesamt	7.250	7.250	4.640	5.100	2.610	2.350	150	780	15.480

Es ist denkbar, dass der Controller seinem Umsatzbudget folgende Erläuterung (= Bericht) beifügt:

„Dem Ist-Umsatz des Vorjahres in Höhe von insgesamt 14.650.000,00 € steht ein Budget-Umsatz von insgesamt 15.480.000,00 € gegenüber; das entspricht einer geplanten Umsatzsteigerung um 5,67 %. Diese Steigerungsrate halte ich auf einem Markt mit gut eingeführten Konkurrenzprodukten und einer relativ geringen Neuheit der Produkte für angemessen, zumal es uns in diesem Markt sehr schwer fallen wird, die Marktführerschaft in einem Segment zu erobern, wenn doch, so wird das nur vorübergehend der Fall sein, bis Nachahmerprodukte auf dem Markt erscheinen. Letztlich wird jede Umsatzsteigerung, die wir erzielen, zu Umsatzeinbußen bei anderen Anbietern führen und umgekehrt. Wir werden also sehr auf Veränderungen des Sortiments achten müssen."

Das oben gezeigte Verfahren einer Umsatzbudgetierung hat zwei „kritische Stellen", auf die wir hier aufmerksam machen, ohne sie näher zu besprechen.

Zum einen ist das **der Zeitraum, der der Berechnung des Budgets zugrunde gelegt wird.** Im Beispiel haben wir ausschließlich die Zahlen des vergangenen Jahres zugrunde gelegt. Das erleichtert zwar die Arbeit, kann aber nicht verhindern, dass die Zufälligkeiten und Besonderheiten des Basisjahres in die Berechnung einfließen und über das Budget in die Zukunft transportiert werden, ohne dass sie dort wieder auftreten werden. Um die Zufälligkeiten und Besonderheiten eines einzelnen Jahres auszugleichen, ist es in der Praxis üblich, die **arithmetischen Mittelwerte mehrerer Jahre** zur Grundlage des Budgets zu machen.

Zum anderen setzt die Erstellung des Budgets schon zu einem Zeitpunkt an, zu dem die Zahlen der laufenden Abrechnungsperiode noch nicht vollständig vorliegen. So wird der Controller das Umsatzbudget des kommenden Jahres spätestens zwei Monate vor dem Ende des laufenden Jahres aufstellen. Hier stellt sich ihm das Problem, die Lücke zum noch nicht bekannten Ist-Gesamtumsatz zu schließen. Er wird dieses Problem durch **Fortschreibung der Vorjahreszahlen** unter Berücksichtigung der Umsatzveränderung lösen.

Aufgaben

434 Erstellen Sie für den Sanitärgroßhandel (vgl. Aufgabe 432) das Jahresumsatzbudget aufgrund folgender Zahlen des Vorjahres und der Wachstumsprognosen:

Ist-Umsätze nach Artikelgruppen

	Wasch-becken	Bade-wannen	Dusch-kabinen	Toiletten/Spülkästen	Badmöbel	Installat.-Material
Umsätze d. Vorjahres	520.000	835.000	1.240.000	660.000	284.000	315.000

435 Das Jahresumsatzbudget für Bodenbeläge ist aufgrund der Ist-Umsätze des Vorjahres und aus den Wachstumsprognosen von Aufgabe 433 zu erstellen:

	Teppich-fliesen	Auslege-ware	Parkett (Schiffsboden)	Parkett (Riemchen)	Laminat-boden
Umsätze d. Vorjahres	850.000	3.240.000	5.900.000	2.300.000	580.000,00

5.2 Das Beschaffungsbudget erstellen und den Rohgewinn ermitteln

Nachstehend zeigen wir Ihnen am Beispiel der Beschaffungsplanung, wie der Controller bei der Budgetierung der zu beschaffenden Waren vorgehen kann. Dieses Beispiel ist auf das Wareneinkaufsbudget beschränkt. Weitere Beschaffungsbudgets – wie z. B. das Betriebsmittelbudget – sollen hier unberücksichtigt bleiben.

Situation Controller Schubert plant die Beschaffungsmengen und budgetiert die Beschaffungswerte der einzelnen Artikelgruppen im Unternehmen Katja Kern für das kommende Jahr auf der Basis der auf den Beginn des Jahres fortgeschriebenen Anfangsbestände (vgl. S. 401), der geplanten Endbestände sowie des erwarteten und geplanten Lagerumschlags.

Beschaffungsbudget nach Artikelgruppen und insgesamt für das Planjahr 01

Artikel	Anfangs- bestände (geschätzt)	End- bestände (geplant)	durch- schnittl. Lager- bestand	Lager- um- schlag (geplant)	Absatz- menge (geplant)	Bezugs- preise je Mengen- einheit	Beschaf- fungs- budget (geplant)
Druck- papier	360 Pal.	340 Pal.	350 Pal.	12	4 200 Pal.	1.400,00 €	5.880.000 €
Kopier- papier	492 Pal.	428 Pal.	460 Pal.	11	5 060 Pal.	800,00 €	4.048.000 €
Umschlag- karton	158 Pal.	146 Pal.	152 Pal.	9	1 368 Pal.	1.312,50 €	1.795.500 €
Saug- papier	396 Großp.	440 Großp.	418 Großp.	14	5 852 Großp.	105,00 €	614.460 €
gesamt							12.337.960 €

Erläuterungen und Auswertungen: Im obigen Beschaffungsplan und -budget sind die geplanten Beschaffungsmengen und die Netto-Warenbezugswerte enthalten. Die Warennebenkosten, ein evtl. einzuplanender „eiserner Bestand" und die Bestandsveränderungen blieben unberücksichtigt. In den Plan wurden die aufgrund der Portfolio-Analyse (vgl. S. 395/396) ausgewiesenen Wachstumschancen aufgenommen; sie finden sich in der geplanten Lagerumschlagshäufigkeit wieder. Die Warenanfangsbestände für das Planjahr lagen zum Zeitpunkt der Planerstellung noch nicht vor; sie wurden aufgrund der sich bis dahin abzeichnenden Entwicklung fortgeschrieben. Die geplanten Warenendbestände berücksichtigen die aus dem Absatzplan abgeleiteten Beschaffungsziele; so ist der Controller bestrebt die Endbestände zu reduzieren. Insbesondere bei der Artikelgruppe „Umschlagkarton" hält er wegen der nachlassenden Marktchancen eine Reduzierung des Endbestandes für erforderlich. Bei der Artikelgruppe „Saugpapier" plant er eine Erhöhung des Endbestandes, um bei steigender Nachfrage (und weniger stark steigender Umschlagshäufigkeit) die Lieferbereitschaft zu erhalten. Die geplanten Absatzmengen ergeben sich aus der Multiplikation von durchschnittlichem Lagerbestand und geplanter Umschlagshäufigkeit. Im letzten Schritt werden die geplanten Beschaffungsmengen mit den durchschnittlichen (und erwarteten) Bezugspreisen bewertet; das Ergebnis sind die Beschaffungsbudgets für die einzelnen Artikelgruppen.

Die Aussagefähigkeit dieses Jahresplanes lässt sich durch eine daraus entwickelte **Monatsplanung** erhöhen, aus der die für die einzelnen Monate angestrebten Beschaffungsmengen und Beschaffungswerte ersichtlich sind. An dieser Stelle verzichten wir auf die Angabe der Monatsbudgets (vgl. hierzu das Beispiel der Budget-Monatsumsätze von Seite 400).

6470402

Aus der Verbindung von Umsatzbudget (= Erlöse) und Beschaffungsbudget (= Kosten) lassen sich die **Kalkulationszuschläge** berechnen und mit den IST-Zuschlägen abgleichen:

Berechnung	Druckpapier	Kopierpapier	Umschlagkarton	Saugpapier
Umsatzbudget	7.250.000 €	5.100.000 €	2.350.000 €	780.000 €
Beschaffungsbudget	5.880.000 €	4.048.000 €	1.795.500 €	614.460 €
	= 1,233	= 1,26	= 1,31	= 1,269
	~ **23,3 %**	~ **26,0 %**	~ **31,0 %**	~ **26,9 %**

Aus dem BAB von Seite 365 ergeben sich für die Warengruppe „Druckpapier" ein Handlungskostenzuschlag von 20 % und ein Gewinnzuschlag von 3,3 %. Das entspricht einem Gesamtzuschlag von 23,96 %, der mit dem oben geplanten Zuschlag annähernd übereinstimmt.

Aufgabe

436   *Vergleichen Sie die übrigen Ist-Gesamtzuschläge aus dem BAB von Seite 365 mit den obigen Kalkulationszuschlägen und ziehen Sie bei Abweichungen mögliche Schlussfolgerungen.*

Rohgewinnbudget. Eine weitere wichtige Aussage lässt sich aus dem Umsatzbudget und dem Beschaffungsbudget hinsichtlich des Rohgewinnbudgets ableiten. Der Warengewinn oder Rohgewinn ergibt sich, wenn man die Umsatzerlöse um die Warenbezugswerte vermindert.

Berechnung	Druckpapier	Kopierpapier	Umschlag-karton	Saugpapier	insgesamt
Umsatz-budget	7.250.000 €	5.100.000 €	2.350.000 €	780.000 €	15.480.000 €
Beschaffungs-budget	5.880.000 €	4.048.000 €	1.795.500 €	614.460 €	12.337.960 €
Rohgewinn-budget	1.370.000 €	1.052.000 €	554.500 €	165.540 €	3.142.040 €
Rohgewinn in Prozent	23,3 %	26,0 %	30,9 %	26,9 %	25,5 %

Erläuterung: Auffallend an den obigen Zahlen ist, dass die Warengruppe Umschlagkarton trotz ihrer schwachen Marktstellung einen hohen prozentualen Rohgewinn erwirtschaftet, während die Warengruppe Druckpapier zwar den absolut höchsten Rohgewinn beisteuert, im prozentualen Anteil aber die schwächste Warengruppe ist. Die übrigen Warengruppen liegen relativ nahe am Durchschnitt, ihnen werden in der Zukunft sowohl absolut als auch relativ Gewinnsteigerungen zugetraut.

Die in der Aufstellung ausgewiesenen Rohgewinne dienen zur Deckung der anfallenden Einzel- und Gemeinkosten und zur Erwirtschaftung eines angemessenen Gewinns, mit dem das festgelegte Planungsziel von mindestens 12 %/Jahr Eigenkapitalverzinsung und 3,5 %/Jahr Umsatzrendite (vgl. Seite 399) erreicht werden kann.

Vergleichen wir den durchschnittlichen (geplanten) Rohgewinn von 25,5 % mit den im BAB, Seite 365, ausgewiesenen Ist-Zahlen für den Monat September, so ergibt sich:

Nettoumsatzerlöse für Monat September ..	1.250.000,00 €
− Warenaufwendungen insgesamt	1.000.000,00 €
Rohgewinn insgesamt	250.000,00 €
Rohgewinn in %	**25 %**

Der budgetierte Rohgewinn liegt also im Vergleich mit der Septemberabrechnung des laufenden Jahres geringfügig höher.

Aufgaben

437 Für die Sanitärgroßhandlung (vgl. Aufgaben 432/434) sind die Beschaffungsbudgets nach folgenden Angaben zu erstellen. Die Mengen- und Preisangaben
sind Durchschnittswerte für die jeweilige Artikelgruppe.

Beschaffungsbudget nach Artikelgruppen für das Planjahr 01

Artikel	Anfangs-bestände	End-bestände	Lager-umschlags-häufigkeit	Bezugspreise je Mengen-einheit
Waschbecken	320 Stück	280 Stück	5	240,00 €
Badewannen	250 Stück	270 Stück	4	570,00 €
Duschkabinen	150 Stück	162 Stück	4	1.325,00 €
Toiletten/ Spülkästen	212 Stück	220 Stück	6	360,00 €
Badmöbel	140 Stück	120 Stück	3	470,00 €
Installations-material	340 Pack.	320 Pack.	8	82,50 €

1. *Erstellen Sie das Beschaffungsbudget je Artikelgruppe und insgesamt für
   das Planjahr.*
2. *Ermitteln Sie aus Umsatzbudget (vgl. Aufgabe 434) und Beschaffungsbudget die geplanten Kalkulationszuschläge je Artikelgruppe.*
3. *Erstellen Sie das Rohgewinnbudget in € und Prozent für jede Artikelgruppe
   und insgesamt.* In der Sanitärgroßhandlung ist im laufenden Jahr mit einem
   durchschnittlichen Rohgewinnzuschlag von 43,5 % kalkuliert worden. *Vergleichen Sie diesen Ist-Zuschlagssatz mit den budgetierten Zuschlagssätzen.*

---

438 Die Beschaffungsbudgets für Bodenbeläge (vgl. Aufgaben 433/435) sind nach
folgenden Angaben zu erstellen:

Beschaffungsbudget nach Artikelgruppen für das Planjahr 01

Artikel	Anfangs-bestände	End-bestände	Lager-umschlags-häufigkeit	Bezugspreise je Mengen-einheit
Teppichfliesen	3 320 m^2	3 240 m^2	6	27,00 €/m^2
Auslegeware	6 960 m^2	6 880 m^2	8	32,50 €/m^2
Parkett (Schiffsboden)	5 530 m^2	5 390 m^2	10	60,00 €/m^2
Parkett (Riemchen)	2 910 m^2	3 010 m^2	12	36,00 €/m^2
Laminatboden	1 740 m^2	1 440 m^2	9	22,50 €/m^2

1. *Erstellen Sie das Beschaffungsbudget je Artikelgruppe und insgesamt für
   das Planjahr.*
2. *Ermitteln Sie aus Umsatzbudget (vgl. Aufgabe 435) und Beschaffungsbudget die geplanten Kalkulationszuschläge je Artikelgruppe.*
3. *Erstellen Sie das Rohgewinnbudget in € und Prozent für jede Artikelgruppe und insgesamt.* In der Großhandlung ist im laufenden Jahr mit
   einem durchschnittlichen Rohgewinnzuschlag von 75 % kalkuliert worden.
   *Vergleichen Sie diesen Ist-Zuschlagssatz mit den budgetierten Zuschlags-
   sätzen.*

5.3   Die Kostenbudgets aufstellen

Erst anhand der Kostenbudgets kann der Controller prüfen, ob das ausgewiesene Rohgewinnbudget hinsichtlich der Zielvorgaben angemessen ist oder nicht. Art und Anzahl der zu erstellenden Kostenbudgets richten sich nach der im jeweiligen Unternehmen vorliegenden **Kostenstruktur** und nach dem **Kostenartenplan.** Wir können in der Regel davon ausgehen, dass im Handelsbetrieb die folgenden drei Kostenblöcke — hinter denen sich jeweils eine Reihe von Gemeinkostenarten verbergen — Gewicht haben und deshalb bei der Budgetierung zu berücksichtigen sind:

- ▶ **Personalkosten**
- ▶ **Raum-/Gebäudekosten**
- ▶ **Sonstige Handlungskosten**

Die Budgetierung geht auch hier von den **Istzahlen der vergangenen Abrechnungsperioden** aus und zieht zusätzlich **Branchenvergleichszahlen** der Industrie- und Handelskammern oder des Instituts für Handelsforschung der Universität zu Köln heran. Für unsere Zwecke soll es ausreichen, wenn wir **prozentuale Anteile der einzelnen Kostenblöcke an den gesamten Handlungskosten** für die Jahresplanung zugrunde legen.

Beispiel   Aus der Ergebnistabelle vom September .. liegen folgende Istzahlen vor (vgl. Seite 328):

Kostenart		Istkosten des Monats September	
1	**Personalkosten:**	**106.000,00 €**	
1.1	Löhne (Einzelkosten)		49.000,00 €
1.2	Kalk. Unternehmerlohn		10.000,00 €
1.3	Gehälter (Gemeinkosten)		33.000,00 €
1.4	Soziale Aufwdg. (Gemeinkosten)		14.000,00 €
2	**Raum-/Gebäudekosten:**	**33.500,00 €**	
2.1	Kalk. Abschreibg. auf Gebäude		6.000,00 €
2.2	Mieten		15.000,00 €
2.3	Kalk. Zinsen auf Gebäude		12.500,00 €
3	**Sonstige Handlungskosten**	**78.000,00 €**	
3.1	Frachten/Fremdlager		10.000,00 €
3.2	Reise-/Werbekosten		16.000,00 €
3.3	Steuern		17.000,00 €
3.4	Übrige kalkulatorische Kosten		35.000,00 €
Istkosten insgesamt		**217.500,00 €**	

Für die Budgetierung der **Jahreskosten** geht Controller Schubert von folgenden Erwartungen aus:

- ▶ Die Zahlen des Monats September sind repräsentativ für den Jahresdurchschnitt.
- ▶ Veränderungen werden sich bei folgenden Kostenarten ergeben:

  Löhne .... + 2,5 %
  Gehälter .... + 2,0 %
  Gesetzliche Lohnnebenkosten .... + 2,25 %
  Frachten/Fremdlager .... − 4,4 %
  Reise-/Werbekosten .... − 3,2 %
  Steuern .... + 1,5 %

Aufgrund der vorstehenden Annahmen ergibt sich folgendes **Kostenbudget für das Planjahr:**

Kostenbudget für das Planjahr 01

Kostenart	Budgetkosten für das Jahr 01	
1 Personalkosten:	**1.298.400,00 €**	
1.1 Löhne (Einzelkosten)		602.700,00 €
1.2 Kalk. Unternehmerlohn		120.000,00 €
1.3 Gehälter (Gemeinkosten)		403.920,00 €
1.4 Soziale Aufwdg. (Gemeinkosten)		171.780,00 €
2 Raum-/Gebäudekosten:	**402.000,00 €**	
2.1 Kalk. Abschreibg. auf Gebäude		72.000,00 €
2.2 Mieten		180.000,00 €
2.3 Kalk. Zinsen auf Gebäude		150.000,00 €
3 Sonstige Handlungskosten	**927.636,00 €**	
3.1 Frachten/Fremdlager		114.720,00 €
3.2 Reise-/Werbekosten		185.856,00 €
3.3 Steuern		207.060,00 €
3.4 Übrige kalkulatorische Kosten		420.000,00 €
Handlungskostenbudget insgesamt	**2.628.036,00 €**	

Erläuterungen zum Kostenbudget:

Die veranschlagten Kosten berechnen sich wie folgt:

Lohnbudget	$= 49.000,00 € \cdot 12 \cdot 1,025$	$= 602.700,00 €$
Gehaltsbudget	$= 33.000,00 € \cdot 12 \cdot 1,020$	$= 403.920,00 €$
Soziale Aufwendungen	$= 14.000,00 € \cdot 12 \cdot 1,0225$	$= 171.780,00 €$
Frachten/Fremdlager	$= 10.000,00 € \cdot 12 \cdot 0,956$	$= 114.720,00 €$
Reise-/Werbekosten	$= 16.000,00 € \cdot 12 \cdot 0,968$	$= 185.856,00 €$
Steuern	$= 17.000,00 € \cdot 12 \cdot 1,015$	$= 207.060,00 €$

Einen herausragenden Platz unter den obigen Kostenblöcken nehmen die Personalkosten ein. Ihnen ist besondere Aufmerksamkeit zu schenken. In der Praxis wird sich der Controller nicht mit einer so groben Budgetierung zufrieden geben, sondern eine **Aufschlüsselung nach Abteilungen/Kostenstellen** einerseits sowie nach **Personalkostenarten** andererseits (z. B. Lohn/Gehalt, Überstundenzuschläge, Aushilfen, Urlaubsgeld, Weihnachtsgeld, Prämien, Sozialversicherung, Berufsgenossenschaft, freiwillige soziale Aufwendungen usw.) vornehmen. Für unsere Zwecke ist es wichtig, dass ein **Vergleichsmaßstab für die Personalkosten** herangezogen wird; dies könnte ein am **Nettoumsatz orientierter Prozentzuschlag für die Personalkosten** sein:

$$\text{Prozentanteil der Personalkosten am Nettoumsatz} = \frac{1.298.400,00 € \cdot 100 \%}{15.480.000,00 €} = 8,4 \%$$

Im Vergleich mehrerer Planungsperioden zeigt sich anhand dieses Zuschlagssatzes, welche Veränderungen eintreten, nach deren Ursachen dann zu forschen ist.

5.4 Das Gewinnbudget aufstellen

Situation In die Gewinnbudgetrechnung bringt Controller Schubert alle budgetierten Leistungen und Kosten ein und prüft, ob der budgetierte Betriebsgewinn das geplante Renditeziel (vgl. S. 399) erreicht. Sollte das nicht der Fall sein, so müsste der Controller nach Kosteneinsparungen suchen oder das Budgetziel verändern.

Betriebsergebnisrechnung	€-Beträge
Umsatzbudget	15.480.000,00 €
− Beschaffungsbudget (Waren)	12.337.960,00 €
− Handlungskostenbudget	2.628.036,00 €
= Gewinnbudget	514.004,00 €

$$\text{Eigenkapitalverzinsung} = \frac{514.004,00 \ € \cdot 100 \ \%}{3.000.000,00 \ €} = 17,1 \ \%$$

$$\text{Umsatzrendite} = \frac{514.004,00 \ € \cdot 100 \ \%}{15.480.000,00 \ €} = 3,3 \ \%$$

Bei einem (angenommenen) Eigenkapital (vgl. S. 27) von 3.000.000,00 € wird die gewünschte Verzinsung von 12 %/Jahr mit budgetierten 17,1 % bei weitem überschritten. In der Umsatzrendite wird das gesteckte Ziel mit 3,3 % nicht erreicht; dieser Wert liegt geringfügig unter dem angestrebten Unternehmensziel von 3,5 %/Jahr. Controller Schubert hat unter diesen Bedingungen keinen Anlass zur Budgetrevision, wohl aber zur sorgfältigen Kontrolle der Entwicklung in den nächsten Monaten.

5.5 Das Finanzbudget aufstellen

Situation Aus den bisherigen Budgets (Umsatzbudget, Beschaffungsbudget, Kostenbudget) leitet Controller Schubert nicht nur das **Gewinnbudget,** sondern auch das **Finanzbudget** ab. Hierbei hat er zu beachten, dass aus den Kosten die Anteile ausgesondert werden, die **nicht zu Ausgaben in der Budgetperiode** führen. Das wären bei den Personalkosten z. B. die **Pensionsrückstellungen** und der **kalkulatorische Unternehmerlohn,** bei den Gebäudekosten und den sonstigen Handlungskosten wären die **kalkulatorischen Kosten** auszugliedern.

Finanzbudget		€-Beträge
Anfangsbestand der liquiden Mittel	(vgl. Bilanz S. 29)	333.750,00 €
+ Umsatzerlöse		15.480.000,00 €
− Warenaufwendungen		12.337.960,00 €
− Personalkosten	1.298.400,00 €	
ohne kalk. Unternehmerlohn	120.000,00 €	
ohne Zuführung zu Pensionsrück-		
stellungen (angenommen 2 % der		
Personalkosten, aufgerundet)	26.000,00 €	1.152.400,00 €
− Raum-/Gebäudekosten	402.000,00 €	
ohne kalkulatorische Kosten	222.000,00 €	180.000,00 €
− Sonstige Handlungskosten	927.636,00 €	
ohne kalkulatorische Kosten	420.000,00 €	507.636,00 €
Endbestand der liquiden Mittel		1.635.754,00 €

Der Endbestand an liquiden Mitteln erscheint ausreichend hoch. Hierbei ist zu beachten, dass in dem obigen Finanzbudget noch keine **Investitionen** eingeplant wurden. Im Umfang der geplanten Investitionen verringern sich die liquiden Mittel.

Aufgaben

439   Zur Aufstellung des Kostenbudgets stehen dem Controller in der Sanitärgroßhandlung (vgl. Aufgaben 432, 434 und 437) folgende Angaben aus der Ergebnistabelle zur Verfügung:

Istkosten des Abrechnungsjahres

Pos.	Kostenart	Istkosten
1.1	Löhne	237.650,00 €
1.2	Kalkulatorischer Unternehmerlohn	100.000,00 €
1.3	Gehälter	160.000,00 €
1.4	Soziale Aufwendungen	68.000,00 €
1	**Personalkosten**	**565.650,00 €**
2.1	Mieten/Pachten	72.750,00 €
2.2	Kalkulatorische Abschreibung auf Gebäude	36.000,00 €
2	**Gebäude-/Raumkosten**	**108.750,00 €**
3.1	Steuern/Beiträge/Versicherungen	184.800,00 €
3.2	Werbe-/Reisekosten	77.600,00 €
3.3	Frachten/Fremdlager	48.500,00 €
3.4	Kalkulatorische Kosten	97.000,00 €
3	**Sonstige Handlungskosten**	**407.900,00 €**
4	**Handlungskosten insgesamt**	**1.082.300,00 €**

Der Controller rechnet mit folgenden Kostenveränderungen im Planjahr:

Löhne	(−) 4,5 %	Soz. Aufwendg.	(−) 2,0 %	Werbe-/Reisekosten	(+) 7,5 %
Gehälter	(+) 1,5 %	Steuern/Beitr./Vers.	(+) 3,4 %	Frachten/Fremdl.	(−) 3,3 %

Die übrigen Kosten werden als unverändert angesehen.

1. *Erstellen Sie das Kostenbudget, das Gewinnbudget sowie das Finanzbudget
   bei einem angenommenen Anfangsbestand an liquiden Mitteln von
   165.000,00 €.*
2. *Bestimmen Sie den Prozentanteil der Personalkosten am Budgetumsatz
   und vergleichen Sie diese Maßzahl mit der Istzahl des Vorjahres.*

---

440   In der Großhandlung für Bodenbeläge (vgl. Aufgaben 433, 435 und 438) sind lt.
Ergebnistabelle im vergangenen Jahr folgende Kosten angefallen, die zur
Erstellung des Kostenbudgets herangezogen werden sollen:

Istkosten des Abrechnungsjahres

Pos.	Kostenart	Istkosten
1.1	Löhne	980.200,00 €
1.2	Kalkulatorischer Unternehmerlohn	280.000,00 €
1.3	Gehälter	664.000,00 €
1.4	Soziale Aufwendungen	282.200,00 €
1	**Personalkosten**	**2.206.400,00 €**
2.1	Mieten/Pachten	302.000,00 €
2	**Gebäude-/Raumkosten**	**302.000,00 €**
3.1	Steuern/Beiträge/Versicherungen	766.000,00 €
3.2	Werbe-/Reisekosten	322.000,00 €
3.3	Frachten/Fremdlager	201.500,00 €
3.4	Kalkulatorische Kosten	451.500,00 €
3	**Sonstige Handlungskosten**	**1.741.000,00 €**
4	**Handlungskosten insgesamt**	**4.249.400,00 €**

Der Controller rechnet mit folgenden Kostenveränderungen im Planjahr:

Löhne	(−) 2,5 %	Soz. Aufwendg.	(−) 3,0 %	Werbe-/Reisekosten	(+) 6,5 %
Gehälter	(−) 3,5 %	Steuern/Beitr./Vers.	(+) 4,5 %	Frachten/Fremdl.	(+) 3,0 %

*Erstellen Sie das Kosten-, Gewinn- und Finanzbudget für das Planjahr (An-
fangsbestand an liquiden Mitteln: 230.000,00 €).*

---

6 Die Budgetkontrolle als Soll-Ist-Vergleich durchführen

6.1 Die Umsatzabweichungsanalyse erstellen

Situation Controller Schubert hat für das kommende Jahr die wichtigsten Einzelbudgets aufgestellt, für deren anschließende Überwachung er nun zuständig ist. Diese Überwachung konzentriert er auf den **Soll-Ist-Vergleich,** d. h.,

- ○ er ermittelt aus den ihm zur Verfügung stehenden Ist-Zahlen und den Budgetzahlen **Abweichungen,**
- ○ er analysiert die ausgewiesenen Abweichungen auf ihre **Ursachen** hin und
- ○ er schlägt der Geschäftsleitung ggf. **Korrekturmaßnahmen** vor.

Damit Korrekturen Wirkung zeigen können, ist eine **zeitnahe Kontrolle** erforderlich. Bei der im Vertriebsbereich wichtigen **Umsatzabweichungsanalyse** ist z. B. die **monatliche Kontrolle** unbedingtes MUSS. Im Folgenden zeigen wir eine solche Umsatzabweichungsanalyse aus den Budgetzahlen von Seite 400, den geplanten Absatzmengen von Seite 402 und den angenommenen Ist-Werten. Dabei machen wir auf zwei wichtige Elemente dieser Analyse aufmerksam: die **Mengenabweichung** und die **Preisabweichung.**

Umsatzabweichungsanalyse für den Monat Januar 01

Artikel-gruppe	Planwerte			Istwerte			Abweichungen				
	Menge	Preis in €	Umsatz in €	Menge (angen.)	Preis in € (angen.)	Um-satz in €	Menge	Preis in €	Umsatz in €	Preis-abwei-chung	Men-gen-abwei-chung
Druckpapier	338 Pal.	1.732,00	585.416	344 Pal.	1.732,00	595.808	(+)6	0	(+)10.392	0	(+)10.392
Kopierpapier	420 Pal.	1.005,30	422.226	420 Pal.	1.006,45	422.709	0	(+)1,15	(+) 483	(+)483	0
Umschl.-Karton	120 Pal.	1.704,50	204.540	116 Pal.	1.704,63	197.737	(−)4	(+)0,13	(−) 6.803	(+) 15	(−) 6.818
Saugpapier	360 GP[1]	133,00	47.880	368 GP[1]	132,38	48.716	(+)8	(−)0,62	(+) 836	(−)228	(+) 1.064
Gesamt-abweichung									(+) 4.908	(+)270	(+) 4.638

1 Großpackungen

Erläuterungen: Aus dem obigen Soll-Ist-Vergleich lässt sich ablesen, inwieweit die geplanten Absatzmengen und Umsätze realisiert werden konnten. Bei den **Druckpapieren** z. B. konnte der geplante Preis von 1.732,00 €/Palette genau eingehalten werden. Es konnten statt der geplanten 338 Paletten deutlich mehr abgesetzt werden, nämlich 344 Mengeneinheiten. Insgesamt führt diese Situation zu einem um 10.392,00 € (~ 1,8 %) höheren Ist-Umsatz gegenüber dem budgetierten Umsatz. Dieses Ergebnis ist sehr zufrieden stellend. Widersprüchlich erscheint die Umsatzentwicklung bei der Artikelgruppe Saugpapier: Einem deutlichen Anstieg der Absatzmenge um 8 Großpackungen stehen Preiszugeständnisse von 0,62 €/Großpackung gegenüber. Insgesamt führt diese Entwicklung noch zu einem Umsatzplus von 836,00 €. Der Controller wird diese Entwicklung sorgfältig im Auge behalten.

Mengen- und Preisabweichung. Der Vergleich budgetierter und realisierter Preise, Mengen und Umsätze sagt noch nichts darüber aus, wie groß jeweils der **Einfluss veränderter Preise und Mengen** auf die Gesamtabweichung gewesen ist. Dies herauszufinden ist jedoch für eine wirksame interne Kontrolle wichtig: **Grundsätzlich gilt, dass die zuständigen Mitarbeiter Preisabweichungen nicht zu verantworten haben, wohl aber bei Mengenabweichungen nach den Ursachen forschen müssen.**

Preisabweichung. Im obigen Beispiel ergab sich bei den Saugpapieren eine Umsatzabweichung von insgesamt (+) 836,00 €. Um die hieran beteiligte **Preisabweichung** zu berechnen, **multipliziert man die Preisdifferenz (− 0,62 €/Großpackung) mit der Ist-Menge (368 Großpackungen).**

$$\text{Preisabweichung} = 0,62 \text{ €/Großpackung} \cdot 368 \text{ Packungen} = \textbf{(-) 228,00 €}$$

Für den Fall, dass über die Preisdifferenz keine Aussage gemacht werden kann (weil z. B. die durchschnittlichen Ist-Preise nicht vorliegen oder ihre Berechnung zu umständlich wäre), erhält man die Preisabweichung auch, indem man den **Ist-Umsatz um die mit dem budgetierten Preis bewertete Ist-Menge vermindert,** also

$$\textbf{Preisabweichung} = \textbf{Ist-Umsatz} - \textbf{Ist-Menge} \cdot \textbf{Budgetpreis}$$

$$\text{Preisabweichung} = 48.716,00 \text{ €} - 368 \text{ Packungen} \cdot 133,00 \text{ €}$$
$$48.716,00 \text{ €} - 48.944,00 \text{ €} = \textbf{(-) 228,00 €}$$

Der tatsächliche Absatz hätte zu einem Umsatz von 48.944,00 € führen sollen; es sind tatsächlich aber nur Umsatzerlöse von 48.716,00 € erzielt worden, also 228,00 € weniger als budgetiert. Dieser Minderumsatz geht zulasten des Preises.

Mengenabweichung. Die in der Gesamtabweichung von 836,00 € enthaltene **Mengenabweichung** wird berechnet, indem man den **Budgetpreis mit der Mengendifferenz multipliziert:**

$$\text{Mengenabweichung} = 133,00 \text{ €/Großpackung} \cdot 8 \text{ Pack.} = \textbf{(+) 1.064,00 €}$$

Mit einer **allgemeineren Rechenformel** kommt man zum gleichen Ergebnis:

$$\textbf{Mengenabweichung} = \textbf{Ist-Menge} \cdot \textbf{Budgetpreis} - \textbf{Budgetumsatz}$$

$$\text{Mengenabweichung} = 368 \text{ Großpack.} \cdot 133,00 \text{ €/Großpack.} - 47.880,00 \text{ €}$$
$$= 48.944,00 \text{ €} - 47.880,00 \text{ €} = \textbf{(+) 1.064,00 €}$$

Nach dem Umsatzbudget hätte ein Umsatz von 47.880,00 € erzielt werden sollen; tatsächlich wurde ein Budgetumsatz von 48.944,00 € erreicht. Der erzielte Budgetumsatz überstieg also den geplanten Umsatz um 1.064,00 €. Die Entwicklung ist demnach sehr positiv zu beurteilen.

Anders ist die Situation in der Warengruppe „Umschlagkarton" zu sehen: Hier haben Vorgänge zu einem Minderumsatz geführt; diese Vorgänge sind aufzudecken. Mögliche Ursachen sind: verschlechterte Wachstums- und Absatzchancen auf dem Markt, jahreszeitlich bedingte Umsatzschwankung, Veränderungen in der Kundenstruktur usw. Die vorliegende Situation ist – auch im Hinblick auf die Wachstumsprognose von (−) 10 %, vgl. S. 400 – nicht alarmierend. Der Controller wird die Entwicklung in den nächsten Monaten sorgfältig beobachten.

Aufgabe

441 *Analysieren Sie die Preis- und Mengenabweichungen bei den übrigen Artikelgruppen und insgesamt. Berücksichtigen Sie in Ihren Überlegungen, dass die Gesamtabweichung fast ausschließlich auf das positive Absatzvolumen zurückzuführen ist.*

6470410

6.2 Die Beschaffungs- und Kostenbudgets kontrollieren

Situation 1 So wie Controller Schubert eine Umsatzabweichungsanalyse erstellt, wird er auch die Beschaffungs- und Kostenbudgets auf ihre Realisierung hin kontrollieren. Bei der **Analyse der Beschaffungsmengen und –preise** wird er das Augenmerk vor allem auf die Situation der Beschaffungspreise (Bezugspreise) legen, denn hier wirkt sich die Zuständigkeit der Einkaufsabteilung besonders aus. Abweichungen in den Beschaffungsmengen sind ursächlich nicht der Einkaufsabteilung anzulasten; sie gehen letztlich auf die veränderte Absatzsituation zurück.

Für den Monat Januar des Planungsjahres 01 nehmen wir folgende Lage an und greifen dabei auch auf das Beschaffungsbudget von Seite 402 sowie auf die mathematischen Grundlagen aus Abschnitt 6.1 zurück:

Abweichungsanalyse der Beschaffungsmengen und -preise für den Monat Januar 01

Artikel-gruppe	Planwerte			Istwerte			Abweichungen				
	Besch.-Menge	Preis in €	Besch.-Budget in €	Besch.-Menge (angen.)	Preis in € (angen.)	Besch.-Budget in €	Besch.-Menge	Preis in €	Besch.-Budget in €	Preis-abwei-chung	Men-gen-abwei-chung
Druckpapier	340 Pal.	1.400,00	476.000	340 Pal.	1.398,00	475.320	0	(–) 2,00	(–) 680	(–)680	0
Kopierpapier	420 Pal.	800,00	336.000	408 Pal.	801,25	326.910	(–)12	(+)1,25	(–) 9.090	(+)510	(–) 9.600
Umschl.-Karton	120 Pal.	1.312,50	157.500	116 Pal.	1.311,00	152.076	(–) 4	(–)1,50	(–) 5.424	(–)174	(–) 5.250
Saugpapier	400 GP	105,00	42.000	420 GP	106,00	44.520	(+)20	(+)1,00	(+) 2.520	(+)420	(+) 2.100
Gesamt-abweichung									(–) 12.674	(+) 76	(–)12.750

Erläuterungen: Analysieren wir die Gesamtabweichung, so fällt auf, dass die **Preisabweichung** insgesamt mit (+) 76,00 € verschwindend gering ausfällt; entweder ist es also der Einkaufsabteilung sehr gut gelungen, die budgetierten Preise bei den Lieferern durchzusetzen oder die budgetierten Preise haben sehr genau das tatsächliche Preisniveau getroffen. Die Betrachtung der einzelnen Artikelgruppen liefert ein differenzierteres Bild: Die Warengruppen „Druckpapier" und „Umschlagkarton" zeigen preisbezogene Einsparungen von 854,00 €; bei den Warengruppen „Kopierpapier" und „Saugpapier" liegt eine preisbezogene Mehrausgabe von 930,00 € vor. Insgesamt sind die Preisabweichungen so geringfügig, dass sie keine Korrekturmaßnahmen erfordern.

Fast die gesamte Abweichung entfällt auf die **Mengenabweichung,** was auf die offensichtlich nicht korrekt eingeschätzte Absatzsituation zurückzuführen ist. Ausgenommen davon ist die Warengruppe „Druckpapier", bei der die geplante mit der tatsächlich beschafften Menge übereinstimmt.

Bei den Warengruppen „Kopierpapier" und „Umschlagkarton" zeigen sich deutliche negative Abweichungen vom Budget (insgesamt um 14.850,00 €). Hier liegt u. U. eine vorsichtige Einschätzung der Absatzlage vor, die zu einer entsprechend geringer disponierten Menge geführt hat.

Die positive Abweichung von (+) 2.100,00 € bei der Warengruppe „Saugpapier" verweist auf eine gegenüber dem Beschaffungsbudget positive Einschätzung der Absatzentwicklung, obgleich die Preisentwicklung hier gegensteuert. Insgesamt kann gesagt werden: Während die Absatzlage der Kopierpapiere und der Umschlagskartons schlechter erscheint als budgetiert, verläuft die Absatzentwicklung bei Saugpapieren besser als geplant.

Situation 2 Zur Kontrolle der Kostenbudgets für den Monat Januar 01 zieht Herr Schubert das auf den Monat umgerechnete Jahresbudget (vgl. S. 406) sowie die aus den Abteilungen gemeldeten Ist-Zahlen heran. Neben der Aufdeckung von Soll-Ist-Abweichungen ist es ihm wichtig, die Ursachen der Abweichungen herauszufinden, um ggf. Korrekturmaßnahmen einleiten zu können.

Abweichungsanalyse der Kosten für den Monat Januar 01

Kostenart	Budgetkosten	Istkosten	Abweichungen
Löhne	50.225,00 €	51.360,00 €	(+) 1.135,00 €
Unternehmerlohn	10.000,00 €	10.000,00 €	0,00 €
Gehälter	33.660,00 €	35.100,00 €	(+) 1.440,00 €
Soziale Aufwendg.	14.315,00 €	14.830,00 €	(+) 515,00 €
Personalkosten	**108.200,00 €**	**111.290,00 €**	**(+) 3.090,00 €**
Kalkulat. Abschreib.	6.000,00 €	6.000,00 €	0,00 €
Mieten	15.000,00 €	15.000,00 €	0,00 €
Kalkulat. Zinsen	12.500,00 €	12.500,00 €	0,00 €
Raum-/Gebäudekost.	**33.500,00 €**	**33.500,00 €**	**0,00 €**
Frachten/Fremdlager	9.560,00 €	8.920,00 €	(−) 640,00 €
Reise-/Werbekosten	15.480,00 €	16.210,00 €	(+) 730,00 €
Steuern	17.250,00 €	16.800,00 €	(−) 450,00 €
Kalkulat. Kosten	35.000,00 €	35.000,00 €	0,00 €
Sonst. Handlungsk.	**77.290,00 €**	**76.930,00 €**	**(−) 360,00 €**
Gesamtabweichung	**218.990,00 €**	**221.720,00 €**	**(+) 2.730,00 €**

Erläuterungen: Der obige Soll-Ist-Vergleich zeigt in einzelnen Kostenarten deutliche Abweichungen (z. B. bei Löhnen und Gehältern). Andere Kostenarten – insbesondere die kalkulatorischen Kosten – weisen nur geringfügige oder gar keine Abweichungen auf. Wichtige Aufgabe des Controllers ist es, die Abweichungen auf ihre Ursachen hin zu analysieren, um herausstellen zu können, wer für die Abweichungen verantwortlich ist.

Grundsätzlich gilt, dass die Abteilungsleiter Verbrauchsabweichungen begründen müssen, ihnen aber Preis- und Beschäftigungsabweichungen nicht zugerechnet werden können.

In der obigen Situation liegt Folgendes vor: Bei den Personalkosten ist es zu einer Überschreitung der budgetierten Kosten um 3.090,00 € gekommen. Die Ursachenerforschung ergab, dass im Lohnbereich zwei Teilzeitkräfte und im Gehaltsbereich eine Teilzeitkraft außerplanmäßig bereits im Januar eingestellt wurden; ursprünglich war die Neueinstellung von Arbeitskräften erst für das Frühjahr vorgesehen gewesen. Der Controller wird die Budgets der Folgemonate entsprechend korrigieren müssen. Bei den Sonstigen Handlungskosten fällt auf, dass die Ausgaben für Frachten/Fremdlager um 640,00 € unter dem budgetierten Ansatz bleiben; dies ist zum einen auf veränderte (günstigere) Lieferungsbedingungen, zum anderen auf bessere Ausnutzung der Ladekapazitäten und Anlieferungen, aber auch auf rückläufige Absatzzahlen zurückzuführen. Reise- und Werbekosten zeigen eine Überschreitung der Budgetzahl um 730,00 €. Hier haben die Abteilungsleiter eine intensivere Kundenbetreuung und eine stärkere Präsenz in den Medien für ratsam gehalten und ihr Budget überzogen. Angesichts des drohenden Absinkens der Umsätze (vgl. auch Umsatzabweichungsanalyse auf Seite 409) erscheint diese Maßnahme angemessen. Eine Nachsteuerung und Korrektur der Budgets wird der Controller nur für den Bereich „Frachten/Fremdlager" vornehmen.

6470412

Personalkostenquote. Abschließend vergleicht Controller Schubert den geplanten Prozentsatz der Personalkosten am Nettoumsatz (= 8,4 %, vgl. S. 406) mit dem tatsächlich eingetretenen:

$$\text{Ist-Prozentsatz der Personalkosten am Nettoumsatz} = \frac{111.290,00\ € \cdot 100\ \%}{1.264.968,00\ €} = 8{,}8\ \%$$

Die vorgesehene Maßzahl von 8,4 % wird geringfügig überschritten. Der Istwert liegt um 0,4 Prozentpunkte über dem geplanten Wert, was auf ein verschlechtertes Verhältnis von Personalkosten zu Umsatzerlösen schließen lässt. Für die nächsten Monate wird der Controller hier auf die Auswirkung der vorgezogenen Personaleinstellung (vgl. Seite 412) auf die Personalkostenquote achten. Es ist zu erwarten, dass sich diese Quote in den nächsten Monaten senken wird.

Umsatzrendite. Den Controller interessiert besonders, wie hoch der **Monatsgewinn** und die **Umsatzrendite** sind:

Betriebsergebnisrechnung für den Monat Januar 01

	Budgetwerte	Istwerte
Umsatzerlöse	1.260.062,00 €	1.264.968,00 €
− Warenaufwendungen	1.011.500,00 €	998.826,00 €
− Handlungskosten	218.990,00 €	221.720,00 €
= **Gewinn**	**29.572,00 €**	**44.422,00 €**

Der tatsächlich erzielte Gewinn liegt wegen der höheren Ist-Umsätze gegenüber den budgetierten Umsätzen, wegen der niedrigeren Ist-Einkäufe gegenüber den budgetierten Einkäufen und trotz der höheren Ist-Handlungskosten gegenüber den budgetierten Handlungskosten deutlich um 14.850,00 € über dem budgetierten Gewinn. Die Ursache für den höheren Gewinn liegt vor allem in den niedrigen Wareneinkäufen, die aus den zuvor genannten Gründen (vgl. S. 411) um 12.674,00 € unter den budgetierten Beschaffungswerten liegen. Es ist damit zu rechnen, dass sich in den nächsten Monaten die Ist-Gewinne den budgetierten Gewinnen annähern werden. Die obige Gewinnsituation ist also keineswegs ein Ausdruck für besonders wirtschaftliches Handeln.

$$\text{Umsatzrentabilität} = \frac{44.422,00\ € \cdot 100\ \%}{1.264.968,00\ €} = 3{,}5\ \%$$

Es überrascht nicht, dass aufgrund der oben geschilderten Gewinnsituation die Umsatzrendite mit 3,5 % genau das Budgetziel von 3,5 % erreicht (vgl. S. 399). In den nächsten Monaten wird der Controller durch Aufsummierung der Monatsgewinne und Monatsumsätze die Entwicklung der Rendite beobachten und ggf. eine Korrektur der Planungsansätze vorschlagen.

Zusammenfassung

▶ Eine zentrale Aufgabe erfüllt der Controller, indem er **monatliche Soll-Ist-Vergleiche** für die einzelnen Teilpläne und für die monatliche Erfolgsrechnung durchführt. Abweichungen hat er hierbei aufzudecken und zu analysieren.

▶ In der Abweichungsanalyse ist insbesondere herauszustellen, wie hoch die **Preis- und Mengenabweichungen** sind. Preisabweichungen haben die Abteilungsleiter nicht zu vertreten. Bei Mengenabweichungen sind die jeweiligen Ursachen zu erforschen; das trifft besonders dann zu, wenn die Mengenabweichungen negative Tendenzen aufweisen.

442 Zur Erstellung der Umsatzabweichungen liegen in der Sanitärgroßhandlung (vgl. Aufgaben 432, 434, 437 und 439) aus dem Planjahr folgende Zahlen vor:

Artikelgruppe	geplante Absatzmenge	geplanter Verkaufspreis	tatsächliche Absatzmenge	erzielter Durch- schnittspreis
Waschbecken	1 500 Stück	346,66 €	1 480 Stück	347,10 €
Badewannen	1 040 Stück	770,75 €	1 024 Stück	769,38 €
Duschkabinen	624 Stück	2.085,00 €	636 Stück	2.086,50 €
Toiletten/Spülk.	1 300 Stück	478,50 €	1 270 Stück	476,75 €
Badmöbel	390 Stück	800,00 €	408 Stück	802,25 €
Inst.-Material	2 640 Pack.	121,75 €	2 620 Pack.	122,10 €

1. *Erstellen Sie die Umsatzabweichungsanalyse einschließlich der Preis- und Mengenabweichungen und gehen Sie in einem kurzen Bericht insbesondere auf die Mengenabweichungen ein.*

Für die Abweichungsanalyse der Beschaffungsmengen und -werte stehen folgende Zahlen zur Verfügung:

Artikelgruppe	geplante Beschaff.-Menge	geplanter Beschaff.-Preis	tatsächliche Beschaff.-Menge	durchschnittl. Beschaff.-Preis
Waschbecken	1 490 Stück	240,00 €	1 510 Stück	239,25 €
Badewannen	1 040 Stück	570,00 €	1 000 Stück	570,65 €
Duschkabinen	620 Stück	1.325,00 €	630 Stück	1.323,75 €
Toiletten/Spülk.	1 290 Stück	360,00 €	1 280 Stück	362,20 €
Badmöbel	390 Stück	470,00 €	404 Stück	467,80 €
Inst.-Material	2 600 Pack.	82,50 €	2 640 Pack.	82,50 €

2. *Analysieren Sie die sich aus den obigen Zahlen ergebenden Preis- und Mengenabweichungen in tabellarischer und grafischer Form (vgl. Seite 426 f.). Ergänzen Sie die Tabelle durch einen erläuternden Bericht.*

Zur Ermittlung der Kostenabweichungen verwendet der Controller das Jahres- kostenbudget (vgl. Aufgabe 439) sowie die aus den Abteilungen gemeldeten Istkosten nach folgender Übersicht:

Pos.	Kostenart	Budgetkosten des Planjahres	Istkosten des Planjahres
1.1	Löhne		227.156,50 €
1.2	Kalkulatorischer Unternehmerlohn		100.000,00 €
1.3	Gehälter		161.800,00 €
1.4	Soziale Aufwendungen		66.980,00 €
1	**Personalkosten**		**555.936,50 €**
2.1	Mieten/Pachten		72.750,00 €
2.2	Kalk. Abschreibung auf Gebäude		36.000,00 €
2	**Gebäude-/Raumkosten**		**108.750,00 €**
3.1	Steuern/Beiträge/Versicherungen		190.235,00 €
3.2	Werbe-/Reisekosten		83.730,00 €
3.3	Frachten/Fremdlager		46.495,00 €
3.4	Kalkulatorische Kosten		97.000,00 €
3	**Sonstige Handlungskosten**		**417.460,00 €**
4	**Handlungskosten insgesamt**		**1.082.146,50 €**

3. *Analysieren Sie die Abweichungen und geben Sie mögliche Gründe an.*
4. *Stellen Sie die Betriebsergebnisrechnung für den Monat Januar auf und ermitteln Sie die Umsatzrentabilität.*

6470414

443 Zur Erstellung der Umsatzabweichungen liegen in der Großhandlung für Bodenbeläge (vgl. Aufgaben 433, 435, 438 und 440) aus dem Planjahr folgende Zahlen vor:

Artikelgruppe	geplante Absatzmenge	geplanter Verkaufspreis	tatsächliche Absatzmenge	erzielter Durch-schnittspreis
Teppichfliesen	19 680 m²	38,88 €/m²	19 530 m²	38,48 €/m²
Auslegeware	55 300 m²	56,15 €/m²	55 160 m²	56,70 €/m²
Parkett (Schiffsb.)	54 600 m²	113,38 €/m²	54 700 m²	112,63 €/m²
Parkett (Riemchen)	35 500 m²	60,87 €/m²	35 240 m²	61,15 €/m²
Laminatboden	14 300 m²	48,60 €/m²	14 440 m²	48,60 €/m²

1. *Erstellen Sie die Umsatzabweichungsanalyse einschließlich der Preis- und Mengenabweichungen und gehen Sie in einem kurzen Bericht insbesondere auf die Mengenabweichungen ein.*

Für die Abweichungsanalyse der Beschaffungsmengen und –werte stehen folgende Zahlen zur Verfügung:

Artikelgruppe	geplante Beschaff.-Menge	geplanter Beschaff.-Preis	tatsächliche Beschaff.-Menge	durchschnittl. Beschaff.-Preis
Teppichfliesen	19 600 m²	27,00 €/m²	19 500 m²	27,00 €/m²
Auslegeware	54 960 m²	32,50 €/m²	55 040 m²	32,40 €/m²
Parkett (Schiffsb.)	54 600 m²	60,00 €/m²	54 680 m²	61,20 €/m²
Parkett (Riemchen)	35 400 m²	36,00 €/m²	35 300 m²	35,25 €/m²
Laminatboden	14 400 m²	22,50 €/m²	14 500 m²	24,15 €/m²

2. *Analysieren Sie die sich aus den obigen Zahlen ergebenden Preis- und Mengenabweichungen in tabellarischer Form. Ergänzen Sie die Tabelle durch einen erläuternden Bericht.*

Zur Ermittlung der Kostenabweichungen verwendet der Controller das Jahreskostenbudget (vgl. Aufgabe 440) sowie die aus den Abteilungen gemeldeten Istkosten nach folgender Übersicht:

Pos.	Kostenart	Budgetkosten des Planjahres	Istkosten des Planjahres
1.1	Löhne		955.460,00 €
1.2	Kalkulatorischer Unternehmerlohn		280.000,00 €
1.3	Gehälter		641.760,00 €
1.4	Soziale Aufwendungen		272.830,00 €
1	**Personalkosten**		**2.150.050,00 €**
2.1	Mieten/Pachten		302.000,00 €
2	**Gebäude-/Raumkosten**		**302.000,00 €**
3.1	Steuern/Beiträge/Versicherungen		795.470,00 €
3.2	Werbe-/Reisekosten		344.875,00 €
3.3	Frachten/Fremdlager		204.680,00 €
3.4	Kalkulatorische Kosten		451.500,00 €
3	**Sonstige Handlungskosten**		**1.796.525,00 €**
4	**Handlungskosten insgesamt**		**4.248.575,00 €**

3. *Analysieren Sie die Abweichungen und geben Sie mögliche Gründe an.*
4. *Stellen Sie die Betriebsergebnisrechnung für den Monat Januar auf und ermitteln Sie die Umsatzrentabilität.*
5. *Kontrollieren Sie den Prozentanteil der Personalkosten am Umsatz im Vergleich mit der geplanten Maßzahl.*

7 Informativ, zielgerichtet und schnell berichten

Zu den wichtigsten Aufgaben des Controllers gehört es, ein funktionierendes **internes Berichtswesen** aufzubauen bzw. sinnvoll zu handhaben, das die Entscheidungsträger im mittleren und oberen Management schnell und zielsicher informiert. Dabei hat der Controller folgende Fragen zu klären:

Fragen	Mögliche Inhalte
Zu welchem **Zweck** soll berichtet werden?	○ Information über besondere **Ereignisse**, die u. U. ein schnelles Eingreifen erfordern, ○ Vorschlag von **Korrekturmaßnahmen** bei deutlichen Abweichungen gegenüber dem Budget, ○ Vorbereitung von Entscheidungen
Über welche **Inhalte** soll berichtet werden?	○ Standardberichte zu Ergebnissen des Rechnungswesens, ○ Abweichungsanalysen, ○ Bedarfsberichte zu besonderen Anlässen
An welche **Personen** soll berichtet werden?	Berichtsempfänger sind grundsätzlich die Entscheidungsträger im mittleren und oberen Management; evtl. sind die betroffen Abteilungen zu informieren.
Zu welchem **Zeitpunkt** soll berichtet werden?	Die Berichtstermine hängen von der Bedeutung der Berichte für die Steuerungsmaßnahmen ab. Grundsatz: **Schnelligkeit vor Genauigkeit!** In der Regel sind monatliche Berichte anzufertigen.
Welche **Form** soll der Bericht haben?	○ Tabellen, ○ Kennzahlen, ○ Schaubilder, ○ Texte

Situation Controller Schubert berichtet der ihm übergeordneten Geschäftsführung (vgl. Organigramm Seite 394) **routinemäßig** bis zum 5. Arbeitstag eines jeden Monats über die Umsatz-, Beschaffungs-, Kosten-, Gewinn- und Finanzsituation des abgelaufenen Monats in der Form von **Abweichungsanalysen.** Zusätzlich ergänzt Controller Schubert seine Berichte um aussagekräftige **Kennzahlen** (Verhältniszahlen, Gliederungszahlen, Beziehungszahlen, Indexzahlen) und **Schaubilder** (Piktogramme, Diagramme).

So gesehen können alle Analysen im vorhergehenden Abschnitt 6 – also die Tabellen, die Kennzahlen und die Erläuterungen – **zu Gegenständen solcher Standardberichte** werden. Wir verzichten im Folgenden darauf, diese Inhalte hier nochmals als „Bericht" zu wiederholen und geben Ihnen stattdessen eine knappe Darstellung von Kennzahlen und Schaubildern, die sinnvoll in Berichten verwendet werden können. Hierbei kommt es uns nicht auf eine vollständige Wiedergabe von Kennzahlensystemen und grafischen Darstellungsmöglichkeiten an, sondern auf die Herausstellung der Bedeutung dieser Informationen für die Unternehmenssteuerung.

6470416

7.1 Kennzahlen

Aufbereitung statistischer Größen. Statistische Tabellen geben das Urmaterial in verdichteter Form wieder. Sie schaffen Ordnung und Übersicht, lassen aber keine gezielte und vertiefte Auswertung zu. Erst durch die **Verknüpfung statistischer Größen** gewinnt man aussagefähige Zahlen.

Beispiele ❶ Der Betriebsabrechnungsbogen (vgl. S. 359 f.) gibt zunächst nur die auf die einzelnen Kostenstellen verteilten Gemeinkosten an. Die für die Kalkulation wichtigen **Zuschlagssätze** sind statistische Zahlen, die aus der Verknüpfung von jeweils zwei unterschiedlichen statistischen Größen berechnet werden.

❷ Der Unternehmer ist nicht nur an einer Umsatzstatistik (vgl. S. 400) interessiert. Er möchte auch etwas über die durchschnittlichen Umsätze, die Prozentanteile der einzelnen Artikelgruppen am Gesamtumsatz, die Umsatzentwicklung u. Ä. wissen.

Diese Zusatzinformationen gewinnt man aus statistischen Zahlen.

7.1.1 Mittelwerte

Eine wichtige Gruppe statistischer Zahlen stellen die Mittelwerte dar. Mittelwerte werden als **charakteristische Stellvertreter** für viele gleiche Einzelerscheinungen verwendet.

Beispiel Soll eine Aussage über die monatliche Umsatzhöhe getroffen werden, so ist es in der Regel nicht erforderlich, die einzelnen Monatsumsätze aufzuzählen. Es genügt, stellvertretend für 12 Einzelumsätze den „mittleren" Umsatz zu bestimmen.

Zusammenfassung

▶ **Statistische Zahlen** ergeben sich aus der **mathematischen Verknüpfung** geeigneter statistischer Größen. Sie sind die Grundlage für Auswertungen.

▶ **Mittelwerte** sind charakteristische Stellvertreter für mehrere gleichartige statistische Größen.

7.1.1.1 Arithmetisches Mittel (Einfacher Durchschnitt)

Beispiel Um den **Lagerumschlag** der Warenbestände beurteilen zu können, benötigt man u. a. den **durchschnittlichen Lagerbestand**. Die Lagerkartei weist folgende Warenbestände aus:

Datum	Warenbestand in €	Datum	Warenbestand in €
1. Januar ..	1.940.000,00	30. Juni ..	1.710.000,00
31. Januar ..	2.050.000,00	31. Juli ..	1.380.000,00
28. Februar ..	2.030.000,00	31. August ..	1.450.000,00
31. März ..	1.960.000,00	30. September ..	1.520.000,00
30. April ..	1.850.000,00	31. Oktober ..	1.280.000,00
31. Mai ..	1.620.000,00	30. November ..	1.490.000,00
		31. Dezember ..	1.300.000,00

❶ Ein **Mittelwert**, der die **Schwankungen des Warenbestandes während des ganzen Jahres** berücksichtigt, ergibt sich, wenn der Inventurbestand vom 1. Januar und die 12 Monatsendbestände addiert und durch die Anzahl der Posten (= 13) dividiert werden:

$$\text{durchschnittlicher Lagerbestand } \bar{x} = \frac{1.940.000\ € + 2.050.000\ € + \dots + 1.300.000\ €}{13}$$

$$\bar{x} = \frac{21.580.000\ €}{13} = 1.660.000,00\ €$$

❷ Sofern nur **die Inventurwerte am 1. Januar und am 31. Dezember** vorliegen, lässt sich der durchschnittliche Lagerbestand vereinfacht so berechnen:

$$\text{durchschnittl. Lagerbestand } \bar{x} = \frac{1.940.000\ € + 1.300.000\ €}{2} = \frac{3.240.000\ €}{2} = 1.620.000,00\ €$$

In diesem Mittelwert sind die während des Jahres auftretenden Schwankungen der Lagerbestände nicht berücksichtigt. Er weicht deshalb vom zuvor berechneten Wert ab.

7.1.1.2 Gewogenes arithmetisches Mittel (Gewogener Durchschnitt)

Beispiel Der Lagerbestand an Umschlagkartons beträgt am 1. Januar .. 100 Paletten zu 1.312,50 € je Palette (Bezugspreis). Am 15. März .. werden 24 Paletten zum Bezugspreis von 1.311,25 € je Palette auf Lager genommen.

Für die Kalkulation ist der durchschnittliche Bezugspreis der gelagerten Umschlagkartons zu berechnen.

Bestand in Stück		Wert in €
100 Paletten zu je 1.312,50 €		131.250,00
+ 24 Paletten zu je 1.311,25 €		31.470,00
124 Paletten	~	162.720,00
1 Palette	~	$\frac{162.720,00}{124\ \text{Paletten}} = 1.312,26\ €/\text{Palette}$

Zusammenfassung

▶ Das **arithmetische Mittel** (einfacher Durchschnitt) ergibt sich aus der Gleichung:

$$\bar{x} = \frac{\text{Summe der Einzelgrößen}}{\text{Anzahl der Einzelgrößen}} \quad \text{oder} \quad \bar{x} = \frac{a_1 + a_2 + a_3 + \dots + a_n}{n}$$

▶ Das **gewogene arithmetische Mittel** (gewogener Durchschnitt) ergibt sich aus der Gleichung

$$\bar{x} = \frac{\text{gewogene Summe der Einzelgrößen}}{\text{Anzahl der Einzelgrößen}} \quad \text{oder}$$

$$\bar{x} = \frac{a_1 \cdot b_1 + a_2 \cdot b_2 + \dots + a_n \cdot b_n}{a_1 + a_2 + \dots + a_n}$$

6470418

Aufgaben

444
1. *Worauf ist bei informativen Berichten zu achten?*
2. *Nennen Sie die wichtigsten Aufgaben des internen Berichtswesens.*
3. *Welche Funktion haben Mittelwerte in der Statistik?*

445

Ein Großhandelsunternehmen hatte in den ersten sechs Monaten des vergangenen Jahres folgenden Personalbestand in den Bereichen Verwaltung, Verkauf und Lager:

	Verwaltung	Verkauf	Lager
Januar	12	40	8
Februar	12	38	8
März	10	35	7
April	10	36	7
Mai	14	41	8
Juni	14	44	10

1. *Erstellen Sie eine aussagefähige Tabelle.*
2. *Berechnen Sie, wie viel Arbeitnehmer durchschnittlich in den einzelnen Abteilungen und insgesamt beschäftigt waren.*

446

Nachstehend sind die durchschnittlichen Bruttomonatsverdienste von Arbeitnehmern in ausgewählten Wirtschaftsbereichen dargestellt:

Wirtschaftsbereiche	Durchschnittlicher Bruttoverdienst
Energiewirtschaft	2.041,00 €
Bergbau	2.033,00 €
Produktionsgüterindustrie	2.004,00 €
Baugewerbe	1.830,00 €
Banken/Versicherungen	1.755,00 €
Handel	1.554,00 €
Land- und Forstwirtschaft	1.379,00 €

1. *Berechnen Sie den Durchschnittsverdienst der Arbeitnehmer.*
2. *Wie viel Prozent liegt der Verdienst im Handel unter dem Durchschnitt?*

447

Eine Textilgroßhandlung will ihren Kunden folgende Restposten zu einem einheitlichen Preis anbieten:

250 Damenblusen, bisheriger Verkaufspreis 22,00 € je Bluse,
300 Damenblusen, bisheriger Verkaufspreis 26,00 € je Bluse,
180 Damenblusen, bisheriger Verkaufspreis 28,00 € je Bluse,
120 Damenblusen, bisheriger Verkaufspreis 32,00 € je Bluse.

Berechnen Sie den einheitlichen Verkaufspreis.

448

Eine Baustoffgroßhandlung erteilte im 2. Quartal .. für Fugenzement folgende Bestellungen:

3. April: 3 500 kg zu 4,80 €/kg,
2. Mai: 3 800 kg zu 4,90 €/kg,
28. Mai: 4 200 kg zu 4,60 €/kg,
17. Juni: 3 200 kg zu 4,75 €/kg.

Berechnen Sie den durchschnittlichen Einkaufspreis je kg.

7.1.2 Verhältniszahlen

Verhältniszahlen entstehen, wenn zwei **gleich benannte** oder **ungleiche Größen** zu **Quotienten** verbunden werden. Vielfach drückt man die Quotienten als **Prozentzahlen** aus. Durch dieses Vorgehen werden statistische Größen **vergleichbar** gemacht. Sie lassen somit **Entwicklungen erkennen** und **ermöglichen Beurteilungen**.

Beispiele
❶ Die auf den Seiten 279 f. dargestellten **Bilanzkennzahlen** sind Verhältniszahlen, durch die die Struktur der Bilanz verdeutlicht wird (= **Gliederungszahlen**).

❷ Auf der Seite 331 werden **Kennzahlen zur Rentabilität und Wirtschaftlichkeit** aufgeführt. Durch sie lässt sich der Betriebsprozess kontrollieren. Sie entstehen aus dem Verhältnis von jeweils zwei unterschiedlichen Größen (= **Beziehungszahlen**).

❸ Soll die **Umsatzentwicklung** über mehrere Jahre verdeutlicht werden, so bildet man Verhältniszahlen aus den Umsätzen der einzelnen Jahre in Bezug auf den Umsatz des ersten Jahres (= **Indexzahlen**, vgl. S. 423).

Zusammenfassung

▶ Durch **Verhältniszahlen** werden statistische Größen aufgegliedert (= **Gliederungszahlen**), zueinander in Beziehung gesetzt (= **Beziehungszahlen**) oder in ihrer Entwicklung durchschaubar gemacht (= **Indexzahlen**).

▶ Die in der **Analyse und Kritik des Jahresabschlusses** verwendeten Kennzahlen sind üblicherweise Verhältniszahlen.

7.1.2.1 Gliederungszahlen

Gliederungszahlen sind **Bruchzahlen aus gleichartigen Größen.** Die Aufteilung einer Gesamtgröße in mehrere Teilgrößen ist in der Regel wenig aussagekräftig. Erst durch die Berechnung der Brüche, die die Teilgrößen mit der Gesamtgröße bilden, werden die Größen vergleichbar. Es ist üblich, die Gliederungszahlen als **Prozentzahlen** anzugeben.

Beispiel
Die Papiergroßhandlung Katja Kern, Köln (vgl. S. 400), hat im Jahr .. in den einzelnen Artikelgruppen folgende auf 1.000,00 € gerundete Monatsumsätze erzielt:

Umsätze nach Artikelgruppen und Monaten für das Jahr ..

Monat	Druckpapier	Kopierpapier	Umschlagkarton	Saugpapier
Januar	585.000 €	385.000 €	225.000 €	
Februar	595.000 €	390.000 €	230.000 €	
März	610.000 €	380.000 €	227.000 €	
April	605.000 €	395.000 €	228.000 €	
Mai	605.000 €	390.000 €	215.000 €	
Juni	610.000 €	385.000 €	220.000 €	
Juli	590.000 €	375.000 €	225.000 €	
August	610.000 €	390.000 €	220.000 €	
September	620.000 €	380.000 €	225.000 €	25.000 €
Oktober	610.000 €	390.000 €	205.000 €	32.000 €
November	610.000 €	395.000 €	200.000 €	41.000 €
Dezember	600.000 €	385.000 €	190.000 €	52.000 €
gesamt	**7.250.000 €**	**4.640.000 €**	**2.610.000 €**	**150.000 €**

Beispiel Aus den Zahlen dieser Tabelle soll berechnet werden, mit wie viel Prozent die Umsätze der einzelnen Artikelgruppen am gesamten Jahresumsatz (~ 100 %) beteiligt sind.

Artikelgruppe	Prozentanteil am Jahresumsatz
Druckpapier	$\dfrac{7.250.000,00 \; € \cdot 100 \;\%}{14.650.000,00 \; €} = 49,5 \;\%$
Kopierpapier	$\dfrac{4.640.000,00 \; € \cdot 100 \;\%}{14.650.000,00 \; €} = 31,7 \;\%$
Umschlagkarton	$\dfrac{2.610.000,00 \; € \cdot 100 \;\%}{14.650.000,00 \; €} = 17,8 \;\%$
Saugpapier	$\dfrac{150.000,00 \; € \cdot 100 \;\%}{14.650.000,00 \; €} = 1,0 \;\%$

Statische Betrachtung. Die ermittelten Prozentzahlen zeigen, dass zum Jahresende die Umsatzanteile der einzelnen Artikelgruppen in einem bestimmten Umfang voneinander abweichen. So liegen z. B. zwischen der umsatzschwächsten und der umsatzstärksten Artikelgruppe 48,5 Prozentpunkte Unterschied. Auf die Ursachen haben wir im Rahmen der Portfolio-Analyse hingewiesen (vgl. S. 395 f.).

Prozentanteile in dynamischer Betrachtung. Aus der umseitigen Tabelle lässt sich zusätzlich zu der vorherigen statischen Betrachtung der Umsatzanteile einzelner Artikelgruppen am Gesamtumsatz auch eine dynamische Betrachtung ableiten, wenn man die **Umsatzanteile einzelner Monate am Jahresumsatz** berechnet. Dies kann sowohl für einzelne Artikelgruppen als auch für den Gesamtumsatz geschehen. Weiterhin lassen sich die **Prozentanteile von Monat zu Monat „fortschreiben"**, d. h., man summiert die Prozentanteile von Monat zu Monat.

Zusammenfassung

▶ **Gliederungszahlen** sind **Bruchzahlen.** Sie geben die Anteile mehrerer Teilgrößen an einer Gesamtgröße an und werden vielfach als **Prozentzahlen** geschrieben.

▶ $\text{Gliederungszahl} = \dfrac{\text{Teilgröße}}{\text{Gesamtgröße}}$ oder $\text{Gliederungszahl} = \dfrac{\text{Teilgröße} \cdot 100 \;\%}{\text{Gesamtgröße}}$

Aufgabe

449

Aktiva				Aufbereitete Bilanz			Passiva
Anlagevermögen	24.500.000,00	?	%	Eigenkapital	29.200.000,00	?	%
Umlaufvermögen	39.400.000,00	?	%	Fremdkapital	34.700.000,00	?	%
Gesamtvermögen	63.900.000,00	100	%	Gesamtkapital	63.900.000,00	100	%

1. *Wie hoch sind die prozentualen Anteile des Anlage- und Umlaufvermögens am Gesamtvermögen und des Eigen- und Fremdkapitals am Gesamtkapital?*
2. *Welche Schlussfolgerungen ziehen Sie daraus?*

7.1.2.2 Beziehungszahlen

Beziehungszahlen sind **Bruchzahlen,** die aus der **sinnvollen Verknüpfung unterschiedlicher Größen** entstehen. Beziehungszahlen helfen Betriebsabläufe und Arbeitsweisen zu kontrollieren und die Ergebnisse betrieblicher Tätigkeiten zu vergleichen. Typische Beispiele für Beziehungszahlen sind **Kennzahlen zur Wirtschaftlichkeit und Produktivität** (vgl. S. 331) sowie **Kalkulationszuschlagssätze.**

Beispiel   Im Großhandelsunternehmen Katja Kern wird über mehrere Jahre die Produktivität der Mitarbeiter anhand folgender Zahlen kontrolliert:

	1. Jahr	2. Jahr	3. Jahr	4. Jahr
Warenumsatz in T€	4.620	4.850	4.980	5.190
Anzahl der Mitarbeiter	20	20	19	21

	1. Jahr	2. Jahr	3. Jahr	4. Jahr
Produktivität in € **je Mitarbeiter:**	$\dfrac{4.620.000}{20}$ $= 231.000,00$	$\dfrac{4.850.000}{20}$ $= 242.500,00$	$\dfrac{4.980.000}{19}$ $\approx 262.105,00$	$\dfrac{5.190.000}{21}$ $\approx 247.143,00$

Auswertung: Die Produktivität nimmt in den ersten 3 Jahren stetig zu. Es gelingt dem Unternehmen sogar, im 3. Jahr bei verringertem Personalbestand den Umsatz zu erhöhen. Im 4. Jahr wird die Einstellung von 2 weiteren Mitarbeitern erforderlich, was im Vergleich mit dem 3. Jahr zu einem (vorübergehenden) Rückgang der Produktivität führt. Verglichen mit dem 2. Jahr ist dennoch eine Steigerung der Produktivität feststellbar.

Zusammenfassung

▶ **Beziehungszahlen** sind **Bruchzahlen,** die aus der sinnvollen Verknüpfung unterschiedlicher wirtschaftlicher Größen entstehen.

▶ Beziehungszahlen finden insbesondere als **betriebliche Kennzahlen** Verwendung.

Aufgaben

450   In einer Großhandlung werden für 3 Warengruppen folgende Zahlen ermittelt:

	Warengruppe I	Warengruppe II	Warengruppe III	gesamt
Wareneinsatz in €	2.400.000,00	3.550.000,00	1.600.000,00	?
Handlungskosten in €	1.020.000,00	1.633.000,00	816.000,00	?
Umsatzerlöse in €	3.847.500,00	5.908.620,00	2.319.360,00	?
Personalbestand	—	—	—	45

1. *Bestimmen Sie folgende Kennzahlen:*
   Handlungskostenzuschläge, Gewinnzuschläge, Umsatzrentabilität der einzelnen Warengruppen und insgesamt, Wirtschaftlichkeit der einzelnen Warengruppen und insgesamt sowie die Produktivität.
2. *Erläutern Sie die Ergebnisse.*

451   In einer Großhandlung wird die Wirtschaftlichkeit von Kleinaufträgen unter 500,00 € untersucht. Folgende Zahlen liegen vor:

	1. Quartal	2. Quartal	3. Quartal	4. Quartal	gesamt
Waren- u. Handlungskosten	420.000,00	445.000,00	470.000,00	430.000,00	?
Umsatzerlöse	430.500,00	456.125,00	441.800,00	421.400,00	?

1. *Berechnen Sie die Wirtschaftlichkeit in den einzelnen Quartalen und insgesamt.*
2. *Erläutern Sie die Ergebnisse.*

6470422

7.1.2.3 Indexzahlen

Vergangenheitsorientierte Entwicklung. Die Veränderung einer Größe im Verlauf mehrerer Monate oder Jahre wird durch Indexzahlen ausgedrückt.

Eine Möglichkeit, die Entwicklung einer Größe zu veranschaulichen, geht von der Überlegung aus, **das erste Jahr als Basisjahr** ($\hat{=}$ 100 %) **zu setzen** und die Größen der folgenden Jahre auf das Basisjahr zu beziehen.

Indexzahlen erleichtern die **Interpretation,** z. B. der Umsatzentwicklung: Ein Index **größer als 100** % bedeutet immer eine **Umsatzsteigerung,** ein Index **kleiner als 100** % einen **Umsatzrückgang** – jeweils bezogen auf das Basisjahr. Zudem gibt der Index eine **vergleichbare Zahl** für die Umsatzsteigerung oder den Umsatzrückgang an. Der Index **150 % nach 7 Jahren** (vgl. Beispiel) lässt auf eine **Umsatzsteigerung um 50 % innerhalb von 7 Jahren** schließen.

Indexzahlen finden in **volkswirtschaftlichen Statistiken** sehr häufig Anwendung, so z. B. als Index der Lebenshaltungskosten, als Index der industriellen Erzeugerpreise, der Großhandelsverkaufspreise, als Index der Wertpapierkurse u. a.

Beispiel Aus den nachfolgenden Umsatzzahlen ist die Entwicklung des Gesamtumsatzes über 7 Jahre mithilfe von Indexzahlen darzustellen.

Indexzahlen zur Umsatzentwicklung für die Jahre .. bis ..

Jahr	Jahresumsatz in €	Indexzahlen (1. Jahr = Basisjahr)	Berechnung der Indexzahlen
1	19.020.000,00	100 %	
2	18.790.000,00	98,8 %	
3	20.020.000,00	105,3 %	Umsatz des jeweiligen Jahres · 100 %
4	22.260.000,00	117,0 %	
5	24.450.000,00	128,5 %	Umsatz des Basisjahres
6	26.415.000,00	138,9 %	
7	28.540.000,00	150,0 %	

Auswertung: Gegenüber dem Basisjahr zeigt sich nach anfänglicher Schwankung eine von Jahr zu Jahr recht gleichmäßige Umsatzzunahme.

Beachten Sie, dass die hier gezeigte Indexberechnung stark vereinfacht wurde; sie berücksichtigt keine Preis- und Mengenänderungen.

Zusammenfassung

▶ Indexzahlen geben die **Entwicklung von Preisen, Mengen, Umsätzen** u. a. **im Zeitablauf** bezüglich eines Basisjahres an.

Aufgabe

452 *Stellen Sie für vier Geschäftsjahre die Indexzahlen der Umsatzentwicklung in den drei Filialen fest (Basisjahr 01; auf volle Zahlen runden).*

Umsätze der Filialen in €

Jahr	Köln	Bonn	Düsseldorf
01	3.400.000,00	3.200 000,00	1.900 000,00
02	3.600.000,00	2.900 000,00	2.100 000,00
03	3.900.000,00	3.000 000,00	2.300 000,00
04	3.750.000,00	3.050 000,00	2.420 000,00

7.2 Kennzahlensysteme

Die nachfolgend aufgeführten Kennzahlen stellen in ihren jeweiligen **begrifflichen Zusammenhängen** Kennzahlensysteme dar, die für Controllingzwecke besonders geeignet sind. Von den insgesamt möglichen geben wir die folgenden drei Systeme an:

▶ **Erfolgskennzahlen,**

▶ **Bilanzkennzahlen,**

▶ **Personalkennzahlen.**

Auf die darüber hinaus wichtigen **Lagerkennzahlen** gehen wir hier nicht ein. Sie sind im Kapitel **„D, 6.2.2.1 Lagerumschlag der Warenbestände"** ausführlich dargestellt.

7.2.1 Erfolgskennzahlen

Die Erfolgskennzahlen bilden eine Gesamtheit von Kennzahlen, deren zentrales Anliegen **die Berechnung von Rentabilitäten** ist (vgl. auch Kapitel **„D, 6.2 Die Auswertung der Gewinn- und Verlustrechnung"**). Mit „Rentabilität" wird eine Maßzahl bezeichnet, die eine **Aussage zur Ertragskraft** des Unternehmens macht. Zu den Erfolgskennzahlen gehören:

Erfolgskennzahl	Berechnung
● Eigenkapitalrentabilität	$\dfrac{\text{Jahresüberschuss} \cdot 100\,\%}{\text{Eigenkapital}}$
● Gesamtkapitalrentabilität	$\dfrac{\text{Gewinn} \cdot 100\,\%}{\text{Eigenkapital} + \text{Fremdkapital}}$
● Umsatzrentabilität	$\dfrac{\text{Betriebsergebnis} \cdot 100\,\%}{\text{Umsatzerlöse}}$
● Cashflow-Rendite	❶ Betriebsergebnis + betriebliche Abschreibungen + Zuweisung zu Rückstellungen = **Cashflow** ❷ $\dfrac{\text{Cashflow} \cdot 100\,\%}{\text{Umsatzerlöse}}$

7.2.2 Bilanzkennzahlen

Bilanzkennzahlen werden aus den Zahlen einer **aufbereiteten Bilanz** gewonnen (vgl. auch Kapitel **„D, 6.1 Die Auswertung der Bilanz"** und **„D, 6.1.2 Die Beurteilung der Bilanz").** Sie geben an, wie hoch das Unternehmen mit **Risiken** belastet ist. Zu ihnen gehören **die Kennzahlen der Finanzierung** (z. B. Eigenkapitalquote), **die Kennzahlen der Investierung** (z. B. Anlagenintensität) und die **Kennzahlen der Liquidität.** Im Folgenden geben wir einen **Auszug aus den Bilanzkennzahlen** wieder, sofern sie für Controllingzwecke besonders geeignet sind.

Um die **Höhe des Risikos** einschätzen zu können, werden die Bilanzkennzahlen in der Regel mit folgenden **allgemein gültigen Richtlinien** verglichen:

▶ **Das Anlagevermögen sollte zu** $^2/_3$ **durch Eigenkapital gedeckt sein.** Die Finanzierungslücke darf nur durch langfristiges Fremdkapital geschlossen werden.

▶ Darüber hinaus sollte **ein Teil des Umlaufvermögens** (Warenvorräte) **durch langfristiges Fremdkapital gedeckt sein.**

▶ **Das kurzfristig in liquide Mittel auflösbare Umlaufvermögen sollte mindestens 50 % des kurzfristigen Fremdkapitals betragen.**

Bilanzkennzahl	Berechnung
● **Eigenkapitalquote**	$\dfrac{\text{Eigenkapital} \cdot 100\,\%}{\text{Gesamtkapital}}$
● **Verschuldungsgrad**	$\dfrac{\text{Fremdkapital} \cdot 100\,\%}{\text{Gesamtkapital}}$
● **Anlagendeckungsgrad I**	$\dfrac{\text{Eigenkapital} \cdot 100\,\%}{\text{Anlagevermögen}}$
● **Anlagendeckungsgrad II**	$\dfrac{(\text{Eigenkap. + langfr. Fremdkap.}) \cdot 100\,\%}{\text{Anlagevermögen}}$
● **Investitionsquote**	$\dfrac{(\text{Zugänge AV} - \text{Abgänge AV}) \cdot 100\,\%}{\text{Anlagevermögen}}$
● **Liquidität I**	$\dfrac{\text{flüssige Mittel} \cdot 100\,\%}{\text{kurzfristiges Fremdkapital}}$
● **Liquidität II**	$\dfrac{(\text{flüssige Mittel + Forderungen}) \cdot 100\,\%}{\text{kurzfristiges Fremdkapital}}$

7.2.3 Personalkennzahlen

Personalkennzahlen dienen der Überprüfung der **Arbeitsproduktivität** und der **Personalkostenintensität.** Sie haben für das Unternehmen im Vergleich mit Branchenkennzahlen oder im Vergleich zwischen geplantem und tatsächlichem Personaleinsatz große Bedeutung.

Personalkennzahl	Berechnung
● **Personalkostenintensität** (vgl. hierzu auch S. 406)	$\dfrac{\text{Personalkosten} \cdot 100\,\%}{\text{Gesamtkosten}}$
● **Arbeitsproduktivität**	$\dfrac{\text{Umsatzerlöse}}{\text{Anzahl der Mitarbeiter}}$

7.3 Schaubilder

Schaubilder unterstützen die Verständlichkeit und Anschaulichkeit von statistischen Daten, die in **numerischen Werten als Tabellen** oder in **Prozentwerten als Kennzahlen** vorliegen. **Diagramme** in Form von **Säulen-, Block-, Linien- oder Kreisdiagrammen** stellen die wichtigste Gruppe der Schaubilder dar.

Diagramme haben gegenüber Tabellen den Vorteil, anschaulich und schnell zu informieren. Ihr Nachteil besteht darin, dass die genauen Daten nicht abgelesen werden können. Es ist daher sinnvoll, in einem Bericht alle Informationsformen (Tabellen, Schaubilder, Kennzahlen und verbindende Texte) in sinnvoller Kombination nebeneinander zu nutzen.

7.3.1 Kurvendiagramm

Beispiel Die Umsatzentwicklung für die Artikelgruppe „Druckpapier" und die Artikelgruppe „Kopierpapier" soll in je einem Kurvendiagramm dargestellt werden. Aus den Zahlen der Tabelle (S. 420) ergibt sich das folgende Bild:

Kurvendiagramme werden aus zwei senkrecht zueinander stehenden Achsen (= Koordinatensystem) entwickelt. Üblicherweise teilt man die waagerechte Achse in Zeitabschnitte ein (hier: Monate des Jahres), die senkrechte Achse in passende Mengen- oder Werteinheiten (hier: Umsätze in Euro). In den Schnittpunkten der senkrecht verlängerten Zeitabstände mit den jeweils zugehörigen waagerecht verlängerten Werteinheiten liegen die Punkte der zu ent-

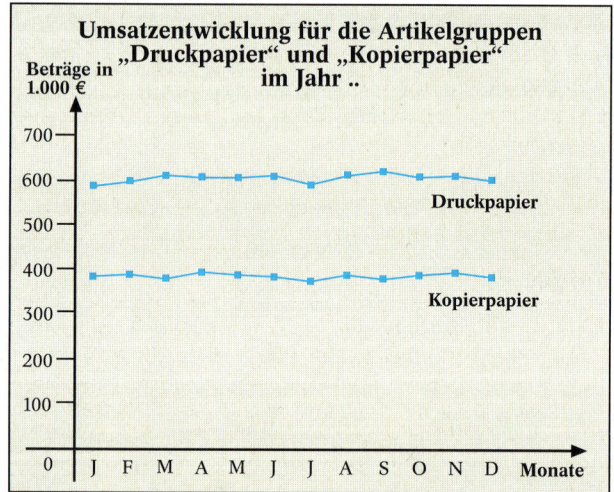

wickelnden Kurve. Bei der Festlegung der Punkte ist zu beachten, dass die Monatsumsätze jeweils **über die Mitte der ihnen zugeordneten Zeitintervalle** zu zeichnen sind: Der Januarumsatz bei Artikelgruppe „Druckpapier" in Höhe von 585.000,00 € ist also in die Mitte des für den Monat Januar festgelegten Abschnittes bei „585.000" zu zeichnen. Im Kurvendiagramm ist es üblich, die einzelnen Punkte **gradlinig** zu verbinden.

Aufgabe

453 In den vergangenen sechs Jahren konnten von einer Ware folgende Mengen abgesetzt werden:

Jahr	01	02	03	04	05	06
Stück	5 000	10 000	22 000	20 000	15 000	12 000

Die Entwicklung des Absatzes ist in einem Kurvendiagramm darzustellen.

7.3.2 Balkendiagramm (Histogramm)

Beispiel Die Umsatzentwicklung für die Artikelgruppe „Druckpapier" soll in einem Balkendiagramm dargestellt werden. Grundlage hierfür sind die Umsatzzahlen aus der Tabelle von Seite 420.

Balkendiagramm. Die Umsatzentwicklung lässt sich außer im Kurvendiagramm auch in einem aus Rechtecken gebildeten Balkendiagramm darstellen. Ein Balkendiagramm wird **Histogramm** genannt, wenn die einzelnen Rechtecke **unmittelbar aneinander anschließen** und die Rechteckflächen **proportional** zu den darzustellenden Größen (hier: Monatsumsätze in Euro) stehen. Hierzu wird die Balkenbreite gleich 1 gesetzt. Die Balkenhöhe entspricht der darzustellenden Größe.

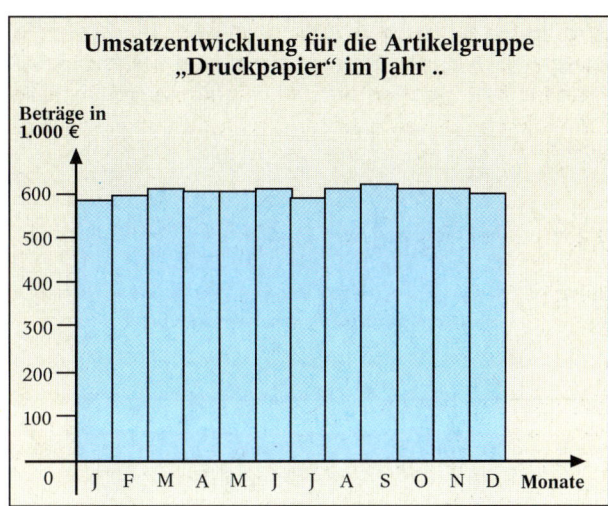

Aufgaben

454
1. *Erstellen Sie ein Histogramm für die Umsatzentwicklung der Artikelgruppe „Kopierpapier" aus der Tabelle von Seite 420.*
2. *Stellen Sie die Monatsumsätze der Artikelgruppe „Umschlagkarton" für das Jahr .. im Histogramm dar und interpretieren Sie die Umsatzentwicklung (vgl. Tabelle S. 420).*

455 Aus der Buchhaltung einer Großhandlung sind für das zweite Halbjahr .. die Wareneinsätze und die Nettoumsatzerlöse für eine Warengruppe entnommen worden:

	Wareneinsätze	Nettoumsatzerlöse
Juli	150.000,00 €	240.000,00 €
August	165.000,00 €	254.000,00 €
September	150.000,00 €	225.000,00 €
Oktober	170.000,00 €	238.000,00 €
November	175.000,00 €	280.000,00 €
Dezember	160.000,00 €	248.000,00 €

1. *Stellen Sie die Wareneinsätze und die Umsatzerlöse in einem gemeinsamen Histogramm dar und interpretieren Sie die Ergebnisse.*
2. *Errechnen Sie die prozentualen Veränderungen der Wareneinsätze und der Umsatzerlöse und stellen Sie beide Zahlenreihen in getrennten Histogrammen dar.*
3. *Berechnen Sie die Rohgewinnzuschläge.*

7.3.3　Kreisdiagramm

Das **Kreisdiagramm** wird zur Darstellung von **Gliederungszahlen** eingesetzt. Jede Teilgröße wird durch einen **Kreissektor** (Kreisausschnitt) dargestellt. Die gesamte Kreisfläche ($\hat{=} 360°$) entspricht der Gesamtgröße. Für die Teilgrößen sind über die Winkelgrade die entsprechenden Kreissektoren zu ermitteln. Grundsätzlich werden die statistischen Zahlen in die jeweiligen Sektoren eingetragen.

Beispiel　Ein Großhandelsunternehmen hat folgende Kundenstruktur:

Einzelhandel .... 1 000 Kunden,　Handwerk .... 300 Kunden,
Industrie .... 500 Kunden,　Sonstige .... 200 Kunden.

Das Kreisdiagramm ist zu erstellen.

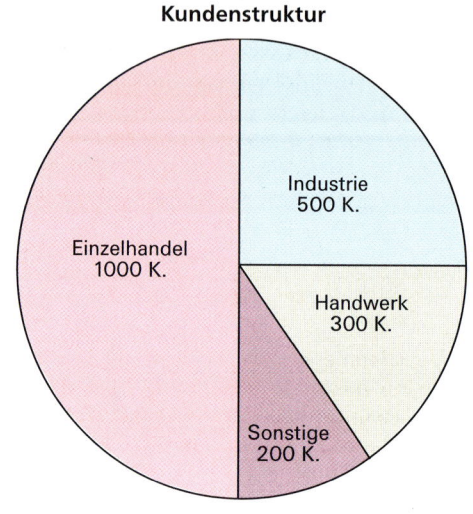

Kundenstruktur

Berechnung der Winkelgrade:

2 000 Kunden $\hat{=}$ 360°
　　1 Kunde $\hat{=}$ 360° : 2 000 = 0,18°

1 000 Kunden $\hat{=}$ 0,18° · 1 000 = 180°
　500 Kunden $\hat{=}$ 0,18° · 500 = 90°
　300 Kunden $\hat{=}$ 0,18° · 300 = 54°
　200 Kunden $\hat{=}$ 0,18° · 200 = 36°

Aufgaben

456　Der Gesamtumsatz von 20 Mio. € setzte sich im letzten Geschäftsjahr wie folgt zusammen: Artikelgruppe I: 4 Mio. €, Artikelgruppe II: 6 Mio. €, Artikelgruppe III: 3 Mio. €, Artikelgruppe IV: 7 Mio. €.

Stellen Sie das Kreisdiagramm auf.

457　Im Monat Dezember hat eine Großhandlung in den fünf Warengruppen A bis E folgende Umsatzerlöse erzielt:

Warengruppe A:　144.000,00 €
Warengruppe B:　108.000,00 €
Warengruppe C:　216.000,00 €
Warengruppe D:　　90.000,00 €
Warengruppe E:　162.000,00 €

insgesamt　　　720.000,00 €

1. *Rechnen Sie die Umsatzzahlen in Prozentzahlen um (Gesamtumsatz $\hat{=}$ 100 %).*
2. *Erstellen Sie mithilfe der Prozentzahlen ein Kreisdiagramm. Es gilt die Beziehung 360° $\hat{=}$ 100 %.*
3. *Stellen Sie die Umsätze in einem Histogramm dar.*
   (Maßstab für die senkrechte Achse: 1 cm $\hat{=}$ 10.000,00 €.)
4. *Erläutern Sie, warum das Kreisdiagramm in diesem Fall eine höhere Aussagekraft besitzt als das Histogramm.*

6470428

Zusammenfassende Aufgabe zum Controlling

458

Das Unternehmen Berghoff KG, Papiergroßhandel, Düsseldorf, führt in seinem Sortiment fünf Artikelgruppen: Spezialpapiere, Hygienepapiere, Verpackungsfolien, Einschlagpapiere und Küchenrollen. Die Artikelgruppe „Küchenrollen" ist erst im Monat September des laufenden Jahres neu in das Sortiment aufgenommen worden. Zum Ende des laufenden Jahres hat Unternehmer Berghoff im Zuge einer Neuorganisation des Unternehmens den Leiter des Rechnungswesens mit Controllingaufgaben betraut. Der Controller hat nun die Aufgabe, für das kommende Jahr Beschaffungs-, Umsatz-, Kosten-, Gewinn- und Finanzbudgets aufzustellen, sie fortlaufend mit den Istzahlen zu vergleichen und der Geschäftsleitung über Abweichungen und denkbare Korrekturen zu berichten. Mit der Unternehmensleitung sind als Budgetziele festgesetzt worden: Eigenkapitalverzinsung 12 %/Jahr (Eigenkapital 16.000.000,00 €); Umsatzrendite 10 %/Jahr.

Als erste Aufgabe verschafft sich der Controller ein Bild über die Marktposition der einzelnen Artikelgruppen; er wendet dafür die Methode der Portfolio-Analyse an. Folgende Angaben stehen ihm zur Verfügung. Die Betriebsabrechnung liegt ihm auszugsweise in Form der Deckungsbeitragsrechnung für den Monat September vor. Der Monat September wird als „jahrestypisch" für die Umsatz- und Kostensituation eingeschätzt.

Artikel	Deckungs-beitrag (gerundet)	Deckungs-beitrag in Prozent	Relativer Marktanteil im Vergleich zum stärksten Mitanbieter	Wachstums-chancen am Markt in % (geschätzt)
Spezialpapiere	220.000,00 €	21,3 %	2,0	0 %
Hygienepapiere	247.000,00 €	24,0 %	0,5	− 10 %
Verpackungsfolien	292.000,00 €	28,3 %	1,8	+ 10 %
Einschlagpapiere	294.000,00 €	28,5 %	1,2	− 5 %
Küchenrollen	− 22.000,00 €	− 2,1 %	0,2	+ 30 %
	1.031.000,00 €	100,0 %		

1. *Erstellen Sie auf der Basis der obigen Daten eine Portfolio-Analyse und einen aussagefähigen Bericht über die Marktposition der einzelnen Artikelgruppen.*

Der Controller budgetiert die Jahresumsätze der einzelnen Artikelgruppen für das kommende Jahr auf der Grundlage der bisher (Monat Januar bis September) festgestellten Ist-Umsätze und der bis Dezember fortgeschriebenen Umsätze sowie der Wachstumsprognosen. Für die neue Artikelgruppe „Küchenrollen" wird aus dem September-Umsatz und den fortgeschriebenen Umsätzen bis Dezember ein Gesamtumsatz für vier Monate (September bis Dezember) in Höhe von 450.000,00 € errechnet. Vereinfacht soll angenommen werden, dass sich die Monatsumsätze jeweils als $\frac{1}{12}$ der budgetierten Jahresumsätze ergeben.

Istumsätze nach Artikelgruppen in €

Istumsatz / Jahr	Spezial-papiere	Hygiene-papiere	Verpackungs-folien	Einschlag-papiere
Berichtsjahr	6.463.000,00	6.642.000,00	7.570.000,00	7.865.000,00
Prognose für Planungsjahr	0 %	− 10 %	+ 10 %	− 5 %

2. *Vollziehen Sie die Erstellung der Umsatzbudgets als Jahres- und Monatsbudgets nach.*

Für die anschließende Planung der Beschaffungsmengen und die Budgetierung der Beschaffungswerte für das Planjahr stehen dem Controller folgende Angaben aus der Einkaufsabteilung und dem Lager zur Verfügung:

Artikel	Anfangs-bestände (geschätzt)	Endbestände (geplant)	Lager-umschlags-häufigkeit (geplant)	Bezugs-preise je Mengen-einheit
Spezialpapiere	940 Rollen	972 Rollen	12	312,50 €
Hygienepapiere	2 240 Paletten	2 480 Paletten	9	162,50 €
Verpackungsfolien	1 240 Rollen	1 200 Rollen	13	250,00 €
Einschlagpapiere	960 Rollen	800 Rollen	11	350,00 €
Küchenrollen	350 Packungen	450 Packungen	15	157,50 €

3. *Erstellen Sie das Beschaffungsbudget für das Planjahr.*
4. *Ermitteln Sie aus Umsatz- und Beschaffungsbudget die geplanten Kalkulationszuschläge je Artikelgruppe und vergleichen Sie diese mit den bisherigen Ist-Zuschlägen von 80 % für Spezialpapiere, 72,5 % für Hygienepapiere, 109 % für Verpackungsfolien, 115,5 % für Einschlagpapiere und 82 % für Küchenrollen.*
5. *Erstellen Sie das Rohgewinnbudget in € und Prozent für jede Artikelgruppe und insgesamt. Im Unternehmen Berghoff ist im laufenden Jahr mit einem durchschnittlichen Rohgewinnzuschlag von 92,5 % kalkuliert worden. Vergleichen Sie diesen Ist-Zuschlagssatz mit den budgetierten Zuschlagssätzen.*

Für das Kostenbudget verwendet der Controller die Zahlen aus dem Betriebsabrechnungsbogen für den Monat September. Diese Zahlen gelten als repräsentativ für das ganze Jahr.

	Kostenart	Istkosten des Monats September
1	**Personalkosten:**	**538.000,00 €**
1.1	Löhne (Einzelkosten)	180.000,00 €
1.2	Kalkulatorischer Unternehmerlohn	8.000,00 €
1.3	Gehälter (Gemeinkosten)	300.000,00 €
1.4	Soziale Aufwendungen (Gemeinkosten)	50.000,00 €
2	**Raum-/Gebäudekosten:**	**165.000,00 €**
2.1	Instandsetzung	60.000,00 €
2.2	Kalkulatorische Abschreibungen auf Gebäude	25.000,00 €
2.3	Mieten	60.000,00 €
2.4	Kalkulatorische Zinsen auf Gebäude	20.000,00 €
3	**Sonstige Handlungskosten:**	**227.000,00 €**
3.1	Frachten/Provisionen	100.000,00 €
3.2	Reise-/Werbekosten/Versicherungen	45.000,00 €
3.3	Steuern	25.000,00 €
3.4	Sonstige kalkulatorische Kosten	57.000,00 €

Für das Planjahr werden folgende Veränderungen erwartet:

Löhne .... (+) 2,5 %   Frachten/Provisionen .... (−) 4,4 %
Gehälter .... (+) 2,0 %   Werbe-/Reisekosten/Vers. .... (−) 3,2 %
Soziale Aufwendungen ...... (+) 2,25 %   Steuern .... (+) 1,5 %

Die Kosten für Instandsetzung, die Mieten und die kalkulatorischen Kosten werden sich nicht verändern.

6. *Erstellen Sie das Kostenbudget, das Gewinnbudget sowie das Finanzbudget bei einem angenommenen Anfangsbestand an liquiden Mitteln von 335.000,00 €.*
7. *Bestimmen Sie den Prozentanteil der Personalkosten am Budgetumsatz und vergleichen Sie diese Maßzahl mit der Istzahl des Monats September in Höhe von 21,5 %.*
8. *Über welche Finanzmittel verfügt das Unternehmen im Planjahr für Investitionen?*
9. *Prüfen Sie, ob die geplante Eigenkapitalverzinsung und Umsatzrendite eingehalten werden.*

6470430

Nachdem der Abschluss für den Monat Januar des Planjahres vorliegt, analysiert der Controller die Abweichungen der einzelnen Budgets. Zur Erstellung der Umsatzabweichungen liegen ihm folgende Zahlen vor:

Artikelgruppe	geplante Absatzmenge	geplanter Verkaufspreis	tatsächliche Absatzmenge	erzielter Durchschnittspreis
Spezialpapiere	1 136 Rollen	563,13 €	1 130 Rollen	563,10 €
Hygienepapiere	1 380 Paletten	282,00 €	1 370 Paletten	282,20 €
Verpackungsfolien	1 348 Rollen	525,23 €	1 360 Rollen	525,25 €
Einschlagpapiere	870 Rollen	771,70 €	864 Rollen	771,50 €
Küchenrollen	500 Packungen	291,65 €	510 Packungen	291,75 €

10. *Erstellen Sie die Umsatzabweichungsanalyse einschließlich der Preis- und Mengenabweichungen und gehen Sie in einem kurzen Bericht insbesondere auf die Mengenabweichungen und deren mögliche Ursachen ein.*

Für die Abweichungsanalyse der Beschaffungsmengen und –werte stehen folgende Zahlen zur Verfügung:

Artikelgruppe	geplante Besch.-Menge	geplante Besch.-Preise	tatsächliche Besch.-Mengen	durchschnittl. Besch.-Preise
Spezialpapiere	1 040 Rollen	312,50 €	1 020 Rollen	312,40 €
Hygienepapiere	1 740 Paletten	162,50 €	1 640 Paletten	162,50 €
Verpackungsfolien	1 320 Rollen	250,00 €	1 360 Rollen	250,75 €
Einschlagpapiere	820 Rollen	350,00 €	860 Rollen	349,00 €
Küchenrollen	500 Packungen	157,50 €	520 Packungen	157,50 €

11. *Analysieren Sie die sich aus den obigen Zahlen ergebenden Preis- und Mengenabweichungen in tabellarischer Form. Ergänzen Sie die Tabelle durch einen erläuternden Bericht mit grafischen Darstellungen.*

Zur Ermittlung der Kostenabweichungen für den Monat Januar verwendet der Controller das Monatskostenbudget sowie die folgenden aus den Abteilungen gemeldeten Istkosten:

Kostenart	Budgetkosten (Januar)	Istkosten (Januar)
Löhne	184.500,00 €	186.360,00 €
Kalkulatorischer Unternehmerlohn	8.000,00 €	8.000,00 €
Gehälter	306.000,00 €	310.400,00 €
Soziale Aufwendungen	51.125,00 €	51.750,00 €
Personalkosten	**549.625,00 €**	**556.510,00 €**
Instandsetzung	60.000,00 €	24.000,00 €
Kalkulatorische Abschreibungen	25.000,00 €	25.000,00 €
Mieten	60.000,00 €	60.000,00 €
Kalkulatorische Zinsen	20.000,00 €	20.000,00 €
Raum-/Gebäudekosten	**165.000,00 €**	**129.000,00 €**
Frachten/Provisionen	95.600,00 €	93.700,00 €
Reise-/Werbekosten/Versich.	43.560,00 €	45.120,00 €
Steuern	26.400,00 €	25.900,00 €
Sonstige kalkulatorische Kosten	57.000,00 €	57.000,00 €
Sonstige Handlungskosten	**222.560,00 €**	**221.720,00 €**
Handlungskosten insgesamt	**937.185,00 €**	**907.230,00 €**

12. *Analysieren Sie die Abweichungen und geben Sie mögliche Gründe an.*
13. *Kontrollieren Sie den Prozentanteil der Personalkosten am Umsatz im Vergleich mit der vorgegebenen Maßzahl.*
14. *Stellen Sie die Betriebsergebnisrechnung für den Monat Januar auf und ermitteln Sie die Umsatzrentabilität. Inwieweit ist das vorgegebene Planziel von 10 % erreicht worden?*

H   Grundlagen des Wirtschaftsrechnens

Hinweise für den Einsatz der Rechengebiete. In diesem Lehr- und Lernbuch haben wir bewusst die wesentlichen Kapitel des kaufmännischen Rechnens zu einem eigenständigen Kapitel — am Ende des Buches — zusammengefasst. Wir wollen damit nicht der lehrgangsmäßigen Behandlung dieses Kapitels im Unterricht Vorschub leisten, sondern sehen den Sinn darin, Handreichungen für die Aufarbeitung von Vergessenem und für die Einarbeitung in Neues zu geben, und zwar immer dann, wenn im Rahmen der Buchführung oder der Kostenrechnung rechnerische Probleme auftreten, für deren Lösung eine didaktische Hilfe zweckmäßig ist. Wir sind uns sicher, dass die einfache, fachlich klar und gut strukturierte Darstellung ein Selbststudium ermöglicht, zumal wir darauf geachtet haben, dass mathematische Zusammenhänge auch sprachlich und grafisch erläutert werden.

Zusätzlich haben wir in jene Kapitel der Buchführung und der Kostenrechnung eigene Rechenabschnitte eingefügt, die ein spezielles, auf diesen Grundlagen aufbauendes Rechnen erforderlich machen (z. B. Währungsrechnen, Kalkulation, Effektivverzinsung). Dadurch wollen wir gewährleisten, dass Ihnen insbesondere der Zusammenhang zwischen Rechnen und Buchen im Rahmen komplexer Situationen erfahrbar wird.

Auf die **Durchschnittsrechnung** gehen wir ausführlich im Kapitel „G, 7.1.1 Mittelwerte" auf den Seiten 417 bis 419 ein.

1   Dreisatzrechnung
1.1   Einfacher Dreisatz

Schlussrechnung. Die Dreisatz- oder Schlussrechnung findet dort Anwendung, wo **zwei Größen in Beziehung** (= in einem **Verhältnis**) zueinander stehen und wo auf **eine andere Menge einer der beiden Größen** geschlossen werden soll. Im Beispiel auf der nachfolgenden Seite stehen die beiden Größen **„5 Paletten"** und **„140,00 €"** in der Beziehung **„verursachen Frachtkosten":**

„5 Paletten Kopierpapier verursachen 140,00 € Frachtkosten";

und es wird nach den Frachtkosten für eine andere Menge der Größe „Paletten", nämlich **„7 Paletten",** gesucht.

Anwendungsbereiche der Dreisatzrechnung sind u. a.:

▶ Preisberechnungen in Abhängigkeit von unterschiedlichen Warenmengen,

▶ Berechnung des Arbeits- oder Maschineneinsatzes in Abhängigkeit von unterschiedlichen Arbeitszeiten,

▶ Berechnung von Verbrauchsmengen in Abhängigkeit von Flächen- oder Raumgrößen,

▶ Umrechnung von Euro-Beträgen in ausländische Währungsbeträge (und umgekehrt) in Abhängigkeit von Währungskursen (vgl. S. 440 f.).

1.1.1 Einfacher Dreisatz mit direkten Verhältnissen

Beispiel In der Preisberechnung (Kalkulation) für einen Kundenauftrag A wurden u. a. für 5 Paletten Kopierpapier 140,00 € Frachtkosten angesetzt. Ein Kundenauftrag B über 7 Paletten Kopierpapier soll kalkuliert werden.
Für diesen Auftrag sind die entsprechenden Frachtkosten zu berechnen.

Entwicklung der Lösung über den Schluss auf die Einheit (hier „€/Pal.")

❶ **Bedingungssatz:**   5 Pal. verursachen 140,00 € Frachtkosten

❷ **Schluss auf Einheit:** 1 Pal. verursacht $\dfrac{140,00\ €}{5\ \text{Pal.}} = 28,00\ €/\text{Pal.}$ Frachtkosten
(Wert je Einheit)

❸ **Fragesatz:**   7 Pal. verursachen $\dfrac{140,00\ €}{5\ \text{Pal.}} \cdot 7\ \text{Pal.} = 28,00\ €/\text{Pal.} \cdot 7\ \text{Pal.}$ Frachtkosten

❹ **Antwortsatz:**   7 Pal. verursachen 196,00 € Frachtkosten.

Verkürzte Darstellung der Lösung durch „Ansatz" und „Lösungsgleichung":

Lösungs-schema	Lösung zur deutlichen Herausstellung des Schlusses auf die Einheit	Herkömmliche Lösung
Ansatz:	Frage: x € ~ 7 Pal. Bedingung: 140,00 € ~ 5 Pal.	Bedingung: 5 Pal. ~ 140,00 € Frage: 7 Pal. ~ x €
Lösungs-gleichung:	$x\ € = \dfrac{140,00\ €}{5\ \text{Pal.}} \cdot 7\ \text{Pal.} = 196,00\ €$	$x\ € = \dfrac{140,00\ €}{5\ \text{Pal.}} \cdot 7\ \text{Pal.} = 196,00\ €$

Anmerkungen zur obigen Lösung:

❶ Für den Ansatz ist es zweckmäßig, wenn gleiche Größen (= gleich benannte Zahlen; hier „... €" und „... Paletten") untereinander stehen.

❷ Die gesuchte Größe („x €") kann dabei am Anfang des Ansatzes stehen. Das geschieht hier, um im Ansatz und in der Lösungsgleichung den Schluss auf die Einheit als entscheidendes Lösungsmerkmal hervorzuheben.

❸ Zwischen den beiden Größen im Ansatz (hier „... €" und „... Paletten") besteht eine Beziehung, die durch das Zeichen „~" (= „... verhält sich zu ...") ausgedrückt wird.

Direkte Verhältnisse. Aus dem obigen Beispiel wird deutlich, dass ein **„Mehr"** an Paletten auch ein **„Mehr"** an Frachtkosten bedingt, und zwar gilt:

▶ Werden **mehr** als die im Auftrag A genannten 5 Paletten geliefert, so entstehen **höhere (mehr)** Frachtkosten und

▶ werden **weniger** als die im Auftrag genannten 5 Paletten geliefert, so entstehen **niedrigere (weniger)** Frachtkosten.

je **mehr**		5 Pal.	umso **mehr**		140,00 €
Paletten	∧	7 Pal.	Frachtkosten	∧	196,00 €

Eine solche „gleichsinnige" Beziehung zwischen zwei Größen heißt direktes Verhältnis; es wird mathematisch durch das Zeichen „~" ausgedrückt.

Prüfschema. Die Lösung von Dreisatzaufgaben mit direkten Verhältnissen lässt sich nach folgendem Prüfschema durchführen:

❶ Stellen Sie den Ansatz in Form von Frage- und Bedingungssatz aus dem Text der Aufgabe auf:	x € ~ 7 Pal. 140,00 € ~ 5 Pal.
❷ Prüfen Sie durch die Frage: „Verursacht die Menge im Fragesatz mehr oder weniger Kosten als die Menge im Bedingungssatz?", ob ein **direktes Verhältnis** vorliegt. Wenn ja, können Sie durch **Division** der Zahlen des Bedingungssatzes den Wert je Einheit bestimmen. **Multiplizieren** Sie diesen Wert mit der Menge im Fragesatz und Sie erhalten den Wert der gesuchten Größe.	x € $= \dfrac{140{,}00\ €}{5\ \text{Pal.}} \cdot 7\ \text{Pal.}$ x € $=$ 196,00 €

Verhältnisfaktor. In der vorhergehenden Lösung ist der auf **1 Palette** entfallende Frachtanteil **(140,00 € : 5 Paletten = 28,00 €/Pal.)** Grundlage zur Bestimmung der Frachtkosten für 7 Paletten. Auf dieser Grundlage lassen sich auch die Frachtkosten für beliebige andere Mengen (z. B. 3 Pal., 11 Pal. usw.) berechnen. Diese Grundlage heißt **Verhältnisfaktor.** Mit dem Verhältnisfaktor lässt sich der Zusammenhang zwischen Größen mit direktem Verhältnis tabellarisch und grafisch gut veranschaulichen:

Berechnungstabelle für Frachtkosten

Verhältnis-faktor „€/Pal."	„mal"	Menge in Pal.	„ist gleich"	Gesuchte Frachtkosten in €
		1		28,00 €
		2		56,00 €
$\dfrac{140{,}00\ €}{5\ \text{Pal.}}$ = **28,00 €/** Pal.	●	3	=	84,00 €
		4		112,00 €
		5		140,00 €
		6		168,00 €
		7		196,00 €
		.		.
		.		.
		.		.

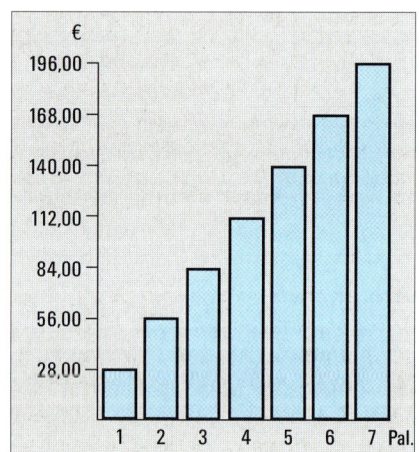

Zusammenfassung

▶ Die Dreisatzrechnung ist eine Schlussrechnung, bei der — ausgehend von der bekannten Beziehung zwischen zwei Größen — auf die entsprechende Beziehung einer veränderten Größe „geschlossen" wird.

▶ Bei einem Dreisatz mit direkten Verhältnissen sind die Beziehungen zwischen den beiden Größen „gleich gerichtet": **Mehr – Mehr** oder **Weniger – Weniger.**

▶ Für die Lösung von Dreisatzaufgaben mit direkten Verhältnissen ist der **Schluss auf die Einheit** der entscheidende Lösungsschritt.

▶ Bei einer solchen Dreisatzaufgabe werden zunächst die Zahlen des Bedingungssatzes **dividiert** und es ergibt sich der Wert je Einheit. Um an das gesuchte Ergebnis zu gelangen, wird dieser Wert danach mit der Größe im Fragesatz **multipliziert.**

1.1.2 Einfacher Dreisatz mit umgekehrten Verhältnissen

Beispiel Ein Bauunternehmer rechnet für das Ausheben und Abfahren des Erdreiches aus einer Baugrube beim Einsatz von 5 gleichartigen Fahrzeugen mit einer Arbeitszeit von 280 Arbeitsstunden. Der Auftraggeber möchte den Aushub beschleunigt durchführen lassen. Daraufhin sagt der Bauunternehmer den Einsatz von 7 Fahrzeugen zu.

Wie viel Arbeitsstunden sind nunmehr anzusetzen?

Entwicklung der Lösung über den Schluss auf die Gesamtleistung („Std. · Fahrz."):

❶ **Bedingungssatz:**   5 F benötigen   **280** Arb.-Stunden

❷ **Schluss auf Gesamtleistung:**   1 F benötigt   **280 Std. · 5 Fahrz.** = **1 400** Arbeitsstunden

❸ **Fragesatz:**   7 F benötigen $\dfrac{\text{280 Std. · 5 Fahrz.}}{\text{7 Fahrz.}} = \dfrac{\text{1 400 Arbeitsstunden}}{\text{7 Fahrz.}}$

❹ **Antwortsatz:**   7 F benötigen   **200 Arbeitsstunden**

Verkürzte Darstellung der Lösung durch „Ansatz" und „Lösungsgleichung":

Lösungs-schema	Lösung zur deutlichen Herausstellung des Schlusses auf die Gesamtleistung		Herkömmliche Lösung	
Ansatz:	Frage: x Arb.-Std. ~ 7 F Bedingung: **280 Arb.-Std. ~ 5 F**		Bedingung: 5 F ~ 280 Arb.-Std. Frage: 7 F ~ x Arb.-Std.	
Lösungs-gleichung:	$x \text{ Std.} = \dfrac{280 \text{ Std. · 5 F}}{7 \text{ F}} = 200 \text{ Arb.-Std.}$		$x \text{ Std.} = \dfrac{280 \text{ Std. · 5 F}}{7 \text{ F}} = 200 \text{ Arb.-Std.}$	

Umgekehrte Verhältnisse. Das obige Beispiel verdeutlicht, dass zwischen den Größen „Anzahl der Fahrzeuge" und „Anzahl der Arbeitsstunden" nicht die gleiche Beziehung herzustellen ist wie im vorhergehenden Abschnitt zwischen den Größen „Anzahl der Paletten" und „Höhe der Frachtkosten" (vgl. Beispiel S. 433). Hier ist nicht der „Wert je Einheit" der entscheidende Lösungsschritt, sondern der **Einsatz einer Gesamtmenge oder Gesamtleistung.** Im obigen Beispiel wird eine Gesamtleistung an Arbeitsstunden von 5 Fahrzeugen zu je 280 Stunden, also 5 · 280 = **1 400 Arbeitsstunden,** erbracht. Verteilt sich diese Gesamtleistung auf 5 Fahrzeuge, so sind zur Bewältigung des Auftrags 280 Stunden erforderlich. Verteilt sich die Gesamtleistung auf mehr als 5 Fahrzeuge, so lässt sich der Auftrag in weniger Zeit erledigen. Also gilt:

▶ Werden **mehr** als die im Auftrag vorgesehenen Fahrzeuge eingesetzt, so werden **weniger** Arbeitsstunden verbraucht und

▶ werden **weniger** als die zunächst vorgesehenen Fahrzeuge eingesetzt, so werden **mehr** Arbeitsstunden benötigt.

je **mehr** Fahrzeuge	$\bigwedge$	**5 Fahrz.** **7 Fahrz.**	umso **weniger** Arbeitsstunden	$\bigvee$	**280 Std.** **200 Std.**

Eine solche „gegenläufige" Beziehung zwischen zwei Größen heißt umgekehrtes Verhältnis.

Prüfschema. Die Lösung von Dreisatzaufgaben mit umgekehrten Verhältnissen lässt sich nach folgendem Prüfschema durchführen:

❶	Stellen Sie den Ansatz in Form von Frage- und Bedingungssatz aus dem Text der Aufgabe auf:	x Arb.-Stunden ~ 7 Fahrz. 280 Arb.-Stunden ~ 5 Fahrz.
❷	Prüfen Sie durch die Frage: „Verursacht die Menge im Fragesatz mehr oder weniger Stunden als die Menge im Bedingungssatz?", ob ein **umgekehrtes Verhältnis** vorliegt. Wenn ja, können Sie durch **Multiplikation** der Zahlen des Bedingungssatzes den **Gesamtwert** bestimmen. **Dividieren** Sie diesen Gesamtwert durch die Menge im Fragesatz und Sie erhalten den Wert der gesuchten Größe.	$x \text{ Std.} = \dfrac{280 \text{ Std.} \cdot 5 \text{ Fahrz.}}{7 \text{ Fahrz.}}$ x Std. = 200 Arb.-Stunden

Verhältnisdividend. In der obigen Lösung sind die insgesamt für den Auftrag aufzuwendenden Arbeitsstunden (280 Std. · 5 Fahrz. = 1 400 Arbeitsstunden) die Grundlage zur Berechnung der Arbeitsstunden beim Einsatz von 7 Fahrzeugen. Auf dieser Grundlage (= Verhältnisdividend) lassen sich die Arbeitsstunden für einen beliebigen Fahrzeugeinsatz berechnen. Die nachfolgende Tabelle gibt einen Ausschnitt aus der Berechnung wieder; die Grafik veranschaulicht, wie mit zunehmendem Fahrzeugeinsatz der Arbeitsaufwand je Fahrzeug in Stunden geringer wird.

Berechnungstabelle für Arbeitsstunden

Verhältnis-dividend „Std. · F"	„ge-teilt"	Fahrzeug-einsatz (Anzahl LKW)	„ist gleich"	Gesuchte Arbeits-stunden
		1		1 400 Std.
		2		700 Std.
		3		467 Std.
280 Std. · 5 F = **1 400 Stunden**	:	4	=	350 Std.
		5		280 Std.
		6		233 Std.
		7		200 Std.
		.		.
		.		.
		.		.

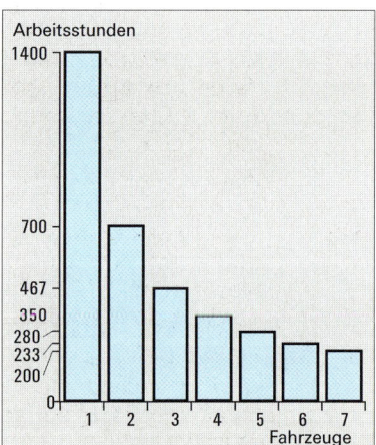

Zusammenfassung

▶ Bei einem Dreisatz mit umgekehrten Verhältnissen sind die Beziehungen zwischen den beiden Größen „gegenläufig": **Mehr – Weniger** oder **Weniger – Mehr.**

▶ Für die Lösung von Dreisatzaufgaben mit umgekehrten Verhältnissen ist die **Berechnung des Gesamtwertes** der entscheidende Lösungsschritt.

▶ Bei einer solchen Dreisatzaufgabe werden zunächst die Zahlen des Bedingungssatzes **multipliziert** und es ergibt sich der Gesamtwert. Um an das gesuchte Ergebnis zu gelangen, wird dieser Wert danach durch die Größe im Fragesatz **dividiert.**

Aufgaben

459 Im Unternehmen Kern werden die Mietkosten als Bestandteil der Preiskalkulation berücksichtigt. Für das Lager mit 700 m² setzt Frau Kern 2.625,00 € an.

Wie viel Mietkosten sind für die Verwaltung mit 240 m² anzusetzen?

460 Ein Papiergroßhändler versendet an einen Großkunden mehrere Paletten Kopierpapier 80 g/m² im Gesamtgewicht von 3 250 kg und belastet den Kunden mit einem Frachtkostenanteil von 156,00 €.

Mit welchem Frachtkostenanteil müsste ein anderer Kunde belastet werden, der Kopierpapier im Gesamtgewicht von 1 775 kg bezieht?

461 Ein Verpackungsautomat kann je nach Bedarf in zwei Geschwindigkeitsstufen arbeiten. In der niedrigeren Stufe schafft die Maschine 3 200 Verpackungen in der Stunde, in der höheren Stufe 4 000 Verpackungen in der Stunde.

Für einen Kundenauftrag würde die Maschine in der niedrigeren Stufe 15 Stunden benötigen.

In wie viel Stunden könnte der Auftrag in der höheren Stufe erledigt werden?

462 In einer Teppichgroßhandlung reicht der Vorrat an einer bestimmten Sorte Teppichboden in der Breite von 450 cm bei einem Verkauf von durchschnittlich 175 m täglich für insgesamt 12 Verkaufstage.

Wie lange würde der Vorrat reichen, wenn nach einer Werbeaktion mit einem Verkauf von 210 m je Tag gerechnet wird?

463 Ein Großhändler zahlt für die gemieteten Büro- und Lagerräume mit einer Fläche von 440 m² monatlich insgesamt 3.190,00 € Miete. Für die betriebsinterne Kostenrechnung möchte er die Gesamtmiete anteilig auf Büro- und Lagerräume aufteilen.

Wie viel € Miete entfallen auf die Büroräume mit 150 m² Fläche?

464 In der Verkaufsabteilung einer Großhandlung steigt die Anzahl der Kopiervorgänge proportional zur Anzahl der Auftragsabwicklungen. Im vergangenen Monat wurden für 750 Auftragsabwicklungen 360 Kopiervorgänge gezählt. Im laufenden Monat rechnet der Großhändler mit 800 Auftragsabwicklungen.

1. *Wie viele Kopiervorgänge werden voraussichtlich anfallen?*
2. *Jeder Kopiervorgang erfordert Kopierkosten in Höhe von 0,25 €.*
   Mit wie viel € Kostensteigerung ist zu rechnen?

465 Für eine Sendung von 300 000 Blatt (= 150 Kartons) Tabellierpapier zahlt ein Großhändler einschließlich Fracht und Verpackung 2.170,00 €. In dieser Sendung waren versehentlich 14 Kartons einer schlechteren Qualität enthalten. Diese Kartons sollen vereinbarungsgemäß zurückgeschickt werden.

Mit welcher Gutschrift kann der Großhändler rechnen?

466 Durch Tarifvereinbarung wird eine Verkürzung der wöchentlichen Arbeitszeit, die derzeit 38,5 Stunden beträgt, vereinbart. Aufgrund dieser Vereinbarung steigt der Stundenlohn eines Facharbeiters von 12,50 € auf 12,92 €.

Um wie viel Minuten je Woche wurde die Arbeitszeit verkürzt?

1.2   Zusammengesetzter Dreisatz

Verknüpfung mehrerer Größen. In der Praxis sind die Situationen in der Regel so kompliziert, dass eine Größe zugleich von mehreren anderen abhängt. Um hier zu Lösungen zu gelangen, ist der aufgestellte Ansatz schrittweise „abzuarbeiten".

Beispiel   Ein Bauunternehmer kalkuliert für einen Auftrag zum Abfahren von 3 150 m³ Erdaushub zur Deponie A mit 5 Fahrzeugen bei täglich 9 Fahrten je Fahrzeug eine Dauer von 7 Arbeitstagen.

Nachträglich wird der Auftrag dahin gehend geändert, dass 4 800 m³ abzufahren sind. Der Unternehmer möchte den Auftrag dennoch kurzfristig ausführen und will 8 Fahrzeuge einsetzen, die eine näher gelegene Deponie B anfahren, sodass je Fahrzeug pro Tag 10 Fahrten durchgeführt werden können.

In welcher Zeit ist der Auftrag durchführbar?

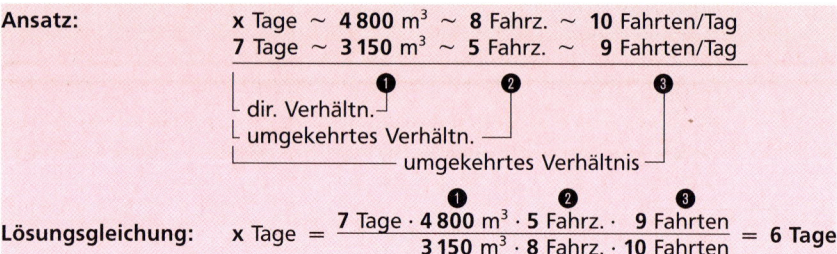

Erläuterung zur Lösung:

Der Ansatz wird aus den Größen des Beispiels nach den zuvor aufgestellten Regeln (vgl. S. 433) übersichtlich gebildet.

Die Aufstellung der Lösungsgleichung erfolgt hier in 3 Schritten, wobei jeweils die **Beziehung der gesuchten Größe zu je einer anderen** untersucht wird:

❶ Zwischen den Größen „m³" und „Tage" besteht ein **direktes Verhältnis; je mehr** Erdreich abgefahren wird, **umso mehr** Zeit ist dafür erforderlich. Der Zeitbedarf für **1 m³** beträgt also **7 Tage : 3 150 m³.** Für 4 800 m³ ist dann der Zeitbedarf **4 800-mal so hoch.**

❷ Danach wird die Beziehung zwischen den Größen „Fahrzeuge" und „Tage" bestimmt, von der die Lösung ja auch abhängt. Zwischen diesen beiden Größen besteht ein **umgekehrtes Verhältnis; je mehr** Fahrzeuge im Einsatz sind, **umso weniger** Arbeitszeit je Fahrzeug ist erforderlich. Der gesamte Zeitbedarf (= Gesamtleistung) beträgt also **7 Tage · 5 Fahrzeuge;** und der Einsatz von 8 Fahrzeugen verringert den Zeitbedarf auf den **8. Teil.**

❸ Auch die Beziehung zwischen den Größen „Fahrten/Tag" und „Tage" ist ein **umgekehrtes Verhältnis; je mehr** Fahrten/Tag erfolgen, **umso weniger** Arbeitstage sind erforderlich. Der gesamte Zeitbedarf beträgt also **7 Tage · 9 Fahrten/Tag;** entsprechend sinkt der Zeitbedarf bei 10 Fahrten/Tag auf den **10. Teil.**

Zusammenfassung

▶ Bei **zusammengesetzten Dreisätzen** hängt die gesuchte Größe gleichzeitig von mehreren anderen Größen ab. Schrittweise wird die gesuchte Größe mit jeder anderen Größe auf direkte oder umgekehrte Verhältnisse untersucht und danach die Lösungsgleichung aufgestellt.

6470438

Aufgaben

467   In einer Getränkegroßhandlung wird ein Erfrischungsgetränk auf 5 Abfüllanlagen in Flaschen gefüllt. Bei einer täglichen Arbeitszeit von 8 Stunden beträgt die Kapazität 60 000 Flaschen. Wegen steigender Nachfrage möchte das Unternehmen die Kapazität auf 80 000 Flaschen erhöhen. Zugleich wird aufgrund einer Tarifvereinbarung die tägliche Arbeitszeit auf 7,5 Stunden gekürzt.

Wie viele Abfüllautomaten müssten zusätzlich angeschafft werden, um die Bedingungen zu erfüllen?

468   Für die Montage von Computern stehen in einem Unternehmen 8 Arbeitskräfte zur Verfügung, die bei einer täglichen Arbeitszeit von 8 Stunden einen Auftrag über 60 Computer in 4 Tagen bearbeiten können. Kurzfristig wird der Auftrag auf 80 Computer erhöht; die Auslieferung soll nach 5 Tagen erfolgen.

Lässt sich der Auftrag ohne zusätzliche Arbeitskräfte oder ohne Überstunden durchführen?

469   Bei 8-stündiger Arbeitszeit je Arbeitstag benötigen 6 Näherinnen für einen Auftrag über die Anfertigung von 500 Oberhemden 5 Arbeitstage.

In welcher Zeit lässt sich ein ähnlicher Auftrag über 750 Hemden ausführen, wenn eine Näherin wegen Erkrankung ausfällt und die übrigen dafür eine Überstunde pro Tag leisten?   8

470   Ein Unternehmen stellt Pressteile aus Blech her. Insgesamt stehen 8 Pressen zur Verfügung. Die Tagesleistung hängt von der Größe der Pressteile ab. Für einen Auftrag über 20 000 Pressteile setzt der Unternehmer 5 Pressen bei einer täglichen Laufzeit von 7,5 Stunden ein. Der Auftrag kann so in 5 Tagen erledigt werden. Ein ähnlicher Auftrag über 30 000 Pressteile soll in 6 Tagen ausgeführt werden.

Kann dieser Auftrag in der Zeit erledigt werden, wenn alle Pressen zum Einsatz kommen, die tägliche Laufzeit auf 8 Stunden erhöht wird, die Leistungsfähigkeit der Pressen wegen veränderter Form und Größe der Pressteile nur 9/10 gegenüber dem vorhergehenden Auftrag beträgt?

471   Für die Elektroinstallation in einer Lagerhalle würden nach den Berechnungen des Unternehmers 6 Handwerker bei einer Arbeitszeit von täglich 8 Stunden insgesamt 12 Tage benötigen. Der Kunde wünscht eine schnellere Erledigung.

In wie viel Tagen kann die Installation beendet sein, wenn die Arbeitszeit um 1 Stunde je Tag verlängert und 2 Handwerker zusätzlich eingesetzt werden?

472   Die Entladung von Tankschiffen kann an dem Anleger eines Chemiewerkes wahlweise an zwei Anlegestellen A und B erfolgen. An der Anlegestelle A würde die Entladung mit 5 Pumpen bei einer Stundenleistung von 220 t je Pumpe in 18 Stunden erfolgen, an der Anlegestelle B in 22 Stunden, da die Pumpen hier nur eine Leistung von 150 t je Pumpe haben.

Wie viele Pumpen sind an der Anlegestelle B im Einsatz?

473   Für die Füllung eines Schwimmbeckens stehen insgesamt 5 Zuflüsse zur Verfügung, die folgendermaßen geschaltet werden können:
3 Zuflüsse zu je 4 000 l/Std. oder 2 Zuflüsse zu je 7 500 l/Std. Wird das Becken nur über 3 Zuflüsse zu je 4 000 l gefüllt, dauert das Füllen 30 Stunden.

Wie viele Stunden dauert die Füllung über die 2 Zuflüsse zu je 7 500 l?

2 Währungsrechnung[1]

2.1 Grundlagen der Währungsrechnung

Anwendung. Moderne Volkswirtschaften, wie sie z. B. in Westeuropa, Nordamerika, Südostasien bestehen, können nur in enger gegenseitiger Verflechtung existieren: Fehlende Rohstoffe und fertige Erzeugnisse werden importiert, landwirtschaftliche, hochwertige industrielle Erzeugnisse und Dienstleistungen werden exportiert. Die Freizügigkeit führt zu zahlreichen grenzüberschreitenden Reisen. Arbeitsmärkte sind auch für ausländische Arbeitnehmer vielfach offen.

Diese vielfältigen Beziehungen bedingen Zahlungsvorgänge zwischen inländischen und ausländischen Partnern, also den Umtausch des inländischen Geldes in ausländisches Geld und umgekehrt. Bei allen diesen Vorgängen treten die Banken als „Mittler" auf:

Wer ausländisches Geld benötigt,

▶ weil er Einfuhrwaren in ausländischem Geld bezahlen muss,

▶ weil er eine Auslandsreise antreten und ausländisches Geld mitnehmen will,

▶ weil er als ausländischer Arbeitnehmer einen Teil seines Lohnes nach Hause überweisen will,

tritt als **Nachfrager** von ausländischem Geld bei den Banken auf. Die Banken „verkaufen" also das ausländische Geld und nehmen inländisches Geld an.

Wer ausländisches Geld in inländisches umtauschen will,

▶ weil er aus einem Ausfuhrgeschäft ausländisches Geld erhalten hat,

▶ weil er von einer Auslandsreise ausländisches Geld mitgebracht hat,

tritt als **Anbieter** von ausländischem Geld bei den Banken auf. Die Banken „kaufen" also das ausländische Geld und geben inländisches Geld ab.

Europäische Wirtschafts- und Währungsunion (EWU, Euro-Land). Am 1. Januar 1999 haben die elf europäischen Länder Belgien, Deutschland, Finnland, Frankreich, Irland, Italien, Luxemburg, Niederlande, Österreich, Portugal und Spanien den **Euro** (International abgekürzt **EUR**; Symbol „€") als gemeinsame Währung eingeführt. Sie sind damit als Euro-Land währungspolitisch „Inland"; die dem Euro-Land nicht angehörenden Staaten sind währungspolitisch „Ausland". Den „Euro" als neue Währungseinheit gibt es innerhalb einer Übergangszeit bis zum 1. Januar 2002 nur als **Rechengröße,** d. h., die Banken rechnen jetzt schon untereinander in Euro ab, Kurse (Sorten-, Devisen-, Aktienkurse) werden jetzt schon in Euro notiert, der bargeldlose Zahlungsverkehr im gewerblichen Bereich wird mehr und mehr in Euro abgewickelt, auf Kontoauszügen und Rechnungen wird der Euro-Gegenwert zusätzlich zur nationalen Währung (z. B. „DEM") angegeben. Erst im Januar 2002 ist die Einführung von Euro-Scheinen und -Münzen geplant; dann verlieren – bis zu einer Ausschlussfrist – die bisherigen nationalstaatlichen Geldscheine und Münzen ihre Gültigkeit.

Umrechnungskurse der am Euro teilnehmenden Länder. Während der Übergangszeit bis zur alleinigen Gültigkeit des Euro als gemeinsamer Währung hat die Europäische Zentralbank in Abstimmung mit den beteiligten Ländern unwiderruflich die Umrechnungskurse der nationalen Währungen zum Euro festgeschrieben. Hierbei ist der Gegenwert der nationalen Währungen immer auf **einen Euro** bezogen.

---

[1] Dieses Kapitel berücksichtigt durchgehend die **internationalen** Abkürzungen der Währungen.

Beispiel Für die Umrechnung von DEM in EUR gilt als fester Kurs **1,95583**. Das bedeutet:

1 EUR ~ 1,95583 DEM

Die folgende Tabelle gibt die Umrechnungskurse der am Euro teilnehmenden Länder an.

Land	nationale Währung	internationale Abkürzung	Kurs für 1 EUR
Belgien	Belg. Franc	BEF	40,339900
Deutschland	Deutsche Mark	DEM	1,955830
Finnland	Finnmark	FIM	5,945730
Frankreich	Franc	FRF	6,559570
Irland	Pfund	IEP	0,787564
Italien	Lira	ITL	1.936,270000
Luxemburg	Lux. Franc	LUF	40,339800
Niederlande	Gulden	NLG	2,203710
Österreich	Schilling	ATS	13,760300
Portugal	Escudo	PTE	200,4820000
Spanien	Peseta	ESP	166,3860000
Griech.	Drachme	GRD	340,750

Die Folgen dieser Festlegung sind:

▶ Es gibt **keine Kursschwankungen** innerhalb des Währungsgebietes, sodass Kursspekulationen ausgeschlossen sind.

▶ Durch den Bezug aller Währungen auf **einen Euro** ist die **interne Umrechnung** vereinfacht; so gilt z. B.:

      1 € ~ 1,95583 DEM   und
      1 € ~ 6,55957 FRF

      daraus folgt: **1,95583 DEM ~ 6,55957 FRF**

▶ Im Verhältnis zum **Währungsausland** (z. B. Australien, Dänemark, Großbritannien, Japan, Kanada, Neuseeland, Schweden, Schweiz, Südafrika, USA) gilt ebenfalls die Kursnotierung für **einen Euro**. So bedeutet die Kursnotierung 0,9265 für den US-Dollar, dass

      1 EUR den Gegenwert von 0,9265 USD repräsentiert.

Kurse für Sorten und Devisen. Die Kurse zum Währungsausland bilden sich aufgrund von Angebot und Nachfrage. Als angebotene oder nachgefragte „Ware" gilt hierbei immer **„1 EUR"**, auf den sich der „Preis" in ausländischen Währungseinheiten bezieht. Aus der Sicht der Banken, die die Ware „1 EUR" entweder nachfragen (= ankaufen) oder anbieten (= verkaufen) und daraus für sich auch einen Gewinn (= Kursgewinn) erzielen wollen, gibt es also **zwei Kurse**: einen **Ankaufskurs**, der beim Ankauf von 1 EUR zugrunde gelegt wird, und einen **Verkaufskurs**, der beim Verkauf von 1 EUR gilt.

Beispiel ❶ Der Kunde Sander möchte für eine Reise in die USA bei seiner inländischen Bank die ausländische Währung (USD) erwerben. Die inländische Bank kauft also Euro an und verkauft dafür US-Dollar. Sie legt der Umrechnung den **Ankaufskurs** für 1 EUR zugrunde.

❷ Der Kunde Sander bringt von seiner USA-Reise einen Restbetrag an USD zurück, den er seiner Bank übergibt. Die Bank verkauft also Euro gegen die ausländische Währung USD und legt diesem Geschäft den **Verkaufskurs** zugrunde.

Damit die Bank bei diesem Handel mit dem Euro einen Gewinn erzielen kann, liegen die **Verkaufskurse für einen Euro immer höher als die Ankaufskurse.**

Sofern die Bank nicht ausländische Banknoten und Münzen **(= Sorten)** verkauft bzw. ankauft, sondern ausländische Zahlungsmittel in Form von **Buchgeld** (Zahlungsanweisungen, Schecks, Wechseln) vermittelt, sprechen wir von **Devisen** und entsprechend von **Geldkurs,** wenn wir den Ankauf von Euro meinen, bzw. von **Briefkurs,** wenn wir den Verkauf von Euro meinen. Entsprechend gilt, dass im Devisenhandel die **Briefkurse** (= Verkaufskurse) **immer höher liegen als die Geldkurse** (= Ankaufskurse). Für die wirtschaftlich bedeutenden Länder außerhalb der Europäischen Währungsunion werden amtliche Devisenkurse (Geld- und Briefkurse) täglich festgelegt.

Die nachfolgende Tabelle gibt die Devisen- und Sortenkurse für einige bedeutende Handelsländer außerhalb der Europäischen Währungsunion auf der Grundlage von 1 EUR wieder. Die Kurse sind einer Tageszeitung Mitte August 2000 entnommen.

Basis: 1 EUR	intern. Abkürz.	Devisenkurse		Sortenkurse	
Land		Geldkurs	Briefkurs	Ankaufskurs	Verkaufskurs
Australien (austr. $)	AUD	1,5630	1,5830	1,5540	1,5920
Großbritannien (GB £)	GBP	0,6068	0,6108	0,6010	0,6420
Japan (Yen)	JPY	96,3500	96,8300	94,8500	98,7500
Kanada (kan. $)	CAD	1,3324	1,3444	1,3286	1,3524
Neuseeland (neus. $)	NZD	2,0650	2,0890	2,0570	2,0940
Schweiz (sfrs)	CHF	1,5468	1,5508	1,5345	1,5670
Südafrika (Rand)	ZAR	6,1380	6,3780	6,1150	6,3955
USA (US-$)	USD	0,8975	0,9035	0,8865	0,9105

In der folgenden Übersicht finden Sie die Zusammenhänge aus der Sicht der Bank und aus der Sicht des Bankkunden am Beispiel der Devisenkurse für den USD dargestellt. Beachten Sie, dass wir hier strikt den heute üblichen Bezugspunkt „1 EUR" einnehmen:

Aufgaben

Beachten Sie die Umrechnungskurse beim Euro auf Seite 441. In den folgenden Aufgaben bleiben Gebühren unberücksichtigt.

474   Ein deutscher Weinhändler kauft in Frankreich Wein für 45.000,00 FRF ein.
Mit wie viel DEM belastet die Bank das Konto des Händlers?

475   Ein Großhändler bringt von einer Geschäftsreise nach Italien einen Restbetrag von 150.000 ITL mit, den er bei seiner deutschen Bank umtauschen will.
Wie viel DEM schreibt die Bank ihm gut?

476   Für eine Geschäftsreise nach Madrid will ein Großhändler 7.500,00 DEM bei seiner Bank umtauschen.
Wie viel ESP erhält er?

477   Für eine Urlaubsreise nach Portugal werden 4.600,00 DEM umgetauscht.
Wie viel PTE erhält der Urlauber dafür?

478   Ein Großhändler reicht seiner Bank folgende Überweisungen an seine ausländischen Lieferanten ein:
1. Überweisung über   9.420,00 FRF,
2. Überweisung über 12.580,00 BEF,
3. Überweisung über   4.275,00 NLG.

Mit wie viel DEM belastet die Bank das Konto des Großhändlers?

479   Ein Uhrengroßhändler bezieht 1 000 Armbanduhren aus Frankreich zum Stückpreis von 124,00 FRF. Für die Fracht hat der Großhändler an den deutschen Spediteur insgesamt 275,00 DEM zu zahlen.
1. *Mit wie viel DEM belastet die Bank das Konto des Großhändlers beim Rechnungsausgleich?*
2. *Zu welchem DEM-Preis je Stück (einschließlich anteiliger Fracht) hat der Großhändler die Uhren eingekauft?*

480   Einem Textilgroßhändler liegen zwei Angebote über Wollstoffe vergleichbarer Qualität vor, und zwar
1. Angebot aus Rom: 100 m zu 28.150 ITL je m,
2. Angebot aus Brüssel: 100 m zu 590,00 BEF je m.

Welches Angebot ist günstiger?

481   Einem deutschen Exporteur liegt eine Anfrage aus Spanien über die Lieferung von 50 Kopiergeräten vor. Der Händler kalkuliert den Stückpreis mit 2.100,00 DEM ab Lager.
Welchen Preis in ESP wird er seinem Kunden im Angebot nennen?

482   Ein deutscher Händler kann italienische Camcorder zum Stückpreis von 1.145.000 ITL beziehen. Für Fracht, Versicherung und Zoll rechnet er mit einem Zuschlag von $\frac{1}{4}$ des Stückpreises. Ein vergleichbares Gerät aus heimischer Produktion würde er für 1.150,00 DEM erhalten.
Lohnt sich der Kauf in Italien?

2.2 Umrechnung der Währungen von Nicht-Euro-Ländern in die Währung eines Euro-Landes

2.2.1 Der Handel mit Sorten

Bürger der Europäischen Wirtschafts- und Währungsunion können

▶ für private und geschäftliche Zwecke über ihre Geldinstitute ausländisches Geld (= Sorten) erwerben oder

▶ ausländisches Geld in ihre Inlandswährung zurücktauschen lassen.

Die Umrechnung erfolgt dabei auf der Basis des Euro.

Im ersten Fall bedeutet das aus der Sicht des Geldinstituts:

Verkauf einer ausländischen Währung = Ankauf von Euro.

Im zweiten Fall bedeutet der Vorgang aus der Sicht des Geldinstituts:

Ankauf einer ausländischen Währung = Verkauf von Euro.

Entsprechend legt das Geldinstitut entweder den Ankaufs- oder den (höheren) Verkaufskurs für je 1 EUR zugrunde.

Beispiel 1 Für den Besuch der Modemesse in London will ein deutscher Geschäftsmann 3.000,00 DEM in englische Pfund umtauschen. Die Tageskurse für engl. Pfund auf der Basis von 1 EUR lauten:

Ankauf: 0,6110; Verkauf: 0,6420.

Wie viel GBP bekommt er am Bankschalter?

Die Rechnung lässt sich in zwei Schritten (Dreisätze) durchführen:
1. Umrechnung von DEM in den entsprechenden Euro-Betrag,
2. Umrechnung des Euro-Betrages in GBP

$$1,95583 \text{ DEM} \sim 1,00 \text{ EUR}$$
$$3.000,00 \quad \text{DEM} \sim x \quad \text{EUR} \qquad x = 3.000 : 1,95583 = \textbf{1.533,8756 EUR}$$

Der Verkauf von engl. Pfund bedeutet für die Bank Ankauf von Euro, also legt sie bei der Umrechnung den **Ankaufskurs** zugrunde:

$$1,00 \quad \text{EUR} \sim 0,611 \text{ GBP}$$
$$1.533,8756 \text{ EUR} \sim x \quad \text{GBP} \qquad x = 0,611 \cdot 1.533,8756 = \textbf{937,20 GBP}$$

Aufgabe

483 *Überlegen Sie, wie zu rechnen wäre, wenn der Geschäftsmann den Betrag von 1.200,00 GBP eintauschen will und er wissen möchte, mit wie viel DEM sein Konto belastet wird.*

Beispiel 2 Von einer Geschäftsreise in die Vereinigten Staaten von Amerika bringt ein Kaufmann einen Restbetrag von 380,00 USD mit, die er seinem Konto bei der Stadtsparkasse gutschreiben lassen will. Die Kursnotierungen für 1 EUR lauten: Ankauf 0,9035; Verkauf 0,9230.

Wie viel DEM schreibt die Bank gut?

In diesem Fall kauft die Bank ausländisches Geld an und verkauft Euro; sie legt den **Verkaufskurs** zugrunde. Auch hier lässt sich die Rechnung in zwei Schritten durchführen:

1. Umtausch von USD in EUR,
2. Umtausch von EUR in DEM.

$$0,923 \text{ USD} \sim 1 \text{ EUR}$$
$$380,00 \text{ USD} \sim x \text{ EUR} \qquad x = 380 : 0,923 = \textbf{411,701 EUR}$$

$$1,00 \text{ EUR} \sim 1,95583 \text{ DEM}$$
$$411,701 \text{ EUR} \sim x \quad \text{DEM} \qquad x = 1,95583 \cdot 411,701 = \textbf{805,22 DEM}$$

Beachten Sie, dass wir die Kurse hier immer auf der Grundlage von 1 EUR betrachtet haben. Es ist auch möglich – und wird von den Geldinstituten z. T. auch so praktiziert –, die Kursnotierungen bei Sorten als Euro-Preise für z. B. 1 USD anzugeben.

Aufgaben

> Die nachfolgenden Aufgaben sind jeweils ohne Bankgebühren auf der Grundlage der Kurstabelle von Seite 442 zu lösen.

484 Anlässlich der Tourismus-Messe in Genf tauscht ein deutscher Reiseveranstalter bei seiner Bank 6.500,00 DEM in CHF um.

Wie viel CHF erhält er?

485 Für eine Geschäftsreise nach Kanada benötigt ein deutscher Kaufmann CAD. Bei seiner Bank tauscht er 4.600,00 DEM in CAD um.

Berechnen Sie den Dollarbetrag, den er für den deutschen Währungsbetrag erhält.

486 Von einer Geschäftsreise nach Australien bringt ein Handelsvertreter einen Restbetrag von 1.240,00 AUD nach Deutschland mit. Diesen Betrag tauscht er bei seiner Bank in DEM um.

Berechnen Sie den DEM-Betrag, den ihm die Bank gutschreibt.

487 Nach der Rückkehr von einem längeren Aufenthalt in der Republik Südafrika tauscht ein Urlauber einen Restbetrag von 840,00 ZAR bei seiner Bank in DEM um.

Wie viel DEM schreibt ihm die Bank gut?

2.2.2 Der Handel mit Devisen

Für die elf Länder der Europäischen Wirtschafts- und Währungsunion erübrigt sich die Angabe von Devisenkursen. Devisenabrechnungen erfolgen innerhalb dieser Länder nach den fest vereinbarten Umrechnungskursen. Im Devisenverkehr zwischen Euro-Ländern und Nicht-Euro-Ländern werden amtliche Devisenkurse an den Devisenbörsen notiert und bei der Umrechnung in Euro zugrunde gelegt. Wichtig ist hierbei, dass die **Kursangaben immer für 1 EUR** gelten!

Beispiel 1 Ein deutscher Maschinenhändler liefert eine Kunststoffpresse an einen Kunden in Großbritannien. Vereinbart ist, dass die Rechnung auf englische Pfund ausgestellt werden soll.

Welchen Euro-Betrag schreibt die deutsche Bank dem Händler gut, wenn die Rechnung auf einen Nettobetrag von 63.000,00 GBP ausgestellt ist?

Auf der Grundlage der Devisenkurse von Seite 442 und ohne Berücksichtigung von Bankgebühren ist zu rechnen:

$$0,6108 \ GBP \sim 1 \ EUR$$
$$63.000,00 \quad GBP \sim x \ EUR \qquad x = 63.000 : 0,6108 = \textbf{103.143,42 EUR}$$

Beispiel 2 Ein deutscher Händler importiert aus der Schweiz eine Fräsmaschine zum Preis von netto 46.500,00 CHF.

Mit welchem Euro-Betrag belastet die deutsche Bank das Konto des Händlers beim Rechnungsausgleich (ohne Bankgebühren)?

$$1,5468 \ CHF \sim 1 \ EUR$$
$$46.500,00 \quad CHF \sim x \ EUR \qquad x = 46.500 : 1,5468 = \textbf{30.062,06 EUR}$$

Falls erforderlich und gewünscht, lassen sich die Euro-Beträge mithilfe der festen Umrechnungskurse in nationale Währungen (hier: in DEM) umrechnen.

Aufgaben

488 *Berechnen Sie den Bezugspreis in EUR und DEM aus folgendem Angebot:* Auf der Grundlage einer Mindestabnahme von 20 Geräten bietet ein amerikanischer Hersteller Tischkopierer zum Stückpreis von 1.650,00 USD an. Er gewährt 5 % Rabatt und bei Zahlung innerhalb von 20 Tagen 2 % Skonto. Als Frachtpauschale berechnet er für die Sendung 420,00 USD.

489 Ein deutscher Exporteur liefert an einen Kunden in Japan eine automatische Schweißanlage. Vereinbarungsgemäß erfolgt die Rechnungsausstellung in japanischer Währung. Der Kunde überweist den Nettobetrag von 5.800.000 JPY.

Welchen Betrag schreibt die deutsche Bank dem Exporteur gut? Geben Sie den Betrag in DEM und EUR an.

3 Verteilungsrechnung

Anwendung. Gegenstand der Verteilungsrechnung ist die Aufteilung einer gegebenen Größe in gleiche oder ungleiche Teilgrößen. Es kann Schwierigkeiten oder unangemessen hohen Aufwand bereiten, geeignete Verteilungsschlüssel zu finden. In diesem Fall sollte die gerechte oder wirtschaftlich vernünftige Aufteilung angestrebt werden. Anwendungsbereiche der Verteilungsrechnung sind vor allem:

▶ Aufteilung eines Geldbetrages auf mehrere Personen, z. B. Prämienverteilung unter mehrere Verkäufer oder Vertreter, Gewinnverteilung in einer Personengesellschaft, Umlegung von Haus- und Grundstücksaufwendungen auf Mieter.

▶ Aufteilung von Kosten auf Waren oder Kostenstellen, z. B. Aufteilung von Bezugskosten auf mehrere Waren oder Warengruppen zur Ermittlung des Bezugspreises, Aufteilung von Kosten zur Kostenkontrolle auf die Stellen im Betrieb, in denen die Kosten verursacht wurden.

Mathematische Grundlage zur Lösung von Verteilungsaufgaben ist der **Dreisatz mit direktem Verhältnis.** Die Lösung kann auch über lineare Gleichungen mit einer Variablen erfolgen.

3.1 Verteilung mit unterschiedlichen Verteilungsschlüsseln

Beispiel 1 Die Papiergroßhandlung Kern bezieht von dem Papierhersteller Krögel KG in einer Sendung 5 Paletten Druckpapier 80 g/m², 7 Paletten Kopierpapier 70 g/m² und 9 Paletten Kopierpapier 80 g/m². Die dabei anfallenden Frachtkosten in Höhe von insgesamt 714,00 € sollen den einzelnen Papiersorten **nach der Anzahl der Paletten** zugeordnet werden.

Der Lösungsweg lässt sich in folgenden Schritten beschreiben:

❶ *Tragen Sie die in der Aufgabe enthaltenen Größen zunächst in das (unten stehende) Lösungsschema ein (vgl. grün unterlegte Fläche).*

❷ *Ermitteln Sie die Gesamtanzahl (vgl. rot unterlegte Fläche). Zwischen dieser Größe (21 Pal.) und den gesamten Frachtkosten (714,00 €) besteht ein direktes Verhältnis.*

❸ *Berechnen Sie mithilfe des Dreisatzes die Frachtkostenanteile der einzelnen Papiersorten. Die Ergebnisse sind zur Vervollständigung in das Lösungsschema eingetragen worden.*

Lösung

Papiersorte	Paletten		Frachtkosten
D 80 g/m²	5 Pal.	~	170,00 €
K 70 g/m²	7 Pal.	~	238,00 €
K 80 g/m²	9 Pal.	~	306,00 €
	21 Pal.	~	714,00 €

$$\text{Frachtkostenanteil D 80 g/m}^2 = \frac{714,00 \ € \ \cdot \ 5 \ \text{Pal.}}{21 \ \text{Pal.}} = \mathbf{170,00 \ €}$$

$$\text{Frachtkostenanteil K 70 g/m}^2 = \frac{714,00 \ € \ \cdot \ 7 \ \text{Pal.}}{21 \ \text{Pal.}} = \mathbf{238,00 \ €}$$

$$\text{Frachtkostenanteil K 80 g/m}^2 = \frac{714,00 \ € \ \cdot \ 9 \ \text{Pal.}}{21 \ \text{Pal.}} = \mathbf{306,00 \ €}$$

Anmerkung: Beim Einsatz von **Taschenrechnern** empfiehlt es sich, zur Vereinfachung der Lösung den **Wert je Einheit** (714,00 € : 21 Pal. = **34,00 €/Pal.**) auszurechnen und **abzuspeichern,** sodass anschließend nur noch nacheinander mit den **Größen 5 Pal., 7 Pal. und 9 Pal. multipli- ziert** werden muss, um die jeweiligen Frachtkostenanteile zu erhalten. Die **mehrfache Aufstel- lung von Dreisätzen entfällt** damit.

Beispiel 2 Die Papiergroßhandlung bezieht in einer nachfolgenden Sendung Papiere unterschiedlicher Qualität. Wegen der dadurch bedingten Preisunterschiede sollen die Frachtkosten in Höhe von 987,00 € nicht nach der Anzahl der Paletten, sondern **nach dem Wert der Papiersorten** (Einkaufspreise) verteilt werden. Der Rechnung des Lieferanten sind folgende Einkaufspreise entnom- men:

Druckpapier	Einkaufspreis 45.000,00 €,
Kopierpapier	Einkaufspreis 60.000,00 €,
Umschlagkarton	Einkaufspreis 36.000,00 €.

Lösungs- weg

❶ Für die Lösung empfiehlt es sich, die Größen aus der Aufgabe wiederum in ein Lösungsschema einzutragen.

❷ Zwischen den Einkaufspreisen und den Frachtkosten bestehen **direkte Ver- hältnisse.**

❸ Die Rechnung lässt sich dadurch vereinfachen, dass nicht die Einkaufspreise selbst zu den Frachtkosten in Beziehung gesetzt werden, **sondern die** – so weit wie möglich – **gekürzten Einkaufspreise:** Im Beispiel lassen sich die Einkaufspreise durch 3 000 kürzen; das schafft übersichtliche Zahlen, ver- ändert aber nicht die Verhältnisse.

Lösung

Papiersorten	Einkaufs- preise	Kürzung	gekürzte Ein- kaufspreise		Frachtkosten
Druckpapier	45.000,00 €	(: 3 000 =)	15 (€)	~	315,00 €
Kopierpapier	60.000,00 €	(: 3 000 =)	20 (€)	~	420,00 €
Umschlagkart.	36.000,00 €	(: 3 000 =)	12 (€)	~	252,00 €
			47 (€)	~	987,00 €

$$\text{Frachtkostenanteil Druckpapier} = \frac{987,00 \text{ €} \cdot 15 \text{ (€)}}{47 \text{ (€)}} = 315,00 \text{ €}$$

$$\text{Frachtkostenanteil Kopierpapier} = \frac{987,00 \text{ €} \cdot 20 \text{ (€)}}{47 \text{ (€)}} = 420,00 \text{ €}$$

$$\text{Frachtkostenanteil Umschlagkarton} = \frac{987,00 \text{ €} \cdot 12 \text{ (€)}}{47 \text{ (€)}} = 252,00 \text{ €}$$

Beispiel 3 Die Papiergroßhandlung Kern beschäftigt u. a. die vier Mitarbeiter Arnold, Bertram, Christ und Dommer im Außendienst, die zusätzlich zu ihrem Gehalt eine jährliche Umsatzprämie erhalten. Unter Berücksichtigung der im Ge- schäftsjahr vermittelten Umsätze und des zu betreuenden Kundenkreises soll die Prämie so verteilt werden, dass Arnold $\frac{3}{8}$, Bertram $\frac{1}{4}$, Christ $\frac{1}{5}$ und Dommer den Rest (= $\dot{x}$) erhalten. Zum Ende des laufenden Jahres soll eine Prämie von 15.000,00 € verteilt werden.

Wie viel Euro Prämie erhält jeder Mitarbeiter?

6470448

Lösungs-weg

❶ Die **Verteilungsschlüssel** sind in dieser Aufgabe durch die **Bruchzahlen** vorgegeben. Zu bestimmen ist noch die Bruchzahl für den Mitarbeiter Dommer. Sie ist genau so groß, dass die **Summe aller Bruchzahlen 1** ergibt, und wird mithilfe des **Hauptnenners** ermittelt:

$$\tfrac{3}{8} + \tfrac{1}{4} + \tfrac{1}{5} + x = 1.$$

Hauptnenner 40

$$\tfrac{15}{40} + \tfrac{10}{40} + \tfrac{8}{40} + \tfrac{7}{40} = \tfrac{40}{40} = 1 \qquad x = \tfrac{7}{40}$$

❷ Multipliziert man die obige Bruchgleichung mit dem Hauptnenner 40, so erhält man einen **ganzzahligen Verteilungsschlüssel**, der die Rechnung vereinfacht, ohne die Verhältnisse zu verändern:

$$\mathbf{15 + 10 + 8 + 7 = 40.}$$

Lösung

Mitarbeiter	Bruchteile	gleichnamige Brüche (HN 40)	Verteilungs-schlüssel		Prämie
Arnold	$\tfrac{3}{8}$	$\tfrac{15}{40}$	15	~	5.625,00 €
Bertram	$\tfrac{1}{4}$	$\tfrac{10}{40}$	10	~	3.750,00 €
Christ	$\tfrac{1}{5}$	$\tfrac{8}{40}$ $\Big\}\cdot 40 =$	8	~	3.000,00 €
Dommer	x	$\tfrac{7}{40}$	7	~	2.625,00 €
		$\tfrac{40}{40}\ \cdot 40 =$	**40**	~	**15.000,00 €**

$$\text{Prämienanteil Arnold} = \frac{15.000,00\ € \cdot 15}{40} = \mathbf{5.625,00\ €}$$

Anmerkung: Die Anteile der übrigen Mitarbeiter lassen sich entsprechend berechnen. Beachten Sie auch hier, dass Sie die Rechnung ohne einzelne Dreisätze durchführen können, wenn Sie den **Wert je Einheit** (15.000,00 € : 40 = 375,00 €) im Taschenrechner **abspeichern** und nacheinander **mit den Zahlen des Verteilungsschlüssels (15, 10, 8, 7) multiplizieren.**

Beispiel 4 Der Inhalt des 3. Beispiels soll wie folgt abgewandelt werden: Aufgrund einer Veränderung der Betreuungsgebiete im darauf folgenden Jahr erhalten Arnold $\tfrac{3}{10}$, Bertram $\tfrac{1}{4}$, Christ $\tfrac{1}{5}$ und Dommer den Prämienrest in Höhe von 4.000,00 €.

Wie viel € Prämie erhalten die übrigen Mitarbeiter?

Lösungs-weg

In diesem Beispiel ist über das **Gleichnamigmachen der Brüche** (Hauptnenner 20) und das **Ergänzen zu 1** (= $\tfrac{20}{20}$) der **Anteil von Dommer** zu berechnen. Dieser Anteil steht **in direktem Verhältnis zu 4.000,00 €.**

Lösung

Mitarbeiter	Bruchteile	gleichnamige Brüche	Verteilungs-schlüssel		Prämie
Arnold	$\tfrac{3}{10}$	$\tfrac{6}{20}$	6	~	4.800,00 €
Bertram	$\tfrac{1}{4}$	$\tfrac{5}{20}$	5	~	4.000,00 €
Christ	$\tfrac{1}{5}$	$\tfrac{4}{20}$ $\Big\}\cdot 20 =$	4	~	3.200,00 €
Dommer	x	$\tfrac{5}{20}$	5	~	4.000,00 €
		$\tfrac{20}{20}\ \cdot 20 =$	**20**	~	16.000,00 €

Zusammenfassung

▶ Die Verteilungsrechnung beinhaltet die Aufteilung einer gegebenen Größe in **gleiche oder ungleiche Teilgrößen** nach einem **Verteilungsschlüssel.**

▶ Bei der Verteilung eines Geldbetrages auf mehrere Teilgrößen (z. B. Mengengrößen) stellen die **Teilgrößen** die zu verwendenden **Verteilungsschlüssel** dar. Es ist zu prüfen, ob durch Kürzung der Teilgrößen die Lösung der Aufgabe vereinfacht werden kann.

3.2 Verteilung unter Berücksichtigung von Sondervergütungen

Gewinnverteilung. Bei Personengesellschaften (z. B. Kommanditgesellschaften) steht der erwirtschaftete Gewinn den Gesellschaftern zu. Den **Teilhaftern** einer Kommanditgesellschaft wird der Gewinnanteil **ausgezahlt;** der Gewinnanteil des **Vollhafters** wird seiner **Kapitaleinlage zugeschrieben.**

Sondervergütungen. In der Kommanditgesellschaft erbringt der Vollhafter in der Regel eine größere Arbeitsleistung als der Teilhafter, zudem trägt er das höhere unternehmerische Risiko. Hierfür steht ihm eine besondere Vergütung zu.

Beispiel An einer Kommanditgesellschaft (KG) sind drei Gesellschafter beteiligt, und zwar der Vollhafter Albrecht mit 120.000,00 €, der Teilhafter Becker mit 100.000,00 € und der Teilhafter Dunker mit 80.000,00 €. **Vereinbarungsgemäß** soll der erwirtschaftete Jahresgewinn **im Verhältnis der Kapitalanteile** auf die Gesellschafter verteilt werden. Zum Jahresende betrug der Gewinn 210.000,00 €. Bei der Gewinnverteilung ist zu beachten, dass der Vollhafter Albrecht eine **Sondervergütung für geleistete Mehrarbeit** in Höhe von 15.000,00 € aus dem Jahresgewinn erhalten soll.

Wie viel Euro Gewinn stehen jedem Gesellschafter zu?

Lösungs- ❶ Die Lösung lässt sich übersichtlich in einem Lösungsschema darstellen, in das
weg zunächst die in der Aufgabe enthaltenen Größen eingetragen werden.

❷ Die Sondervergütung steht dem Gesellschafter Albrecht zu; sie ist **vorab vom zu verteilenden Gesamtgewinn zu subtrahieren** und wird **dem Gewinnanteil des Gesellschafters Albrecht zugerechnet.**

❸ Zur Verteilung im Verhältnis der Kapitaleinlagen gelangt nur **der um die Sondervergütung verminderte Gewinn.**

Lösung

Gesell-schafter	Kapital-einlage	gekürzte Kapitaleinl.	Sonder-vergütung	vorläufiger Gewinnanteil	Gewinnanteil insgesamt
Albrecht	120.000,00 €	6	15.000,00 €	78.000,00 €	93.000,00 €
Becker	100.000,00 €	5	0	65.000,00 €	65.000,00 €
Dunker	80.000,00 €	4	0	52.000,00 €	52.000,00 €
			15.000,00 € +	195.000,00 € =	210.000,00 €
		15	~	195.000,00 €	

$$\text{vorläufiger Gewinnanteil Albrecht} = \frac{195.000,00 \ € \cdot 6}{15} = 78.000,00 \ €$$

$$\text{Gewinnanteil Becker} = \frac{195.000,00 \ € \cdot 5}{15} = 65.000,00 \ €$$

$$\text{Gewinnanteil Dunker} = \frac{195.000,00 \ € \cdot 4}{15} = 52.000,00 \ €$$

Zusammenfassung

▶ Bei **Gewinnverteilungen** in Personengesellschaften sind unter Umständen **Sondervergütungen** zu berücksichtigen. Sie werden vom zu verteilenden Gewinn subtrahiert und dem Gewinnanteil des betreffenden Gesellschafters zugerechnet.

6470450

Aufgaben

490   Eine Großhandlung verteilt eine Umsatzprämie von 42.750,00 € an vier Außendienstmitarbeiter Abel, Berger, Czernik und Dick im Verhältnis 3 : 7 : 4 : 5.

Wie viel € Prämie erhält jeder Mitarbeiter?

491   Die in Aufgabe 490 genannte Umsatzprämie soll im Verhältnis der vermittelten Umsätze verteilt werden. Abel erzielte einen Umsatz in Höhe von 297.500,00 €, Berger in Höhe von 382.500,00 €, Czernik in Höhe von 255.000,00 € und Dick in Höhe von 510.000,00 €.

Wie viel € Prämie erhält jeder Mitarbeiter?

492   Eine Holzgroßhandlung in Köln erhält eine Schiffsladung Bretter unterschiedlicher Qualität:

         2 000 m^2 Schaltafeln, Kiefer, Einkaufswert .... 10.500,00 €,
         3 000 m^2 Profilbretter, Tanne, Einkaufswert .... 16.500,00 €,
         1 600 m^2 Dielenbretter, Buche, Einkaufswert .... 25.200,00 €.

Die anfallenden Nebenkosten für Transport und Versicherung sollen wie folgt verteilt werden: Die Transportkosten in Höhe von 2.145,00 € werden entsprechend der gelieferten Mengen verteilt, die Transportversicherung von 1.305,00 € ist dem Wert nach zu verteilen.

Wie hoch ist der Bezugspreis (= Einkaufspreis einschließlich Nebenkosten) für je 1 m^2 der gelieferten Bretter?

493   Die in einem Monat insgesamt angefallenen Energieaufwendungen (Strom, Heizung) in Höhe von 6.175,00 € sollen im Verhältnis 2 : 8 : 3 : 6 auf die vier Hauptabteilungen eines Großhandelsbetriebes (Einkauf, Lagerhaltung, Verwaltung, Verkauf) verteilt werden.

Wie viel € Kosten hat jede Abteilung zu übernehmen?

494   Anlässlich eines Stadtfestes beteiligen sich fünf Einzelhändler an einer gemeinsamen Werbeaktion, deren Kosten insgesamt 5.520,00 € betragen. Die Einzelhändler vereinbaren die Kosten nach folgenden Bruchteilen zu verteilen: A zahlt $\frac{1}{6}$, B $\frac{1}{5}$, C $\frac{1}{4}$, D $\frac{3}{10}$ und E den Rest.

Wie viel € hat jeder Einzelhändler zu tragen?

495   An der Erstellung einer Lagerhalle sind drei Unternehmen maßgeblich beteiligt: Unternehmen A ist zuständig für den Rohbau, Unternehmen B für den Innenausbau, Unternehmen C für die Installation. Der Bauherr verspricht für die vorzeitige Fertigstellung eine „Erfolgsprämie" in Höhe von 48.000,00 €. Die drei Unternehmen vereinbaren eine Verteilung nach dem vermutlichen Arbeitsvolumen. A legt 240 Stunden zugrunde, B 185 Stunden und C 215 Stunden.

Wie viel € der Prämie entfallen auf jedes Unternehmen?

496   Aus einem Gelegenheitsgeschäft, an dem drei Unternehmer beteiligt sind, ergaben sich Aufwendungen in Höhe von 360.000,00 € und Erträge in Höhe von 524.000,00 €. Der Überschuss soll im Verhältnis der Kapitalbeteiligungen verteilt werden, wobei zu berücksichtigen ist, dass der Unternehmer A aufgrund seiner Geschäftsführung vorab eine Zuwendung in Höhe von 28.000,00 € erhalten soll.

Wie hoch sind die Gewinnanteile der einzelnen Unternehmer, wenn A eine Kapitaleinlage von 52.000,00 €, B von 63.000,00 € und C von 45.000,00 € geleistet hatten?

4 Prozentrechnung

4.1 Grundlagen der Prozentrechnung

Bruchrechnung. Die Prozentrechnung ist eine **angewandte Bruchrechnung mit Dezimalbrüchen.**

Beispiel Die Zahlungsbedingungen auf einer Eingangsrechnung lauten: „Der Rechnungsbetrag ist zahlbar innerhalb von 10 Tagen mit **3 % Skonto** oder nach spätestens 30 Tagen ohne Abzug."

Diese Aussage bedeutet, dass bei Zahlung innerhalb der ersten 10 Tage nach Rechnungseingang ein **Bruchteil von 3 % = $^3/_{100}$ = 0,03 des Rechnungsbetrages** abgezogen werden kann.

Vergleichsrechnung. Die Prozentrechnung macht **Aussagen über Zahlengrößen** (z. B. über Geldbeträge, Gewichts- oder Längenmaße) **vergleichbar,** indem sie die Zahlengrößen **in Beziehung zur Zahl 100 % (= 1)** setzt.

Beispiel Im vergangenen Monat kaufte die Papiergroßhandlung Kern u. a. **Kopierpapier** im Gesamtwert von **125.000,00 €** ein. Hierauf entfielen **Rücksendungen** in Höhe von **17.500,00 €**. In der Warengruppe **Druckpapier** betrugen die Einkäufe **184.000,00 €** und die Rücksendungen **20.240,00 €**.

Bei welcher Warengruppe waren die Rücksendungen in Prozent höher?

Warengruppe Kopierpapier	Warengruppe Druckpapier	Begriffe der Prozentrechnung
17.500,00 € Rücksendg.	20.240,00 € Rücksendg.	➡ Prozentwert
125.000,00 € Eink.-Wert	184.000,00 € Eink.-Wert	➡ Grundwert
umgerechnet auf ➡ 100 % (= 1) ◀ beträgt der Anteil der Rücksendungen		➡ Vergleichszahl 100 % = 1
$\dfrac{17.500,00\ €}{125.000,00\ €}$	$\dfrac{20.240,00\ €}{184.000,00\ €}$	Prozentwert Grundwert
= 0,14 = 14 %	= 0,11 = 11 %	➡ Prozentsatz

Erläuterung: Aus den €-Beträgen des obigen Beispiels kann zunächst nur festgestellt werden, dass die Rücksendungen bei der Warengruppe Druckpapier **höher sind** als bei der Warengruppe Kopierpapier. Erst der Schluss auf 100 % (= 1,00 € Einkaufswert) zeigt, dass die Rücksendungen **prozentual bei der Warengruppe Kopierpapier höher ausfallen als bei der Warengruppe Druckpapier.**

Zusammenfassung

▶ Prozentaufgaben werden mithilfe der Bruchrechnung gelöst.

▶ Das Zeichen „%" steht für den Bruchteil $^1/_{100}$.

▶ Die Prozentrechnung ist eine **Vergleichsrechnung,** mit deren Hilfe unübersichtliche Zahlengrößen durch den **Bezug zur Zahl 100 % (= 1)** vergleichbar gemacht werden.

▶ Die Prozentrechnung verwendet die Begriffe:

„**Grundwert**" für die Zahlengröße, von der ein Bruchteil zu bestimmen ist,
„**Prozentwert**" für die Zahlengröße, die Teilgröße des Grundwertes ist,
„**Prozentsatz**" für die Zahl, die den Bruchteil (von 100 %) darstellt.

Direkte Verhältnisse. Zwischen den Größen „Grundwert" und „Prozentwert" einerseits sowie den Zahlen „100 %" und „Prozentsatz" andererseits bestehen **direkte Verhältnisse** (vgl. S. 433), die sich folgendermaßen darstellen lassen:

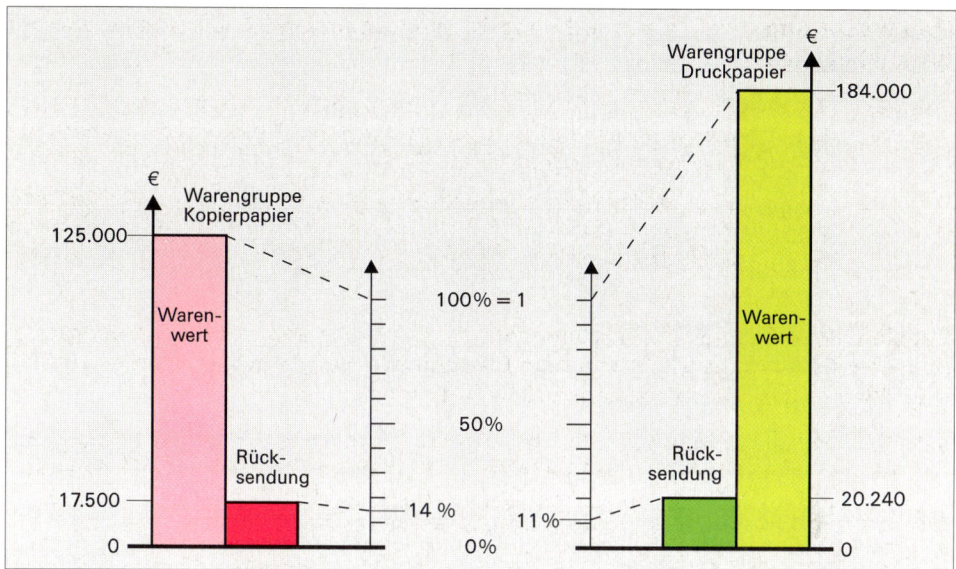

Die grafische Darstellung verdeutlicht, dass die (unterschiedlichen) Warenwerte der Warengruppen Kopierpapier und Druckpapier jeweils 100 % entsprechen. Der Anteil der Rücksendungen steht dann in direktem Verhältnis zum Prozentsatz, und es gilt:

> Je **höher** die Rücksendungen **im Verhältnis** zum Warenwert,
> umso **höher** ist der Prozentsatz **im Verhältnis** zu 100 %.

Promillerechnung. In den Fällen, in denen der Prozentsatz nur einen sehr kleinen Dezimalbruch darstellt, verwendet man statt der Prozentangabe die **Promilleangabe:**

$$100\ \% = 1\,000\ \%_{00}$$

Anwendungen des Promillesatzes finden sich häufig in naturwissenschaftlichen Aufgaben (z. B. schwache Konzentrationen in Flüssigkeiten), kommen aber auch im kaufmännischen Rechnen vor.

Beispiel   Für einen bestimmten Warentransport berechnet die Versicherungsgesellschaft eine Versicherungsprämie von **0,75 % = 7,5 %_{00}** des Versicherungswertes.

Abkürzungen in der Prozentrechnung. In den nachstehenden Ausführungen werden für die Zahlengrößen der Prozentrechnung folgende Abkürzungen verwendet:

> ▶ Grundwert = **G**,
> ▶ Prozentwert = **P**,
> ▶ Prozentsatz = **p %** = **p/100**.

Zusammenfassung

> ▶ Die in der Prozentrechnung vorkommenden Größen G und P bzw. 100 % und p % stehen in direktem Verhältnis zueinander.
> ▶ 100 % = 1 000 %_{00} = 1
> ▶ Die Abkürzung „p" steht nur für den Ausdruck „Prozentsatz · 100".

4.2 Berechnung des Prozentsatzes

Anwendungsbereiche. Bei der Prozentsatzberechnung wird eine **Teilgröße** in eine prozentuale Beziehung zu einer **Gesamtgröße** gesetzt. Dies ist **im Rechnungswesen bei Auswertungsfragen** der Fall, z. B. bei der Aufbereitung der Bilanz, bei der Berechnung von Bilanz- und Erfolgskennzahlen, bei der Berechnung von Kalkulationszuschlagssätzen im Betriebsabrechnungsbogen.

Beispiel 1 In der Bilanz der Papiergroßhandlung Kern zum 31. Dezember 01 (vgl. S. 29) ist das Gesamtvermögen mit 5.000.000,00 € ausgewiesen; es teilt sich auf in das Anlagevermögen mit 1.750.000,00 € und in das Umlaufvermögen mit 3.250.000,00 €.

Wie hoch ist der Prozentanteil des Anlagevermögens am Gesamtvermögen?

Lösung mithilfe des Dreisatzes

Ansatz:
$$p\ \% \sim 1.750.000,00\ €$$
$$100\ \% \sim 5.000.000,00\ €$$

Lösungsgleichung: $p\ \% = \dfrac{100\ \% \cdot 1.750.000,00\ €}{5.000.000,00\ €} = \dfrac{1.750.000}{5.000.000} = 0,35 = 35\ \%$

Der Prozentanteil des Anlagevermögens am Gesamtvermögen beträgt **35 %,** der Prozentanteil des Umlaufvermögens am Gesamtvermögen dementsprechend **65 %.**

Über eine entsprechende Branchenvergleichszahl oder über Vergleichszahlen aus zurückliegenden Bilanzen lässt sich eine Aussage treffen, ob dieses Verhältnis angemessen ist.

Die Vergleichszahl 100 % (= 1) bleibt im Zähler des obigen Bruches unberücksichtigt (sie beträgt ja 1). Der sich ergebende Dezimalbruch (im Beispiel **0,35**) wird um 100 erweitert **und** mit der Bezeichnung % versehen **(0,35 = 35 %).**

Beispiel 2 Für einen Papiertransport im Wert von 145.000,00 € berechnet die Versicherungsgesellschaft eine Versicherungsprämie von 1.087,50 €.

Wie viel Promille beträgt der Prämiensatz?

$$p\ ‰ = \frac{1.087,50\ €}{145.000,00\ €} = 0,0075 = 7,5\ ‰$$

In diesem Fall wird der Dezimalbruch 0,0075 mit 1 000 multipliziert und ergibt den Promillesatz von 7,5 ‰.

Zusammenfassung

▶ Die Vergleichszahl 100 % (= 1) bleibt bei der Berechnung des Prozentsatzes unberücksichtigt.

▶ Der **Prozentsatz** wird mithilfe folgender Gleichung bestimmt:

$$p\ \% = \frac{P}{G}$$

▶ Für die Promillerechnung gelten die gleichen Rechenregeln wie für die Prozentrechnung.

6470454

Aufgaben

497 Der Großhändler berechnet den in der Kalkulation anzusetzenden Gewinnzuschlagssatz aus folgender Division:

$$\frac{\text{Gewinn der Periode}}{\text{Selbstkosten der Periode}} = \text{Gewinnzuschlagssatz in \%.}$$

Für die vergangenen Monate hat er folgende Zahlen ermittelt (in €):

	Mai	Juni	Juli	August	September
Gewinn des Monats	45.000,00	52.000,00	39.000,00	63.000,00	58.000,00
Selbstkosten des Monats	310.345,00	342.105,00	309.524,00	360.000,00	350.000,00

1. *Berechnen Sie die Gewinnzuschlagssätze für die jeweiligen Monate.*
2. *Bestimmen Sie den durchschnittlichen Gewinnzuschlagssatz.*

498 Ein Großhandelsunternehmen führt in den beiden Filialen München und Düsseldorf folgende Artikel und erzielte die nachfolgend aufgeführten Umsätze:

Artikel	Filiale München	Filiale Düsseldorf
Goldschmuck	284.000,00 €	335.000,00 €
Silberschmuck	122.000,00 €	145.000,00 €
Bestecke	136.000,00 €	152.000,00 €
Armbanduhren	124.500,00 €	156.400,00 €

1. *Berechnen Sie für jede Filiale den prozentualen Umsatzanteil der Warengruppen am Filialumsatz.*
2. *Mit wie viel Prozent sind die einzelnen Filialen am Gesamtumsatz beteiligt?*

499 In einer Weinkellerei werden beim Abfüllen des Weins auf 0,75-l-Flaschen Stichproben gemacht, um festzustellen, ob die Abfüllanlage fehlerfrei arbeitet. Eine Abweichung bis zu 5 $^0\!/_{00}$ soll als fehlerfrei gelten. Die Stichproben erbrachten folgende Ergebnisse:

Flaschen-Nr.	I	II	III	IV	V	VI	VII	VIII	IX
Füllmenge in ml	748	742	751	750	744	745	746	749	743

1. *Wie hoch ist die Abweichung von der Sollgröße 750 ml in den einzelnen Stichproben in $^0\!/_{00}$?*
2. *Wie groß sind die jeweiligen Abweichungen von der Richtmarke 5 $^0\!/_{00}$?*

500 Ein Großhändler vergleicht Wareneingänge und Skontoabzüge des letzten Vierteljahres:

Wareneingänge ...... 234.500,00 €;   Skontoabzüge .... 5.510,75 €

Wie viel Prozent Skonto wurden durchschnittlich in Anspruch genommen?

501 Eine Großhandlung erstellt folgende verkürzte Bilanz:

Aktiva	Bilanz der Holthoff KG		Passiva
Anlagevermögen	620.000,00	Eigenkapital	835.450,00
Umlaufvermögen	899.000,00	Fremdkapital	683.550,00
	1.519.000,00		1.519.000,00

1. *Wie hoch ist der Prozentanteil der Vermögens- und Kapitalposten an der Bilanzsumme?*
2. *Als Branchendurchschnitt gilt, dass das Umlaufvermögen das Anlagevermögen um 40 % übersteigt. Erreicht die Großhandlung diesen Durchschnitt?*

4.3 Berechnung des Prozentwertes

Anwendung. Bei der Prozentwertberechnung wird aus dem vorgegebenen Grundwert und dem vorgegebenen Prozentsatz der Prozentwert als **Teilgröße des Grundwertes** berechnet. Diese Rechnung findet bei einer Vielzahl kaufmännischer Tätigkeiten Anwendung, z. B. sind bei der Erstellung von Ausgangsrechnungen Rabattabzüge und Umsatzsteuerbeträge zu berechnen, beim Ausgleich von Rechnungen sind Skonti in Abzug zu bringen, bei der Kalkulation sind Kalkulationszuschläge zu bestimmen.

4.3.1 Berechnung des Prozentwertes vom Grundwert

Beispiel 1 Die Großhändlerin Kern hat von einem ihrer Lieferanten Papiere bezogen. Die Rechnung lautet über 20.880,00 €. Folgende Zahlungsbedingung ist vereinbart: „Zahlbar innerhalb von 10 Tagen mit 3 % Skonto oder nach spätestens 30 Tagen ohne Abzug."

Welchen Betrag überweist Frau Kern, wenn sie Skonto in Anspruch nimmt?

Lösung mithilfe des Dreisatzes

Ansatz:

$$P \; € \sim \quad 3\,\%$$
$$20.880,00 \; € \sim 100\,\%$$

Lösungsgleichung:

$$P\,€ = \frac{20.880,00\,€ \cdot 3\,\%}{100\,\%},$$

da **100 % = 1** und **3 % = 0,03** folgt

$$P\,€ = 20.880,00\,€ \cdot 0,03 = \mathbf{626,40\;€}$$

Der Skontoabzug beträgt 626,40 €; es sind also **20.253,60 €** zu überweisen.

Beispiel 2 In ihrer Kalkulation berücksichtigt Frau Kern unter anderem einen Zuschlag für die Transportversicherung in Höhe von 8 ‰ des Warenwertes.

Wie hoch ist dieser Zuschlag bei einer Ware im Wert von 14.500,00 €?

$$P\,€ = 14.500,00\,€ \cdot 0,008 = \mathbf{116,00\;€} \text{ Transportversicherung}$$

Zusammenfassung

▶ Bei gegebenem Grundwert G und gegebenem Prozentsatz p % (oder Promillesatz p ‰) wird der Prozent-/Promillewert P durch Multiplikation berechnet:

$$\boxed{P = G \cdot p\,\%} \quad \text{oder} \quad \boxed{P = G \cdot p\,‰}$$

Aufgaben

502 Ein Großhändler kauft einen Gabelstapler zum Preis von 42.500,00 €. Die Maschine wird mit 12,5 %/Jahr linear vom Anschaffungspreis abgeschrieben.

Wie hoch sind Abschreibungsbetrag und Restwert am Ende des ersten Jahres?

503 Ein Hersteller von Damenbekleidung erhöht die Listenpreise einheitlich um 4,5 %.

Wie hoch ist der neue Listenpreis für ein Kleid, das zuvor 187,00 € kostete?

504 Großhändler Karl Hartmann e. Kfm. liefert zehn Handbohrmaschinen unter folgenden Bedingungen an den Einzelhändler Uwe Klein e. K.: Der Angebotspreis für eine Bohrmaschine beträgt 162,50 €; auf diesen Preis erhält Klein bei der Abnahme von zehn Stück einen Mengenrabatt von 20 %. Die vereinbarten Zahlungsbedingungen lauten: „Die Rechnung ist innerhalb von 10 Tagen mit 2,5 % Skonto oder nach spätestens 45 Tagen ohne Abzug zahlbar."

1. *Über welchen Betrag ist die Rechnung unter Berücksichtigung des Rabattes und der Umsatzsteuer (16 %) auszustellen?*
2. *Welchen Betrag hat Klein zu überweisen, wenn er den Skontoabzug ausnutzt?*

505 Die Großhandlung Graumann OHG lässt den Transport hochwertiger elektronischer Geräte versichern und zahlt dafür eine Prämie von 9,5 ‰ des Warenwertes.

Wie hoch ist die Versicherungsprämie bei einem Warenwert von 48.250,00 €?

506 Nach statistischen Untersuchungen stiegen die durchschnittlichen Arbeitnehmerverdienste von 1985 bis 2000 um 303,5 %. 1985 betrug der durchschnittliche Verdienst monatlich 620,00 € brutto.

1. *Wie hoch waren die durchschnittlichen Bruttoverdienste 2000 in €?*

Aufgrund der Preissteigerung konnte man für den gleichen €-Betrag 2000 deutlich weniger kaufen als 1985. Die Kaufkraft der Nettoverdienste stieg von 1985 bis 2000 nur um 130,2 %; sie betrug 455,00 € im Jahr 1985.

2. *Wie hoch ist im Vergleich dazu die Kaufkraft 2000 gewesen?*

507 Ein Steuerpflichtiger (ledig, Steuerklasse I) unterliegt der Lohnsteuer mit einem Steuersatz von 32 %. Zusätzlich zahlt er 9 % Kirchensteuer und 5,5 % Solidaritätszuschlag von seiner Lohnsteuer.

1. *Wie hoch ist sein Steuersatz aus Lohnsteuer, Solidaritätszuschlag und Kirchensteuer insgesamt?*
2. *Wie hoch sind die von ihm zu zahlende Lohnsteuer, Kirchensteuer und sein Solidaritätszuschlag bei einem Monatseinkommen von 2.720,90 €?*

508 In einer Großhandlung wurde der Bezugspreis einer Ware mit 364,00 € kalkuliert. Auf diesen Preis rechnet der Großhändler einen Zuschlag für eigene Kosten und Gewinn von 53,5 %, um den Verkaufspreis zu erhalten. Aufgrund von Lohnerhöhungen und Preissteigerungen beim Material verteuert sich der Bezugspreis auf 373,10 €.

1. *Zu welchem Verkaufspreis hat der Großhändler die Ware zunächst anbieten können?*
2. *Wie hoch wird der Verkaufspreis in Zukunft sein, wenn der Großhändler seinen Zuschlag nicht verändert?*
3. *Aus Konkurrenzgründen kann der Verkaufspreis nicht erhöht werden. Um wie viel Prozent müsste der Großhändler seinen Zuschlag herabsetzen?*

509 Aufgrund eines Angebotes bestellt ein Kunde:

10 000 Blatt Kopierpapier zu 0,70 € je 100 Blatt,
20 000 Blatt Tabellierpapier zu 9,20 € je 1 000 Blatt.

Auf den ersten Artikel wird ein Mengenrabatt von 8 % gewährt, auf den zweiten Artikel ein Rabatt von 12 %.

1. *Erstellen Sie die Rechnung einschließlich 16 % Umsatzsteuer.*
2. *Welchen Betrag überweist der Kunde, wenn er aufgrund der vereinbarten Zahlungsbedingungen 1,5 % Skonto abzieht?*

4.3.2 Berechnung des Prozentwertes vom vermehrten Grundwert

Anwendung. Eine besondere Form der Prozentwertberechnung liegt vor, wenn nicht der Grundwert gegeben ist, sondern der um den **Prozentwert erhöhte Grundwert** und es soll von diesem „vermehrten Grundwert" mithilfe des Prozentsatzes der Prozentwert (oder der Grundwert) berechnet werden. Im kaufmännischen Rechnen sind solche Aufgaben in Verbindung mit der Umsatzsteuer und der Kalkulation zu lösen.

Beispiel   Frau Kern kauft beim Schreibwareneinzelhandel Büromaterial. Sie erhält einen Kassenbeleg über 174,00 €. Auf dem Kassenbeleg ist vermerkt: „Im Endpreis sind 16 % Umsatzsteuer enthalten." Beim Buchen muss Frau Kern die Umsatzsteuer und den Wert des Büromaterials jeweils gesondert ausweisen.

*Wie viel Euro betragen die **Umsatzsteuer** und der **Warenwert?***

Lösungs-schema

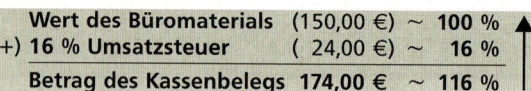

Wert des Büromaterials	(150,00 €)	~	**100 %**
(+) 16 % Umsatzsteuer	(24,00 €)	~	**16 %**
Betrag des Kassenbelegs	**174,00 €**	~	**116 %**

Aus dem Lösungsschema werden die Beziehungen zwischen den Geldbeträgen und den Prozentzahlen deutlich, die zum Lösungsansatz führen.

Lösung mithilfe des Dreisatzes

a) Gesucht ist der **Prozentwert** (Umsatzsteuer):

   Ansatz:
$$P \ € \sim 16 \ \%$$
$$174,00 \ € \sim 116 \ \%$$

   Lösungsgleichung: $P \ € = \dfrac{174,00 \ € \cdot 16 \ \%}{116 \ \%}$

$$P \ € = \dfrac{174,00 \ € \cdot 0,16}{1,16} = \mathbf{24,00 \ €} \text{ Umsatzsteuer}$$

   Der Grundwert ergibt sich dann aus der Rechnung:

Betrag des Kassenbelegs	174,00 €
− Umsatzsteuer	24,00 €
Büromaterial	150,00 €

b) Gesucht ist der **Grundwert** (Warenwert):

   Ansatz:
$$G \ € \sim 100 \ \%$$
$$174,00 \ € \sim 116 \ \%$$

   Lösungsgleichung: $G \ € = \dfrac{174,00 \ € \cdot 100 \ \%}{116 \ \%}$

$$G \ € = \dfrac{174,00 \ €}{1,16} = \mathbf{150,00 \ €} \text{ Warenwert}$$

Zusammenfassung

▶ Sind der vermehrte Grundwert und der Prozentsatz gegeben und es wird nach dem **Prozentwert** gesucht, so ist zu rechnen:

$$P = \frac{\text{Vermehrter Grundwert} \cdot p \ \%}{(1 + p \ \%)}$$

▶ Ist nach dem **Grundwert** gefragt, so wird gerechnet:

$$G = \frac{\text{Vermehrter Grundwert}}{(1 + p \ \%)}$$

4.3.3 Berechnung des Prozentwertes vom verminderten Grundwert

Anwendung. Bei der Prozentwertberechnung vom verminderten Grundwert ist der um den **Prozentwert verringerte Grundwert** gegeben und es soll von diesem „verminderten Grundwert" mithilfe des Prozentsatzes der Prozentwert (oder der Grundwert) berechnet werden. In der Kalkulation kommen Aufgaben dieser Art vor.

Beispiel Frau Kern bietet einem Kunden einen Restposten Verpackungsfolie zu folgenden Konditionen an: „Nach Abzug von 30 % Sonderrabatt erhalten Sie den Restposten für 875,00 €."

*Wie hoch waren der **Rabattabzug** und der **reguläre Verkaufspreis** dieser Ware?*

Lösungs-schema

Regulärer Verkaufspreis	(1.250,00 €) ~	**100 %**
(−) 30 % Sonderrabatt	(375,00 €) ~	**30 %**
Sonderpreis	**875,00 €** ~	**70 %**

Aus dem Lösungsschema werden die Beziehungen zwischen den Geldbeträgen und den Prozentzahlen deutlich, die zum Lösungsansatz führen.

Lösung mithilfe des Dreisatzes

a) Gesucht ist der **Prozentwert** (Rabattabzug):

  Ansatz:
$$P \ € ~ 30 \%$$
$$875,00 \ € ~ 70 \%$$

  Lösungsgleichung: $P \ € = \dfrac{875,00 \ € \cdot 30 \%}{70 \%}$

$$P \ € = \dfrac{875,00 \ € \cdot 0,3}{0,7} = 375,00 \ € \text{ Rabatt}$$

Der Grundwert ergibt sich dann aus der Rechnung:

	Sonderpreis	875,00 €
+	Sonderrabatt	375,00 €
	Regulärer Verkaufspreis	1.250,00 €

b) Gesucht ist der **Grundwert** (regulärer Verkaufspreis):

  Ansatz:
$$G \ € ~ 100 \%$$
$$875,00 \ € ~ 70 \%$$

  Lösungsgleichung: $G \ € = \dfrac{875,00 \ € \cdot 100 \%}{70 \%}$

$$G \ € = \dfrac{875,00 \ €}{0,7} = 1.250,00 \ € \text{ Verkaufspreis}$$

Zusammenfassung

▶ Sind der verminderte Grundwert und der Prozentsatz gegeben und es wird nach dem **Prozentwert** gesucht, so ist zu rechnen:

$$P = \frac{\text{Verminderter Grundwert} \cdot p \%}{(1 - p \%)}$$

▶ Ist nach dem **Grundwert** gefragt, so wird gerechnet:

$$G = \frac{\text{Verminderter Grundwert}}{(1 - p \%)}$$

Aufgaben

510 Nach einer Gehaltserhöhung um 5,4 % erhält ein Angestellter ein Bruttogehalt von 2.880,00 €.

Wie viel € betrug sein ursprüngliches Gehalt?

511 Im Schlussverkauf wird eine Lederjacke 15 % billiger angeboten und kostet nun 729,00 €.

Wie viel € beträgt der Preisnachlass?

512 Ein Großhandelsunternehmen hat in seinem letzten Jahresabschluss einen Verlust von 15,4 % des Eigenkapitals ausgewiesen. Nach Abzug des Verlustes betrug das Eigenkapital 357.012,00 €.

Mit wie viel € stand das Eigenkapital zu Beginn des Geschäftsjahres in der Bilanz?

513 Ein Büromaschinengroßhändler setzt den Preis eines Kopiergerätes, das als Vorführgerät benutzt wurde, um 35 % auf nunmehr 2.470,00 € herab.

Um wie viel € sinkt dadurch der Umsatzerlös für dieses Gerät?

514 Von einem Kunden erhalten wir eine Zahlung durch Banküberweisung. Auf der Gutschrift hat der Kunde vermerkt: „Zum Ausgleich Ihrer Rechnung Nr. 4432 überweise ich nach Abzug von 2,5 % Skonto 7.690,80 €."

Über welchen Betrag war die Rechnung ausgestellt?

515 Durch Verbesserung der Wärmedämmung an den Außenwänden und am Dach einer Lagerhalle gelingt es, die Heizkosten um 27 % zu senken. Die Heizkosten belaufen sich in der darauf folgenden Periode auf 4.526,00 €.

Wie hoch waren die Heizkosten zuvor?

516 In einer Großhandlung hat die Umsatzentwicklung in den letzten drei Jahren folgende Entwicklung genommen: Ende des Geschäftsjahres 02 lag der Umsatz um 8,3 % über dem des Geschäftsjahres 01, Ende des Geschäftsjahres 03 lag der Umsatz mit 644.385,00 € um 4,8 % unter dem des Jahres 02.

Wie hoch war der Umsatz Ende des Geschäftsjahres 01?

517 Beim Barkauf eines Tischrechners erhalten wir folgenden Kassenzettel:

> **Bürobedarf Hallberger GmbH,**
> **40215 Düsseldorf**
>
> 1 Tischrechner „Ticitron plus" . . . . 60,32 €
>
> Im Rechnungspreis sind 16 % Umsatzsteuer enthalten.

Für die buchungsmäßige Erfassung sind Warenwert und Umsatzsteuer zu berechnen.

518 *Wie viel € betrug der Listenpreis, wenn ein Kunde beim Einkauf einer Ware nach Abzug von 8 % Rabatt 2.231,00 € (ohne Umsatzsteuer) zu zahlen hatte?*

4.4 Berechnung des Grundwertes

Anwendung. Sind in einer Prozentaufgabe der Prozentwert und der Prozentsatz gegeben, so kann der **Grundwert** berechnet werden. Aufgaben dieser Art kommen in Verbindung mit der Umsatzsteuer und in der Kalkulation vor.

Beispiel 1 Frau Kern hat für den Monat April auf dem Umsatzsteuerkonto eine Umsatzsteuer von 77.600,00 € gebucht (16 % Umsatzsteuer).

Wie hoch waren die steuerpflichtigen Umsätze im Monat April?

Lösung mithilfe des Dreisatzes

Ansatz:
$$G\ € \sim 100\ \%$$
$$77.600,00\ € \sim 16\ \%$$

Lösungsgleichung: $G\ € = \dfrac{77.600,00\ € \cdot 100\ \%}{16\ \%} = \dfrac{77.600,00\ €}{0,16}$

$$= 485.000,00\ €\ \text{Umsatz}$$

Ist nach dem **Bruttoumsatz** (einschließlich Umsatzsteuer) gefragt, so wird gerechnet:

$$G\ € = \dfrac{77.600,00\ € \cdot 116\ \%}{16\ \%}$$

$$G\ € = \dfrac{77.600,00\ € \cdot 1,16}{0,16} = 562.600,00\ €$$

Beispiel 2 Im Frühjahr .. wurde eine Verpackungsmaschine angeschafft. Zum Jahresende ist die Abschreibung für diese Maschine auf dem Abschreibungskonto mit einem Betrag von 15.625,00 € gebucht worden. Aus dem Anlagenverzeichnis geht hervor, dass die Maschine linear mit 12,5 %/Jahr abgeschrieben wird.

Wie hoch ist der Buchwert dieser Maschine zum Jahresende?

Ansatz:
$$x\ € \sim 87,5\ \%$$
$$15.625,00\ € \sim 12,5\ \%$$

Lösungsgleichung: $x\ € = \dfrac{15.625,00\ € \cdot 87,5\ \%}{12,5\ \%} = \dfrac{15.625,00\ € \cdot 0,875}{0,125}$

$$= 109.375,00\ €\ \text{Buchwert}$$

Zusammenfassung

▶ Sind in einer Prozentaufgabe Prozentwert und Prozentsatz gegeben und es wird nach dem **Grundwert** gesucht, so ist zu rechnen:

$$G = \dfrac{\text{Prozentwert} \cdot 100\ \%}{p\ \%}$$

▶ Sind Prozentwert und Prozentsatz gegeben und es wird nach dem **vermehrten Grundwert** gefragt, so ist zu rechnen:

$$\text{Vermehrter Grundwert} = \dfrac{\text{Prozentwert} \cdot (1 + p\ \%)}{p\ \%}$$

▶ Sind Prozentwert und Prozentsatz gegeben und es wird nach dem **verminderten Grundwert** gefragt, so ist zu rechnen:

$$\text{Verminderter Grundwert} = \dfrac{\text{Prozentwert} \cdot (1 - p\ \%)}{p\ \%}$$

Aufgaben

519 In einem Insolvenzverfahren werden die Forderungen aus Warenlieferungen mit einer Erstattungsquote von 24,5 % bedient. Der Großhändler Fritz Acker e. K. erhält eine Abschlusszahlung in Höhe von 2.366,70 €.

Wie viel € betrug seine ursprüngliche Forderung und wie hoch ist der Forderungsausfall?

520 Beim Ausgleich einer Rechnung zieht der Kunde 2,5 % Skonto, das sind 162,40 €, ab.

Über welchen Betrag wurde die Rechnung ausgestellt?

521 Ein Handelsvertreter erhält ein monatliches Fixum (= Gehalt) von 1.500,00 € und zusätzlich 2,5 % der von ihm vermittelten Umsätze als Provision. Er strebt ein monatliches Einkommen von 4.500,00 € an.

Wie viel € Umsatz muss der Vertreter monatlich tätigen, um das gewünschte Einkommen zu erzielen?

522 Auf dem Konto „Umsatzsteuer" hat der Großhändler Willi Mergler e. K. im Monat Mai 29.840,00 € Umsatzsteuer zu einem Steuersatz von 16 % gebucht.

Wie hoch ist sein Umsatz im Monat Mai?

523 Für eine Glasbruchversicherung zahlt ein Großhändler eine Prämie von 64,50 €/Jahr, das entspricht einem Prämiensatz von 12 $\%_{00}$.

Mit welchem Versicherungswert sind die Glasscheiben versichert?

524 Beim Rösten von Kaffee entsteht ein Röstverlust von 28 %. Es soll eine Charge von 25 000 kg Röstkaffee produziert werden.

Wie viel Rohkaffee ist hierfür einzusetzen?

525 Vier Kaufleute beschließen für die Durchführung eines Gelegenheitsgeschäftes eine BGB-Gesellschaft zu gründen. Sie vereinbaren folgendes Beteiligungsverhältnis für ihre Kapitaleinlagen:

A beteiligt sich mit 20 %, B mit 30 %, C mit 35 % und D mit 42.600,00 €.

1. *Wie hoch sind die Kapitaleinlagen der übrigen Gesellschafter und wie hoch ist das insgesamt eingebrachte Eigenkapital?*

Der erwirtschaftete Überschuss soll im Verhältnis der Kapitaleinlagen verteilt werden, wobei zu berücksichtigen ist, dass C für die Geschäftsführung eine Sondervergütung von 25.000,00 € erhält; insgesamt erhält C damit einen Anteil von 41.725,00 €.

2. *Wie hoch sind die Überschussanteile der anderen Gesellschafter und der Überschuss insgesamt?*

526 Die Bilanz der Großhandlung Stammer KG weist die flüssigen Mittel mit 84.550,00 € aus. Sie haben damit einen Anteil am gesamten Vermögen von 9,5 % und im Verhältnis zu den kurzfristigen Verbindlichkeiten machen sie 95 % aus.

1. *Wie hoch ist das in der Bilanz ausgewiesene Vermögen?*
2. *Wie hoch sind die kurzfristigen Schulden?*

527 Eine Abfüllanlage wurde zwei Jahre lang mit 30 % vom Buchwert abgeschrieben. Sie hat nach Ablauf von zwei Jahren einen Buchwert von 39.200,00 €.

Wie hoch war der Anschaffungspreis der Anlage?

5 Zinsrechnung

5.1 Grundlagen der Zinsrechnung

Kreditgewährung. In modernen Volkswirtschaften treten aufgrund der Arbeitsteilung vielfältige **Zahlungsverpflichtungen** auf, die nicht immer „Zug um Zug" – Geld im Tausch gegen Ware oder Dienstleistung – erfüllt werden, also die Inanspruchnahme eines **Zahlungszieles** erforderlich machen. Es kann auch sein, dass der Zahlungspflichtige zur sofortigen Zahlung **fremdes Geld** in Anspruch nimmt. In diesen Fällen

▶ stellen die Kreditinstitute (Banken, Sparkassen) das für die Zahlung erforderliche Geld in Form eines **Kredits** zur Verfügung,

▶ gewähren Lieferanten durch Einräumung eines Zahlungszieles einen **Zahlungsaufschub.**

Zins. Der Schuldner hat für die Inanspruchnahme des Kredits oder des Zahlungsaufschubs ein Entgelt zu zahlen. Nimmt er **Kredit** bei der Bank auf, so zahlt er **Zinsen.** Gewährt ihm der Lieferant **Zahlungsaufschub,** so zahlt er einen **Skontoaufschlag.**

Zinssatz. Der Zins wird mithilfe eines Zinssatzes aus dem Kreditbetrag berechnet. **Der Zinssatz ist ein Prozentsatz, der für jeweils 1 Jahr** (oder 1 Monat) **festgesetzt ist.**

Beispiel | In einer Mitteilung eines Kreditinstituts an einen Kunden heißt es: „Unser derzeitiger Zinssatz für Dispositionskredite beträgt 12 %."

Diese Aussage bedeutet, dass der Kunde bei Beanspruchung des Kredits
– für **1 Jahr 12 %,**
– für $\frac{1}{2}$ **Jahr 6 %,**
– für **1 Monat 1 %** des Kreditbetrages als Zins zahlen muss.

Die Höhe des Zinssatzes ist abhängig von der **Art und Laufzeit des Kredits** (langfristiger oder kurzfristiger Kredit, Dispositionskredit, Anschaffungsdarlehen).

Geldanlage. Neben dem Kreditgeschäft stellt das Anlagegeschäft einen wesentlichen Aufgabenbereich der Geldinstitute dar. Hierbei „deponiert" der Bankkunde nicht benötigte Geldbeträge bei seiner Bank, die ihm für die Überlassung des Geldes einen Zins zahlt, der sich aufgrund eines Zinssatzes berechnen lässt. Die Höhe dieses „Guthaben"-Zinssatzes hängt von der **Art und der Dauer der Geldanlage** ab.

Aufgabe

528 *Informieren Sie sich bei „Ihrem" Geldinstitut über die Höhe der Zinssätze für die gebräuchlichsten Kredit- und Geldanlageformen.*

Abkürzungen in der Zinsrechnung. Die Ähnlichkeit von Zinsrechnung und Prozentrechnung kommt in den verwendeten Abkürzungen zum Ausdruck:

Begriffe der Prozentrechnung	Abkürzungen	Begriffe der Zinsrechnung	Abkürzungen
Prozentwert	P	Zinsen	Z
Grundwert	G	Kapital	K
Prozentsatz	p %	Zinssatz	p % für 1 Jahr

Zusammenfassung

▶ Zins ist der **Preis**, den der Schuldner dem Gläubiger für die zeitweilige Überlassung von Kredit zu zahlen hat.

▶ Der Zinssatz ist ein **Prozentsatz,** der in der Regel für eine Kreditlaufzeit von
1 Jahr angegeben wird (p % für 1 Jahr).

▶ Die Zinsrechnung ist eine angewandte Prozentrechnung.

5.2 Berechnung der Zinsen

Anwendung. Zinsberechnungen kommen in folgenden Aufgabenstellungen vor:

▶ Berechnung der Guthaben- und Kreditzinsen bei Banken,

▶ Berechnung des Diskonts bei Wechselgeschäften,

▶ Berechnung der Skonti bei Lieferantenkrediten.

5.2.1 Festlegung der Zeit in der Zinsrechnung

Kaufmännische Zinsrechnung. In der **kaufmännischen Zinsrechnung** wird die Zeit
nach unterschiedlichen Methoden berechnet. Grundlegend ist die sog. „deutsche
Methode" (siehe unten). Parallel dazu verwenden die Geldinstitute für bestimmte Vorgänge auch die „französische Methode" (= EU-Methode).

Zinstageberechnung	
nach „deutscher Methode"	nach „französischer Methode"
▶ 1 Zinsjahr = 12 Zinsmonate = 360 Zinstage ▶ Jeder volle Zinsmonat = 30 Zinstage **Ausnahme:** Endet die Verzinsung „Ende Februar", so wird der Februar mit 28 Zinstagen (Schaltjahr 29 Zinstage) berechnet.	▶ 1 Zinsjahr = 12 Zinsmonate = 360 Zinstage ▶ Jeder Zinsmonat wird **nach dem Kalender genau** berechnet. – Der **Febr.** hat also – Schaltjahre ausgenommen – **28 Zinstage.** – Die Monate **Jan., März, Mai, Juli, Aug., Okt. und Dez.** werden mit **31 Zinstagen** gerechnet. – Die Monate **April, Juni, Sept. und Nov.** gehen mit **30 Zinstagen** in die Zinsrechnung ein.
▶ Der **erste Tag** einer in Kalenderdaten angegebenen Zinszeit gilt **nicht als Zins-tag,** der **letzte Kalendertag ist ein voller Zinstag.**	

Beispiel 1 Aufgrund der obigen Festlegungen ergeben sich für folgende Zinszeiten die
angegebenen Zinstage:

Zinszeit in Kalenderdaten	„deut. Methode"	„franz. Methode"
31. März – 30. September	180 Zinstage	183 Zinstage
28. Februar – 31. Mai	90 Zinstage	92 Zinstage
1. Januar – 31. Januar	29 Zinstage	30 Zinstage
1. Februar – Ende Februar	27 Zinstage	27 Zinstage
1. Februar – Ende Februar (Schaltjahr)	28 Zinstage	28 Zinstage
28. Februar – 1. März	3 Zinstage	1 Zinstag
1. Februar – 1. März (kein Schaltjahr)	30 Zinstage	28 Zinstage

Anmerkung: Im Folgenden verwenden wir nur die „deutsche Methode" zur Zeitberechnung.

Beispiel 2 Ein Kaufmann beansprucht einen Kredit für die Zeit vom 25. Januar bis zum 12. April.

Zinszeit in Kalenderdaten	Zinstage
❶ Zinstage vom 25. Jan. bis 31. Jan. (30 – 25) =	5
❷ zwei volle Zinsmonate =	60
❸ Zinstage v. 1. Apr. bis 12. Apr. (1. Apr. u. 12. Apr. sind Zinstage!) =12	
	77 Tage

5.2.2 Berechnung der Zinsen in Abhängigkeit von der Zeit

Bei der Berechnung von Zinsen sind folgende Grundsätze zu beachten:

▶ Die Zinsrechnung ist eine angewandte Prozentrechnung.

▶ Der Zinssatz wird in der Regel für eine Zinszeit von einem Jahr angegeben.

5.2.2.1 Berechnung der Zinsen für mehrere Jahre

Beispiel Vereinbarungsgemäß soll ein privat gegebenes Darlehen in Höhe von 150.000,00 € nach Ablauf von vier Jahren einschließlich 8,5 %/Jahr Zinsen (ohne Zinseszins) zurückgezahlt werden.

Wie viel Euro Zinsen fallen insgesamt an?

❶ **Zinsen für 1 Jahr[1]**
(= 360 Tage): $Z € = \dfrac{150.000 \cdot 8,5}{100} = 12.750,00 €$

❷ **Zinsen für 4 Jahre:** $Z € = \dfrac{150.000 \cdot 8,5 \cdot 4}{100} = 51.000,00 €$

5.2.2.2 Berechnung von Tageszinsen

Beispiel Frau Kern bezahlt eine Rechnung über 24.500,00 €, fällig am 20. Juli, indem sie ihr Kontokorrentkonto überzieht. Erst mit einer Kundenzahlung am 8. September ist ihr Konto wieder ausgeglichen.

Wie viel Euro Zinsen hat sie für den beanspruchten Kredit bei einem Zinssatz von 10,5 % zahlen müssen?

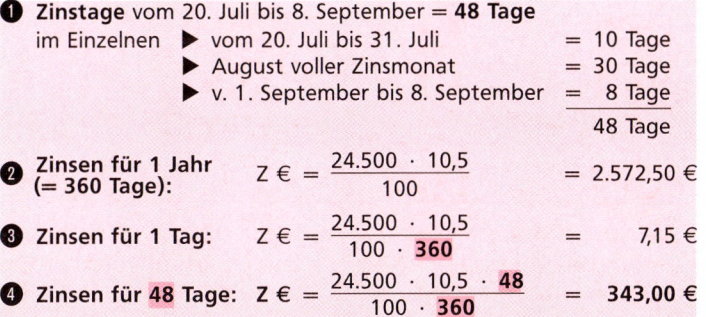

❶ **Zinstage** vom 20. Juli bis 8. September = **48 Tage**

im Einzelnen   ▶ vom 20. Juli bis 31. Juli   = 10 Tage

▶ August voller Zinsmonat   = 30 Tage

▶ v. 1. September bis 8. September   = 8 Tage

48 Tage

❷ **Zinsen für 1 Jahr**
(= 360 Tage): $Z € = \dfrac{24.500 \cdot 10,5}{100} = 2.572,50 €$

❸ **Zinsen für 1 Tag:** $Z € = \dfrac{24.500 \cdot 10,5}{100 \cdot 360} = 7,15 €$

❹ **Zinsen für 48 Tage:** $Z € = \dfrac{24.500 \cdot 10,5 \cdot 48}{100 \cdot 360} = 343,00 €$

---

1   vgl. Kapitel Prozentrechnung, S. 452 f.

Zusammenfassung

▶ Es gibt unterschiedliche Methoden zur Berechnung der Zinstage. In Europa sind die „deutsche Methode" und die „französische Methode" verbreitet.

▶ In den USA und in Großbritannien werden die Zinstage nach dem Kalender genau berechnet.

▶ Zinsen für n Jahre (ohne Zinseszins) werden wie folgt berechnet:

$$Z_n = \frac{K \cdot p \cdot n}{100}$$ mit $p \% = \frac{p}{100}$ und n = Anzahl der Jahre

▶ In der Zinsrechnung wird die Zeit in Form eines Faktors berücksichtigt; bei n Jahren beträgt dieser Faktor $\boxed{n}$.

▶ Die Zinsen für t Tage werden wie folgt berechnet:

$$Z_t = \frac{K \cdot p \cdot t}{100 \cdot 360}$$ mit $p \% = \frac{p}{100}$ und t = Anzahl der Zinstage

▶ In der Zinsrechnung wird die Zeit in Form eines Faktors berücksichtigt;

bei t Zinstagen beträgt dieser Faktor $\boxed{\dfrac{t}{360}}$.

Aufgaben

529   *Berechnen Sie die Zinstage für folgende Verzinsungszeiträume:*

	Erster Zinstag	Letzter Zinstag
1.	25. April	16. August
2.	1. Januar	31. Mai
3.	23. November	5. Januar n. J.
4.	31. Mai	12. September
5.	11. März	30. Juni
6.	4. Februar	31. Juli
7.	8. Oktober	31. Dezember
8.	15. Januar	Ende Februar n. J.
9.	27. April	8. August

530   Eine Rechnung, ausgestellt auf den 13. Juni, über 7.192,00 € ist zahlbar innerhalb von 10 Tagen mit 3 % Skonto oder nach spätestens 30 Tagen ohne Abzug.

1. *Bis zu welchem Tag wird die Skontofrist gewahrt?*
2. Die Zahlung erfolgt verspätet am 27. August einschließlich 8 %/Jahr Verzugszinsen. *Wie viel € Verzugszinsen sind fällig?*

531   Die Zahlungsbedingungen auf einer Rechnung lauten: „Zahlbar innerhalb von 15 Tagen mit 2 % Skonto oder nach spätestens 45 Tagen ohne Abzug."

Welchem Jahreszinssatz entspricht dieser Skontoabzug, wenn die Zeit ab dem 15. Tag bis zum 45. Tag als Kreditzeit zu betrachten ist?

532   Ein Großhändler nimmt einen Kontokorrentkredit zu 10,5 %/Jahr in Höhe von 14.500,00 € für 150 Tage in Anspruch.

Wie viel € Zinsen berechnet die Bank?

533   Für ein Darlehen in Höhe von 55.000,00 € berechnet die Bank 11,5 % Zinsen/Jahr.

Wie viel € Zinsen fallen an, wenn der Kreditnehmer das Darlehen für drei Jahre in Anspruch nimmt?

534   Ein Darlehen wird für die Zeit vom 1. März bis 16. August zu einem Jahreszinssatz von 10,5 % aufgenommen.

1. *Wie hoch ist der Zeitprozentsatz?*
2. *Wie viel Zinsen fallen an, wenn das Darlehen über 18.500,00 € lautet?*

535   Ein Kaufmann will einen Teil des vorübergehend nicht benötigten Bankguthabens als Festgeld anlegen. Die Bank bietet ihm folgende Konditionen:
a) Festgeld mindestens 10.000,00 € bis 20.000,00 € zu 2,25 %/Jahr bei 30 Tagen Kündigungsfrist,
b) Festgeld mindestens 10.000,00 € bis 20.000,00 € zu 3,5 %/Jahr bei 90 Tagen Kündigungsfrist,
c) Festgeld mindestens 50.000,00 € zu 3,75 % bei 30 Tagen Kündigungsfrist.

1. *Wie hoch ist der Zinsgewinn bei der Kondition b) gegenüber a), wenn der Kaufmann 15.000,00 € für 90 Tage anlegt?*
2. *Wie viel € Zinsen erhält der Kaufmann, wenn er 54.000,00 € entsprechend der Kondition c) für 120 Tage anlegt?*

536   Der Verkaufspreis für ein Fernsehgerät beträgt 1.240,00 €. Ein Kunde wünscht Ratenzahlung; es werden folgende Zahlungsvereinbarungen getroffen: 200,00 € Anzahlung am Kauftag 16. Mai, der Rest soll in vier gleichen Raten am 16. Juni, 16. Juli, 16. August und 16. September beglichen werden.

1. *Wie viel € Zinsen hat der Kunde zu zahlen, wenn die **jeweilige Restschuld** mit 9 % verzinst wird?*
2. *Um wie viel Prozent übersteigt der Teilzahlungspreis den Barzahlungspreis?*

537   Ein Kaufmann nimmt einen Kredit über 25.000,00 € am 1. April zu 12,5 %/Jahr auf, den er einschließlich der Zinsen am 16. September zurückzahlt.

Wie hoch ist der Gesamtbetrag, der zurückzuzahlen ist?

538   Die Erstellung eines Wohnhauses mit acht baugleichen Wohnungen kostet 620.000,00 €. 30 % werden vom Eigentümer durch Eigenkapital, 70 % durch Hypotheken finanziert. Die Hypothekenzinsen betragen 9,5 %/Jahr. Weiterhin fallen folgende Aufwendungen an: 2 % Abschreibungen, 1.320,00 € monatliche Gebäudeunterhaltung, 1.540,00 € Steuern und Abgaben im Vierteljahr.

Wie hoch muss die zu fordernde (kostendeckende) Miete für eine Wohnung sein, wenn der Eigentümer eine Verzinsung von 10 % für sein Eigenkapital anstrebt?

539   Ein Sparer eröffnet am 21. März bei der Stadtsparkasse ein Sparkonto und zahlt 12.400,00 € ein. Das Guthaben wird mit 1,5 %/Jahr verzinst.

Wie viel € Zinsen hätte das Guthaben bis zum Jahresende mehr erbracht, wenn der Sparer es mit monatlicher Kündigung als Festgeld zu 2,25 % angelegt hätte?

5.3 Summarische Zinsrechnung

Anwendung. In der kaufmännischen Praxis kommt es häufig vor, dass mehrere Geldbeträge mit unterschiedlichen Fälligkeiten zu einheitlichem Zinssatz auf einen gemeinsamen Abschlusstag verzinst werden:

▶ Mehrere Rechnungen mit unterschiedlichen Fälligkeiten werden einschließlich Verzugszinsen in einem Betrag an einem vereinbarten Termin bezahlt.

▶ Ein Kaufmann reicht bei seiner Bank an einem bestimmten Tag mehrere Wechsel mit unterschiedlichen Fälligkeiten zum Diskont ein.

▶ Ein Sparer zahlt auf sein Sparkonto zu unterschiedlichen Terminen Geldbeträge ein. Die Guthabenzinsen zum 30. Juni oder 31. Dez. sind zu berechnen.

Beispiel Frau Kern hat ihrem Lieferanten vier Rechnungen noch nicht bezahlt:
Rechnung Nr. 467 über 2.875,40 €, fällig am 19. April,
Rechnung Nr. 492 über 3.680,00 €, fällig am 11. Mai,
Rechnung Nr. 533 über 4.968,00 €, fällig am 26. Mai,
Rechnung Nr. 608 über 4.186,00 €, fällig am   8. Juni.

Vereinbarungsgemäß soll Frau Kern den Gesamtbetrag der Rechnungen einschließlich 9 % Verzugszinsen am 8. Juni begleichen.

Wie viel € Zinsen fallen an und welchen Gesamtbetrag muss Frau Kern zahlen?

Lösung

Rechnung	Betrag	Fälligkeit	Zinstage	Zinsen
Nr. 467	2.875,40 €	19. April	49	$\dfrac{2.875,4 \cdot 49 \cdot 9}{100 \cdot 360} = 35,22$ €
Nr. 492	3.680,00 €	11. Mai	27	$\dfrac{3.680 \cdot 27 \cdot 9}{100 \cdot 360} = 24,84$ €
Nr. 533	4.968,00 €	26. Mai	12	$\dfrac{4.968 \cdot 12 \cdot 9}{100 \cdot 360} = 14,90$ €
Nr. 608	4.186,00 €	8. Juni	0	0
gesamt + Zinsen	15.709,40 € 74,96 €			74,96 €
Zahlung 15.784,36 € am 8. Juni				

Im Beispiel sind **drei einzelne Zinsberechnungen** durchzuführen und die Zinsen anschließend zu addieren. Diese aufwändige Rechenarbeit lässt sich wie folgt **vereinfachen** (vgl. S. 469):

❶ Der in allen Berechnungen **gleiche Bruch** $^9/_{360}$ wird zunächst aus den Berechnungen **ausgeklammert** und zu einem **Stammbruch gekürzt**:

$$\frac{9}{360} = \frac{1}{40}$$

Der **Nenner** dieses Stammbruches heißt **Zinsdivisor** (oder **Zinsteiler**). Im Beispiel lautet der Zinsdivisor **40**. Vereinfacht lässt er sich aus dem Kehrbruch $^{360}/_9 = 40$ berechnen.

❷ Die in der Zinsberechnung darüber hinaus vorkommenden Zahlen – und zwar die veränderlichen Zahlen für das **Kapital** und die **Zinstage** sowie die Zahl **100** – werden zu der für **jede Zinsberechnung** typischen Zinszahl (= #) zusammengefasst. So ergibt sich z. B. für die **1. Rechnung** die Zinszahl

$$\# = \frac{2.875,4 \cdot 49}{100} = 1\,408,95,\ \text{aufgerundet}\ 1\,409.$$

❸ Die insgesamt anfallenden Zinsen werden berechnet, indem man die **Summe der Zinszahlen durch den Zinsdivisor teilt.**

Beispiel   Aus den Zahlen des Beispiels von Seite 468 wird die vereinfachte kaufmännische Zinsberechnung erstellt.

Rechnung	Betrag	Fälligkeit	Zinstage	❷ $\# = \dfrac{K \cdot t}{100}$
Nr. 467	2.875,40 €	19. April	49	1 409 (aufgerundet)
Nr. 492	3.680,00 €	11. Mai	27	994 (aufgerundet)
Nr. 533	4.968,00 €	26. Mai	12	596 (abgerundet)
Nr. 608	4.186,00 €	8. Juni	0	0
gesamt	15.709,40 €	❶		❸ 2 999 : 40 = 74,98 €
+ Zinsen	74,98 €	Zinsdivisor $= \dfrac{360}{9} = 40$		
Zahlung	15.784,38 €			

Beachten Sie bei der Anwendung dieser vereinfachten Rechnung, dass die **Zinszahlen kaufmännisch gerundet** werden.

Zusammenfassung

▶ In der summarischen Zinsrechnung wird die **Summe der Zinsen** wie folgt berechnet:

$$\text{Zinsen} = \frac{\text{Summe der Zinszahlen}}{\text{Zinsdivisor}}$$

▶ Die **Zinszahlen** (= #) ergeben sich aus:

$$\# = \frac{K \cdot t}{100}$$

▶ Die Zinszahlen werden kaufmännisch gerundet, sind also immer ganze Zahlen.

▶ Der **Zinsdivisor** ist der **Nenner des Stammbruches** aus $^{p}/_{360}$ und wird berechnet:

$$\text{Zinsdivisor} = 360 : p$$

Aufgaben

540   *Berechnen Sie das Bankguthaben zum 30. Juni bei 2,5 % Zinsen und folgenden Gutschriften:*

1.850,00 €, Gutschrift am 27. Febr.,   1.220,00 €, Gutschrift am 18. Mai,
760,00 €, Gutschrift am 24. April,   550,00 €, Gutschrift am 20. Juni.

541   Ein Kaufmann schuldet seinem Lieferer folgende Beträge:

3.220,00 €, Fälligkeit der Rechnung 26. April,
4.370,00 €, Fälligkeit der Rechnung 12. Mai,
3.565,00 €, Fälligkeit der Rechnung 23. Mai.

Vereinbarungsgemäß soll der Gesamtbetrag einschließlich 8,5 % Verzugszinsen am 15. Juni ausgeglichen werden.

Welchen Betrag hat der Schuldner zu überweisen?

5.4   Berechnung des Zinssatzes

Anwendung. Die Berechnung des Zinssatzes kann sinnvoll sein, wenn die Bank in der (vierteljährlichen) Abrechnung eines Kontokorrentkontos die **Soll-Zinszahl** und die **belasteten Zinsen** angibt und der Kaufmann wissen will, wie viel Prozent Sollzinsen die Bank berechnet hat. Auch bei der Aufnahme eines Kredites interessiert den Bankkunden u. a. der so genannte „effektive Zinssatz", der einen Vergleich unterschiedlicher Kreditangebote ermöglicht. Schließlich kann jeder Kaufmann mit dieser Rechnung den effektiven Zinssatz beim Skontoabzug bestimmen und damit Zahlungsbedingungen der Lieferanten vergleichbar machen. Der Berechnung des Zinssatzes liegt die allgemeine Zinsformel zugrunde (vgl. S. 466).

Beispiel   Aufgrund fälliger Steuer- und Lohnzahlungen hat Frau Kern ihr Kontokorrentkonto für die Zeit vom 28. März bis 22. April mit 24.500,00 € überzogen. Hierfür berechnet die Bank 196,00 € Zinsen.

Wie hoch ist der Soll-Zinssatz, den die Bank zugrunde legt?

Lösung über den Dreisatz

❶ Der Kredit hat eine Laufzeit von 24 Tagen.

❷ Für diese Zeit verlangt die Bank bei einem Kredit von 24.500,00 € Zinsen in Höhe von 196,00 €.

❸ Aus der Frage: „Wie viel € Zinsen verlangt die Bank für 100,00 € Kredit in einem Jahr?" ergibt sich folgender **Lösungsansatz** (zusammengesetzter Dreisatz):

$$x \quad € \; Z \sim \quad 100,00 \; € \; K \sim 360 \; \text{Tage}$$
$$196,00 \; € \; Z \sim 24.500,00 \; € \; K \sim \quad 24 \; \text{Tage}$$

$$x \; € = \frac{196,00 \; € \cdot 100,00 \; € \cdot 360 \; \text{Tage}}{24.500,00 \; € \cdot 24 \; \text{Tage}} = 12,00 \; €$$

❹ Die Umrechnung auf die Zinsen für 100,00 € Kredit im Jahr kann interpretiert werden als **12 %. Die Bank legt also einen Zinssatz von 12 % zugrunde.**

Aufgaben

542   Auf ein Sparkonto wurden folgende Beträge eingezahlt:

1.200,00 € am 18. Juli,   750,00 € am 26. September,
1.450,00 € am 22. August,   1.100,00 € am 5. November.

Am 31. Dezember schreibt die Bank insgesamt 35,49 € Zinsen gut.

Mit wie viel Prozent wurden die Guthaben verzinst?

543   Ein Kredit wurde von der Bank am 1. März in Höhe von 12.000,00 € eingeräumt und nach 90 Tagen einschließlich Zinsen mit 12.345,00 € zurückgezahlt.

Wie viel Prozent Zinsen berechnete die Bank?

5.5 Berechnung der Zinszeit

Beispiel Für ein Darlehen in Höhe von 24.000,00 €, das die Papiergroßhandlung Kern zu 10,5 %/Jahr bei ihrer Bank aufgenommen hat, zahlt sie insgesamt 875,00 € Zinsen.

Für wie viele Zinstage hatte sie das Darlehen beansprucht?

Lösung durch Äquivalenzumformung

Aus der Gleichung für die Zinsberechnung $Z = \dfrac{K \cdot p \cdot t}{100 \cdot 360}$ (vgl. S. 466)

folgt durch Umformung nach t: $t = \dfrac{Z \cdot 100 \cdot 360}{K \cdot p}$

Auf das Beispiel übertragen ergibt sich: $t = \dfrac{875,00 \text{ €} \cdot 100 \cdot 360}{24.000,00 \text{ €} \cdot 10,5}$

$= \textbf{125 Zinstage}$

Zusammenfassung

▶ Die Berechnung der Zinstage erfolgt nach der Gleichung:

$$t = \frac{Z \cdot 100 \cdot 360}{K \cdot p}$$

Hierfür müssen die Größen Kapital, Zinsen und Zinssatz gegeben sein.

5.6 Berechnung des Kapitals

Beispiel Aus der Vermietung eines Lagerhauses erzielt Frau Kern aufgrund der 90-tägigen Abrechnung einen Reinertrag von 10.125,00 €; dies entspricht einer Verzinsung des im Lagerhaus investierten Eigenkapitals von 9 %.

Wie viel Euro Eigenkapital wurden in dem Lagerhaus investiert?

Lösung durch Äquivalenzumformung

Aus der Gleichung für die Zinsberechnung $Z = \dfrac{K \cdot p \cdot t}{100 \cdot 360}$

folgt durch Umformung nach K: $K = \dfrac{Z \cdot 100 \cdot 360}{p \cdot t}$

Auf das Beispiel übertragen ergibt sich: $K = \dfrac{10.125,00 \text{ €} \cdot 100 \cdot 360}{90 \text{ Tage} \cdot 9}$

$= \textbf{450.000,00 € Eigenkapital}$

Zusammenfassung

▶ Zur Berechnung des Kapitals müssen Zinssatz, Zinsen und Zinstage bekannt sein. Die Ausrechnung erfolgt nach der Gleichung:

$$K = \frac{Z \cdot 100 \cdot 360}{p \cdot t}$$

Aufgaben

544 Für einen Kontokorrentkredit zahlt ein Kaufmann 11,8 % Zinsen im Jahr. In der letzten Bankabrechnung wurden ihm für die Zeit vom 15. April bis 30. Juni Zinsen in Höhe von 860,43 € belastet.

Wie hoch war der in Anspruch genommene Kredit?

545 Wir lieferten mit Rechnung vom 13. April an einen Kunden Waren im Wert von 5.336,00 € (einschließlich 16 % Umsatzsteuer). Die Zahlungsbedingungen lauteten: „Zahlbar innerhalb von 20 Tagen mit 1,5 % Skonto oder nach spätestens 40 Tagen ohne Abzug." Die Überweisung des Kunden lautet über 5.388,10 €. Auf dem Überweisungsträger hat der Kunde vermerkt: „Ausgleich der Rechnung vom 13. April, zuzüglich 9,5 % Verzugszinsen."

Für welche Zeit wurden Verzugszinsen berechnet?

546 Unser Kunde Lars Schnieder e. K. hat die Rechnung Nr. 3556, fällig am 27. Juni, über 3.248,00 € noch nicht beglichen. Vereinbarungsgemäß leistet der Kunde eine Zahlung über 3.284,09 € einschließlich 10 % Verzugszinsen.

Für wie viele Tage wurden Verzugszinsen berechnet?

547 Ein Kunde ist in Zahlungsverzug geraten. Für die Zeit vom 18. März (Fälligkeit der Rechnung) bis zum 24. Mai belasten wir ihn mit Verzugszinsen und senden ihm folgende Lastschrift:

> Lastschrift über Verzugszinsen:
> Für die Zeit vom 18. März bis 24. Mai belasten
> wir Sie mit 11,5 % Verzugszinsen .... 121,23 €

Über welchen Betrag lautet die Rechnung?

548 Zur Finanzierung eines Autokaufs nimmt ein Bankkunde am 24. November einen kurzfristigen Kredit auf, den er vereinbarungsgemäß am 30. April nächsten Jahres einschließlich 12 %/Jahr Zinsen mit 12.098,00 € zurückzahlt.

Wie hoch war der Kredit?

549 Ein Sparer nimmt eine Einzahlung in Höhe von 3.500,00 € auf sein Sparkonto vor. Am Jahresende ist dieses Guthaben nach Einrechnung von 2,5 % Zinsen auf 3.553,47 € angewachsen.

Wann wurde die Einzahlung vorgenommen?

550 Für den Ausbau der Geschäftsräume nimmt die Impex GmbH bei einer Bank einen Kredit auf. Nach Abzug von 8 %/Jahr Zinsen für die Zeit von 180 Tagen und 1 % des Darlehens für die Bearbeitung zahlt die Bank 23.750,00 € aus.

Wie hoch sind das Darlehen, die Zinsen und die Bearbeitungsgebühr?

551 *Wann wurde ein Sparbetrag von 3.820,00 € auf ein Sparkonto eingezahlt, wenn er bis zum 31. Dezember einschließlich der Zinsen von 3,5 % auf 3.879,42 € angewachsen war?*

552 Zur Modernisierung der Geschäftsräume nimmt ein Händler am 29. Juli bei seiner Bank einen Kredit zu 8,5 %/Jahr auf. Am Jahresende erhält er eine Zinsabrechnung über 1.782,64 €.

Wie hoch war der Kreditbetrag?

6470472

553 *Wie beschreiben Sie die permanente Inventur richtig?*

1. Die bei der Bestandsfortschreibung ermittelten Bestände müssen im Laufe des Jahres zu einem beliebigen Zeitpunkt mit einer körperlichen Bestandsaufnahme überprüft werden.
2. Die körperliche Bestandsaufnahme muss innerhalb der letzten drei Monate vor oder der ersten zwei Monate nach dem Abschluss-Stichtag erfolgen.
3. Die körperliche Bestandsaufnahme muss innerhalb der letzten drei Monate vor dem Abschluss-Stichtag erfolgen.
4. Die körperliche Bestandsaufnahme muss innerhalb der letzten zwei Monate vor oder des ersten Monats nach dem Abschluss-Stichtag erfolgen.
5. Die Bestandsfortschreibung kann sporadisch erfolgen und die ermittelten Bestände müssen nicht durch eine körperliche Bestandsaufnahme überprüft werden.

554 *Welcher Geschäftsfall führt sowohl zur Verminderung des Vermögens als auch der Schulden?*

1. Verkauf eines gebrauchten Lieferwagens gegen Barzahlung
2. Verkauf von Waren auf Ziel
3. Einkauf von Waren auf Ziel
4. Begleichung einer Liefererrechnung durch Banküberweisung
5. Barabhebung vom Bankkonto

555 Die Bauer KG kauft Handelswaren im Wert von 25.000,00 € zuzüglich Umsatzsteuer. *Wie buchen Sie die Eingangsrechnung?*

556 *Wie ist der nachstehend abgebildete Beleg zu buchen?*

557 Bei der Bezahlung der Eingangsrechnungen haben Sie die angebotenen Skonti ausgenutzt. *Welche Auswirkung ergibt sich daraus für Ihr Unternehmen?*

1. Die Liquidität sinkt dauerhaft.
2. Der Warenwert steigt.
3. Die Kreditwürdigkeit erhöht sich nachhaltig.
4. Der Unternehmensgewinn vermindert sich.
5. Der Einstandspreis der Ware vermindert sich.

558   Bei einer Kassenprüfung haben Sie einen Fehlbestand von 200,00 € festgestellt. *Wie müssen Sie die Differenz buchen?*

559   *Bei welchen der nachfolgenden Geschäftsfälle erfolgt die Gegenbuchung der Ausgaben auf einem*

| **1** | *Bestandskonto?* | **9** | *Erfolgskonto?* |

a) Banklastschrift für die betriebliche Gebäudeversicherung
b) Belastung des Girokontos/Kontokorrentkontos mit Sollzinsen
c) Barkauf von Büromaterial
d) Banklastschrift nach Ausgleich der Liefererrechnung
e) Einlösung eines Schuldwechsels
f) Überweisung aufgrund des Gewerbesteuerbescheids

560   *Welche der unten stehenden Geschäftsfälle verändern*

1. *das Konto Vorsteuer im Soll?*
2. *das Konto Vorsteuer im Haben?*
3. *das Konto Umsatzsteuer im Soll?*
4. *das Konto Umsatzsteuer im Haben?*
5. *weder das Konto Vorsteuer noch das Konto Umsatzsteuer?*

a) Rücksendungen mangelhafter Ware an den Lieferer
b) Abschreibung eines PC
c) Zieleinkauf von Büromaterial
d) Ausgleich einer Liefererrechnung unter Abzug von Skonto (Bruttobuchung)
e) Gutschriftsanzeige an den Kunden wegen Sachmangels (Nettobuchung)
f) Privatentnahme bar
g) Barverkauf eines gebrauchten PKWs
h) Privatentnahme von Waren
i) Passivierung der Zahllast

561   *Bilden Sie die Buchungssätze zu unten stehenden Sachverhalten im Rahmen des Jahresabschlusses.*

a) Inventurbestand an Handelswaren
b) Ermittelter Minderbestand an Handelswaren
c) Wareneinsatz
d) Abschluss des Kontos „Entnahme von Gegenständen und sonst. Leistg."
e) Abschreibung auf Geschäftsausstattung
f) Abschluss des Kontos Privat bei Einlagenüberschuss

562   Der Büromöbelgroßhändler Peter Beck e. K. hat seinem Kunden einen Posten Büromöbel zum Preis von 104.980,00 € einschließlich 16 % Umsatzsteuer verkauft. Er selbst hatte die Möbel zu folgenden Bedingungen erworben: „Listenpreis 65.000,00 €; 20 % Rabatt, Lieferung frei Haus." Beck hatte in seinem Angebotspreis einen Handlungskostenzuschlag von 40 % einkalkuliert.

Nach Abwicklung der Geschäfte stellt sich heraus, dass die Handlungskosten für diesen Auftrag 25.000,00 € betragen.

1. *Wie viel Prozent Gewinn hatte Beck in seinen Angebotspreis einkalkuliert?*
2. *Wie viel Prozent beträgt der tatsächliche Handlungskostenzuschlag?*
3. *Wie viel Prozent beträgt der tatsächliche Gewinn?*

6470474

K   Rechnungslegungsvorschriften nach HGB[1]

Erster Abschnitt: Vorschriften für alle Kaufleute

§ 238   Buchführungspflicht

(1) Jeder Kaufmann ist verpflichtet Bücher zu führen und in diesen seine Handelsgeschäfte und die Lage seines Vermögens nach den Grundsätzen ordnungsmäßiger Buchführung ersichtlich zu machen. Die Buchführung muss so beschaffen sein, dass sie einem sachverständigen Dritten innerhalb angemessener Zeit einen Überblick über die Geschäftsvorfälle und über die Lage des Unternehmens vermitteln kann. Die Geschäftsvorfälle müssen sich in ihrer Entstehung und Abwicklung verfolgen lassen.

(2) Der Kaufmann ist verpflichtet eine mit der Urschrift übereinstimmende Wiedergabe der abgesandten Handelsbriefe (Kopie, Abdruck, Abschrift oder sonstige Wiedergabe des Wortlauts auf einem Schrift-, Bild- oder anderen Datenträger) zurückzubehalten.

§ 239   Führung der Handelsbücher

(1) Bei der Führung der Handelsbücher und bei den sonst erforderlichen Aufzeichnungen hat sich der Kaufmann einer lebenden Sprache zu bedienen. Werden Abkürzungen, Ziffern, Buchstaben oder Symbole verwendet, muss deren Bedeutung eindeutig festliegen.

(2) Die Eintragungen in Büchern und die sonst erforderlichen Aufzeichnungen müssen vollständig, richtig, zeitgerecht und geordnet vorgenommen werden.

(3) Eine Eintragung oder eine Aufzeichnung darf nicht in einer Weise verändert werden, dass der ursprüngliche Inhalt nicht mehr feststellbar ist.

(4) Die Handelsbücher und die sonst erforderlichen Aufzeichnungen können auch in der geordneten Ablage von Belegen bestehen oder auf Datenträgern geführt werden. Es muss sichergestellt sein, dass die Daten während der Dauer der Aufbewahrungsfrist verfügbar sind und jederzeit innerhalb angemessener Frist lesbar gemacht werden können.

§ 240   Inventar

(1) Jeder Kaufmann hat zu Beginn seines Handelsgewerbes seine Grundstücke, seine Forderungen und Schulden, den Betrag seines baren Geldes sowie seine sonstigen Vermögensgegenstände genau zu verzeichnen und dabei den Wert der einzelnen Vermögensgegenstände und Schulden anzugeben.

(2) Er hat demnächst für den Schluss eines jeden Geschäftsjahrs ein solches Inventar aufzustellen. Die Dauer des Geschäftsjahrs darf zwölf Monate nicht überschreiten.

(4) Gleichartige Vermögensgegenstände des Vorratsvermögens sowie andere gleichartige oder annähernd gleichwertige bewegliche Vermögensgegenstände können jeweils zu einer Gruppe zusammengefasst und mit dem gewogenen Durchschnittswert angesetzt werden.

§ 241   Inventurvereinfachungsverfahren

(1) Bei der Aufstellung des Inventars darf der Bestand der Vermögensgegenstände nach Art, Menge und Wert auch mithilfe anerkannter mathematisch-statistischer Methoden aufgrund von Stichproben ermittelt werden.

(2) Bei der Aufstellung des Inventars für den Schluss eines Geschäftsjahrs bedarf es einer körperlichen Bestandsaufnahme der Vermögensgegenstände für diesen Zeitpunkt nicht, soweit durch Anwendung eines den Grundsätzen ordnungsmäßiger Buchführung entsprechenden anderen Verfahrens gesichert ist, dass der Bestand der Vermögensgegenstände nach Art, Menge und Wert auch ohne die körperliche Bestandsaufnahme für diesen Zeitpunkt festgestellt werden kann.

(3) In dem Inventar für den Schluss eines Geschäftsjahrs brauchen Vermögensgegenstände nicht verzeichnet zu werden, wenn

1. der Kaufmann ihren Bestand aufgrund einer körperlichen Bestandsaufnahme oder aufgrund eines nach Absatz 2 zulässigen anderen Verfahrens nach Art, Menge und Wert in einem besonderen Inventar verzeichnet hat, das für einen Tag innerhalb der letzten drei Monate vor oder der beiden ersten Monate nach dem Schluss des Geschäftsjahrs aufgestellt ist, und

2. aufgrund des besonderen Inventars durch Anwendung eines den Grundsätzen ordnungsmäßiger Buchführung entsprechenden Fortschreibungs- oder Rückrechnungsverfahrens gesichert ist, dass der am Schluss des Geschäftsjahrs vorhandene Bestand der Vermögensgegenstände für diesen Zeitpunkt ordnungsgemäß bewertet werden kann.

---

1 Einige Vorschriften können aus Platzgründen nur gekürzt wiedergegeben werden.

§ 242 Pflicht zur Aufstellung der Eröffnungsbilanz und des Jahresabschlusses

(1) Der Kaufmann hat zu Beginn seines Handelsgewerbes und für den Schluss eines jeden Geschäftsjahrs einen das Verhältnis seines Vermögens und seiner Schulden darstellenden Abschluss (Eröffnungsbilanz, Bilanz) aufzustellen.

(2) Er hat für den Schluss eines jeden Geschäftsjahrs eine Gegenüberstellung der Aufwendungen und Erträge des Geschäftsjahrs (Gewinn- und Verlustrechnung) aufzustellen.

(3) Die Bilanz und die Gewinn- und Verlustrechnung bilden den Jahresabschluss.

§ 243 Aufstellungsgrundsatz

(1) Der Jahresabschluss ist nach den Grundsätzen ordnungsmäßiger Buchführung aufzustellen.

(2) Er muss klar und übersichtlich sein.

(3) Der Jahresabschluss ist innerhalb der einem ordnungsmäßigen Geschäftsgang entsprechenden Zeit aufzustellen.

§ 244 Sprache. Währungseinheit

Der Jahresabschluss ist in deutscher Sprache und in Deutscher Mark[1] aufzustellen.

§ 245 Unterzeichnung

Der Jahresabschluss ist vom Kaufmann unter Angabe des Datums zu unterzeichnen. Sind mehrere persönlich haftende Gesellschafter vorhanden, so haben sie alle zu unterzeichnen.

§ 246 Vollständigkeit. Verrechnungsverbot

(1) Der Jahresabschluss hat sämtliche Vermögensgegenstände, Schulden, Rechnungsabgrenzungsposten, Aufwendungen und Erträge zu enthalten.

(2) Posten der Aktivseite dürfen nicht mit Posten der Passivseite, Aufwendungen dürfen nicht mit Erträgen verrechnet werden.

§ 247 Inhalt der Bilanz

(1) In der Bilanz sind das Anlage- und das Umlaufvermögen, das Eigenkapital, die Schul-

---

[1] Vom 1. Jan. 1999 bis 31. Dez. 2001 entweder in DM oder in Euro (Wahlrecht), ab 1. Jan. 2002 nur noch in Euro.

den sowie die Rechnungsabgrenzungsposten gesondert auszuweisen und hinreichend aufzugliedern.

(2) Beim Anlagevermögen sind nur die Gegenstände auszuweisen, die bestimmt sind dauernd dem Geschäftsbetrieb zu dienen.

§ 249 Rückstellungen

(1) Rückstellungen sind für ungewisse Verbindlichkeiten und für drohende Verluste aus schwebenden Geschäften zu bilden. Ferner sind Rückstellungen zu bilden für

1. im Geschäftsjahr unterlassene Aufwendungen für Instandhaltung, die im folgenden Geschäftsjahr innerhalb von drei Monaten nachgeholt werden,

2. Gewährleistungen, die ohne rechtliche Verpflichtung erbracht werden.

(2) Rückstellungen dürfen außerdem für ihrer Eigenart nach genau umschriebene, dem Geschäftsjahr oder einem früheren Geschäftsjahr zuzuordnende Aufwendungen gebildet werden, die am Abschluss-Stichtag wahrscheinlich oder sicher, aber hinsichtlich ihrer Höhe oder des Zeitpunkts ihres Eintritts unbestimmt sind.

§ 250 Rechnungsabgrenzungsposten

(1) Als Rechnungsabgrenzungsposten sind auf der Aktivseite Ausgaben vor dem Abschluss-Stichtag auszuweisen, soweit sie Aufwand für eine bestimmte Zeit nach diesem Tag darstellen.

(2) Auf der Passivseite sind als Rechnungsabgrenzungsposten Einnahmen vor dem Abschluss-Stichtag auszuweisen, soweit sie Ertrag für eine bestimmte Zeit nach diesem Tag darstellen.

§ 251 Haftungsverhältnisse

Unter der Bilanz sind, sofern sie nicht auf der Passivseite auszuweisen sind, Verbindlichkeiten aus der Begebung und Übertragung von Wechseln, aus Bürgschaften, Wechsel- und Scheckbürgschaften und aus Gewährleistungsverträgen sowie Haftungsverhältnisse aus der Bestellung von Sicherheiten für fremde Verbindlichkeiten zu vermerken; sie dürfen in einem Betrag angegeben werden. Haftungsverhältnisse sind auch anzugeben, wenn ihnen gleichwertige Rückgriffsforderungen gegenüberstehen.

6470476

§ 252 Allgemeine Bewertungsgrundsätze

(1) Bei der Bewertung der im Jahresabschluss ausgewiesenen Vermögensgegenstände und Schulden gilt insbesondere Folgendes:

1. Die Wertansätze in der Eröffnungsbilanz des Geschäftsjahrs müssen mit denen der Schlussbilanz des vorhergehenden Geschäftsjahrs übereinstimmen.

2. Bei der Bewertung ist von der Fortführung der Unternehmenstätigkeit auszugehen, sofern dem nicht tatsächliche oder rechtliche Gegebenheiten entgegenstehen.

3. Die Vermögensgegenstände und Schulden sind zum Abschluss-Stichtag einzeln zu bewerten.

4. Es ist vorsichtig zu bewerten, namentlich sind alle vorhersehbaren Risiken und Verluste, die bis zum Abschluss-Stichtag entstanden sind, zu berücksichtigen, selbst wenn diese erst zwischen dem Abschluss-Stichtag und dem Tag der Aufstellung des Jahresabschlusses bekannt geworden sind; Gewinne sind nur zu berücksichtigen, wenn sie am Abschluss-Stichtag realisiert sind.

5. Aufwendungen und Erträge des Geschäftsjahrs sind unabhängig von den Zeitpunkten der entsprechenden Zahlungen im Jahresabschluss zu berücksichtigen.

6. Die auf den vorhergehenden Jahresabschluss angewandten Bewertungsmethoden sollen beibehalten werden.

(2) Von den Grundsätzen des Absatzes 1 darf nur in begründeten Ausnahmefällen abgewichen werden.

§ 253 Wertansätze der Vermögensgegenstände und Schulden

(1) Vermögensgegenstände sind höchstens mit den Anschaffungs- oder Herstellungskosten, vermindert um Abschreibungen nach den Absätzen 2 und 3, anzusetzen. Verbindlichkeiten sind zu ihrem Rückzahlungsbetrag und Rückstellungen nur in Höhe des Betrages anzusetzen, der nach vernünftiger kaufmännischer Beurteilung notwendig ist.

(2) Bei Vermögensgegenständen des Anlagevermögens, deren Nutzung zeitlich begrenzt ist, sind die Anschaffungs- oder Herstellungskosten um planmäßige Abschreibungen zu vermindern. Der Plan muss die Anschaffungs- oder Herstellungskosten auf die Geschäftsjahre verteilen, in denen der Vermögensgegenstand voraussichtlich genutzt werden kann. Ohne Rücksicht darauf, ob ihre Nutzung zeitlich begrenzt ist, können bei Vermögensgegenständen des Anlagevermögens außerplanmäßige Abschreibungen vorgenommen werden, um die Vermögensgegenstände mit dem niedrigeren Wert anzusetzen, der ihnen am Abschluss-Stichtag beizulegen ist; sie sind vorzunehmen bei einer voraussichtlich dauernden Wertminderung.

(3) Bei Vermögensgegenständen des Umlaufvermögens sind Abschreibungen vorzunehmen, um diese mit dem niedrigeren Wert anzusetzen, der sich aus einem Börsen- oder Marktpreis am Abschluss-Stichtag ergibt. Ist ein Börsen- oder Marktpreis nicht festzustellen und übersteigen die Anschaffungs- oder Herstellungskosten den Wert, der den Vermögensgegenständen am Abschluss-Stichtag beizulegen ist, so ist auf diesen Wert abzuschreiben. Außerdem dürfen Abschreibungen vorgenommen werden, soweit diese nach vernünftiger kaufmännischer Beurteilung notwendig sind, um zu verhindern, dass in der nächsten Zukunft der Wertansatz dieser Vermögensgegenstände aufgrund von Wertschwankungen geändert werden muss.

(4) Abschreibungen sind im Rahmen vernünftiger kaufmännischer Beurteilung zulässig.

(5) Ein niedrigerer Wertansatz nach Absatz 2 Satz 3, Absatz 3 oder 4 darf (in Einzelunternehmen und Personengesellschaften) beibehalten werden, auch wenn die Gründe dafür nicht mehr bestehen.

§ 255 Anschaffungs- und Herstellungskosten

(1) Anschaffungskosten sind die Aufwendungen, die geleistet werden, um einen Vermögensgegenstand zu erwerben und ihn in einen betriebsbereiten Zustand zu versetzen, soweit sie dem Vermögensgegenstand einzeln zugeordnet werden können. Zu den Anschaffungskosten gehören auch die Nebenkosten sowie die nachträglichen Anschaffungskosten. Anschaffungspreisminderungen sind abzusetzen.

(2) Herstellungskosten sind die Aufwendungen, die durch den Verbrauch von Gütern und die Inanspruchnahme von Diensten für die Herstellung eines Vermögensgegenstandes, seine Erweiterung oder für eine über seinen ursprünglichen Zustand hinausgehende wesentliche Verbesserung entstehen. Dazu gehören die Materialkosten, die Fertigungskosten und die Sonderkosten der Fertigung. Bei der Berechnung der Herstellungskosten dürfen auch angemessene Teile der notwendigen Materialgemeinkosten, der notwendigen Fertigungsgemeinkosten und des Wertver-

zehrs des Anlagevermögens eingerechnet werden. Kosten der allgemeinen Verwaltung brauchen nicht eingerechnet zu werden. Vertriebskosten dürfen nicht in die Herstellungskosten einbezogen werden.

(3) Zinsen für Fremdkapital gehören nicht zu den Herstellungskosten.

§ 256 Bewertungsvereinfachungsverfahren

Soweit es den Grundsätzen ordnungsmäßiger Buchführung entspricht, kann für den Wertansatz gleichartiger Vermögensgegenstände des Vorratsvermögens unterstellt werden, dass die zuerst oder dass die zuletzt angeschafften oder hergestellten Vermögensgegenstände zuerst oder in einer sonstigen bestimmten Folge verbraucht oder veräußert worden sind.

§ 257 Aufbewahrung von Unterlagen. Aufbewahrungsfristen

(1) Jeder Kaufmann ist verpflichtet die folgenden Unterlagen geordnet aufzubewahren:

1. Handelsbücher, Inventare, Eröffnungsbilanzen, Jahresabschlüsse, Lageberichte, Konzernabschlüsse, Konzernlageberichte sowie die zu ihrem Verständnis erforderlichen Arbeitsanweisungen und sonstigen Organisationsunterlagen,

2. die empfangenen Handelsbriefe,

3. Wiedergaben der abgesandten Handelsbriefe,

4. Belege für Buchungen in den von ihm nach § 238 Abs. 1 zu führenden Büchern.

(2) Handelsbriefe sind nur Schriftstücke, die ein Handelsgeschäft betreffen.

(3) Mit Ausnahme der Eröffnungsbilanzen, Jahresabschlüsse und der Konzernabschlüsse können die in Absatz 1 aufgeführten Unterlagen auch als Wiedergabe auf einem Bildträger oder auf anderen Datenträgern aufbewahrt werden, wenn sichergestellt ist, dass die Wiedergabe oder die Daten jederzeit lesbar gemacht werden können.

(4) Die in Absatz 1 Nr. 1 und 4 aufgeführten Unterlagen sind zehn Jahre und die sonstigen in Absatz 1 aufgeführten Unterlagen sechs Jahre aufzubewahren.

(5) Die Aufbewahrungsfrist beginnt mit dem Schluss des Kalenderjahrs, in dem die letzte Eintragung in das Handelsbuch gemacht, das Inventar aufgestellt, die Eröffnungsbilanz oder der Jahresabschluss festgestellt, der Konzernabschluss aufgestellt, der Handelsbrief empfangen oder abgesandt worden oder der Buchungsbeleg entstanden ist.

§ 258 Vorlegung im Rechtsstreit

(1) Im Laufe eines Rechtsstreits kann das Gericht die Vorlegung der Handelsbücher einer Partei anordnen.

Zweiter Abschnitt: Ergänzende Vorschriften für Kapitalgesellschaften

§ 264 Pflicht zur Aufstellung des Jahresabschlusses und des Lageberichtes

(1) Die gesetzlichen Vertreter einer Kapitalgesellschaft haben den Jahresabschluss (§ 242) um einen Anhang zu erweitern, der mit der Bilanz und der Gewinn- und Verlustrechnung eine Einheit bildet, sowie einen Lagebericht aufzustellen. Der Jahresabschluss und der Lagebericht sind von den gesetzlichen Vertretern in den ersten drei Monaten des Geschäftsjahrs für das vergangene Geschäftsjahr aufzustellen.

(2) Der Jahresabschluss der Kapitalgesellschaft hat unter Beachtung der Grundsätze ordnungsmäßiger Buchführung ein den tatsächlichen Verhältnissen entsprechendes Bild der Vermögens-, Finanz- und Ertragslage der Kapitalgesellschaft zu vermitteln.

§ 265 Allgemeine Grundsätze für die Gliederung

(2) In der Bilanz sowie in der Gewinn- und Verlustrechnung ist zu jedem Posten der entsprechende Betrag des vorhergehenden Geschäftsjahrs anzugeben.

§ 266 Gliederung der Bilanz

(1) Die Bilanz ist in Kontoform aufzustellen. Dabei haben große und mittelgroße Kapitalgesellschaften auf der Aktivseite die in Absatz 2 und auf der Passivseite die in Absatz 3 bezeichneten Posten gesondert und in der vorgeschriebenen Reihenfolge auszuweisen.

Kleine Kapitalgesellschaften brauchen nur eine verkürzte Bilanz aufzustellen, in die nur die in den Absätzen 2 und 3 mit Buchstaben und römischen Zahlen bezeichneten Posten in der vorgeschriebenen Reihenfolge aufgenommen werden.

(2) Gliederung der **Aktivseite**

(3) Gliederung der **Passivseite**

siehe Rückseite des Kontenrahmens.

§ 268 Vorschriften zu einzelnen Posten der Bilanz. Bilanzvermerke

(1) Die Bilanz darf auch unter Berücksichtigung der vollständigen oder teilweisen Verwendung des Jahresergebnisses aufgestellt werden. Wird die Bilanz nach teilweiser Verwendung des Jahresergebnisses aufgestellt, so tritt an die Stelle des Postens „Jahresüberschuss/Jahresfehlbetrag" und „Gewinnvortrag/Verlustvortrag" der Posten „Bilanzgewinn/Bilanzverlust"; ein vorhandener Gewinn- oder Verlustvortrag ist in den Posten „Bilanzgewinn/Bilanzverlust" einzubeziehen und in der Bilanz oder im Anhang gesondert anzugeben.

(2) In der Bilanz oder im Anhang ist die Entwicklung der einzelnen Posten des Anlagevermögens darzustellen.

(4) Der Betrag der Forderungen mit einer Restlaufzeit von mehr als einem Jahr ist bei jedem Posten zu vermerken.

(5) Der Betrag der Verbindlichkeiten mit einer Restlaufzeit bis zu einem Jahr ist bei jedem Posten zu vermerken.

§ 272 Eigenkapital

(1) Gezeichnetes Kapital ist das Kapital, auf das die Haftung der Gesellschafter für die Verbindlichkeiten der Kapitalgesellschaft gegenüber den Gläubigern beschränkt ist. Die ausstehenden Einlagen auf das gezeichnete Kapital sind auf der Aktivseite vor dem Anlagevermögen gesondert auszuweisen und entsprechend zu bezeichnen; die davon eingeforderten Einlagen sind zu vermerken.

(2) Als Kapitalrücklage sind auszuweisen

1. der Betrag, der bei der Ausgabe von Anteilen über den Nennbetrag hinaus erzielt wird;

2. der Betrag von Zuzahlungen gegen Gewährung eines Vorzugs.

(3) Als Gewinnrücklagen dürfen nur Beträge ausgewiesen werden, die aus dem Ergebnis gebildet worden sind. Dazu gehören aus dem Ergebnis zu bildende gesetzliche oder auf Gesellschaftsvertrag oder Satzung beruhende Rücklagen und andere Gewinnrücklagen.

§ 275 Gliederung der Gewinn- und Verlustrechnung

(1) Die Gewinn- und Verlustrechnung ist in Staffelform nach dem Gesamtkostenverfahren oder dem Umsatzkostenverfahren aufzustellen.

Siehe Rückseite des Kontenrahmens.

§ 283 Wertansatz des Eigenkapitals

Das gezeichnete Kapital ist zum Nennbetrag anzusetzen.

§ 284 Anhang: Erläuterung der Bilanz und der Gewinn- und Verlustrechnung

(1) In den Anhang sind diejenigen Angaben aufzunehmen, die zu den einzelnen Posten der Bilanz oder der Gewinn- und Verlustrechnung vorgeschrieben oder die im Anhang zu machen sind, weil sie in Ausübung eines Wahlrechts nicht in die Bilanz oder in die Gewinn- und Verlustrechnung aufgenommen wurden.

§ 289 Lagebericht

(1) Im Lagebericht sind zumindest der Geschäftsverlauf und die Lage der Kapitalgesellschaft so darzustellen, dass ein den tatsächlichen Verhältnissen entsprechendes Bild vermittelt wird.

§ 316 Pflicht zur Prüfung

(1) Der Jahresabschluss und der Lagebericht von großen und mittelgroßen Kapitalgesellschaften sind durch einen Abschlussprüfer zu prüfen.

§ 325 Offenlegung

(1) Die gesetzlichen Vertreter von Kapitalgesellschaften haben den Jahresabschluss unverzüglich nach seiner Vorlage an die Gesellschafter, jedoch spätestens vor Ablauf des neunten Monats des dem Abschluss-Stichtag nachfolgenden Geschäftsjahrs, mit dem Bestätigungsvermerk oder dem Vermerk über dessen Versagung zum Handelsregister des Sitzes der Kapitalgesellschaft einzureichen; gleichzeitig sind der Lagebericht, der Bericht des Aufsichtsrats und der Vorschlag für die Verwendung des Ergebnisses und der Beschluss über seine Verwendung unter Angabe des Jahresüberschusses oder Jahresfehlbetrags einzureichen. Die gesetzlichen Vertreter haben im Bundesanzeiger bekannt zu machen, bei welchem Handelsregister und unter welcher Nummer diese Unterlagen eingereicht worden sind.

Sachregister

A

Abgrenzungen
– zeitliche 228 f.
Abgrenzungsrechnung 314 f.
Abschluss
– der Bestandskonten 37 f.
– der Erfolgskonten 52 f.
– der Warenkonten 61 f.
Abschlussübersicht 265 f.
Abschreibungen
– auf Anlagen 82 f., 214 f.
– auf Forderungen 252 f.
– außerplanmäßige 214
– Berechnungs-
  methoden 83, 215 f.
– bilanzmäßige 327 f.
– kalkulatorische 327 f.
– planmäßige 83, 214
Abschreibungskreislauf 225, 329
Abweichungsanalysen 409 f.
Abzugskapital 325 f.
AfA 82 f., 214 f.
Aktive Rechnungsabgrenzung 231
Aktivkonten 37 f.
Aktiv-Passivmehrung/
  -minderung 33 f.
Aktivtausch 33
Anderskosten 330
Angebotsvergleich 135 f.
Anlagegüter
– Abgänge 220 f.
– Anschaffung 212
– Ausscheiden 220
– Bewertung 247
Anlagendeckung 281
Anlagenkartei 18, 84, 211
Anlagenspiegel Anhang
Anschaffungskosten 82, 212
Anschaffungswertprinzip 245
Aufbereitung
  von Bilanzen 278 f.
Aufgaben des
  Rechnungswesens 9 f., 93, 305
Aufwendungen 52 f., 307
– außerordentliche 308
– betriebliche 307 f.
– betriebsfremde 314
– neutrale 314
Ausgangsrechnung 154
Auswertung
– der Bilanz 278 f.
– der Erfolgsrechnung 286 f.

B

BAB 356 f.
Balkendiagramm 427
Beleg 11 f., 104 f.
Beleggeschäftsgang
  122 f., 292 f.
Belegorganisation 104 f.
Berichtswesen 416 f.
Beschaffungsbudget 402 f.
Besitzwechsel 191
Bestandskonten 37 f.
Betriebsabrechnungsbogen 356 f.
Betriebsergebnis 314 f., 331
Betriebsergebnisrechnung 314 f.
Betriebsnotwendiges Kapital 325
Bewegungsdaten 115

Bewertung
– des Anlagevermögens 247
– der Forderungen 251 f.
– der Schulden 259
– der Vorräte 249
Bewertungsgrundsätze 244 f.
Beziehungszahlen 422
Bezugskalkulation 134 f.
Bezugskosten 134 f.
Bezugspreis 136, 336 f.
Bilanz 29, 243 f., Anhang
Bilanzanalyse 278 f.
Bilanzgewinn 273 f., Anhang
Bilanzgliederung 29 f., 271,
  Anhang
Bilanzkennzahlen 424
Bilanzkritik 279 f.
Bilanzstruktur 30, 278 f.
Break-even-Point 390 f.
Bücher der Finanzbuchhaltung 106
Buchung auf Konten 37 f., 52 f.
Buchungssätze 42 f.
Buchwert-AfA 215 f.
Budget 399
– -kontrolle 409 f.

C

Computer 114 f.
Controlling 392 f.

D

Daten, Datenträger 114 f.
Debitoren 108 f.
Deckungsbeitrag 380 f.
Deckungs-
  beitragsrechnung 376 f.
– Grundschema der 380
Deckungsgrad 281
Degressive Abschreibung 215 f.
Differenzkalkulation 354
Dreisatzrechnung 432 f.
Durchschnittsbewertung 249

E

EDV: Elektronische
  Datenverarbeitung 114 f.
Effektiver Zinssatz 181
Eigenkapital 27, 273
Eigenkapitalvergleich 27
Eingangsrechnung 141 f.
Einkauf von Waren 134 f.
Einlagen 86 f.
Einstandspreis 136, 336 f.
Einzelbewertung 245 f.
Einzelkosten 337
Entnahmen 86 f., 222
Erfolgsermittlung
– durch Erfolgskonten 52 f.
– durch Kapitalvergleich 27 f.
Erfolgskennzahlen 424
Erfolgsrechnung 275 f., Anhang
– Auswertung der 286 f.
Ergebnistabelle 314 f.
Ergebnisverwendung 273 f.,
  Anhang
Erinnerungswert 83
Erlösberichtigungen 161
Eröffnungsbilanz 48
Eröffnungsbilanzkonto 48

Erträge 52 f., 310 f.
– außerordentliche 311
– betriebliche 310
– betriebsfremde 311, 314
– neutrale 314 f.

F

Finanzanlagen Anhang
Finanzbuchhaltung 11 f., 93 f.
Finanzbuchhaltungsprogramm
  114 f.
Finanzbudget 407
Finanzierung 280
Fixe Kosten 377 f.
Forderungen
– Bewertung von 251
– Sonstige 228
– Umschlag von 290

G

Gehälter 196 f.
Gemeinkosten 337
Geringwertige
  Wirtschaftsgüter (GWG) 217
Gesamtergebnisrechnung 314 f.
Gewinnbudget 407
Gewinnschwellenmenge 390 f.
Gewinn- und Verlustrechnung 275,
  Anhang
– Auswertung 286
Gewinnzuschlagssatz 341
Gliederungszahlen 420
Grundbegriffe der KLR 306 f.
Grundbuch 42 f., 106
Grundkosten 330
Grundsätze ordnungsmäßiger
  Buchführung 95 f.
Gutschriften 148 f., 161 f.

H

Handelsbilanz 243 f.
Handelsrecht 93
Handelsspanne 352
Handlungskostensatz 338 f.
– differenzierter 363 f.
– einheitlicher 336 f.
Hauptbuch 42, 107
Hauptspeicher 114
Histogramm 427
Höchstwertprinzip 246

I

Imparitätsprinzip 246
Indexzahlen 423
Inventur, Inventar 16 f.
Investierung 281
Inzahlungnahme 223
Istkosten 370 f., 409 f.

J

Jahresabschluss 226 f., Anhang
– der Kapitalgesellschaften 270 f.
– Auswertung 278 f.
Journal 42, 106
Jahresbilanz Anhang

6470480 B → UIII →